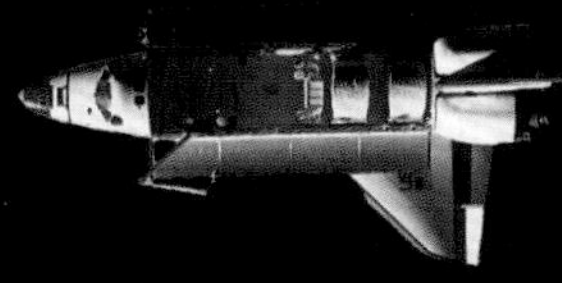

DER TRAUM DES

FLIEGENS

DIE EPISCHE GESCHICHTE DER LUFTFAHRT

Text
Riccardo Niccoli

whitestar

Inhalt

Redaktionelle Leitung
VALERIA MANFERTO DE FABIANIS
LAURA ACCOMAZZO

Layout
MARIA CUCCHI

Bildrecherche
CLAUDIA ZANERA

Übersetzung
MARLENA MACIEJKOWICZ

Piazzale Luigi Cadorna, 6
20123 Mailand, Italien
www.whitestar.it

Aktualisierte Neuausgabe

Übersetzung: Marlena Maciejkowicz - Hendrik de Rijke

ISBN 978-88-6312-828-4
1 2 3 4 5 6 30 29 28 27 26

Gedruckt in China

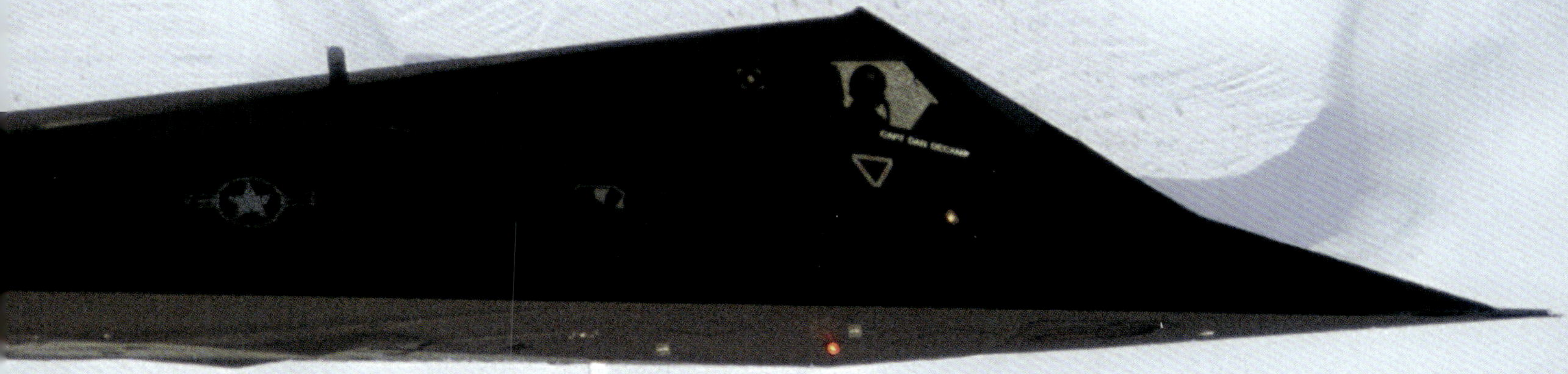

1 oben Der NASA-Space Shuttle „Challenger" mit geöffneter Ladeklappe während des Umlaufbahnflugs der STS-7-Mission.

1 unten Zeichnung eines verstärkten Flügels von Leonardo da Vinci (1452–1519), der sich als erster von einer technischen Seite her dem Problem des menschlichen Flugs zu nähern versuchte.

2-3 Ein aggressives Bild des Jagdflugzeugs Panavia Tornado F.3 der Royal Air Force. Der Tornado war das erste Projekt einer europäischen Luftfahrt-Zusammenarbeit.

4-5 Die futuristischen Formen des Stealth-Jagdbombers F-117A kommen in dieser Aufnahme eines Tiefflugs über den White Sands – der Wüstenregion New Mexicos – gut zum Ausdruck.

5 unten Eine fantasievolle, aber nicht realisierbare Luftschiff-Zeichnung aus dem neunzehnten Jahrhundert.

6-7 Ein Caudron Gleitflugzeug-Doppeldecker wird von einem Karren gezogen. Verschiedenste Versuche dieser Art bildeten die Anfänge auf dem Gebiet der Luftfahrt.

Vorwort

Viel ist passiert seit jenem kalten Wintertag des 17. Dezembers 1903, als ein motorengetriebenes Schwerer-als-Luft-Flugzeug den Beweis lieferte, dass der kontrollierbare menschliche Flug möglich war. Eher als um einen vorsichtigen Flug handelte es sich dabei um eine Reihe langer „Sprünge", von denen der erste 36 Meter und der längste etwa 260 Meter maß – doch der menschliche Fortschritt hatte einen weitaus größeren Sprung gemacht. Sicherlich waren es nur wenige Zuschauer, die das Unternehmen von Orville und Wilbur Wright auf den Sanddünen von Kitty Hawk in North Carolina beobachteten und sich dabei vorstellen konnten, dass der Mensch nur wenige Jahre später in der Lage sein würde, durch den Bau von immer fügsameren, stärkeren und schnelleren Flugzeugen die Lüfte zu beherrschen.

Der technologische Fortschritt des 20. Jahrhunderts wurde im Vergleich zu den Erfindungen früherer Zeiten unglaublich schnell vorangetrieben. Ein Großteil war dabei den Bemühungen und Forschungen zu verdanken, die in der Luft- und Raumfahrt unternommen wurden. Ungefähr ein Jahrzehnt nach dem Flug der Brüder Wright konnten Flugzeuge bereits schneller als 200 km/h fliegen und atemberaubende Kunstflüge vollführen. In den Zwanzigerjahren – nur zwei Jahrzehnte später – erschienen die ersten Ziviltransportflugzeuge, die in der Lage waren, Passagiere in unglaublich kurzen Zeiten (verglichen mit Schiffen oder Zügen) auf Langstrecken zu befördern. Der Zweite Weltkrieg beschleunigte den Entwicklungsprozess auf dramatische Weise: In jenen Jahren produzierte man konventionelle propellergetriebene Flugzeuge, deren Leistungen sich in Hinblick auf die Stärke, die Schnelligkeit, die Reichweite und die Nutzlastkapazität verdoppelt hatten. Doch noch wichtiger war, dass während des Zweiten Weltkriegs die Düsentriebwerke und ersten flugfähigen Hubschrauber entwickelt wurden. Nur 44 Jahre nach dem 16-km/h-Flug der Wrights durchbrach ein Raketenjet die Schallmauer. Sechzig Jahre später flog der Mensch in den Weltraum. Man könnte diese Aufzählung noch fortführen, doch das wäre unnütz: Die Ergebnisse von hundert Jahren Luftfahrt haben wir täglich vor unseren Augen.

Dank des Flugzeugs können wir heute in wenigen Stunden jeden Winkel der Erde erreichen – zu Kosten, die fast für jeden tragbar sind. Mit Leichtigkeit kann die Flugmaschine Fracht transportieren, dank der schnellen und weitreichenden Such- und Bergungsmöglichkeiten kann sie Menschenleben retten, Kranke und Verletzte haben die Chance, in entfernte Krankenhäuser zu gelangen, wo bessere Pflegeeinrichtungen zur Verfügung stehen oder Organtransplantationen unternommen werden können. Menschen, die von Naturkatastrophen oder Kriegen getroffen wurden, kann dank Flugrettungsaktionen geholfen werden und lebensbedrohliche Feuer- und Brandkatastrophen können unter Kontrolle gebracht werden. Flugzeuge

werden aktiv bei Erforschungen und Aufklärungen zu Land oder zur See eingesetzt und sind dabei nützlich für den Bereich des Umweltschutzes, der Geografie, Topografie, Geologie, Archäologie und Zoologie.

Im Militär hat die Luftfahrt die Kriegskunst revolutioniert und wurde zum entscheidenden Instrument bei Konflikten und Kämpfen. Die jüngsten Kriege im Golf, im Kosovo und in Afghanistan haben gezeigt, wie die Luftstreitkräfte nahezu allein den Ausgang einer ganzen regionalen Krise entscheiden können. Dank ihrer speziellen optischen und elektronischen Aufklärungsfähigkeiten haben Flugzeuge und Satelliten die Welt zu einem sichereren und friedlicheren Ort gemacht, da die Großmächte nun mehr voneinander wissen und weniger Geheimnisse voreinander verbergen können.

Weltraumflüge eröffneten der Wissenschaft neue Horizonte und brachten auch den normalen Bürgern Nutzen. Die Programme und Missionen von Shuttle-Raumfähren und Weltraumstationen haben die wissenschaftlichen Kenntnisse auf vielen Gebieten erweitert, während die Satelliten in der Umlaufbahn enorme Fortschritte in der Telekommunikation und Navigation ermöglicht hatten.

Dieses Buch soll eine Huldigung an die ereignis- und heldenreiche Geschichte des Fliegens sein. Die 25 Kapitel sind den berühmtesten Menschen, Ereignissen und Epochen gewidmet. Die wichtigsten motorgetriebenen Maschinen (Flugzeuge ebenso wie Hubschrauber), die ihre Spuren in diesem Jahrhundert der Luftfahrt hinterlassen haben, werden kurz erläutert. Leider mussten die experimentellen Flugzeuge trotz ihrer technologischen Bedeutung ausgeschlossen werden. Die Absicht des Buches besteht vorrangig darin, die Aufmerksamkeit auf jene Flugzeuge zu lenken, die wirklich in nennenswertem Umfang sowohl im Zivil- als auch im Militärsektor eingesetzt wurden. Die Luftfahrtgeschichte war und ist so umfassend, dass trotz der Ausführlichkeit dieses Werks leider Dutzende von Flugzeugen, die eine Würdigung verdient hätten, sowohl im Text als auch in den Fotografien unberücksichtigt bleiben mussten.

Jenseits der vielen Worte sollte nicht der Antrieb vergessen werden, der seit jeher die Menschen dazu bringt, den Himmel zu ergründen. Dieses Buch soll besonders die Verwirklichung eines der ältesten und ersehntesten Menschheitsträume feiern: die Überwindung der physischen Grenzen und Zwänge, die uns an die Erdoberfläche binden, um in eine spirituellere und göttlichere Dimension zu entschweben, diejenige des Fliegens.

Kapitel 1

Die ersten Versuche

Der Wunsch zu fliegen begleitete den Menschen schon seit den frühesten Zeiten. Wie die antiken Legenden erzählen, strebten sogar die mächtigsten Männer nach diesem unermesslichen Gefühl der Freiheit und Überlegenheit. In einer aus Persien überlieferten Erzählung wird von einem Flug des Königs Kai Kawus berichtet, der im Jahre 1500 n. Chr. in einem von Adlern getragenen Karren gereist sein soll. Eine andere Legende griechischen Ursprungs erzählt von Alexander dem Großen, der in einem von Gänsegeiern gezogenen Korb in den Himmel

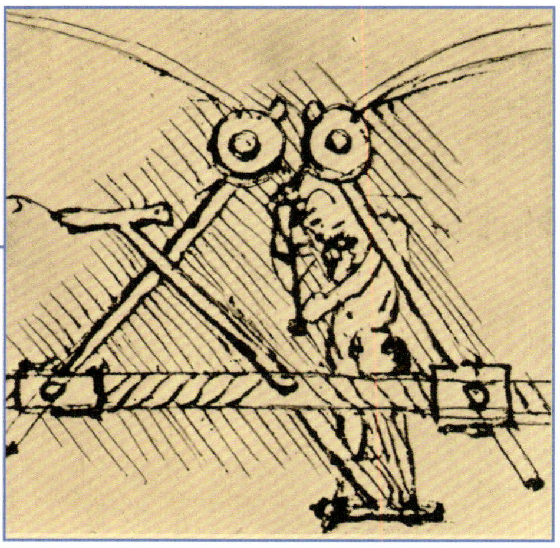

flog. In jedem Fall zählen Tiere mit einer gewissen Machtsymbolik – wie Adler, Falken und andere Raubvögel – zu den Herrschern des Himmels. In der Antike wurde das Fliegen als ein Vorrecht der Götter angesehen. Tatsächlich – verfolgt man die Legende von Daedalus und Ikarus und deren aus Federn und Wachs gebautem Fluggerät – erfährt man, dass sich nur Daedalus durch seinen vorsichtigen Tiefflug retten konnte. Ikarus dagegen näherte sich – mehr und mehr berauscht durch seinen Flug – immer dichter der Sonne, dem göttlichen Kraftsymbol, bis seine Wachsflügel durch die Hitze schließlich schmolzen: Sein gotteslästerlicher Akt wurde bestraft. Außer diesen fantastischen Zeugnissen gibt es andere, Tausende von Jahren alte Berichte über die Bemühungen des Menschen, die dritte Dimension zu besiegen. Es wird angenommen, dass die Chinesen schon zweitausend Jahre vor Christus imstande waren, für militärische Zwecke Drachengebilde aufsteigen zu lassen. In Cordoba verlor im Jahre 852 n. Chr. ein arabischer Sektenführer beim Versuch eines Gleitflugs sein Leben, während 1020 sich Oliver von Malmesbury, ein englischer Benediktinermönch, ausgerüstet mit einem Flügelpaar aus Federn von einem Turm stürzte; leider schlug er am Boden auf und brach sich die Beine. Von permanenten Misserfolgen waren auch die in den darauf folgenden Jahren unternommenen Flugversuche gezeichnet: 1496 Senecio aus Nürnberg, 1503 der Mathematiker Giovan Battista Danti aus Perugia und 1628 Paolo Guidotti aus Perugia – sie und andere wurden von demselben, unwiderstehlichem Wunsch angetrieben und fanden letztendlich ein ähnlich vernichtendes Ende. Mit der Zeit wurden die Forschungen jedoch immer ausgefeilter. Die Chronik von 1630 berichtet von einem gewissen Hezarfen Ahmet Celebi, der mithilfe eines einfachen Flügelpaars vom Galata-Turm in Istanbul bis zum anderen Ufer des Bosporus schwebte. 1670 beschrieb der Jesuit Francesco Lana Terzi eine Flugmaschine aus vier ausgehöhlten Kupferkugeln sowie einem Segel, das zur Überwachung des geradlinigen Fluges dienen sollte. Anfang des 18. Jahrhunderts entwarf der Brasilianer Laurenco de Gusmo, ebenfalls Jesuit, ein Segelflugzeug in Vogelform, das er für seine Experimente benutzte. Er

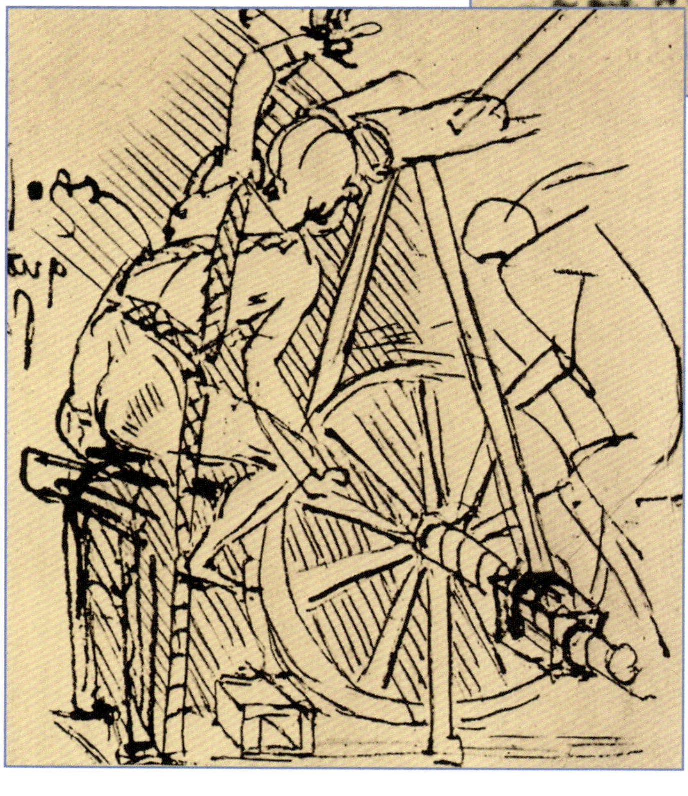

8 Leonardo da Vinci war der erste Wissenschaftler, der sich dem Flug von einer rationalen Seite her näherte. Er übertrug seine Forschungen und Gedanken auf Skizzen und Zeichnungen, die viele weitere Denker in späteren Jahrhunderten inspirierten. Auf dieser Seite sind zwei Beispiele abgebildet.

8-9 Umrandet von Leonardos charakteristischer Spiegelschrift zeigt die Skizze ein Experiment, bei dem die Tragfähigkeit eines Flügels erprobt werden sollte. Die berühmten Kodizes von Leonardo wurden erst 1797 veröffentlicht und waren eine große Offenbarung.

konzipierte außerdem ein Fluggerät, das als primitives Luftschiff bezeichnet werden könnte und das de Gusmo 1709 erfolgreich dem König von Portugal vorführte. In den Jahren 1764 und 1781 entwarfen der Deutsche Bauer und der Franzose Blanchard ebenfalls Flugmaschinen, um Experimente durchzuführen. Es scheint, dass in früheren Zeiten auch in China und Kambodscha Ballons und andere Leichter-als-Luft-Flugapparate geflogen wurden. Doch erst im Jahre 1797 eröffnete sich der Luftfahrt-Wissenschaft mit dem Erscheinen von Leonardo da Vincis überlieferten Kodizes eine neue, unglaubliche Perspektive.

9 rechts Ein Selbstporträt Leonardo da Vincis. Der geniale Lehrer, der sich in den bildenden Künsten, der Architektur und im Ingenieurwesen auszeichnete, wurde 1452 in Vinci, in der Toskana, geboren. Er starb 1519 in Cloux, Frankreich.

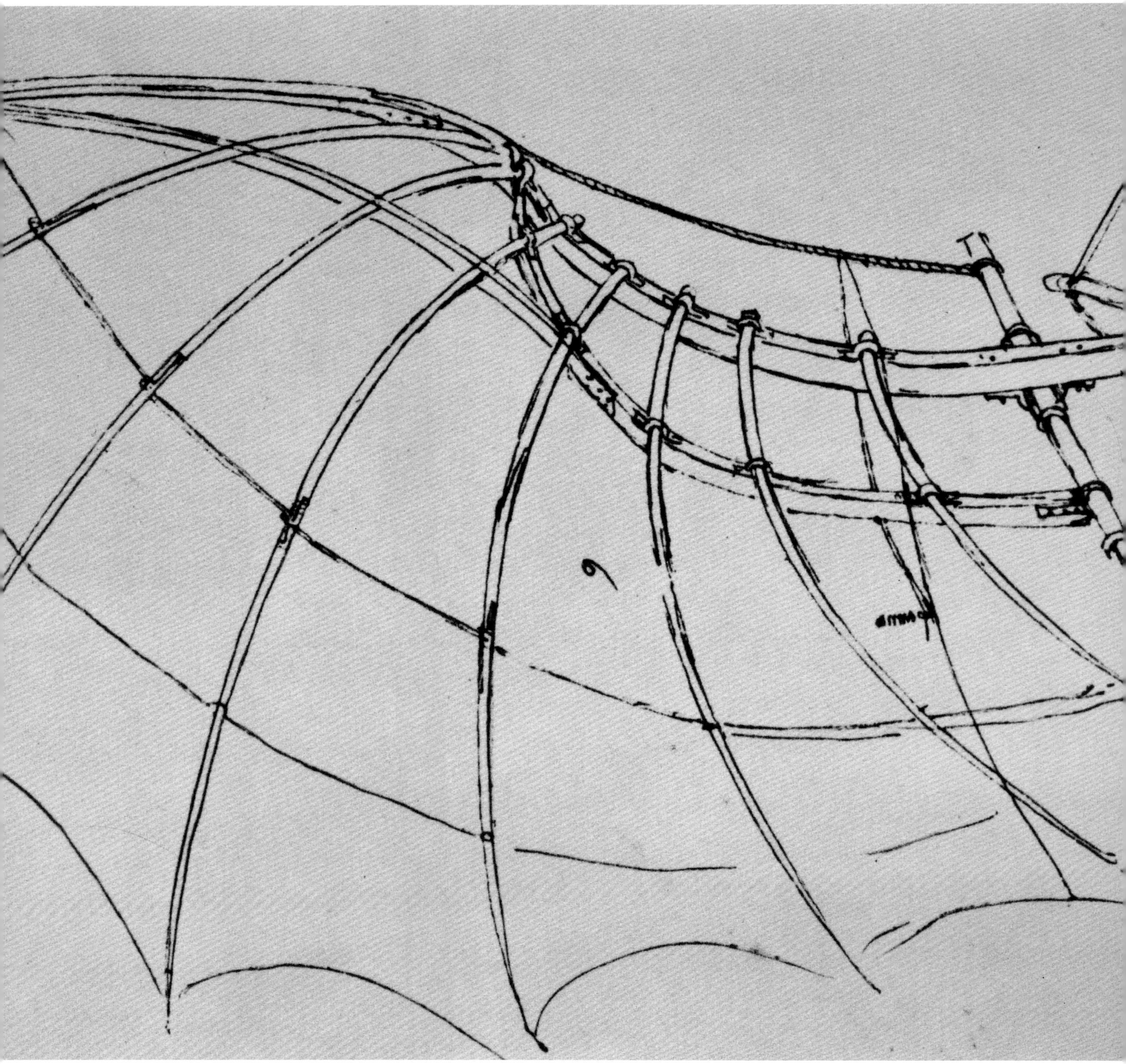

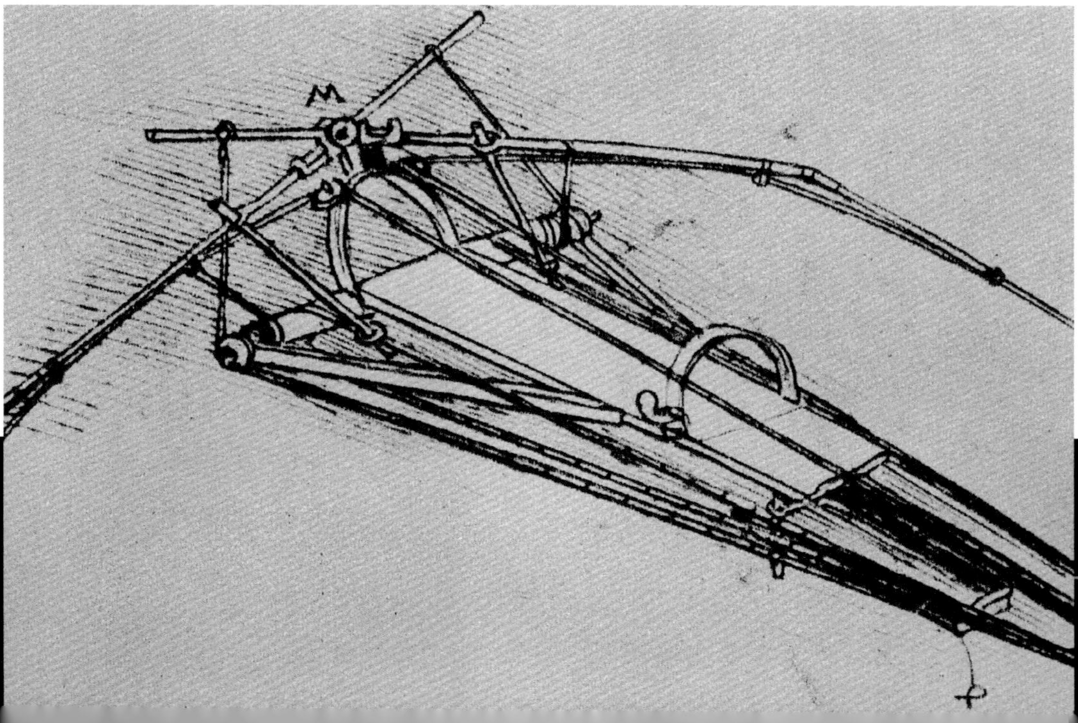

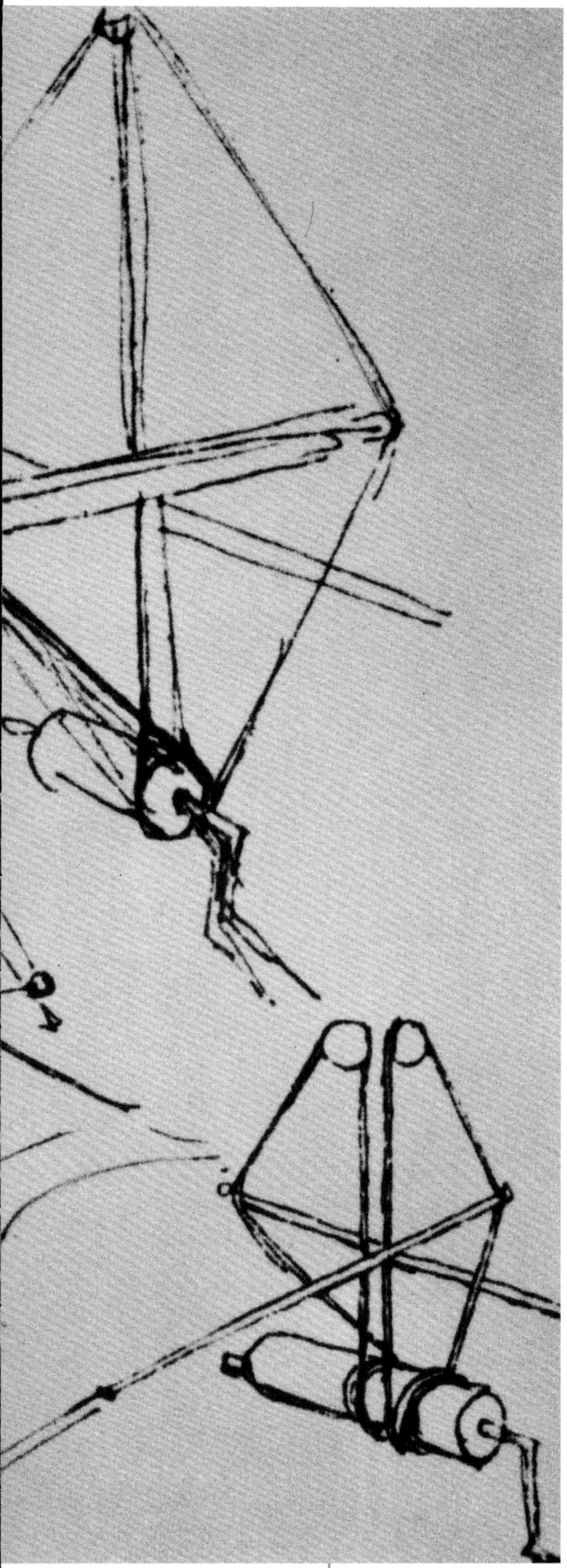

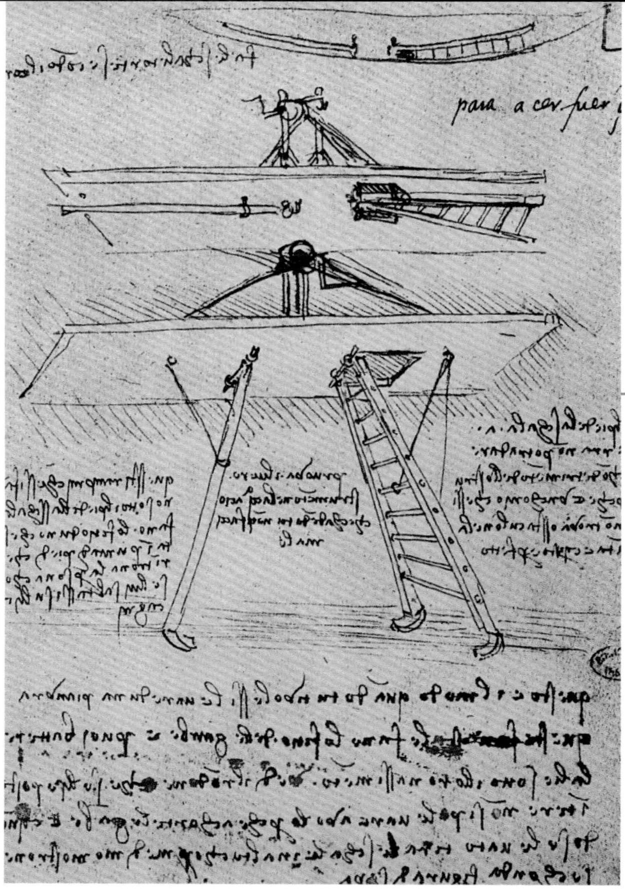

11 Zwei weitere komplexe Projekte, die von Leonardo da Vinci entworfen wurden. Oben ist ein Flaschenzug-Antriebsmechanismus abgebildet, der durch Seile betätigt wird. Unten dagegen ein Ausschnitt eines Flugmaschinen-Modells mit vier Flügeln, die von einem innerhalb des Gerüsts stehenden Mann betätigt werden. Die komplizierte Anordnung der Rollen und Stangen, welche die Flügelbewegungen ermöglichen, ist hier gut sichtbar.

Da Vinci, das Genie aus der Toskana – geboren 1452 in Vinci und 1519 verstorben in Cloux, in der Loire-Region –, war, soweit bekannt ist, der Erste, der sich dem Flugproblem von einer wissenschaftlichen und rationalen Seite her näherte. Die Kodizes enthalten gut 150 Maschinenentwürfe oder Einzelteile von Maschinen verschiedener Art – unter anderem den Fallschirm, die „vite aerea" (erstes Beispiel eines Helikopters) sowie den Propeller. Auch Leonardo blieb jedoch noch längere Zeit an dem Konzept der Vogelflug-Imitation haften und entwarf eine Maschine mit dem Namen Ornithopter; bei dieser Erfindung sollte das Gewicht des Piloten durch die Bewegung zweier mechanischer Flügel getragen werden. Ein großer Mangel dieser Konzeption war jedoch die benötigte Flugkraft, welche viel höher war als von Leonardo berechnet wurde; nach seiner Meinung sollte die Muskelkraft des Menschen ausreichen. Dennoch war sich Leonardo gegen Ende seines Lebens über diese Einschränkungen im Klaren und erahnte die Notwendigkeit eines die Kräfte vervielfachenden Antriebs sowie eines fest eingebauten Flügels. Diese Einsichten hätten seinen Studien sicherlich eine völlig neue Wendung gebracht. Leonardo schaffte es nicht, die neuen Ideen in die Praxis umzusetzen, doch seine allumfassenden Schriften und Zeichnungen lassen die Einzigartigkeit seiner Gedanken und Beobachtungen zum Vorschein kommen. Heutzutage wird er von vielen als spiritueller Vater des menschlichen Fluges angesehen.

10-11 Eine der zahlreichen Zeichnungen Leonardos, die dem Flug gewidmet waren: ein Flügel, der durch einen Kurbelmechanismus betätigt wird. Sowohl die Form als auch die Bewegung des Flügels ist vom Vogelflug inspiriert.

10 unten Was wir heutzutage als den Rumpf einer Flugmaschine bezeichnen, hat Leonardo in dieser Zeichnung dargestellt – bereits vollständig mit Seilkabeln und Verbindungsstangen für die Bewegung der Flügel.

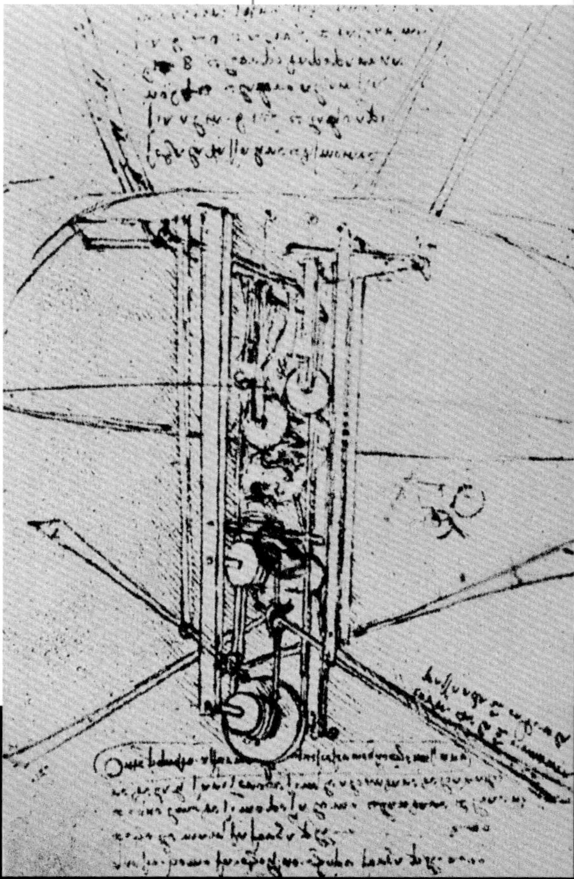

12 links Ein Stich, der den Ballon Vinzenzo Lunardis darstellt, mit welchem der Italiener am 13. Mai 1785 aufstieg.

12 rechts und 13 links In diesen anonymen Zeichnungen aus dem späten 18. Jh. sind zwei Entwürfe dargestellt: ein großer, aerostatischer Ballon, der von Vögeln gezogen wird, sowie ein zweiter, mittels Segeln angetriebener Ballon. Die Naivität dieser und ähnlicher Einfälle ist offensichtlich; die Entwürfe jener Zeit gründeten sich eher auf der Fantasie als auf technischen Forschungen.

Wie es häufig geschieht, kam der erste wirksame Beitrag zur Lösung des Flugproblems aus einer unerwarteten Richtung und in Form eines einfachen und natürlichen Gegenstands: dem Ballon. Den im besten Wortsinne zündenden Einfall, der diese Errungenschaft möglich machte, hatten die beiden französischen Brüder Joseph Michel und Jacques Etienne Montgolfier, Inhaber einer Papierfabrik in der Nähe von Lyon. Ihre Beobachtungen bezogen sich auf die Steigkraft warmer Luft über dem Feuer und wie jene es möglich machte, umherliegende Papiertüten aufsteigen zu lassen. Sie machten sich also ans Werk und führten 1782 eine Reihe von Experimenten durch, bei denen sie mit warmer Luft gefüllte, große, leichte Umhüllungen benutzten.

Am 4. Juni 1783 wurde ein großer Ballon von zehn Metern Durchmesser getestet und am 19. September stieg dieses Gerät mit einem Schaf, einer Gans und einem Hahn an Bord über Versailles in die Lüfte. Der Versuch war erfolgreich und nachdem der Ballon eine Strecke von drei Kilometern

13 Mitte Dieser Druck stellt den Flug von Jean-Pierre Blanchard und John Jefferies vom 7. Januar 1786 dar. Die beiden überquerten als Erste den Ärmelkanal von Dover bis zum Guines-Forst in der Nähe von Andrei.

13 rechts Der erste Ballon der Brüder Montgolfier, der am 5. Juni 1783 in Annonay erfolgreich getestet wurde. An Bord befanden sich keine Passagiere, der Ballon stieg knapp 2000 Meter auf.

13 unten Zwei Porträts der Mongolfier-Brüder aus der Bibliotèque Nationale in Paris. Links Etienne de Montgolfier (1745–1799) und rechts Joseph de Montgolfier (1740–1810).

zurückgelegt hatte, setzte er seine Passagiere wohlbehalten auf der Erde ab.

Die Zeit war nun reif für den ersten Flug des Menschen. Am 21. November 1783 war Paris Zeuge dieses großen Ereignisses: Jean Francois Pilatre de Rozier (ein Chemieprofessor) und Francois d'Arlandes (ein Armeeoffizier) nah-men Platz an Bord eines 22 Meter hohen und 15 Meter breiten Ballons. Um 13:54 Uhr erhoben sie sich unter allgemeinem Jubel von der Erde: der Mensch flog!

14 oben Diese bunte und fantasievolle Zeichnung illustriert ein anonymes Projekt für einen aerostatischen Ballon mit einem Durchmesser von 120 Fuß (Carnevalet Museum, Paris).

14 unten Das militärische Potenzial des Ballons wurde von vielen Armeen geschätzt. Hier sieht man den Aufstieg eines Militär-Ballons während der Belagerung von Paris 1870 im deutsch-französischen Krieg.

Der Weg war damit vorgezeichnet und von nun an wurden immer mehr Experimente unternommen. Zu dem Heißluftballon (nach dem Namen der Erfinder Montgolfiere genannt) gesellte sich bald der von dem Franzosen Jacques Alexandre César Charles erfundene Wasserstoffballon (folglich Charliere genannt). Am 1. Dezember 1783 startete Charles von den Tuilerien in Paris und legte eine Gesamtstrecke von nicht weniger als 43 Kilometern zurück. Die Neugier und Abenteuerlust waren enorm und in vielen Ländern stieg die Zahl der „Himmelaufsteiger". Italien berichtete über den Flug von Andreani und Gerli in Mailand am 25. Februar 1784, in London startete am 15. September 1784 Vincenzo Lunardi mit einer Charliere und am 9. Januar kam in Philadelphia die Überfahrt des Franzosen Blanchard zustande. Die erste Überquerung des Ärmelkanals mit einem Ballon ereignete sich am 5. Januar 1785.

Seine Reife bewies der Ballon 1794 mit dem Einsatz in der französische Armee, bei der er zur Beobachtung des Artillerieschießens verwendet wurde. Das erste Mal wurde er am 26. Juni 1794 in der Schlacht von Fleures in Belgien benutzt, als die Franzosen die österreichischen Streitkräfte besiegten. Fünf Jahre später löste Napoleon Bonaparte jedoch die erste Luftstreitkraft der Welt wieder auf. Der Einsatz des Ballons zu Militärzwecken wurde erst wieder in der zweiten Hälfte des 19. Jahrhunderts wiederholt.

14-15 und 15 unten
Die Herstellung eines Ballons war zu jener Zeit eine delikate und schwierige Aufgabe. Das untere Bild von 1794 zeigt die von Jacques Cont (1755–1805) ausgeführte Schnitttechnik zur Ausarbeitung eines Militärballons. Wie man sieht, wurde das Schneiden unter freiem Himmel und unter Anwendung primitiver Methoden ausgeführt.
Oben: Cont beim Lackieren des Ballons – diesmal in einem geschlossenen Raum.

16 links oben Die Dampf-Flugmaschine von William Henson (1805–1888) war das erste Schwerer-als-Luft-Flugzeug. Henson beschloss seinen „dampfbetriebenen, fliegenden Wagen" zu patentieren und gründete 1842 die erste Flugtransport-Gesellschaft. Sein Vehikel flog jedoch nie.

16 links unten Der deutsche Ingenieur Otto Lilienthal (1848–1896) war einer der größten Forscher des 19. Jh. im Hinblick auf den menschlichen Flug. Bereits im Alter von 15 Jahren begann er sich für dieses Gebiet zu begeistern. Diese Zeichnung eines Gleitflugzeugs zeigt einen 1895 patentierten Entwurf.

Zwischen dem 17. und 18. Jahrhundert trug der Engländer George Cayley (1773–1857) entscheidend zur Weiterentwicklung der Flugtechnik mit bei. Er vermutete bereits 1799, dass eine Flugmaschine sich nur mit Hilfe von Einzelteilen, welche jeweils die Auf- und Antriebsfähigkeit garantierten, in die Lüfte erheben könne; das bedeutete, dass man die Idee des Ornithopters aufgeben musste. Ohne Leonardos Kodizes studiert zu haben, begann Cayley ein für die damaligen Zeiten revolutionäres Konzept zu entwickeln: das Prinzip „Schwerer als Luft". 1804 entwarf er ein Luftschiff mit Propellerantrieb und setzte seine Studien in Aerodynamik fort. 1809 veröffentlichte er seine Forschungen in dem Buch „Über die Luftschifffahrt" (On Aerial Navigation). Er stellte dort ebenfalls einige Thesen hinsichtlich der Lenkbarkeit eines fliegenden Luftschiffs auf und riet sogar zum Gebrauch eines Verbrennungsmotors als Antriebsmittel. Cayley schreibt: „Das ganze Problem (des Motorflugs) besteht in der Herstellung einer Tragoberfläche mit einem bestimmten Gewicht, welche die Anbringung einer Kraft gegen den Luftwiderstand möglich macht." Diese fortschrittlichen Ideen wurden jedoch nicht sofort in die Tat umgesetzt, und im Laufe des 19. Jahrhunderts kamen noch viele fantastische und gleichzeitig wirkungslose Entwicklungen zum Vorschein. 1842 wurde von dem Engländer William Samuel Henson ein weiteres interessantes Flugmodell entworfen und patentiert: das „Aerial Steam Carriage". Es flog nie, war jedoch ein mit Starrflügel ausgestattetes Flugzeug, dessen Propeller von einer 25-PS-Dampfmaschine angetrieben werden sollte. Andere Konstruktionen folgten ähnlichen Prinzipien und man war sich darüber einig, dass zum Fliegen ein Motor und folglich ein Propeller notwendig sein würde. Das Problem bestand darin, ein geeigneteres Triebwerk als die Dampfmaschine sowie wirklich leistungsstarke Flügel zu finden. Bis zu der Einführung eines Verbrennungsmotors, der endlich die Konstruktion eines wahren Flugzeugs möglich machen würde, beschäftigte man sich also weiterhin mit dem Auftriebsproblem.

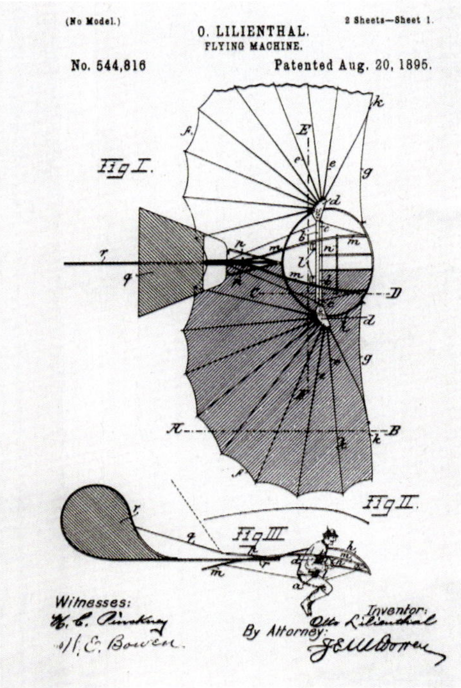

16 rechts Diese Fotografien zeigen Otto Lilienthal auf dem Fliegerberg im August 1894. Es ist offensichtlich, dass der deutsche Ingenieur zu jener Zeit noch von Gleitern mit vogelartig geformten Flügeln überzeugt war. Man kann erkennen, dass die Flügel bereits fest und nicht mehr beweglich waren. Auf dem großen Foto sind die ersten Schwanzflächen zu sehen. Auf dem letzten Bild ist Lilienthal 1896 mit einem Doppeldecker-Gleitflugzeug zu sehen. Der Ingenieur, der Erfahrungen auf mehr als 2000 Probeflügen gesammelt hatte kam bei einem Gleitflug ums Leben, als sich eine seiner Doppeldecker-Maschinen aus einer Höhe von 15 Metern überschlug.

17 oben Der erste Flugversuch Lilienthals im Jahr 1894.

17 Mitte Ein von Otto Lilienthal 1895 gebauter Gleiter mit Doppelflügeln. Diese im Oktober 1895 auf dem Fliegerberg unternommenen Flugversuche zeigen, dass Lilienthal sich von der primitiven Vogelflügelform entfernt hatte und sich fortschrittlicheren aerodynamischen Lösungen näherte: Doppeldecker-Maschinen mit Schwanzflächen.

17 unten links Der Engländer George Cayley machte 1804 diese Skizze eines Gleitflugzeugs. Die Flugmaschine wurde erst 49 Jahre später Wirklichkeit, als sie einen kurzen Flug in der Nähe von Scarborough durchführte.

17 unten rechts Die Idee des „Schwerer als Luft" – ein Flugzeug, das aus Einzelteilen besteht, um Tragfähigkeit und Kraft zu ermöglichen – stammte von George Cayley.

Einer der am meisten gefeierten Forscher war der Deutsche Otto Lilienthal (1848–1896). Bereits im Alter von 15 Jahren begann er sich für das Fliegen zu interessieren und baute zusammen mit seinem Bruder einen zwei Meter langen Ornithopter, der jedoch flugunfähig war. Der entschlossene und technisch begabte Lilienthal erwarb sein Diplom in Ingenieursmechanik und behielt die Leidenschaft für das Flugstudium bei – obwohl ihm aufgrund seiner Arbeit für intensivere Forschungen keine Zeit zur Verfügung stand. Nachdem er in den Ruhestand getreten war, veröffentlichte er 1889 seine Studien in dem Buch „Der Vogelflug als Grundlage der Fliegekunst" und machte sich daran, seine Theorien in die Praxis umzusetzen. Da ihm geeignete Motoren fehlten, fertigte Lilienthal Gleitflugzeuge an, die die Schwerkraft ausnutzten. Er war damit der erste Mensch auf der Welt, der sich mit diesen Gebilden in die Lüfte emporschwang. Nachdem er sich von den Vogelmodellflügeln entfernt hatte, begann Lilienthal 1892 strahlenförmige Segelflächen und später Doppeldecker zu konstruieren, die leichter zu steuern waren. Am 9. August 1896 stürzte Lilienthal jedoch mit einem seiner Gleiter aus einer Höhe von 15 Metern zu Boden und erlag am darauf folgenden Tag seinen Verletzungen.

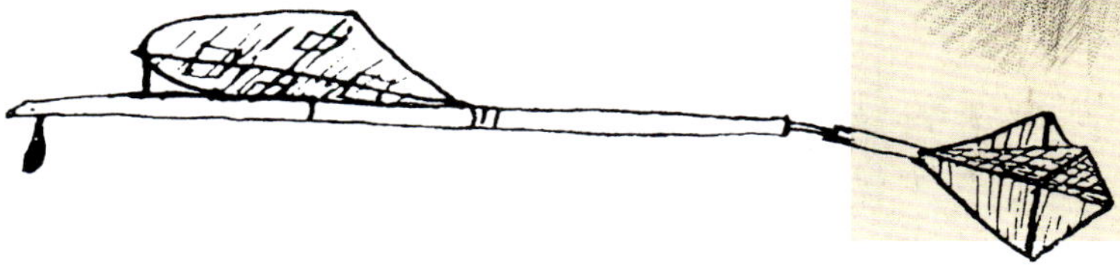

Seine über zweitausend Gleitflüge waren jedoch eine große Inspiration für etliche weitere Pioniere, unter denen sich auch Rumpler und Octave Chanute hervortraten.
Chanute wurde 1832 in Paris geboren, emigrierte jedoch im Alter von sechs Jahren in die USA, wo sein Vater, ein Wissenschaftler, zum Vizedirektor des Jeffersons College berufen wurde. Chanute wurde Ingenieur und begann eine glänzende Karriere bei der Eisenbahn, wo er viele großartige Zivilbauten realisierte und sich damit beachtliche Anerkennung erwarb. Ab 1874 begann er sich für das Problem des Fliegens zu interessieren, doch jegliches ernste Studium musste Chanute aufgrund seiner Berufsverpflichtungen aufschieben. Er legte seine Entwürfe also beiseite und begann seine Dokumentationen erst 1889 zu vervollständigen; er berief sich darin auch auf die Experimente Lilienthals und anderer Forscher. 1894 publizierte er sein Buch „Die Fortschritte der Flugmaschinen" (Progress in Flying Machines), worin er alle bis dahin durchgeführten Versuche im Bereich der Schwerer-als-Luft-Maschinen aufzählte. Schließlich baute er selbst Gleitflugzeuge nach seinen eigenen Entwürfen, zunächst den Lilienthal-Gleitern nachempfunden, die er mit beweglichen Flügeln an einem zentralen Rahmen besser steuerbar und weniger anfällig gegen Windböen machen wollte, später nach dem Prinzip des Doppeldeckers mit starren Flügeln. Er verfolgte die Studien Lilienthals zu den Gleitflugzeugen sehr aufmerksam und wurde sich der Gefahren bewusst, die in dessen Maschinen lauerten. Doch leider kam ihm diese Einsicht erst eine Woche vor dem Unfall des deutschen Erfinders, der somit nicht rechtzeitig gewarnt und gerettet werden konnte. Chanutes Gleitflugzeug-Entwürfe und seine 1897 in Amerika und Frankreich veröffentlichten Forschungen erweckten die Aufmerksamkeit der aus den USA stammenden Brüder Orville und Wilbur Wright. Diese Flugpioniere nahmen drei Jahre später Kontakt zu dem französischen Ingenieur auf, um detaillierte Informationen zu erhalten. Chanute wurde zum Berater der Brüder Wright, der sie immer wieder ermutigte. Und schon kurze Zeit später – im Jahr 1903 – bewiesen sie der Welt die Durchführbarkeit des kontrollierten Motorflugs. Octave Chanute konnte den Erfolg nicht lange mit den Brüdern genießen – er starb sieben Jahre darauf am 23. November 1910 in Chicago.

Diese Aufzählung der wichtigsten Wegbereiter des menschlichen Flugs soll nicht enden, ohne den Franzosen Clement Ader (1841–1925) und den Amerikaner Samuel Pierpont Langley (1834–1906) zu nennen. Ader entwarf und konstruierte zwei Flugzeugtypen – die Eoale und Avion III –, die von einer mit einem Propeller verbundenen Dampfmaschine angetrieben wurden. Langley realisierte hingegen das Aerodrom – einen Eindecker mit Tandemflügeln, dessen zwei Propeller von einem Benzinmotor angetrieben wurden. Beide Projekte waren jedoch nicht mit Glück gesegnet (im Jahre 1890 startete die Eole und 1930 das Aerodrom zu einen Flugversuch). Damit endete eine Epoche von improvisierten Versuchen und Lösungen. Mit den Forschungen der Brüder Wright begann zweifellos eine neue Ära.

18 links Der Avion III wurde von Clément Ader gebaut und war ein Flugzeug mit zwei Dampfmaschinen, die zwei große vierblättrige Propeller antrieben. Ader war als Konstrukteur nicht erfolgreich, aber seine Theorien über die Militär-Luftfahrt hatten Bestand, auch wenn sie zu jener Zeit nicht gewürdigt wurden.

18 oben rechts Octave Chanute entwarf und testete mehrere Gleitflugzeuge, wie z. B. diese Maschine mit fünf Tragflächen aus dem Jahr 1896. Chanutes Arbeit inspirierte die Brüder Wright, die sich an den Konstrukteur wandten, um weitere Informationen zu erhalten, die letztendlich auch zu ihrem eigenen Erfolg beitrugen.

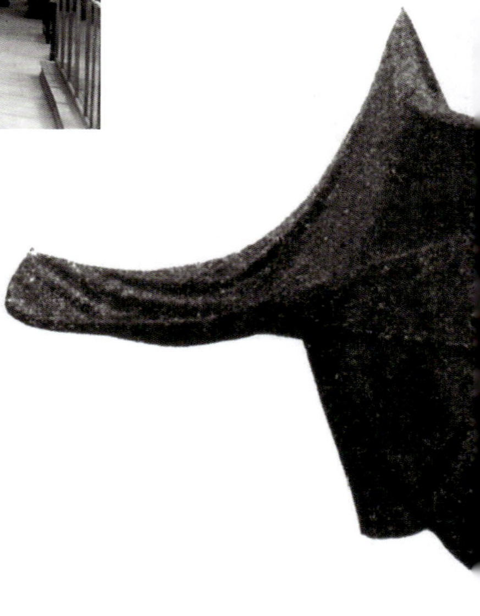

18-19 Die Avion III von Clément Ader, hier mit zusammengefalteten Flügeln. Die Flugmaschine versagte bei einem Demonstrationsflug vor einer Militärkommission im Oktober 1897, u. a. aufgrund des starken Winds. Das französische Verteidigungsministerium lehnte den Entwurf ab.

19 oben Léon Delagrange (links) war ein Pionier der Luftfahrt. Im März 1908 nahm er als erster Europäer einen Passagier, Henri Farman, mit auf den Flug. Im Mai desselben Jahres saß er am Steuer des ersten Flugzeugs, das von italienischem Boden aus startete.

20-21 Ballons wurden mit Erfolg sogar noch Anfang des 20. Jahrhunderts benutzt. In dieser Fotografie vom 15. Mai 1913 wird ein Ballon von den „Eclaireurs de France" auf einem Feld von St.-Cyr in Frankreich manövriert.

20 unten Zwei Zeitschriften, die sich auf den im Juni 1931 aufgestellten Ballon-Höhenweltrekord des belgischen Wissenschaftlers Auguste Piccard beziehen. Piccard war zusammen mit seinem Kollegen Kipfer in Augsburg gestartet und landete in den österreichischen Alpen in Tirol – dabei hatte der Abenteurer eine Flughöhe von 16 000 Metern erreicht. Obwohl der Ballon zu jener Zeit bereits ein veraltetes Flugtransportmittel war, fand der Rekord ein lebhaftes Echo in der Öffentlichkeit.

21 rechts oben Um 1900 wurden Ballons noch ziemlich hoch geschätzt. Auf dieser Seite sind einige Exemplare abgebildet, die in der Ersten Internationalen Luftfahrt-Messe im Grand Palais von Paris im September 1909 ausgestellt wurden.

21 unten Die Startlinie des Gordon Bennett Pokals von 1907. Sechs verschiedene Ballontypen warten auf das Aufstiegsignal für den Wettbewerb.

LE PETIT JOURNAL

ILLUSTRÉ

HEBDOMADAIRE - 42e Année
61, rue Lafayette, Paris

7 Juin 1931 - N° 2111
PRIX : 50 CENTIMES

LE MAGNIFIQUE EXPLOIT DU PROFESSEUR PICCARD

ILLUSTRAZIONE DEL POPOLO

Supplemento della "GAZZETTA DEL POPOLO„

Domenica 14 giugno 1931 (I

Anno XI - Numero 24

L'ascensione del prof. Piccard. — Dopo essere rimasto per molte ore nella stratosfera, ad un'altezza non mai raggiunta dall'uomo, il pallone dell'andace scienziato è disceso sul ghiacciaio del Gurgler, nelle Alpi tirolesi, dove la navicella sferica dell'aerostato rimarrà a ricordo della memorabile impresa.

In questo numero: Confidenze di Virgilio Brocchi

CHELIN

RESS
ENC

Kapitel 2

Die Luftschiffe

Das erste Flugtransportmittel war der Ballon, der bis Ende des 18. Jahrhunderts sowohl für zivile als auch für militärische Zwecke benutzt wurde. Der Ballon alleine war jedoch nicht ausreichend, da er mehr den Naturgewalten – besonders dem Wind – als dem Willen seiner Besatzung unterworfen war. Die Fortschritte, die im Bereich des Antriebs gemacht wurden, führten jedoch nach einigen Jahrzehnten zur Geburt eines kompletteren und flexibleren Fluggeräts: dem Luftschiff. Das erste dieser Fluggebilde konstruierte der Franzose Henri Giffard und brachte es am 24. September 1852 zum Fliegen. Sein Luftschiff wurde von einem Propeller, der über eine kleine Dampfmaschine in Bewegung gesetzt wurde, angetrieben. Dieser Motortyp besaß jedoch weder die erforderlichen technischen Eigenschaften noch die Kraft, die im Endeffekt benötigt wurden. Erst das Erscheinen des Verbrennungsmotors führte zur Weiterentwicklung und schließlich zu den ersten Erfolgen des Luftschiffs. Die N.1 des Brasilianers Alberto Santos-Dumont (1873–1932) war das erste dieser Fluggebilde. Am 28. November 1898 startete das Luftschiff zu seinem Jungfernflug über Paris. Der in Frankreich angesiedelte, wohlhabende Santos-Dumont hegte eine Leidenschaft für das Fliegen und begann Ballons und Luftschiffe zu bauen. Von Letzteren entwarf er 18 verschiedene Typen, bevor sich sein Interesse 1907 den Motorflugzeugen zuwandte.
Drei große Kategorien von Luftschiffen wurden entwickelt: Da waren zunächst die Prall-Luftschiffe, bei denen allein der Innendruck der Gasfüllung die Außenumhüllung formte; die Halbstarrluftschiffe, die sowohl aufgrund des Gasdrucks als auch dank eines längs unter dem Luftschiff befestigten Metallbalkens ihre Form beibehielten; und schließ-lich die Starrluftschiffe, bei denen ein komplexes Metallgerüst die Hülle trug und die Außenform unverändert bleiben ließ. Ausschließlich die letzte Struktur war für die Konstruktion großer Luftschiffe geeignet.

22-23 oben Alberto Santos-Dumont (Mitte) vor einem seiner Luftschiffe. Im Oktober 1901 gewann er den „Deutsche de la Meurthe"- Preis als erster Pilot, der die Strecke St. Cloud-Eiffelturm und zurück in weniger als einer halben Stunde vollführte.

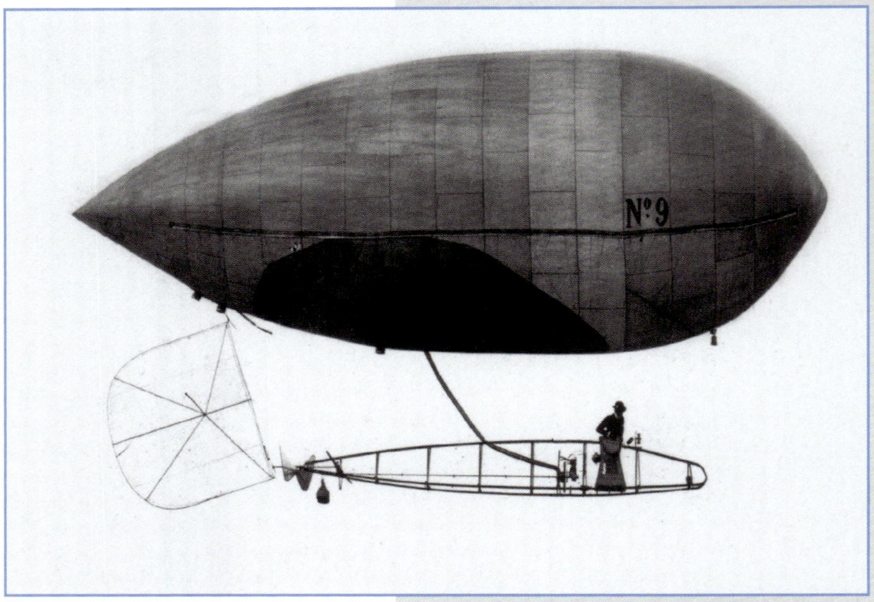

22 Mitte Das erste moderne Luftschiff wurde von Alberto Santos-Dumont gebaut, der einen Ballon mit einem internen Verbrennungsmotor verband. Auf der Fotografie ist das mit einer weiten Gondel ausgestattete Luftschiff Santos-Dumont 9 zu sehen.

22-23 unten Ab 1906 entfernte sich Santos-Dumont langsam von der Luftschiff-Konstruktion und begann sich für Flugzeuge zu interessieren. Die Fotografie zeigt die „14bis", ein Flugzeug, mit dem er 1906 am französischen Grand Prix teilnahm.

14bis

Das Land, welches am meisten zur Entwicklung und Berühmtheit der Luftschiffe beitrug, war Deutschland. Das erste motorisierte, deutsche Starrluftschiff wurde 1875 von Paul Haenlein gebaut. 1888 konstruierte Kurt Wolfert ein Luftschiff, das mit dem ersten Daimler-Benz Luftfahrt-Motor (mit 2 PS Leistung) ausgestattet war. Der Mann, der im Allgemeinen als Vater aller Luftschiffe angesehen wird, war der 1838 in Konstanz geborene Ferdinand Adolf August Heinrich Graf von Zeppelin. Er war Kavallerieoffizier der württembergischen Armee und nahm, beurlaubt, am amerikanischen Bürgerkrieg teil. In Amerika unternahm er auch seinen ersten Ballonflug. Er kämpfte 1866 im österreichisch-preußischen sowie 1870 im deutsch-französisch Krieg und wurde 1888 zum General ernannt; doch 1890 beendete Zeppelin seine Militärkarriere um sich ganz dem Entwickeln von Luftfahrzeugen nach dem Prinzip „leichter als Luft" widmen zu können. 1898 gründete er in Friedrichshafen die Firma Zeppelin. Von Beginn an versuchte Zeppelin das Interesse des deutschen Militärs an seinen Luftschiffen zu erwecken, stieß dabei jedoch auf die Konkurrenz zweier weiterer Pioniere: den Major von Parseval, der ein Prallluftschiff anbot, sowie den Kapitän Gross, der ein Vertreter der Halbstarrluftschiffe war. Diese beiden Modelle kamen vor den Zeppelin-Luftschiffen zum Einsatz, da sie von der Armee als geeigneter für den Einsatz in Militäroperationen befunden wurden: Sie konnten problemlos zerlegt und transportiert werden. Die Einzigartigkeit und der Erfolg von Zeppelins Entwürfen gründeten auf der Tatsache, dass zum ersten Mal Starrluftschiffe von großen Ausmaßen konstruiert werden konnten. Die LZ-1, das erste Modell des Grafen, war 128 Meter lang, 11,66 Meter breit und besaß ein Volumen von 11 300 Kubikmetern. Der Schwachpunkt lag bei der dürftigen Leistung der beiden eingebauten Daimler-Benz-Motoren von 16 PS, die eine Fluggeschwindigkeit von nur 45 km/h ermöglichten. Am 2. Juli 1900 startete die LZ-1 zu ihrem Jungfernflug über dem Bodensee. Trotz der guten Qualität des Entwurfs sollten weitere acht Jahre vergehen, bevor die deutsche Armee die ersten Zeppeline in Auftrag gab: die Modelle LZ-3 und LZ-5. 1909 bestellte auch die deutsche Marine die ersten vier Luftschiffe, die für Erkundungsflüge eingesetzt werden sollten. Im gleichen Jahr gründeten die Zeppelin GmbH und die Hamburg-Amerika Reederei die DELAG, die erste kommerzielle Fluggesellschaft für den Betrieb von Luftschiffen. Am 28. Juni 1910 wurde der Jungfernflug der LZ-7 „Deutschland" mit 24 Passagieren an Bord durchgeführt. In

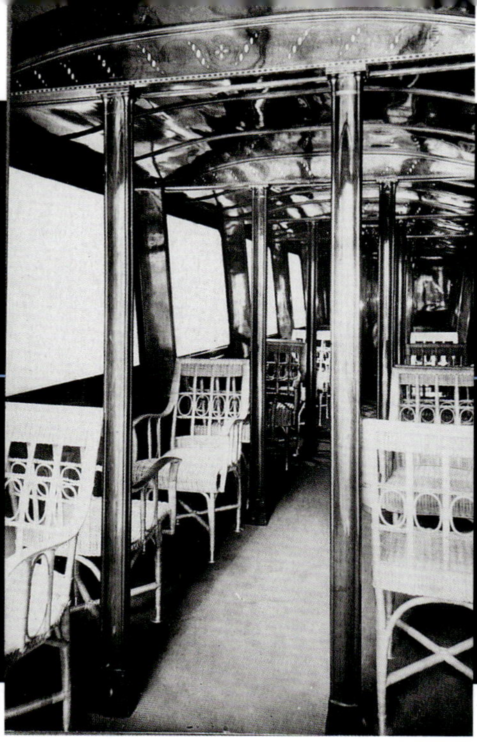

24 oben und unten Ferdinand Graf von Zeppelin wird allgemein als Vater der Luftschiffe angesehen. Er gründete 1898 in Friedrichshafen seine eigene Firma. Auf den Bildern sind zwei seiner Luftschiffe zu sehen; bei dem unteren handelt es sich um das Militär-Luftschiff L2, das während des Ersten Weltkriegs von der deutschen Armee benutzt wurde.

25 oben Die Passagierkabine der LZ-7 „Deutschland" von 1910. Das Verkehrsluftschiff konnte bis zu 24 Reisende befördern. Das Luftfahrzeug wurde von der DELAG eingesetzt, die bis 1914 aktiv war.

den vier Dienstjahren bis zum Ausbruch des Ersten Weltkrieges transportierte die DELAG über 10 000 Passagiere in 3193 Flugstunden, die einer Gesamtstrecke von 172 535 Kilometern entsprachen. Beim Kriegsausbruch im August 1914 verfügte die deutsche Armee über zwölf Luftschiffe, während die Marine sich mit lediglich einem begnügen musste. Nachdem der Kaiser sein Einverständnis gegeben hatte, begann man die Zeppeline seit 1915 auch für die Bombardierung Londons und anderer Gebiete Englands einzusetzen. Doch im weiteren Verlauf des Krieges wurden auch die Flugabwehrkräfte stärker und die Zeppelin-Verluste, namentlich duch gegnerische Jagdflugzeuge, nahmen zu. Am 25. September 1916 führte die Luftschiffeinheit des deutschen Heeres ihren letzten Einsatz über London durch. Die deutsche Marine dagegen, die im weiteren Kriegsverlauf 74 Luftschiffe erwarb, benutzte sie noch bis zum Waffenstillstand im Jahre 1918.

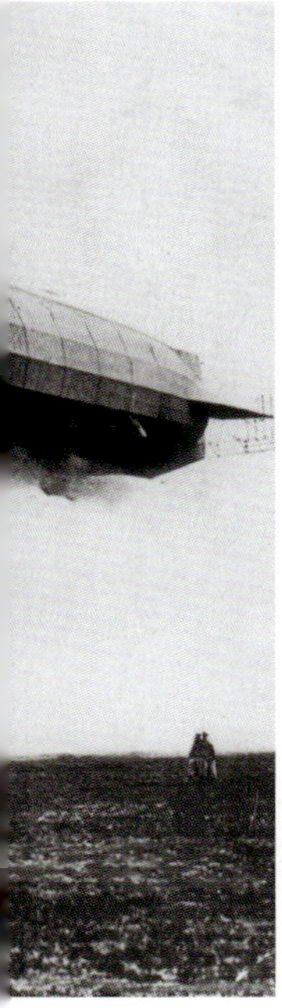

25 Mitte Die Gondel des ersten Zeppelin-Luftschiffs, das von der deutschen Armee akzeptiert wurde. Es handelte sich um das Modell LZ-3; die Maschine wurde 1908 unter der Miitärbenennung Z1 in Dienst gestellt. 1909 hob das Luftschiff von Metz ab und blieb vier Tage lang ohne Unterbrechung in der Luft.

25 unten Ein großes Zeppelin-Luftschiff – umringt von einer neugierigen Menschenmenge – bei der Landung in Konstanz im April 1909. Man beachte die zahlreichen Stabilisierungsflächen am Heck des Luftschiffs.

Nach dem Krieg nahm die DELAG ihre Tätigkeit wieder auf, doch ihre beiden Luftschiffe „Nordstern" und „Bodensee" gingen 1921 als Reparationsleistungen an Italien und Frankreich. Die Luftschiffbau Zeppelin GmbH entwickelte nun neue, größere und leistungsfähigere Starrluftschiffe. Am 18. September 1928 stieg die LZ-127 „Graf Zeppelin" auf – ein riesiges Luftschiff von 236 Metern Länge und einem Volumen von 110 000 Kubikmetern Wasserstoff: Vier Motoren von jeweils 550 PS brachten es auf eine Geschwindigkeit von 128 km/h. Man beabsichtigte, dieses Luftschiff zum Haupttransportmittel für Interkontinentalflüge zu machen, denn es war schneller als Schiffe und sicherer als Flugzeuge, die damals noch über eine begrenzte Reichweite verfügten und nur ein Drittel der Passagiere der „Graf Zeppelin" aufnehmen konnten. Im August 1929 wurde mit diesem Luftschiff, das seinen 38 Passagieren eine luxuriöse Ausstattung bieten konnte, der Transatlantikservice nach Nord- und Südamerika eingeweiht. 29 Tage dauerte die Weltreise, mit Zwischenstopps einzig in New York, Los Angeles und Tokio.

26 Drei Fotografien vom „Graf Zeppelin" aus dem Jahr 1928. Dieses bis dahin größte Luftschiff – mit der offiziellen Baunummer LZ-127 – war eine interkontinentale Transportmaschine mit riesigen Ausmaßen: 236 Meter lang und mit 111 000 Kubikmeter Volumen. Oben eine Kommandobrücke; die beiden Fotografien unten zeigen Bauphasen in den großen Firmenhallen.

27 oben Das Luftschiff „Graf Zeppelin" während einem der Probeflüge über dem Bodensee; es wird begleitet von zwei Jagdflugzeugen der Schweizer Armee.

27 unten Zwei Fotografien, auf denen die Bauarbeiten an der „Hindenburg" zu sehen sind – das größte Luftschiff, das die Zeppelin-Werke in Friedrichshafen gebaut hatten. Der Jungfernflug fand am 1. Mai 1936 statt. Links die Herstellung der großen, als Strukturstützen benötigten Metallringe, während rechts das Luftschiff beinahe fertiggestellt ist – die Maschine trägt bereits die Fahnen des Dritten Reichs auf den Leitwerken.

28-29 Die LZ-129 Hindenburg bei einem Flug über Manhattan 1936. Dieses Luftschiff – der Stolz des nationalsozialistischen Deutschlands – war für die interkontinentalen Passagierflüge bestimmt und hatte eine Länge von 245 Metern sowie ein Volumen von 200 000 Kubikmetern.

28 unten links Die Rundfunkkabine der Hindenburg. Dank dieser Apparaturen konnte das Luftschiff rechtzeitig Wetterberichte erhalten und mit Radiosendern auf der Erde in Kontakt bleiben.

28 unten rechts Passagierleben auf der Hindenburg. Das Luftschiff verfügte über große Glasscheiben für eine gute Aussicht und bot den bis zu 36 Reisenden verschiedene Unterhaltungen und Dienste an.

Das größte und berühmteste Zeppelin-Luftschiff war die LZ-129 „Hindenburg". Es war 245 Meter lang, erreichte eine Höchstgeschwindigkeit von 135 km/h und verfügte über eine Reichweite von 14 500 Kilometern; die Größe des Passagierraums blieb unverändert. Seinen Erstflug machte LZ-129 am 1. Mai 1936 und führte insgesamt 63 Flüge (darunter 37 transatlantische) durch. Am 6. Mai 1973 legte das Luftschiff in Lakehurst, New Jersey an und fing aus unbekannten Gründen Feuer: Die „Hindenburg" wurde komplett zerstört und zwölf der 36 Passagiere sowie 22 der 61 Besatzungsmitglieder starben bei der Katastrophe, die von Kameras mitgefilmt wurde. Die Tragödie war der Schwanengesang der Luftschiffe und kennzeichnete deren Ende als Transportmittel: In dieser Funktion waren sie bereits zu jener Zeit in technischer Hinsicht von den Flugzeugen weit überholt worden. Das letzte Zeppelin-Luftschiff war die LZ-130 „Graf Zeppelin 2", die zum ersten Mal im September 1939 geflogen wurde. Auf Befehl des Oberbefehlshabers der Luftwaffe, Hermann Göring, wurde das Luftschiff jedoch zusammen mit dem LZ-127 im darauffolgendem Jahr verschrottet.
In den Zwanzigerjahren jedenfalls spielte Italien eine Hauptrolle unter den Ländern, die sich der Entwicklung moderner Luftschiffe widmeten.

29 Drei Bilder der Hindenburg-Katastrophe. Am 6. Mai 1937 fing die LZ-129 während der Anlegephase in Lakehurst, New Jersey, auf mysteriöse Weise Feuer. Die ungeheure Gasexplosion wurde von den Filmkameras auf dem Flugplatz eingefangen. Bei dem Feuer kamen zwölf Passagiere und 22 der 61 Besatzungsmitglieder ums Leben.

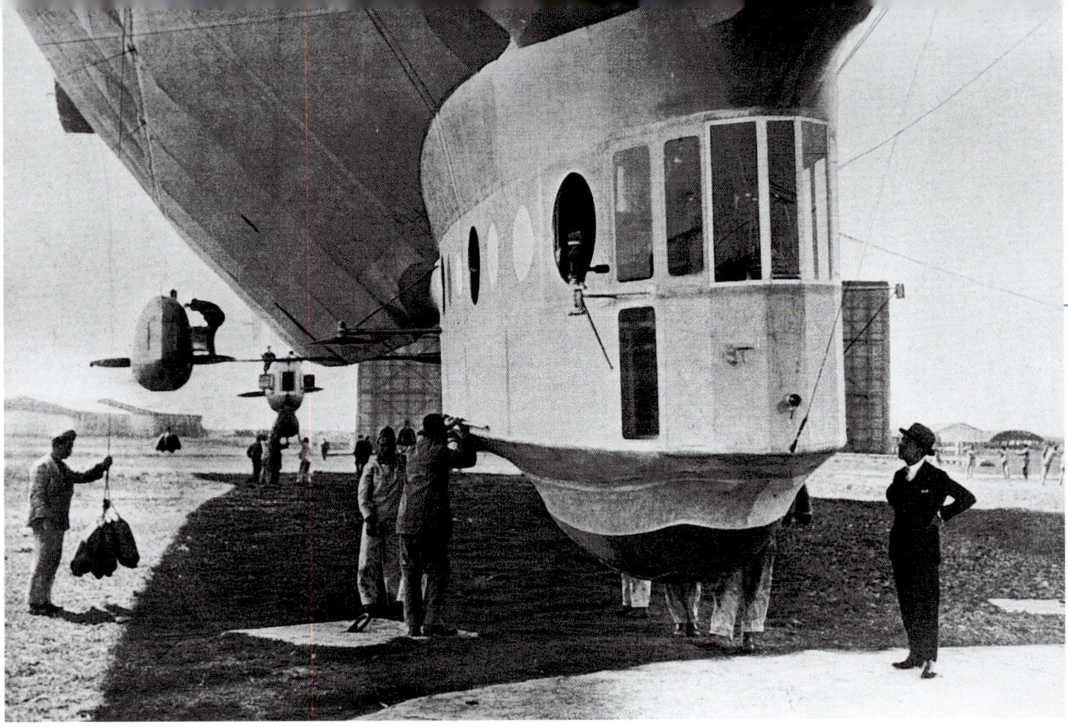

30-31 und 31 oben
Die Norge-Expedition wurde auf der ganzen Welt verfolgt, obwohl das Luftschiff bereits von einem Flugzeug geschlagen worden war: Zwei Tage vor der Norge flog Richard Byrd mit seiner Fokker über den Nordpol. Oben: General Nobile mit dem Gouverneur Cremonesi bei der Ankunft in Rom am 3. August 1926. Die große Fotografie zeigt die Norge bei der Anlegephase; das Luftschiff war 107 Meter lang und besaß ein Gesamtvolumen von 18 500 Kubikmetern.

30 unten rechts 11. Mai 1926: General Nobile (links) mit einem weiteren Besatzungsmitglied auf der Norge-Gondel, kurz bevor die Anker vor der Königsbucht gelichtet wurden und der historische Flug über den Nordpol begann.

30 oben, Mitte und unten links Die erste Polarexpedition mit einem Luftschiff wurde 1926 von Norwegen durchgeführt. Die von Umberto Nobile entworfene N-1 wurde zu dem Zweck in Norge umbenannt. Die Expedition leitete der norwegische Forscher Roald Amundsen, der die Norge unter das Kommando Nobiles stellte. Oberhalb – das Luftschiff während der Unternehmung; unten, Nobile mit dem Kronprinzen von Norwegen und dem englischen Luftfahrt-Minister Sir Samuel Hoare, die zusammen mit der Luftschiffbesatzung in Pulham fotografiert wurden.

Dies war besonders den Forschungen des Generals Umberto Nobile, eines Offiziers der Königlichen Luftwaffe, zu verdanken. Die italienische Armee und Marine benutzten die Luftschiffe bereits seit vielen Jahren, als Nobile – geboren 1885 in der avellinischen Provinz – im Jahre 1915 in das technische Büro der Luftfahrtfabrik in Rom eintrat. Dort erregte Nobile mit seinen verschiedenen Entwürfen von Luftschiffen Aufmerksamkeit; darunter befand sich auch der Typ „O", der für die Marine konstruiert und auch im Ausland verkauft wurde. 1919 wurde Nobile zum Fabrikdirektor berufen und arbeitete weiterhin am Entwerfen von Luftschifftypen. In Zusammenarbeit mit anderen entwickelte er das T34, welches das größte je in Italien gebaute Halbstarrluftschiff bleiben sollte. Die 125 Meter lange Flugmaschine wurde „Roma" benannt, besaß ein Volumen von gut 34 000 Kubikmetern und konnte mit einer Nutzlast von bis zu 19 Tonnen abheben. 1921 wurde die „Roma" an die USA verkauft, wo sie einen starken Eindruck hinterließ. 1932 entwarf Nobile alleine die N-1, sein erstes eigenes Luftschiff. Vom Typ her handelte es sich um ein Halbstarrluftschiff, das von drei Motoren angetrieben wurde; die Länge betrug 107 Meter und das Volumen ca. 18 500 Kubikmeter. Drei Jahre später wurde das Luftschiff von Norwegen erworben und auf den Namen „Norge" getauft. Unter dem Kommando Nobiles und mit dem norwegischem Forscher Ronald Amundsen an Bord vollzog die „Norge" den ersten Flug über die arktische Polarkappe – von Spitzbergen über den Nordpol hinweg bis nach Alaska. Nobile war so begeistert, dass er die Abenteuertat mit einem italienischen Luftschiff sowie italienischer Mannschaft an Bord wiederholen wollte und sogar eine Landung auf dem Nordpol einplante.

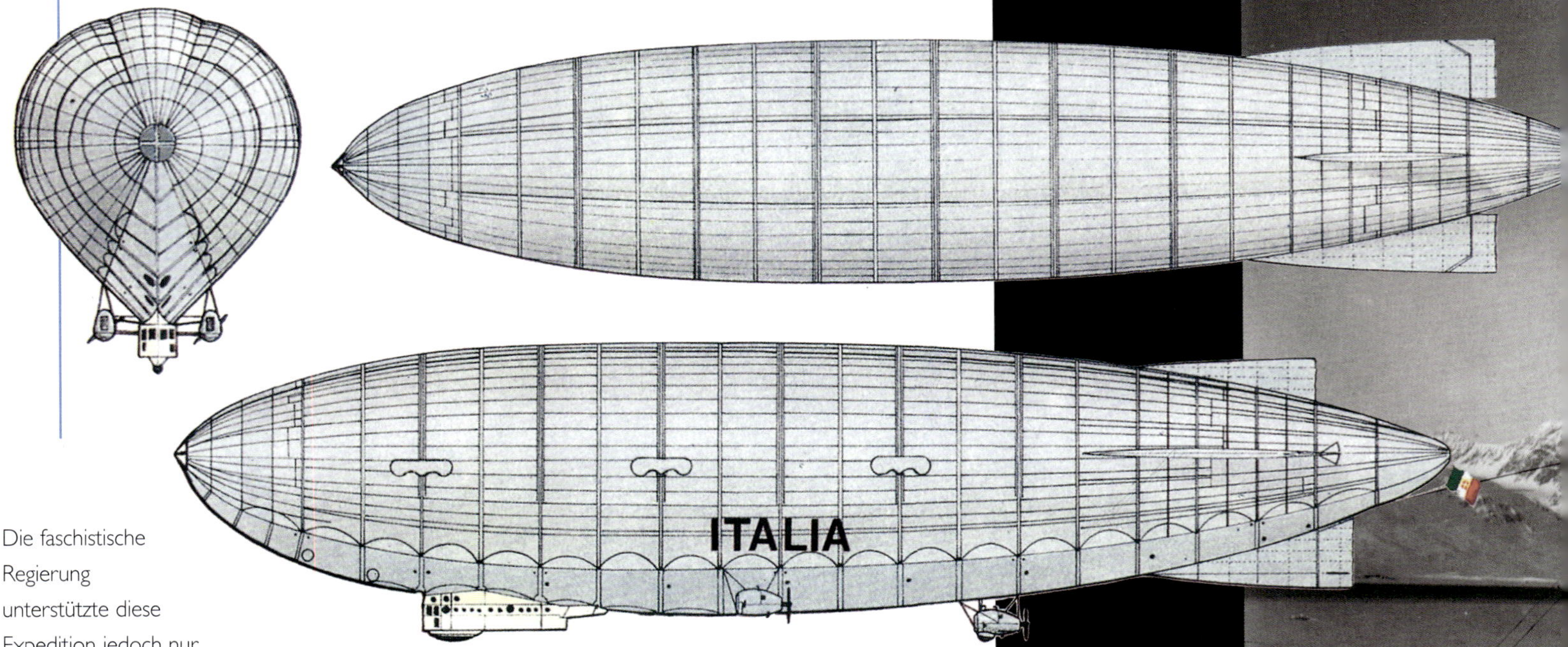

Die faschistische Regierung unterstützte diese Expedition jedoch nur zögerlich, und die Vorbereitungen entsprachen wahrscheinlich nicht den erschwerten Bedingungen. Man startete am 15. April 1928 von Mailand aus mit dem Luftschiff N-4 „Italia", das fast identisch mit der „Norge" war. Nach einigen technischen und wetterbedingten Problemen schien es nach dem 11. Mai, als die „Italia" eine Reihe von Packeiserkundungen begann, aufwärts zu gehen. Am 23. Mai brach das Luftschiff zum Nordpol auf und erreichte das Ziel gegen Mitternacht. Das Wetter begann jedoch schlechter zu werden und auf den Landeanflug auf den Pol musste man verzichten. Auf dem Rückweg wurde die „Italia" von starkem Gegenwind und einem heftigen Sturm überrascht: Am 25. Mai prallte das von Eis bedeckte Luftschiff auf das Packeis, und die Gondel mit den neun Besatzungsmitgliedern wurde von der Außenhülle gerissen. Die erleichterte Hülle stieg mit den übrigen sechs Männern wieder in die Höhe und verschwand – sie wurde nie mehr gesichtet. Sechs der insgesamt neun Überlebenden harrten ungefähr einen Monat aus, bis endlich Hilfe anrückte. Als einziger Schutz stand ihnen ein kleines Zelt zur Verfügung, welches rot gefärbt wurde, um besser sicht-bar zu sein. Die übrigen drei Männer machten sich gen Nordosten auf den Weg und wurden schließlich geborgen, doch nur zwei von ihnen überlebten. Während der Suchaktion kam auch der Forscher Amundsen an Bord eines Flugboots ums Leben. Dem Unternehmen und seinem verheerenden Ende folgte eine Reihe von Polemiken, zum Teil aufgrund der Tatsache, dass Nobile als Erster in einem Rettungsflugboot in Sicherheit gebracht wurde.

1929 zog sich der verbitterte Nobile von der Königlichen Luftwaffe zurück und übersiedelte 1932 nach Moskau. Dort arbeitete er noch bis 1936 an sowjetischen Luftschiffen.

Von 1939 bis 1943 lehrte er in den Vereinigten Staaten Luftfahrt-Ingenieurwesen, kehrte jedoch in der Nachkriegszeit wieder nach Italien zu-rück, wo er zum Abgeordneten der konstituierenden Versammlung gewählt wurde. Er starb 1978 in Rom.

32 Das Luftschiff Italia, das bei Nobiles zweiter Expedition zum Nordpol 1928 benutzt wurde, während einer Anlegeaktion in Slupsk, Polen. Die Italia wurde ursprünglich N-4 genannt und war beinahe identisch mit der Norge.

32-33 Die Italia beim Anlegen in der Königsbucht. Das Luftschiff verließ am 15. April 1928 Mailand und erreichte nach einigen Rasten und Erkundungsflügen über dem Packeis am 23. Mai den Nordpol. Kurz darauf ereignete sich die Tragödie.

33 Mitte Einige Besatzungsmitglieder der Italia während einer Pause. Die Expedition bestand aus 15 Männern, von denen nur zwei – der Meteorologe Malmgren (Schwede) und der Physiker Behounek (Tscheche) – keine Italiener waren.

33 unten In der einen Hand das Sprachrohr, wies General Umberto Nobile, der größte Luftschiff-Experte in Italien, der Italia den Ausgang während einer Übung vor der Abreise.

Ein weiteres Land führte interessante Experimente mit Luftschiffen durch, indem sie zu fliegenden Flugzeugträgern umgebaut wurden. In der ersten Hälfte der Dreißigerjahre verfügte die US Navy über zwei Luftschiffe – die USS Akron und die USS Macon. Letztere konnte eine Höchstgeschwindigkeit von 135 km/h fahren und vier einsitzige Jagdflugzeuge Curtiss Sparrowhawk transportieren. Diese Flugzeuge wurden an der Unterseite des Luftschiffs angekuppelt und konnten während des Flugs sowohl abgeworfen als auch wieder geborgen werden. Leider stürzte die Akron 1933 ins Meer, und auch der Macon widerfuhr dasselbe Schicksal im Februar 1935 durch Materialverschleiß.
In den Dreißigerjahren begann jedenfalls der Niedergang der Luftschiffe als Verkehrsmittel, da sie bereits von den Flugzeugen in puncto Schnelligkeit, Robustheit und Zuverlässigkeit überholt worden waren. Die tragischen Unfälle der „Italia" und der „Hindenburg" beschleunigten nur das Ende. Während des Zweiten Weltkrieges konstruierte die Firma Goodyear eine Reihe von Halbstarr-Luftschiffen für die US-Navy, die sich beim Einsatz in der U-Boot-Abwehrstaffel als nützlich erwiesen. Nach dem Krieg behielten die USA und die Sowjetunion einige ihrer Luftschiffe für leichtere See-Aufklärung im Dienst. In jüngerer Zeit wurden die einzigen

34 oben Die US Navy war ebenfalls an den Luftschiffen interessiert und führte Anfang der 30er-Jahre zwei Flugzeugträger-Typen ein. Auf der Fotografie die USS Macon im Innern ihres Hangars mit der Besatzung, die sich vor der Gondel aufgestellt hat.

35 unten Ein Jagdflugzeug Curtiss Sparrowhawk während des Anlegens auf dem Luftschiff USS Macon. Dieser Luftschiff-Typ konnte fünf solcher Flugzeuge aufnehmen und sie während des Flugs absetzen und wieder einfangen.

zivilen Luftschiffe – einige Goodyears – als Werbeträger in den Vereinigten Staaten und Europa eingesetzt.

Die Entwicklung neuer Technologien (wie zum Beispiel der Elektronik) brachte die Luftschiffe in den Neunzigerjahren wieder ins Rampenlicht. Eingesetzt für touristische Zwecke, Überwachungsaufträge, Werbung und Fernsehaufzeichnungen sowie als zukunftsweisendes Frachttransportmittel, stellt das Luftschiff noch heute ein brauchbares Luftfahrzeug dar. 1993 wurde zudem die Zeppelin Lufttechnik GmbH gegründet, die sich mit dem Entwickeln von Halbstarrluftschiffen, die das nicht entflammbare Heliumgas anwenden, beschäftigt. Mithilfe moderner Computertechnik wurde bei den neuen Luftschiffen der Serie NT auch das Sicherheitsproblem beim Starten und Landen gelöst, indem drei 200-PS-Kolbenmotoren mit einem dreiblättrigen Propeller angebracht wurden, wovon zwei sich um 90 Grad drehen lassen und einer am Heck angebracht ist, um das Gieren besser kontrollieren zu können. Der Zeppelin NT LZ N-07 flog zum ersten Mal am 18. September 1997 und das erste Serienmodell wurde 2000 fertiggestellt. Auch andere Gesellschaften, wie die deutsche Cargolifter, die amerikanische ABC und die englische ATG, haben sich seither damit beschäftigt, neue Luftschiffe zu entwerfen.

34 unten Eine spektakuläre Aufstellung von elf Luftschiffen der US Navy kurz vor dem Ausbruch des zweiten Weltkriegs.

35 oben Die USS Macon der US Navy über der Bucht von San Francisco. Dieses Luftschiff konnte vier an der Unterseite eingehakte Jagdflugzeuge vom Typ Curtiss Sparrowhawk transportieren. Im Februar 1935 stürzte das Luftschiff in die See.

35 Mitte Der große Unterschied in den Ausmaßen zwischen dem interkontinentalem „Graf Zeppelin“ und einem kleinen amerikanischen Goodyear-Luftschiff wird auf dieser Fotografie aus den späten Zwanzigerjahren deutlich.

Kapitel 3

Schwerer als Luft

Am Ende des 18. Jahrhunderts hatte sich der Traum des Menschen zu fliegen dank des Ballons und des Luftschiffs in gewisser Weise verwirklicht. Doch das war nicht die Art von Flug, die die Pioniere wirklich interessierte und antrieb. Wonach man sich wirklich sehnte, war das Fliegen auf steuerbaren Flugmaschinen, die aus Flügeln und einem Motor zusammengesetzt waren. Die Forschungen mit den Gleitflugzeugen erwiesen sich somit als sehr nützlich und es wurde endlich möglich, sie mit einem zur Luftfahrt geeigneten Triebwerk auszustatten. Dabei handelte es sich um einen Vergaser-Verbrennungsmotor mit Luftkühlungssystem. Der Erfinder war der deutsche Ingenieur Nikolaus Otto, der 1877 als erster einen Viertakt-Wärmekreislauf – bekannt als Ottomotor – entwickelte. Gottlieb Daimler entwickelte das Prinzip weiter und konstruierte 1883 den ersten starr eingebauten Motor mit einer hohen Drehzahl (800 U/min). Dank der Fortschritte, die im Bereich des Zündungssystems gemacht wurden, erwies sich der Vergasermotor sowohl für das Automobil als auch für die Luftfahrt als anwendbar.
Die Brüder Wilbur und Orville Wright waren die Ersten, die es schafften, eine geeignete Außenhülle mit einem Verbrennungsmotor zusammenzusetzen; sie schufen damit das erste steuerbare Motorflugzeug der Geschichte. Wilbur wurde 1867 in Millville (Indiana) und Orville 1871 in Dayton (Ohio) geboren. Ihr Vater, ein protestantischer Pfarrer, schenkte ihnen eines Tages einen Spielzeughelikopter, der durch ein Gummiband angetrieben wurde. Für die damals elf und sieben Jahre alten Brüder wurde dieses Modell zu einer Offenbarung, die ihnen einen Einblick in die Welt der Mechanik und des Fliegens gab. Nachdem die beiden eine Fahrrad-Reparaturwerkstatt eröffnet hatten, wurden sie 1896 von der Arbeit Otto Lilienthals (der im selben Jahr verstarb) inspiriert und versuchten, seine Experimente mit Gleitflugzeugen nachzustellen. Sie betrachteten dies als Zwischenschritt auf dem Weg zur Erschaffung eines Motorflugzeugs. Die Brüder begannen mit der Herstellung eines Drachenmodells: ein Doppeldecker, dessen Flügeldrehungen vom Boden aus durch vier Kabel gesteuert werden konnten.

36-37 Die Wright-Brüder unternahmen viele Versuche mit Gleitflugzeugen. Auf dieser Fotografie von 1903 ist eine schwierige Landung von Orville Wright zu sehen, während Wilbur seinem Bruder zur Hilfe kommt.

36 unten Wilbur Wright an der Steuerung des „Flyers", dem ersten Schwerer-als-Luft-Flugzeug, das erfolgreich mit einem Verbrennungsmotor flog. 17. Dezember 1903.

Im Jahre 1900 begannen sie schließlich mit Hilfe von Octave Chanute, der sie beriet, mit der Herstellung und dem Betrieb kleiner Gleitflugzeuge. Die Ergebnisse waren jedoch nicht sehr befriedigend und veranlassten die Brüder dazu, ihre Flugtheorien noch einmal zu überdenken. In ihrer Werkstatt in Dayton konstruierten sie daraufhin eine Art Windkanal, indem sie eine zwei Meter lange, quadratische Röhre mit einem Ventilator verbanden. Mit dieser simplen Struktur schafften sie es, wirkungsvolle Flügelprofile zu entwickeln, und bauten 1902 ein Gleitflugzeug mit zufriedenstellenden Flugeigenschaften. Der nächste Schritt war nun also die Konstruktion des ersten Motorflugzeugs.
Das erste Hindernis lag in der Auffindung eines geeigneten Triebwerks. Nach einigen ergebnislosen Anfragen bei der Automobilindustrie wandten sich die Wrights an den Mechaniker Charles Taylor. Gemeinsam stellten die drei schließlich einen Vierzylinder-Reihenmotor mit 12 PS her. Der Motor wurde in Zentralposition eingebaut und trieb mithilfe eines doppelten Kettenantriebs zwei gegenläufige Propeller an. Bei dem Fluggerät selber handelte es sich um einen Doppeldecker mit Canard-Tragflächen. Die Flügelspannweite betrug 12,28 Meter, die Länge 6,43 Meter und die Flügeloberfläche maß 47,38 Quadratmeter. Die Brüder nannten die Maschine „Flyer".

37 oben links und rechts Zwei Bilder der Wright-Experimente mit Gleitflugzeugen. Links eine Fotografie von Wilbur Wright in Bauchlage bei der Steuerung der „Wright Nr. 1" während eines Probeflugs im Oktober 1902 in Kill Devil Hills, nahe Kitty Hawk in North Carolina. Rechts ein Flug von Orville Wright in demselben Ort, aber auf einem ausgefeilterem Typ eines Gleitflugzeugs.

37 Mitte und unten Zwei Bilder aus dem Anfang des Jahrhunderts, auf denen Versuche der ersten Motorflug-Pioniere dargestellt sind. In der Mitte ein zweimotoriger Pean-Eindecker; unten ein wunderliches Flugzeug mit sieben ovalförmig eingegliederten Flügeln. Wie viele Projekte zu jener Zeit waren auch diese beiden nicht erfolgreich.

Die Montagearbeiten wurden erst im Dezember beendet, doch die Wrights waren ungeduldig und entschieden sich, am 14. Dezember 1903 trotz Schlechtwetters den ersten Probeflug zu unternehmen. Der Versuch wurde am Strand von Kitty Hawk in North Carolina durchgeführt, fand jedoch ein schnelles Ende: Der von Wilbur gesteuerte Flyer – noch mit Kufen ausgestattet – senkte sich unmittelbar nach dem Abheben wieder und stürzte schließlich zu Boden.
Drei Tage später verliefen die Versuche jedoch schon ganz anders. Nachdem der Flyer wieder flugfähig gemacht woreden war, transportierte man die Maschine erneut nach Kitty Hawk und bereitete sie an der Abflugbahn vor. Das Steuer führte diesmal Orville. Um 10:35 Uhr dieses historischen Morgens erhob sich der Flyer mit einer Geschwindigkeit von 16 km/h vom Boden. Das Ereignis wurde von einem anwesenden Fotografen unvergänglich festgehalten. Nur zwölf Sekunden blieb das Flugzeug in der Luft und legte dabei eine Strecke von 36 Metern zurück. Doch die beiden Brüder unternahmen noch am selbem Tag weitere Flüge, von denen der längste 59 Sekunden dauerte.
Um die größtmöglichen Vorteile aus diesem Ereignis zu ziehen, hielten die Brüder ihren Erfolg zunächst geheim und nahmen stillschweigend die Arbeit an der Verbesserung des Flugzeugs wieder auf. Nach dem ersten Modell folgte bald darauf der Flyer 2 mit einem 15-PS-Motor, und 1905 der Flyer 3, welcher am 5. Oktober über 39 Minuten lang flog und eine Strecke von 38 Kilometern zurücklegte. Doch die Nachricht über die Arbeit der Wrights verbreitete sich schnell, was nicht zuletzt dem Enthusiasten Chanute zu verdanken war – und schließlich erhielten die Brüder ein Angebot aus Frankreich von 500 000 Francs für eine zweistündige Flugvorführung. Die beiden teilten sich sodann die Arbeit: Orville leitete eine Reihe von Vorführungen für die amerikanische Armee, während Wilbur im Juni 1908 nach Frankreich ging. Nach dem Erfolg seiner Flugvorführungen gründete Wilbur in Pau nahe Bordeaux die erste Pilotenschule der Welt. Die beiden Wrights setzten dann ihre Europa-Tour fort und präsentierten ihre Flyer im März 1909 erst in Rom, dann in Deutschland. Ende 1909 gründeten sie die Wright Company, an die sich bald andere Gesellschaften in Frankreich, Deutschland und England anschlossen, um deren Flugmaschinen herzustellen. Im selben Jahr wurde der Flyer Modell A – das erste Serienexemplar – an die amerikanische Armee verkauft und wurde zum ersten Militärflugzeug der Welt.
Im Jahr 1912 starb Wilbur Wright an Typhus und Orville Wright reduzierte allmählich seine Arbeit als Konstrukteur. Schließlich verkaufte er 1915 den größten Teil seines Aktienpakets, um sich ausschließlich der Forschungsarbeit zu widmen. Er starb 1948 in Dayton.
Die Nachricht des Erfolgs der Wrights gab zusammen mit der Veröffentlichung einiger einiger Fotos ihres Flugzeugs einen erneuten Anstoß zu Flugexperimenten in Europa. Die französischen Pioniere Ferdinand Ferber, Robert Esnault-Pelterie und Gabriel Voisin begannen mit schwerfälligen Kopien der Flyer Versuche durchzuführen.

38 oben In den ersten Jahren des 20. Jh. blieb der Flyer der Brüder Wright ein allgemeiner Anhaltspunkt für die entstehende Welt der Luftfahrt. Hier befand sich das Flugzeug auf einem Flugfeld in Auvours, Frankreich, im September 1908 während einer Flugvorführung.

38 unten Die Armee der Vereinigten Staaten zeigte ebenfalls Interesse an dem Flyer. 1908 führte Orville Wright eine Reihe von Vorführungen in Fort Meyer, Virginia, durch; im darauf folgenden Jahr wurde das Flyer-Modell A zum ersten Militärflugzeug der Welt.

38-39 Von 1908–1909 brachte Wilbur Wright den Flyer nach Europa und unternahm mit der Maschine eine Demonstrations- und Werbe-Tournee. Hier ist das Flugzeug während eines Vorführflugs in Frankreich zu sehen, der anlässlich eines Besuchs des Königs von Spanien organisiert wurde.

39 unten Die Amphibienversion des Flyers. Wilbur Wright während eines Flugs über der Bucht von New York. Unter dem Flugzeug wurde ein Kanu angebracht, so dass die Maschine im Falle einer Wasserlandung geborgen werden konnte.

40 oben links und rechts Der französische Pionier Alberto Santos-Dumont. Bereits berühmt für seine Experimente mit Luftschiffen, widmete er sich seit 1906 der Konstruktion von Motorflugzeugen. Sein erstes Flugzeug war die „14 bis", ein Doppeldecker, der am 12. November 1906 beim französischen Aero Club Grand Prix eine Strecke von 200 Metern bei einer Flughöhe von sechs Metern erfolgreich bewältigte. Dies war der erste offizielle Motorflug in Europa.

40 Mitte rechts und unten Zwei Abstürze Louis Blériots mit Flugzeugen, die er selber konstruiert hatte. Aufgrund der Häufigkeit seiner Flugzeugunfälle wurde Blériot zu jener Zeit als „der Mann, der immer fällt" bekannt.

Der Brasilianer Alberto Santos-Dumont – bereits ein Pionier der Luftschiffe – führte den ersten kontrollierten Motorflug in Europa durch. 1906 konstruierte er seine „14 bis", einen sperrigen Canard-Doppeldecker mit 24-PS-Levavasseur-Antoinette-Motor. Nach einigen Flugversuchen, die nicht über wenige Dutzend Meter hinausgingen, nahm der Brasilianer am 12. November 1906 am Grand Prix de France teil: ein Wettkampf, der vom Aero Club in Frankreich organisiert wurde und den ersten Über-100-Meter-Flug belohnen sollte. Santos-Dumont, der sein Flugzeug mit einem 50-PS-Motor ausgestattet hatte, überflog eine Strecke von über 200 Metern in 21 Sekunden, ohne ein Abschusssystem benutzt zu haben. Sein berühmtestes Flugzeug wurde jedoch die „19", bekannt als „Demoiselle". Die Maschine verfügte über einen 20-PS-Motor und einige Exemplare davon wurden verkauft. Auch das zukünftige Fliegerass Roland Garros erwarb ein Modell und unternahm damit seine ersten Flugversuche.

Eine der führenden Persönlichkeiten in der Pionierphase der europäischen Luftfahrt war zweifellos der Franzose Louis Blériot. Er wurde 1872 in Cambrai geboren, studierte Ingenieurwesen und widmete sich dann der Konstruktion von Automobil-Scheinwerfern in seiner Werkstatt in Neuilly-sur-Seine. Der berufliche Erfolg brachte ihm ökonomische Sicherheit, doch ab 1900 begann sich sein Interesse stärker der Welt des Fliegens zuzuwenden. Trotz allem brachte er es nur fertig, einen Ornithopter mit Schlagflügeln zu konstruieren, der sich natürlich als totales Fiasko erwies. Nachdem sein Traum vom Fliegen damit fast gestorben war, lernte Blériot jedoch den Luftfahrtpionier Gabriel Voisin kennen, der bereits ein Wassergleitflugzeug entwickelt hatte. Erneut fasziniert von der Luftfahrt, gründete Blériot zusammen mit seinem neuen Freund die Firma Blériot-Voisin, um einen neuen Wassergleiter zu konstruieren. Die Ergebnisse entsprachen jedoch nicht den hohen Erwartungen und 1906 trennten sich die beiden wieder. Blériot entschloss sich daraufhin, allein weiterzuexperimentieren, doch ein von ihm entworfener Canard-Eindecker stürzte 1907 ab. Vielleicht wurde sich Blériot seiner Grenzen als Konstrukteur bewusst und vertraute somit die Konstruktion der Bleriot VI – einem Eindecker mit konventionellen Tragflächen, der mit einem 25-PS-Antoinette-Motor ausgestattet war – seinem Werkstattchef Louis Peyret an. Das Projekt hatte diesmal

41 oben Im Juli 1909 nahm der Franzose Louis Blériot an einem Wettkampf teil, der von der berühmten englischen Tageszeitung „Daily Mail" ausgeschrieben wurde. Er gewann den Wettbewerb und überquerte dabei im 32 Minuten langen Flug von Dover nach Calais den Ärmelkanal. Links: Der Pionier in der Nähe seines Flugzeugs; auf dem rechten Foto wird dem Sieger von der jubelnden Menge in Paris Beifall gespendet.

41 unten Blériot und sein Flugzeug, eine Blériot XI mit 28-PS-Motor, während des Flugs von Dover nach Calais von einem Schiff auf dem Ärmelkanal aus fotografiert. Mit seinem erfolgreichen Überflug gewann der Pilot den Preis in Höhe von 25 000 Francs in Gold.

Erfolg und die darauffolgende Blériot VI war in der Lage, eine Höchstgeschwindigkeit von 80 km/h sowie eine Flughöhe von 25 Metern zu erreichen, was zu jener Zeit herausragend war. Doch die Flüge des französischen Pioniers endeten zu häufig mit Unfällen, so dass man ihm im Dezember 1907 den Beinnamen „der Mann, der immer fällt" gab. Die erlittenen Misserfolge erschöpften nach und nach auch die Einnahmequellen Blériots; er nahm sich sodann seine schmerzlich gewonnenen Erfahrungen zu Herzen und setzte alles, was ihm geblieben war, auf seine letzte Konstruktion – die Blériot XI. Dieser schlanke Eindecker war mit einem vorn angebrachtem 28-PS-Motor REP mit Zugpropeller ausgestattet. Der erste Flug wurde im Januar 1909 durchgeführt. Nach einigen erfolgreichen Teilnahmen an Luftfahrttreffen meldete sich Blériot im Juli zu einem Wettbewerb an, der von der englischen Tageszeitung „Daily Mail" ausgeschrieben worden war. 25 000 Francs wurden jenem Piloten angeboten, der als Erster den Ärmelkanal überqueren würde. Am 25. Juli startete Louis Blériot mit seinem Modell XI von Calais und landete nach 32 Minuten unter allgemeinem Jubel in Dover. Dieser Erfolg bescherte dem Pionier Ruhm und vor allem Geld, welches er auch dringend benötigte, um den Zusammenbruch seines Unternehmens zu verhindern. Nach einigen Monaten und ungezählten Flugunfällen beendete Blériot seine Fliegerkarriere und widmete sich ganz der Konstrukteurstätigkeit. 1913 hatte seine Firma bereits über 800 Flugzeuge verkauft – ein für die damalige Zeit unglaublicher Erfolg. Blériot wurde 1914 auch Gründer der „Societé pour l'aviation et ses dérivés", die berühmte SPAD, welche Tausende von Kampf-, Aufklärungs- und Übungsflugzeugen für die alliierten Luftstreitkräfte herstellte. In der Nachkriegszeit begann jedoch der Niedergang seiner Aktivitäten. Blériot produzierte Flugzeuge noch bis in die Dreißigerjahre hinein, bis er schließlich wegen einer Finanzkrise seine Betriebe schließen musste. Louis Blériot verstarb 1936 im Alter von 64 Jahren.

42 oben Unter den Pionieren der französischen Luftfahrt befanden sich auch die Brüder Voisin und Farman. Auf der Fotografie erscheint die Voisin-Farman Nr. 1, die von den Voisins für Henri Farman entworfen wurde und im Jahr 1907 flog. Es handelte sich um einen Canard-Doppeldecker mit einem 50-PS-Motor in Schub-Position.

42 unten 1908 gründete Henri Farman die Farmar Flugzeug-Gesellschaft und begann seine eigenen Flugmaschinen herzustellen. Hier befindet sich der französische Pionier mit seinem Flugzeug in Reims, am 28. August 1909 – dem Tag, an dem er einen neuen Streckenrekord aufstellte: 180 Kilometer in 3 Stunden und 40 Minuten.

Weitere Pioniere waren die Brüder Charles und Gabriel Voisin, die bereits Anfang des Jahrhunderts kastenförmige Doppeldecker und Gleitflugzeuge konstruiert hatten. 1906 gründeten die beiden die Firma Frérès Voisin und machten sich daran, zwei ziemlich ähnliche Flugzeugtypen herzustellen: beides Doppeldecker mit Heckleitwerk und Schubpropeller. Doch mit diesen Entwürfen konnten die Brüder zunächst nicht viel Erfolg ernten. Größeres Glück war hingegen einem 1907 für Henri Farman realisiertem Projekt beschert. Das Ergebnis, die Voisin-Farman I, war mit einem 50-PS-Antoinette-Motor ausgestattet und ähnelte strukturell den anderen Voisins.

Henri Farman war der ältere der beiden Brüder, die für ihre sportlichen Rad- und Automobilunternehmungen bekannt waren; er war ein Flugenthusiast, und kurz nachdem er sich mit der Steuerung des neuen Flugapparats vertraut gemacht hatte, entschloss er sich, am Grand Prix der Luftfahrt teilzunehmen. Dieser Wettbewerb wurde seit 1904 ausgetragen und sollte jenen Piloten auszeichnen, der es schaffte, eine bestimmte Strecke in einem vorgeschriebenen Rundkurs Rundflug zu absolvieren. Obwohl Henri nichts von der Technik des Fliegens verstand, absolvierte er am 13. Januar 1908 auf dem Platz von Issy-les-Moulineaux einen erfolgreichen Flugversuch. Der Franzose sah sich gestärkt durch diseen Erfolg; er beschloss daraufhin, sich nun ernsthaft mit dem Flugwesen zu beschäftigen und machte sich daran, sein Flugzeug zu verbessern. In einem Hangar in Issy-les-Moulineaux wurde so 1908 die Flugzeugbau-Gesellschaft Farman geboren. Henri Farman gewann am 30. Oktober 1908 einen Städteflug von Mourmelons nach Reims und war damit der erste Pilot, der eine Flugverbindung zwischen zwei Städten herstellte. Aufgrund seiner Erfolge tat sich Henri mit seinem Bruder Maurice zusammen und errichtete einen neuen Betrieb in Billancourt. Während des Ersten Weltkriegs blühte das Unternehmen auf und belieferte die französische Luftwaffe sowie die Luftstreitkräfte anderer alliierter Länder mit Boden- sowie Wasserflugzeugen. Die Fabrik in Billancourt wurde auf einer Fläche von 90 000 Quadratmetern ausgebaut und schaffte eine Monatsproduktion von durchschnittlich 300 Flugzeugen. In der Nachkriegszeit gelang es Farman, sich an die neue Wirtschaftslage anzupassen, indem sie zur Herstellung von Passagierflugzeugen wechselte. Mit der „Goliath" wurde 1919 schließlich die Lignes Farman für den Passagiertransport gegründet. Die Fluggesellschaft wurde 1936 verstaatlicht und die beiden Brüder zogen sich ins Privatleben zurück. Henri starb 1958, während Maurice, der noch bis zum Alter von 85 Jahren Sportflugzeuge steuerte, im Jahre 1964 verstarb.

43 oben links Henri Farman an der Steuerung eines seiner Flugzeuge.

43 oben rechts Ein Voisin-Doppeldecker ohne Stoffverkleidung und vorn ausgestattet mit einem Maschinengewehr. Eine Aufnahme während einer Ausstellung 1910.

43 unten Henri Farman flog am 13. Januar 1908 als erster über eine Strecke von einem Kilometer. Hier ist er am Landeziel.

Ein weiterer berühmter Pionier dieses Zeitalters war Léon Levavasseur. Er hatte bereits einige Experimental-Entwürfe entwickelt, bevor er am 9. Oktober 1908 sein erstes wirkliches Flugzeug zum Fliegen brachte. Im Februar 1909 führte er das verbesserte Modell Antoinette IV ein. Es handelte sich um einen Eindecker mit großen Flügelflächen und Querrudern, dreieckigem Rumpf, kreuzförmigem Heckleitwerk sowie einem Vordermotor mit Zugpropeller. Bemerkenswert ist, dass die Firma auch die dazugehörigen Motoren herstellte, die – wie bereits erwähnt wurde – auch von anderen Flugpionieren benutzt wurden. Mit so einer Antoinette IV versuchte auch der Brite Hubert Latham, die erste Ärmelkanalüberquerung durchzuführen. Doch aufgrund eines Motorschadens musste er am 19. Juli 1909 Louis Blériot bei diesem Unternehmen den Vortritt lassen.
Mit der verbesserten 60-PS-Antoinette VII sammelte Latham jedoch zahlreiche Auszeichnungen. Darunter war ein Sieg im Höhenflug bei der Grande Semaine d'Aviation de la Champagne in Reims. Latham erreichte dort 155 Meter und errang – mit 68,9 km/h – auch den zweiten Platz in der Geschwindigkeitskategorie. Zwischen 1909 und 1911 wurden die von Latham und anderen Piloten geflogenen Antoinette-Eindecker auf die ersten Plätze sämtlicher Luftfahrt-Wettbewerbe gestuft. 1912 stellte der Betrieb jedoch die Produktion ein und schloss seine Pforten.
Auch Italien besaß seine Pioniere, unter denen besonders Gianni Caproni hervorsticht: Er wurde zum Gründer eines Unternehmens, das Weltruhm erlangen sollte. Er wurde 1886 in Massone d'Arco nahe Trento geboren, studierte am Polytechnikum in München und erhielt 1907 den Titel des Diplomingenieurs. Nach einiger Zeit begann er sich für die Flugwelt zu interessieren und entwarf sein erstes Flugzeug, die Ca.I, einen Doppeldecker, den er 1910 trotz wirtschaftlicher Schwierigkeiten fertig stellte. Caproni ließ sich im Heideland von Malpensa nieder und begann mit seinem Flugzeug einige Flugtests zu unternehmen: Die Ergebnisse waren nicht sehr zufriedenstellend. Der entschlossene Caproni gründete daraufhin zusammen mit Gherardo Baraggiola und dem Ingenieur Agostino De Agostini in Vizzola Ticino den Betrieb Caproni-De Agostini. Das erste Flugzeug wurde die Cm.I, ein Eindecker, der am 15. Juni 1911 einen erfolgreichen Flug bestritt.
Caproni war als Konstrukteur erfolgreich und hatte ebenfalls Glück mit seiner Flugschule, die sich auch in Vizzola befand. Doch dann begann eine weniger schöne Zeit für Caproni: Er war gezwungen, das Unternehmen mit De Agostini aufzulösen, gründete jedoch ein anderes mit Carlo Comitti und danach ein weiteres mit Luigi Faccanoni. Capronis Hauptproblem war das Ausbleiben der erwarteten Flugzeugkäufe des Militärs, welches der Firma zudem mit der Gründung eigener Flugschulen wichtige Einnahmequellen abschnitt. Nachdem Caproni 1913 seine Firmen an den italienischen Staat verkauft hatte, setzte er die Arbeit an seinen Entwürfen

fort. Besonderes Interesse fand sein dreimotoriges Bombenflugzeug Ca.1 (nach dem Krieg Ca.31 genannt). Italiens und Frankreichs Streitkräfte waren die Ersten, die das Flugzeug orderten, und im Januar 1915 gründete Gianni Caproni erneut eine Gesellschaft mit Niederlassungen in Vizzola und Taliedo in der Nähe Mailands. Von da an begann eine blühende Zeit für die Firma; sie sollte noch bis 1945 andauern. Nicht weniger als 170 Flugzeuge wurden entwickelt; darunter viele Serienmodelle, die in die ganze Welt exportiert wurden.

Nach der Katastrophe des Zweiten Weltkriegs versuchte Gianni Caproni seine Firma auf die Automobilherstellung umzustellen – jedoch ohne Erfolg. Er starb 1957 in Rom und sein Betrieb wurde durch den Erwerb der Aviamilano, von der die gelungene und erfolgreiche Serie von Calif-Segelflugzeugen stammte, wieder neu belebt. Letztendlich ging die Gesellschaft in der Unternehmensgruppe Agusta auf.

44 Eindrucksvolles Bild von Hubert Latham auf seiner Antoinette IV während einer seiner Versuche, mit der Ärmelkanalüberquerung den „Daily Mail"-Preis zu gewinnen. Lathams Unternehmen endete zweimal im Wasser.

45 oben Hubert Lathams „Antoinette IV" wird im Juli 1909 für den Flug vorbereitet – noch vor seinen Versuchen, den Ärmelkanal zu überqueren.

45 Mitte Nahaufnahme von Hubert Latham an der Steuerung seiner Antoinette IV. Schließlich wurde Latham von Blériot geschlagen, doch nur um zwei Tage.

45 unten Der italienische Pionier Gianni Caproni neben seinem ersten Flugzeug, dem Doppeldecker Ca.1; die Maschine wurde 1910 gebaut und über der Heidefläche von Malpensa, in der varesischen Provinz, getestet.

Fortschritte in der Luftfahrt wurden jedoch nicht nur in Europa gemacht: In den Vereinigten Staaten waren außer den Brüdern Wright noch andere Pioniere am Werk. Einer der brillantesten und berühmtesten war zweifellos Glenn Hammond Curtiss. 1978 wurde er in Hammondsport (New York) geboren. Im Alter von fünf Jahren verlor er seinen Vater und war gezwungen, seit frühester Jugend zu arbeiten, um der Familie zu helfen. Mit zwanzig Jahren machte Curtiss sich selbständig und stellte zusammen mit seinem Partner Tank Waters eine Reparaturwerkstatt für Fahrräder auf die Beine. Die Entwicklung des Unternehmens, das bald auch Fahrräder konstruierte, ging gut voran und ermöglichte es Curtiss, seiner Leidenschaft für Motoren nachzugehen: 1902 baute er sein erstes Moped. In der Folgezeit war er mit Motorrädern erfolgreich und errang verschiedene Auszeichnungen. Curtiss erhielt schließlich einen Auftrag zur Konstruktion eines Motors, der auf dem Luftschiff „California Arrow" von Thomas Scott Baldwin installiert werden sollte. Der Erfolg dieses 5-PS-Zweizylinders führte 1905 zur Gründung der Curtiss Manufacturing Company. In demselben Jahr wird Curtiss von Graham Bell, dem Erfinder des Telefons, kontaktiert, um die Entwicklung eines gemeinsamen Flugzeugbau-Projekts zu vereinbaren. Curtiss willigte erst 1907 in das Angebot ein und wurde zum Planungsdirektor sowie Motorexperten der Bell-Gesellschaft AEA. Nachdem fünf Flugzeuge hergestellt worden waren, von denen das letzte nicht startfähig war, verlor Bell das Interesse an der Luftfahrtforschung und die Firma wurde aufgelöst. Curtiss übernahm jedoch die Projekte, die sich in Entwicklung befanden, und gründete im Juni 1909 zusammen mit Augustus Herring die Herring-Curtiss Company – die erste Flugzeugbaugesellschaft in den Vereinigten Staaten. Die neue Firma begann zu prosperieren, was teilweise Curtiss zu verdanken war, der sich wieder neuen Luftfahrtveranstaltungen widmete. Es gelang ihm schließlich, drei angesehene Trophäen des Scientific American zu gewinnen. Die Preise trugen zum Ruhm und Ansehen der Firma mit bei. Anfang 1911 gelangen Eugene Ely, einem Schüler und Kunden von Curtiss, erstmals Start und Landung auf dem Flugdeck eines Schiffes, des Panzerschiffs Pennsylvania. Curtiss begann sich daraufhin an den Erfordernissen der Streitkräfte – und besonders der US Navy – zu orientieren und widmete sich der Entwicklung von Wasserflugzeugen. 1912 wurde von der Firma das Modell F mit einem zentralen Bootskörper vorgestellt. Die amerikanische Marine bestellte 150 Exemplare des Modells F. Bei Kriegsausbruch 1914 arbeitete Curtiss auch für die US Army und entwarf den legendär gewordenen Übungs-Doppeldecker JN bzw. „Jenny"; über 6000 Exemplare wurden gebaut und bis Ende der Fünfzigerjahre benutzt. Nach dem Krieg widmete sich Curtiss hauptsächlich den Rennflugzeugen und entwarf über viele Jahre hinweg hervorragende Modelle. Ende der Zwanzigerjahre jedoch, nachdem er alles in seinem Beruf gegeben hatte, zog sich der erschöpfte Curtiss nach Florida zurück, wo er 1930 starb.In nur zehn Jahren hatte das Flugzeug seit dem ersten Motoren-Erfolg der

Brüder Wright bemerkenswerte Fortschritte in aerodynamischer sowie im motortechnischer Hinsicht gemacht. Die Flugzeuge konnten bereits gut gesteuert werden und waren in der Lage, Fracht und oft auch Passagiere zu transportieren. Während des italienisch-türkischen Kriegs 1911 in Libyen warfen italienische Piloten Handgranaten auf die feindlichen Truppen: Zum ersten Mal wurde das Flugzeug als Kriegswaffe eingesetzt. Der psychologische Effekt war dabei bedeutender als der physische Schaden; doch der Einsatz bewies, dass die Zeit für das Flugzeug als Protagonist auf der Weltbühne bereits reif war. Diesmal handelte es sich jedoch nicht um kühne Sportwettkämpfe, welche die Luftfahrt-Entwicklung vorantrieben, sondern um den Ersten Weltkrieg.

46 oben Einer der brillantesten amerikanischen Pioniere war Glenn Hammond Curtiss, der 1898 als Fahrradmechaniker begann. Auf dieser Fotografie erscheint Curtiss an der Steuerung seines Doppeldeckers „Gold Bug".

46-47 und 47 oben Zwei Bilder des Curtiss-Doppeldeckers „June Bug" mit Glenn Curtiss selbst als Pilot. Die Herring-Curtiss Company, die erste Flugzeugfabrik in den Vereinigten Staaten, wurde im Juni 1909 gegründet. In den darauf folgenden Jahren spezialisierte sich die Firma auf Wasserflugzeuge und wurde 1912 zur Lieferantin der US Navy.

Kapitel 4

Der Erste Weltkrieg

Die unsichere, wankende und faszinierende Welt der Luftfahrt hatte in den zehn Jahren nach dem ersten Flug der Brüder Wright bemerkenswerte Fortschritte gemacht. Es handelte sich nicht um gigantische Entwicklungssprünge, doch die Flugzeuge von 1913 – so rudimentär sie auch gewesen sein mögen – waren bereits mit allen grundlegenden Eigenschaften ausgestattet: ein die Propeller antreibender Verbrennungsmotor, zwei oder mehrere Tragflügel, stabilisierende Hecktragflächen, vom Piloten steuerbare Höhen- und Seitenruder sowie einen Rumpf zur Aufnahme der Besatzung. Die ausschlaggebende Wendung beim Entwurf und der Produktion von Flugzeugen riefen die Bedürfnisse eines bis dahin nicht dagewesenen Konflikts hervor. Aufgrund des Ersten Weltkrieges erfuhr die Entwicklung des Luftfahrtwesens innerhalb weniger Jahre einen einzigartigen Aufschwung.

Bereits vor 1914 wurde das Motorflugzeug in Kampfeinsätzen benutzt, wie zum Beispiel 1911 im italienisch-türkischem Krieg, 1912 bei der mexikanischen Revolution von Pancho Villa sowie 1913 im Balkankrieg. Es handelte sich dabei jedoch um einzelne Operationen, die mit provisorisch zum Militärgebrauch angepassten Zivil- oder Sportflugzeugen durchgeführt wurden. Die alliierten Streitkräfte hatten zu diesem Zeitpunkt noch keine klaren Vorstellungen, wozu man das Flugzeug – über den Rahmen der Beobachtungs- und Erkundungsflüge hinaus – einsetzen könnte.
Doch es stimmt, dass es einige weitblickende Personen gab, die bereits die verborgene Macht der Luftwaffe erahnten. Giulio Douhet, ein italienischer Armeeoffizier, brachte seine klaren Vorstellungen vom Militärgebrauch des Flugzeuges zum Ausdruck: „Der Himmel beginnt ein neuer Kampfplatz zu werden, nicht weniger bedeutend als der Boden oder die See", schrieb er 1909.

Auch Bertram Dickson, ein englischer Offizier, vermutete 1911, dass die Flugzeuge eine enorme Wichtigkeit in Erkundungs- und Verfolgungsaufgaben erlangen würden und sich damit die Vorherrschaft über den Luftraum aneignen könnten. Andere Vorläufer waren der Franzose Ferdinand Ferber, der Amerikaner Billy Mitchell und der Deutsche Helmuth von Moltke. Doch all diese Männer wurden mit ihren Vermutungen nicht ernst genommen, und da sie sich gegen den Traditionalismus ihrer Militärvorgesetzten stellten, wurden sie sogar abgelehnt und bestraft. Doch schon wenige Jahre später sollte die Geschichte ihnen Recht geben.

48 links Der Kriegseinsatz von Flugzeugen machte die Entwicklung von Gegenmaßnahmen erforderlich. Hier selbstfahrende Scheinwerfer der französischen Armee, die genutzt wurden, um am 21. Februar 1916 ein Zeppelin-Luftschiff abzuschießen.

48 unten Fliegerabwehrstreitkräfte entstanden – bewaffnet mit Kanonen und Maschinengewehren; auf der Fotografie sind einige deutsche Maschinengewehrschützen, die eine Luftabwehrstellung an der Westfront vorbereiten.

48 rechts Jegliches Mittel wurde benutzt, um feindliche Flugzeuge abzuschießen. Hier ein Soldat der englischen Kavallerie, während er mit einem tragbaren Maschinengewehr auf ein deutsches Flugzeug schießt, Sommer 1916.

49 oben In den ersten Monaten des Ersten Weltkriegs waren die eingesetzten Flugzeuge noch ziemlich primitiv und besaßen wenig Ausrüstung, wie dieser französische Eindecker Morane Saulnier.

49 Mitte Anfangs gab es noch keine Jagdflugzeuge. Um die feindlichen Flugzeuge abzuschießen, wandte man die verschiedensten Lösungen an; bei diesem französischen Zweisitzer ist das Maschinengewehr überhöht aufgestellt, um zu vermeiden, dass der eigene Propeller getroffen wurde.

49 unten links Die logistische und technische Mobilität begann an Bedeutung zu gewinnen. Dieser Lastkraftwagen war dazu bestimmt, einzelne Flugzeugteile zu befördern.

49 unten rechts Diese Fotomontage illustriert den neuen Krieg in der Luft, wie man ihn sich während des Ersten Weltkriegs vorstellte.

Der Große Krieg von 1914 bis 1918 veränderte vollständig die Flugwelt. Enorme technische und operative Fortschritte wurden realisiert, die zur Entwicklung spezieller Flugzeuge – wie Jäger, Bomber und Aufklärungsflugzeuge mit fotografische Ausrüstung – führten. Mit den militärischen Luftstreitkräften wurden sogar völlig neue militärische Formationen gebildet, die die Führung der verschiedenen Flugzeugtypen übernahmen.
Zu Beginn des Krieges handelte es sich bei den eingesetzten Flugzeugen um unbewaffnete Abwandlungen einfacher Sportmodelle. Die französische Armee verfügte über mehr als 30 Staffeln, in denen verschiedene Flugzeugtypen, wie zum Beispiel die Bleriot XI, Morane-Saulnier 14, Maurice Farman MF.7 und MF.11 sowie die Caudron G.3 aufgestellt waren. Die britischen Army Air Corps und der Royal Naval Air Service benutzten ebenfalls diese Modelle, zusammen mit staatseigenen Konstruktionen wie der Sopwith Tabloid, der Bristol Boxkites, der RAF B.E.2 und der Avro 504. Gemeinsam verfügten die Franzosen und Engländer über ca. 250 Front-Flugzeuge.
Doch auch die Deutschen besaßen annähernd 250 Flugzeuge; darunter waren vor allem die Doppeldecker Aviatik B.I und B.II, die Albatros B.II sowie der Eindecker Taube LE-3. Keine der Streitkräfte hatte Pläne zum Einsatz der Flugzeuge als Kampfmittel gemacht; die ersten Offensivaktionen bestanden aus vereinzelt unternommenen Versuchen: Am 13. August 1914 warf der Oberleutnant Franz von Hiddeson von seiner „Taube" zwei Handgranaten über Paris ab.

50 oben Mit dem Einsatz von Militärflugzeugen begannen auch die ersten schrecklichen Bombardierungen: hier auf das belgische Dorf von Poperinge im Mai 1916.

50-51 Die Besatzung eines russischen Bombers führt das zu jener Zeit üblichste Visier-System vor: Ein zweites Besatzungsmitglied schätzt die Zielentfernung nach Augenmaß und wirft die Abwurfwaffen ab.

51 unten links Auch die Industrien mussten sich schnellstens an die neuen Kriegserfordernisse anpassen. In dieser Ansaldo-Fabrik wurden statische Festigkeitsproben an einer vollständigen Flügelstruktur durchgeführt.

50 unten Frühling 1916: Arbeiter in einer französischen Munitionsfabrik, die eine Reihe von Flugzeugbomben vorbereiten.

51 unten rechts Der französische Erfinder G. Fabre zeigt seinen Bomben-Mechanismus, der eine größere Präzision im Luftkampf ermöglicht.

52 oben Während des Ersten Weltkriegs wurde weiter Gebrauch von Beobachtungsballons gemacht. In diesem Bild von 1916 ist ein großer Ballon der französischen Armee zu sehen, der für den Aufstieg vorbereitet wird.

52 unten Ein weiterer Beobachtungsballon der französischen Armee wird für den Aufstieg aufgeblasen. Die Beobachter in den Ballons erfüllten eine äußerst gefährliche Aufgabe.

53 oben links Ein Beobachter im Korb eines Fesselballons (im Jargon „Bratwurst" genannt) teilt der Erde telefonisch die feindlichen Positionen mit.

Seit Beginn der ersten Kriegswochen trafen gegnerische Flugzeuge über der Front zusammen, doch viele Piloten dachten nicht einmal daran, gegeneinander ankämpfen zu müssen. Umso weniger war dies ein Wunsch der Kommandanten; aus Sicherheitsgründen war es den Piloten oft verboten, Waffen an Bord zu tragen und zu benutzen. In den ersten Begegnungen feindlicher Flugzeuge beschoss man sich aus Jagdflugzeugen mit Pistolen – ganz als trüge man Duelle zu Pferde aus.

Dem Grad der eigenen Unternehmungslust folgend, arrangierte sich anfangs jeder so gut, wie er konnte. Da waren Piloten, die sich entschlossen zeigten, geradewegs gegen das feindliche Flugzeug zu fliegen, und dabei Gefahr liefen, die eigene Maschine sowie das eigene Leben zu verlieren. Einige warfen Handbomben oder befestigten Haken am gegnerischen Flugzeug, mit denen sie versuchten, dem Gegner die Flügel abzureißen, während andere Seile herabhängen ließen in der Hoffnung, sie würden sich im Propeller der Feindflugzeuge verfangen.

Doch wie dem auch sei, die Mehrheit war sich darüber einig, dass das Problem nur mit Hilfe eines in fixer Position installierten oder schwenkbaren Maschinengewehrs gelöst werden konnte. Und damit wurde schließlich das wahre Zeitalter des Luftkampfs eingeleitet. Die ideale Gestaltung eines Jagdflugzeugs bestand in der Anbringung des Maschinengewehrs in fester Position vor dem Piloten, der so direkt auf einen Zielpunkt schießen konnte. Dafür mussten die Geschosse jedoch durch den eigenen Propellerkreis fliegen, wobei früher oder später die Kugeln mit Sicherheit die eigenen Propellerblätter absägen würden. Eine Lösung für dieses Problem fanden die Franzosen bei Morane-Saulnier: Man brachte an der Rückseite der Propellerblätter Panzerungen an, so dass die das Blatt treffenden Kugeln daran abprallten. Dank dieser Erfindung wurde die Morane-Saulnier Typ L zum ersten wirklichen Jagdflugzeug und am 1. April 1915 wurde Roland Garros zum ersten Piloten, der mit seinem „auf Jagd" eingestellten Maschinengewehr ein feindliches Flugzeug abschoss. Die 1913 entworfene Morane-Saulnier wurde von einen 80-PS-Gnome-Umlaufmotor angetrieben, besaß eine maximale Startmasse von 680 kg und erreichte eine Höchstgeschwindigkeit von 115 km/h auf Seehöhe. Der Weg war damit vorgegeben, und die künftigen Jagdflugzeuge – seien es Ein-, Zwei- oder Dreidecker – beruhten vorerst alle auf dieser Grundlage.

53 oben rechts Auf einem englischen Poster von 1915 werden den britischen Bürgern die Unterschiede zwischen alliierten und feindlichen Flugzeugen gezeigt; die Öffentlichkeit sollte mit den Flugmaschinen vertraut gemacht werden und somit Gefahren besser erkennen.

53 unten Ein französischer Fachmann montiert eine Aufklärungskamera auf eine zweimotorige Caudron. Der Erste Weltkrieg führte auch zur Entwicklung der Luftaufklärung.

54 links, drittes Bild 1915 erschien der französische Jäger Nieuport 11 Bébé – der erste einer erfolgreichen Flugzeugserie. Er war ausgestattet mit einem 80-PS-Motor und konnte 156 km/h erreichen.

54 links, viertes Bild Der Erste Weltkrieg zwang die kriegführenden Länder dazu, eine enorme Anzahl von Kampfflugzeugen zu produzieren. Auch deren Zerbrechlichkeit und Verletzlichkeit waren Gründe, dass die Maschinen häufig ersetzt werden mussten. Hier eine französische Nieuport-Reihe in Abwehraufstellung.

54 unten rechts Einer der gelungensten Jäger des Kriegs war die SPAD VII, die auch von der italienischen Luftwaffe eingesetzt wurde. Auf dem Foto vom Juni 1917 ist der Major Chiappirone mit seinem Flugzeug auf dem Villaverla-Flugplatz zu sehen.

Im Jahre 1915 waren die bedeutendsten Flugzeuge, die von den verschiedenen Luftstreitkräften eingesetzt wurden, die RAF F.E.2b, die Bristol Scout D, die Fokker E.III und die Nieuport Bebé. Das bis dahin modernste Jagdflugzeug war die im Sommer 1915 eingeführte Fokker E.III. Es handelte sich dabei um einen Eindecker, der mit einem 7,92-mm-Maschinengewehr Spandau ausgerüstet war und dank eines 100-PS-Umlaufmotors Oberursel auf eine Höchstgeschwindigkeit von 140 km/h angetrieben wurde. Die Überlegenheit der E.III kam vor allem aufgrund der Anbringung eines revolutionären, mechanischen Geräts zustande: dem Synchronisierer. Dank diesem ebenfalls von Anthony Fokker entwickelten Mechanismus konnte der Propeller den Maschinengewehrabschuss steuern und jeweils beim Vorbeiziehen eines Propellerblatts das Feuer einstellen. Außerdem war der Einsitzer E.III leichter und gewandter als die schwerfälligen Zweisitzer, die noch zahlreich von den Alliierten benutzt wurden. Der Überlegenheit der Fokker war im Winter 1915/1916 so deutlich zu spüren, dass die geschlagenen, alliierten Streitkräfte ihm den Beinnamen „die Fokker-Geißel" gaben. Anfang 1916 befahl der Royal Flying Corps, dass jedes Aufklärungsflugzeug beim Flug über Feindgebieten von jeweils drei Jagdflugzeugen begleitet werden sollte.

Die Antwort der Alliierten auf den E.III ließ nicht lange auf sich warten und die Engländer produzierten bald darauf die RAF (Royal Aircraft Factory) F.E.2b; das war ein zweisitziger Doppeldecker mit Schubpropeller, der über zwei Maschinengewehre und einen 160-PS-Motor verfügte; die Höchstgeschwindigkeit betrug 146 km/h. Schon im Sommer 1915 kam dagegen das erste Modell einer gelungenen Jagdflugzeugserie zum Einsatz: die französische Nieuport 11 Bebé, ein wendiger und schneller Doppeldecker (156 km/h Höchstgeschwindigkeit), der von einem 80-PS-Motor Le Rhone 9C angetrieben wurde und mit zwei 7,7-mm-Maschinengewehren ausgerüstet war. Mit diesem Flugzeug fügten Guynemer, De Rose und Nungesser in der Schlacht von Verdun im Februar

54 links, erstes Bild Eine Fotografie aus dem Jahr 1916. Diese Nieuport 17 der französischen Luftwaffe verfügt über eine doppelte Bewaffnung. Bei dem Piloten handelt es sich um einen amerikanischen Freiwilligen – den Unteroffizier Lufberry.

54 links, zweites Bild Eines der berühmtesten deutschen Jagdflugzeuge war die Albatros D.V mit einem 180-PS-Motor und einer Geschwindigkeit von 187 km/h. Die Maschine, von der über 1800 Einheiten gebaut wurden, befand sich seit Sommer 1917 im Dienst.

1916 den Deutschen schwere Verluste zu. Kurz danach wurde eine verbesserte Version der Bebé eingeführt – die Nieuport 17. Dieses Modell war größer, robuster, schneller und besser ausgerüstet als seine Vorgänger. Die Nieuport 17 war mit einem 110-PS-Motor ausgerüstet und erreichte in 2000 Meter Höhe eine Höchstgeschwindigkeit von 177 km/h. Die Waffenausrüstung bestand in zwei 7,7-mm-Maschinengewehren. Dieses Flugzeug wurde von vielen Meisterfliegern, u. a. Guynemer, Nungesser, Fonck, Navarre sowie den Engländern Ball und Bishop bevorzugt.

1916 hatte sich der Luftkrieg schon beträchtlich verändert und die neu eingeführten Flugzeuge waren technisch ausgefeilter und tödlicher. Die Deutschen schafften es, verlorenes Terrain zurückzuerobern; sie verdankten das zu einem beträchtlichen Teil der Einführung des Doppeldeckers Albatros D.I, der im Herbst an die Front gebracht wurde. Unmittelbar darauf folgte die D.II, deren 160-PS-Mercedesmotor D.III eine Höchstgeschwindigkeit von 175 km/h ermöglichte. Die Waffenausrüstung enthielt wieder zwei Maschinengewehre. Ein weiteres Flugzeug mit bemerkenswerten Eigenschaften war die Hansa-Brandenburg D.I, ein österreichisches Flugzeug, das mit einem 160-PS-Austro-Daimler-Motor ausgestattet war und eine Höchstgeschwindigkeit von 187 km/h erreichte. Dieses Jagdflugzeug erwies sich jedoch als ziemlich instabil und bot dem Piloten nur eine begrenzte Sicht. Außerdem war es von Beginn an Auslöser zahlreicher Unfälle, so dass ihm die Piloten den Beinnamen „die Totenbahre" gaben. Im Herbst 1916 erschien schließlich auch ein neues, hervorragendes Flugzeug der Alliierten. Es handelte sich dabei um die französische SPAD S.VII – das wahrscheinlich beste Jagdflugzeug der ersten Kriegshälfte. Man entwarf das Flugzeug in Hinblick auf die Anbringung des neuen Achtzylinder-Motors „Hispano-Suiza 8 aa" mit 150 PS. Dies war der Zukunftsmotor, der bald das überholte System des Umlaufmotors ersetzten sollte. Die Flugzeugzelle war sehr aerodynamisch, wobei der Motor in eine Metallverkleidung eingeschlossen war; die Waffenausrüstung bestand aus einem Vickers-Maschinengewehr 7,7 mm. Das Jagdflugzeug flog zum ersten Mal im April 1916 und seine Leistungen erwiesen sich sofort als herausragend: eine Höchstgeschwindigkeit von 196 km/h sowie die Eigenschaft, in weniger als 15 Minuten auf 3000 Meter Flughöhe steigen zu können. Frankreich bestellte sofort 268 Exemplare des Flugzeugs und auch seitens der anderen alliierten Länder hagelte es Bestellungen. Die SPAD S.VII wurde offiziell am 2. September 1916 in Dienst gestellt. Das Flugzeug wurde von den Piloten sehr geschätzt; unter ihnen war auch der italienische Meisterflieger Francesco Baracca, der im März 1917 zum ersten Mal den neuen Jäger flog. Am 4. April 1917 fand der Jungfernflug der verbesserten Version SPAD S.XIII statt. Das Flugzeug war ausgestattet mit zwei Maschinengewehren und einem 220-PS-Motor; die Höchstgeschwindigkeit betrug nun 224 km/h. Doch das neue Modell war auch größer und weniger gut manövrierbar als sein Vorgänger, so dass viele Piloten (darunter auch Baracca) die alte Version S.VII. bevorzugten. Trotzdem war die S.XIII weit verbreitet, besonders unter den Luftstreitkräften Frankreichs, Großbritanniens, der Vereinigten Staaten, Belgiens und Italiens. Insgesamt wurden nicht weniger als 8472 Exemplare gebaut.

55 oben Eine Aviatik B.I der deutschen Fliegerkräfte beim Abflug. Dieses Aufklärungsflugzeug aus dem Jahr 1914 besaß einen 100-PS-Motor und erreichte eine Höchstgeschwindigkeit von 100 km/h; die Besatzung bestand aus zwei Mann.

55 unten links Ein englisches RAF-Aufklärungsflugzeug vom Typ F.E.2b fotografiert in St. Marie Chapelle, Frankreich, im Winter 1916/17. Es war ein zweisitziger Jäger mit einem 160-PS-Motor und Schubpropeller; die Maschine wurde 1915 in Dienst gestellt.

55 unten rechts Ein deutscher Eindecker Fokker E.III wird in einem Wald instandgesetzt. Es war das erste Flugzeug mit Propeller-Synchronisierer (erfunden von Anthony Fokker), einem Mechanismus, der das Schießen durch den Propellerkreis erlaubte.

1917 bestimten weitere hervorragende und berühmte Flugzeuge das Kampfgeschehen. Darunter waren die britischen Sopwith F.1 Camel, Sopwith Triplane und RAF S.E.5, die französische Hanriot HD.1 sowie die deutschen Fokker Dr.I, Pfalz D.III, Albatros D.III und D.V. Nach dem gelungenen Flugzeug Pup entwarf die Sopwith ein neues, kleines Jagdflugzeug, das eine hervorragende Wendigkeit besaß und mit zwei synchronisierten Maschinengewehren bewaffnet war. Innerhalb eines Jahres schossen Piloten mit der Pup 1294 feindliche Flugzeuge ab. Die F.1, die aufgrund ihrer höckerförmigen Waffenverkleidung „Camel" genannt wurde, flog das erste Mal am 22. Dezember 1916. Im Mai 1917 begann man die Front-Geschwader mit dem Flugzeug auszurüsten. Die Camel wurde von einem 130-PS-Rotationsmotor Clerget 9B angetrieben und erreichte eine Höchstgeschwindigkeit von 185 km/h. Doch aufgrund des vom Motor erzeugten, heftigen Drehmoments war das Flugzeug schwer zu steuern; einige erfahrenere Piloten konnten dagegen diese negative Eigenschaft nutzen, um das Jagdflugzeug noch manövrierfähiger werden zu lassen. Insgesamt wurden fast 5500 Camel-Exemplare gebaut und von verschiedenen alliierten Luftstreitkräften eingesetzt.
Das beste britische Jagdflugzeug war jedoch die RAF S.E.5a. Die Maschine wurde bereits im Sommer 1916 entworfen, doch aufgrund von Strukturproblemen – die auch zum Verlust eines Prototyps führten – wurde die Produktion aufgeschoben. Die S.E.5a enthielt einen Achtzylinder-V-Motor Wolseley W.4a mit 200 PS, der eine Höchstgeschwindigkeit von 222 km/h ermöglichte; das Flugzeug war außerdem sehr wendig und verfügte über zwei synchronisierte Maschinengewehre. Ab Juni 1917 wurde die S.E.5a von Spitzenpiloten wie Mannock, Bishop und McCudden geflogen und erwies sich gegenüber fast allen deutschen Jagdflugzeugen als überlegen. Zwischen Ende 1916 und 1918 wurden über 5000 Exemplare dieses Flugzeugs angefertigt.
1917 schien sich die Luftfahrttechnologie immer mehr der Dreidecker-Struktur zuzuwenden. Tatsächlich erschien im Februar selben Jahres die Sopwith Triplane an der Front – ein schnelles und wendiges Flugzeug, das sich als wirkungsvoll erwies; doch vor allem versetzte die Triplane die Deutschen in Panik, die sich eiligst daran machten, diesen – ihrer Meinung nach – beträchtlichen, technischen Rückstand aufzuholen. Trotz der zweifellos guten Qualität wurden jedoch nur 144 Exemplare der Triplanes hergestellt und im Juli 1917 wurde das Flugzeug bereits durch die traditionellere aber wirksamere Camel ersetzt. In der Zwischenzeit hatte die deutsche Forschung 14 Firmen angestellt. Von den daraufhin entwickelten Prototypen erlangte ein Dreidecker von Fokker schließlich die beste Beurteilung. Nach den Testflügen wurde das Modell als Dr.II sofort in Serie produziert und im August 1917 bereits in Dienst gestellt. Trotz der schwierigen Steuerung wurde die Dr. II von den Piloten aufgrund ihrer hervorragenden Wendigkeit und Steigfluggeschwindigkeit sehr geschätzt. Unter den besonders bekannten Meisterfliegern, die dieses Flugzeug benutzten, waren Werner Voss und Manfred von Richtofen – der berühmte „Rote Baron." Bis Mai 1918 wurden 318 Exemplare der Dr. II gebaut; danach wurde das Flugzeug von der modernen Fokker D.VII abgelöst.
Ein weiterer berühmter, deutscher Jäger erschien ebenfalls im Jahr 1917, die Albatros D.III/V. Dieses

56-57 Der beste britische Kriegsjäger war der S.E.5a. Das Flugzeug stand seit Juni 1917 im Dienst und war mit einem 200-PS-Motor ausgestattet; die Höchstgeschwindigkeit betrug 222 km/h.

57 rechts, erstes Bild Die Sopwith Triplane war ein Versuch der Briten, ein schnelleres und wendigeres Jagdflugzeug zu konstruieren.

57 rechts, zweites Bild Die Sopwith F1 Camel wurde im Mai 1917 in Dienst gestellt. Sie war mit einem 130-PS-Motor ausgestattet und erreichte 185 km/h. Den Namen erhielt das Flugzeug aufgrund des Buckels, der durch die Maschinengewehr-Verkleidung zustande kam.

57 rechts, drittes Bild Die Fokker Dr.I – seit August 1917 im Dienst – war die deutsche Antwort auf die Sopwith Triplane. Das Flugzeug ging als bevorzugtes Flugzeug von Manfred von Richtofen, dem „Roten Baron", in die Geschichte ein.

57 unten Fotografiert während eines Kampfmanövers; die Fokker D.VII stand seit 1918 im Dienst und wurde von vielen als bestes Jagdflugzeug des Krieges angesehen. Sie erreichte 190 km/h und blieb bis in 6000 Meter Höhe leistungsstark.

Flugzeug wurde aus dem Modell D.II entwickelt. Die D.III besaß sechseckige Flügelflächen mit V-förmigen Stützen und war mit einem Sechszylinder-Reihenmotor Mercedes D.IIIa (176 PS) ausgestattet. Die Höchstgeschwindigkeit betrug 175 km/h. Ab Januar 1917 wurden fast alle Jagdstaffeln mit der D.III/V ausgerüstet, die es unter der Steuerführung von Spitzenpiloten wie von Richthofen, Voss und Udet den Deutschen ermöglichte, ihre Überlegenheit auf dem Luftkriegsschauplatz zurückzuerlangen. Im April erreichte diese Periode der deutschen Vorherrschaft ihren Höhepunkt und für die Engländer wurde der Monat aufgrund der erlittenen Verluste zum „Bloody April", dem blutigen April. Schließlich erschien im Sommer 1917 das Modell D.V, welches ausgestattet mit einem 180-PS-Motor eine Höchstgeschwindigkeit von 187 km/h erreichte; außerdem besaß das Flugzeug robustere Flügel als sein Vorgänger (der die „Angewohnheit" hatte, beim verlängerten Sturzflug die Unterflügel zu verlieren). Über 1800 D.V-Modelle wurden gebaut, und das Flugzeug blieb bis Ende 1918 im Einsatz. Als sich während des letzten Kriegsjahres die Niederlage Deutschlands immer offensichtlicher abzeichnete, aber der Kriegsausgang dennoch in der Schwebe hing, begann das Land, einige seiner besten Jagdflugzeuge zu produzieren: die Fokker D.VII sowie die Siemens-Schuckert D.III/IV. Die Fokker erschien im April 1918 auf dem Luftkriegsschauplatz und war vielleicht sogar das beste Jagdflugzeug, das im gesamten Krieg zum Einsatz kam. Anfang 1918 gewann das Flugzeug einen vom Kriegsministerium ausgerufenen Wettbewerb zur Entwicklung eines neuen Jägers; auch von Richthofen zeigte sich von der neuen Fokker beeindruckt. Die D.VII besaß die herkömmliche Außenform eines Doppeldeckers, verfügte über den 160-PS-Mercedes-Motor D.III und flog eine Höchstgeschwindigkeit von 190 km/h in 1000 Metern Flughöhe. Das Kriegsministerium bestellte sofort 400 Exemplare, mit denen die besten Jagdstaffeln – als erstes das Geschwader von Richthofens – ausgestattet wurden. Die Piloten waren von den Eigenschaften der D.VII beeindruckt, besonders von der Steigfluggeschwindigkeit sowie den Höhenflugleistungen. Im August 1918 kam das Modell F zum Einsatz; das Flugzeug war mit einem 185-PS-BMW-IIIa-Motor ausgestattet, der als Höhenmotor beste Leistungen in bis zu 6000 Metern Höhe erbrachte. Man vergleiche: die Fokker D.VII stieg auf 5000 Meter in 38 Minuten, während die D.VII.F für dieselbe Höhe nur 14 Minuten brauchte. Vor dem Waffenstillstand wurden ungefähr 1000 Exemplare des Modells F hergestellt. Ein weiteres, bemerkenswertes Jagdflugzeug war die Siemens-Schuckert. Das Modell D.III besaß einen 160-PS-Motor, der einen vierblättrigen Propeller antrieb; die Höchstgeschwindigkeit betrug 180 km/h.

Gegen Ende des Ersten Weltkriegs hatte sich die Luftfahrt-Technologie bereits enorm fortentwickelt. Alle Flugzeuge waren nun mit Reihen- statt mit Rotationsmotoren ausgestattet und auch die Flugleistungen waren ständig angestiegen: Die italienische Ansaldo A.1 Balilla von 1918 konnte sich mit ihrem 220-PS-Motor einer Höchstgeschwindigkeit von 220 km/h rühmen, während die britische Martinsyde F.4 Buzzard desselben Jahres einen Hispano-Suiza-8F-Motor mit 300 PS besaß und eine Höchstgeschwindigkeit von 215 km/h erreichte. Ebenfalls 1918 wurde auch die Junkers D.I eingeführt, das erste vollständig aus Metall gebaute Eindecker-Jagdflugzeug.

Auch bei den Entwürfen von Bombenflugzeugen wurden riesige Fortschritte gemacht. Zu Beginn des Krieges im Jahr 1915 wurde diese Kategorie von Flugzeugen wie der Caudron G.4 (zwei 80-PS-Motoren, 132 km/h und 113 kg Bomben), der Farman F.40 (ein 160-PS-Motor, 135 km/h sowie 50 kg Bomben) und der Caproni Ca.32 (drei 100 PS-Motoren, 116 km/h und 350 kg Bomben) vertreten. Im Laufe der Jahre erschienen immer größere und leistungsstärkere Flugzeuge. Gegen Kriegsende trugen die Bomber bereits eine beeindruckende Waffenlast: die Vickers Vimy (zwei 360-PS-Motoren, 165 km/h und 2180 kg Bomben) und die Handley Page V/1500 (vier 375-PS-Motoren, 145 km/h sowie 3390 kg Bomben).Der Erste Weltkrieg steigerte nicht nur die Faszination, die das Flugzeug ausübte, und schuf Legenden über Maschinen und Piloten; vor allem anderen förderte er in großem Ausmaß die Entwicklung und Verbreitung der Luftfahrttechnologie. Innerhalb der fünf Kriegsjahre produzierte Deutschland insgesamt 48 537 Flugzeuge, Großbritannien baute 58 144 und Frankreich nicht weniger als 67 987. Italien, die Vereinigten Staaten, Russland und Österreich bauten insgesamt noch weitere 45 000 Exemplare. Die Luftstreitkräfte hatten sich während des Krieges in beachtlicher Weise vergrößert: 1914 besaß Frankreich etwa 138 Flugzeuge in der vordersten Linie, und 1918 waren es bereits 4511. Großbritanniens Anzahl wuchs von 113 auf 3300 und Italiens von 150 auf 1200 Stück. Die Größe und Wichtigkeit der neuen Kampfmaschine brachten Großbritannien sogar dazu, eine dritte bewaffnete Streitkraft zu formen: die Royal Air Force, in welche im Jahre 1918 Maschinen und Männer der Armee und Marine aufgenommen wurden. Auch andere Staaten sollten bald diesem Beispiel folgen. Alle Flugzeugtypen waren bereits viel zuverlässiger, robuster und kontrollierbarer geworden als vier Jahre zuvor. Dank der technologischen Fortschritte sowie des Überschusses an Maschinen, Motoren und Piloten sollte sich das Flugzeug in der Nachkriegszeit auch als ziviles Transportmittel bewähren. Am Ende des Kriegs wurde die Weiterentwicklung der Luftfahrt auch durch den Durst nach Abenteuer und Ruhm seitens der Piloten und Konstrukteure gefördert; es war der nämliche Ehrgeiz, der sich nach dem Krieg auf den Bereich der Rekorde, Wettbewerbe und großen Flugunternehmungen richten sollte.

59 Mitte Auch Frankreich produzierte einige Bomber-Typen. Auf der Fotografie eine Caudron G.4 aus dem Jahr 1915. Die Maschine verfügte über zwei 80- bzw. 100-PS-Motoren und konnte 113 kg Bomben tragen.

59 unten Die Vickers Vimy war ein weiterer erfolgreicher Bomber der britischen Luftwaffe. Das Flugzeug wurde 1918 eingeführt, war mit zwei 360-PS Rolls-Royce-Motoren ausgestattet und trug bis zu 2180 kg Bombenlast. Wie die Handley Page V/1500 wurde auch diese Maschine in der Nachkriegszeit als Zivilitransportflugzeug benutzt.

58 Der britische Bomber Handley Page V/1500 erschien 1918 auf der Bildfläche und war für jene Zeit ein hervorragendes Flugzeug. Die Maschine wurde von vier 375-PS-Motoren angetrieben, besaß eine maximale Startmasse von über 13 Tonnen und war für sechs Stunden flugfähig. Die Waffenlast betrug bis zu 3390 kg Bomben.

59 oben Eine Caproni Ca.3 der italienischen Luftwaffe während eines Flugs 1915. Dieser Doppeldecker-Bomber mit drei 150-PS-Motoren Isotta Fraschini konnte bis zu 1500 kg Bomben laden. Es war eine erfolgreiche Maschine, die auch in Frankreich in Lizenz gebaut wurde.

Die Luftritter

Während der Erste Weltkrieg Blut, Leiden und Tod für Millionen von Menschen bedeutete, die zu einer Art anonymem Schicksal im Schlamm der Schützengraben verurteilt waren, wurde der neue Luftkrieg – wo Mut, Stolz und Heldentum mittelalterlicher Ritter erneut zum Leben erweckt wurden – bald von der begeisterten Masse verherrlicht. Die Kampfpiloten erlangten einzigartigen Ruhm und genossen große Bewunderung. Oft wurden sie von den hohen Befehlshabern benutzt, um eine gute Stimmung unter der Bevölkerung aufrecht erhalten zu können. Doch auch die Piloten selber taten ihr Bestes, um die Legenden zu nähren, indem sie auch außerhalb der Kampfarena ein kühnes, überhebliches und dreistes Verhalten an den Tag legten. Sie wurden von Ehrungen überschüttet, wie es seit Jahrhunderten in solchem Ausmaß nicht gesehen wurde – sowohl zu ihren Lebzeiten als auch nach ihrem Tod. Trotz der Härte der Luftkämpfe war es im Vergleich zum Landkrieg eine andere Kampfart, bei der für die Piloten die Regeln des Rittertums und des gegenseitigen Respekts galten.
Die besten Piloten wurden als „Asse" berühmt – ein Titel, mit dem man ursprünglich jemanden mit herausragendem Können benannte, doch dann auf jene angewandt wurde, die sich damit rühmen konnten, fünf oder mehr Feindflugzeuge abgeschossen zu haben. Der Berühmteste darunter war zweifellos Manfred von Richtofen – der legendäre „Rote Baron" so genannt aufgrund der Farbe, mit der er seine eigenen Flugzeuge anstrich. Bevor er von dem kanadischen Kapitän Roy Brown am 9. April 1918 getötet wurde, erreichte von Richtofen einen unübertroffenen Rekord von 80 Siegen.

Es folgt eine in Nationen aufgeteilte Liste der führenden Asse des ersten Weltkriegs mit der Anzahl der jeweils abgeschossenen Feindflugzeuge:
Deutschland: M. von Richtofen (80), E. Udet (62), E. Loewenhardt (53), W. Voss (48), F. Rumey (45), O. Boelcke (40).
Österreich-Ungarn: G. Brumowski (40), J. Arigi (32), F. Linke-Crawford (30).
Belgien: W. Coppens (37).
Vereinigte Staaten: E. Rickenbacker (26), W. Lambert (22), F. Gillette (20).
Frankreich: R. Fonck (75), G. Guynemer (54), C. Nungesser (45), G. Madon (41).
Großbritannien: E. Mannock (73), W. A. Bishop (72), R. Collishaw (60), J. T. B. McCudden (57).
Italien: F. Baracca (34), S. Scaroni (26), P. R. Piccio (24), F. T. Baracchini (21), F. Ruffo di Calabria (20).
Russland: A. A. Kazakow (17).

61 oben links Das deutsche Fliegerass Manfred von Richtofen. Aufgrund der Farbe, mit der er seine Flugzeuge anstrich, war er besser bekannt als der „Rote Baron". Er kommandierte die Jagdstaffel 11 (Jasta 11) und wurde am 9. April 1918 hinter den englischen Kampflinien getötet.

60 oben Der Major Francesco Baracca war Italiens erfolgreichstes Fliegerass. Er schoss 34 feindliche Flugzeuge ab, bevor er selbst von gegnerischem Feuer getötet wurde. Sein Wappen – ein auf den Hinterbeinen stehendes Pferd – wurde auf einige italienische Jäger-Geschwader übertragen; Baraccas Mutter schenkte es außerdem dem Autohersteller Enzo Ferrari. Auf dem Foto posiert Baracca neben einem erbeuteten, feindlichen Flugzeug.

60-61 unten Das zweite Ass der französischen Luftwaffe war Georges Guynemer; er schoss 54 feindliche Flugzeuge ab, bevor er selber zum Opfer wurde.

61 oben rechts Bei dem berühmten Flug des Serenissima-Geschwaders am 9. August 1918 über Wien wurden Bomben und Flugblätter abgeworfen. Auf der Fotografie sind der General Bongiovanni und der Major Gabriele D'Annunzio zusammen mit weiteren Piloten zu sehen, die an dem Luftangriff beteiligt waren.

61 Mitte Die Beerdigung von Richtofens in Berlin 1925. Sieben Jahre lagen seine sterblichen Überreste auf einem französischen Friedhof.

61 unten rechts Albert Ball war eines der berühmtesten britischen Fliegerasse. Er starb im Kampf, nachdem er sein dreiundvierzigstes Opfer abgeschossen hatte.

Kapitel 5

Die Geburt der Zivilluftfahrt

Bis zum Ersten Weltkrieg wurde das Flugzeug in der allgemeinen Vorstellung als ein Mittel sportlicher Kühnheit sowie als Waffe furchtloser Krieger angesehen; in beiden Fällen jedoch ein Elite-Vehikel, das nur wenigen Mutigen vorbehalten war.

Der Erste Weltkrieg hatte die Situation jedoch radikal verändert – wenn schon noch nicht im allgemeinen Bewusstsein, so doch wenigstens hinsichtlich der Zahlen und Fakten: 1918 gab es bereits Tausende von ausgezeichneten, erfahrenen Piloten und auch Tausende von Flugzeugen, die als Restbestände aus dem Krieg zu Niedrigpreisen verkauft wurden. Die Luftfahrt hatte sich verbreitet, und man begann auch ihr ziviles Potenzial zu schätzen.

Die Geburt und Ausdehnung der Ziviltransport-Luftfahrt fand nicht durch Zufall im Europa der Nachkriegszeit statt: Der Krieg hatte viele Bahnverbindungen zerstört, und Transportstrecken, welche die Seeüberfahrt mit einschlossen (wie zum Beispiel die viel benutzte Verbindung London-Paris) waren bereits zu langsam und zu umständlich für jegliches Bodentransportmittel. In Amerika dagegen wurde das Eisenbahnnetz hervorragend ausgebaut und nicht zerstört, so dass die Bahn deshalb – und aufgrund der damaligen Flugzeugeigenschaften – bevorzugt wurde.

Um 1919 konnte man in Frankreich, Großbritannien und Deutschland im Verlauf weniger Monate die Entstehung der ersten zivilen Fluggesellschaften beobachten. Die erste reguläre Verkehrsverbindung wurde in Deutschland eingeführt – mit den Zeppelin-Luftschiffen zwischen der Hauptstadt Berlin und Weimar in Thüringen. Bald darauf folgten die Strecken Paris-Brüssel sowie Paris-London, die von französischen und englischen Gesellschaften unter dem Einsatz von Flugzeugen eingeweiht wurden.

62 oben links In der Nachkriegszeit entstanden viele Verkehrsluftfahrt-Projekte, wie z. B. das für seine Zeit hochentwickelte Wasserflugzeug Caproni Ca.60 Transaereo. Trotz der acht 400-PS-Motoren war dieses riesige Flugschiff zu schwer, um fliegen zu können, und wurde während der Erstfluges zerstört.

62 unten links Eine große Menschenmenge drängt sich um den Doppeldecker de Havilland DH.86 während der Eröffnung des Londoner Flughafens Gatwick durch den britischen Luftfahrt-Minister.

62 rechts Zwei Werbeplakate der holländischen Luftfahrtgesellschaft KLM (Royal Dutch Air Services).

63 links Ein großartiges Poster, das für den „Pfeil des Ostens"-Dienst der Air France wirbt.

63 oben rechts Eine zweimotorige Bloch 220 der Air France bei einem Flug über Frankreich. Die Fluggesellschaft wurde 1933 aus einer Fusion von Aèropostale, Farman und Air Orient gebildet.

63 unten rechts Die spartanische Innenausstattung der Kabine der Caproni Ca.60 Transaereo, die für die Aufnahme von 100 Passagieren entworfen wurde.

Die ersten britischen Fluggesellschaften waren Aircraft Transport, Handley Page Transport, Instane Air Line und Daimler Airway. Es folgten die 1919 in Holland gegründete KLM, in Belgien die SNETA, in Frankreich die Farman, Latécoère und Aéropostale sowie in Deutschland schließlich die Junkers und die Deutsche Aero Lloyd. Im Laufe der Jahre verschwanden viele Gesellschaften wieder oder fusionierten aufgrund der Marktverhältnisse und wegen übergeordneter Regierungsinteressen. 1924 wurden die englischen Gesellschaften in der Imperial Airways vereinigt, die direkte Unterstützung von der Regierung erhielt und unter anderem damit beauftragt wurde, die Verbindungen mit den Kolonien aufrechtzuerhalten. Zwei Jahre später wurden auch alle deutschen Fluggesellschaften auf Beschluss der Regierung in einem einzigen Unternehmen vereinigt: der Deutschen Luft Hansa Aktiengesellschaft, besser bekannt als Lufthansa. 1933 entstand hingegen aus einer Fusion von Aéropostale, Farman und Air Orient die Air France. Weitere Gesellschaften formten sich in ganz Europa: Det Danske Luftfartselskab in Dänemark, die Linee Aeree in Italien, die Sabena in Belgien, usw. Über die einzelnen Geschäftsinteressen, die Marktsituation und deren Entwicklungspotenzial hinaus war das Grundelement und gleichzeitig die Hauptschwierigkeit der neuen Zivilluftfahrt das Flugzeug selbst: In der unmittelbaren Nachkriegszeit gab es noch keine Passagierflugzeuge, die speziell für den zivilen Luftverkehr entworfen und gebaut wurden.

64 links Auf der Anzeigetafel der SAS-Gesellschaft in Bodo, Norwegen, sind die Flugzeiten für verschiedene Ziele vermerkt. Mit dem Flugzeug begann die Welt kleiner zu werden.

64 oben rechts Ein „Luft-Diener" der deutschen Fluggesellschaft Lufthansa hilft einem Passagier an Bord der Fokker F.II. Dieses Passagierflugzeug wurde 1926 in den Dienst der gerade gegründeten Lufthansa gestellt.

64 unten rechts Die luxuriöse Passagierkabine im viermotorigen Langstreckenflugzeug Handley Page HP.42. Die Maschine wurde ab 1930 von der britischen Imperial Airways eingesetzt.

65 oben links 1928. Passagiere steigen aus der Junkers G.24 der Lufthansa auf dem Flughafen Berlin-Tempelhof aus. Ein Zubringerdienst begleitete die Reisenden bis zur Stadtmitte.

65 Mitte links Ein Werbeplakat für das Flug-Turnier in Köln 1927, an dem nur Zivilflugzeuge teilnehmen durften.

65 unten links Die Lufthansa war die erste Fluggesellschaft der Welt, die Speisen und Getränke an Bord servierte. Auf dieser Fotografie von 1928 bedient ein Steward Reisende in der Passagierkabine der dreimotorigen Junkers G.31.

65 rechts Mit dem Erscheinen neuer und größerer Flugzeuge stieg auch der Service an Bord der Maschinen. Diese Fokker F.XXXVI war mit Liegewagenkabinen ausgestattet – die holländische Gesellschaft KLM hatte diese Einrichtung für die Nachtflüge (1935) vorgesehen.

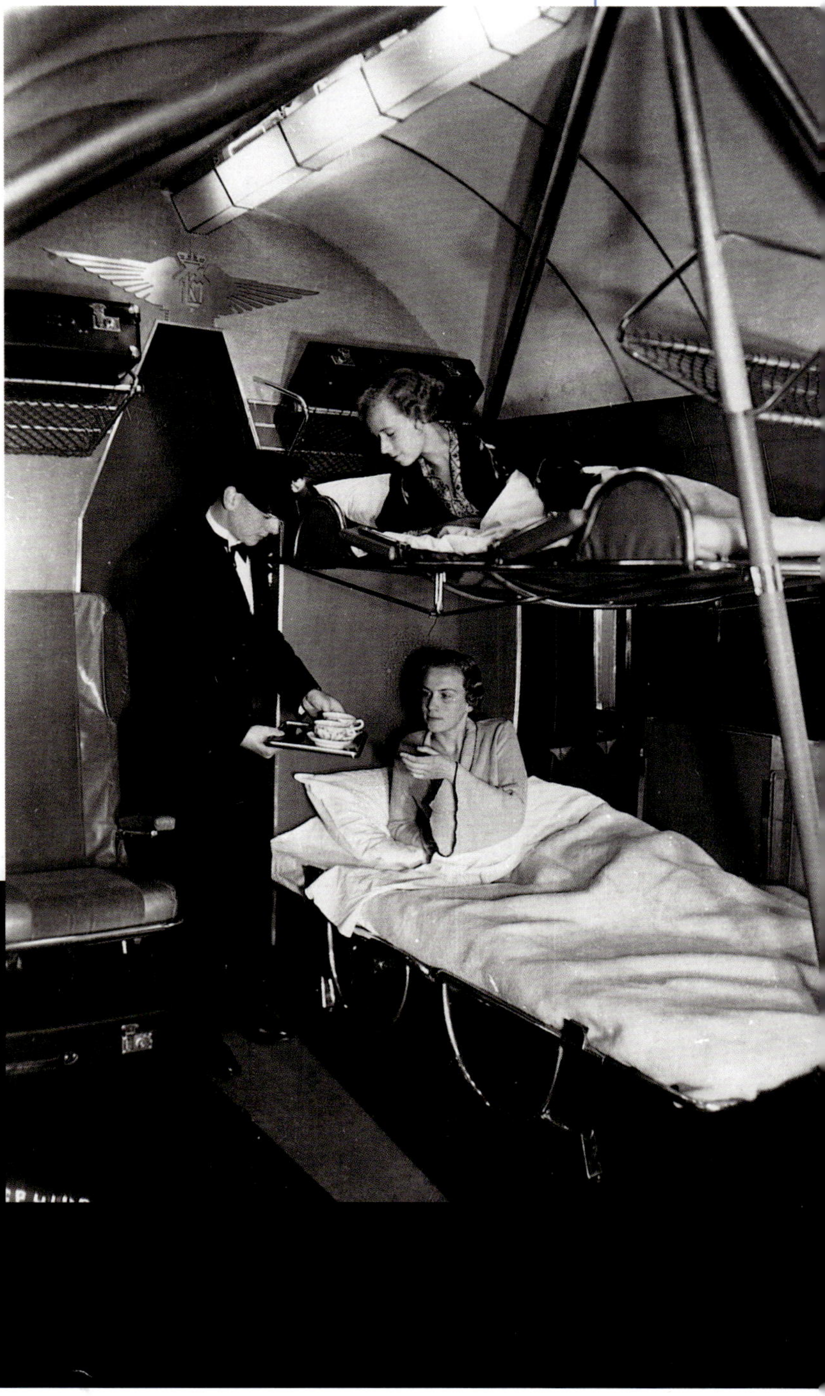

Die ersten Linienflugzeuge waren tatsächlich grob modifizierte, mehrmotorige Bomber oder zwei- oder dreisitzige einmotorige Maschinen; dabei mussten alle Unbequemlichkeiten, die diese beiden Flugzeugtypen enthielten, in Kauf genommen werden: Lärm, Vibrationen, Stöße und eisige Temperaturen. Unter den am meisten benutzten Flugzeugen in dieser Epoche waren die Vickers Vimy, die Farman F.60, die Airco D.H.4, die Breguet Br.14 sowie die Bomber Handley Page, O/10 und O/11, die aus der Militärversion O/400 hervorgingen.
Die Vickers FB.27 Vimy – nach einer Schlacht des Ersten Weltkriegs benannt – startete am 30. November 1917 zum Erstflug. Bei diesem Flugzeug handelte es sich um einen Doppeldecker, bei dem die beiden Motorblöcke der 203-PS-Motoren Hispano-Suiza jeweils zwischen den beiden Flügeln montiert waren. Das Flugzeug war bereits bereits früher bestellt worden, um das Royal Flying Corps mit neuen schweren Bombern auszurüsten. Die Vimy besaß ein Doppelleitwerk und ein Vierrad-Fahrwerk, das mit Außenkufen versehen war. Die Besatzung bestand aus drei Mann, als Waffenlast konnten zwölf 50-kg-Bomben mitgeführt werden. Die Entwicklung des Flugzeugs ging ziemlich mühselig voran und der zweite und dritte Prototyp gingen bei Unfällen verloren. Bei Kriegsende im November 1918 hatte die Royal Air Force erst drei Serienflugzeuge erhalten. Die übrigen 232 Vimy wurden erst nach Kriegsende gebaut und geliefert. Das Flugzeug blieb bis 1933 im Einsatz, als das letzte Exemplar in Ägypten schließlich ausgemustert wurde. Die maximale Startmasse betrug mehr als fünf Tonnen und die Höchstgeschwindigkeit lag bei ca. 160 km/h.
Die Forderungen der Zivilluftfahrt veranlassten Vickers schließlich, eine entsprechende Zivilversion der Vimy zu produzieren. Das neue Modell wurde „Vimy Commercial" genannt und flog erstmals am 13. April 1919. Es besaß einen größeren Rumpf, der bis zu zehn Personen in komfortablen Korbsitzen aufnehmen konnte. Hinter der Kabine gab es ein Gepäckabteil, in dem bis zu 1134 kg Zuladung untergebracht werden konnte. Auf den ersten Prototyp – eingetragen als G-EAAV – folgten unmittelbar drei Serienexemplare, die mit dem 456-PS-Motor Napier Lion bzw. dem 406-PS-Lorraine Dietrich ausgestattet waren. Eine der Vimy Commercials wurde von der französischen Gesellschaft Grands Express Aériens erworben, während die anderen beiden Exemplare an die englische Instone und später an die Imperial Airways gingen. Vierzig dieser Flugzeuge wurden für China gebaut, doch nicht alle wurden geflogen. Insgesamt baute 336 Flugzeuge der Serie Vimy.
Die französische Farman F.60, genannt Goliath, war das bedeutendste Transportflugzeug der frühen Nachkriegszeit. Auch dieses Flugzeug wurde ursprünglich aus Bombern entworfen,

66 oben In der Nachkriegszeit wurde der britische Bomber Vickers Vimy für Zivilflüge eingesetzt. Das für diesen Zweck eingeführte Modell Commercial – hier auf dem Foto – verfügte über eine geschlossene Passagierkabine.

doch der Krieg endete, bevor die ersten Prototypen fertiggestellt werden konnten. Mit bemerkenswerter Weitsicht machte sich die Gesellschaft sofort daran, die Bomber in Passagierflugzeuge zu transformieren: Der originale Rumpf wurde durch einen neuen ersetzt, in welchem durch den Einbau von Kabinen in der Nase und im Hauptteil insgesamt zwölf Passagiere Platz fanden. Der Jungfernflug des ersten Exemplars fand im Januar 1919 statt. Gleichzeitig wurden auch die Entwürfe der Militärversion weiterentwickelt, so dass die fertigen Exemplare ab 1922 schließlich in Dienst gestellt werden konnten. Die Zivilversion F.60 startete am 29. März 1920 mit der Compagnie des Grands Express Aériens auf der Strecke Paris-London zu ihrem ersten Linienflug. Kurze Zeit später wurde von Farman die Strecke Paris-Bruxelles eingeweiht und 1921 bis Amsterdam und Berlin ausgeweitet. Die Goliath wurde bald von verschiedenen Fluggesellschaften in Frankreich, Rumänien, Belgien und der Tschechoslowakei (wo sie auch in Lizenz gebaut wurde) erworben. Es wurden über 60 Goliaths in der Zivilversion hergestellt. Zu den Charakteristiken dieser Ausführung gehörten das Doppeldecker- und Zweimotorensystem, das Räderfahrgestell sowie das kreuzförmige Leitwerk am Heck. Die beiden 260-PS-Sternmotoren Salmson C.M.9 brachten das Flugzeug auf eine Höchstgeschwindigkeit von 140 km/h; die Reichweite betrug 400 km.

Die F.60 besaß eine Flügelspannweite von 26,5 Metern, eine Länge von 14,33 Metern sowie eine maximale Startmasse von 4770 kg.

67 links Herstellungstechniken im Flugzeugbau nach dem Ersten Weltkrieg, der die Massenproduktion von Flugzeugen enorm angetrieben hatte. Die Fotografien wurden in der Farman-Fabrik in Billancourt gemacht und zeigen die verschiedenen Phasen der Flugzeugherstellung – von der Montage und Verkleidung der Flügel bis zum Zusammenbau größerer Komponenten am Flugzeug.

67 rechts Innenraum einer Passagierkabine des Doppeldeckers Farman. Die Korbsitze sind kurioserweise vom Fenster abgewandt angeordnet und orientieren sich zum Gang hin.

66 unten Auch die französische Gesellschaft Farman passte ihre Produktion an die neuen Erfordernisse der Zivilluftfahrt an. Diese beiden Passagierflugzeugversionen der Farman F.60 Goliath standen ab 1919 im Dienst.

Die Airco DH.4 – entworfen von Geoffrey de Havilland – war ein übrig gebliebenes Aufklärungs- und Bombenflugzeug, das 1916 eingeführt worden war. Es handelte sich um einen großen zweistieligen Doppeldecker, der anfangs mit einem 200-PS Motor-BHP ausgestattet war. Die Besatzung bestand aus dem Piloten und einem Maschinengewehrschützen. Die DH.4 erreichte eine Höchstgeschwindigkeit von 160 km/h in 4570 Metern Flughöhe und konnte mit einer Bombenlast von über 300 kg beladen werden. Das Flugzeug bewies sofort bemerkenswerte Flugeigenschaften und konnte sogar ohne ein Geleit von Jagdflugzeugen operieren. Während des Kriegs wurden 1450 Exemplare hergestellt. Auf der Grundlage der Militärversion DH.4 wurden nach dem Kriegsende zahlreiche Zivilflugzeuge entwickelt. Aircraft Transport benutzte die DH.4 bis 1919 für die ersten Linienverbindungen mit dem europäischen Kontinent; später wurde von derselben Fluggesellschaft auch die DH.4a eingesetzt, eine Version mit geschlossener Kabine für zwei Passagiere. Auch Handley Page, SNETA und Instone flogen die DH.4. Die besten Exemplare davon waren mit einem 380-PS-Motor Eagle VIII bestückt und erreichten eine Höchstgeschwindigkeit von 230 km/h; die maximale Startmasse betrug über 1800 kg. Die größte Anzahl dieser Flugzeuge war jedoch mit den billigeren und üblicheren 203-PS- Zwölfzylindermotoren RAF 3A ausgestattet, die viel niedrigere Leistungen erbrachten. Ein besonders bekanntes Flugzeug jener Zeit war die deutsche Junkers F-13 – der erste für den Zivilgebrauch konstruierte Ganzmetall-Eindecker. Das Flugzeug ging aus dem Modell J-10 (eingesetzt für taktische Luftunterstützung) hervor und flog zum ersten Mal am 25. Juni 1919 mit einem 160-PS-Motor Mercedes D.IIIa. Diese Erstversion besaß eine geschlossene Kabine für vier Passagiere sowie ein offenes Front-Cockpit, in dem die beiden Piloten Platz fanden. Später veränderte man den Rumpf, um die Besatzung in einem geschlossenen Cockpit aufnehmen zu können. Der Mercedes-Motor wurde erst gegen den 185-PS starken BMW IIIa ausgetauscht, später dann gegen den 210 PS starken Junkers L-5. Das kleine Flugzeug (die Länge betrug 9,6 Meter, die Spannweite 17,7 Meter und das Höchstgewicht 2000 kg) wurde ein für die damalige Zeit beachtlicher Verkaufserfolg: Annähernd 350 Exemplare wurden gebaut und die Produktion endete erst 1932. Es gab außerdem über 60 Varianten mit einem Fahrgestell aus Rädern, mit Kufen oder Schwimmern. Junkers leitete von der F-13 außerdem erfolgreich die zwei Transportflugzeuge W-33 und W-34 ab, die im Jahre 1926 zum ersten Mal geflogen wurden. Von der Struktur her ähnelten die neuen Maschinen sehr der F-13 und wurden auf derselben Montagelinie gebaut. Die Hauptunterschiede lagen in der vergrößerten Flügelspannweite (18,4 Meter) sowie der maximalen Startmasse, die auf 3200 kg erhöht war. Die W-33 wurde vom 314-PS-Motor Junkers L-5 angetrieben, während die W-34 anfangs mit einem 425-PS starkem Gnome-Rhone Jupiter

69 oben Personal der Lufthansa, das für die Instandhaltung und Reinigung der Flugzeuge zuständig war – hier bei einer Junkers F13. Auffällig ist die Wellblechbeplankung des Rumpfes; dadurch war das Flugzeug insgesamt robuster.

69 Mitte Ein britischer Airco DH.4 Doppeldecker während des Fluges. Die geschlossene Passagierkabine befand sich vor dem Piloten; das Cockpit war offen.

69 unten Eine KLM Fokker F.VII auf einem holländischen Flugplatz. Dieses Flugzeug wurde 1924 konstruiert und konnte bis zu zehn Passagiere aufnehmen. Die Leistung der 355-PS-Motoren wurde auf 530 PS erhöht.

VI ausgestattet war. Später führte man einen längeren und schlankeren Rumpf ein, so dass die Gesamtlänge 10,3 Meter erreichte. Während die W-34 als Passagierflugzeug eingesetzt wurde, benutzte man die W-33 im Allgemeinen für den Fracht- oder Posttransport, auch wenn der Einbau von sechs Passagiersitzen möglich gewesen wäre. Insgesamt wurden 1990 Exemplare dieser Flugzeugfamilie (eingeschlossen der Militärversion K43) gebaut.

Eine weitere bekannte deutsche Firma, die erfolgreich von der Militär- zur Zivilkonstruktion wechselte, war Fokker (gegründet von dem Holländer Anthony Fokker). 1924 realisierte die Firma das Modell F VII, einen Eindecker, der als freitragender Hochdecker ausgelegt war. Der Rumpf wurde in Metallrohr- Struktur gebaut und mit einem 364-PS-Reihenmotor Rolls-Royce Eagle ausgestattet. Nachdem fünf Exemplare dieses Modells gebaut worden waren, wechselte die Fokker im März 1925 zur Version F VIIA.

Bei ihr wurde die Zelle des vorhergehenden Modells beibehalten, jedoch in vielen Details verbessert. Die F VIIA wurde von verschiedenen Stern-Motortypen angetrieben, bei denen die Leistungen von 355 bis 530 PS reichten. Die Spannweite betrug 21,7 Meter, die Länge 14,5 Meter und das maximale Startmasse 5300 kg. Das Flugzeug konnte eine Last von zehn

68-69 Eine Wasserflugzeugversion der Junkers F-13. Das kleine Flugzeug wurde 1919 entworfen, um die besonderen Erfordernisse des Zivilluftfahrt zu befriedigen. In der Maschine konnten nur vier Passagiere befördert werden.

68 unten Die konventionelle Junkers F-13 während eines Flugs in Afrika. Die Maschine – der erste Ganzmetall-Eindecker – wurde ein großer kommerzieller Erfolg; sie wurde in 350 Exemplaren hergestellt.

Passagieren (oder ca. 1000 kg Fracht) aufnehmen und erreichte eine Höchstgeschwindigkeit von 210 km/h. Um den Reliability Trial von Ford gewinnen zu können, transformierte Fokker eine seiner F VIIA in ein dreimotoriges Flugzeug mit 243-PS-Whirlwind-Triebwerken. Diese Version hatte besonders viel Erfolg und wurde schließlich als F VII-3m in Serie produziert. In den Dreißigerjahren war das Flugzeug zusammen mit dem Modell F VIIB-3m (mit vergrößerten Tragflächen) bei den europäischen und amerikanischen Fluggesellschaften stark verbreitet. Fokker produzierte insgesamt 74 Exemplare beider Flugzeugmodelle; zahlreiche weitere Exemplare wurden in Lizenz in Belgien, Großbritannien, Italien und Polen gebaut.

70 oben Die Handley Page H.P.42 war das größte Landflugzeug der 30er-Jahre; acht Exemplare wurden für die britische Imperial Airways gebaut. Trotz des veralteten Aussehens war die Maschine eine Ganzmetallkonstruktion und flog zum ersten Mal im Jahr 1930.

70 Mitte links Zwei einmotorige Hamilton-Eindecker in den Vereinigten Staaten Ende der 20er-Jahre. Auch diese Transportflugzeuge entstanden in Ganzmetallbauweise.

70 Mitte rechts Werbung für einen Luftwettkampf in Miami – wahrscheinlich in den Dreißigerjahren.

70 unten Eine TWA Douglas DC-3 über Manhattan im Jahr 1935. Zu jener Zeit war der Passagiertransport in den USA dank der berühmten, zweimotorigen Douglas bereits gut entwickelt .

In der Zwischenzeit begann sich die Zivilluftfahrt auch in Amerika immer mehr zu verbreiten. Das war vor allem der von der Regierung finanzierten Privatisierung des Luftpostverkehrs zu verdanken – dadurch wurde den ersten Fluggesellschaften unter die Arme gegriffen. Aufgrund dieser 1925 im Kelly Act manifestierten Maßnahmen entwickelte sich der amerikanische Lufttransport und innerhalb kurzer Zeit sollten die Vereinigten Staaten Europa auf diesem Gebiet überholt haben.
Das erste amerikanische Lufttransportunternehmen der Nachkriegszeit war die Aeromarine West Indies Airways, die 1920 gegründet wurde, jedoch aus finanziellen Schwierigkeiten ihre Tätigkeit bereits 1923 einstellte. Nach 1925 bildeten sich dagegen zahlreiche Gesellschaften; sie konkurrierten hauptsächlich um die Postlinien, die bequem mit dem Passagiertransport verbunden werden konnten. Zwischen 1925 und 1926 wurden unter anderem die Gesellschaften Stout Air Services, Florida Airways, Western Air Express und Pacific Air Transport gegründet.

71 oben Zwei Werbeplakate – ein englisches und ein amerikanisches – informieren über den wachsenden Luftverkehr in den 20er- und 30er-Jahren.

71 unten Auf dieser Fotografie von 1930 ist die erste Gruppe von Stewardessen zu sehen. Die Damen arbeiteten für die amerikanische Fluggesellschaft United Airlines.

Auch Henry Ford, der gefeierte Automobilhersteller, wollte sich in den Bereich der Luftfahrt wagen. Er gründete die Ford Air Transport Services und entwickelte ein modernes Transportflugzeug: die Ford Tri-Motor. Die Maschine sollte bald den amerikanischem Himmel beherrschen und wurde zur Legende. Die Ursprünge der Tri-Motors gingen auf ein Projekt des Jahres 1922 zurück: die Stout 2-AT Pullman, einen Schulterdecker mit acht Sitzen, der von einem einzigen 406-PS-Motor Liberty angetrieben wurde. Auf Anfrage Fords entwickelte Stout 1926 aus jenem Modell die 3-AT, doch das Projekt hatte keinen Erfolg und führte zur der Entlassung Stouts. Im selben Jahr erschien jedoch noch die 4-AT, ein dreimotoriger Ganzmetall-Hochdecker mit Wellblechbeplankung, der mit acht Passagiersitzen ausgestattet war. Das Flugzeug ähnelte der 4-AT und startete am 11. Juni zu seinem Jungfernflug. Der erste und wichtigste Kunde der 4-AT war die Maddux Air Lines aus Los Angeles, die 16 Exemplare erwarb. 1928 wurde das Modell 5-AT eingeführt, das größer und robuster war sowie ein breiteres Flügelprofil besaß. 17 Passagierplätze waren in dem Modell eingebaut. Die Flügelspannweite betrug 23,7 Meter, die Länge 15,3 Meter und die maximale Startmasse erreichte bis zu 6125 kg. Ausgestattet mit drei 425-PS-Motoren vom Typ Pratt & Whitney Wasp SC-1 konnte die 5-AT bis zu 230 km/h schnell fliegen. Die Reichweite betrug über 880 km. Zwischen 1929 und 1931 wurden 117 Exemplare der 5-AT hergestellt. Dagegen wurden 198 Ford Tri-Motors in 30 Versionen an zahlreiche Fluggesellschaften verkauft, wie die American British Columbia, Curtiss Flying Service Eastern, Northwest und Transcontinental. Die Militärversion wurde außer von den amerikanischen Streitkräften auch in Australien, Kanada, Kolumbien und Spanien benutzt. Das Flugzeug erwies sich als sehr robust und zuverlässig und einige Exemplare wurden noch in den Achtzigerjahren für Touristenflüge eingesetzt.

72 oben Eine der ersten Ford Tri-Motors. Die Maschine flog zum ersten Mal im Juni 1926 und war eine Weiterentwicklung der wenig erfolgreichen, einmotorigen 3-AT.

72 Mitte Die Passagierkabine einer Ford Tri-Motors 4-AT, die neben den zwei Piloten bis zu zwölf Reisende aufnehmen konnte.

72 unten Die Ford/Stout 2-AT Pullman von 1922 war das erste Modell der Flugzeugserie, die zur erfolgreichen Tri-Motor 5-AT aus dem Jahr 1928 führte. Die Maschine konnte 17 Passagiere befördern.

73 oben Eine dreimotorige Fokker F.VII mit französischer Kennzeichnung kurz nach der Landung auf einem europäischen Flughafen von der Menge eingeschlossen. Die F.VII war die Hauptkonkurrentin der Ford Tri-Motors.

73 unten Ein wunderbares Flugbild der Ford Tri-Motors 5-AT der American Airways.

In Europa begann sich unterdessen eine neue Generation von Transportflugzeugen zu entfalten, zu deren wichtigsten Vertretern die Handley Page H.P.42, die Junkers Ju-52 und die Doppeldecker De Havilland Dragon gehörten.
In Deutschland begann Junker kurz nach der geglückten Serie W33/34 die Arbeit an einem neuen großen, einmotorigen Flugzeug, das vorrangig für den Frachttransport bestimmt war. Das Ergebnis war die Ju-52, die eine Wellblechbeplankung besaß und an den Flügelhinterkanten mit den patentierten, steuerbaren Junkers-Doppelflügeln versehen war, die als Klappen und Querruder wirkten. Der erste Flug der Ju-52 wurde am 13. Oktober 1930 durchgeführt. Aufgrund einer Motorenleistung von 800 PS konnte die Ju-52 bis zu 17 Passagiere befördern. 1931 beschloss das technische Büro jedoch, das Flugzeug in eine Dreimotorige zu transformieren, und man installierte zu diesem Zweck 530-PS-Triebwerke von Pratt & Whitney. Der Prototyp dieser schnelleren Version (303 km/h) – genannt Ju-52/3m – startete im April 1932 zu seinem Erstflug und wurde sofort zu einem Verkaufserfolg. Die Flügelspannweite der Ju-52/3m betrug 29,2 Meter, die Länge 18,9 Meter und die maximale Startmasse lag bei 10 500 kg. Die ersten beiden Exemplare wurden bereits Ende 1932 an die Lufthansa geliefert; insgesamt hatte die Fluggesellschaft 230 Flugzeuge bestellt, die später geliefert wurden. Auch nach Finnland, Schweden und Brasilien wurden weitere Modelle exportiert. Die Ju-52/3m wurde in mehr als 25 Staaten in Europa, Afrika, Asien, Australien sowie Südamerika geflogen. Auch nach dem Zweiten Weltkrieg konnte das Flugzeug noch erfolgreich operieren: zahlreiche Modelle wurden in Frankreich (als AAC 1 Toucon) und in Spanien (als C-352-L) gebaut und noch für viele Jahre im Militär- und Zivilsektor eingesetzt. 1934 erschien dagegen die Militärversion Ju-52/3mg3e, von der Tausende von Bomber- und Transportexemplaren gebaut wurden.
Die Handley Page H.P.42 war dagegen ein Flugzeug von veralteter Struktur. Sie wurde in

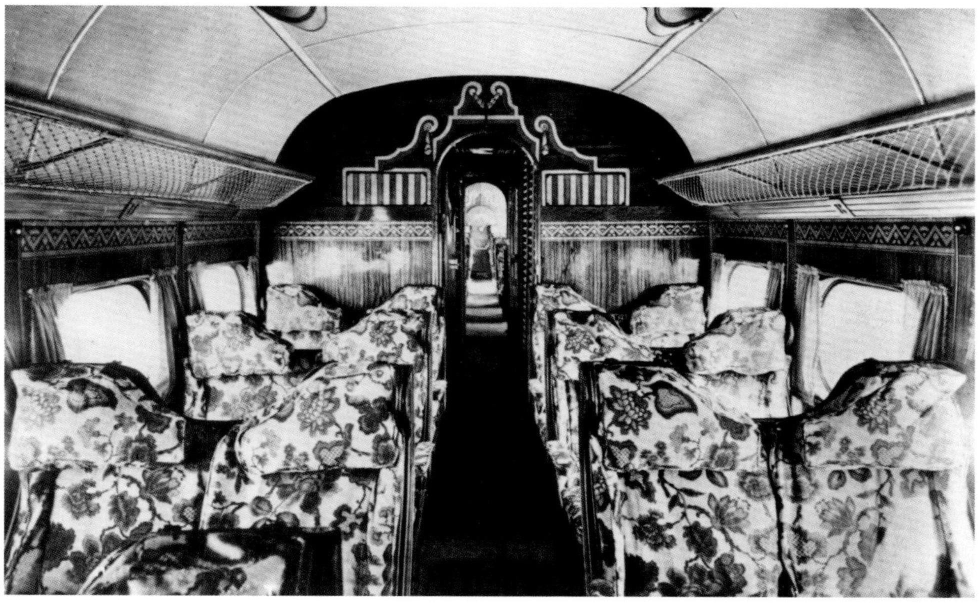

74 unten Eine De Havilland DH.89 Dragon Six der britischen Gesellschaft Olley Air Service. Insgesamt wurden 930 Exemplare der Dragon gebaut – sowohl in Zivil- als auch in Militärausführungen.

75 oben Innenraum der Handley Page H.P.42 „Heracles" der Imperial Airways. Das Transportflugzeug wurde normalerweise auf der Strecke London-Paris eingesetzt und konnte bis zu 38 Passagiere befördern.

74-75 Eine De Havilland DH.84 Dragon der Fluggesellschaft Misr Airwork bei einem Flug über den ägyptischen Pyramiden. Die Dragon wurde 1932 ursprünglich entworfen, um Passagiere auf der Route London-Paris zu befördern.

Hinblick auf die besonderen Anforderungen der Imperial Airways realisiert, welche die Verbindungen zu den weit entfernten britischen Kolonien bedienen wollte. Bei dem Flugzeugentwurf wurde mehr auf die mechanische Zuverlässigkeit sowie den Passagier-Komfort geachtet als auf Schnelligkeit und große Nutzlasten. Das Ergebnis war ein viermotoriger Ganzmetall-Doppeldecker mit mit einem charakteristischen Kastenleitwerk, bestehend aus doppeltem Höhen- und dreifachem Seitenleitwerk. Bei den Motoren handelte es sich um den Typ Bristol Jupiter XIF mit einer Leistung von 500 PS, die das Flugzeug bis zu einer Höchstgeschwindigkeit von 204 km/h antrieben. Die Flügelspannweite betrug 39,6 Meter, die Länge 27,3 Meter und die maximale Startmasse erreichte 13 380 kg.
Das erste Exemplar flog im November 1930.
Die Produktion wurde jedoch auf nur acht Flugzeuge begrenzt: vier E-Versionen für die asiatischen Flugstrecken (Passagierkapazität: 24) und vier W-Versionen (mit 560-PS-Motoren) mit 38 Passagierplätzen für die europäischen Routen.
Die zweimotorigen Doppeldecker der Dragon-Serie von De Havilland, die für Kurzstreckenflüge bestimmt waren, erwiesen sich dagegen als weitaus erfolgreicher. Das erste Serienmodell, die DH.84, wurde auf die Anfrage einer Zivilluftfahrt-Gesellschaft hin konstruiert, die ein leistungsstarkes, zweimotoriges Passagierflugzeug für die Verbindung England-Paris forderte. Die Dragon besaß elegante, holzartige Außenflächen, ein festes Fahrgestell sowie zwei 132-PS-Motoren de Havilland Gipsy Major. Sechs Passagiere konnten aufgenommen werden. Der Jungfernflug des ersten Exemplars fand am 12. November 1932 statt. 1934 wurde aus dem Modell die DH.89 Dragon Six abgeleitet, die mit zwei 203-PS-Motoren Gipsy Six ausgestattet war. Das Serienflugzeug wurde dagegen Dragon Rapide benannt und konnte bis zu zehn Passagiere transportieren. Insgesamt wurden 782 Exemplare der DH.89 gebaut, von denen eine Vielzahl während des zweiten Weltkriegs eingesetzt wurde. In der Nachkriegszeit bildete die DH.89 das Rückgrat vieler Fluggesellschaften, darunter unter anderem der Jersey Airways, KLM und Iraqi Airways. Einige Exemplare wurden noch bis in die Achtzigerjahre hinein benutzt.

75 unten links Die Junkers Ju-52 (Werksnummer 4014) mit finnischer Kennung.
Die erste Ju-52 wurde 1930 als einmotoriges Transportflugzeug entworfen; das Modell wurde erfolgreich, als man ab dem siebten Exemplar damit begann, drei Motoren einzubauen.

75 unten rechts Eine schöne Ansicht der Handley Page H.P.42 „Heracles" beim Start. Dieses viermotorige Flugzeug erreichte eine Höchstgeschwindigkeit von 200 km/h und verfügte über eine Reichweite von ca. 800 km.

In den Vereinigten Staaten begann sich unterdessen dank des Watres Act von 1930, der das Luftpost-Vertragssystem völlig erneuert hatte, der Horizont des Lufttransports zu erweitern: Die großen Monopolgesellschaften, wie zum Beispiel die United Air Lines, mussten Marktanteile abgeben, um den Markt für den Wettbewerb zu öffnen. In diesem rationalisierten Umfeld wurde aus einer Fusion zwischen Transcontinental und Western Air Express die TWA gegründet. Die American Airways erwarb daraufhin den Southwest Air Fast Express, während im Westen die Eastern Air Transport den Platz der Ludington Air Lines einnahm. 1933 dominierten vier große Fluggesellschaften den amerikanische Markt: American, TWA, Eastern und United. Die internationalen Fluglinien waren dagegen Monopol der Pan American.

Der technische Wendepunkt der Vorkriegszeit wird gegen Mitte der Dreißigerjahre angesetzt, als die ersten wirklich modernen Flugzeuge erschienen. Damit sollte die Zivilluftfahrt vollkommen verändert werden.

Vorreiter dieser neuen Flugzeugkategorie war die Boeing 247, die gegen Ende 1932 entworfen wurde. Das Flugzeug wurde ursprünglich von dem Bomber Model 215 abgeleitet, war jedoch ein völlig neuer und innovativer Entwurf. Zu Recht wird die 247 als erstes modernes Passagierflugzeug angesehen. Es besaß eine ausgeprägte aerodynamische Form mit freitragenden Flügeln und kreuzförmigem Leitwerk. Die beiden Motorengondeln waren in die Tragflächen integriert. Außerdem war das Flugzeug in Ganzmetallbauweise gefertigt und besaß ein Einziehfahrwerk. Entlang sämtlicher Flügel- und Leitwerkskanten war eine pneumatische Enteisungsanlage installiert worden. Die Flügelspannweite betrug 22,5 Meter, die Länge 15,7 Meter und die maximale Startmasse 6200 kg. Angetrieben von zwei 600-PS-Motoren von Pratt & Whitney konnte das Flugzeug zehn Passagiere über Entfernungen bis 1200 km mit einer Höchstgeschwindigkeit von 322 km/h transportieren; vor allem jedoch konnte eine konstante Reisegeschwindigkeit von 304 km/h beibehalten werden. Der Prototyp flog erstmals am 8. Februar 1933, woraufhin sofort 60 Exemplare des 247 von den vier Gesellschaften der United Air Lines bestellt wurden; andere Firmen orderten weitere 15 Flugzeuge. 1934 erschien eine verbesserte Version – die 247D. Diese Version enthielt die neuen Verstellpropeller, neue NACA-Motorenverkleidungen sowie aerodynamisch geformte Windschutzscheiben.

Trotz ihrer fortschrittlichen Technologie litt die Boeing 247 jedoch an einer zu klein ausgelegten Passagierkapazität, um wirtschaftlich operieren zu können, und der Produktionsausstoß von Boeing war zu niedrig, um die Nachfrage rechtzeitig befriedigen zu können. 1932 war Jack Frye von der Trans World Airlines (TWA) auf der Suche nach einem Flugzeug, das die Fokker TriMotor ersetzen konnte – doch die Boeing konnte ihm die 247 nicht vor zwei Jahren Wartezeit liefern. Er wandte sich also an andere Konstrukteure und unter den Angeboten fiel seine Wahl schließlich auf Donald Douglas. Obwohl die Spezifikationen der TWA schwierig waren, wollten die Ingenieure von Douglas ein Flugzeug bauen, das die Boeing 247 in seinen Leistungen übertraf und die letzten technologischen Neuerungen enthielt: Einziehfahrgestell, die NACA-Motorhaube sowie Klappen, welche die Landegeschwindigkeit reduzierten ohne jedoch die Fluggeschwindigkeit zu beeinträchtigen – eine technische Eigenschaft, die der Boeing 247 fehlte. Der Prototyp des neuen Flugzeugs, genannt DC-1 (die Abkürzung stand für Douglas Commercial 1), war bereits am 1. Juli 1933 flugbereit. Damals mutete das Flugzeug enorm groß an: 26 Meter Flügelspannweite, 18,3 Meter Länge und 7875 kg maximale Startmasse. Als Motoren dienten zwei 710-PS-Wright Cyclone, die mit den neuen Verstellpropellern bestückt waren. Das Flugzeug war in der Lage, mit nur einem Motor nicht nur sicher zu fliegen, sondern sogar zu starten. Die TWA zeigte sich zufrieden und bestellte 25 Exemplare. Um den Innenraum noch zu vergrößern, wurden einige Veränderungen gegenüber dem Prototyp vorgenommen: Der Rumpf wurde um 60 cm verlängert, wodurch zwei weitere Passagierplätze gewonnen wurden (insgesamt waren es jetzt 14); auch die Motoren hatte man neu eingestellt. Das Flugzeug wurde DC-2 genannt und beeindruckte die gesamte Luftfahrtwelt.

76 oben Eine Douglas DC-2 der American Airlines. Die DC-2 war 60 cm länger als die DC-1 und konnte 14 statt 12 Passagiere aufnehmen.

76 unten links Die TWA war die erste Gesellschaft, die im Jahr 1933 die revolutionäre Douglas DC-1 einführte. Hier ein Exemplar auf einem amerikanischen Flughafen kurz vor dem Abheben.

77 oben links Die Passagierkabine der revolutionären, zweimotorigen Boeing 247. Trotzdem konnte das Flugzeug nur zehn Passagiere aufnehmen und besaß keine Landeklappen. Es wurde bald von der erfolgreicheren DC-3 übertroffen.

77 oben rechts Eine flugbereite Boeing 247. Sie war der erste freitragende Tiefdecker in Ganzmetallbauweise, mit Einziehfahrwerk und einer Enteisungsanlage. Der erste Flug fand 1933 statt; in demselben Jahr wurde auch die DC-1 eingeführt.

77 unten Eine spektakuläre Sicht auf die DC-3 mit laufenden Motoren. Dieses Flugzeug wird als das erste, moderne Verkehrsflugzeug angesehen und bildete für viele Jahre die Basis des zivilen Luftverkehrs. Während des Zweiten Weltkriegs wurde auch eine Militärversion gebaut.

Anthony Fokker erwarb die Lizenrechte für Europa und stellte sofort die ersten Exemplare für die holländische KLM her.

Um eine Anfrage der American Airlines nach einem Flugzeug mit Liegeplätzen zu befriedigen, wurde 1934 die Douglas DST konzipiert. Diese Maschine erhielt einen breiteren Rumpf, der mit 14 Kojen ausgestattet wurde. 1936 nahm die Maschine den Flugbetrieb auf. Statt der Liegeplätze konnten jedoch auch 21 Sitze eingebaut werden. Diese Version wurde DC-3 genannt und wies bedeutende Unterschiede zur DC-2 auf. Das neue Modell war mit einem hydraulisch einziehbaren Fahrgestell, neuen Propellern, Fahrgestellstoßdämpfern ausgestattet; bei einem dünneren Flügelprofil war die Spannweite um drei Meter vergrößert worden. Die DC-3 war weitaus leichter zu steuern als ihre Vorgängerin; doch was die Gesellschaften wirklich überzeugte, war die Kapazität für die Aufnahme von 21 Passagieren. Damit wurde die DC-3 zur ersten Maschine, deren Betriebskosten allein von den verkauften Passagiertickets gedeckt wurden. Eine Fluggesellschaft, die mit der DC-3 ausgestattet war, konnte sicherlich eher Gewinne als Verluste erzielen. Innnerhalb kurzer Zeit wurde das Modell zum Standard des amerikanischen Luftverkehrs: Im Jahre 1939 flogen 75 Prozent der amerikanischen Passagiere in einer DC-3.

Während des Zweiten Weltkriegs setzte eine Massenproduktion dieses Modells ein – sowohl für die amerikanischen Streitkräfte (bei der US Army C-47 Skytrain genannt, bei der Navy R4D) als auch für sowjetischen Luftstreitkräfte und die englische RAF, wo es unter dem Namen Dakota bekannt wurde. Von vielen wurde bestätigt, dass die C-47 einen der Hauptfaktoren für den Sieg der Alliierten bildete; sie war ein vielseitiges und im wahrsten Woertsinn unverwüstliches Transportflugzeug, das auch für Fallschirm- und Luftlandeunternehmen genutzt wurde. Gerade ihr verbreiteter Einsatz im Krieg bewirkte, dass in der Nachkriegszeit unzählige C-47 in verschiedenen Versionen und Motorenausstattungen auf der ganzen Welt erfolgreich benutzt wurden – bis in die heutigen Tage hinein.

76 unten rechts Eine Douglas DC-3 der British European Airways. Das definitive Modell der DC-Serie wurde aus dem DST-Modell entwickelt. Die Maschine besaß 21 Passagierplätze und wurde 1936 in Dienst gestelllt.

Kapitel 6

Die Wasserflugzeuge und die großen Überflüge

Im Zeitraum zwischen den beiden Weltkriegen trug das Wasserflugzeug in besonderer Weise zur Entwicklung und Verbreitung der weltweiten Luftfahrt bei. Gerade aufgrund der Tatsache, dass dieser Flugzeugtyp keine besonderen Start- und Landeeinrichtungen benötigte, sondern von beinahe jedem beliebigen Wasserspiegel Gebrauch machen konnte, erschien das Wasserflugzeug als ein ideales Mittel für die Entwicklung des Flugwesens, für die Erkundung ferner Länder sowie für die Handelsverbindungen zwischen den Kontinenten.

Das erste Wasserflugzeug der Geschichte wurde von dem französischen Ingenieur Henri Fabre konstruiert. Fabre, der aus einer Reeder-Familie stammte, wurde 1882 in Marseille geboren und begeisterte sich schon von klein auf für das Fliegen. Ab 1906 begann er sich ernsthaft diesem Hobby zu widmen: Er setzte sich mit den französischen Luftfahrtpionieren Voisin, Blériot und Farman in Verbindung und begann Schleppgleitflugzeuge zu konstruieren, die er dann im Berre-See erprobte. Im Jahr 1909 – nachdem er Modelle entwickelt hatte, die zum Start und zur Landung auf dem Wasser geeignet waren – baute Fabre ein Wasserflugzeug mit drei Schwimmern und drei 125-PS Anzani-Motoren. Aufgrund des übermäßigen Gewichts und der schlechten hydrodynamischen Form war der Entwurf jedoch nicht flugfähig. Fabre machte sich also an die Konstruktion eines neuen, kleineren Flugboots mit Canard-Aerodynamik, bei der sich Flügel und Motor in Heckposition und das Leitwerk am Bug befanden. Das neue Modell besaß wiederum drei Schwimmer, wurde aber von einem einzigen 50-PS Gnome-Motor angetrieben. Am 28. März 1910 startete es zu seinem ersten Flug: Die Ära der Wasserflugzeuge hatte begonnen.

Schon nach kurzer Zeit begann man vor allem bei der militärischen Nutzung bedeutende Erfolge mit dem neuen Flugapparat zu erzielen. 1911 erschienen in Italien zwei neue Wasserflugzeuge, die von den Marineoffizieren Alessandro Guidoni und Mario Calderara gebaut wurden. Doch auch in Frankreich, Belgien und den Vereinigten Staaten erzielte man bemerkenswerte Fortschritte.

Der Amerikaner Glenn Curtiss war besonders erfolgreich auf diesem Gebiet und ließ am 26. Januar

78 unten Mario Calderara, ein Offizier der italienischen Luftwaffe, war einer der ersten Piloten von Wasserflugzeugen. Hier befindet er sich in Brescia – vor dem Beginn des Olofredi Wettbewerbs 1909.

79 oben Das erste Wasserflugzeug der Welt wurde von dem Franzosen Henri Fabre gebaut. Auf dem Foto vom 28. März 1910 ist er bei einem Testflug mit seinem Flugzeug auf dem Berre-See zu sehen.

79 Mitte Nach dem unglücklichen Versuch von 1909 befindet sich Henri Fabre hier knapp über der Wasseroberfläche an der Steuerung seines ersten erfolgreichen Wasserflugzeugs.

79 unten links Fabre, der Flugpionier auf dem Wasser, steht hier neben dem Propeller eines seiner Flugzeuge. Er wurde 1882 in Marseille geboren und starb 1984 im Alter von 102 Jahren.

79 unten rechts Eine weitere Fotografie von Fabres Wasserflugzeug – diesmal bei einem Flug auf dem Mittel-meer in der Nähe von Monte Carlo, 1914.

1911 sein erstes Wasserflugzeug fliegen. Durch die Erfahrungen gestärkt, nahm Curtiss 1912 mit seiner Triad bei einem Flugtreffen in München teil. Im selben Jahr baute er auch das Modell F, ein Flugzeug mit zentralem Bootsrumpf. Die Curtiss-Company verkaufte 150 Exemplare des Modells F an die US Navy sowie eine ziemlich große Anzahl davon auch an andere Marinen, darunter unter anderem an die italienische.

Auch dank der 1912 begründeten Schneider-Trophäe wurden die Fortschritte vorangetrieben. Bei dieser Veranstaltung handelte es sich um ein Wettfliegen, das Wasserflugzeugen vorbehalten war. Der erste Wettkampf wurde 1913 in München ausgetragen. Sieger wurde das Deperdussin-Wasserflugzeug mit einem 160-PS-Motor, das mit einer Durchschnittsgeschwindigkeit von 98 km/h die geforderte Rennstrecke flog.

Beim Ausbruch des Ersten Weltkriegs war das Flugboot bereits ein gängiger Flugzeugtyp. Während des Krieges wurden weltweit Tausende von Exemplaren gebaut; sie waren bei den verschiedenen Marineluftwaffen in großer Zahl verbreitet. Als besonders nützlich erwies sich das Wasserflugzeug bei Aufklärungs- und Patrouilleeinsätzen, vor allem in den Zonen der Nordsee und der Adria. Die am häufigsten eingesetzten Typen waren die österreichischen Lohner E und L, die Macchi L.1 (konstruiert auf der Grundlage einer erbeuteten Lohner L) sowie die französisch-englische F.B.A.C. Später erschienen auch Kampf-Wasserflugzeuge wie die Hansa-Brandenburg KDW, W.12 und W.29, die Sopwith Baby und die Macchi M.5. Weitere erfolgreiche Flugboote waren die Curtiss H-12 und H-16, das Schulmodell N-9, die Macchi M.9 sowie die britische Felixstowe F.2A.

In der Nachkriegszeit bot der beendete Konflikt keinen Antrieb mehr für die Luftfahrtentwicklung. Die Streitkräfte machten sich nun daran, große Fluguntemehmungen zu fördern und durchzuführen, um die Eignung, die Leistungen und die hervorragende Qualität des Wasserflugzeugs vorzuführen. Vor dem Krieg waren die Möglichkeiten der Flugzeuge sehr eingeschränkt und Pionierleistungen der Luftfahrt wie Blériots Ärmelkanal-Überflug 1909 oder die Mittelmeer-Überquerung von Roland Garros 1913 (von der Cote d'Azur bis nach Tunesien) wirkten relativ harmlos. Der Erste Weltkrieg gab der Luftfahrt-Entwicklung jedoch einen enormen Antrieb und bereits 1919 gab es Boden- und Wasserflugzeuge, die in der Lage waren, eine der elementaren Grenzen des Weltverkehrs zu überwinden: den Atlantischen Ozean.

80-81 oben Während des Ersten Weltkriegs wurden auch Wasserflugzeuge in großem Umfang eingesetzt. Hier wird ein französisches Modell für den Überseetransport auf ein Militärschiff geladen.

80-81 unten Das erste erfolgreiche amerikanische Wasserflugzeug war die Curtiss Hydroaeroplane, entwickelt im Jahr 1911.

81 oben Eines der am meisten bekannten Militär-Wasserflugzeuge war die deutsche Arado Ar.196, die zum ersten Mal 1937 flog. Mehr als 600 Exemplare wurden gebaut und im Zweiten Weltkrieg eingesetzt.

81 Mitte Auf der Basis eines erbeuteten österreichischen Lohner-Wasserflugzeugs konnte auch Italien während des Ersten Weltkriegs Hydroplane konstruieren; darunter war unter anderem diese Macchi M.5.

81 unten Die Hansa-Brandenburg W.12 war eines der ersten Jagd-Wasserflugzeuge und wurde während des Ersten Weltkriegs eingesetzt.

Am 15. Mai 1919 startete die amerikanische Marine die erste Atlantiküberquerung. Drei Curtiss-Wasserflugzeuge hoben von Neufundland ab, um ein koordiniertes Schiffsmanöver mit 41 Zerstörern, die im Ozean als Orientierungshilfen Position bezogen hatten, durchzuführen. Das Ziel lag im Erreichen der Azoren und dann Portugals. Wegen eines Sturms konnte jedoch nur ein Flugzeug unbeschädigt die Azoren erreichen. Es flog von dort aus nach Lissabon, wo es am 27. Mai wasserte. Die nächste große Unternehmung mit dem Wasserflugzeug war die Reise um die Welt, die 1923 vom Air Service der amerikanischen Armee organisiert wurde. Eigens zu diesem Anlass baute Douglas vier Modelle, die World Cruiser (DWC) genannt wurden und von dem Torpedoflugzeug DT-2 abgeleitet waren. Diese zweisitzigen Doppeldecker besaßen einen 420-PS-Motor Liberty und waren mit Schwimmern ausgestattet; für die Landung auf dem Festland konnte aber ebenso ein Räderfahrgestell angebracht werden. Am 6. April 1924 hoben die vier Flugzeuge von Seattle ab und folgten einer Route über Alaska, Japan, China, Indien, Frankreich, Großbritannien und Neufundland. Zwei von ihnen erreichten am 9. September Washington und dann die Westküste – nach einer Reise von fast 43 000 Kilometern.

Ein noch größeres Unternehmen wurde 1925 von Francesco De Pinedo durchgeführt. Er war Offizier der italienischen Marine und Veteran des italienisch-türkischen sowie des Ersten Weltkriegs. Mit der Gründung der königlichen Luftwaffe 1923 verließ De Pinedo die Marine und wurde zum Verfechter des Flugboots bei der neuen Streitmacht. Um die Möglichkeiten und Vorzüge des Wasserflugzeugs vorführen zu können, begann er 1924 ein Abenteuer vorzubereiten, das noch spektakulärer sein sollte als das von den Amerikanern gerade verwirklichte. De Pinedo arbeitete also eine Flugstrecke aus, die über Rom, Melbourne und Tokio führte und ca. 40 000 km Flug entlang der Küste, 8000 km über offenes Meer und nicht weniger als 7000 km über Festland mit einschloss. Nachdem ihm die Durchführung seines Plans bewilligt worden war, wählte De Pinedo zum Fliegen das gewöhnliche Modell Savoia Marchetti S.16ter – einen Doppeldecker mit Schubpropeller und einem 400-PS Motor Lorraine. Er taufte sein Gefährt auf den Namen „Gennariello." Am 20. April 1925 startete der Oberstleutnant De Pinedo in Begleitung seines Gehilfen, des Feldwebels Ernesto Campanelli (einem Mechaniker) vom Wasser des Lago Maggiore. Der Flug ging nicht ohne Schwierigkeiten vonstatten – vor allem aufgrund von Problemen in der Schmieranlage –, doch am Ende wurden alle Flugabschnitte von Bagdad nach Java, Melbourne, Sidney und Tokio bewältigt. Die „Gennariello" wasserte am 7. November 1925 unter großer Anteilnahme und Begeisterung glücklich auf dem Wasser des Tibers in Rom.

82 oben Eines der drei dreimotorigen Curtiss NC-4 der US Navy, die im Mai 1919 versuchten, den Atlantik zu überqueren, jedoch ohne Erfolg.

82 unten Zwei FBA-Wasserflugzeuge der italienischen Marine während des Ersten Weltkriegs. Auf dem linken Flugzeug sitzt Francesco de Pinedo, der 1925 als interkontinentaler Überflieger berühmt werden sollte.

Am 13. Februar 1927 startete De Pinedo in Begleitung des Kapitäns Carlo De Prete und des Mechanikers Vitale Zacchetti erneut zu einem Flug mit seinem Wasserflugzeug Savoia Marchetti S.55 „Santa Maria". Diesmal sollte die Reise bis nach Südamerika und Amazonien gehen und von dort wieder nordwärts hinauf in die Vereinigten Staaten. In Phoenix, Arizona, fing das Flugzeug während einer Betankung Feuer und musste ersetzt werden. Nach einer Flugstrecke von fast 45 000 Km erreichten die drei Abenteurer am 16. Juni schließlich Ostia. Nachdem er zum General befördert worden war, organisierte De Pinedo noch 1928 und 1929 zwei großangelegte Flüge mit Militär-Wasserflugzeugen über das westliche und östliche Mittelmeer.

82-83 1923 plante die amerikanische Armee eine Weltreise mit vier Douglas DT-2 World Cruisern. Zwei davon schafften es, das Unternehmen zwischen April und September 1924 erfolgreich auszuführen.

83 Mitte Der Douglas World Cruiser konnte sowohl mit konventionellem Fahrgestell für das Festland als auch mit Schwimmern für Wasserlandungen ausgerüstet werden.

83 unten De Pinedo und Campanelli an Bord der „Gennariello" Savoia Marchetti S.16ter; die Maschine wurde 1925 für den Wettflug Rom-Melbourne-Tokio-Rom benutzt.

Doch der Erfolg und die Popularität, die De Pinedo genoss, wurden von den italienischen Militärspitzen der Luftfahrt nicht gern gesehen und er wurde nun von den angesehenen Stellungen ferngehalten.
Das letzte große Unternehmen mit dem Wasserflugzeug in der Hauptrolle fand im Jahr 1933 statt und beruhte auf einer Initiative des damaligen Luftwaffen-Unterstaatssekretärs General Italo Balbo. Dieser hatte bereits 1930 mit Erfolg einen Flug von Italien nach Brasilien unternommen. 1933, aus Anlass des zehnjährigen Bestehens der königlichen Luftwaffe wollte Balbo einen prunkvollen Flug von Italien in die Vereinigten Staaten und zurück organisieren – unter Einbeziehung eines gesamten Geschwaders von Kriegsflugzeugen. Damit war die Absicht verbunden, der ganzen Welt die technischen und militärischen Möglichkeiten der italienischen Luftwaffe vorzuführen und zu beweisen, dass sie in der Lage war, nicht nur ein einzelnes, sondern eine Vielzahl von Flugzeugen in weit entfernte Gebiete zu entsenden. Nach monatelangen Vorbereitungen in der Navigationsschule von Orbetello konnte die Expedition am 1. Juli 1933 mit 25 Savoia Marcchetti S.55X-Flugbooten von Orbetello aus starten. Die Gesamtmannschaft bestand aus mehr als 100 Personen. Trotz eines tragischen Unfalls bei der ersten Zwischenlandung in Amsterdam, wo ein Flugzeug verloren ging und ein Besatzungsmitglied starb, verlief der Rest des Überflugs perfekt. Dank der im engen Formationsflug hervorragend ausgebildeten Männer konnte auch das Unwetter über dem Atlantik hervorragend überwunden werden. 24 Flugzeuge erreichten am 15. Juli Chicago – Stätte der Weltausstellung – und flogen dann weiter nach New York. In beiden Städten wurden Balbo und seine Männer mit einzigartigen Feierlichkeiten empfangen. Am 12. August kehrte die Expedition mit 23 Flugzeugen – ein weiteres ging bei den Azoren verloren – nach Rom zurück. Die Angelsachsen zeigten sich derart beeindruckt von der Flugexkursion, dass von da an der Begriff „Balbo" in der englischen Flugfachsprache als Synonym für Großformationen von Flugzeugen benutzt wurde.
Doch in den Zwanziger- und Dreißigerjahren blieb das Wasserflugzeug nicht nur dem Militär vorbehalten, sondern wurde auch zu zivilen Zwecken verstärkt eingesetzt. Die S.55 hatte im Juli 1923 ihren ersten Flug als Militärflugzeug durchgeführt, doch da das Luftfahrtministerium wenig Interesse an allzu innovativen Flugzeugen zeigte, baute man das Militärmodell kurze Zeit später für die Nutzung im zivilen Luftverkehr um. 1926 wurde die S.55 – nun mit zehn Passagierplätzen ausgestattet – in Dienst gestellt und nahm den Flugbetrieb bei der Aero Espresso Italiano auf. In der Folgezeit wurde die Maschine in verschiedene Länder exportiert. Das Flugzeug fand schließlich doch noch das Interesse der Luftwaffe, die ca. 100 Exemplare erwarb und bis 1939 einsetzte. Der S.55 vorausgehend wurde 1919 die SIAI S.16 gebaut. Dieser einmotorige Doppeldecker war eigens für den Passagiertransport entworfen worden. Er hatte beachtlichen Erfolg und wurde in Lizenz auch in Frankreich und Spanien zu Hunderten von Exemplaren hergestellt.

84 oben Nordamerika war das Ziel der Luft-Kreuzfahrt zur Zehnjahresfeier der italienischen Luftwaffe. Auf der Fotografie sind einige der 24 Savoia S.55X zu sehen, die Amerika erreichten und hier vom Sankt-Lorenz-Strom in Montreal aus starteten.

84 unten links Eine Formation von S.55X fliegt im Juni 1933 über die Freiheitsstatue von New York.

84 unten rechts Italo Balbo hob die italienische Luftwaffe aus der Taufe und wurde Unterstaatssekretär; er war ein großer Anhänger von Flugturnieren, die dazu dienten, das Ansehen der italienischen Regierung, Luftwaffe und Industrie auf der ganzen Welt zu steigern.

85 oben links Die Savoia S.55 war das wichtigste Flugzeug, das die italienische Luftwaffe für die großen Langstreckenflüge benutzte. Bei diesem Wasserflugzeug handelte es sich um einen Eindecker mit doppeltem Rumpf; die beiden 930-PS-Motoren Isotta Fraschini Asso ermöglichten eine Höchstgeschwindigkeit von 280 km/h und eine Reich-weite von 3500 km.

85 oben rechts Das Ziel des Überfluges war die Weltausstellung in Chicago. Hier wird Italo Balbo mit einer offiziellen Feier von Einwohnern dieser amerikanischen Stadt begeistert begrüßt.

85 unten Auf dieser Fotografie sind einige verankerte S.55 während einer Rast zu sehen.

86 oben Die deutsche Dornier Do.X, gebaut 1929, war zu ihrer Zeit das größte Flugzeug der Welt. Das riesige Flugboot besaß zwölf Motoren und wurde für Passagierflüge auf den Atlantikstrecken gebaut.

86 unten links Auf dieser Querschnitt-Zeichnung der Dornier Do.X kann man die Innenausstattung des Flugboots betrachten.

Dornier war eine weitere Gesellschaft, die sich in der Flugboot-Herstellung hervortat. Im November 1922 fand der erste Flug des Flugboots Dornier J Wal statt. Das Modell galt vielen als bestes Transport-Wasserflugzeug der Zwanzigerjahre; es war sowohl für den Zivil- als auch für den Militärgebrauch entworfen worden. Die Dornier J Wal besaß einen zweistufigen Bootsrumpf mit zwei Stabilisierungsflossen sowie Parasol-Flügel, in die zwei Tandemmotoren eingebaut waren. Die Besatzung bestand aus vier Personen. Im Hinterabteil – das je nach Anforderung der Kunden unterschiedlich gestaltet werden konnte – stand Platz für Passagiere oder Fracht zur Verfügung. Da in einer Klausel des Friedensvertrags von Versailles Deutschland die Konstruktion von Schwerflugzeugen verboten worden war, wurde die Serienproduktion der Società Costruzioni Meccaniche in Pisa anvertraut. Mit der Do.J Wal erzielte man sofort einen großen Verkaufserfolg und das Flugzeug wurde in Lizenz auch in der Schweiz, in Holland und Japan gebaut. Der Wal wurde auch für einige Forschungsreisen benutzt: 1925 erwarb der Forscher Ronald Amundsen zwei Exemplare, um eine Reise zum Nordpol durchzuführen, während 1932 einige Wale für Weltreiseflüge benutzt wurden. 1934 weihte die Lufthansa mit der Do.J Wal die Luftpostverbindung zwischen Europa und Südamerika ein – eine Vier-Tages-Flugstrecke, die über Stockholm bis nach Natal in Brasilien führte und einen Tender mitten im Ozean erforderte. Im Jahr 1926 wurde als Nachfolgemodell die Do.R Super Wal konstruiert: Das Flugzeug wurde von zwei 660-PS-Motoren vom Typ Rolls-Royce Condor angetrieben und verfügte über einen verlängerten Rumpf sowie eine größere Flügelspannweite. Wie die J Wal enthielt auch die Super Wal eine vierköpfige Besatzung, während die Passagierkapazität auf 19 Sitzplätze erweitert wurde. Die Weiterentwicklung der Flugzeugserie führte schließlich zur Do.R4, die 1927 konstruiert wurde. Dieses Modell besaß vier 525-PS Bristol Jupiter Motoren sowie eine um ca. 30 Prozent vergrößerte Ladefähigkeit. Das letzte Modell der vom Wal abgeleiteten Wasserflugzeuglinie war die Do.X – zum Zeitpunkt ihres Jungfernflugs am 25. Juli 1929 war es das größte Flugzeug der Welt. Die Idee, die das Projekt angetrieben hatte, bestand in der Realisierung eines Flugzeugs, das 100 Passagiere quer über den Ozean transportieren und ihnen dabei eine Bequemlichkeit bieten konnte, die sonst nur auf Überseedampfern oder Luftschiffen anzutreffen war. Das Flugzeug besaß einen einzigen zentralen Bootskörper mit drei Decks und war sogar mit Schlafkabinen, Salons, Baderäumen und Speisezimmern ausgestattet. Der Rumpf hatte eine Länge von 40 Metern und die Flügelspannweite betrug über 48 Meter. Die ursprünglichen zwölf 500-PS Siemens-Jupiter-Motoren konnten dem Flugzeug, das eine maximale Startmasse von über 50 Tonnen erreichte, nicht genug Flugsicherheit bieten. Daher tauschte man sie später gegen zwölf 640-PS-Motoren Curtiss-Conqueror aus, die der Do.X einen Probeflug mit nicht weniger als 170 Passagieren an Bord ermöglichten. Der Einweihungsflug startete am 2. November 1930; die Do.X wurde jedoch wiederholt von Unfällen und mechanischen Problemen heimgesucht, so dass man nach Zwischenstationen in Amsterdam, den kanarischen Inseln und Brasilien erst zehn Monate später am 27. August 1927 endlich New York erreichte. Die Do.X wurde daraufhin zur Zielscheibe vieler Journalisten, die die Unternehmung kritisierten und verspotteten.

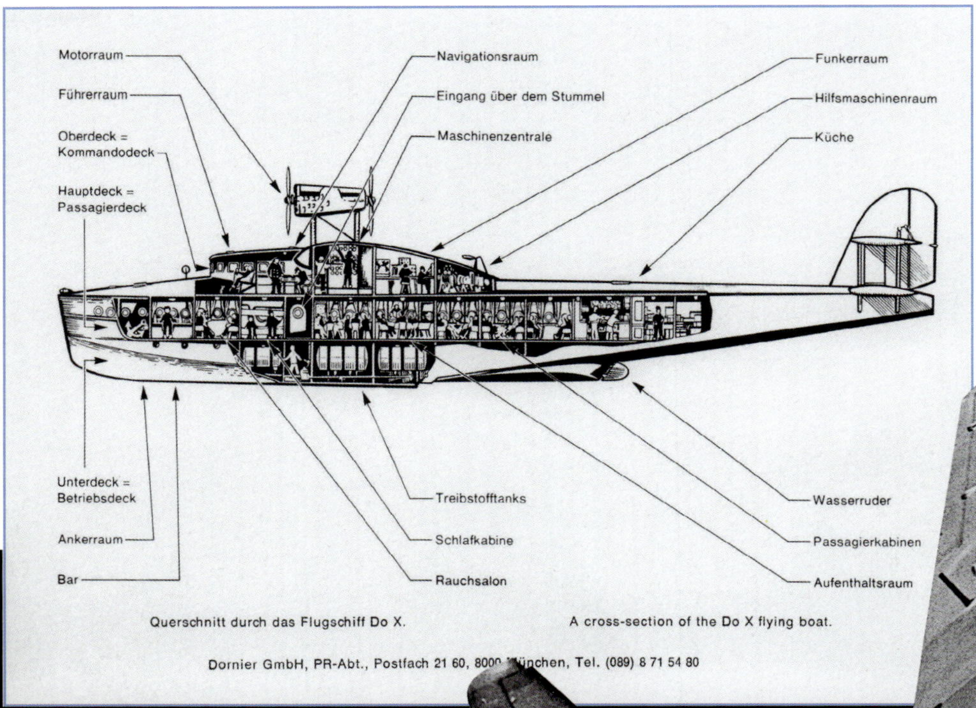

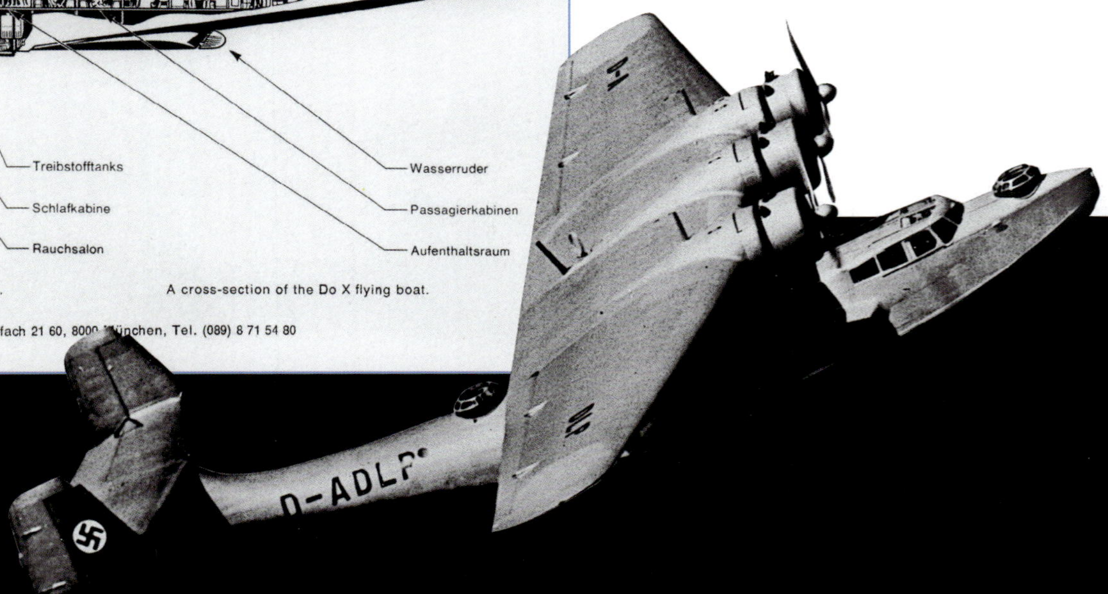

86 unten rechts 1935 wurde eine Aufklärungsversion der Dornier Do.24 entworfen und im Zweiten Weltkrieg eingesetzt. Die Luftstreitkräfte in Deutschland, Holland, Spanien und Frankreich benutzten dieses Flugzeug.

87 oben links In den eleganten Passagierkabinen der Do.X sollte den Reisenden der größtmögliche Komfort geboten werden.

87 oben rechts Die Dornier Do.J Wal war wahrscheinlich das beste Transport-Flugboot der Zwanzigerjahre. Die Maschine flog zum ersten Mal 1922 und wurde in ca. 500 Exemplaren hergestellt. Dieses Modell wird auf dem deutschen Schiff „Westfalen" zum Katapultstart vorbereitet.

87 unten Die Ankunft der Dornier Do.X in New York während ihres Einweihungsfluges. Aufgrund einiger Schwierigkeiten verlängerte sich der Flug – vom 2. November 1930 bis 27. August 1931 – und gab damit Anlass zu teils begründeten Kritiken.

88 oben Die Boeing 314 Clipper war das größte Passagier-Flugboot der Geschichte. Es wurde ab Februar 1939 von der Pan American auf den Trans-Pazifik und -Atlantikstrecken eingesetzt. Das Flugboot konnte bis zu 74 Passagiere aufnehmen und besaß eine maximale Reichweite von 5600 km.

88 Mitte Die Innenräume der Boeing 314 waren geräumig und komfortabel. Hier eine der Besatzungskabinen mit dem Funker und dem Bordingenieur.

88 unten Die Sikorsky S-42 war eine der Vorgängerinnen der B-314. Pan Am setzte die S-42 ab August 1934 auf den Karibik- und später auch auf den Pazifikstrecken ein.

88-89 Die Martin M-130 wurde im September 1935 in Dienst gestellt und war Konkurrentin der S-42; die Pan Am erwarb das Flugzeug für die Pazifikstrecken. Hier ein Exemplar beim Start über der Bucht von San Francisco. Darunter die Golden Gate Bridge, die sich damals noch in Bau befand.

Die für jene Zeiten übermäßig große und anspruchsvolle Do.X wurde nie mehr als Linienflugzeug eingesetzt, doch das sollte nicht heißen, dass die Epoche der großen Transport-Wasserflugzeuge beendet war. Im Gegenteil – in den USA der Dreißigerjahre wurde die Entwicklung verschiedener neuer Flugboote vorangetrieben, die vor allem geschaffen wurden, um die Bedürfnisse der Pan American zu befriedigen, jenem Transportunternehmen, das dank eines amerikanischen Regierungsvertrags die Monopolstellung für die internationalen Postflüge genoss. Juan Trippe, Manager der Fluggesellschaft, erkundigte sich bei Sikorsky (wo man bereits einige hervorragende Amphibien-Transportflugzeuge konstruiert hatte) nach einem größeren und leistungsfähigeren Flugzeug. Das Ergebnis dieses Auftrags wurde die 1929 eingeführte S-40. Das Modell bestand aus einem einfachen Bootskörper mit doppeltem Leitwerk und wurde von vier 580-PS Pratt & Whitney Hornet Motoren angetrieben. Die S-40 konnte 40 Passagiere auf Langstrecken von bis zu 1600 Kilometern transportieren. Das erste Exemplar wurde „American Clipper" genannt und begann im November 1931 seinen Einsatz im Flugverkehr. Der Berater der Pan Am, Charles Lindbergh, machte sich bereits daran, ein besseres Flugzeug zu empfehlen: Sikorsky realisierte daraufhin die S-42, während die Martin mit der M-130 antwortete. Die Pan Am erwarb beide Modelle. Im August 1934 war die S-42 fertig und wurde sofort auf den Karibikstrecken eingesetzt. Da die Pan Am jedoch auch die Pazifikstrecken fliegen wollte, nahm man an der S-42 einige Veränderungen vor, um sie auch auf diesen Strecken nutzen zu können. 1935 wurden von der Fluggesellschaft die Arbeiten zum Bau von Landeflächen an der Hauptstrecke des Pazifiks eingeleitet: in Honolulu, Midway, Wake und Guam. Im Oktober selben Jahres begann auch die Martin M-130 ihren Flugdienst. Es war ein großes, elegantes, viermotoriges Flugboot, das eine Strecke von mehr als 5100 km mit einer Geschwindigkeit von 240 km/h fliegen konnte. In dieser Zeitspanne erhielt die Pan Am die letzten Bewilligungen, die für den Ausbau der Flugnetze erforderlich waren, und begann die Linienflüge im Pazifik und nach Neuseeland durchzuführen. Doch zwei Unfälle im Jahr 1937, die zum Verlust der M-130 und zahlreicher Menschenleben führten, brachten die Gesellschaft in Schwierigkeiten. Juan Trippe reagierte entschlossen und brachte eine neue Strategie hervor: die Nutzung der Atlantikstrecke mit dem neuen Flugboot, das er vor einem Jahr bestellt hatte – der Boeing 314. Zweifellos handelte es sich dabei um eines der schönsten und attraktivsten Verkehrsflugzeuge jener Zeit und bis Ende der Sechzigerjahre blieb die Boeing 314 sogar das größte Transportflugzeug, das im Einsatz war.
Es war als freitragender Hochdecker ausgelegt und besaß sowie vier 1520 PS starke Motoren vom Typ Wright R-2600 Cyclone. Die B-314 wurde aus dem Entwurf des Bombers XB-15 abgeleitet, von dem die Flügelspannweite von 46,3 Metern beibehalten wurde, während man einen neuen Rumpf von 32,3 Metern Länge, der zwei Decks umfasste, entwarf. Ebenfalls auf den Namen „Clipper" getauft, konnte dieses Flugboot 40 Passagiere in bequemen Schlafkabinen oder 74 Reisende auf Sitzplätzen aufnehmen und über Flugstrecken von bis zu 5600 km Länge mit einer Reisegeschwindigkeit um die 300 km/h befördern. Die maximale Startmasse betrug 37 420 kg. Ab 22. Februar 1939 wurde die B-314 auf den Fluglinien des pazifischen und atlantischen Ozeans eingesetzt.

90 oben Zwei britische Amphibienflugzeuge Supermarine Walrus werden von weiteren Wasserflugzeugen eskortiert. Die Walrus stand seit 1935 im Dienst und wurde während des gesamten Zweiten Weltkriegs von der RAF und der Fleet Air Arm als Seenotrettungsflugzeug eingesetzt.

90 unten Eine Cant CRDA Z.501 im Tiefflug. Das Wasserflugzeug mit dem Spitznamen „Möwe“ flog zum ersten Mal im Februar 1934 und blieb bis 1948 bei der italienischen Luftwaffe im Dienst.

91 oben Flugfotografie einer englischen Short S.25 Sunderland. Dieses viermotorige Aufklärungsflugzeug war besonders wirksam und flexibel; es wurde außerdem für den U-Boot-Bekämpfung und und gegen Schiffsziele eingesetzt.

91 unten Die amerikanische Consolidated Catalina PBY war vielleicht das berühmteste Amphibienflugzeug der Geschichte und flog zum ersten Mal 1935. Es wurden über 4500 Exemplare gebaut. Anfangs war es nur ein Wasserflugzeug, doch nach mehreren Versionen konstruierte man 1940 schließlich die amphibische PBY-5A.

Doch schon kurze Zeit später sollte der Ausbruch des Zweiten Weltkriegs jegliche Weiterentwicklung des zivilen Transportflugzeugs zum Stillstand bringen. Im Militärsektor wurden die Flugboote und Amphibienflugzeuge jedoch weiterhin benutzt – wenigstens für die Aufgaben, in denen ihre Eigenschaften besonders vorteilhaft waren: Aufklärung, Patrouillieren sowie Rettungsdienste zur See. Zu den Flugzeugen, die sich im weiteren Kriegsverlauf besonders hervortaten, gehörten die Modelle Heinkel He-115, Dornier Do.18 und Do.24, Supermarine Walrus, Arado Ar.196, Kawanishi H6K und H8K, Blohm und Voss Bv.138; die berühmtesten waren dagegen die CANT Z, die Short Sunderland sowie die Consolidated PBY Catalina.
Dank der Fähigkeiten des Ingenieurs Filippo Zappata konstruierte die Fluggesellschaft Cantieri Riuniti dell'Adriatico (CRDA) in den Dreißigerjahren zwei erfolgreiche Serien von Militär- und Zivil-Wasserflugzeugen, die in Hunderten von Exemplaren produziert wurden. Am 7. Februar 1934 flog zum ersten Mal das Flugboot Cant Z.501, ein Eindecker mit zentralem Bootsrumpf, Parasol-Flügeln und einem 900-PS-Motor Isotta Fraschini Asso XI. Das Flugboot war ursprünglich als Langstrecken-Aufklärungs- und Bombenflugzeug entworfen worden, erreichte eine Höchstgeschwindigkeit von 275 km/h und verfügte über eine Reichweite von 2400 km. Die Z.501 nahm 1937 in den Flugbetrieb auf und wurde sowohl im spanischen Bürgerkrieg als auch während des gesamten Zweiten Weltkriegs eingesetzt, wobei sie bis 1948 im Dienst der italienischen Luftwaffe blieb. Kurze Zeit nach der Z.501, am 19. August 1935, flog die Cant Z.506 zum ersten Mal. Abgeleitet von dem Postflugzeug Z.505 war die Z.506 dagegen als Passagier-Transportflugzeug für die Fluggesellschaft Ala Littoria entworfen worden. Die Z.506 war ein dreimotoriger Tiefdecker mit konventionellem Leitwerk sowie zwei großen, unter den Flügeln befestigten Schwimmern. Seine 750-PS-Sternmotoren Alfa Romeo 126 RC 34 verliehen dem Flugzeug eine Geschwindigkeit von 365 km/h und eine Reichweite bis zu 2750 km. Es besaß eine maximale Startmasse von über 12 Tonnen und konnte bis zu 14 Passagiere transportieren. Die königliche italienische Luftwaffe bestellte 1937 die ersten 32 Exemplare und modifizierte sie für den Gebrauch als Bombenflugzeuge. Doch mit Ausbruch des Krieges wurde die Z.506 für weniger riskante Aufgaben bestimmt, wie zum Beispiel Aufklärungs-, Such-, Rettungs- und Evakuierungseinsätze. Das Flugzeug blieb bis 1960 im italienischen Dienst.
Die Short S.25 wurde im Jahre 1937 auf eine Spezifikation des britischen Verteidigungsministeriums für ein neues, viermotoriges Seeaufklärungsflugzeug hin entworfen. Der erste Flug fand am 16. Oktober 1937 statt, und im Frühjahr 1940 erschien das Serienmodell Sunderland Mk.I. Es handelte sich dabei um einen großen Schulterdecker mit einem Hauptrumpf, wobei in den Flügeln vier 1024-PS-Sternmotoren vom Typ Bristol Pegasus XXII eingebaut waren. 13 Männer bildeten die Besatzung und die Waffenausrüstung aus acht 7,7-mm-Maschinengewehren brachte dem Flugzeug den Beinamen „fliegendes Stachelschwein“ ein. Angesichts der hervorragenden Eigenschaften dieses Modells entwickelte man im weiteren Verlauf des Krieges immer bessere Versionen, die auch zur U-Boot-Abwehr sowie für Angriffe gegen Schiffsziele eingesetzt wurden. Die letzte Version Mk.V war mit einem Anti-Schiffsradar ausgestattet und verfügte über vier 1217-PS-Motoren Pratt & Whitney Twin Wasp, mit denen das Flugzeug eine Höchstgeschwindigkeit von 340 km/h erreichen konnte. Die Reichweite betrug über 4300 km. Die Waffenlast, bestehend aus Bomben oder Minen, konnte bis zu 2250 kg betragen, während die maximale Startmasse ca. 30 Tonnen betrug. Die Sunderland blieb bis 1945 in Produktion, wobei ca. 740 Exemplare gebaut wurden.
Das vielleicht berühmteste Flugboot bzw. Amphibienflugzeug der Geschichte war die Consolidated PBY Catalina., die 1933 als Antwort auf eine Anforderung der US Navy nach einem neuen Aufklärungshydroplan konstruiert wurde. Der erste Prototyp flog am 28. März 1935; das Flugboot war ein Eindecker mit Parasol-Flügeln, zwei darin eingebauten Sternmotoren, schlankem Rumpf und erhöhten Leitwerksflächen. Ebenfalls 1935 bestellte die Marine die ersten 60 Exemplare des Serienflugzeugs PBY-1. Vor dem Zweiten Weltkrieg schuf Consolidated bereits weitere drei weitere Versionen mit allmählichen Verbesserungen, die vor allem die Motoren sowie die Bewaffnung betrafen. 1940 erschien das Modell PBY-5A, das durch seine Amphibien-Fähigkeiten besonders flexibel war. Diese Version war mit 1217-PS starken Twin-Wasp-Motoren bestückt und flog mit

einer Höchstgeschwindigkeit von 288 km/h; die Reichweite betrug über 4000 km. Ausgerüstet mit fünf Maschinengewehren und einer bis 1800 kg schweren Ladung besaß die PBY-5A eine maximale Startmasse von über 16 Tonnen. Man konstruierte die Catalina in größter Eile, um die Anforderungen der Amerikaner und Alliierten zu befriedigen (700 Stück wurden allein an die RAF geliefert); die Maschine wurde vorwiegend in U-Boot-Abwehreinsätzen, als Aufklärungs- und Patrouillenflugzeug, Bomber, Such- und Rettungsflugzeug benutzt; sie bildete das amphibische Rückgrat der alliierten Marinefliegerkräfte. Insgesamt wurden über 4500 Exemplare produziert (davon ca. 1000 in Lizenz in der Sowjetunion). Die Catalina war ein hervorragend robustes und überaus verlässliches Flugzeug und viele Exemplare wurden in einigen Ländern noch bis in die Sechzigerjahre hinein eingesetzt. Noch heutzutage gibt es einige Catalinas, die in gutem, flugtauglichen Zustand erhalten geblieben sind.

Das Ende des Zweiten Weltkriegs markierte jedoch den unvermeidbaren Niedergang des Wasserflugzeugs. Bereits in der Vorkriegszeit waren im Segment der Transportflugzeuge die Hydroplane von den kostengünstigeren, viermotorigen Landflugzeugen ersetzt worden, die aufgrund der besseren Aerodynamik und des leichteren Gewichts besser zu manövrfieren waren und schneller flogen. Außerdem wurden wegen der Kriegserfordernisse Flughäfen in großer Zahl gebaut, so dass kein Bedarf mehr an Flugzeugen bestand, welche die ökonomischen Wasserflächen für Start- und Landeoperationen nutzen konnten.

In der Nachkriegszeit wurden jedoch noch viele Wasserflugzeug-Typen für spezielle Einsätze hergestellt, um vor allem in Gebieten wie Kanada, Alaska und den Pazifikinseln zu operieren. Ein auffallendes Beispiel ist die Canadair CL-215, ein zweimotoriges Hochdecker-Amphibienflugzeug, das Mitte der Sechzigerjahre für Feuerlöscheinsätze entworfen wurde. Ausgestattet mit zwei 2129-PS-Sternmotoren vom Typ Pratt & Whitney R-2800, die eine Höchstgeschwindigkeit von 305 km/h ermöglichen, kann die CL-215 bis zu 5450 Liter Wasser aufnehmen und über dem nächstliegenden Brand abwerfen – darum werden solche Flugzeuge auch „Wasserbomber" genannt. 1989 erschien die aktualisierte Variante CL-215T, in der die alten Kolbenmotoren durch Propellerturbinen ersetzt wurden. Schließlich wurde 1993 die Serienversion CL-415 eingeführt, die außer den Propellerturbinen auch verschiedenen Neuerungen hinsichtlich Aerodynamik und Avionik aufweist. Von der Canadair-Amphibienflugzeug-Serie, die noch immer in Produktion ist wurden weltweit ca. 200 Exemplare verkauft.

92 oben 14.Juni 1919: Der historische Abflug von Alcock und Brown mit der Vickers Vimy vom St. John-Flugfeld, Neufundland, um 16:13 Uhr.

92 unten Das wenig glorreiche Ende der Vimy von Alcock und Brown. Nach ihrem erfolgreichen Transatlantikflug landeten sie in einem irischen Rieselfeld, welches den Piloten von oben als ein geeigneter Landeplatz erschienen war.

Auch mit Landflugzeugen wurden Marathonflüge und wichtige Expeditionen unternommen, die in bemerkenswerter Weise dazu beitrugen, den Horizont der Menschen zu erweitern und die Entwicklung des Flugzeugs voranzubringen. Die beiden berühmtesten Flugunternehmungen waren vielleicht die Exkursion von John Alcock und Arthur Brown im Jahr 1919 sowie das Einzelunterfangen von Charles Lindbergh 1927.

Ab 1913 bot die britische Tageszeitschrift Daily Mail die beachtliche Summe von 10 000 Pfund Sterling als Preisgeld, die derjenige Pilot erhalten sollte, der es schaffte, in maximal 72 Stunden und mit nur einer Zwischenlandung den atlantischen Ozean zu überqueren. Während des Ersten Weltkriegs geriet der Preis in Vergessenheit, doch unmittelbar nach dem Kriegsende begann der Wettlauf um den Gewinn: 1918 waren Piloten und Flugzeuge bereits den Erfordernissen gewachsen. Im Frühjahr 1919 klopften zwei Personen – beide ehemalige Offiziere der RAF – im Abstand von drei Wochen an der Tür von Vickers, um sich als Kandidaten zu bewerben. Bei dem einen handelte es sich um den Flugexperten und -lehrer John Alcock; der andere war Arthur Brown – ein Beobachter, der sich auf moderne Techniken der Astro- und Blindnavigation spezialisiert hatte. Vickers besaß ein für jene Anforderungen geeignetes Flugzeug, den zweimotorigen Bomber Vimy, bei dem die Motoren Rolls Royce Eagle VIII sowie ein größerer Tank (für bis zu 3500 Liter Treib-stoff) eingebaut wurden. Nach einem einzigen Probeflug beschlossen die beiden, von Neufundland aus zu starten, so dass man die dort vorherrschenden Atlantikwinde, die von West nach Ost wehten, zu seinem Vorteil nutzen konnte. Nach der Schiffsreise, dem Wiederzusammenbau des Flugzeugs auf einem Feld in St. John und schließlich dem Warten auf günstigere Wettervorhersagen bereiteten sich Alcock und Brown am 14. Juni 1919 zum Abflug vor. Nach einem atemberaubenden Anlauf, bei dem sich das Flugzeug im letzten Augenblick vom Boden erhob, nahm die Vimy, von Nebel umhüllt, Kurs auf Irland. Der Flug ging nicht ohne Probleme vonstatten: Erst setzte die Funktion des Radios aus, dann löste sich das Auspuffrohr von einem der Motoren und zuletzt wurden die

Die großen Unternehmungen mit Landflugzeugen

93 oben John Alcock und Arthur Brown – die beiden mutigen Piloten, die am 14. Juni 1919 nach einem Flug von 16 Stunden und 27 Minuten als Erste den Atlantischen Ozean überflogen.

93 unten Die von der Landung in Irland übel zugerichtete Vickers Vimy. Den beiden Piloten erging es zum Glück besser.

Thermalfluganzüge der Piloten beschädigt. Nach zehnstündigem Flug trafen die beiden auf eine Gewitterfront – doch es blieb ihnen nichts anderes übrig, als geradeweg hindurchzufliegen. Die Vimy fand sich den Luftströmungen im Innern der Wolken ausgesetzt und begann spiralförmig zu trudeln; knapp fünfzig Meter über den Ozeanwellen schaffte es Alcock schließlich die Kontrolle über das Flugzeug wiederzuerlangen. In Dunkelheit und Regen begannen sie wieder an Höhe zu gewinnen, doch kam es dort diesmal zu Vereisungen am Flugzeug. Als die beiden es endlich schafften, über die Wolken ans Sonnenlicht vorzubrechen, lag Irland bereits weniger als 200 km vor ihnen. Der Flug wurde allerdings wenig heldenhaft beendet, da die Vimy sich mit der Nase in ein Rieselfeld bohrte, das von oben herab wie eine zur Landung geeignete Grasfläche ausgesehen hatte. Wie dem auch sei – das Unternehmen wurde in 16 Stunden und 27 Minuten ausgeführt! Die beiden Piloten wurden im ganzen Land gefeiert; außer den 10 000 Pfund Sterling wurde ihnen auch noch die Ehre des Ritterschlags zuteil.

Das Unterfangen von Charles Lindbergh

Acht Jahre später war der Amerikaner Charles Lindbergh Hauptdarsteller eines weiteren heldenhaften Flugs. Auch in diesem Fall trieben der Geldpreis ebenso wie die Aussicht auf Ruhm den Ehrgeiz des Piloten an. In der Tat schrieb der französische Unternehmer Raymond Orteig aus New York einen Preis von 25 000 Dollar aus, der demjenigen Piloten zufallen sollte, der als Erster einen Non-stop-Flug von New York nach Paris erfolgreich absolvierte. Lindbergh, ein 25 Jahre alter Pilot, hatte bereits Erfahrungen in Flugzirkussen, der Armee sowie im Postdienst gesammelt und beschloss, dass die beste Lösung ein spezielles Flugzeug mit einem einzigen Piloten und ohne Funkgerät sei. Die Firma Ryan aus San Diego baute Lindberghs Flugzeug, die NPY: Es war ein kleiner, einmotoriger Hochdecker mit einem riesigen Behälter für 1700 Liter Kraftstoff, der zwischen dem Motor und der winzigen Pilotenkabine angebracht war. Die Stadt des Sponsors lieferte den Namenspaten für das Flugzeug: „Spirit of St. Louis". Nach einer gewissenhaften Vorbereitung startete Lindbergh am 20. Mai 1927 um 7:52 Uhr morgens vom Curtiss Field in New York; er hatte die Nacht beinahe schlaflos verbracht. Der Flug verlief ohne besonders dramatische Momente – sieht man von den ständigen Schlafattacken ab, die den Piloten während des 33-einhalb-stündigen Flugs überfielen. Nach einer zurückgelegten Strecke von 5700 Km landete Lindbergh am 21. Mai um 22:22 Uhr in Paris Le Bourget. Mit diesem Flug erlangte Lindbergh höchstes Ansehen und einen unbestrittenen Platz in der Geschichte der Luftfahrt.

95 oben rechts Charles Lindbergh mit seinem Flughelm. Der 25 Jahre junge Amerikaner überquerte als Erster allein den Atlantik und sicherte sich damit einen ehrenvollen Platz in der Geschichte.

95 unten links Das Titelblatt eines berühmten Lieds mit einer Illustration von Charles Lindberghs Ryan NYP.

95 unten rechts Die „Spirit of St. Louis" war ein Experimental-Flugzeug. Es hatte keine Funkanlage, besaß aber einen riesigen Tankbehälter für 1700 Liter Kraftstoff und ein einsitziges Cockpit, das jedoch keine direkte Vordersicht bot.

94 oben Nach der Ankunft in Paris machte Lindbergh auch in London halt: hier die von der jubelnden Menge eingeschlossene „Spirit of St. Louis" auf dem Flughafen Croydon.

94 unten Die Stadt New York bereitete Lindbergh einen einzigartigen Empfang, wie auf dieser Fotografie vom Broadway zu sehen ist.

95 oben links Die Ryan NYP im Flug. Lindbergh benötigte für die 5700 km lange Strecke von New York nach Paris 33-einhalb Stunden.

Die Schneider-Trophäe

Der 16. April 1913 war das Datum, an dem zum ersten Mal das Wettfliegen um die Schneider-Trophäe für die Coupe d'Aviation Maritime Jacques Schneider veranstaltet wurde; es war ein 10 km langer Rundkurs, der 28mal zurückgelegt werden musste.
Ausgelobt wurde die Trophäe von Jacques Schneider, dem Sohn des Industriellen und Inhabers der gleichnamigen Rüstungsfabrik. Er wollte mit der Trophäe die Entwicklung der Wasserflugzeuge fördern, die seiner Meinung nach unter allen Flugzeugtypen die meiste Beachtung verdienten, da doch sieben Zehntel der Erdoberfläche mit Wasser bedeckt sind. Der Wettstreit um die Trophäe sollte jährlich jeweils an einem Ort ausgetragen werden, den der Sieger des Vorjahres bestimmen durfte. Hatte eine Nation die Trophäe dreimal im Verlauf von fünf Jahren gewonnen, würde ihr der endgültige Sieg zugesprochen werden.
Die erste Veranstaltung wurde im Fürstentum Monaco ausgetragen. Gewinner war der Franzose Maurice Prévost mit seinem 160-PS-Hydroplan Deperdussin. Das zweite Wettfliegen – organisiert von Frankreich – fand am 20. April 1914 erneut in Monaco statt und wurde diesmal von dem Engländer Howard Pixton gewonnen. Er flog eine Sopwith Tabloid mit einer Durchschnittsgeschwindigkeit von 139,66 km/h. Der Erste Weltkrieg hatte die regelmäßige Austragung des Wettbewerbs unterbrochen, doch in der Nachkriegszeit waren der Wettkampfgeist sowie das Interesse an der Veranstaltung höher denn je. Die dritte Austragung des Luftrennens fand am 10. September 1919 in Bournemouth, England, statt. Aufgrund eines Unwetters schaffte es jedoch nur ein Flugzeug – die italienische SIAI S.13 – den Rundflug auszuführen. Da aber die richtige Ausführung wegen des Nebels nicht geprüft werden konnte, beschlossen die Veranstalter, keinen Preis zu vergeben, doch die Organisation des nächsten Wettbewerbs den Italienern anzuvertrauen. 1920 wurde das Wettfliegen also in Venedig ausgetragen – mit der Teilnahme von vier italienischen Flugzeugen. Sieger wurde der Kapitänleutnant Luigi Bologna mit seiner SIAI S.12. Auch im darauf folgenden Jahr waren es drei Italiener und ein Franzose, die wieder in Venedig um die Trophäe wetteiferten. Sie wurde am 11. August von dem Italiener De Briganti gewonnen, der mit seiner Macchi M.7 eine Durchschnittsgeschwindigkeit von 189,67 km/h flog. Das sechste Rennen wurde in Neapel ausgetragen, doch die Dinge verliefen diesmal nicht in den gewohnten Bahnen: Der Brite Henri Biard besiegte die italienischen und französischen Mannschaften. Er flog die Supermarine Sea Lion II, die

von einem 456-PS-Motor zu einer Durchschnittsgeschwindigkeit von 234,51 km/h angetrieben wurde. Am 28. September fand man sich auf der Isle of Wight zusammen, wo zum ersten Mal ein Amerikaner den Sieg davontrug: Rittenhouse schlug die Engländer und Franzosen, indem er mit seiner Curtiss CR-3 eine Durchschnittsgeschwindigkeit von 285,45 km/h flog. Aufgrund fehlender Teilnehmer wurde das Wettfliegen 1924 nicht ausgetragen. 1925 siegte der Leutnant Doolittle vor den Engländern und Franzosen. Doolittle besaß eine Curtiss R3C-2, die, ausgestattet mit einem 600-PS-Motor, die beindruckende Durchschnittsgeschwindigkeit von 374,27 km/h fliegen konnte. 1926 beschlossen die Engländer und Franzosen, nicht an dem Wettkampf teilzunehmen. Sie hatten nur ein Jahr, um neue Flugzeuge zu entwickeln, und hielten es somit für unmöglich, die Amerikaner schlagen zu können. Dies galt jedoch nicht für die höchst engagierten Italiener; sie wurden vom faschistischen Regime angetrieben, das einen eindrucksvollen Sieg erwartete. Die Firma Macchi entwickelte also die M.39, während Fiat den neuen 800-PS-Motor A.S.2 konstruierte. Der Wettkampf wurde in Norfolk, Virginia, ausgetragen und war ein italienisch-amerikanischer Zweikampf. Die Macchi schien der Curtiss überlegen zu sein und die Italiener gewannen den ersten – mit De Bernardis Fluggeschwindigkeit von 396,68 km/h – und dritten Platz. 1927 fand das Wettfliegen in Venedig statt. Diesmal war England mit einem hervorragenden Flugzeug vertreten: der Supermarine S.5. Die Maschine wurde aus dem Modell S.4 entwickelt, welches 1926 aufgrund eines Unfalls nicht beim Wettbewerb benutzt werden konnte. Trotz der von den Italienern auf die Macchi M.52 gesetzten Erwartungen war es der Kommandant S. N. Webster, der mit seiner S.5 siegte – mit einer beeindruckenden Durchschnittsgeschwindigkeit von 453,28 km/h. Nach dieser Niederlage gründeten die Italiener in Desenzano die Flugschule Scuola di Alta Velocità della Regia Aeronautica mit dem Ziel, die begehrte Trophäe zu gewinnen. Von nun an wurde der Wettkampf zweijährig ausgetragen, da das Entwerfen neuer Flugzeuge immer komplexer wurde. 1928 jedenfalls – allerdings außerhalb der Schneider-Trophäe – stellten die Italienern in Venedig einen Fluggeschwindigkeits-Weltrekord auf: Mario De Bernardi war es, der mit seiner Macchi M.52R eine Höchstgeschwindigkeit von 479,29 km/h erreichte. 1929 fand das Wettfliegen in Calchot, England, statt, wo das Heimteam mit der neuen Supermarine S.6 ohne Schwierigkeiten den Sieg errang – die beiden italienischen Macchi MC.67 mussten sich schon im zweiten Durchgang zurückziehen. Italien plante nun eine Revanche mit einem fabelhaften Wasserflugzeug, der Macchi MC.72; doch leider war es zum 12. Wettflugs am 13. September 1931 noch nicht fertiggestellt. Allein Großbritannien nahm in jenem Jahr teil: mit dem Kommandanten J. N. Boothman, der eine S.6B (mit 2332-PS-Motor Rolls Royce R) benutzte. Boothman gewann und England wurde endgültig die Schneider-Trophäe verliehen. Da den Italienern nun schon die Trophäe entgangen war, tröstete man sich wenigstens teilweise mit dem Sieg der Coppa Blériot 1933. Außerdem stellte das Land 1934 den absoluten Geschwindigkeits-Weltrekord auf, als der Unterfeldwebel Francesco Agello die Marke von 709,20 km/h erreichte. Der Rekord wurde bis 1939 nicht geschlagen und besteht in der Kategorie der Wasserflugzeuge noch bis heute.

Schneider-Trophäe Siegerliste

1913	Frankreich
1914	Frankreich
1919	nicht vergeben
1920	Italien
1921	IItalien
1922	Großbritannien
1923	Vereinigte Staaten
1924	nicht ausgetragen
1925	Vereinigte Staaten
1926	Italien
1927	Großbritannien
1929	Großbritannien
1931	Großbritannien

96 oben Die erste Schneider-Trophäe wurde in Monte Carlo ausgetragen. Sieger wurde Maurice Prévost, der dieses 160-PS Deperdussin-Wasserflugzeug flog.

96 unten Die außergewöhnliche Macchi MC.72 war das wichtigste Flugzeug, das im Jahr 1931 bei der Schneider-Trophäe fehlte; die Maschine war zu jenem Zeitpunkt noch nicht fertig. 1934 stellte die MC.72 mit 709,20 km/h den Geschwindigkeitsweltrekord für Wasserflugzeuge auf - dieser ist bis heute noch unübertroffen geblieben.

97 oben Ein Reklameplakat der Gloster, die den Sieg ihres Modells VI bei dem King's Cup Race von 1929 verkündet.

97 unten Der französische Geschäftsmann Jacques Schneider gründete den gleichnamigen Wettbewerb mit dem Ziel, die Entwicklung der Wasserflugzeuge voranzutreiben.

Kapitel 7

Der Zweite Weltkrieg: die Alliierten

Der Ausbruch des Zweiten Weltkriegs war keinesfalls eine Überraschung; tatsächlich waren die Militärplaner bereits seit geraumer Zeit an der Arbeit. Über Jahre hinweg zogen die Kriegswolken über Europa, Afrika und Asien, wo bereits in den Dreißigerjahren verschiedene Konflikte durchlebt wurden. Alle besaßen einen gemeinsamen Ursprung: den extremen Nationalismus einiger totalitärer Regierungen, deren Expansions- und Machtpolitik zur Entfachung und Nährung von Kriegen führten. Der chinesisch-japanische Krieg, der spanische Bürgerkrieg und der Krieg in Äthiopien demonstrierten dem Rest der Welt, dass die Regimes in Italien, Deutschland und Japan dazu entschlossen waren, ihre eigene, angemaßte Überlegenheit mittels Gewaltanwendung zu behaupten.
Ende der Dreißigerjahre fand in Europa ein wahres Wettrüsten statt, ein Prozess, der zum Erscheinen von Flugzeugen führte, die weitaus moderner und leistungsfähiger waren als die nur wenige Jahre jüngeren Vorgänger. In den Vereinigten Staaten fand dieser Rüstungswettlauf erst nach 1938 statt, als der Kongress – alarmiert durch die militärischen Erfolge Japans und die bedrohliche Politik Hitlers in Europa – wirtschaftliche Vorkehrungen traf, um die Modernisierung der Streitkräfte, besonders 1939 der Armee-Luftwaffe (US Army Air Corps), konkret in Angriff zu nehmen. Diese Waffengattung hatten bis dahin mit spärlichen Mitteln, wenigen Piloten und nur ca. 1100 veralteten Kampfflugzeugen existiert. Auf jeden Fall gehörten Frankreich und Großbritannien zu jenen Großmächten, die durch die Kriegsereignisse am meisten beunruhigt und miteinbezogen wurden; 1939 – unmittelbar nach Hitlers Invasion in Polen – erklärten beide Staaten Deutschland förmlich den Krieg. Im Winter 1939–40 blieben die französische Luftwaffe sowie der britische Flugexpeditionskorps in Frankreich ziemlich untätig, doch als am 10. Mai 1940 die Deutschen ihre große Offensive im Westen begannen, setzte die wahre militärische sowie technologische Konfrontation zwischen den Achsenmächten und den Alliierten ein.
Die französische Armée de l'Air konnte den deutschen Angriffen mit einer Serie von technisch überzeugenden Jagdflugzeugen antworten, die jedoch vor allem in der Einsatztaktik den feindlichen Flugzeugen unterlegen waren. Von den Franzosen wurden die Bloch MB.151 und 152 sowie die Curtiss H75 Hawk – die Exportversion des P-36 des USAAC – aufgeboten. Zu den besten Jagdflugzeugen der Franzosen zählten jedoch die Morane-Saulnier MS-406 und die Dewoitine D-520. Die MS-406 war am zahlreichsten vertreten und 1940 mit elf Jagdflugzeug-Gruppen im Einsatz. Die Ursprünge der Morane-Saulnier gingen auf die MS-405 zurück, einen modernen Ganzmetall-Tiefdecker mit geschlossenem Cockpit und Einziehfahrwerk, der 1934 auf eine Spezifikation des Kriegsministeriums hin konstruiert wurde. 15 Exemplare der MS-405 wurden 1937 bestellt, doch danach wechselte die Produktion zur MS-406, die mit leichteren Flügeln sowie mit dem stärkeren Hispano-Suiza-Motor ausgestattet war. Der drohende Krieg führte zur Bestellung von 1000 Exemplaren der MS-406, die es jedoch nicht

schafften, den deutschen Jagdflugzeugen – besonders der gewandteren und stärkeren Messerschmitt Bf-109E – wirksam entgegenzutreten. Die MS-406 wurde jedenfalls massiv an der französischen Front eingesetzt und auch von anderen Ländern – wie der Schweiz und Finnland – erworben; die Finnen setzten das Jagdflugzeug erfolgreich im Winterkrieg gegen die Sowjetunion ein.
Der beste Jäger der französischen Luftwaffe war ohne Zweifel die D-520, ein Flugzeug, das 1936 als Rivale der MS-406 eingeführt wurde. Die Dewoitine war eine Maschine mit modernen Konturen, die außerdem hervorragende Leistungen erbrachte. 1939 beschloss die französische Regierung, eine Serie von 710 Exemplaren zu bestellen, doch diese Entscheidung fiel bereits zu spät: Obwohl beim Kriegsausbruch an der Westfront 400 Exemplare geliefert worden waren, war nur eine Jägergruppe mit dem neuen Flugzeug ausgerüstet, und die befand sich außerdem noch in der Trainingsphase. Somit konnte die D-520 – obwohl sie der Bf-109 in keiner Hinsicht unterlegen war – die Luftkämpfe nicht mehr entscheidend beeinflussen. Nach dem Waffenstillstand wurden zahlreiche D-520 in die deutsche und italienische Luftwaffe eingegliedert, wo sie überwiegends als Fortgeschrittenen-Trainer sowie Reserve-Jäger verwendet wurden.
Auch Großbritannien befand Mitte der Dreißigerjahre, dass die eigene Luftwaffe, die RAF, verglichen mit dem Standard der Zeit unangemessen bewaffnet war. 1940 setzte die RAF noch veraltete Flugzeuge ein wie zum Beispiel den Jäger Gloster Gladiator oder den Bomber Fairey Battle. Doch dank des neuen Aufrüstungsprozesses wurde auch eine erhebliche Anzahl moderner Flugzeuge benutzt, zum Beispiel der Jäger Hawker Hurricane und der Bomber Bristol Blenheim.
Die Hurricane war zweifellos eines der berühmtesten und meistgelobten britischen Jagdflugzeuge. Das Projekt wurde 1933 in Angriff genommen – nachdem Sydney Camm (Konstrukteur bei Hawker) an einem Nachfolger des Fury-Doppeldeckers zu arbeiten begann. Das Flugzeug war als freitragender Tiefdecker ausgelegt, und war dank des geschlossenen Cockpits sowie des Einziehfahrwerks extrem fortschrittlich. Zudem war die Hurricane mit acht Maschinengewehren vom Kaliber 7,7 mm bewaffnet und besaß einen 1039-PS-Motor Rolls Royce Merlin. Der erste Flug wurde am 6. November 1935 durchgeführt, und die ersten Tests bestätigten, dass es sich um ein wahrlich exzellentes, schnelles und wendiges Flugzeug handelte. 1936 bestellte das Luftfahrtministerium 600 Exemplare. Die Serienflugzeuge begann man im Dezember 1937 in Dienst zu stellen und bildete mit ihnen das Rückgrat des RAF-Jägerkommandos.
Nach Frankreichs unglücklichem Feldzug waren es gerade die in 32 Gruppen aufgeteilten Hurricanes, die sich 1940 während der Schlacht von England gegen die deutschen Angriffe am besten behaupten konnten: Sie schlugen erfolgreich die Attacken der Zerstörer, Bomben- und Jagdflugzeuge der deutschen Luftwaffe zurück. Ab 1941 wurde die Hurricane in technischer Hinsicht nach und nach von den besten englischen und deutschen Jägern überholt. Doch dank der Einführung neuer, stärkerer Flügel setzte das Flugzeug seine Kriegskarriere erfolgreich als Jagdbomber fort – bei Einsätzen in England sowie im Mittelmeerraum. Die Mk.IIC war mit vier 20-mm-Kanonen bewaffnet, während die Mk.IV außer den 40-mm-Kanonen noch die Möglichkeit besaß, Bomben und Raketen abzuwerfen. Es wurden ca. 20 Versionen der Hurricane entworfen – darunter auch die Sea Hurricane, eine Marineversion für Flugzeugträger.
Die Gesamtproduktion zählte über 14 200 Exemplare, die bis 1947 während des gesamten Kriegs von der Royal Air Force eingesetzt wurden. Aber außer den Briten benutzten noch weitere 14 Luftwaffen diese Maschine, darunter mit 3000 Exemplaren die sowjetischen Luftstreitkräfte, bei denen die Hurricane sehr beliebt war.

98 oben Der britische Bomber Fairey Battle flog zum ersten Mal 1936. Die RAF setzte zu Beginn des zweiten Weltkriegs über 1000 Exemplare ein, doch die Maschine war vom technischen Standpunkt aus bereits überholt.

98 unten Den Großteil der britischen Luftverteidigung von 1939–1940 bildete die Hawker Hurricane. Das Jagdflugzeug stand seit 1937 im Dienst und erwies sich noch während der Schlacht um England als nützlich. Auf der Fotografie sieht man die Flugzeuge des 71. „Eagle" Geschwaders der RAF, das aus amerikanischen Freiwilligen gebildet war.

99 erstes Bild Der französische Jäger Morane-Saulnier MS-406 war 1940 bei der französischen Luftwaffe am häufigsten vertreten; die Maschine konnte dem Vergleich mit der deutschen Messerschmitt Bf.109 jedoch nicht mehr standhalten.

99 zweites Bild Die Armée de l'Air bot auch den Jäger Bloch MB.151 und die Nachfolgeversion MB.152 auf, aber beide Flugzeuge konnten die zugewiesenen Aufgaben nicht zufriedenstellend ausführen.

99 drittes Bild Der Doppeldecker Gloster Gladiator war ebenfalls eines der RAF-Jagdflugzeuge bei Kriegsbeginn und wurde auf Nebenkriegsschauplätzen eingesetzt, wie zum Beispiel an der Mittelmeerfront.

99 viertes Bild Hawker Hurricanes Mk.I des 111. Squadron im Formationsflug über Northolt, Middlesex. Diese Jagdflugzeuge verteidigten London in den ersten Phasen der Schlacht um England.

Der Niedergang der Hurricane als Jagdflugzeug stellte für die RAF kein großes Problem dar, da sie bereits seit langem über einen Nachfolger verfügte. Es handelte sich um die Supermarine Spitfire – ein schönes und leistungsfähiges Flugzeug, das von den gegnerischen Piloten Bewunderung und Neid erntete.

Die Spitfire – einer der besten Jäger in der gesamten Luftfahrtgeschichte – wurde kurz nach der Hurricane fertiggestellt und flog zum ersten Mal am 5. März 1936. Das Flugzeug entstammte der Arbeit des Konstrukteurs Reginald Mitchell, der bereits mit der Realisierung der schnellsten Flugzeuge der Welt (Gewinnern der Schneider-Trophäe) ein solides Ansehen erlangt hatte. 1931 begann Mitchell an einem neuen Jagdflugzeug zu arbeiten – der Supermarine Type 224, doch wahrscheinlich hatte er die Komplexität des Projekts unterschätzt; die Type 224 wurde ein Misserfolg. Mitchell beschloss daraufhin, die Flügelspannweite sowie den Rumpf zu verkürzen und gleichzeitig ein Einziehfahrwerk einzubauen.

Das Ergebnis war die Type 300, doch das Modell war noch zu langsam beim Steigen. Eine Lösung für das Problem wurde 1934 gefunden, nachdem Supermarine mit Rolls-Royce ein Abkommen für die Lieferung eines neuen Merlin-Motors vereinbart hatte; so wurde die Type 300, die künftige Spitfire, noch mit diesem stärkerem Triebwerk ausgerüstet. Nach dem Erstflug verkündete der Testpilot Joseph Summers: „Es soll nichts mehr daran angerührt werden".

Die Spitfire war ein schlankes, elegantes Flugzeug, das auch effiziente und innovative Eigenschaften besaß, wie zum Beispiel die Ellipsenflügel und die Beschichtung, die bei Produktionsbeginn noch einige Probleme verursachten. In der Waffenausrüstung unterschied sich die Spifire nicht von der Hurricane, wurde jedoch von einem stärkeren Motor angetrieben, der eine hervorragende Manövrierfähigkeit ermöglichte. Das erste Serienmodell wurde 1938 in Dienst gestellt und bis 1939 hatte das Ministerium bereits 4000 Exemplare der Spitfire bestellt, so dass mehrere

100 oben links Das berühmteste britische Jagdflugzeug im Zweiten Weltkrieg war die Supermarine Spitfire, deren Erfolg auch den bei der Schneider-Trophäe erlangten Erfahrungen ihrer Konstrukteure zu verdanken war.

100 oben rechts Eine Spitfire Mk.XII mit „abgeschnittem" Flügel während eines Übungsflugs über England im Jahr 1944. Die Spitfire blieb bis 1948 in Produktion; es wurden fast 23 000 Exemplare produziert.

Firmen mit dem Bau beschäftigt werden mussten. Bei Kriegsbeginn waren nur neun Geschwader mit der Spitfire Mk.I ausgestattet, doch die Anzahl wuchs in rasendem Tempo. Schon im März 1941 erschien die verbesserte Version Mk.V, die schwerere Bewaffnung und einen leistungsfähigeren Motor (den 1440-PS Merlin) besaß. Diese Version erreichte über 600 km/h auf 4000 Meter Höhe und wurde auch als Jagdbomber eingesetzt. Schließlich wurde im Juli 1942 das Modell Mk.IX eingeführt – als Antwort auf Deutschlands neue Focke-Wulf 190. 1943 begann man die Spitfire mit dem 2050-PS-Griffon-Motor auszustatten, der – zusammen mit einem fünfblättrigen Propeller – die Spitfire zu einem der schnellsten Flugzeuge der Welt machte. Bis 1948 wurden über 22 800 Exemplare der Spitfire in ca. 30 Versionen hergestellt. Mehr als 20 Luftstreitkräfte – darunter die sowjetische und amerikanische – benutzten das Flugzeug. Zahlreiche Fliegerasse flogen die Spitfire, unter denen besonders der RAF-Pilot James „Johnny" Johnson hervorstach: Er schoss 38 feindliche Jäger ab. In sage und schreibe 515 Einsätzen wurde er nur ein einziges Mal getroffen, überlebte den gesamten Krieg und leistete auch in der Nachkriegszeit bei der RAF weiter seinen Dienst. Anders erging es dem Schöpfer der Spitfire, Reginald Mitchell, der sich nie über den Erfolg seiner Maschine freuen konnte: Er starb 1937 an Krebs, ein Jahr, bevor das Flugzeug in Dienst gestellt wurde.

100 unten Die Serienproduktion der Spitfire in Southampton, 1941. Einige der fortschrittlichen technischen Charakteristiken des Flugzeugs bereiteten anfangs Probleme bei der Serienfertigung.

101 oben Diese Fotografie wurde 1939 auf dem Flughafen von Duxford gemacht und zeigt ein Geschwader Spitfire Mk.I bei einer Übung zum Alarmstart.

101 unten Eine Formation von Spitfire Mk.XII während eines Flugs im Mai 1944 vor der Landung in der Normandie. Dieses Modell verfügte über den stärksten 2050-PS-Motor Rolls-Royce Griffon.

Zwei weitere wichtige britische Jagdflugzeuge des Krieges waren die Hawker Typhoon und die Tempest. Die Typhoon wurde Ende der Dreißigerjahre konstruiert, als Antwort auf eine Spezifikation des Ministeriums für einen Nachfolger des Jägers Hurricane. Hawker entwarf zwei Prototypen, die jeweils mit einem der beiden neuen Motoren ausgestattet wurden: dem Rolls-Royce Vulture bzw. dem Napier Sabre, die beide in der Spezifikation aufgelistet waren. Der Entwurf für die Tornado mit dem ersten der erwähnten Motoren wurde fallengelassen, während das Typhoon-Projekt trotz zahlreicher Schwierigkeiten beim Instandsetzen des Motors fortgesetzt wurde. Der Prototyp flog am 24. Februar 1940, aber zu den Problemen mit dem Motor kamen nun noch andere, strukturelle Schwierigkeiten: Die Typhoon, die im September 1941 in Dienst gestellt wurde, lief – nach einigen tödlich verlaufenen Unfällen – Gefahr, zurückgezogen zu werden. Nachdem man den Entwurf einigen Verbesserungen unterworfen hatte, beschloss das Luftfahrtministerium 1942, das Flugzeug nicht mehr als Abfangjäger sondern als Jagdbomber einzusetzen.

Die neue Karriere der Typhoon begann also im August 1942 und schon ab 1943 erwies sich das Flugzeug als ausgezeichnete, taktische Unterstützungswaffe, da es gerade beim Tiefflug die besten Leistungen erbrachte. Jedenfalls wuchs der Ruhm der Typhoon – die trotz allem nicht leicht zu steuern war – ab dem Sommer 1944, als sie bei den Landungsoperationen in der Normandie sowie am Vormarsch der alliierten Truppen in Westeuropa bis ins Herz Deutschlands teilnahm. Mit den vier 20-mm-Kanonen und 908 kg Bomben oder Raketen wurde sie zu einem tödlichen Gegner der feindlichen Truppen. Die Typhoon wurde der 2. Tactical Air Force zugeteilt und konnte von Flugplätzen aus operieren, die oft nur aus hinter der Front angelegten Feldern mit improvisierten Pisten, Abstellplätzen und Hangars bestanden. Dadurch waren die Flugzeuge ständig einsatzbereit und konnten ohne Schwierigkeiten den Bodentruppen als Rückendeckung dienen. Unter diesen Bodentruppen befand sich ein Luftwaffenoffizier (der so genannte FAC, Forward Air Controller), der bei Bedarf die Flugzeuge anforderte und sie gegen die feindlichen Streitkräfte, die das Vordringen der alliierten Panzerwagen behinderten, lenkte. Besonders mit dem Jagdbomber Typhoon, von dem über 3300 Exemplare gebaut wurden, hatte man diese besondere Strategie des Close Air Supports bzw. der Luft-Nahunterstützung begründet und entwickelt.

Nachfolger der Typhoon wurde die Tempest, die – zunächst als Typhoon Mk.II bezeichnet – ursprünglich als Abfangjäger operieren sollte. Am 21. Juni 1943 flog die Tempest Mk.I zum ersten Mal, doch fortwährende Probleme mit dem Motor Sabre IV brachten eine Fortentwicklung dieses Modells zum Stillstand – zugunsten der Mk.V, die mit einem Sabre-II-Motor ausgestattet war.

Die Tempest Mk.V wurde das erste Mal am 21. Juni 1943 geflogen und bewies eine bei jeglicher Flughöhe zufriedenstellende Stärke und Schnelligkeit: Die Serienproduktion wurde somit unmittelbar eingeleitet. Danach führte man die Tempest Mk.II ein, die über einen Centaurus-Motor sowie verbesserte Aerodynamik verfügte – dank Anbringung eines ringförmigen Kühlers, der die Nase schlanker werden ließ. Insgesamt wurden über 1500 Tempest-Exemplare gebaut und auch in der Nachkriegszeit noch bis 1951 eingesetzt.

Der letzte berühmte Jäger der RAF im Zweiten Weltkrieg war die Gloster Meteor, die als erstes und einziges Düsen-Jagdflugzeug der Alliierten im Krieg eingesetzt wurde. Die Ursprünge der Meteor gingen bis zum Jahr 1940 zurück, als man beschloss, Forschungen zu Düsentriebwerken in Angriff zu nehmen. Das erste Düsenflugzeug war die experimentelle Gloster E.28/39, die ausgestattet mit einem Whittle-W.1-Motor am 15. Mai 1941 zum ersten Mal flog. Gloster baute daraufhin einen zweimotorigen Meteor-Mitteldecker, bei dem die Motoren in die Tragflächen integriert wurden; das Flugzeug wurde von dem Motor Whittle W.2B/23 mit 770 kp Schubkraft angetrieben. Acht Prototypen wurden gebaut. Als Erstes flog am 5. März 1943 das fünfte Modell der kleinen Meteor-Serie. Von der Produktionsversion Meteor F Mk.I wurde eine erste Kleinserie von 20 Exemplaren bestellt, die im Juni 1944 in Dienst gestellt wurden. Die Flugzeuge wurden sofort in England eingesetzt um Deutschlands fliegende Bomben „V-1" abzufangen.

102 Das erste britische Düsenflugzeug war die Gloster Meteor; sie flog zum ersten Mal im März 1943. 1945 wurde das Flugzeug nach Belgien und Deutschland an die Front gesandt, war jedoch der Messerschmitt Me.262 nicht gewachsen.

103 oben links Eine Formation von Typhoon Mk.IA bei einem Übungsflug über England. Anfangs sollte das Flugzeug als Abfangjäger eingesetzt werden, es hatte jedoch ein zu unsicheres Steuerverhalten.

103 oben rechts Ein Hawker Typhoon Jagdbomber, ausgerüstet mit vier 20-mm-Kanonen und acht Luft-Boden-Raketen unter den Flügeln, die auch bei Angriffen gegen feindliche Panzerwagen tödlich waren.

103 Mitte Nahaufnahme einer Gloster Meteor der RAF; gut zu sehen ist die zentrale Position der Flügel und der zwei Düsenmotoren. Die vier 20-mm-Kanonen befinden sich am Bug.

103 unten Nachfolger der Typhoon war die Tempest Mk.V, die als Jäger und Jagdbomber eingesetzt werden konnte. Sie besaß dieselbe Bewaffnung wie die Typhoon, doch der 2550-PS-Motor Centaurus verlieh ihr eine Höchstgeschwindigkeit von gut 708 km/h.

Von der darauffolgenden Version F Mk.III baute man ca. 200 Exemplare, mit denen verschiedene Fliegergruppen ausgerüstet wurden. Sie waren 1945 an der belgischen und deutschen Front im Einsatz. Die Meteor war jedoch kein besonders schnelles Flugzeug und im Allgemeinem der Messerschmitt 262 unterlegen, mit der sie jedoch nie direkt im Kampf zusammenstieß. Erfolgreicher war die Meteor dagegen in der Nachkriegszeit, als über 25 Versionen entworfen wurden; insgesamt wurden 3800 Exemplare gebaut, die von 14 Ländern erworben wurden. Die RAF setzte die Meteor bis 1961 ein – sowohl bei Kämpfen im Korea-Krieg als auch in den arabisch-israelischen Konflikten.

104 oben Der viermotorige Bomber Halifax stand seit 1940 im Dienst der RAF. Es wurden über 25 Versionen entwickelt und mehr als 6000 Exemplare gebaut. Auf dem Bild ist eine Handley Page HP.57 Halifax Mk.III zu sehen.

104 Mitte Die Short S.29 Stirling war Zeitgenosse der Halifax. Sie flog zum ersten Mal im Mai 1939 und wurde im August 1940 in Dienst gestellt. Das Flugzeug erwies sich jedoch schon bald als überholt und wurde ab 1943 für zweitrangige Aufgaben benutzt.

104 unten Ein Tagesangriff auf Köln am 18. August 1941. Die RAF brauchte nicht lange, um den Luftkrieg direkt in das Herz der feindlichen Gebiete zu bringen.

105 Kalt, unbequem und laut war es in diesem Rumpf eines Halifax Bombers während eines Angriffs auf Deutschland im Oktober 1941. Die Maschinengewehrschützen suchen den Himmel nach feindlichen Jägern ab.

Im Zweiten Weltkrieg benutzte die RAF auch erfolgreich Bombenflugzeuge, darunter waren die schweren Bomber Short Stirling, Handley Page Halifax und Avro Lancaster sowie die leicht bewaffneten Bristol Blenheim, Beaufighter und de Havilland Mosquito. Die Stirling und die Halifax machten fast parallel Karriere: Beide wurden 1936 entworfen, nachdem das Luftfahrtministerium einen neuen mittelschweren Bomber gefordert hatte. Mit je vier Motoren ausgestattet flogen beide Flugzeuge zum ersten Mal im Jahr 1939 – die Stirling am 15. Mai und die Halifax am 25. Oktober. Die Gemeinsamkeiten endeten jedoch schon hier. Die Halifax war ein weitaus moderneres Flugzeug, das auch deutlich höher fliegen konnte als die Stirling. 1943 wurde die Halifax Mk.III in Dienst gestellt; die Maschine war mit den Sternmotoren Hercules ausgestattet, die zur Verbesserung der Flugleistungen beitrugen. Zusammen mit der Lancaster wurde die Halifax während des gesamten Kriegs in vorderster Linie eingesetzt. Neben dem Gebrauch als Bomber wurde die Halifax nun auch für Transporte, für das Absetzen von Fallschirmspringern sowie als Schleppflugzeug für Lastensegler benutzt. Insgesamt wurden 6176 Exemplare gebaut. Die Stirling wurde dagegen ab Mitte 1943 nur noch für Transporteinsätze sowie den Schleppflug von Lastenseglern verwendet.

Der wichtigste britische Bomber während des Krieges war jedenfalls die Lancaster, die kurioserweise aus einem misslungenen Projekt entwickelt wurde. Einer vom Ministerium aufgestellten Spezifikation folgend hatte Avro den zweimotorigen schweren Bomber Manchester entworfen. Die beiden Rolls-Royce-Vulture-Motoren der Maschine besaßen jedoch keine ausreichende Leistung und waren zudem wenig zuverlässig. Nach diesem Misserfolg machten sich die Konstrukteure von Avro im Sommer 1940 eiligst daran, die Pläne vollständig zu überarbeiten und gingen schließlich zur Klasse der Viermotorigen. Das Flugzeug wurde daraufhin mit vier Rolls-Royce-Merlin-Triebwerken, vollkommen veränderten Leitwerken sowie einer größeren Flügelspannweite ausgestattet. Das Ergebnis konnte sich sehen lassen: Die Lancaster wurde zum besten britischen Bomber des Kriegs; neun Fabriken bauten über 7300 Exemplare in 23 verschiedenen Versionen.

106 oben links Auf der Fotografie eines RAF-Angriffs auf eine deutsche Stadt ist eine viermotorige Avro Lancaster zu erkennen.

106 oben rechts Die Lancaster – vielleicht der beste englische Bomber des Kriegs – wurde im Januar 1942 in Dienst gestellt. Die Maschine wurde in 23 Versionen produziert und konnte bis zu 6350 kg Bomben tragen.

106 unten Alarmstart einer leichten Bristol Beaufighter Mk.VIC, einer Anti-Schiffs-Version mit Torpedo. Die Beaufighter wurde 1940 in Dienst gestellt, fast 6000 Exemplare wurden gebaut.

107 oben links Ein Jagdbomber De Havilland Mosquito Mk.IV 1942. Aufgrund der Holzkonstruktion und der hervorragenden Leistungen wurde die Maschine „Wooden Wonder“ – das Wunder aus Holz – genannt.

Die erste Lancaster flog am 9. Januar 1941 und der operative Einsatz des Bombers erfolgte im Januar 1942. Bis in die Fünfzigerjahre hinein wurde der RAF-Bomber für verschiedene Aufgaben benutzt: Radar-Gegenmaßnahmen, Aufklärung und Überwachung zur See. Mit den größten und schwersten Bomben ausgerüstet übernahm die Lancaster einen Großteil der nächtlichen Luftoffensive über Deutschland und den besetzten Gebieten Europas. Unter den Spezialbomben befanden sich der „Tallboy“, eine Luftmine mit einem Gewicht von 5443 kg, die unter anderem bei der Versenkung des Schlachtschiffs Tirpiz benutzt wurde; ferner die über 9980 kg schwere „Grand Slam“ mit Überschall-Fallgeschwindigkeit sowie die zylinderförmige Spezial-Rollbombe „Wallis Dambuster“ mit 4200 kg; letztere wurde zur Zerstörung der Staudämme, die den Elektrizitätswerken der Ruhr dienten, eingesetzt. Diese schwierige und vielleicht sogar berühmteste von der RAF durchgeführte Kriegsmission wurde dem 617. Geschwader „Dam Busters“ anvertraut; die Gruppe wurde von dem Oberstleutnant Guy Gibson geleitet und speziell für diesen Einsatz gebildet. Die Mission war schwierig, da sie äußerste Präzision erforderte. Die Bombe wurde vor dem Abwurf mit Hilfe eines Hydraulikmotors in einen Rückwärtsdrall von 500 Umdrehungen pro Minute versetzt; sie sollte dann aus einer Höhe von 18 Metern über dem Wasserspiegel sowie zwischen 365 und 410 Metern Entfernung vom Damm abgeworfen werden. Nur so konnte die Bombe über die Schutznetze springen, auf die Dammwände treffen und bis auf 12 Meter Tiefe sinken, bevor sie schließlich explodierte. Nur sechs Wochen standen dem 617. Geschwader für die Vorbereitungen zur Verfügung. In der Nacht des 16. Mai 1943 startete man zum Angriff. Das Ergebnis entsprach den erhofften Erwartungen: zwei der drei Dämme wurden zerstört. Doch der Sieg hatte auch seinen Preis: acht der insgesamt 18 Mannschaften kehrten nicht zum Stützpunkt zurück. Guy Gibson selber starb im September 1944; beim Rückflug von einem nächtlichen Angriff auf Deutschland wurde sein Flugzeug abgeschossen.

Der erste unter den berühmten, leichten Bombern war die Bristol Blenheim, die ursprünglich als schnelles, zweimotoriges Passagiertransportflugzeug entworfen wurde. Der erste Flug der Blenheim erfolgte am 12. April 1935, wobei das Flugzeug sofort einen guten Eindruck machte: Es war schneller als alle damals eingesetzten Jagdflugzeuge. Natürlich wurde daraufhin auch ein Militärmodell entwickelt; es flog zum ersten Mal am 25. Juni 1936. Etwa 6400 Exemplare der Blenheim wurden gebaut und das Flugzeug blieb während des gesamten Kriegs im Einsatz – obwohl seine Leistungen nicht mehr ganz an der Spitze lagen. Am 17. Juli 1939 flog dagegen das erste Exemplar der Bristol Beaufighters, ein zweimotoriges, schwerbewaffnetes Flugzeug.

Im September 1940 wurde die Beaufighter als Nachtjäger in Dienst gestellt. Aufgrund der guten Qualität des Entwurfs entwickelte man später auch Tag-Jäger- sowie Küstenkommando-Angriffs-Versionen. In den Versionen Mk.VI und Mk.X wurd die Leistungsfähigkeit des Flugzeugs vollständig ausgeschöpft; es wurde schließlich mit Raketen und Torpedos ausgerüstet und zur U-Boot-Bekämpfung und gegen Schiffsziele eingesetzt. Insgesamt baute man ca. 6000 Beaufighter in 22 Versionen; das Flugzeug blieb während des gesamten Krieges aktiv im Dienst.

Fast so berühmt wie die Spitfire wurde die Mosquito von De Havilland, die zusammen mit der Supermarine Spitfire und Avro Lancaster ein RAF-Symbol des Zweiten Weltkriegs wurde. Die Mosquito erschien 1938 als Ergebnis eines privaten Entwicklungsprogramms von De Havilland. Anfangs hielten Experten das Flugzeug für zu fortschrittlich, so dass das Ministerium den Entwurf nicht

107 oben rechts Eine zweimotorige Bristol Blenheim Mk.IV während eines Abdrehmanövers in den ersten Monaten des Krieges. Bei ihrer Einführung 1935 war die Maschine der schnellste RAF-Bomber.

107 unten Bombenverladung auf eine Lancaster der RAF. Die Luftoffensive gegen deutsche Städte und Industrieanlagen war einer der Schlusssteine des Erfolgs der Alliierten im Zweiten Weltkrieg.

akzeptierte und dreimal aus den RAF-Projekten ausschloss. Seine Realisierung verdankt das Flugzeug schließlich der Hartnäckigkeit des Ford-Managers Patrick Hennessy, der zur Entwicklungsarbeit der englischen Luftfahrtproduktion delegiert worden war. Nachdem die Mosquito endlich flog und somit ihre Qualitäten unter Beweis gestellt hatte, wurden ihre Leistungen von niemanden mehr infrage gestellt. In der Tat waren sich die Autoritäten unmittelbar nach dem Kriegsausbruch darüber einig, dass dieser Flugzeugtyp (der außerdem aus Holz, einem damals nicht als strategisch wichtig eingestuften Rohstoff, gebaut war) extrem nützlich gewesen wäre. Die ursprünglich als leichter Bomber konzipierte Mosquito absolvierte ihren Erstflug am 25. November 1940 und wurde 1941 in Dienst gestellt. Dank ihrer erstaunlichen Leistungen (Geschwindigkeit von 640 km/h, gute Manövrierfähigkeit, vorzügliche Steigleistung, 454 kg Waffenlastlast sowie ein Reichweite von ca. 2400 km) und der ökonomischen Bauweise – sie erhielt den Beinamen „das Wunder aus Holz" – wurde die Mosquito bald darauf auch zum Aufklärungsflugzeug und Nachtjäger weiterentwickelt. Am 17. September 1941 führte die Mosquito ihre erste Kriegsmission durch. Wegen ihrer enormen Schnelligkeit handelte es sich um einen Aufklärungsflug, der bis nach Bordeaux ausgeweitet wurde. Mehr als 7700 Exemplare in über 40 Versionen wurden gebaut und von Luftstreitkräften aus 18 Ländern benutzt. Die RAF behielt die Mosquito bis Anfang der Sechzigerjahre im Dienst.

29629
48
48

108 oben links Die Bell P-39 Airacobra hatte ziemlich viele Mängel und wurde nie sonderlich von den amerikanischen Piloten geliebt. Die Sowjets dagegen schätzten den Jagdbomber und setzten ca. 4800 Exemplare ein, die sie von den Vereinigten Staaten erworben hatten.

108 Die Curtiss P-40 Warhawk wurde 1940 in Dienst gestellt. Der Jäger ermöglichte es der amerikanischen Luftwaffe, während der ersten Kriegsmonate den Japanern entgegenzutreten; doch die Leistungen waren schwach, so dass die Maschine ab 1942 für kleinere Operationen eingesetzt wurde.

109 oben Der japanische Angriff auf Pearl Harbour am 7. Dezember 1941 zwang die Vereinigten Staaten zum Kriegseintritt. Auf dem Bild die NAS Basis auf Ford Island, die unter feindlichem Beschuss liegt; im Hintergrund stehen die Schiffe USS Shaw und USS Nevada in Flammen.

Ebenso wie die britische musste auch die Luftfahrtindustrie der Vereinigten Staaten in den Dreißiger- und Vierzigerjahren die Aufholarbeiten beschleunigen, um den technischen Stand der eigenen Gegner überholen zu können. Beim Kriegsausbruch in Europa gehörten die Bell P-39 Airacobra und die Curtiss P-40 Warhawk zu den modernsten Flugzeugen des USAAC – beides waren keine unbedingt erstklassigen Jäger. Die Airacobra erregte mit ihrem Erscheinen 1937 große Begeisterung; sie war ausgestattet mit einer 37-mm-Kanone, einem in Zentralposition hinter dem Cockpit angebrachten Turbokompressor-Motor sowie erstmalig

109 unten Mit ihren innovativen und unverwechselbaren Formen war die Lockheed P-38 Lightning ein Jäger von außergewöhnlichen Flugleistungen, der außerdem über einen weiten Operationsbereich verfügte. Die Maschine wurde von den besten amerikanischen Piloten geflogen; ca. 10 000 Exemplare wurden hergestellt.

mit einem Dreirad-Einziehfahrwerk mit Bugrad. Nachdem jedoch militärische Veränderungen am Flugzeug vorgenommen wurden – darunter auch das Entfernen des Turbokompressor-Motors zugunsten des traditionelleren P-39 – entpuppte sich die Airacobra als ein schweres Flugzeug mit beschränkter Steuerbarkeit, das sich somit weniger zum Einsatz als Jäger eignete. Trotzdem wurde die Serienproduktion eingeleitet und das Flugzeug im Januar 1941 in Dienst gestellt. Während die Amerikaner die Maschine nicht schätzten und die Engländer sie gar ablehnten, waren die Sowjets die Einzigen, die das Flugzeug als robusten Jagdbomber schätzten und fast 4800 Stück der insgesamt 9558 gebauten P-39 erwarben.

Die Curtiss P-40 dagegen führte ihren ersten Flug am 14. Oktober 1938 durch und wurde sofort in Serienproduktion überführt. Die ersten Exemplare konnten bereits 1940 in Dienst gestellt werden. Zu den Vorzügen der P-40 gehörten neben ihren beachtlichen Leistungen auch die sofortige Verfügbarkeit, die in Krisenmomenten eine Großproduktion ermöglichte. Die RAF holte die P-40 als „Tomahawk" sofort in ihren Dienst und von Dezember 1941 bis Juli 1942 wurde das Flugzeug auch von den amerikanischen Freiwilligen der „Fliegenden Tiger" in China benutzt. Bis zum Erscheinen der neuen P-38 und P-47 war die P-40 das beste amerikanische Jagdflugzeug des Kriegs, aber auch später blieb sie – den Anforderungen der Alliierten folgend – noch in Produktion. Bis Dezember 1944 wurden insgesamt über 13 700 Exemplare hergestellt.

Als die Vereinigten Staaten nach dem japanischen Angriff auf Pearl Harbor am 7. Dezember 1941 in den Krieg eintraten, wurden zwei neue, bedeutend bessere Jagdflugzeuge eingeführt. Bei dem ersten handelte es sich um die Lockheed P-38 Lightning, die auf eine 1937 vom USAAC erlassene, schwierige Spezifikation hin konstruiert wurde. Darin wurde ein Höhen-Abfangjäger gefordert, der in der Lage wäre, 580 km/h auf 6000 Meter zu fliegen und innerhalb von sechs Minuten auf die optimale Höhe zu steigen. Viele Firmen hielten die Realisierung dieser Eigenschaften für unmöglich – doch Lockheed entschloss sich dazu, einen Versuch zu unternehmen. Der daraus folgende Entwurf wies zwei Turbokompressor-Motoren aus, die in zwei vom Flügel und dem Heckleitwerk miteinander verbundenen Leitwerksträgern eingebaut waren; das Cockpit und die Waffenausrüstung befanden sich in einer Rumpfgondel in der Flügelmitte. Es handelte sich auf jeden Fall um eine innovative Struktur. Die Leistungen des Prototyps, der am 27. Januar 1939 erstmals flog, beeindruckten die Armeeführung so startk, dass die daraufhin – ungeachtet aller Vorbehalte gegen die unkonventionelle Form – die Serienproduktion anordnete. Die P-38, von der über 9900 Exemplare gebaut wurden, konnte seit Ende 1941 in den Dienst übernommen werden. Aufgrund ihrer großen Reichweite bewährte sie sich besonders im pazifischen Raum.

Das Flugzeug wurde von den besten amerikanischen Assen geflogen – wie McGuire und Bong. Richard Bong wurde im November 1942 an die Front gesandt und der 35. Fighter Group zugewiesen, die im Pazifik kämpfte. Bis Dezember war Bong dort in zahlreichen Einsätzen vertreten und wurde zum Major befördert; für die USAAF erreichte er den absoluten Rekord von insgesamt 40 Luftsiegen. Nachdem er vom Kongress mit der Ehrenmedaille – der höchsten amerikanischen Militärauszeichnung – dekoriert worden war, setzte Bong seine Karriere als Testpilot fort. Doch am 6. August 1945, während eines Testflugs mit einer Lockheed P-80, stürzte sein Flugzeug zu Boden und ging Flammen auf – Bong war auf der Stelle tot.

Mitte 1942 begann man die P-38 auch in Europa sowie in Nordafrika einzusetzen, doch dort erwies sich ein anderes Flugzeug als überlegen: die Republic P-47 Thunderbolt. Dieser Jäger war das Ergebnis umfangreicher Überarbeitungen eines Grundprojekts, die von dem Konstrukteur Kartveli sowie von einigen Technikern der Armee vorgenommen wurden. Die Maschine wurde als ein leichter Jäger (AP-10) eingeführt, aber schließlich vergrößert, verstärkt und mit dem 2000-PS-Motor Pratt & Whitney Double Wasp (damals der stärkste, erhältliche Motor) ausgestattet. Im Juni 1940 billigte man das Modell als XP-47B. Mit einer maximalen Startmasse von fast neun Tonnen war es der schwerste, einmotorige Jäger des zweiten Weltkriegs. Die P-47 vollbrachte am 6. Mai 1941 ihren ersten Flug und wurde im Februar 1942 in die Serienproduktion überführt. Die 56. Fighter Group in England war die erste operative Abteilung, welche die P-47 im Kampf einsetzte und sie ab Januar 1943 als Begleitjäger der Bomber flog. Trotz ihrer etwas plump anmutenden und wuchtigen Erscheinung handelte es sich bei der P-47 um einen schnellen, stabilen Jäger mit guter Waffenausrüstung, der sowohl bei Luftduellen als auch als Jagdbomber hervorragende Eigenschaften aufwies. Bis Dezember 1945 wurden über 15 600 Exemplare gebaut und auch in der Nachkriegszeit blieb das Flugzeug noch lange im Dienst zahlreicher, alliierter Luftstreitkräfte.
Der berühmteste und beste Jäger der US Army Air Force (so wurde ab 1942 das Air Corps benannt) war jedoch die North American P-51 Mustang – ein wahres Vollblut der Lüfte. Dieses Flugzeug war das Ergebnis einer engen Zusammenarbeit zwischen den Vereinigten Staaten und Großbritannien. Im April 1940 war England auf mühseliger Suche nach neuen Waffen, mit denen die deutschen Offensiven zurückgeschlagen werden konnten; man beriet sich also mit der Firma North American und definierte gemeinsam ein Projekt, bei dem man den Allison V12 – denselben Motor, die die P-40 hatte – benutzten wollte, der jedoch in eine bessere Zelle eingebaut werden sollte. Die einzige von den Engländern geforderte Bedingung war, dass das Flugzeug in 120 Tagen fertiggestellt sein sollte. Tatsächlich brauchte North American sogar drei Tage weniger und brachte ein extrem fortschrittliches Flugzeug mit Laminar-Tragflächen heraus. Der neue Jäger wurde von der RAF Mustang Mk.I benannt

und flog zum ersten Mal am 26. Oktober 1940. Die Tiefflug-Eigenschaften waren sehr gut, doch in größeren Höhen gingen sie bedeutend zurück. Dennoch setzten die Engländer die Mustang ab April 1942 als Aufklärungs- und Bodenangriffsflugzeug ein. Schließlich beschlossen Engländer und Amerikaner jedoch, die Leistungen des Flugzeugs zu erhöhen, in dem sie den Allison-Motor durch den stärkeren Rolls-Royce Merlin ersetzten, der in den USA in Lizenz von Packard gebaut wurde. Die neue Version – die P-51B – war allen anderen Jägern entscheidend überlegen und wurde sofort zur Serienherstellung freigegeben. Im Dezember 1943 erschien die Mustang auf dem europäischen Kriegsschauplatz. Anfang des Jahres 1944 erschien die Endversion des Flugzeugs, die P-51D, deren Rumpfdimensionen durch das neue, tropfenförmige Kabinendach verkleinert wurden. Die Amerikaner nutzten den hervorragenden Abfangjäger außerdem als Begleitflugzeug ihrer Bombergeschwader auf dem gesamten deutschen Territorium. 1944 war die Mustang das schnellste Jagdflugzeug der Welt – schließt man die ersten, noch selten eingesetzten Düsenflugzeuge aus. Wie dem auch sei, die Mustang war sogar ein ernst zu nehmender und gefürchteter Rivale der Messerschmitt 262: Am 7. Oktober 1944 stürzte sich der Oberleutnant Urban Drew von der 361. Fighter Group auf zwei Me-262, die sich gerade im Abflug befanden, und schoss sie ab. Am 25. Februar 1945 griff die Formation der 55. Fighter Group einen deutschen Flugplatz an, während gerade eine ganze Gruppe von Me-262 zum Start abhob; die Fighter Group schaffte es, sechs Flugzeuge abzuschießen. Die amerikanischen Piloten waren sich ihrer P-51 sicher und ließen sich von den neuen, deutschen Jets nicht mehr verängstigen.
Der Erfolg der Mustang lässt sich leicht durch die Statistiken beweisen: Über 15 400 Exemplare wurden gebaut und bis in die Sechzigerjahre hinein von mehr als 50 Ländern benutzt. Tatsächlich wurde das Flugzeug auch in der Nachkriegszeit in zahlreichen Kriegen und Konflikten eingesetzt.

110 oben Eine North American P-51 Mustang wird vor dem Start für eine Mission von einem Einweiser der USAAF geleitet; das Flugzeug sollte amerikanische Bomber über Deutschland eskortieren.

110 unten links Trotz des massigen Aussehens war die Republic P-47 Thunderbolt eines der schnellsten Flugzeuge des Kriegs (690 km/h). Auf der Fotografie ist eine restaurierte P-47D zu sehen, die mit den Farben des 366. Fighter Squadron, 358. Fighter Group bemalt wurde. Frankreich 1944.

110 unten rechts Die ersten Serien der P-47D besaßen noch den alten, kleinen Kabinendach-Buckel. Dieses Exemplar wurde restauriert und bemalt in den Farben der Flugzeuge des Hauptmanns Cameron Hart, 63. Fighter Squadron, 56. Fighter Group, in Boxted im Dezember 1944.

111 links Eine P-51D Mustang bei akrobatischen Flugübungen. Dank der zwei abwerfbaren Zusatztanks unter den Flügeln zeichnete sich die Mustang als hervorragender Langstrecken-Begleitjäger aus, der die Bomber bis an zentral gelegene Ziele in Deutschland begleiten konnte.

111 rechts Die North American P-51 Mustang war wahrscheinlich das beste Jagdflugzeug des gesamten Zweiten Weltkriegs. Es blieb von 1943 bis 1957 im Dienst der USAF. Über 15 400 Exemplare der Mustang wurden gebaut und weltweit von mehr als 50 Luftwaffen benutzt.

Natürlich musste die amerikanischen Luftfahrtindustrie auch die Bedürfnisse der Marine nach neuen Trägerflugzeugen befriedigen. Der Löwenanteil in diesem Segment wurde von der Firma Grumman gedeckt, die eine ganze Serie von ständig verbesserten Jagdflugzeugen herausbrachte. Der erste moderne Jäger der US Navy – unter anderem auch deren erster Ganzmetall-Eindecker – war die Grumman F4F Wildcat. Das Flugzeug wurde 1936 entwickelt und führte seinen ersten Flug am 2. September 1937 durch. Nachdem verschiedene Verbesserungen vorgenommen worden waren, führte man den Jäger ab 1940 bei der Truppe ein – zuerst bei der brtischen Marine (wo er Martlet genannt wurde) und im Dezember bei der US Navy. Die Wildcat, von der über 7800 Exemplare gebaut wurden, war der japanischen Zero nicht überlegen, aber dank der Gefechtstaktiken, die von den amerikanischen Piloten entwickelt worden waren, konnte das Flugzeug bis 1943 dem Vergleich mit dem japanischen Jäger standhalten: Danach wurde die Wildcat von der F6F Hellcat ersetzt. Die Entwicklung der F6F ergab sich aus den Kriegserfahrungen, die den Bedarf nach einem stärkeren Motor, einem gepanzerten Cockpit, vermehrter Bordmunitionen sowie einer leichteren Steuerung laut werden ließen.

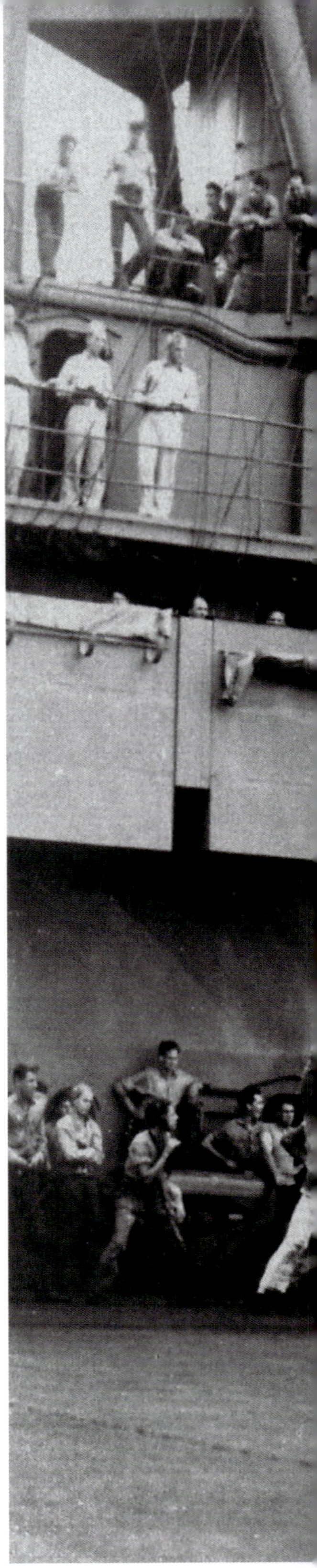

Die erste Hellcat flog am 26. Juni 1942. Aufgrund der ernsten Kriegslage wurde die Entwicklung des Flugzeugs rasch vorangetrieben und seine ersten Operationseinsätze wurden unmittelbar gefordert. Ab Januar 1943 wurde der Jäger bereits in Dienst gestellt. Die Hellcat, von der man bis November 1945 mehr als 12 200 Exemplare baute, wurde auch von der britischen Marine genutzt. Die US Navy setzte die F6F im ganzen Pazifikraum ein, wo das Flugzeug seine Überlegenheit gegenüber den verschiedenen japanischen Jägern – darunter auch der Zero – bewies. Ungefähr in demselben Zeitraum wie die Hellcat erschien ein weiterer Marine-Jäger an der Front – die Vought F4U Corsair. Diese hatte eine mühseligere Entwicklung erfahren, bewies jedoch letztendlich bessere Flugleistungen als die Hellcat. Der Entwurf der Corsair wurde schon 1938 fertiggestellt, und der Prototyp flog erstmals am 29. Mai 1940. Im Laufe des Jahres kamen sofort die hervorragenden Eigenschaften der F4Us zum Vorschein; es war das erste Flugzeug, das die 400-Meilen-Grenze (643 km/h) im Horizontalflug überschritt. Dennoch waren einige Änderungen erforderlich wie zum Beispiel die Anbringung einer schwereren Waffenausrüstung und das veränderte Positionieren der Tankbehälter; das verursachte jedoch ein Zurücksetzen des Cockpits und damit eine Verschlechterung der Pilotensicht nach vorn. Dieser letzte Faktor führte wegen der erhöhten Unfallgefahr zu beträchtlichen Problemen beim Einsatz auf den Flugzeugträgern, so dass die ersten Exemplare zunächst den Marines zugewiesen wurden, die das Flugzeug ab Februar 1943 von Bodenstützpunkten aus gegen die Japaner flogen. Erst im April 1944 wurde die Corsair für Decklandeoperationen zugelassen. Wie dem auch sei – die F4U erwies sich als ebenso ausgezeichneter Jäger wie Jagdbomber. Die Produktion wurde bis 1952 weitergeführt, wobei insgesamt über 12 500 Einheiten fertiggestellt wurden.

112 unten Die Grumman F4F Wildcat (ab 1941 im Dienst) ermöglichte es der US Navy in den ersten Kriegsmonaten, den Japanern entgegenzutreten. Obwohl sie später bereits überholt war, blieb die Wildcat bis 1943 im Einsatz. Auch die britische Marine benutzte die Maschine und nannte sie Martlet.

113 oben Nachfolger der Wildcat auf den amerikanischen Flugzeugträgern war eine weitere Grumman-„Katze" – die F6F Hellcat, die im Januar 1943 in Dienst gestellt wurde. Auf dem Foto ist eine Hellcat beim Starten auf der USS Yorktown zu sehen. Die aerodynamischen Effekte am Propellerende zeigen die Luftfeuchtigkeit an.

113 unten Ein Hellcat - Jäger fotografiert bei der Trägerlandung auf der USS Lexington am 13. Juli 1944 während der Schlacht von Saipan auf den Marianen-Inseln.

112 oben Die Vought F4U Corsair war ein ausgezeichneter Jäger und Jagdbomber, der sich ab 1943 im Dienst der US Navy und der Marines befand. Auf der Fotografie von 1944 ist eine F4U-1A zu sehen, die von dem Navy-Leutnant Ira „Ike" Kepford vom VF-17-Geschwader geflogen wird.

112 Mitte Die Grumman F8F Bearcat war der modernste US-Navy-Jäger während des Zweiten Weltkriegs. Mit seinem 2129-PS-Motor konnte das Flugzeug eine Höchstgeschwindigkeit von 689 km/h erreichen.

Das beste Jagdflugzeug der US Navy war jedoch die F8F Bearcat – sie gilt sogar als bester trägergestützter Jäger mit Kolbenmotor aller Zeiten. Tatsächlich entstand die F8F 1943 als Ergebnis von Grummans Verfeinerungen an vorhergehenden Flugzeugen und vollbrachte ihren ersten Flug am 21. August 1944. Es handelte sich um ein kompaktes, schnelles und wendiges Flugzeug, das außerdem über eine ausgezeichnete Steigleistung verfügte. Die Serienproduktion der Bearcat wurde sofort eingeleitet, doch das Ende des Krieges bewirkte, dass ein Großteil der bestellten Flugzeuge nicht mehr abgenommen wurde. Ca. 1260 Exemplare der Bearcat wurden gebaut, und das Flugzeug blieb bis 1952 bei der Marine im Einsatz. Bis Ende der Fünfzigerjahre wurde die Maschine auch in anderen Ländern geflogen – so in Frankreich, Süd-Vietnam und Thailand.

Die Luftmacht der Vereinigten Staaten behauptete sich nicht nur mit der Produktion großer Jagdflugzeuge, sondern vor allem mit der Herstellung schwerer Bomber, die wesentlich zum Endsieg über Deutschland und Japan beitrugen. Der berühmeste Typ war ohne Frage die Boeing B-17 Flying Fortress („Fliegende Festung"). Die B-17 war ein viermotoriger, schwerer Bomber, der 1934 auf eine zukunftsorientierte Spezifikation der US Army hin entworfen wurde: Man forderte einen Bomber mit einer Fluggeschwindigkeit von 320 km/h, einer Waffenlast von 900 kg Bomben sowie einer Reichweite von über 3000 km; eine Maschine mit diesen Eigenschaften sollte das Staatsgebiet gegen mögliche feindliche Flotten verteidigen können. Der Prototyp – für seine Zeit ein wahrhaft riesiges Flugzeug – flog zum ersten Mal am 28. Juli 1935. Trotz eines Unfalls mit dem ersten Prototyp ordnete die Armee 1938 die Serienproduktion einer beschränkten Anzahl von nur 39 Exemplaren an. Diese Begrenzung war unter anderem aufgrund der Opposition der Marine zustande gekommen, die sich in ihrer Rolle zurückgesetzt sah. Bei Kriegsausbruch war die B-17 das einzige wirklich moderne Flugzeug der USA. Die Massenproduktion erlaubte die Aufstellung von zahlreichen strategischen Bombergruppen, denen vor allem Einsätze im europäischen Gebiet zugewiesen wurden. Mit der B-17 entwickelten die Amerikaner ihre Taktiken der Langstrecken-Tagesbombardements, wobei sie die „Schachtel"-Formation anwandten, um die enorm starke Abwehrbewaffnung der „Fliegenden Festungen" zu bündeln: Damit bildeten sie einen wahrhaften Feuerschutzwall gegen die feindlichen Abfangjäger. Diese Technik brachte die Amerikaner anfangs zu der Überzeugung, bei den Einsätzen auf die Jäger-Eskorte verzichten zu können – ein folgenschwerer Irrtum, der untragbare Verluste verursachte. Die USAAF beschloss außerdem – ungeachtet der englischen Ratschläge – die eigenen Missionen tagsüber durchzuführen, so dass ein präziserer Bombenabwurf gesichert wäre und die deutsche Abwehr in einer 24-Stunden-Zeitspanne in Anspruch genommen würde. Die Amerikaner erlitten ständig hohe Verluste, aber die Wirksamkeit der Angriffe, die von immer größeren Formationen ausgeführt wurden, war beeindruckend. Nach und nach wurden Motoren, Panzerung und Waffenausrüstung verbessert, und die Modelle F und G bildeten die definitiven Versionen der B-17. Die beiden Modelle wurden in über 12 000 Exemplaren hergestellt und zwischen 1943 und 1945 zum Großteil für die Bombenangriffe auf Deutschland eingesetzt, wobei sie jedoch schwere Verluste erlitten. Die B-17 war ein ausgezeichnetes Flugzeug, das von den Besatzungen vor allem aufgrund seiner unglaublichen Robustheit geschätzt wurde, die trotz schwerer Beschussschäden eine Rückkehr zur Basis ermöglichte. Ein weiteres

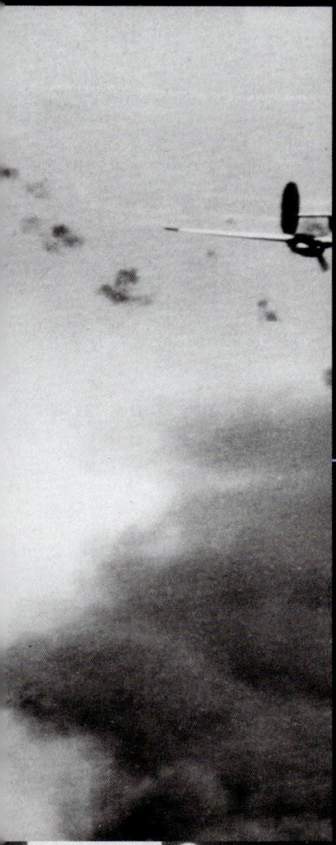

berühmtes Flugzeug jener Zeit – die Consolidated B-24 Liberator – genoss nicht denselben Vorzug und galt sogar als instabil; trotzdem wurde diese Maschine in einer größeren Anzahl als jegliches andere alliierte Flugzeug hergestelllt: Es waren am Ende 18 188 Exemplare, deren Produktion auf Ford, Douglas und North American verteilt werden musste. Die Liberator – ebenfalls ein viermotoriges Flugzeug – begann im April 1942 ihren Luftkampf-Einsatz und wurde besonders im Mittelmeerraum sowie auf dem Pazifik-Schauplatz benutzt. Mit Erfolg konnte das Flugzeug für verschiedene Rollen verwendet werden: Aufklärung und Überwachung zur See, U-Boot-Abwehr, ebenso wie Transport und Schulung.

114 oben Eine Formation von Bombern Consolidated B-24 Liberator während eines Angriffs auf eine Ölraffinerie in Ploesti, Rumänien 1944.

114 unten Foto eines Katastrophenmoments: Irrtümlich flog diese B-24 zu nahe an einem anderen Flugzeug derselben Einheit; durch eine abgehängte Bombe verlor die B-24 einen Teil des rechten Flügels.

115 oben Eine Formation von Bombern Boeing B-17 Flying Fortress im Flug über Deutschland. Die Begleitflugzeuge duellierten sich mit den deutschen Abfangjägern und bildeten tödlich dichte Angriffskombinationen.

115 Mitte links Die Stellung eines Maschinengewehrschützen im Rumpf eines britischen Bombers.

115 Mitte rechts Eine B-17G mit geöffneten Klappen des Bombenschachtes – einen Augenblick vor dem Abwurf. Dieses Flugzeug konnte bis zu 8000 kg Bomben laden und ohne aufzutanken 3220 km weit fliegen.

115 unten Eine B-24 in Flammen über dem österreichischen Himmel. Sekunden später erfolgte die Explosion: Für die Besatzung gab es keine Chance.

Als der fortschrittlichste Bomber der Alliierten galt jedenfalls die Boeing B-29 Superfortress („Superfestung"), die am 21. September 1942 ihren Erstflug durchführte. Die Armee forderte einen Bomber mit riesiger Reichweite, der bei strategischen Einsätzen im asiatischen Raum verwendet werden konnte. Boeing antwortete mit einem wirklich fortschrittlichen Flugzeug, das bereits vor dem ersten Flug 1500 Bestellungen erzielte. Die B-29 besaß eine vollständig druckdichte Besatzungskabine, ein einziehbares Dreiradfahrgestell und vier riesige Turbokompressor-Motoren, von denen jeder 2231 PS leistete. Doch gerade diese komplexen Triebwerke verursachten die größten Probleme im Hinblick auf die Zuverlässigkeit und reduzierten anfangs drastisch die Wirksamkeit der B-29-Geschwader. Trotzdem bildete die B-29 den Schlussstein, der zu einem schnellen Kriegsende gegen Japan führte: Ein Bombardierungsfeldzug, der im März 1944 begann und seinen Gipfel im Abwurf der zwei Atombomben auf Hiroshima und Nagasaki am 6. und 9. August 1945 erreichte – Missionen, die von zwei B-29 ausgeführt wurden.

Die USAAF vervollständigte ihre eigenen Angriffskräfte mit verschiedenen zweimotorigen Maschinen, mittelschweren und leichten Bomber für taktische Einsätze und Erdkampfunterstützung. Die berühmtesten Modelle waren die North American B-25 Mitchell, die Douglas A-20 Havoc, die Martin B-26 Marauder und die Douglas A-26 Invader. Das beste unter diesen Flugzeugen war zweifellos die Invader, die im April 1944 in Dienst gestellt wurde. Es handelte sich um ein extrem schnelles (570 km/h Höchstgeschwindigkeit), leistungsstarkes (zwei 2028-PS-Motoren) Flugzeug, das außerdem schwer bewaffnet war (bis zu zehn 12,7-mm-Maschinengewehre und 1815 kg Bombenlast). Die Qualität der Invader wird durch die Tatsache bestätigt, dass das Flugzeug lange über den Zweiten Weltkrieg hinaus bis zum Vietnamkrieg bei der USAF im Dienst blieb und auch von verschiedenen, anderen Ländern eingesetzt wurde; die Gesamtproduktion belief sich auf über 2400 Exemplare.

Unter den wichtigsten Flugzeuge der Alliierten befanden sich jedoch nicht nur Kampfflugzeuge. Eine fundamentale Rolle bei den Kriegseinsätzen spielten auch die Transportflugzeuge. Diese Maschinen waren nicht nur für die ständige Versorgung der Truppen in den verlorensten Winkeln der Welt verantwortlich, sondern spielten auch eine wichtige Rolle bei einigen großen Lufttransport-Missionen – allen voran der D-Day-Einsatz im Juni 1944 in der Normandie. Das führende Transportflugzeug der damaligen Zeit war die zweimotorige Douglas C-47 Skytrain – die Militärversion der berühmten DC-3. Das Ziviltransportflugzeug flog zum ersten Mal am 1. Juli 1933. Als die Maschine 1940 zum militärischen Standard-Transporter der amerikanischen Streitkräfte gewählt wurde, war es das marktführende

Passagiertransportflugzeug und befand sich außerdem bereits im Dienst der amerikanischen Armee und Marine. Während des Kriegs wurden über 10 700 Exemplare der Skytrain gebaut; dazu kamen weitere 2000 Stück, die als „Lisunov Li-2" als leicht modifizierter Lizenzbau in der Sowjetunion hergestellt wurden. Die Skytrain war ein einfaches und sehr robustes Flugzeug, dessen Leistungsmerkmale es jedoch damals in eine Spitzenposition brachten. Von der RAF wurde die Skytrain „Dakota" genannt und noch bis heute werden verschiedene Versionen des Flugzeugs sowohl von Zivil- als auch Militärfliegern auf der ganzen Welt geflogen.

117 Mitte Die Douglas A-26 Invader war ein weiteres amerikanisches Bomben- und Angriffsflugzeug. Die Maschine wurde 1944 in Dienst gestellt und war mit zehn 12,7-mm-Maschinengewehren und bis zu 1814 kg Bomben bewaffnet.

117 unten Ein Angriff von B-25 Bombern der 345. Bomb Group auf den japanischen Dagua-Flughafen in Neuguinea 1943.

116 oben Ein mittelschwerer Bomber Martin B-26 Marauder während der Operation Overlord, dem Angriff auf die Normandie im Juni 1944. Die zu diesem Zweck genutzten schwarz-weißen Streifen waren gut erkennbar.

116 Mitte Formation von Bombern Douglas A-20 Havoc der USAAF über der Nordsee auf der Jagd nach deutschen Schiffen. Das Flugzeug wurde unter der Benennung „Boston" auch von den Briten eingesetzt.

116 unten Das Transportflugzeug Douglas C-47 Skytrain war die Militärversion der berühmten DC-3 und trug einen großen Teil zum Sieg der Alliierten bei. Dieses Flugzeug wurde erfolgreich in verschiedenen Rollen eingesetzt, darunter auch dem Rettungs-Transport, wie auf der Fotografie zu sehen ist.

117 oben Die gegen Japan eingesetzte Boeing B-29 Superfortress war zweifellos der stärkste Bomber des Kriegs. Auf dem Foto zwei Flugzeuge der 468. Bomb Group beim Abwerfen von Brandbomben auf Birma, 1945.

118 oben Sowjetische Piloten aufgestellt vor ihren MiG-3-Jägern bei der Vereidigung. Die MiG-3 wurden 1941 in aller Eile in den Dienst eingeführt.

118 Mitte Sowjetische Arbeiter 1943 bei der Produktion von Militärflugzeugen. Trotz der enorm schlechten Arbeitsbedingungen und der unterlegenen Technologie schafften es die Russen, mehr als 80 000 Flugzeuge während des Kriegs zu produzieren.

118 unten links Die Polikarpow I-16 war der russische Standard-Jäger bei Kriegsbeginn; 1935 ein ausgezeichnetes Flugzeug, doch im Jahr 1941 bereits veraltet.

118 unten rechts Die Iljuschin Il-2M3 war das beste sowjetische Angriffsflugzeug und wurde mit dem Beinamen „fliegender Panzer" versehen. Die Bewaffnung bestand aus 37-mm-Kanonen sowie 1000 kg Bomben und Raketen. Zusammen mit einigen Nachkriegsversionen wurde eine Rekordanzahl von 58 192 gebauten Exemplaren erreicht.

Diese Aufzählung wird abgeschlossen mit den wichtigsten Flugzeugen, die von der Sowjetunion während des Kriegs eingesetzt wurden. Stalin, der mit Hitler einen Nichtangriffspakt abgeschlossen hatte, wurde vollkommen überrascht von der Operation Barbarossa – dem Angriff der Deutschen am 22. Juni 1941 auf das gesamte russische Grenzgebiet. Die sowjetischen Streitkräften waren auf einen Krieg nicht vorbereitet: Sie besaßen weder die nötige Ausbildung noch eine geeignete Kampfausrüstung; letztere war in vielen Fällen veraltet und beinahe unbrauchbar. Die sowjetische Luftwaffe befand sich in keiner besseren Situation und wurde in den ersten Tagen des Krieges sowohl am Boden als auch in den Luftkämpfen beinahe vollständig vernichtet.
Bei Kriegsausbruch war die Polikarpov I-16 – ein Flugzeug aus dem Jahr 1933 – der wichtigste sowjetische Jäger. Zu jener Zeit handelte es sich um das erste Eindecker-Jagdflugzeug mit Einziehfahrwerk, doch bereits 1941 brachten die deutschen Bf-109 die Maschine in große Schwierigkeiten. 1939 wurde die MiG-1 eingeführt; es war ein schnelles und modernes Flugzeug, das mit Reihenmotor ausgestattet war, jedoch durch beträchtliche Instabilitätsprobleme negativ auffiel. Nach nur 100 fertiggestellten Exemplaren wurde die MiG-1 vom Nachfolgemodell MiG-3 ersetzt, die bereits viele Verbesserungen enthielt (stärkerer Motor, größere Reichweite) und Ende 1941 in Dienst gestellt werden konnte. Insgesamt wurden über 3300 Exemplare produziert, die bis 1943 im Einsatz blieben. Die Flugzeuge, die es den Russen ermöglichten, mit gleichwertigen Waffen gegen die Deutschen anzukämpfen, wurden von den technischen Büros der Firmen Lawotschkin und Jakowlew hergestellt. Nachdem Lawotschkin die weniger gelungenen Modelle LaGG-1 und 3 hergestellt hatte (zwei Flugzeuge, die nur leicht bewaffnet und vor allem gefährlich zu fliegen waren), führte die Firma im Jahre 1941 ein neues Modell ein, das mit dem 1600-PS starken Sternmotor Schwezow M.82 ausgerüstet war. Das Ergebnis war die La-5, die ab 1942 im Truppendienst eingesetzt wurde. Der Entwurf wurde kurz darauf mit der La-5FN verbessert (stärkerer Motor, gemischte Holz-Metall-Struktur), und später durch die La-7 (ausgestattet mit einem noch stärkeren Motor, schwerer Bewaffnung sowie neuen Metallflügeln) abgelöst; die beiden

119 oben In Fluglinie aufgestellte Jagdflugzeuge Jakowlew Jak-9. Die hervorragende Maschine blieb von 1942 bis 1946 in Produktion und wurde in den 50er-Jahren auch im Koreakrieg eingesetzt.

119 Mitte Jak-9 beim Übungsflug. Insgesamt wurden über 36 000 Exemplare produziert.

119 unten Die Lawotschkin La-5FN war ein weiterer erfolgreicher Jäger der sowjetischen Luftwaffe. Das Flugzeug war ausgestattet mit einem 1700-PS-Motor und erreichte eine Höchstgeschwindigkeit von 640 km/h.

Modelle erschienen 1943 und 1944. Insgesamt erreichte die bis 1946 fortlaufende Produktion der La-Serien eine Anzahl von insgesamt über 22 000 Exemplaren.
Das Konstruktionsbüro Jakowlew dagegen machte 1940 mit seinem ersten Entwurf, der Jak-1, auf sich aufmerksam. Es handelte sich dabei um im ein kleines, elegantes Jagdflugzeug, das 1942 in Dienst gestellt wurde. Der Erfolg war so überragend, dass der Konstrukteur sogar mit dem Leninorden ausgezeichnet wurde. Das erste Modell wurde stufenweise Verbesserungen und Modifizierungen unterzogen, die schließlich zur Entstehung der Jak-3 (ein hervorragender Jagdbomber für den Tiefflug), der Jak-7 und schließlich auch der Jak-9 führten, die im August 1942 in Dienst gestellt wuerde und noch bis 1946 produziert wurde. Die „Jaks" waren schnelle, gut bewaffnete und wendige Kolbenmotor-Jäger, von denen insgesamt über 36 000 Exemplare hergestellt wurden. Einige Maschinen wurden zwischen 1950 und 1953 auch im Korea-Krieg eingesetzt.

Das berühmteste, sowjetische Flugzeug des Zweiten Weltkrieges war jedoch die Iljuschin Il-2 Schturmowik – diese Maschine erreichte die höchste Produktionsanzahl in der Geschichte der Luftfahrt. Die UdSSR suchte seit 1938 ein taktisches Unterstützungsflugzeug. Auf die erlassene Spezifikation antworteten die Konstruktionsbüros von Suchoi und Iljuschin. Nach Meinung der Sowjets bestand die Hauptaufgabe der Luftstreitkräfte tatsächlich darin, den Bodentruppen taktische Unterstützung zu liefern. Der erste Iljuschin-Prototyp flog am 2. Oktober 1939. Im Jahr 1940 folgte ein zweiter Prototyp, bei dem bereits Motor, Waffenausrüstung, Panzerung sowie Steuerbarkeit verbessert worden waren. Diese Maschine wurde 1940 für die Produktion gebilligt und im Sommer 1941 in Dienst gestellt. Die Schturmowik war ein einmotoriger, zweisitziger Jagdbomber in Tiefdecker-Auslegung und schwer gepanzertem Motor und Cockpit. Die Maschine wurde zur Geißel der deutschen Panzereinheiten. Bewaffnet mit 37-mm-Kanonen, Splitter- und Hohlladungsbomben sowie 132-mm- Panzerabwehrraketen ließ die Schturmowik ihre Gegner nicht entkommen. Nachdem die Flugzeuge aus einer Höhe von über 750 Metern die Splitterbomben abgeworfen hatten, steuerten sie beinahe den Boden streifend direkt auf die Panzerfahrzeuge zu und attackierten sie. Ein dramatisches Beispiel ihrer Offensivfähigkeiten lieferten die Schturmowiks am Morgen des 7. Juli 1943 während der berühmten Schlacht von Kursk, dem größten Panzer-Gefecht des zweiten Weltkriegs. Schwärme von Schturmowiks stürzten sich von Tagesanbruch an in den Angriff. Innerhalb von knapp 20 Minuten hatte die 9. Panzerdivision bereits 70 Fahrzeuge verloren. Im weiteren Tagesverlauf wurden 240 der insgesamt 300 Panzerfahrzeuge der 17. Division getroffen, während die 3. Panzerdivision 270 ihrer insgesamt 300 Fahrzeuge verlor.
Die Il-10 Schturmowik – ein verbessertes Nachfolgemodell – flog erstmals im Jahre 1944 und bewies hervorragende Eigenschaften. Die Maschine wurde von einem 2000-PS-Motor angetrieben und war mit vier 23-mm-Kanonen sowie 1000 kg Bomben und Raketen bewaffnet. Die Schturmowik-Serie blieb bis in die Fünfzigerjahre im Einsatz und wurde von allen kommunistischen Ländern verwendet. In der UdSSR und in der Tschechoslowakei wur über 58 000 Exemplare hergestellt.

Kapitel 8

Der Zweite Weltkrieg: die Achsenmächte

Die Wiederherstellung der deutschen Luftwaffe ging langsam und geheim vonstatten; der Grund waren die Bedingungen des Versailles-Vertrags, die das Wiederaufleben der deutschen Militärmacht nach dem Ersten Weltkrieg verhindern sollten. Die offizielle Gründung der Luftwaffe fand am 1. März 1935 statt und von diesem Moment an wurde der deutsche Wiederaufrüstungswettlauf öffentlich bekannt. Im August 1939, am Vorabend des Krieges, rühmte sich die Luftwaffe des Besitzes von ca. 4300 Flugzeugen; darunter waren 1180 mittelschwere Bomber, 336 Sturzkampfbomber, 771 einsitzige Jäger und 552 Transportflugzeuge. Dazu kamen noch über 2700 Schulungsflugzeuge. Zu jener Zeit war die deutsche Luftwaffe – gestärkt durch die erlernten Lektionen der Beteiligung der Legion Condor am spanischen Bürgerkrieg – die stärkste Luftstreitmacht der Welt, sowohl was die Anzahl als auch die Qualität der Flugzeuge betraf. Ihr einziger Fehler bestand in dem Anwendungskonzept, das die deutschen Streitkräfte besaßen: Die Luftwaffe sollte zur taktischen Unterstützung der Bodentruppen eingesetzt werden. Den Deutschen fehlte es vollständig an strategischen Komponenten; besonders schwere Langstreckenbomber, mit denen die Industrie- und Produktionskraft des Feindes angegriffen werden konnte, wären nötig gewesen. Diesen Fehler sollten die Deutschen teuer bezahlen.

Der Zweite Weltkrieg begann mit dem Blitzkrieg, dessen Flugzeug-Symbol ohne Zweifel der Junkers Ju-87 Stuka war. In der Tat war es eine vom Oberstleutnant Bruno Dilley geleitete Gruppe dreier jener Flugzeuge, die bei Tagesanbruch des 1. September den Kriegsbeginn gegen Polen einleitete. Die Gruppe flog beinahe in Bodenhöhe inmitten von Dunst und Morgennebeln am Stadtrand von Dirschau entlang – mit dem Ziel, die über die Weichsel führenden Eisenbahnbrücken anzugreifen. In Wirklichkeit sollten die Brücken nicht getroffen, sondern ihre Zerstörung seitens der Polen verhindert werden, indem die Kabel, die zu den mit explosiver Ladung verminten Brücken führten, durchgeschnitten wurden. Obwohl der Angriff nicht im Sturzflug durchgeführt wurde (der besten Einsatzform der Ju-87) ging er positiv vonstatten, da eine der beiden Brücken unversehrt blieb und somit ein Durchzug der deutschen Truppen ermöglicht wurde.

Der Junkers Ju-87 Stuka war ein einmotoriger, zweisitziger Sturzkampfbomber, der 1933 auf eine vom Luftfahrtministerium herausgegebene Spezifikation eines neuen Bombertyps hin entworfen wurde. An dem Wettbewerb nahmen vier Konstrukteure teil, aber zum Sieger wurde im März 1936 Junkers erklärt: mit einem Prototyp,

der mit einem Rolls-Royce-Motor und doppelten Seitenflossen am Heck ausgestattet war. Dieses Flugzeug flog zum ersten Mal 1935, ging jedoch bei einem Flugunfall verloren. Der zweite, modifizierte Prototyp hatte bereits beinahe die endgültige Form angenommen: festes Fahrgestell, die typische, Flügelform („umgekehrter Möwenflügel") sowie Einzelleitwerk. Der Rolls-Royce-Motor wurde später durch einen Junkers Jumo mit Metallpropeller ersetzt. Das erste Serienmodell war die Ju-87A-1 aus dem Jahr 1937, die für operative Tests nach Spanien entsandt wurde. Mit der Ju-87B erreichte man schließlich die optimale Gestaltung. Das Flugzeug war ein Bomber von mörderischer Präzision, der dadurch auch einen bemerkenswerten, psychologischen Effekt auf den Feind ausübte. Aber schon 1940 kamen die Grenzen der Ju-87B zum Vorschein – allen voran die Notwendigkeit in zahlenmäßiger Luftüberlegenheit operieren zu müssen, da das Flugzeug besonders langsam war. Trotzdem blieb die Ju-87 während des gesamten Krieges im Einsatz, was unter anderem ihrer einzigartigen Robustheit zu verdanken war. Die G-1 (die letzte Version der Ju-87) war mit zwei 37-mm-Kanonen bewaffnet und wurde zu einer gefürchteten Panzerabwehrwaffe. Es war genau das Flugmodell, mit dem der „eiserne Pilot" Hans Ulrich Rudel, der Luftwaffepilot mit den höchsten Auszeichnungen, berühmt wurde. Rudel war ein harter Kampfpilot; er wurde im Verlauf des Krieges mehrmals abgeschossen und verletzt und musste sogar eine Beinamputation über sich ergehen lassen; das hinderte ihn jedoch nicht daran hinderte, noch im März 1945 erneut zu fliegen. Seine Kriegskarriere begann er 1939 als Leutnant und beendete sie im Mai 1945 als Oberst und Gruppenkommanmdant des Schlachtfliegergeschwader 2 (SG.2). Rudel war an über 2500 Missionen beteiligt und zerstörte dabei 519 feindliche Panzer, fast 1000 weitere Fahrzeuge sowie fünf Kriegsschiffe. Bei dem berühmten Angriff auf das sowjetische Schlachtschiff „Marat" im September 1941 bewies Rudels seinen grenzenlosen Mut. Die Flugzeuge schafften es mit Mühe und Not abzuheben, da sie mit speziellen 1000-kg-Bomben beladen waren. Rudel startete zum Angriff, indem er im 90-Grad-Sturzflug die Flakartillerie durchflog und sogar den Gruppenkommandanten überholte. Er warf seine Bombe aus einer Höhe von kaum 300 Metern ab und zog sodann mit allen Kräften am Steuerknüppel um die Flugzeugnase wieder aufzurichten. Knapp drei Meter über der Wasseroberfläche schaffte er es, das Flugzeug abzufangen. Die Bombe dagegen hatte das Ziel getroffen und traf den Rumpf der „Marat" so schwer, dass sie im Flachwasser sank und bis zum Kriegswende unbrauchbar blieb.

Von der Ju-87 Stuka wurden über 5700 Exemplare hergestellt. Das Flugzeug wurde auch von den Luftstreitkräften in Italien, Bulgarien, Rumänien, der Tschechoslowakei und Ungarn benutzt.

120-121 Eine Formation von Junkers Ju-87 Stukas bei einem Übungsflug im April 1940. Dieser Sturzkampf-bomber war eine der stärksten Waffen des Blitzkriegs der Wehrmacht.

121 oben links Ein Geschwader von Bombern Dornier Do-17 während einer Militärparade am Nürburgring im September 1938.

121 unten Nahaufnahme einer 250-kg-Bombe, die Hauptbewaffnung der Ju-87 Stuka. Das Foto wurde im September 1939 gemacht, während der deutschen Invasion in Polen.

122 oben links Detailfoto eines Bombers Heinkel He-111, das von der Bugkanzel eines anderen Flugzeugs aus demselben Geschwader gemacht wurde.

122 oben rechts Nahaufnahme der verglasten Kanzel einer He-111. Zu beachten ist die Stellung des Maschinengewehrschützen, der halb liegend eine Position im Bug des Flugzeugs besetzt. Der Pilot sitzt erhöht dahinter auf der linken Seite.

Zu Beginn des Krieges setzte die Luftwaffe auch drei berühmte, mittelschwere Bomber ein, die für die meisten Angriffe auf Polen, Skandinavien, Frankreich und vor allem auf Großbritannien während der Schlacht um England verantwortlich waren. Es handelte sich um die Bomber Dornier Do-17, die Heinkel He-111 und die Junkers Ju-88. Wie bereits erwähnt wurde, hatte Deutschland nie viermotorige, strategische Bomber hergestellt oder benutzt. Dieser kolossale Fehler wurde zum größten Teil durch die Ungeduld Hitlers hervorgerufen, der sofort eine große Luftflotte aufstellen wollte. So kam es, dass Goering 1936 – zugunsten der Massenproduktion der bereits fertigen Dornier Do-17 und Heinkel He-111 – die Streichung zweier Großbomber-Projekte anordnete, die sowohl größere Ressourcen als auch längere Zeit zur Realisierung erfordert hätten.

Göring sagte damals: „Der Führer wird mich nicht fragen, wie groß die Bomber sind, aber wie viele es sind."

Die zweimotorige Dornier, die 1934 zur Einsatzreife gelangte, wurde ursprünglich auf eine Anforderung der Lufthansa hin entworfen. Gefordert war ein schnelles Postflugzeug, das auch sechs Passagiere befördern konnte. Die Do-17 war nicht besonders geeignet für diese Aufgaben, aber, wie bei allen deutschen Flugzeugen jener Zeit war ihr Konstruktionsentwurf vom militärischen Standpunkt aus nützlich und innerhalb kurzer Zeit verwandelte man das Flugzeug in einen Bomber. Die ersten Serienmodelle (der Bomber E-1 und das Aufklärungsflugzeug F-1) wurden 1937 im spanischen Bürgerkrieg unter operativen Bedingungen getestet. Aus den dort gewonnenen Erfahrungen entsprang die Do-17Z, welche über ein breiteres Cockpit sowie eine verbesserte Waffenausrüstung verfügte. Diese Version blieb bis 1940 in Produktion und bis zum Jahr 1942 im Dienst. Insgesamt wurden über 600 Exemplare der Do-17 hergestellt, wobei deren Grundkonstruktion auch bei der Entwicklung der Do-217 angewendet wurde. Die Do-217 hatte man 1938 eigens für den militärischen Gebrauch entworfen. Die Produktion dieser Maschine, die ihrer Vorgängerin weit überlegen war, wurde 1940 eingeleitet. Bis 1944 wurden über 1900 Exemplare der Do-217 gebaut und von der Luftwaffe für verschiedene Aufgaben genutzt: für Bombenangriffe, Aufklärung, Angriffe gegen Schiffsziele und Nachtjägereinsätze.

Auch die Heinkel He-111 wurde offiziell als schnelles Verkehrsflugzeug entworfen, aber innerhalb kurzer Zeit – ab dem dritten Prototyp – wurde sie ihrer wahren Bestimmung als Bombenflugzeug angepasst. Die He-111 flog zum ersten Mal am 26. Februar 1935 und wurde ebenfalls in Spanien diversen Tests unterzogen. Das daraufhin verbesserte Modell He-111H wurde von den leistungsstärkeren Junkers-Moroten Jumo-211 angetrieben. Während der Blitzkriege in Polen, Skandinavien und der Offensive im Westen wurde die He-111 in massiven Formationen genutzt und erwies sich als ein furchtbares Werkzeug, das die ersten Bombenteppiche auf die Städte der Kriegsgegner legte. Während der Schlacht um England aber, als die He-111 gegen eine stärkere Luftabwehr kämpfen musste, begannen ihre Grenzen sichtbar zu werden. Seit 1941 wurden ihre Verwendung zunnehmend eingeschränkt und die Maschienn vorwiegend für Nachtangriffe, Schleppflüge von Lastenseglern und schließlich für Transportaufgaben verwendet. Die

122 unten Eine Formation Heinkel He-111 während eines Flugs über Frankreich im Mai 1940. Die Grenzen der He-111 begannen schon während der Schlacht über England offensichtlich zu werden; seit 1941 wurde das Flugzeug für sekundäre Aufgaben eingesetzt.

123 oben links Obwohl der Entwurf der Dornier Do-17 bis auf das Jahr 1934 zurückging, war es einer der Standardbomber der Luftwaffe beim Kriegsbeginn und blieb bis 1942 im Dienst. Auf dem Foto die Version Z.

123 oben rechts Die Junkers Ju-88 war das vielleicht beste deutsche Bombenflugzeug. 1939 in Dienst gestellt, erwies es sich als sehr flexibel, so dass man es auch als Nachtjäger und Schlepp-flugzeug für Lastensegler einsetzen konnte. Fast 16 000 Exemplare der Ju-88, Ju-188 und Ju-388 wurden insgesamt gebaut.

Rolle als Transporter sollte die He-111 dabei bis zum Kriegsende ausführen. Insgesamt wurden über 7000 Exemplare der Heinkel He-111 gebaut.
Aufgrund ihrer hervorragenden Eigenschaften galt dagegen die zweimotorige Junkers Ju-88 bereits 1941 als bester Bomber der Luftwaffe und wurde erfolgreich in verschiedenen Rollen während des ganzen Krieges eingesetzt. Die Ju-88 wurde 1935 als schnelles Bombenflugzeug entworfen. Der erste Prototyp flog am 21. Dezember 1936 und die Produktionsversion Ju-88A-1 wurde 1939 – praktisch am Vorabend des Kriegs – in Dienst gestellt. Anfangs wurde das Flugzeug nur als Bomber genutzt, doch bald entwickelte man auch Versionen zur Aufklärung, Nachtjagd, Schiffs- und Panzerabwehr, für Sturzflug- und Bodenangriffe, für den Transport und für Schleppflüge von Lastenseglern. Diese Aufgabenvielfalt bestätigte die Qualität und Flexibilität des Basisentwurfs. Die Ju-88 wurde auch in Frankreich und der Tschechoslowakei gebaut; letztlich wurde das Flugzeug sogar in das Mistel-Schlepp-Projekt der gesteuerten Flugbombe umgewandelt. Dieser 1944 entwickelte Entwurf sah die Installation des Jägers Bf-109 auf dem Rücken einer Ju-88 vor, deren Bug modifiziert wurde, um einen mit 3800 kg explosiver Last gefüllten Behälter aufnehmen zu können. Der Pilot saß in der Messerschmitt und flog „im Doppelpack" dicht an das Ziel heran, klinkte die Ju-88 aus und flog mit dem Jäger davon. Aufgrund der erzielten Erfolge mit diesem Projekt entwickelten die Deutschen auch das Projekt Mistel 2, diesmal unter Benutzung des Jagdflugzeugs Fw-190; insgesamt wurden ca. 250 Mistel-Konstruktionen in vier verschiedenen Versionen verwirklicht. Bis zum Kriegsende hatte man fast 16 000 Exemplare der Ju-88 in mehr als 100 Versionen gebaut. Darunter befanden sich auch 1076 Exemplare des weiterentwickelten Modells Ju-188, einer Version mit breiterem Rumpf sowie größeren Leitwerken. Die Ju-88 wurde nicht nur von der Luftwaffe sondern auch von weiteren fünf Achsenmächten benutzt.

123 unten linkes Eine Heinkel He-111 bei einem Angriff auf Warschau während des polnischen Feldzugs im September 1939.

123 unten rechts Diese Heinkel He-111 wurde über London während der Schlacht von England fotografiert. Die Version He-111H besaß eine Reichweite von 1950 km und konnte 2000 kg Bombenlast aufnehmen.

124 oben Die Messerschmitt Bf-109 war zweifellos das berühmteste deutsche Jagdflugzeug – auf dem Foto die Version B-1. Zusammen mit weiteren verbesserten Modellen bildete die Bf-109 von 1939 bis 1945 das Rückgrat der deutschen Jägergruppen. Gebaut wurden über 30 000 Exemplare, die in der Nachkriegszeit auch von anderen Luftstreitkräften genutzt wurden.

124 unten Die Junkers Ju-52/3mg wurde von dem gleichnamigen Ziviltransportflugzeug abgeleitet und später von der Luftwaffe als Bomber und vor allem Transportflugzeug eingesetzt. Die Maschine blieb bis 1944 in Produktion und wurde auch für Unterstützungsrollen benutzt.

125 links Eine Formation der schwer bewaffneten Zerstörer Messerschmitt Bf-110 während der Schlacht um England 1941. Da sie für die ihr bestimmte Aufgabe wenig geeignet war, wurde die Bf-110 weiterentwickelt und in anderen Rollen eingesetzt, wie etwa als Nachtjäger und Aufklärungsflugzeug.

125 oben rechts Willy Messerschmitt – der geniale Ingenieur, der zahlreiche erfolgreiche Militärflugzeuge entwarf, darunter die Bf.108, Bf-109, Bf-110 und Me-262.

Ein weiteres sehr berühmtes Flugzeug der ersten Kriegsjahre war der Transporter Junkers Ju-52, eine solide und zuverlässige Maschine, die von ihrer Besatzung liebevoll mit dem Beinamen „Tante Ju" belegt worden war. Das Flugzeug wurde 1930 ursprünglich als einmotoriges Ziviltransportflugzeug entwickelt, doch seine Erfolgszeit begann 1932 mit dem Erscheinen des siebten Modells (der Ju-52/3m), das – ausgestattet mit drei Sternmotoren, festem Fahrgestell sowie der typischen Wellblechbeplankung – die endgültige Form annahm. Das Flugzeug erlangte internationalen Verkaufserfolg als Zivilversion, der sich ab 1934 auch auf den Militärsektor ausweitete, als die Luftwaffe eine Version zur Benutzung als Bomben- und Transportflugzeug bestellte. Nach dem Ende des spanischen Bürgerkriegs begann die Massenproduktion der Ju-52/3mg3, so dass der Luftwaffe bei Kriegsausbruch bereits über 1000 Exemplare für Truppentransporte und Materialbeförderung sowie für das Absetzen von Fallschirmspringern zur Verfügung standen. Diese Flugzeuge waren entscheidend für den Erfolg der Invasionen von Dänemark, Norwegen, Holland und Griechenland. Die Ju-52/3mg3 war auch Hauptakteur der Invasion Kretas, wo sie schwere Verluste erlitt, sowie in der Luftbrücke während der Schlacht von Stalingrad. Das Flugzeug blieb bis Mitte 1944 in Produktion und wurde auch als Schleppflugzeug für Lastensegler und Luftambulanz eingesetzt. Sie ist nicht nur mit Radfahrgestell, sondern auch mit Kufen oder Schwimmern ausgerüstet worden. Über 5400 Exemplare der Ju-52 wurden insgesamt gebaut – einige davon in Lizenz in Spanien und Frankreich. Durch die Veränderungen, die schließlich den Ausgang des Kriegs bestimmen sollten, war das nationalsozialistische Deutschland ab 1942 gezwungen, zum Defensivkampf überzugehen. Entgegen dem Willen Hitlers begannen die Jäger, die wichtigsten Flugzeuge der Luftwaffe zu werden; sie waren notwendig zur Bekämpfung der alliierten Bomber, die das Land und die besetzten Gebiete angriffen und verwüsteten. Die Deutschen hatten den Krieg mit zwei Standard-Jagdflugzeugen begonnen – der einmotorigen Messerschmitt Bf-109 und der zweimotorigen Bf-110. Die Bf-109 ist das Flugzeug, das noch heutzutage am ehesten mit der deutschen Luftwaffe identifiziert wird. Mit fast 35 000 gebauten Exemplaren war die Bf-109 das meisthergestellte Flugzeug des Zweiten Weltkriegs und galt als einer der berühmtesten Jäger in der Geschichte der Luftfahrt. 1934 gab das deutsche Luftfahrtministerium eine Spezifikation heraus, in der ein neuer, einsitziger Abfangjäger-Eindecker gefordert wurde, mit welchem die damals benutzten Doppeldecker ersetzt werden konnten. Das Ergebnis des Konstrukteurs Willy Messerschmitt konnte sich sehen lassen: In nur 15 Monaten entwarf er sein erstes großes Flugzeug, die Bf-109. Es war eine kleine und leichte Maschine in Ganzmetall-Bauweise mit erstaunlich fortschrittlichen Merkmalen, die von dem damals stärksten, verfügbaren Motor – dem 695-PS Rolls-Royce Kestrel V – angetrieben wurde. An und für sich war die Bf-109 kein besonders innovativer Jäger, aber zum ersten Mal wurden bei einem Flugzeug verschiedene Neuheiten miteinander vereint: einziehbares Fahrwerk, geschlossenes Cockpit, Metallrumpf und -flügel sowie automatische Vorflügel und Spaltlandeklappen an den Tragflächen. Der Prototyp flog im September 1935. Kurz darauf machten auch die drei weiteren Konkurrenten auf sich aufmerksam: die Arado Ar-80, die Focke-Wulf Fw-159 und die Heinkel He-112. Letztere unterschied sich in Wirklichkeit nicht sehr von der Bf-109, verlor jedoch den Wettbewerb, da eine Massenfertigung der Maschine komplizierter als bei Messerschmitts Entwurf gewesen wäre. Die Luftwaffe testete das Flugzeug in der Ausführung Bf-109B, die von dem deutschen Motor Jumo 210 angetrieben wurde, bei Kampfeinsätzen im spanischen Bürgerkrieg. Dort erwies sich die Maschine als weltweit bestes Jagdflugzeug jener Zeit. Der Entwurf der Bf-109 war in dem Modell E (Emil) vollständig ausgereift. Dieses war die erste Messerschmitt, die ab 1939 in Massenproduktion hergestellt wurde und bemerkenswerte Verbesserungen aufwies, darunter den starken und zuverlässigen Daimler-Benz DB-601-Motor. Die Bf-109E war in den ersten Kriegseinsätzen stark vertreten, vor allem während der Luftschlacht um England, wo viele ihrer Piloten sich auszeichneten und zu gefeierten Flugassen wurden. Im Jahre 1940 traf der Jäger jedoch auf seinen härtesten Widersacher, die englischen Spitfire. Während des gesamten Kriegs sollten die beiden Flugzeuge gegeneinander konkurrieren, da die Konstrukteure beider Maschinen

dauernd die jeweiligen Flugleistungen zu verbessern versuchten. Die wichtigste Version der Bf-109 war das Modell G (Gustav). Es wurde Ende 1942 bei der Truppe eingeführt und verfügte über bemerkenswerte Verbesserungen hinsichtlich des Motors (einem DB-605 mit 1800 PS) und der Bewaffnung. Man entwickelte elf Unterversionen der 109G und baute insgesamt fast 20 000 Exemplare. Die Bf-109 war das bevorzugte Jagdflugzeug der bekanntesten, deutschen Jagdfliegerasse. Unter ihnen befanden sich auch Gerhard Barkhorn, der insgesamt 301 Gegner abschoss, sowie Erich Hartmann – mit 352 Siegen das erfolgreichste Fliegerass aller Zeiten. Hartmann kam als Unteroffizier mit zwanzig Jahren an die russische Front und führte im Oktober 1942 seinen ersten Kampfeinsatz durch. Nach dem ersten Sieg am 5. November 1942 entwickelte Hartmann eine ebenso raffinierte wie erbarmungslose Kampftechnik, die auf der Anfangsentscheidung gründete, je nach Situation die Kampfherausforderung anzunehmen oder zu verweigern. Ein Jahr später hatte er bereits 148 Luftsiege erzielt. Im März 1944 wurde Hartmann zum Oberleutnant befördert und gegen Kriegsende, nachdem er bereits die höchsten Auszeichnungen erhalten hatte (wie das Ritterkreuz mit Eichenlaub, Schwertern und Brillanten), erreichte er den Rang eines Majors und kommandierte die 1. Gruppe des Geschwaders JG 52. Nach einiger Zeit wurde am Flugzeug Hartmanns als persönliches Wappen eine schwarze Tulpe angebacht, deren Blütenblätter die ganze Nase der Bf-109G bedeckten; aus diesem Grund wurde er von den Russen „der schwarze Teufel der Ukraine" genannt und bald von allen feindlichen Piloten gemieden. Hartmann hatte seinen Siegesrekord gegen Kriegsende nur der Tatsache zu verdanken, dass er für seine Kampfeinsätze wieder auf ein anonymes Flugzeug umstieg.
Da die Produktion im Endstadium des Krieges immer mehr Schwierigkeiten bereitete, führte man einige Änderungen bei der Bf-109 ein, so dass die Herstellung des Flugzeugs vereinfacht und beschleunigt werden konnte. Das letzte Modell war die 1944 eingeführte K-4. Sie besaß einen 2000-PS-Motor und eine beinahe doppelt so hohe Startmasse wie der erste Prototyp.

125 Mitte rechts Professor Krauss, Direktor der aerostatischen Abteilung bei Messerschmitt. Hier ist er dabei, die Charakteristiken einer Holmtragfläche zu veranschaulichen.

125 unten rechts Adolf Galland, links, und Werner Mölders, rechts, waren zwei der berühmtesten deutschen Jagdfliegerasse. Hier ein Foto aus dem Jahr 1941, nachdem die beiden Piloten mit dem Ritterkreuz ausgezeichnet wurden. Galland führte das Jagdgeschwader JG 26, Mölders das JG 51.

In Bezug auf die ersten Serienmodelle handelte es sich tatsächlich um ein beinahe völlig neues Flugzeug, das die hervorragende Qualität und Flexibilität des Basisentwurfs bewies.
Die Karriere des anderen Vorkriegs-Jägers der Firma Messerschmitt, die Bf.110, war dagegen weniger erfolgreich. Dieses Flugzeug wurde 1934 aufgrund einer Spezifikation für einen schweren Langstreckenjäger (der neu geschaffenen Klasse des Zerstörers) entworfen. Trotz erster Erfolge über Polen hatte die Bf-110C während der Luftschlacht um England einige Probleme, da sie den englischen Jagdflugzeuge hinsichtlich der Steuerbarkeit und Beschleunigung nicht standhalten konnte und selbst Jagdschutz benötigte. Ab 1941 begann die Luftwaffe das Flugzeug daher auch in anderen Rollen einzusetzen. Als Nachtjäger war besonders das Modell G aus dem Jahr 1942 erfolgreich – ausgestattet wurde der Nachtjäger mit einem so genannten Lichtenstein-Radargerät. Die Bf-110 wurden auch als Aufklärungsflugzeuge und Jagdbomber eingesetzt. Bis 1945 bauten die deutschen Firmen über 6100 Exemplare der berühmten Messer-schmitt Bf-110.

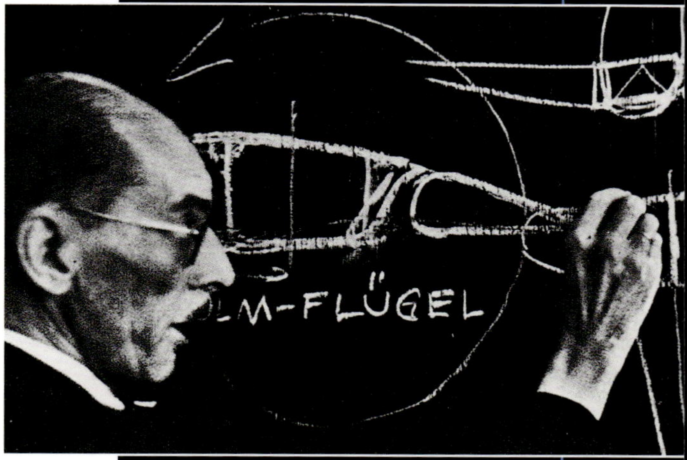

Zusammen mit der Bf-109 war das beste deutsche Jagdflugzeug zweifellos die Focke-Wulf Fw-190; sie war der Bf-109 in vielen Aspekten sogar überlegen. 1937 bat das deutsche Luftfahrtministerium die Firma Focke-Wulf darum, einen neuen Abfangjäger zu entwerfen, welcher der Bf-109 an die Seite gestellt werden konnte. Die Konstruktionsabteilung wurde damals von dem Ingenieur Kurt Tank geleitet, der sich 1924 mit der Herstellung eines Wasserflugzeugs ins Metier der Luftfahrzeuge begab. Tank, der außerdem auch ein guter Testpilot war, wollte ein weniger extremes Flugzeug als die Bf-109 und die Spitfire entwerfen; es sollte ein schneller Jäger werden, der aber auch groß, robust und schwer sein sollte – eine wahre Kampfmaschine eben. Das Vorhaben gelang ihm dank der Einführung des 14-Zylinder-Sternmotors BMW 139, der 1550 PS produzierte. Der Prototyp flog am 1. Juni 1939 und erwies sich sofort als äußerst vielversprechend. Nach einer Vorserien-Herstellung von 40 Exemplaren, die für operative Tests bestimmt waren, wurde die FW-190A im Jahr 1941 in Dienst gestellt. Schon bei den ersten Begegnungen mit der Spitfire Mk.V bewies die FW-190A ihre Überlegenheit, die besonders in der guten Steuerung, hohen Geschwindigkeit und Wendigkeit zum Ausdruck kam. Auf die Jägerversion FW-190A folgten 1942 die Modelle F und G; beide waren als Jagdbomber vorgesehen. General Douglas von der RAF behauptete im selben Jahr: „Weder ich noch meine Piloten haben Zweifel daran, dass die Fw-190 heutzutage der beste Jäger der Welt ist." Anfang 1944 erschien schließlich die letzte in Massenproduktion hergestellte Version – die FW-190D.

Charakteristisch war bei diesem Modell die neue, verlängerte und spitze Nase, in der ein 1800-PS Jumo Reihenmotor untergebracht wurde. Mit dieser Version konnten die deutschen Piloten den Kampf gegen die besten Alliierten-Jäger von 1944/45 aufnehmen – obwohl die Ausbildungsmöglichkeiten und die Kraftstoffversorgung nicht mehr entsprechend gesichert waren, um der Luftwaffe wirksame und kontinuierliche Operationen zu ermöglichen. Das letzte Modell dieser Flugzeugserie war die Ta-152, ein extrem schneller und schwerbewaffneter Höhen-Abfangjäger, von dem nur knapp 150 Exemplare gebaut wurden. Bis zum Kriegsende wurden insgesamt ca. 20 000 Flugzeuge der verschiedenen FW-190- Serien produziert.

Die verzweifelten Anstrengungen der deutschen Waffenindustrie gegen Kriegsende führten zur Herstellung revolutionärer Flugzeuge, die – nach Absicht des Regimes – den Kriegsausgang beeinflussen sollten. Es handelte sich dabei um die ersten operativen Flugzeuge mit Düsen- und Raketenantrieb. Die Maschinen beeindruckten zwar die Alliierten, konnten aber aus verschiedenen Gründen nicht mehr den weiteren Verlauf der Ereignisse bestimmen. Das erste aktiv eingesetzte Düsenflugzeug der Geschichte war die Messerschmitt Me-262, deren Ursprünge bis in die Vorkriegszeit zurückgingen. Ihre verspätete Einführung kam vor allem aufgrund von Schwierigkeiten mit den BMW-Triebwerken zustande. Die Messerschmitt Me-262 flog zum ersten Mal am 18. April 1941 und wurde von einem Kolbenmotor angetrieben, der in der Nase installiert war. Der dritte Prototyp war bereits mit dem endgültigen Triebwerk Junkers Jumo 004 ausgestattet und flog zum ersten Mal am 18. Juli 1942; er bewies sofort hervorragende Flugleistungen. Trotz allem litt die Me-262 unter einem großen

126 oben Die deutsche Arado Ar.234 war der erste Düsenbomber der Geschichte. Hier wurde er während eines Testflugs ohne Fahrgestell fotografiert. Angetrieben von zwei Jumo-004-Motoren mit 890 kp Schubkraft flog die Arado bis zu 740 km/h und trug ca. 2000 kg Bomben. Die Maschine wurde auch als Aufklärer benutzt.

Problem: die konventionelle Anordnung des Fahrgestells und Spornrads bewirkte, dass während des Startens der Abgasausstoß des Düsentriebwerks mit den Bewegungen der Tiefenruder interferierte und das Flugzeug dadurch Schwierigkeiten hatte, an Höhe zu gewinnen. Um dieses Problem zu lösen, entwickelten die Testpiloten ein ebenso einfaches wie gefährliches Verfahren: Mittels eines leichten Drucks auf das Bremspedal während des Startanlaufs ließ sich die Nase senken, die Strömungsverhältnisse wurden dadurch verändert und somit die Wirksamkeit der Höhenruder wiederhergestellt. Natürlich konnte diese Prozedur nicht bei gewöhnlichen Einsätzen angewendet werden; das Flugzeug musste also durch die Anbringung eines Bugrads modifiziert werden, damit die Fluglage den aerodynamischen Erfordernissen angepasst wurde. Die durchgeführten Testflüge brachten noch ein weiteres Problem zum Vorschein: die Motoren. Sie mussten besonders feinfühlig behandelt werden, da sie dazu neigten, abzusaufen und zuweilen sogar Feuer fingen. Dazu wurden in gewissen Drehzahlbereichen anomale Vibrationen festgestellt, die auch zu Rissen in den Verdichterschaufeln führen konnten. Um das Problem lösen zu können, wandte sich die Firma Messerschmitt an einen Berufsgeiger, der mit seinem Geigenbogen die einzelnen Turbinenblätter „spielen" sollte. Der Musiker identifizierte damit deren natürliche Frequenz und erkannte auch, dass sie bei normaler Reisegeschwindigkeit begannen, in Resonanz zu treten. Man entschied also, die Dicke der Blätter zu reduzieren und den Drehzahlbereich des Motors bei Reisegeschwindigkeit zu verändern; durch diese beiden Maßnahmen wurde das Problem wie durch ein Wunder gelöst. Aufgrund Hitlers Anordnung, aus der Me-262 einen Bomber zu machen, wurde die Entwicklung und Produktion jedoch nur sehr langsam vorangetrieben; die ersten Vorserien-Exemplare flogen erst im Frühling 1944. Insgesamt wurden 1433 Exemplare der Me-262 gebaut, darunter waren jedoch viel zu viele Versionen und Unterversionen (insgesamt 17): unter anderem ein- und zweisitzige Aufklärer, Bodenangriffsmodelle sowie Tages- und Nachtjägerversionen. Auf diese Weise verschleuderte man also Energien und die Me-262 erreichte auf dem Kriegsschauplatz eine geringe Wirksamkeit, obwohl sie in technischer Hinsicht keine Konkurrenz zu fürchten hatte.

Die Messerschmitt Me-163 Komet war ein kleiner, raketengetriebener Abfangjäger. Sie war praktisch das Ergebnis der Forschungen zu Keilflügel-Wasserflugzeugen, die der Ingenieur Lippisch in der Vorkriegszeit durchgeführt hatte. Trotz allem war die Entstehungszeit des Flugzeug lang, da der Gebrauch des höchst instabilen Zweikomponenten-Kraftstoffs beträchtliche, technische Schwierigkeiten bereitete. Bei Kriegsbeginn stand das Me-163-Projekt außerdem auf einer niedrigen Prioritätsstufe. Der Testflug des raketengetriebenen Flugzeugs wurde am 13. August 1941 durchgeführt; das Vorserien-Modell Me-163B flog zum ersten Mal am 23. Juni 1943. Die Produktion begann im Februar 1944 und im Sommer wurde das Flugzeug erstmals eingesetzt. Die mit zwei 30-mm-Kanonen bewaffnete Komet wurde vom Raketenmotor Walter HWK auf eine Höchstgeschwindigkeit von 960 km/h angetrieben – jedoch nur für siebeneinhalb Minuten. Nach dem Brennschluss des Triebwerks sank die Maschine wie ein Gleitflugzeug zu Boden und vollzog dabei eine Landung auf Gleitkufen. Ende 1944 befand sich Deutschland jedoch bereits kurz vor der Niederlage und die über 400 gebauten Komet-Exemplare konnten für die Luftverteidigung ihres Heimatlandes nicht mehr viel ausrichten.

Ebenfalls deutscher Produktion entstammte die Arado Ar-234 Blitz – der erste Jet-Bomber der Geschichte. Dieses Flugzeug, das die gleichen Jumo-Motoren wie die Me-262 benutzte, hatte ebenfalls eine mühselige Entwicklung erfahren; von der Entstehung des Entwurfs bis zum ersten Flug (15. Juni 1943) vergingen gut zwei Jahre. Die Blitz wurde im Sommer 1944 im Verband einer experimentellen Fliegereinheit in Dienst gestellt, wurde aber nur 1945 als Bomber und Aufklärungsflugzeug eingesetzt. Insgesamt wurden ca. 200 Exemplare in 22 verschiedenen Versionen produziert. Das Düsenflugzeug besaß eine maximale Startmasse von beinahe zehn Tonnen und wurde von einem einzigen Piloten geflogen. Es konnte mit einer Zulkadung von 2000 kg Bomben 740 km/h schnell und über eine Distanz von 1630 km fliegen.

126 Mitte Die Focke-Wulf Fw-190 war ein weiteres Spitzenjagdflugzeug während des Krieges. Die schnelle, wendige und robuste Maschine wurde im August 1941 eingeführt und brachte die Alliierten in ernsthafte Schwierigkeiten.

126 unten Die Messerschmitt Me-262 war das erste Düsenjagdflugzeug, das im Kampf eingesetzt wurde. Ihre mühselige Entwicklung kam vor allem durch den Entschluss Hitlers zustande, das Flugzeug als Jagdbomber einzusetzen.

127 oben Der raketengetriebene Abfangjäger Messerschmitt Me-163 Komet war eine ungewöhnliche Maschine, die entwickelt wurde, um die Bombenangriffe der Alliierten auf Deutschland abzuwehren. Es war auf jeden Fall ein schwierig zu fliegendes Flugzeug.

127 unten Eine Reihe von Messerschmitt Me-262B-1a, der zweisitzigen Übungsversion. Die U-1-Version dieses Modells war mit einem Lichtenstein-Radargerät an der Nase ausgestattet und wurde als Nachtjäger eingesetzt.

128 oben An Bord eines italienischen Bombers errechnet ein Richtkanonier den Moment des Bombenabwurfs mittels eines primitiven Systems.

128 unten links Eine Formation von FIAT CR.42 Doppeldecker-Jägern über dem Mittelmeer. Das Flugzeug – bereits 1938 veraltet – wurde bis 1944 produziert.

128 unten rechts Obwohl sie ein moderneres Äußeres hatte als die CR.42, bot die FIAT G.50 von 1937 keine besseren Leistungen als der Doppeldecker; er besaß nur zwei Maschinengewehre und erreichte knapp 470 km/h.

Deutschlands Hauptverbündeter war Italien, ein Land, das sich in den Zwanziger- und Dreißigerjahren an der Spitze der Luftfahrttechnologie befand; dies war vor allem den Unternehmungen einiger rekordbrechender Flugzeuge sowie den Überflügen der militärischen Luftfahrt zu verdanken. Durch die Beteiligung an den Kolonialkriegen sowie am spanischen Bürgerkrieg wurde Italien jedoch beträchtlich geschwächt, und die alternde Luftwaffe verfügte 1940 über weniger als 1800 einsatzfähige Flugzeuge. Im weiteren Verlauf des Krieges verschlechterte sich die Situation noch weiter: In Anbetracht der übermäßigen Modell- und Typenvielfalt der eingesetzten Flugzeuge war die nationale Industrie weder in der Lage, die benötigte Menge neuer Flugzeuge noch die entsprechenden modernen Motorentypen herzustellen.
Zu Beginn des Krieges war der Doppeldecker FIAT CR.42 Falco das wichtigste Jagdflugzeug der Königlichen Italienischen Luftwaffe. Die Maschine besaß ein festes Fahrwerk, welches bei der Einführung des Jägers am 23. Mai 1938 bereits als veraltet gelten konnte. In Italien war man überzeugt davon, dass ein leichter und wendiger Doppeldecker im Luftkampf den schnellen Maschinen vorzuziehen sei. Und so geschah es, dass Italien, während Deutschland mit der Produktion der Bf.109E begann, die Herstellung der Falco einleitete. Diese Maschine wurde von einem 840-PS-Sternmotor angetrieben, verfügte über eine Höchstgeschwindigkeit von 430 km/h und war mit zwei Maschinengeweheren Kaliber 12,7 mm bewaffnet. Italiens CAI (Corpo Aereo Italiano) beteiligte sich also (dem Willen Mussolinis entsprechend, doch entgegen den deutschen Ratschlägen) beim Luftangriff auf England, wo sich unter den eingesetzten Jägern auch die CR.42 befand. Deren Piloten mussten dabei weitaus besseren Flugzeugen gegenübertreten und befanden sich selber auf einem veralteten Jäger, der obendrein ein offenes Cockpit besaß, wodurch sogar einige Fälle von Erfrierungen verursacht wurden.
Trotz der Verfügbarkeit besserer Flugzeuge (worauf sich die italienische Produktion hätte konzentrieren sollen) wurden bis Juni 1943 1782 Exemplare der CR.42 hergestellt. Seit 1941 setzte man das Flugzeug für weniger anspruchsvolle Aufgaben ein wie zum Beispiel Bodenangriffe, Aufklärung sowie Nachtjagd.
Am 26. Februar 1937 (ein Jahr vor der Einführung der Falco) führte ein anderer FIAT-Jäger seinen Erstflug durch: die G.50 Freccia, ein Ganzmetall-Eindecker mit Einziehfahrwerk. 1938 verlor die G.50 aber gegen die Macchi MC.200 bei einem Wettbewerb zur Auswahl eines neuen Abfangjägers für die Luftwaffe. Trotzdem wurde die Serienherstellung der G.50 gebilligt. Die G.50 Freccia war – ausgestattet mit demselben Motor wie die CR.42 – kein großer Erfolg und die Flugleistungen (Höchstgeschwindigkeit 470 km/h) waren nicht viel besser als diejenigen der Falco. Insgesamt wurden 780 Maschinen vom Typ G.50 Freccia gebaut.
Eine weit bessere Maschine war dagegen die Macchi MC.200 Saetta. Dieser Jäger flog zum ersten Mal am 24. Dezember 1937 und wurde im Sommer 1939 in Dienst gestellt. Obwohl die Macchi mit einem nicht besonders leistungsfähigen Sternmotor von 870 PS ausgerüstet war, bewies sie hervorragende Flugleistungen. Bis Juli 1942 wurden 1151 Exemplare gebaut; danach wurde das Flugzeug von dem Modell MC.202 Folgore abgelöst; dabei handelte es sich praktisch um die Saetta, die man mit dem deutschen Triebwerk Daimler-Benz DB.601 (von Alfa Romeo in Lizenz gebaut) umgerüstet hatte. Dank dieses 1100-PS-Reihenmotors konnte die Folgore eine Höchstgeschwindigkeit von 600 km/h erreichen.
Nach ihrem ersten Flug am 10. August 1940 kam die MC.202 in die Serienproduktion: Insgesamt wurden während des Krieges 1070 Exemplare hergestellt, die erfolgreich an allen Fronten operierten.

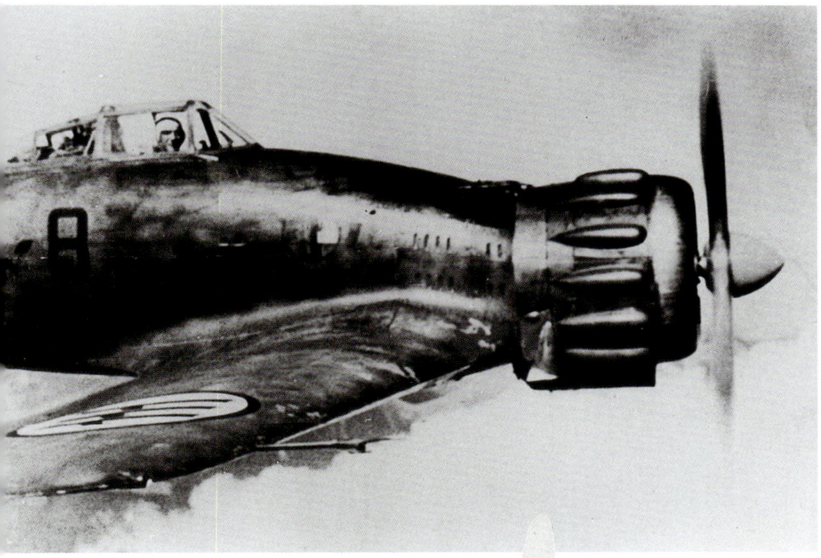

129 Mitte rechts Ein Maschinengewehrschütze in einem italienischen Bomber in Verteidigungsstellung am Heck während einer Mittelmeer-Mission.

129 unten Trotz ihrer Mängel war die CR.42 sehr wendig und zuverlässig. Sie wurde von der Regia Aeronautica sogar nach 1941 als leicht bewaffnetes Angriffsflugzeug und Nachtjäger eingesetzt.

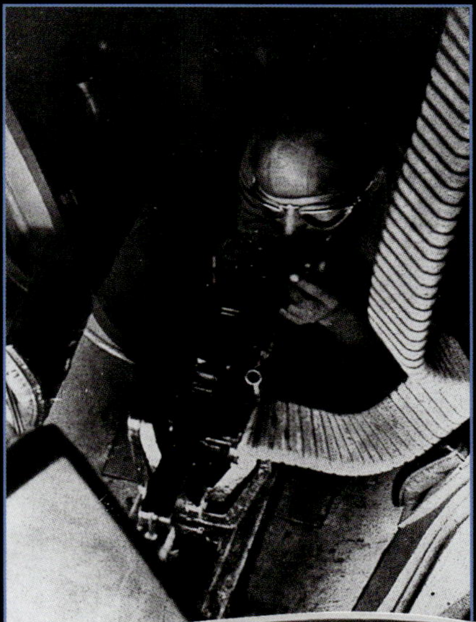

129 oben Im Vordergrund sind auf einem italienischen Flughafen die Jäger Macchi MC.202 Folgore des 97. Geschwaders aufgestellt. Die MC.202 war das beste Jagdflugzeug vor dem Erscheinen der „Serie 5"-Jäger.

129 Mitte links Nahaufnahme einer Macchi MC.200 Saetta des Geschwaders 74a. Die MC.200 war ein hervorragendes Flugzeug, das jedoch aufgrund des schwachen Sternmotors und der geringen Bewaffnung (nur zwei Maschinengewehre) gegenüber seinen Gegnern im Nachteil war.

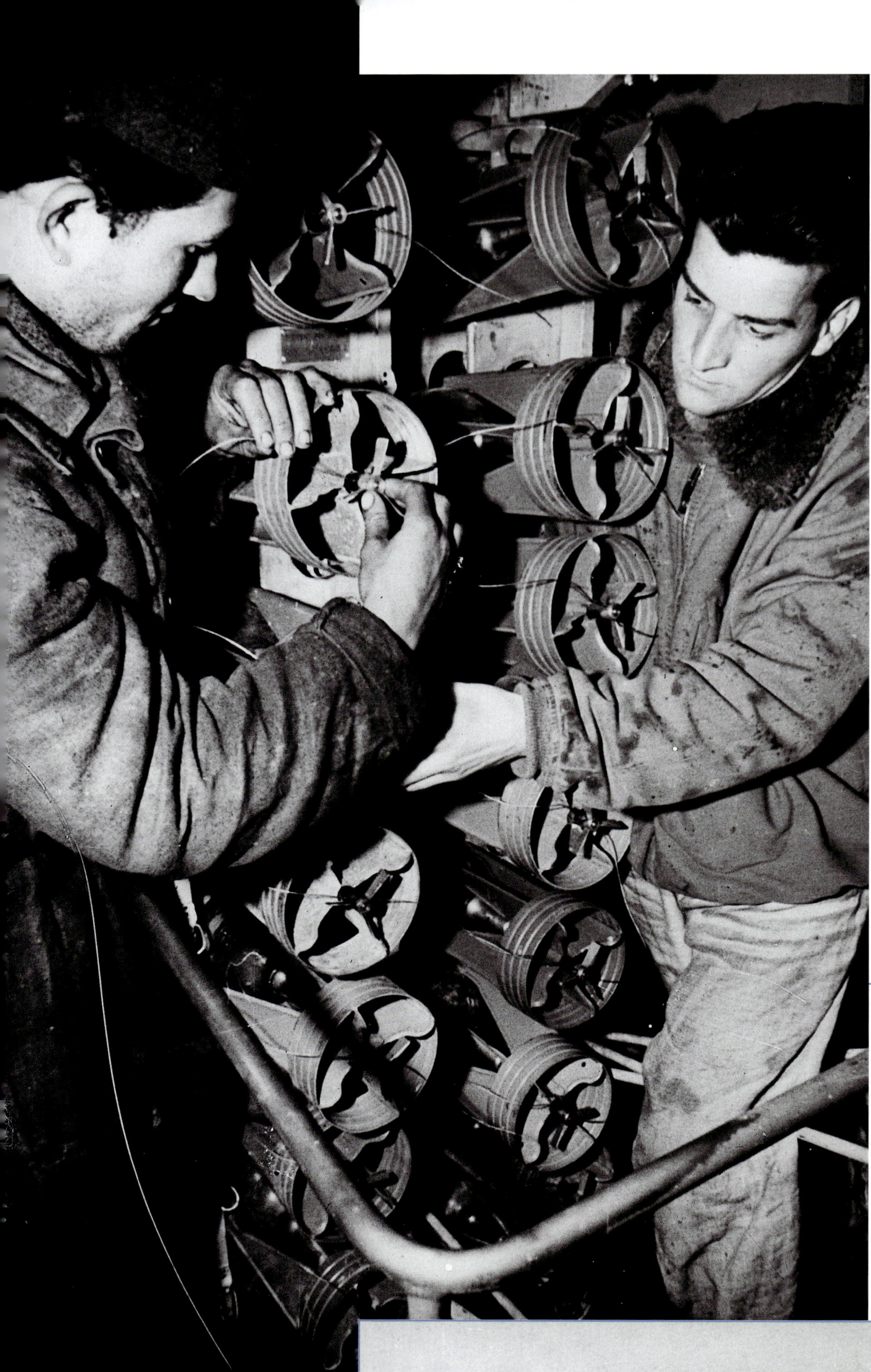

130 oben Zwei Waffenspezialisten laden Bomben in eine dreimotorige SIAI S.79 Sparviero, dem berühmtesten italienischen Bomber des Zweiten Weltkriegs.

130 unten Zwei S.79 beim Flug über dem Mittelmeer. Die Sparviero bewies auch als Torpedoflugzeug gute Leistungen und wurde während der Flottenangriffe im Sommer 1942 zum Alptraum der Engländer.

131 oben Mit der Einführung des deutschen Motors Daimler Benz DB.605 wurden die besten italienischen Jagdflugzeuge des Krieges hergestellt. Die Macchi MC.205 Veltro wurde ursprünglich direkt aus dem Modell 202 entwickelt, war jedoch mit zwei 20-mm-Kanonen sowie den zwei 12,7-mm-Maschinengewehren bewaffnet.

131 unten Die FIAT G.55 Centauro war vielleicht das beste italienische Jagdflugzeug des Krieges. Das robuste und wendige Flugzeug trug drei 20-mm-Kanonen und zwei 12,7-mm-Maschinengewehre und erreichte eine Höchstgeschwindigkeit von 630 km/h.

Die letzte Version dieser Macchi-MC-Familie war die MC.205 Veltro, die ihren Jungfernflug am 19. April 1942 durchführte. Bei der Konstruktion dieses Modells hatte man beabsichtigt, die größten Schwachpunkte der 202 zu überwinden: Es war stärker und schwerer bewaffnet. Die Veltro wurde mit dem 1475-PS-Motor DB.605 bestückt und mit zwei 20-mm-Kanonen sowie den herkömmlichen zwei 12,7-mm-Maschinengewehren bewaffnet. Es war ein hervorragendes Flugzeug, das den alliierten Gegnern ohne Weiteres gewachsen war. Trotzdem wurden nur knapp über 200 Exemplare gebaut, die erst ab April 1943 im Luftkampf eingesetzt wurden. Nachdem zwischen Italien und den Alliierten ein Waffenstillstand geschlossen worden war, benutzte die so genante Nationale Republikanische Luftwaffe (ANR) weitere 112 Exemplare der Veltro im Norden des Landes. Das wahrscheinlich beste italienische Jagdflugzeug des Krieges war die FIAT G.55 Centauro, die zum ersten Mal am 30. April 1942 flog. Der FIAT-Jäger wurde ebenfalls von dem DB.605-Motor (wiederum in Lizenz von Alfa Romeo gebaut) angetrieben und war mit drei 20-mm-Kanonen sowie zwei 12,7-mm-Maschinengewehren bewaffnet. Die Centauro war ein robustes und wendiges Flugzeug, das eine Höchstgeschwindigkeit von 630 km/h erreichen konnte. Die ANR benutzte die Centauro vor allem bei Einsätzen, welche die Einflüge der alliierten Bomberströme nach Norditalien verhindern sollten. Nur knapp mehr als 250 Exemplare des Jägers wurden gebaut, bevor die bereits reduzierte Produktionskapazität vollständig zusammenbrach. Das letzte Flugzeug der berühmten „5er Serien" (Jagdflugzeuge, die mit dem in Lizenz gerfertigten DB.605-Motor ausgestattet waren) war die Reggiane Re.2005 Sagittario, die zum ersten Mal am 9. Mai 1942 flog. Obwohl es ein optimales Flugzeug war, baute man bis zum Waffenstillstand am 8. September 1943 nur noch 29 Sagittarios.

Unter den weiteren, von Italien im Zweiten Weltkrieg eingesetzten Flugzeugen gebührt der SIAI S.79 Sparviero ein besonderer Platz. Dabei handelte es sich um ein dreimotoriges Flugzeug mit traditionellen Außenformen, das für verschiedene Aufgaben während der gesamten Kriegszeit im Einsatz blieb. Die Sparviero wurde ursprünglich als achtsitziges Ziviltransportflugzeug in Tiefdecker-Auslegung entworfen und war mit drei 750-PS-Sternmotoren, Holzflügeln sowie einem Einziehfahrwerk ausgestattet. Der Erstflug der S.79 fand am 8. Oktober 1934 statt. Das Flugzeug zeichnete sich sofort durch seine unglaubliche Schnelligkeit aus und stellte dabei sechs Weltrekorde auf. Das Interesse der Militärführung war damit erweckt und alsbald wurde eine Bomberversion in Auftrag gegeben. Die Produktion begann im Oktober 1936; bald darauf erbrachte das Flugzeug gute Leistungen im spanischen Bürgerkrieg. Bei Ausbruch des Zweiten Weltkriegs standen fast 600 Exemplare der S.79 im Dienst.
Zu den Bombenangriffen kamen bald darauf noch Torpedomissionen hinzu, die aufgrund einer Reihe erfolgreicher Mittelmeer-Operationen das Ansehen des S.79-Bombers noch steigerten. Einige der markantesten Erfolge der italienischen Luftwaffe während des 2. Weltkrieg waren der 132. Gruppe zu verdanken, die von Major Carlo Emanuele Buscaglia kommandiert wurde und deren Basis sich erst in Sizilien und später in Pantelleria befand. Berühmte Piloten wie Giulio Cesare Graziani und Carlo Faggioni gehörten dieser autonomen Einheit an. Die Gruppe zeichnete sich bei den Luft- und Flottenoperationen im Sommer 1942 aus – besonders während der Luftkämpfe des „Mezzogiugno" und „Mezzagosto" (Junimitte, Augustmitte), bei denen zahlreiche Kriegs- und Transportschiffe der britischen Marine versenkt bzw. beschädigt wurden. Der Grund dieser beiden Angriffe war der Kampf um die Insel Malta. Die Besatzungen der S.79 bewiesen ihren großen Mut gegenüber einer mörderischen Flakartillerie: In der Luft waren die englischen Jagdflugzeuge, und wenige Meter darunter das Meer und die vorbeiziehenden Kriegsschiffe, die ihre Torpedos abfeuerten. Während der Schlacht von Mezzagosto schafften es die italienischen Flugzeuge – in Zusammenarbeit mit den Deutschen – einen Zerstörer und fünf Transporter zu versenken sowie zwei Flugzeugträger und weitere zwei Transporter zu beschädigen.
Dies war die letzte, erfolgreiche Mission der italienischen Torpedoflugzeuge: Der Krieg im Mittelmeer wandte sich für die Achsenmächte von nun an zum Schlechten hin. Am 12. November wurde Major Buscaglia bei einem Angriff abgeschossen und für tot erklärt. In Wirklichkeit lebte er und wurde von den Alliierten gefangen genommen. 1944 kehrte er zurück um das Kommando über die 132. Gruppe weiterzuführen, die nun mit der englischen zweimotorigen Baltimore ausgestattet war und in der Aeronautica Cobelligerante operierte. Buscaglia starb kurz darauf am 23. August 1944 bei einem Flugunfall im Gebiet des Vesuv. Die S.79 wurde nach 1943 auch von der ANR als Torpedoflugzeug eingesetzt und indsgesamt in über 1300 Exemplaren hergestellt. Das Flugzeug wurde auch ins Ausland exportiert oder dort in Lizenz gebaut. In der Nachkriegszeit benutzte man die S.79 noch bis zu den Sechzigerjahren als Transportflugzeug.

Auf der anderen Seite der Erde begann Japan, der dritte Achsenalliierte (ein Land, das keine große Luftfahrt-Tradition besaß), seinen Kampf mit einem hervorragendem Jagdflugzeug. Es handelte sich um die Mitsubishi A6M Zero, die aufgrund ständiger Erneuerungen und Verbesserungen während des gesamten Kriegs im Einsatz blieb. Die Maschine wurde Ende der Dreißigerjahre als neuer trägergestützter Jäger für die kaiserliche japanische Marine entworfen und auf eine besonders anspruchsvolle Spezifikation hin entwickelt, die der Konkurrent Nakijima für schlicht unrealisierbar hielt. Die A6M1, die ihren Jungfernflug am 1. April 1939 absolvierte, erfüllte jedoch vollkommen die geforderten Bedingungen (abgesehen von der Höchstgeschwindigkeit, die unter den gewünschten 500 km/h lag). Nachdem der Motor gegen ein stärkeres Modell ausgetauscht worden war, begann man mit der Serienproduktion des Flugzeugs. Im Juli 1940 wurde die Zero in Dienst gestellt und blieb bis Mitte 1942 der wahrscheinlich beste Jäger im Pazifik. Es war ein schnelles und wendiges Flugzeug; die Maschine besaß jedoch weder eine Panzerung noch selbstabdichtende Tanks und war so gegen feindlichen Beschuss sehr empfindlich.
Die beste Zero-Version war die A6M5, die 1943 eingeführt wurde, um die amerikanischen Jäger Hellcat und Corsair zu bekämpfen. Das Modell war mit zwei 20-mm-Kanonen sowie zwei 13,2-mm-Maschinengewehren bewaffnet und wurde von einem 1130-PS-Motor zu einer Höchstgeschwindigkeit von 565 km/h angetrieben. Trotzdem konnte das Flugzeug die amerikanischen Typen nicht schlagen. Bis Kriegsende im August 1945 wurden insgesamt 10 499 Zeros (von den Amerikanern offiziell „Zeke" genannt) gebaut.
Der Niedergang der Zero begann jedoch schon zwei Jahre früher offensichtlich zu werden – parallel mit dem Verlust von Japans besten Piloten. Die Einführung des letzten Modells A6M8 mit 1560-PS-Motor konnte die Situation nicht verbessern.
Ein weiterer japanischer Jäger, der bis Ende des Krieges im Dienst blieb, war die weniger berühmte Nakajima Ki-43. Das Flugzeug wurde Nakajima ohne Ausschreibung direkt in Auftrag gegeben und flog zum ersten Mal im Januar 1939. Es war ein Ganzmetall-Tiefdecker mit Einziehfahrwerk und Sternmotor, der sich anfangs als schwer und plump erwies. Mit der Zeit wurde die Ki-43 leichter und wendiger – sie galt bei Kriegsbeginn sogar als fast unschlagbar. Trotz ständiger Verbesserungen – besonders am Triebwerk – wurde die Ki-43 (mit der amerikanischen Codebezeichnung „Oscar") von den Jägern der Alliierten überholt, vor allem, da die japanische Industrie nicht in der Lage war, entsprechend leistungsstarke Flugzeugmotoren herzustellen. Insgesamt wurden bis Kriegsende 5919 Exemplare der Ki-43 gebaut.
Ein drittes, berühmtes Flugzeug der japanischen Streitkräfte war der zweimotorige Bomber Mitsubishi G4M. Er führte seinen ersten Flug am 23. Oktober 1939 durch und kam 1940 in Produktion. Die G4M war ein Langstreckenbomber, der bis zu 1000 kg Bomben bzw. einen Torpedo über Distanzen bis zu 4000 km

132 oben Nahaufnahme eines japanischen Maschinengewehrschützen 1942. Japan produzierte nach 1942 keine besonders fortschrittlichen Flugzeuge mehr, aber der Mut der japanischen Besatzungen stand außer Frage.

132 Mitte rechts Die Mitsubishi A6M Zero war zweifellos das bekanmnteste japanische Flugzeug. Sie war ein ausgezeichneter Jäger, dessen einziger Schwachpunkt in der fehlenden Panzerung sowie dem Mangel an selbstabdichtenden Kraftstoffbehältern lag.

transportieren konnte. Die Höchstgeschwindigkeit betrug 470 km/h und die Abwehrbewaffnung bestand aus vier 20-mm-Kanonen und zwei 7,7-mm-Maschinengewehren. Trotz alledem hatte die G4M (von den Amerikanern „Betty" genannt) nur eine schwache Blechbeplankung und besaß keine selbstabdichtenden Tanks, weshalb die Amerikaner ihr wegen der Beschussempfindlichkeit den Beinamen „das fliegende Feuerzeug" gaben. Bis August 1945 wurden 2446 Exemplare der G4M gebaut – es war der japanische Bomber mit der höchsten Produktionsanzahl.

132 unten Die Mitsubishi G4M (von den Alliierten „Betty" genannt) war unter den japanischen Bombern am zahlreichsten vertreten. Seine Blechverkleidung war jedoch zu schwach; die Amerikaner nannten die Maschine „das fliegende Feuerzeug".

133 oben Ein japanisches Torpedoflugzeug stürzt am 25. Oktober 1944 ins Meer, nachdem es von den 127-mm-Luftabwehrkanonen des Flugzeugträgers USS Yorktown getroffen wurde.

133 Mitte Auch Japan besaß während des Krieges eine starke Marine, die mit guten Trägerflugzeugen ausgerüstet war. Diese Zero-Jäger werden zum Abflug von einem Flugzeugträger vorbereitet.

133 unten Gegen Kriegsende konnten die Japaner keine bessere Taktik finden, als den Einsatz von Kamikazefliegern, um die amerikanische Flotte aufzuhalten. Auf dieser Fotografie vom 4. Mai 1945 wurde ein japanischer Jäger bei dem Versuch, in den Flugzeugträger USS Sangmon zu stürzen, getroffen.

Kapitel 9

Die ersten Jets und der Korea-Krieg

In der ersten Hälfte der Vierzigerjahre hatte das traditionelle Flugzeug (das sich durch einen Kolbenmotor auszeichnete, der einen oder mehrere Propeller antrieb) seine Leistungsgrenzen erreicht. Während des Zweiten Weltkriegs stießen die schnellsten Jagdflugzeuge gegen die 800-km/h-Mauer – eine Geschwindigkeit, jenseits derer die Propeller an Wirksamkeit verlieren. Um schneller fliegen zu können, wären außerordentlich starke Motoren nötig gewesen, die jedoch ein unannehmbar hohes Gewicht und Ausmaß erfordert hätten. Letzten Endes wäre dadurch die Leistung nur theoretisch erhöht worden – die praktischen Werte aber wären unverändert geblieben. Seit einiger Zeit aber arbeiteten zwei Männer, Frank Whittle in Großbritannien und Hans von Ohain in Deutschland – ohne voneinander zu wissen – an der Entwicklung eines Motors, der für ebenso revolutionär wie unrealisierbar gehalten wurde: der gasbetriebene Turbomotor.

Die Funktion dieses Motors (in der Industrie wurden Gasturbinen bereits angewendet) war sehr einfach: Die Luft trat von der Vorderseite ein, wurde komprimiert und in eine Verbrennungskammer gedrückt, wo sie sich mit dem Kraftstoff vermischte; daraufhin entzündete sich das Gemisch und trat mit einer hohen Geschwindigkeit aus der hinteren Düse aus; die wiederum trieb ein Hubgebläse an, das seinerseits den vorderen Kompressor in Bewegung brachte. Die Schwierigkeit bestand darin, eine entsprechend kleine, starke und leichte Turbine zu schaffen, die man erfolgreich in ein Flugzeug installieren konnte.

Von Ohain, ein Ingenieur der Firma Heinkel, veranstaltete im Februar 1937 eine erste Vorführung seines Turbomotors. Die Probe ging erfolgreich vonstatten und Ernst Heinkel wurde zum Förderer des neuen Triebwerks: Mit seiner Firma baute er das erste Düsenflugzeug der Welt, die He-178. Dieser kleine und einfache Ganzmetall-Eindecker besaß ein besonderes Merkmal, das in wenigen Jahren üblich werden sollte: einen Lufteinlass auf der Nase, wo gewöhnlich der Propeller angebracht war. Die He-178 flog zum ersten Mal am 27. August 1939 – damit begann die moderne Ära des Fliegens.

In Großbritannien war es Whittle, ein Ingenieur der RAF, der 1929 die Idee des Turbomotors entwickelte, doch erst ab April 1937 konnte er sich der Arbeit daran richtig widmen. Im Juni 1939 war Whittle bereit, eine Vorführung seines W.I-Motors für das Luftfahrt-Ministerium vorzubereiten, dessen Vertreter sich von der neuen Erfindung begeistert zeigten. Sofort wurde die Firma Gloster damit beauftragt, einen Prototyp mit Einbau des W.1-Motors zu bauen. Es erschien also daraufhin die Gloster E.28/39, ein Versuchsmodell in Tiefdecker-Auslegung, Bugrad-Fahrwerk und Lufteinlass an der Nase. Der Erstflug fand am 15. Mai 1941 statt. In Großbritannien führten die unternommenen Experimente zum Bau des Jagdflugzeugs Gloster Meteor mit Rolls-Royce-Motoren (siehe dazu Kapitel 7), während in Deutschland die Zellen- und Motorenentwicklung zu einem Wettstreit zwischen den einzelnen Firmen führte: Heinkel und Messerschmitt

134 oben Die Heinkel He-178 war das erste Düsenflugzeug der Welt und flog zum ersten Mal im August 1939. Ihre Entwicklung war aufgrund des perfektionierten Düsentriebwerks Hans von Ohains möglich.

134 unten Die De Havilland Vampire war das erste erfolgreiche Düsenflugzeug. Insgesamt wurden 19 Versionen und über 3700 Flugzeuge gebaut. Die Vampire wurde von England und weiteren 25 Ländern benutzt. Auf der Fotografie ist eine zweisitzige Übungsversion zu sehen.

135 oben Die italienische Caproni Campini N.1 war – zusammen mit den deutschen und englischen Entwürfen – eines der ersten Düsenflugzeuge. Der Erstflug fand am 28. August 1940 statt; die Höchstgeschwindigkeit betrug nur 360 km/h und es wurden zwei Prototypen gebaut.

135 unten Mit dem Erscheinen von Düsentriebwerken wurden die Forschungen zur Aerodynamik immer wichtiger. Auf dieser Fotografie von 1945 sind zwei Männer in einem riesigen Windkanal zu sehen.

konkurrierten um die Flugzeugherstellung und BMW und Junkers um die Herstellung der Motoren. Das deutsche Luftfahrt-Ministerium ordnete bei Heinkel und Messerschmitt die Entwicklung eines Düsenflugzeug-Entwurfs an. Das dazugehörige Triebwerk sollte von einer der drei beschäftigten Firmen gebaut werden. Im September 1940 hatte Heinkel als Erster seine Arbeit fertig gestellt, aber da noch keiner der Motoren fertig war, ließ Heinkel im März 1941 sein zweistrahliges Düsenflugzeug He-280 mit den Motoren aus eigener Produktion fliegen. Die He-280 war ein schönes Flugzeug, das bereits mit den vorläufig eingebauten Motoren an die 780 km/h herankam und auch einige interessante Neuerungen enthielt, wie zum Beispiel den Schleudersitz und das Bugradfahrgestell. Dennoch bevorzugte das Ministerium aus politischen und technischen Gründen das Flugzeug von Messerschmitt, die Me-262, obwohl diese Maschine später fertig wurde und – ausgestattet mit den endgültigen Jumo-004-Motoren von 900 kp Schub – erst im Juli 1942 flog. Ein Pluspunkt des Flugzeugs war allerdings die größere Reichweite und Feuerkraft (siehe Kapitel 8).

Die Gloster Meteor hatte man nach und nach verbessert und jeweils auf den neuesten Stand gebracht. Bis 1954 wurden über 3900 Exemplare gebaut, die man in viele Ländern exportierte.

Das zweite britische Düsenflugzeug war die De Havilland Vampire. Diese Maschine wurde 1941 in Auftrag gegeben und absolvierte ihren ersten Flug am 26. September 1943. Es handelte sich um einen kleinen Mitteldecker in Gemischtbauweise (hölzerner Rumpf und Metallflügel), der mit Lufteinlass am Luftschraubenansatz des kurzen Holz-Rumpfs ausgestattet war und ein Bugradfahrgestell besaß. Das Leitwerke saßen – ähnlich wie bei der Lockheed P-38 – auf zwei Leitwerksträgern, die am Heck durch das Höhenleitwerk miteinander verbunden waren. Mit nur einem einzigen Motor ausgerüstet – dem Havilland Goblin 1 mit 1225 kp Schubkraft – erreichte das Flugzeug eine Höchstgeschwindigkeit von über 800 km/h. Obwohl die Vampir (anfangs noch „Spider Crab" genannt) sich als hervorragender Jäger erwies, war es nicht möglich, sie noch rechtzeitig vor Kriegsende in den Truppendienst zu übernehmen, da die ersten Serien-Modelle F Mk.I erst im April 1946 geliefert wurden. Die Serienmaschinen Typ F Mk.I wurden von dem 1406 kp starken Goblin-2-Motor zu einer Höchstgeschwindigkeit von 870 km/h angetrieben und verfügten über eine Bewaffnung von vier 20-mm-Kanonen. Mit der Zeit wurde auch die Vampire ständig verbessert, was unter anderem zum Bau neuer Modelle führten: dem Jäger (F), Jagdbomber (FB), Nachtjäger (NF), Schulungsflugzeug (T), und der Marineversion (Sea Vampire). Neue Tragflächen und Leitwerke waren die Charakteristiken der Modelle Venom und Sea Venom. Insgesamt wurden über 3700 Exemplare gebaut, die nicht nur in Großbritannien, sondern in 26 Ländern auf der ganzen Welt benutzt wurden. Die letzten Vampires standen im aktiven Dienst der schweizerischen Luftwaffe und wurden erst in den Achzigerjahren zurückgezogen.

Auch in den Vereinigten Staaten beschäftigte man sich intensiv mit der Realisierung eines Düsenflugzeugs; dank des technologischen Informationsaustauschs mit Großbritannien während des Krieges wurde General Electric (wo man bereits über bemerkenswerte

136 oben Zwei Fotografien einer Lockheed T-33A Silver Star. Das Düsenflugzeug stammte von dem Jäger P-80 Shooting Star ab und war zum Jet-Übungsflugzeug bestimmt. Die Silver Star flog zum ersten Mal am 22. März 1948.

Erfahrungen mit Turbinen verfügte) ausgewählt, um ein neues Triebwerk auf den Grundlagen von Whittles Forschungen herzustellen. Am 5. September 1941 hatte man Bell damit beauftragt, den Prototyp eines Flugzeugs zu bauen, das mit dem neuen Triebwerk ausgestattet sein sollte – der Turbine General Electric I-A mit 567 kp Schubkraft. Von Bell wurde daraufhin das Model 27 konstruiert, ein zweimotoriges Flugzeug mit traditionellen Außenformen, das mit geraden Tragflächen in Mitteldecker-Auslegung, Bugradfahrgestell sowie im Luftschraubenansatz versenkten Motoren ausgestattet war. Das Flugzeug, genannt XP-59A Airacomet, flog zum ersten Mal am 1. Oktober 1942 vom Rogers Dry Lake nach Muroc Field in Kalifornien. Auf die drei Prototypen folgten 1944 die 13 Vorserienmodelle der YP-59A, welche bereits I-16-Motoren mit 748 kp Schubkraft besaßen. Doch auch diese Motoren boten keine endgültige Lösung für die Probleme des mit ca. 650 km/h langsamen und instabilen Flugzeugs. Später wurden 20 Exemplare der P-59A und 30 der P-59B in Auftrag gegeben (Letztere mit den Motoren J31-GE-5 mit 907 kp Schubkraft), die aber ausschließlich für eine große Reihe experimenteller Tests, Bewertungs- und Schulungsflügen seitens der US Army und Navy benutzt wurden.

Trotz des Misserfolgs trug der Airacomet viel zur Entwicklung der Düsenflugzeug-Technologie mit bei und schon der nächste amerikanische Flugzeug-Entwurf mit Luftstrahltriebwerk wurde ein großer Erfolg. Während Bell sich noch mit der unbefriedigenden P-59 plagte, wurde Lockheed der Auftrag zur Konstruktion eines operativen Düsenjägers zugewiesen. Der Entwurf wurde innerhalb von nur sechs Monaten fertiggestellt und der Prototyp XP-80, ausgestattet mit dem Düsentriebwerk De Havilland Goblin, flog am 8. Januar 1944 zum ersten Mal. Man beschloss, die Lizenz-Produktion des englischen Motors nicht fortzuführen, und so startete im Juni 1944 die von einem General-Electric-J33-Motor angetriebene Maschine XP-80A zu ihrem Erstflug. Sobald die ersten der 13 Vorserien-Exemplare fertig waren und man die angeordnete Serienproduktion mit dem Bau von mehr als 5000 P-80As ins Auge gefasst hatte, begann man im Oktober 1944 mit den operativen Testflügen. Doch aufgrund des absehbaren Kriegsendes setzte das Militär die Anzahl der benötigten Flugzeuge niedriger an, so dass die USAAF nur noch 917 Exemplare bestellte. Die P-80A Shooting Star besaß eine Flügelspannweite von 12,1 Metern, eine Länge von 10,5 Metern und eine maximale Startmasse von 6575 kg. Die Schubleistung des Triebwerks betrug 1745 kp und verschaffte dem Flugzeug eine Höchstgeschwindigkeit von 900 km/h. Die Shooting Star hatte dieselbe Waffenausrüstung wie die Propeller-Jagdflugzeuge: sechs Maschinengewehre und bis zu 907 kg Bombenlast. 1948 wurde die verbesserte Version F-80C eingeführt (mit der Gründung der US Air Force als autonome Streitkraft im Jahre 1947 wurden die Flugzeugbenennungen von P = Pursuit auf F = Fighter geändert), von der die 798 gebauten Exemplare auch im Korea-Krieg eingesetzt wurden. Die F-80C bildete auch die Grundlage eines Übungs-Zweisitzers mit hervorragenden Eigenschaften, der zum ersten Mal am 22. März 1948 flog. Von diesem Flugzeug – anfangs noch TP-80C und später T-33A Silver Star genannt – wurden über 6500 Exemplare gebaut, die in mehr als 40 Ländern auf der ganzen Welt be-

137 oben links Das Kunstfluggeschwader der USAAF „Acrojets" benutzte vier Jäger F-80. Dieses Flugzeug wurde Anfang 1945 in den Dienst eingeführt – es kam zu spät für den Einsatz im Zweiten Weltkrieg.

137 oben rechts Diese Formation von Bell-Jägern wurde 1944 fotografiert. Von oben nach unten: eine XP-77, eine P-39Q, eine P-63A und die P-59 Airacomet – das erste amerikanische Düsenflugzeug, hier in der Vorserienversion YP-59.

137 Mitte *1947 führte McDonnell den neuen Düsenjäger „Banshee" ein, der von der „Phantom" abgeleitet wurde. Auf der Fotografie ist der Prototyp XF2H-1 zu sehen.*

137 unten links *Das erste Düsenflugzeug der US Navy war eine Kreuzung von Propeller- und Düsenantrieb. Hier sieht man den Prototyp der Ryan FR Fireball von 1944.*

nutzt wurden. Noch heutzutage werden einige Modelle der T-33 von verschiedenen Luftstreitkräften geflogen und beweisen die Qualität und Solidität des Entwurfs. In der Zwischenzeit begann sich auch die US Navy vorsichtig den Düsenflugzeugen anzunähern, doch da die Marineflugzeuge eine höhere Zuverlässigkeit erforderten, handelte es sich bei dem ersten Flugzeug in Wirklichkeit um einen Misch-Typ. Die Ryan Fireball FR flog zum ersten Mal am 25. Juni 1944 und war tatsächlich eine Versuchs-Maschine, die mit einem 1350 PS starken Propeller-Sternmotor Wright Cyclone sowie der General Electric I-16 Strahlturbine mit 725 kp Schubkraft ausgestattet war. Auch in diesem Fall war das Kriegsende der Grund für die nur noch eingeschränkte Produktion dieses Musters: nur 66 Exemplare, die alle noch 1945 geliefert wurden. Zu jener Zeit blickte die Navy schon auf ihren ersten „richtigen" Träger-Jet, die McDonnell Phantom FH, die 1943 entworfen wurde. Die Phantom flog zum ersten Mal am 26. Januar 1945 und wurde von zwei Strahltriebwerken vom Typ Westinghouse 19XB-2B mit je 530 kp angetrieben (in den Serienmodellen wurden sie jedoch durch die J30-Strahltriebwerke von 725 kp ersetzt), die das Flugzeug auf eine Höchstgeschwindigkeit von 770 km/h brachten. Am 21. Juni 1946 landete die Phantom als erstes amerikanisches Düsenflugzeug auf einem Flugzeugträger. Infolge der Produktionseinschränkung kam es wiederum zu nur 60 gebauten Exemplaren der FH-1, deren Auslieferung zwischen 1947 und 1948 stattfand. Die Fortschritte hinsichtlich der Jet-Entwicklung wurden ständig vorangetrieben und McDonnell arbeitete bereits an einem Nachfolger für die FH-1: Im Januar 1947 erhob sich die XF2H-1 Banshee in die Lüfte. Trotz der großen Ähnlichkeit mit der Phantom war die Banshee ihrer Vorgängerin in jeder Hinsicht weit überlegen – natürlich eingeschlossen der beiden neue Westinghouse-J34-Triebwerke mit je 1475 kp Schub, die der Maschine eine exzellente Höchstgeschwindigkeit von 935 m/h verliehen. Mit vier 20-mm-Kanonen und einer möglichen Waffenzuladung von zwei Bomben zu je 225 kg war das Flugzeug auch schwerer bewaffnet als die Phantom. Im März 1949 wurde die F2H Banshee in Dienst gestellt.

Es sollte bemerkt werden, dass es die amerikanischen Streitkräften bis Ende der Vierzigerjahre nicht schafften, einen operativen Jäger aufzubieten, welcher der deutschen Messerschmitt Me-262 des Zweiten Weltkriegs überlegen gewesen wäre. Doch trotz allem befanden sich verschiedene Entwürfe bereits im Versuchsstadium und einige hervorragende Düsenflugzeuge sind rechtzeitig fertig geworden, um bei einem neuen internationalen Konflikt eingesetzt

137 unten rechts *Die McDonnell FH-1 Phantom war der erste, wirkliche Jet der US Navy. Sie flog 1945 und war außerdem das erste Düsenflugzeug, das auf einem Flugzeugträger landete.*

zu werden. Obwohl dieser Konflikt sich geografisch nur auf Korea beschränkte, war es in Wirklichkeit eine Konfrontation zwischen den West- und Ostmächten und die Welt stand erneut am Rande eines Krieges mit verheerenden Folgen.

Am Sonntag, den 25. Juni 1950 um vier Uhr morgens setzte die Armee des kommunistischen Landesteils Nord-Korea zu einem Massenangriff auf das angrenzende Süd-Korea an. Da die Kräfte zu diesem Zeitpunkt ungleich verteilt waren, hatten die Nordkoreaner zunächst leichtes Spiel, durchbrachen die südkoreanischen Verteidigungslinien und drangen bis tief in den Süden ein. Nach wenigen Tagen beschloss der Sicherheitsrat der Vereinten Nationen die Gewaltanwendung, um die Invasoren zurückzudrängen und die Grenze auf dem 38. Breitengrad wiederherzustellen. Die Vereinigten Staaten wurden zum Initiator dieser Kampfhandlung und griffen zusammen mit 16 weiteren Ländern massiv in das Geschehen ein. Dagegen konnte Nord-Korea jedoch auf die – erst indirekte, später sichtbare und konkrete – Unterstützung der Volksrepublik China und auch der Sowjetunion zählen. Das Ergebnis war ein langer, harter und blutiger Krieg, der sich bis 1953 über drei Jahre lang hinzog.

Die Vereinigten Staaten begannen den Konflikt mit den Flugzeugen der 5th Air Force, die in Japan stationiert war. Es handelte sich dabei größtenteils um die F-80 Düsenflugzeuge sowie die F-82 Twin Mustang – die letzten Propeller-Jäger der USAF. Von der Gegenseite griffen die Nordkoreaner mit entschieden schwächeren Maschinen an, den sowjetischen Propeller-Jagdflugzeugen Jak-9 und den Jagdbombern Iljuschin Il-10 Schturmowik.

In der ersten Kriegsphase brachten die Amerikaner weitere zwei Kampfjets ins Gefecht: die Republic F-84 Thunderjet der USAF sowie die Grumman F9F Panther der Navy.

Die Arbeiten an der Thunderjet wurden 1944 begonnen, als der Konstrukteur der Republic Alexander Kartveli ein Düsenflugzeug als Nachfolger seines Jagdbombers P-47 Thunderbolt plante. Der Prototyp erschien Anfang 1945 und wurde in Hinblick auf den

138 oben 28. Mai 1951. Zwei Jäger Grumman F9F Panther fliegen über den Flugzeugträger USS Princeton während des Korea-Kriegs. Aus den Tragflächenenden wird vor der Landung der überflüssige Kraftstoff entladen.

138 Mitte Dieser Prototyp der Grumman Panther wurde während einem seiner ersten Flüge fotografiert. Der Jungfernflug fand am 24. November 1947 statt. Das Jagdflugzeug wurde im Mai 1950 als VF-51 in Dienst gestellt, kurz vor dem Ausbruch des Korea-Kriegs.

138 unten Zwei Prototypen des Aufklärers „Republic" aus der Pfeilflügel-Serie 84. Das Flugzeug im Hintergrund besitzt bereits die endgültige Nasenform der RF-84F Thunderflash.

Einbau des Motors General Electric J35 entworfen. Am 28. Februar 1946 startete zunächst die XP-84 zu ihrem Jungfernflug und bewies bei den Tests die Gültigkeit des Entwurfs. Der Rumpf war groß und schlank und besaß auf der Nase einen Lufteinlass. Ferner war das Flugzeug als Mitteldecker ausgelegt, mit einem Bugradfahrgestell und traditionell kreuzförmigem Heckleitwerk ausgestattet. Im Sommer 1947 begann man die ersten Serienexemplare der F-84B an die Fliegergeschwader auszuliefern. Das Flugzeug wurde ständig Weiterentwicklungen unterzogen, die in immer besseren Versionen – hinsichtlich der Zelle und der Motoren – Form annahmen. Im November 1950 erschien das endgültige Modell mit geraden Flügelflächen, die F-84G. 3025 Exemplare dieses Flugzeugs wurden hergestellt, mit denen viele alliierte Nationen ausgerüstet wurden. Das Modell G (als Atomwaffenträger geeignet) besaß eine Spannweite von 11,1 Metern, eine Länge von 11,6 Metern und eine maximale Startmasse von 10 670 kg. Das Triebwerk Allison J35-A-29 entwickelte 2540 kp Schub und brachte das Flugzeug auf eine Höchstgeschwindigkeit von 1000 km/h auf Meeresspiegelhöhe. Die Bewaffnung bestand aus sechs 12,7-mm- Maschinengewehren und 1815 kg Bomben oder Raketen. Die letzte entwickelte Version war die
F-84F Thunderstreak, die jedoch in Korea nicht eingesetzt wurde. Dieses Flugzeug unterschied sich schon sehr deutlich vom Ur-Modell Thunderjet, vor allem aufgrund der um 45 Grad gepfeilten Flügel und Leitwerke sowie dem neu entworfenen Kabinendach. Der Prototyp flog am 5. Juni 1950 und die Serienflugzeuge kamen ab 1954 zur Truppe. Über 2700 Exemplare wurden gebaut und wiederum an zahlreiche verbündete Nationen geliefert. Die Aufklärungsversion RF-84F Thunderflash war charakterisiert durch den geteilten Lufteinlass am Flügelansatz befand, da die Flugzeugnase mit Fotoapparaten bestückt worden war. Das führende Jagdflugzeug der amerikanischen Marine war dagegen die Grumman Panther, deren Erstflug am 24. November 1947 durchgeführt wurde, und die die Benennung XF9F-2 erhielt. Das Flugzeug hatte man ursprünglich während des Kriegs als viermotorigen Nachtjäger bestellt; die Entwicklung des Modells verzögerte sich jedoch aufgrund verschiedener Probleme. Den Bedürfnissen der Navy folgend wurde das Flugzeug also zu einem Tagjäger umgeplant. Die Prototypen der F9F wurden von einem 2270 kp starken Triebwerk Pratt & Whitney J42 angetrieben (gebaut in Lizenz von Rolls Royce Nene) bzw. von einem Allison J33 mit 2090 kp Schub. Bessere Ergebnisse erzielte das Modell mit dem J42-Triebwerk, das daraufhin als F9F-2 in Serie produziert und später in der Version F9F-5 verbessert wurde. Im Mai 1949 nahm die Panther den operativen Dienst auf und wurde in über 1300 Exemplaren hergestellt. Die F9F-5 war ausgestattet mit einem Triebwerk Pratt & Whitney J48 mit 2835 kp, das ihr eine Höchstgeschwindigkeit von 970 km/h verlieh. Die maximale Startmasse betrug 8490 kg und die Bewaffnung bestand aus vier 20-mm-Kanonen sowie 900 kg Bomben- bzw. Raketenlast. In Korea wurde die Panther sowohl von der Navy als auch von den Marines eingesetzt und fand hauptsächlich als Bodenangriffs-Flugzeug Verwendung, zeichnete sich jedoch durch einige Siege auch im Luftkampf aus.

Dank der verfügbaren Informationen zu den Pfeilflügeln dachte auch Grumman daran, die Panther in dieser Hinsicht zu modifizieren – so wie es Republic mit der F-84G getan hatte. Am 20. September 1951 flog also die XF9F-6 Cougar. Das Flugzeug wurde von einem J48-Motor mit 3290 kp Schubkraft angetrieben und besaß um 35 Grad gepfeilte Flügel mit Rudern und Klappen. Die Cougar wurde im November 1952 in Dienst gestellt. Obwohl wie ihre Vorgängerin bewaffnet und trotz einer Höchstgeschwindigkeit von ca. 1040 km/h war keine Verbesserung in Bezug auf die Panther zu erkennen. Wie dem auch sei – es wurden über 1000 Exemplare der Cougar hergestellt, darunter auch Aufklärungs- und Übungsversionen, die bis Ende der Sechzigerjahre im Flugdienst eingesetzt wurden.

139 oben Zwei Republic F-84G -Jäger Anfang der fünfziger Jahre. Die Thunderjet war der erste USAF-Jagdbomber, der für den Transport von Atombomben entworfen wurde.

139 unten Die F-84 wurde aufgrund ihrer 1815 kg Bomben- und Raketenlast von der USAF breitflächig während des Koreakriegs als Jagdbomber eingesetzt. Auf dem Foto ist eine F-84G zu sehen, die eine Raketensalve auf nordkoreanische Stellungen abschießt.

Mit diesen Flugzeugen schafften es die Amerikaner, den Vormarsch der Nordkoreaner aufzuhalten und gingen nun in die Offensive. Am 29. September 1950 hatten die Streitkräfte Süd-Koreas zusammen mit den UNO-Truppen erneut den 38. Breitengrad wiedergewonnen. Dennoch entschied General Mac Arthur, Befehlshaber der Alliierten, den Feind bis über die Grenze hinweg zu verfolgen um ihn endgültig zu schlagen. Der Vormarsch der Alliierten im Norden verursachte schließlich das direkte Eingreifen der Chinesen an der Seite Nordkoreas: Am 25. Oktober stürzte sich eine Armee von 180 000 Mann zum Gegenangriff auf die Amerikaner und zwang sie zum Rückzug. Als wäre dies nicht genug, erschien am 1. November eine tödliche, neue Bedrohung über dem koreanischen Himmel; es war ein sehr wendiger und extrem schneller Jet mit Pfeilflügeln, der die westliche Welt in Erstaunen versetzte: die MiG-15.
Die Kriegsbeute nach dem Zweiten Weltkrieg – in Form fortschrittlicher Technologien und Forschungsergebnisse des nationalsozialistischen Deutschlands – ging nicht allein in die Hände der Amerikaner. Auch die Russen konnten bei ihrem Vormarsch vom Osten eine bemerkenswerte Menge von Forschungsunterlagen und -entwürfen in die Sowjetunion bringen; ebenso fielen ihnen einige Prototypen und Serien-Düsenflugzeuge sowie eine stattliche Anzahl von Ingenieuren in die Hände. Im Jahr 1946 gelang es dann der UdSSR, von der englischen Labour-Regierung die Produktionspläne und einige Exemplare des Turbostrahltriebwerks Rolls Royce Nene zu erhalten, das zu jener Zeit vielleicht die fortschrittlichste Strahlturbine der Welt war. Diese Faktoren, vereint mit den großen Fortschritten, welche die sowjetische Luftfahrt gegen Ende des Krieges erreicht hatte, brachten die UdSSR dazu, den technologischen Rückstand, der sie von den Amerikanern trennte, aufzuholen und unter strenger Geheimhaltung neue, hervorragende Flugzeuge zu bauen.
Die ersten produzierten, russischen Düsenflugzeuge waren die MiG-9 und die Jak-15, die beide mit Triebwerken nach deutscher Konzeption ausgestattet waren. Der Prototyp der MiG-9, den man von dem F-Projekt aus dem Jahr 1944 hergeleitet hatte, war ein Mitteldecker-Jagdflugzeug mit geraden Flügeln und Lufteinlass an der Nase. Es wurde angetrieben von zwei RD-20-Triebwerken(das heißt in Wirklichkeit vom BMW 003A mit 800 kp Schub) und flog zum ersten Mal am 24. April 1946. Die Flügelspannweite betrug 10 Meter, die Länge 9,75 Meter und die maximale Startmasse des Flugzeugs erreichte 5070 kg. Die MiG-9 flog bis zu 910 km/h schnell und war bewaffnet mit einer 37-mm- sowie zwei 23-mm-Kanonen. Nachdem man einige strukturelle Probleme gelöst hatte, wurden über 1000 Exemplare dieses Jägers in verschiedenen Ausführungen hergestellt, unter anderem auch ein Schulungsmodell (MiG-9 UTI). Auch die Jak-15 führte ihren Erstflug am 24. April 1946 durch. Es handelte sich dabei um ein in Eile produziertes Flugzeug, das sozusagen Ergebnis einer Kombination des Triebwerks (Triebwerksgondel miteingeschlossen) Junkers Jumo 004 (von den Russen RD-10 genannt) mit allen möglichen Komponenten des Propeller-Jagdflugzeugs Jak-3 darstellte. Innerhalb von zwei Jahren wurden weniger als 300 Exemplare gebaut. Die Jak-15 erreichte eine Höchstgeschwindigkeit von 785 km/h und war mit zwei 23-mm-Kanonen ausgerüstet. Von diesem Modell ausgehend wurde im darauf folgendem Jahr die Jak-17 entwickelt, die mit einem RD-10A-Motor mit 1000 kp Schub ausgerüstet war und bis zu 830 km/h schnell fliegen konnte.
Diese anfänglichen sowjetischen Konstruktionen waren noch relativ bescheiden und im Großen und Ganzen den deutschen Flugzeugen – von denen sie eigentlich abstammten – unterlegen. Der Wendepunkt kam mit dem Erscheinen des Motors Nene, mit dem – einem Entwurf des Entwurfsbüros Mikojan-Gurjewitsch folgend – ein Flugzeug mit Pfeilflügeln motorisiert werden sollte, das Ende 1945 als Projekt S eingeleitet wurde und aufgrund des Mangels an einem angemessenen Motor nicht weiterentwickelt wurde. Genannt I-310, vollbrachte der Prototyp am 30. Dezember 1947 seinen Erstflug.
Die MiG-15 (bei der NATO als „Fagot" bekannt) hatte einen ziemlich kurzen Rumpf mit Lufteinlauf an der Nase und besaß um 35 Grad gepfeilte Flügel und Leitwerke. Ausgerüstet mit dem Motor RD-45F (eine Kopie des englischen Nene-Motors), der eine Schubkraft von 2270 kp entwickelte, konnte die MiG-15 eine Höchstgeschwindigkeit von 1030 km/h erreichen. Das zehn Meter lange Flugzeug besaß eine ebenso große Flügelspannweite und wog beim Start bis zu 4806 kg; die Bewaffnung bestand aus einer 37-mm-Kanone und zwei 23-mm-Kanonen. Ende 1948 wurde die MiG-15 in Dienst der sowjetischen Luftwaffe gestellt. Nach weiteren Verbesserungen wurden über 9000 Exemplare in verschiedensten Ausführungen hergestellt, darunter auch Übungsversionen und ein Allwetter-Abfangjäger. Tausende von Exemplaren wurden in Lizenz in Polen (wie der LIM-1, später -2 und -3), der Tschechoslowakei (S-102 und 103) und China (J-2) hergestellt. Der Jäger wurde in über 30 Länder exportiert und blieb bis in die Achzigerjahre hinein noch im Dienst.
Am 8. November 1950 fand der erste Kampf zwischen Jet-Flugzeugen in der Luftfahrt-Geschichte statt. Es handelte sich dabei um ein Duell einer MiG-15 mit der

140 oben Eine MiG-15 in den Farben der Sowjetunion. Dieses Flugzeug trat überraschend während des Korea-Kriegs auf und brachte die UN-Luftstreitkräfte in ernsthafte Schwierigkeiten.

140 unten Der sowjetische Jäger Jakowlew Jak-15 ging aus einem Not-Programm hervor, das die möglichst schnelle Ausstattung der russischen Luftwaffe mit einem Düsenflugzeug vorsah. Die Maschine vereinte den deutschen Motor Jumo 004 mit der Zelle der Jak-3. Der erste Flug fand 1946 statt.

141 oben Die North American F-86D – eine Abfangjägerversion mit dem Radargerät des Tagjäger-Modells. Die Maschine leistete während des Korea-Kriegs gute Dienste. Auf dem Bild ist das Exportmodell F-86K mit den Farben der französischen Luftwaffe zu sehen.

141 unten Die F-86A Sabre wurde im Februar 1949 in den USAF-Dienst gestellt und wurde ab Dezember 1950 mit dem „4th Fighter Interceptor Wing" im Korea-Krieg eingesetzt. Es war das NATO-Jagdflugzeug der Fünfzigerjahre.

F-80 des Oberleutnants Russel Brown, wobei Letzterer die Oberhand behielt. Trotz dieses Ausgangs konnten weder die F-80 noch die F-84 auf die Dauer erfolgreich der MiG-15 standhalten, so dass die USAF beschloss, ihr fortschrittlichstes Jagdflugzeug nach Korea zu entsenden: die North American F-86 Sabre. Der Entwurf dieses Modells (NA134) ging bis in das Jahr 1944 zurück und bezog sich auf ein experimentelles Flugzeug für die Marine, das nachfolgend XFJ-1 Fury genannt wurde. Dieses Modell besaß gerade Flügel, das Triebwerk war etwa in der Rumpfmitte installiert, die Nase wies einen Lufteinlass auf. Die Firma North American empfahl das Flugzeug auch der Armee, die es XP-86 nannte. Die Leistungen des Prototyps schienen jedoch zunächst nicht sehr beeindruckend gewesen zu sein; im Juni 1945 – nachdem man von den technologischen Errungenschaften hinsichtlich gepfeilter Tragflächen Kenntnis genommen hatte – schlug die Firma der USAAF den Aufschub des Projekts vor – zugunsten der Realisierung eines mit dem neuen Tragflächenkonzept ausgestatteten Flugzeugs. Der Prototyp mit Pfeilflügeln (angetrieben von einem Allison-J53-Triebwerk mit 1700 kp Schubkraft) flog zum ersten Mal am 1. Oktober 1947; der Qualitätsunterschied war so enorm, dass die Air Force sofort 221 Exemplare der Version P-86A bestellte – bald dartauf in „F-86A" umbenannt –, die ab Februar 1949 in Dienst gestellt wurden. Diese Variante war ausgestattet mit dem General Electric J47-GE-13-Triebwerk, der einen Schub von 2360 kp produzierte und dem Flugzeug eine Höchstgeschwindigkeit von 1080 km/h gab.

Am 13. Dezember 1950 traf der 4th FIW (Fighter Interceptor Wing) mit seinen neuen Sabre-Jägern in Kimpo, Korea, ein: Die Dinge begannen sich zu ändern. Die MiG-15 behielt ihren Vorsprung in Bezug auf die Steigfähigkeit, besaß eine höhere Dienstgipfelhöhe und war wendiger; aber das Flugzeug besaß auch große Mängel: Bei hoher Fluggeschwindigkeit wurde es sehr instabil und drehte nach rechts ab, so dass der Pilot zeitweise die Kontrolle über die Steuerung verlieren konnte. Außerdem war die Visiereinrichtung der amerikanischen unterlegen, und die Piloten wurden nicht mit den Druckanzügen ausgestattet. Letztlich waren auch die von den amerikanischen Piloten angewandten Taktiken den gegnerischen oftmals überlegen. Ende Dezember 1950 hatten die Sabre-Flugzeuge ein Siege-Verhältnis von acht zu eins erreicht und beherrschten den „MiG Alley" (die MiG-Gasse), einen 160 Kilometer langen Streifen entlang des Yalu-Flusses, an dem die amerikanischen Jets patrouillierten, um einem Angriff von MiGs aus China vorzubeugen. Die von den Amerikanern geflogenen Sabres wurden regelmäßig geprüft und erneuert; es entstand so die E-Version (Erstflug im September 1950), die mit vollständig beweglichen Schwanzflossen ausgestattet war. Daraufhin erschien die F-86F, die den neuen Flügeltyp „6-3" ohne Klappen einführte und sich dadurch bei hoher Geschwindigkeit als viel wendiger erwies. Das Triebwerk war vom Typ J47-GE-27 und besaß eine Schubkraft von 2680 kp; die Höchstgeschwindigkeit des Flugzeugs stieg auf 1120 km/h an. Ferner betrugen die Länge der F-86F 11,4 Meter, die Flügelspannweite 11,3 Meter und die maximale Startmasse bis zu 9234 kg. Die Bewaffnung stützte sich auf sechs 12,7-mm-Maschinengewehre sowie 907 kg Außenlasten. Weitere Versionen der Sabre schlossen den Allwetter-Abfangjäger F-86D ein, der ein an der Flugzeugnase angebrachtes Radargerät besaß, mit 24 ferngesteuerten Hughes-Luft-Luft-Raketen bewaffnet war und außerdem vom J47-GE-17B-Triebwerk (mit Nachbrenner) mit 3470 kp Schubkraft abgetrieben wurde. Die Version D hatte eine schwierige Entwicklungszeit und wurde erst im März 1951 in Dienst gestellt; immerhin wurden mehr als 2000 Exemplare gebaut. Die F-86K war dagegen die vereinfachte Version für den Gebrauch durch andere NATO-Länder. Das Flugzeug besaß eine herkömmliche Bewaffnung in Form von vier 20-mm-Kanonen und erschien im Jahr 1954. 341 Exemplare der F-86K wurden für Frankreich, die Bundesrepublik, Holland, Norwegen und Italien hergestellt.

Die letzten Entwürfe der Sabre waren die F-86H und L, beide enthielten verbesserte Avionik, Triebwerke und eine vergrößerte Spannweite. Insgesamt ist die F-86 ein für jene Zeit hervorragendes Jagdflugzeug gewesen, von dem ca. 9800 Exemplare in verschiedensten Versionen hergestellt wurden (auch in Lizenz in Kanada und Japan). Es wurde von den Luftstreitkräften in über 30 Ländern weltweit benutzt und in einigen Fällen bis in die Achzigerjahre im Dienst behalten. Auch die US Navy flog – nach dem kurzen Abstecher zur FJ-1 – ein von der F-86 abgeleitetes Modell; es war die FJ-2, die der F-86E ähnelte, von der sie wichtige, für die Marineversion erforderliche Änderungen sowie die aus vier 20-mm-Kanonen bestehende Bewaffnung übernahm. Die FJ-2 wurde 1954 in Dienst gestellt und wurde abgelöst von den Modellen FJ-3 und -4; über 1000 Exemplare der Fury wurden insgesamt gebaut und bis Anfang der Sechzigerjahre im Dienst behalten.

Kapitel 10

Das Zeitalter der großen Transportflugzeuge

Der Zweite Weltkrieg hatte abrupt die Entwicklungen im Luftverkehr unterbrochen, aber dieser Stopp sollte sich nicht als ausschließlich negative Tatsache erweisen. In den Dreißigerjahren war noch eine starke Tendenz hin zu Flugbooten; sie wurden vor allem für die Ozean-Verbindungen bevorzugt. Der Krieg trug zu beträchtlichen Änderungen bei – sei es aufgrund des Baus zahlreicher Flughäfen auf der ganzen Welt, sei es dank der technischen Entwicklungen, die zur Schaffung von mehrmotorigen Flugzeugen mit hervorragenden Leistungen hinsichtlich Reichweite, Zuverlässigkeit und Tragfähigkeit führten.

Mit dem Ende des Krieges verstand es sich daher von selbst, dass die Zivilluftfahrt wiederbelebt wurde, indem sie die Maschinen und Landeplätze (manchmal gar die Flugstrecken) benutzte, die in den Kriegszeiten von der Militärluftfahrt entwickelt oder errichtet wurden. Diese Veränderungen bedeuteten allerdings auch das Ende des Flugboots als Transportflugzeug. Der Löwenteil an diesem neu erstandenen Luftverrkehr wurde natürlich von den Amerikanern geleistet, die – um ihr Heimatland mit den fernen Kriegsschauplätzen in Europa im Pazifikraum verbinden zu können – genötigt waren, die besten Transportflugzeuge zu entwickeln. Doch bereits vor dem Krieg waren die wichtigsten amerikanischen Fluggesellschaften auf der Suche nach neuen und leistungsstärkeren Flugzeugen; der Entwurf der Lockheed L-049 Constellation stammte bereits aus dem Jahr 1939, während die frühesten Entwicklungen der Douglas DC-4 bis 1936 zurückgingen. Beide Flugzeuge standen während des Krieges im Dienst der US Army Air Force, mit den Bezeichnungen C-69 für die Constellation und C-54 Skymaster für die DC-4.

In der unmittelbaren Nachkriegszeit – und damit auch dem Ende der Reiseeinschränkungen – begannen sich Amerika und seine motivierten Luftfahrtgesellschaften erneut auf den internationalen Markt – und insbesondere auf die transatlantische Flugstrecke für die Europa-Verbindungen – zu konzentrieren. Schon im Jahr 1947 produzierten die Hersteller Boeing, Lockheed und Douglas Langstrecken-Transportflugzeuge mit Druckkabine. Damit war das Zeitalter der großen Kolbenmotor-Linienflugzeugen angebrochen, zu denen die bekannten Douglas DC-6 und DC-7, die Lockheed Constellation und Super Constellation sowie die Boeing 377 Stratocruiser gehörten.

Die Douglas DC-6 entstand aufgrund einer Anforderung der USAAF , die bereits erfolgreich die C-54 einsetzte und nun ein noch leistungsstärkeres Flugzeug benötigte. Der Prototyp des neuen Flugzeugs (genannt XC-112A) führte am 15. Februar 1946 seinen ersten Flug durch – zu spät, um noch im Krieg eingesetzt zu werden, aber gerade rechtzeitig, um an die Luftfahrtgesellschaften verkauft zu werden. Das erste der 50 von der American Airlines bestellten Exemplare flog zum ersten Mal am 29. Juni 1946 und begann seinen Liniendienst im April 1947 auf der Strecke New York-Chicago. Der Flugzeugentwurf behielt die Flügel der DC-4 bei, wurde jedoch mit neuen und stärkeren Motoren ausgestattet und besaß einen verlängerten Rumpf, der in verdichteter Konfiguration bis zu 86 Passagiere aufnehmen konnte. Die DC-6B (eine 1948 erschienene Version mit erhöhter Leistung und vergrößertem Innenraum-Volumen) verfügte über vier Sternmotoren Pratt & Whitney R-2800-CB17 Double Wasp von je 2535 PS und erreichte eine maximale Startmasse von 48 500 kg. Die Reisegeschwindigkeit betrug 507 km/h in 7600 Metern Flughöhe und die maximale Reichweite betrug 7600 Kilometer. Als C-118A Liftmaster (bzw. R6D für die US Navy) war die DC-6 auch im Einsatz der amerikanischen Streitkräften, die über 160 Exemplare bestellt hatten. Insgesamt wurden 704 Exemplare der DC-6 in zahlreichen Varianten hergestellt. Die Entwicklung

142 oben Februar 1954. Eine viermotoriger Breguet Provence der Air France wird auf dem Marignane-Flughafen in Marseille vom Bodenpersonal zu ihrem Parkplatz geleitet.

142 unten Eine Lockheed Constellation der KLM landet kurz nach dem Ende des Zweiten Weltkriegs auf dem Schiphol-Flughafen. Man beachte die provisorischen Gebäude für die Abfertigung im Hintergrund.

143 oben Der Kontrollraum des Flughafens von Northolt, 1948. Die Entwicklung des Luftverkehrs in der Nachkriegszeit erforderte auch den Ausbau der Bodendienste.

143 Mitte Dieses viermotorige TWA-Transportflugzeug Douglas DC-4 wurde 1953 fotografiert. Das Flugzeug stammte ursprünglich von der Militärversion C-54 ab, die zum ersten Mal 1942 flog.

143 unten Eine Douglas DC-6 der britischen Eagle Airways. Dieses Flugzeug wurde aus der C-54/DC-4 entwickelt. Die Flügel waren dieselben der Vorgängerin, aber die DC-6 verfügte über einen neuen, geräumigeren Rumpf sowie neue Motoren.

der Nachfolgerin DC-7 erfolgte auf Wunsch der American Airlines, die ein Linienflugzeug forderte, das die von dem Konkurrenten TWA benutzte Super Constellation in den Leistungen übertraf. Der Prototyp des neuen Flugzeugs flog zum ersten Mal am 18. Mai 1953. In Wirklichkeit handelte es sich dabei um eine DC-6B mit verlängertem Rumpf, die mit denselben Wright R-3350 Turbo-Compound-Motoren (3295 PS) ausgestattet war wie die Super Constellation. Da die ersten DC-7 jedoch nicht über die erforderliche Reichweite verfügten, um vollbeladen und bei Gegenwinden sicher den Atlantik überqueren zu können, entwickelte man daraufhin die DC-7C. Dieses Modell besaß eine vergrößerte Flügelspannweite, stärkere Motoren und einen um einen Meter verlängerten Rumpf, der nun bis zu 105 Reisende aufnehmen konnten. Die Motoren waren von demselben Wright-Typ, besaßen aber eine auf 3447 PS erhöhte Leistung, so dass das Flugzeug auf 6600 Metern Höhe eine Höchstgeschwindigkeit von 653 km/h erreichen konnte. Bei voller Beladung betrug die Reichweite 7411 km; die maximale Startmasse lag bei 64 850 kg.

144 oben Die Lockheed Constellation war ein Militärflugzeug aus dem Jahr 1943; in der Nachkriegszeit wurde sie sofort in ein Ziviltransportflugzeug umgebaut. Auf der Fotografie ist ein Exemplar der Fluggesellschaft Eastern Airlines zu sehen.

Der große Zivillufttransporter von Boeing entsprang dagegen militärischen Flugzeugentwürfen. Das Modell 377, welches am 8. Juli 1947 zum Erstflug startete, besaß auffallende Verbindungen zum Transportflugzeug C-97 aus dem Jahr 1944; diese Maschine ihrerseits wurde von einem Entwurf des Bombers B-29 abgeleitet. Die 337 Stratocruiser war in verschiedenen Ausstattungen erhältlich und konnte bis zu 112 Passagiere oder 28 Liegeplätze auf zwei Decks aufnehmen. Das Flugzeug wurde anfangs von der Pan Am sowie von der britischen BOAC benutzt, doch nur 55 Exemplare standen zur Verfügung. Das Modell Super Stratocruiser enthielt mit Rücksicht auf die Atlantiküberquerung modifizierte Tankbehälter und war ausgestattet mit vier Motoren Pratt & Whitney R-4360 Wasp Major mit je 3549 PS, wobei das Flugzeug auf 7600 Metern Höhe mit einer Reisegeschwindigkeit von 547 km/h flog. Die maximale Startmasse der 337 betrug 66 134 kg und ihre Reichweite lag bei 6760 Kilometern.

Nach einem kurz andauernden Militäreinsatz während des Krieges (zwischen 1944 und 1945 wurden nur 22 Exemplare in Dienst gestellt) entwickelte sich die Karriere der Lockheed Constellation zunehmend innerhalb der Zivilluftfahrt – vor allem nachdem das Flugzeug im Dezember 1945 die betreffende Zulassung erhalten hatte. Die Constellation flog sofort im Dienst der Pan Am und der TWA, die im Februar 1946 damit begann, Linienflüge zwischen den Vereinigten Staaten und Paris anzubieten. Das erste, wahre Constellation-Zivilflugzeug war jedoch die L-649, die mit luxuriöseren Innenräumen ausgestattet war und bis zu 81 Passagiere aufnehmen konnte (48–64 Personen in der normalen Flugzeugversion). Mit der Ausbreitung des Luftverkehrs waren es seit 1949 immer mehr Gesellschaften, die ein Flugzeug mit erhöhtem Fassungsvermögen benötigten. Man entwickelte somit die Super Constellation (L-1049), deren Rumpf um 5,59 Meter verlängert wurde und die bereits bis zu 109 Reisende befördern konnte. Insgesamt wurden 856 Constellations gebaut, einschließlich der Militär-Versionen der Nachkriegszeit. Das letzte Modell der Flugzeugserie war die L-1649 Starliner, die – ausgestattet mit vier 3447-PS-Motoren vom Typ Wright 988TC-18EA-2 – auf 5700 Metern Flughöhe eine Höchstgeschwindigkeit von 606 km/h erreichte. Dieses Modell – mit einer maximale Startmasse von bis zu 72 575 kg und die Reichweite von 7950 km – wurde aber kein großer Verkaufserfolg, da sich bereits die Nachfrage nach Düsenflugzeugen geltend machte.

In der zweiten Hälfte der Vierzigerjahre begann der Düsenantrieb im Militär-Luftverkehr immer mehr Fuß zu fassen, während er im Zivilsektor noch ein wenig als Träumerei abgetan wurde. Die Düsentriebwerke jener Zeit benötigten unglaubliche Mengen Kraftstoff und man hielt sie deshalb für nicht geeignet, den Erfordernissen der Verkehrsluftfahrt gerecht zu werden. Doch in Großbritannien gewann eine interessante Sichtweise des Problems die Oberhand: Die Düsentriebwerke waren das einzige technologische Segment der Luftfahrt, in dem die Engländer den Amerikanern gegenüber im Vorteil waren. Um wieder eine führende Rolle in der Luftfahrt einnehmen zu können, beschlossen die Briten, ein Düsenverkehrsflugzeug zu konstruieren, das allen propellergetriebenen Rivalen weit überlegen sein würde. Dies jedenfalls war eine der Empfehlungen des Brabazon-Komitees, einer Studiengruppe der Regierung, welche der britischen Luftfahrtindustrie in der Zivilluftfahrt wieder Weltgeltung verschaffen sollte. Es gab nur eine Firma im Vereinigten Königreich, die in der Lage war, ein solches Projekt in Angriff zu nehmen: De Havilland. Diese Gesellschaft hatte bereits Erfahrungen beim Entwerfen und beim Bau von Flugzeugen und den entsprechenden Düsentriebwerken gemacht – insbesondere mit dem Jagdflugzeug Vampire.

Die Arbeiten begannen 1947 und wurden von einem Schlüsselkonzept geleitet: Die Düsentriebwerke hatten in einer Höhe von 10 000 und mehr Metern einen annehmbaren Treibstoffverbrauch und die Reduktion der Schubkraft in großen Höhen wurde von dem niedrigerem Luftwiderstand ausgeglichen. Außerdem musste noch ein Problem gelöst werden; da in 10 000

144 unten Die L-1049 Super Constellation wurde aus dem Basismodell L-649 entwickelt. Sie besaß einen um 5,59 Meter verlängerten Rumpf, der eine Aufnahme von 28 zusätzlichen Passagieren ermöglichte.

145 oben links Die De Havilland D.H.106 Comet war der erste Passagier-transport-Jet und sollte das Flugzeug der Zukunft werden. Zahlreiche Unfälle schadeten jedoch ihrem Ansehen.

Metern Höhe ein beträchtlicher Überdruck in der Kabine entstand, wäre auch die Flugzeugzelle einer experimentell nie durchgeführten Druckbelastung ausgesetzt. Die nach einigen Versuchen gewählte Konstruktion war von traditionellem Typ, mit um 20 Grad gepfeilten Tragflächen und Leitwerken. Die vier Triebwerke würden paarweise in den Flügelwurzeln untergebracht werden. Der Entwurf wurde D.H.106 Comet genannt. Da die britische Fluggesellschaft BOAC das Potenzial des Flugzeugs sah und zudem von nationalem Stolz angetrieben wurde, bestellte sie sofort acht Exemplare dieses Typs, mit einem weiter gehenden Vorkaufsrecht auf die nach dem 14. Exemplar gebauten Flugzeuge.
Die Comet, die unter strengen Sicherheitsvorkehrungen konstruiert und bis dahin nie angewandten Festigkeitstests unterzogen wurde, führte ihren ersten Flug am 27. Juli 1949 durch. Dabei bewies sie sofort ihr Potenzial, eine schnelle und vielversprechende Maschine zu sein. Es gingen daraufhin Bestellungen von den Fluggesellschaften British Commonwealth Pacific, Air France, Union Aéromaritime de Transport, Canadian Pacific, Japan Air Lines, Royal Canadian Air Force und sogar von der Pan Am ein. Am 2. Mai 1952 nahm die Comet mit dem Flug von London nach Johannesburg, Südafrika, ihren Liniendienst auf.
Der Linien-Jet war zweifellos ein Vertreter der Zukunft; die Kolbenmotoren hatten nun ihre Leistungsgrenzen erreicht. Dazu kamen die auf den großen Viermotorigen entstehenden Geräusche und Vibrationen, die den Reisenden das Fliegen nicht gerade komfortabel gestalteten. Dagegen wurden die Passagiere in der Comet nun angenehm überrascht vom ruhigen Lauf und der geringen Geräuschentwicklung der neuen Düsentriebwerke.
Die Comet war sofort erfolgreich, und im ersten Jahr beförderten die Flugzeuge die BOAC 28 000 Passagiere – das entsprach einer Sitzplatzauslastung von 88 Prozent. 1953 gingen bei De Havilland Bestellung für 50 Exemplare und ungefähr 100 weitere Einheiten waren bereits in Verhandlung. Die Comet konnte in 11 000 Meter Höhe bis zu 780 km/h schnell fliegen und besaß eine Reichweite von über 5000 km. Nach kleineren – in der Norm gebliebenen – Pannen begann der Stern der Comet am 10. Januar 1954 zu sinken. Dieses Datum steht für den Flug Rom–Ciampino, bei dem das Flugzeug mit 35 Passagieren an Bord in der Nähe der Insel Elba ins Meer stürzte. Die Flotte der BOAC wurde stillgelegt und sofort begannen die britischen Luftfahrtbehörden Nachforschungen anzustellen. Trotz allem wurden keine Trümmerteile gefunden, die zur Identifizierung der Ursache der Katastrophe hätten beitragen können. Daraufhin wurde beschlossen, 50 verschiedene Veränderungen am Flugzeug vorzunehmen, welche die Sicherheit verbessern sollten; damit hofft man jegliches Problem aus der Welt geschafft zu haben. Im März nahm die Comet ihren Flugbetrieb wieder auf; währenddessen fuhr man fort, die Trümmerstücke des Flugzeugwracks einzusammeln, die dann in Farnborough vom Royal Aircraft Establishment überprüft wurden. Kurze Zeit später, am 8. April, stürzte eine weitere Comet unter geheimnisvollen Umständen ab; diesmal während eines Flugs von Rom nach Kairo. Abermals wurde die Flotte stillgelegt, während das RAE mit Hochdruck nach der Ursache der mysteriösen Abstürze suchte. Nach einer Vielzahl von Tests stellte das RAE die Hypothese auf, eine Strukturschwäche könne die Ursache der schweren Unfälle gewesen sein. Am Ende einer Simulation, die man mit dem vollständigen Flugzeugrumpf in einer großen, mit Wasser gefüllten Wanne durchgeführt hatte, wurde der lange gesuchte Beweis endlich sichtbar. Nach einer bestimmten Anzahl von Überdruck-Zyklen, brach der Rumpf der Comet auseinander – und zwar von den rechteckigen Fensterwinkeln an, die schon früher von den amerikanischen Luftfahrtautoritäten kritisiert worden waren. Es war nicht nur der rechteckige Fenster-Grundriss allein, der seinerzeit der besseren Sicht für die Passsagiere wegen gewählt worden war, der Probleme bereitete, sondern der Zusammenhang der Fenstergeometrie mit der Struktur des Rumpfes, den man extrem leicht gemacht hatte, was dazu beitragen sollte, die Flughöhe und die Reichweite des Flugzeugs zu steigern. Die Unfälle untergruben das Vertrauen der Passagiere in das Flugzeug. Obwohl De Havilland sofort Abhilfe schaffte und ab der dritten Serie ovale Fenster einführte und obwohl auch andere Abänderungen die Comet immer besser und sicherer machten, war doch ihr Schicksal bereits besiegelt. Die amerikanischen Konkurrenten profitierten indes von der Zeit, die den Briten verloren ging, und begannen nun damit, ihre eigenen Linien-Düsenflugzeuge herauszubringen. Die Comet flog als Passagierflugzeug noch bis 1980, doch insgesamt wurden nur knapp achtzig Comet-Exemplare gebaut. Großbritannien hatte für immer die Vorherrschaft in der Zivilluftfahrt verloren.

145 oben rechts Die große, viermotorige Boeing 377 stammte größtenteils von dem Militärtransporter C-97 (1944) ab. Obwohl die Maschine bis zu 112 Passagiere befördern konnte, wurde sie zu keinem großen Verkaufserfolg.

145 unten Die Boeing 377 konnte auch mit 28 Liegeplätzen für Nachtflüge ausgestattet werden. Auf dieser Fotografie von 1949 ist eine Mutter zu sehen, die ihre Kindern während eines Flugs zu Bett bringt.

Die Betriebe in den Vereinigten Staaten sind sicher nicht passiv geblieben, doch letztendlich bemühte sich gerade Boeing, Hersteller der wenig erfolgreichen Kolbenmotor-Flugzeuge, am meisten darum, ein komfortables und wirtschaftliches Düsen-Transportflugzeug herzustellen. Sicherlich kam das auch aufgrund der Tatsache zustande, dass Boeing das einzige Großunternehmen war, das mit dem Bau der militärischen Boeing B-47 Stratojet – einem Bomber mit sechs Triebwerken und Pfeilflügeln, der schon im Dezember 1947 zum ersten Mal geflogen war – bereits Erfahrungen mit Düsenflugzeugen gemacht hatte. An erster Stelle überzeugten sich die Ingenieure Boeings davon, dass einer der Fehler der britischen Comet ihre Proportionen betraf: Sie war zu klein, um wirtschaftlich lohnend zu sein. Darum sollte die neue Boeing die doppelte Anzahl von Passagieren befördern können. Am Anfang dachte man daran, das neue Flugzeug auf der Basis des Stratocruisers zu entwickeln, aber bald schon wurde ersichtlich, dass das gar nicht nötig war. Das Projekt wurde also erneut vollständig übergearbeitet und behielt trotzdem – uunter anderem auch zum Zweck der Desinformation der Konkurrenz – seine ursprüngliche Serien-Nummerierung 367 bei. In Wirklichkeit hatte das neue Flugzeug im begrenzten Kreis der Projekt-Mitarbeiter bereits einen anderen Namen: 707, da es der 707. Entwurf der Firma Boeing war. Das Flugzeug besaß Propellerflugzeugen erworben hatte. Auch der USAF fehlten die nötigen Mittel zum Erwerb eines Flugzeugs, das die KC-97 ersetzen konnte. Boeing musste das 707-Projekt also in eigener Verantwortung finanzieren. Im April 1952 genehmigte der Boeing-Verwaltungsrat eine Investition in Höhe von 15 Millionen Dollar in das Projekt; das war ein Viertel des gesamten Firmenvermögens! Boeing musste ein wirklich hohes Risiko eingehen: Die 707 bedeutete Erfolg oder das Ende der Firma.

Die Entwurf- und Entwicklungsarbeiten des Projekts wurden unter größtem Einsatz ausgeführt und das neue Flugzeug erwies sich allem voran als sicher und extrem robust. Der Rumpf etwa hatte einer Testreihe von 50 000 Druckfestigkeits-Zyklen widerstanden.

Die erste Boeing 707 war für jene Zeit ein wirklich großes Flugzeug: Ihre Länge betrug 39 Meter und sie wog gut 72 500 kg. Angetrieben von vier Pratt & Whitney JT3P-Düsentriebwerken mit je 4300 kp Schubkraft vollbrachte die 707 am 15. Juli 1954 ihren ersten Flug. Das Flugzeug bewies sofort hervorragende Eigenschaften. Boeing zielte zunächst auf den militärischen Kunden. Und um auf die Möglichkeiten des düsengetriebenen Flugzeugs besonders aufmerksam zu machen, wurde der Prototyp der 707 (ausgestattet mit einer festen Luftbetankungssonde) der USAF daraufhin vorgeführt. Im März 1955 orderte die Air Force eine erste Serie von 29 KC-135A, der militärischen kein großes Interesse bei Luftfahrtgesellschaften erweckt, denen der Entwurf 1952 heimlich gezeigt worden war. Sie bevorzugten das neueste Propeller-Transportflugzeug, die DC-7. Der Schock für das Unternehmen kam im Jahr 1955, als das Management der Pan Am erklärte, dass mit dem Erscheinen der Boeing 707 für Douglas „der Zug abgefahren" sei. Die Pan Am wollte, dass durch das Auslösen eines Wettbewerbs zwischen den zwei Firmen-Kolossen bessere und ökonomischere Flugzeuge entstanden – ein Monopol von Boeing im Bereich der Viermotorigen war nicht wirklich wünschenswert. Die Aufgabe war schwierig, da die DC-8 bereits voll ausgereift erscheinen müsste, um den Konkurrenten von Boeing schlagen zu können. Douglas profitierte natürlich von den Erfahrungen und gleichzeitig den Mängeln, die bei der 707 aufgetreten waren. Bei der Projektierung ging man besonders gewissenhaft vor, denn angesichts der Kosten und der Verspätung gegenüber Boeing musste das Flugzeug bereits aus dem ersten Versuch fertig hervorgehen. Die Passagierkabine war größer und auch in Hinblick auf die Reichweite war das Douglas-Modell der 707 überlegen. Der Mut von Douglas wurde belohnt und weniger als fünf Monate nach der Startankündigung des Programms verkündete die Pan Am, dass sie 25 DC-8 und 20 Boeing 707 kaufen würde; zwei Wochen später gab auch die United öffentlich die Absicht bekannt, 30

Tragflächen mit 35 Grad Pfeilung, an denen vier voneinander getrennte Gondeln zur Aufnahme der ebenfalls vier Triebwerke befestigt waren. Der Rumpf war schlank und stromlinienförmig und auch die Leitwerke am Heck hatte man pfeilförmig gestaltet.

Unabhängig von der endgültigen Gestalt wünschte der Präsident von Boeing, William Allen, dass das Flugzeug in der Lage sein müsse, sowohl als Ziviltransporter als auch als militärische Tankflugzeug zu operieren. Tatsächlich war Allen bekannt, dass die Air Force gerade neue strahlgetriebene Tankflugzeuge benötigte, um die alten, propellergetriebenen Boeing KC-97 ersetzen zu können, deren Leistungen nicht länger den Bedürfnissen der strategischen Bomber B-47 und der zukünftigen B-52 entsprachen.

Auch unter den amerikanischen Luftfahrtgesellschaften begann nun das Interesse an einem Passagiertransport-Jet zu erwachen. Leider jedoch waren die meisten zu dem Zeitpunkt ziemlich tief verschuldet, da man aufgrund der Expansions-Programme Hunderte von Lufttankerversion der 707 (am Ende hatte die Air Force insgesamt über 800 Stück erworben). Nachdem man also die Militärs zufriedengestellt hatte hatte, begann man den Prototyp im Hinblick auf die zivile Nutzung zu modifizieren. Mit dieser Ausgestaltung überholte die 707 alle anderen Linienflugzeuge jener Zeit. Am 13. Oktober 1955 bestellte die Pan Am die ersten sechs Exemplare der Serienausführung 707-120.

In Wirklichkeit hatte die 707 keine ganz komplikationslose Geburt hinter sich gebracht; am Anfang gab es Probleme mit den Bremsen, die Schubleistung der Triebwerke war bei voller Auslastung des Flugzeugs nicht ausreichend hoch, ebenso wie auch die Reichweite, die zur Durchführung der geplanten Transatlantik-Flüge nicht genügte. Die Version 707-120 wurde daher mit den Triebwerken JT3C-6 mit 6120 kp Schub ausgestattet.

Das damals größte Unternehmen zum Bau von Zivilflugzeugen war Douglas, wo man nicht untätig geblieben war. Doch das neue DC-8-Projekt, ein vierstrahliger Jet für 900 km/h Geschwindigkeit, hatte Exemplare der DC-8 zu erwerben. Boeing war verblüfft: Douglas verkaufte mehr Jets als sie, ohne davor ein einziges Düsenflugzeug konstruiert zu haben, und die Fluggesellschaften schienen sogar mehr von der DC-8 als der 707 angezogen zu sein. Der Prototyp der DC-8 flog zum ersten Mal am 30. Mai 1958: Seine Vorzüge gegenüber der 707 waren die stärkeren Triebwerke, die längere Reichweite und eine größere Kabine. Boeing blieb nichts anderes übrig, als die 707 erneut zu überarbeiten. So entstand die 707-320 Intercontinental, die am 10. Oktober 1959 zum ersten Mal flog. Es handelte sich dabei um die erste Übersee-Ausführung; darauf folgte die 707-320C, die mit den Triebwerken JT3D-7 von 8620 kp Schubkraft ausgestattet war und eine Reisegeschwindigkeit von 975 km/h erreichte. Die Gipfelhöhe betrug 11 900 Meter, die maximale Reichweite lag mit 147 Passagieren bei 9262 km und die maximale Startmasse betrug 151 320 kg.

Dank der Flexibilität der Rumpf-Geometrie der 707 erreichte Boeing mit diesem Flugzeug erneut die

Vorherrschaft über Douglas. In der Zwischenzeit hatten sich die internationalen Fluggesellschaften von der Notwendigkeit des Einsatzes von Düsenflugzeugen überzeugt. Die American Airlines erwarb 30 Boeing 707 mit der Option auf weitere 20 Flugzeuge. Delta, Eastern, Trans Canada, Wildwest, Japan Air Lines, KLM, SAS, Alitalia und Swissair entschieden sich für die DC-8, während die 707 von der Lufthansa, Air France, Sabena, Continental, Western, TWA und Air Indios bestellt wurde. Über 1 000 Boeing-707-Exemplare sowie mehr als 550 Exemplare der Douglas DC-8 wurden hergestellt.
Die Fluggesellschaften wussten die niedrigen Kosten bei der Verwendung der neuen Jets zu schätzen, während die Passagiere besonders über die neuen Komfortangebote glücklich waren: höhere Bequemlichkeit und Geschwindigkeit und, mit der steigenden Fluganzahl, sogar billigere Tickets. Die Welt hatte sich wirklich verkleinert; weit entfernte Länder und das Leben der VIPs – alles schien nun für jeden erreichbar zu sein.
Während man in Amerika um die Vorherrschaft im Langstrecken-Segment kämpfte, wurde man sich in Europa der Marktmöglichkeiten bewusst, die ein Mittel- und Kurzstrecken-Düsenflugzeug bieten könnte. Tatsächlich waren auf dem alten Kontinent die großen Jets noch weniger brauchbar und vor allem viel zu teuer. 1951 gab die französische Luftfahrtbehörde eine Spezifikation heraus, die zum Wettbewerb zwischen den großen nationalen Luftfahrtunternehmen zur Realisierung eines Flugzeugs mit über 60 Plätzen und einer Reichweite von mindestens 2000 km aufrief. Sechs Unternehmen beteiligten sich an der Ausschreibung und 1952 wurde der Entwurf der Firma Sud Est (SNCASE) aus Toulouse als Sieger gekürt. Die Caravelle, wie das Flugzeug genannt wurde, besaß eine innovative Außengestaltung, die sich vor allem dadurch auszeichnete, dass die Triebwerke am Heck zu beiden Seiten des Leitwerks angebracht worden waren.
Das Flugzeug war mit zwei starken Triebwerken vom Typ Rolls Royce Avon RA.29 Mk.552 ausgestattet, die eine Schubkraft von je 4763 kp produzierten. Im Notfall war es sogar möglich, mit nur einem funktionierenden Triebwerk zu fliegen. Durch die Anbringung der Triebwerke am Heck ergaben sich mehrere Vorteile: zum Beispiel der „saubere Flügel" mit hoher aerodynamischer Wirksamkeit sowie eine verbesserte Geräuschdämmung in der Kabine. Der erste Kunde des neuen Flugzeugs war natürlich die Air France. Ihren Jungfernflug führte die Caravelle am 27. Mai 1955 durch und erwies sich schon bald als erfolgreiche

146 Eine Sud-Est Caravelle der schweizerischen Fluggesellschaft Air City. Die Caravelle war das erste Düsenflugzeug Europas und wurde an 35 Fluggesellschaften verkauft.

147 oben Die DC-8 war die Antwort von Douglas auf die Boeing 707 und zeigte sich anfangs sogar dem Konkurrenten überlegen. Auf der Fotografie ist eine DC-8-63 aus dem Jahr 1967 zu sehen, bei der verschiedene Verbesserungen hinsichtlich der Aerodynamik, der Triebwerke, der Reichweite und der Landeklappen vorgenommen wurden.

147 Mitte Eine dreistrahlige Hawker Siddley H.S.121 Trident der British Airways. Dieses Flugzeug war für Kurzstreckenflüge entworfen worden, traf jedoch nicht auf das Wohlwollen der Fluggesellschaften; nur 117 Exemplare wurden gebaut.

147 unten Eine Boeing 707 der Lufthansa beim Flug. Die 707 wurde als Militärflugzeug entworfen – die hohen Entwicklungskosten konnten somit durch eine Regierungsbestellung gedeckt werden.

Konstruktion. Von der Caravelle, die ständig perfektioniert und verbessert wurde (mit einem Fassungsvermögen bis zu 140 Passagieren), hatte man 281 Exemplare gebaut, die von 35 Fluggesellschaften eingesetzt wurden. Auch die Briten begannen, nachdem sie den Erfolg der Caravelle sahen und sich der Markterfordernisse bewusst wurden, das Segment der kleineren Jets für Mittel- und Kurzstrecken anzupeilen. Als Ergebnis entstand 1956 die De Havilland D.H.121, die aufgrund des Erwerbs der Firma durch Hawker Siddley kurze Zeit später als H.S.121 Trident bekannt wurde. Der erste Flug der Trident fand am 9. Januar 1962 statt. Trotz einiger interessanter Eigenschaften (es war das erste Flugzeug der Welt mit automatischem Landesystem) konnte die Trident keinen besonders großen Erfolg verzeichnen, und bis 1975 wurden nur 117 Exemplare bebaut. Aber nun ging man auch in Amerika daran, den Mittel- und Kurzstreckensektor zu entwickeln, und einige der gelungensten und berühmtesten Flugzeuge der Geschichte der Luftfahrt waren dabei abzuheben.

Kapitel 11

Die großen Jagdflugzeuge der Fünfzigerjahre

Wahrscheinlich hatte keine andere Periode der Luftfahrtgeschichte eine solche gedrängte Vermehrung von modernen Flugzeugen – besonders in den Vereinigten Staaten – erfahren wie die Fünfzigerjahre. Es gab zahlreiche Gründe für dieses Phänomen. Die aufgrund der Bedürfnisse des Zweiten Weltkriegs vorangetriebenen Forschungen auf dem Gebiet der Luftfahrt wurden ständig fortgesetzt, da es immer neue Grenzen zu überschreiten gab: die Entwicklung des Düsenmotors und der Pfeilflügel sowie nicht zuletzt das Durchbrechen der Schallmauer. Außerdem bot der drohende Hintergrund des Kalten Krieges einen zusätzlichen Forschungsantrieb. Die Konfrontation der Westmächte mit der kommunistischen Welt – besonders im Korea-Krieg – ermutigte die Regierungen zur Bereitstellung riesiger Finanzmittel, mit denen die Forschung und Entwicklung im militärischen Sektor sowie auf dem Gebiet der Raumfahrt unterstützt werden sollten. Auch wenn (nicht zuletzt aufgrund der Kernwaffen-Präsenz) kein offener Konflikt zwischen Ost und West ausgetragen wurde, entwickelte sich die Konfrontation doch auf einer technologischen Ebene, die letztendlich darauf zielte, den jeweiligen Gegner einzuschüchtern.
Der Korea-Krieg hatte die Amerikaner schockiert. Das Erscheinen der MiG-15 und ihre technischen Eigenschaften waren eine vollkommene Überraschung für die westlichen Luftfahrt-Experten gewesen und hatten klar bewiesen, dass die Sowjetunion in der Lage war, genauso gute oder sogar den besten amerikanischen Jets überlegene Flugzeuge hervorzubringen. Alle bislang erreichten Vorteile in Bezug auf den kommunistischen Gegner reichten nicht aus, um die USAF und die US Navy zu beruhigen. Amerika benötigte Flugzeuge, die denjenigen des Gegners eindeutig überlegen waren. Innerhalb kürzester Zeit – und vor allem dank der Erfahrungen und der erhobenen Daten seitens der NACA (später NASA) und der USAF aus der X-Serie experimenteller Flugzeuge – war die amerikanische Industrie in der Lage, Militärflugzeuge mit immer erstaunlicheren Merkmalen und Leistungsparametern herzustellen. In einem Zeitraum von weniger als vier Jahre erschienen sage und schreibe sechs neue Jäger, die berühmten Flugzeuge der „Century Series".

Das erste unter ihnen war die North American F-100 Super Sabre, die als Nachfolger der erfolgreichen F-86 von derselben Firma entworfen wurde. Das Projekt wurde 1949 auf der Grundlage der Sabre in Angriff genommen – die Unterschiede bestanden in den um 45 Grad gepfeilten Flügeln sowie im J57-Triebwerk mit Nachbrenner. Außerdem war das neue Flugzeug in puncto Flugleistungen und Gewicht weit überlegen. Mit dem Ausbruch des Korea-Kriegs beschleunigte die USAF enorm die Arbeiten und der erste Prototyp flog am 25. Mai 1953. Trotz einiger Probleme schaffte es die Super Sabre als erstes, zum operativen Gebrauch entworfenes Flugzeug der Welt, die Geschwindigkeit Mach 1 im Horizontalflug zu übertreffen. Das Programm wurde also schnell genehmigt und als F-100A in Produktion gebracht, so dass die ersten Exemplare im September 1954 bei den Geschwadern eintrafen. Nach einigen Unfällen, die in Verbindung mit dem verkürzten Seitenruder standen, wurde jedoch die F-100A-Produktion eingestellt und mit der Entwicklung der F-100C-Version begonnen. Diese Version besaß verlängerte Flügel und ein erhöhtes Seitenleitwerk sowie eine Luftbetankungssonde. Das endgültige Super-Sabre-Modell war die F-100D, die grundlegende Veränderungen im Bereich der Zelle, der Flugelektronik und der Bewaffnung (welche die Eignung als Atomwaffenträger einschloss) erfahren hatte. Das Modell war 14,3 Meter lang, besaß eine Spannweite von 11,8 Metern und erreichte eine maximale Startmasse von 15 800 kg. Die Triebwerke vom Typ Pratt & Whitney J57-P-21A erzeugten 7690 kp Schub, die das Flugzeug zu der Höchstgeschwindigkeit von 1390 km/h beschleunigen konnten. Die Bewaffnung schließlich bestand aus vier 20-mm-Kanonen und bis zu 3400 kg Außenlasten in Form von Abwurftanks, Bomben und Raketen. Die letzte Version war die zweisitzige F-100F, die erfolgreich im Vietnamkrieg für den Angriff auf die feindliche Luftverteidigung eingesetzt wurde. Insgesamt hatte man 2294 Super Sabre gebaut und viele davon auch nach Dänemark, Frankreich, Taiwan und die Türkei exportiert. Bei der USAF wurde das Jagdflugzeug sehr geschätzt; es gehörte zur Ausstattung des Kunstfluggeschwaders der Thunderbirds, aber man setzte es auch intensiv in der ersten Hälfte des Vietnam-Kriegs ein. Die letzten Exemplare der USAF wurden Anfang der Achtzigerjahre außer Dienst gestellt, nachdem sie noch bei der Nationalgarde gedient hatten.
Das zweite Flugzeug der Century Series war die Convair F-102 Delta Dagger, deren Entwurf von dem Experimental-Flugzeug XF-92A aus dem Jahre 1948 abgeleitet worden war und von den Forschungen im Bereich des Überschallflugs beeinflusst wurde. Der erste Prototyp, charakterisiert durch Deltaflügel und das Fehlen des Höhenleitwerks am Heck, vollbrachte seinen ersten Flug am 24. Oktober 1953. Doch die Flugleistungen waren enttäuschend: Bei höchster Triebwerksleistung schaffte die Delta Dagger es nicht

148 Die Convair F-102A Delta Dagger war das erste Überschalljagdflugzeug mit Deltaflügeln. Sie flog zum ersten Mal im Oktober 1953. Über 1000 Exemplare wurden gebaut, darunter auch die zweisitzige TF-102A.

149 oben und Mitte Die F-102 war das erste Jagdflugzeug, bei dem die so genannten „Flächen-Regeln" zur Optimierung der Leistungen bei Überschallgeschwindigkeit angewendet wurden. Zu beachten ist die unterschiedliche Form des Rumpfs beim ersten Prototyp (oben) und nach der Änderung (unten).

149 unten Die North American F-100 Super Sabre – ausgestattet mit einem Strahltriebwerk und Nachbrenner – war das erste Jagdflugzeug der Welt, das horizontal mit Überschallgeschwindigkeit fliegen konnte. Hier ist das zweisitzige Exemplar F-100F zu sehen.

einmal, in Überschallgeschwindigkeit überzugehen. Dank der gerade abgeschlossenen Tests im Windkanal, welche die Gesetze der Aerodynamik betrafen (die wissenschaftliche Kodifikation von Formen und Volumen, die sich am besten zum Durchbrechen der Schallmauer eigneten), wurde der Rumpf der XF-102 neu entworfen, um die typische Form einer „Coca-Cola-Flasche" anzunehmen (das heißt der Rumpf wurde an den Flügelwurzeln dünner). Der anhand der neuen Berechnungen entwickelte Prototyp YF-102A flog zum ersten Mal am 19. Dezember 1954. Von seinem ersten Flug an übertraf das Flugzeug Mach 1 souverän.
Die in Serie produzierte F-102A wurde 1956 in Dienst gestellt und obwohl es nur ein Übergangs-Jäger war, zeichnete sich das Flugzeug durch die fortschrittlichen Konstruktionselemente aus (wie die Bienenstockformen). Die moderne Abfang-Bewaffnung bestand aus einem radarkontrollierten Feuerleitsystem sowie den Luft-Luft-Raketen GAR-1D Falcon. Die Delta Dagger war 20,8 Meter lang, besaß eine Spannweite von 11,6 Metern und eine maximale Startmasse von 14 187 kg. Die Triebwerksausstattung bestand aus einem Pratt & Whitney J57-P-23 Strahltriebwerk mit 7802 kp Schub mit Nachbrenner und konnte das Flugzeug auf eine Höchstgeschwindigkeit von 1328 km/h bzw. Mach 1,25 in 10 700 Meter Höhe antreiben. Insgesamt wurden ca. 1000 Exemplare der F-102 produziert, einschließlich der zweisitzigen Ausbildungsversion TF-102A. Die operative Karriere des Jägers endete in den Sechzigerjahren bei der Nationalgarde; nachfolgend wurde er als PQM-102A zum Zieldarstellungsflugzeug konvertiert.

Das dritte Flugzeug der Century Series in der Chronologie des Erscheinens war der Lockheed F-104 Starfighter. Er führte seinen ersten Flug als XF-104 am 7. Februar 1954 durch. Der Starfighter, dessen Entwurf aus den Erfahrungen und Ratschlägen der im Korea-Krieg eingesetzten Piloten erwuchs, war das erste operative Jagdflugzeug, das Mach 2 erreichte und die Schallmauer sogar im Steigflug durchbrechen konnte. In der Tat forderte die USAF von dem Flugzeug vor allem Beschleunigung und äußerste Schnelligkeit, und um diese Werte zu erreichen, ging der Lockheed-Konstrukteur Clarence „Kelly" Johnson (bereits „Vater" des P-38 und F-80) keine Kompromisse ein. Der F-104 besaß laminarförmige Flügel mit kleinster Spannweite sowie einen langen, aerodynamischen Rumpf, der wenig größer als das dort untergebrachte Triebwerk war. Auf dem streng begrenzten Raum der Flugzeugnase mussten sich Pilot, Waffensystem, Radar und die Flugelektronik-Systeme den Platz teilen. Der Starfighter F-104A wurde am 26. Januar 1958 für den Einsatz bei der USAF in Dienst gestellt; er war 16,6 Meter lang, besaß eine Spannweite von 6,6 Metern und eine maximale Startmasse von 9980 kg. Das Triebwerk war ein General Electric J79-GE-3B mit 6715 kp Schubkraft, damit erreichte das Flugzeug eine Höchstgeschwindigkeit von 2200 km/h (oder Mach 2,2). Die typische Bewaffnung bestand aus zwei Luft-Luft-Raketen AIM 9B Sidewinder und einer 20-mm-Kanone M61 Vulcan. Obwohl das Flugzeug hervorragende Flugleistungen erbrachte, befriedigte es in seiner Gesamtheit nicht die Wünsche der Streitkräfte, da es zu schwer zu steuern war, eine beschränkte Reichweite besaß und eine zu kleine Waffenausrüstung zuließ: Es wurde so schon bald nach der Indienststellung den Reserve-Geschwadern übergeben. Dem nachfolgenden Typ F-104C, der mit einem stärkeren Motor ausgestattet und als Jagdbomber optimiert worden war, widerfuhr kein besseres Schicksal; beide Flugzeuge waren zwar eingeschränkt auch im Vietnamkrieg im Einsatz, aber in Wirklichkeit vom Dienst ausgeschlossen worden – auch wenn der Starfighter noch bis in die Siebzigerjahre bei der Nationalgarde flog. Die Exportversion des

150 unten Der Jäger McDonnell F-101A Voodoo hatte eine ziemlich bewegte Entwicklung. Das Flugzeug wurde 1957 als Abfangjäger in Dienst gestellt. Auch Kanada erwarb die Maschine und behielt sie als „CF-101" bis Anfang der Achtzigerjahre im Dienst.

150 oben rechts Die F-101A konnte als Abfangjäger auch Luft-Luft-Rakten mit Atomsprengkopf abschießen, wie auf dieser Fotografie eines Flugzeugs der Nationalgarde von Maine zu sehen ist.

Flugzeugs, der F-104G Super Starfighter (und der Zweisitzer TF-104G) hatte mehr Glück, vor allem weil den alliierten Ländern die Möglichkeit zum eigenen Lizenzbau gegeben wurde. Das Angebot wurde von Deutschland, Holland, Belgien, Italien, Kanada und Japan angenommen. Am 7. Juni 1960 startete der Super Starfighter F-104G zu seinem ersten Flug. Er besaß eine verstärkte Zelle (die maximale Startmasse stieg nun bis auf 13 054 kg), bessere Flugelektronik und ein neues Triebwerk J79-GE-11A mit 7170 kp Schub mit Nachbrenner. Die Höchstgeschwindigkeit überstieg nun 2200 km/h (Mach 2,2) in 11 000 Metern Höhe. Man verwendete dieselbe Waffenausstattung wie beim Typ F-104C, mit Vulcan-Kanone und Außenlasten bis zu 1815 kg, wobei zusätzlich Abwurftanks, Bomben, Raketen oder sogar eine Atombombe mit eingeschlossen waren. Der Starfighter wurde von 16 Länder verwendet und insgesamt in 2576 Exemplaren (alle Versionen eingeschlossen) hergestellt. 1966 entschloss sich Italien dazu, eine der fortschrittlichen Versionen weiterzuentwickeln. Das neue Modell wurde F-104S genannt und wurde 1969 in Dienst gestellt; es war mit besserer Flugelektronik ausgestattet und besaß eine nochmals verstärkte Zelle (die auch zwei neue Unterflügel-Pylonen ermöglichte), wodurch die maximale Startmasse auf 14 000 kg erhöht werden konnte, außerdem wurde ein J79-GE-19-Triebwerk mit 8120 kp Schub benutzt und eine schwerere Waffenzuladung war nun möglich. Die Höchstgeschwindigkeit betrug ca. 2400 km/h und die Hauptbewaffnung bestand aus den vom halbaktiven Radar AIM-7 Sparrow aus gesteuerten Luft-Luft-Raketen. Der Starfighter F-104S.ASA-M wurde noch öfter modernisiert und steht noch heute im Dienst der italienischen Luftwaffe.

Die McDonnell F-101 Voodoo, die ihren ersten Flug in der endgültigen Ausgestaltung am 29. September 1954 durchführte, war das vierte Flugzeug der Centuries. In Wirklichkeit ging der ursprüngliche Entwurf bis 1946 zurück, als die USAAF wieder einen Begleit-Düsenjäger für Langstreckenoperationen forderte. McDonnell verwirklichte daraufhin 1947 den Prototyp XF-88, aber aufgrund politischer Veränderungen der Armee und der strategischen Kommandos (sowie Problemen in Verbindung mit den Motoren und der Finanzierung) wurde das Programm unterbrochen und erst angesichts der Entwicklungen des Korea-Kriegs wieder neu aufgenommen. Der neue Entwurf wurde F-101 genannt und war ein großes Flugzeug mit Pfeilflügeln, zwei Triebwerken und T-Leitwerk, das sich jedoch aufgrund seiner ungenügenden Reichweite als nicht geeignet für die Rolle eines Bomber-Geleitflugzeugs erwies. Die F-101 wurde daher zum zweisitzigen Allwetter-Abfangjäger für den taktischen Einsatz umgebaut und wurde Anfang 1957 als F-101B in Dienst gestellt. Das Modell B war 20,5 Meter lang, verfügte über eine Spannweite von 12 Metern und erreichte 23 770 kg maximale Startmasse. Die Triebwerke waren zwei Pratt & Whitney J57-P-55 mit je 6750 kp Schub mit Nachbrenner und ermöglichten eine Höchstgeschwindigkeit von 1965 km/h (oder Mach 1,85). Die Bewaffnung war aus zwei Atomsprengkopfraketen GAR-2 Genie oder aus maximal sechs Luft-Luft-Raketen AIM-4 zusammengesetzt. In der Rolle des Abfangjägers wurde das Modell B bald von wirksameren Flugzeugen abgelöst, während die Aufklärungsversionen (RF-101A und C) länger im Dienst behalten wurden. Knapp mehr als 800 Exemplare hatte man von der Voodoo hergestellt, von denen 132 an Kanada verkauft und dort bis 1984 als CF-101 Abfangjäger eingesetzt wurden.

Das fünfte Flugzeug der Serie wurde von der Firma Republic in Eigeninitiative verwirklicht, mit der Aussicht, dass damit die bereits im Dienst befindliche F-84 ersetzt werden könnte. Der Entwurf ging bis 1951 zurück und sah die Realisierung eines großen, einsitzigen Überschall-Jagdbombers vor, der eine schwere Waffenlast – auch in Form von Kernwaffen – tragen konnte. 1954 wurde das Projekt von der USAF genehmigt und der erste Prototyp YF-105A startete am 22. Oktober 1955 zum Erstflug. Das Flugzeug hatte – wie es bei der Republic-Konstruktion üblich war – einen großen Rumpf, in dem ein einziges Strahltriebwerk Pratt & Whitney J57 untergebracht war; ferner war das Modell als Mitteldecker mit Lufteinläufen an den Flügelwurzeln und gepfeilten Leitwerken ausgelegt. Kurze Zeit darauf war aber schon das neue, stärkere Triebwerk J75 verfügbar, und das damit ausgestattete Flugzeug – genannt YF-105B – führte am 22. Mai 1956 seinen Jungfernflug durch. Die Serienversion des Flugzeugs – die F-105B Thunderchief – wurde seit Mai 1958 im Truppendienst verwendet. Nach 75 gebauten Exemplaren wechselte die Produktion auf das Modell F-105D mit stärkerem Triebwerk und neuer Flugelektronik, die Allwetter-Operationen ermöglichte. Das Triebwerk J75-P-19W entwickelte bis zu 11 110 kp Schubkraft; damit erreichte die Maschine in bis zu 2000 km/h Höchstgeschwindigkeit. Die maximale Startmasse des Flugzeugs betrug 23 965 kg, von denen gut 6350 kg aus den Außenlasten – Abwurftanks, Bomben und Raketen – zusammengesetzt waren. Vervollständigt wurde die Bewaffnung durch eine 20-mm-Vulcan-Kanone. Die war F105D 19,6 Meter lang, während die Spannweite 10,5 Meter maß. Nach dem Modell D entwickelte man die zweisitzige F-105F, die mit verlängertem Rumpf ausgestattet wurde. Dieses Modell erwies sich als extrem nützlich beim Kampf gegen die feindliche Luftverteidigung und wurde später in den Versionen EF-105F und F-105G weiterentwickelt. Sie wurden beide in der Rolle des „Wild Weasel" eingesetzt, mit speziellen elektronischen Ausrüstungen und den Strahlenschutz-Raketen Shrike und Standard. All diese Modelle wurden auch im Vietnamkrieg eingesetzt und erst in den frühen Achtzigerjahren aus dem aktiven Dienst genommen.

151 oben Der Lockheed F-104 Starfighter war der erste Jäger, der die Geschwindigkeit von Mach 2 übertraf. Das gesamte Projekt wurde in Hinblick auf die Erhöhung der Beschleunigung und Geschwindigkeit entworfen. Die USAF hat allerdings das Flugzeug nie sonderlich geschätzt.

151 unten Die Republic F-105 Thunderchief wurde als Überschall-Jagdbomber entworfen. Die Maschine konnte bis zu 6350 kg Bomben und Raketen tragen. Auf der Fotografie sind zwei Exemplare während einer Luftbetankung über Vietnam zu sehen.

152 oben Die Convair F-106 Delta Dart war viele Jahre lang der amerikanische Standard-Abfangjäger. Er wurde direkt aus der F-102 entwickelt und erreichte eine Höchstgeschwindigkeit von 2454 km/h; die Bewaffnung bestand aus vier Luft-Luft-Raketen.

152 unten Die Vought F8U Crusader wurde 1952 entworfen, um die US Navy mit einem überschallschnellen Luftüberlegenheitsjäger auszustatten. Das letzte Modell, das für die Navy flog, war das Aufklärungsflugzeug RF-8A; es wurde auf diesem Foto – während es nach der Landung die Flügel faltet – eingefangen.

153 oben Die Grumman F11F Tiger war der erste Überschalljäger, der von der US Navy eingesetzt wurde. Die Maschine wurde 1957 in den Dienst gestellt und auch vom Kunstfluggeschwader „Blue Angels" benutzt.

Das letzte Flugzeug der Century Series war die Convair F-106 Delta Dart, die im Grunde eine direkte Ableitung aus dem Vorgängermodell F-102 war. Letzteres hatte die Bedürfnisse der USAF nie vollkommen befriedigt, die einen Allwetter-Überschallabfangjäger mit computerisierter Feuerkontrolle forderte. Die F-102B sollte die endgültige Version darstellen, aber im Juni 1956 wurde das Projekt als F-106 neu entworfen. Das Flugzeug verfügte über ein neues, leistungsstärkeres Triebwerk (das J75) und das computergesteuerte Feuerleitsystem Hughes MA-1, welches endlich richtig eingestellt zu sein schien. Die erste Delta Dart flog am 26. Dezember 1956. Die Außenform ähnelte derjenigen ihrer Vorgängerin, wobei die Länge nun 21,5 Meter, die Spannweite 11,6 Meter betrug und die maximale Startmasse bei 18 975 kg lag. Das Triebwerk (J75-P-17) war mit demjenigen der F-105 fast identisch und erlaubte dem Flugzeug 2454 km/h Höchstgeschwindigkeit (über Mach 2,3). Die Waffenausrüstung enthielt eine Atomsprengkopfrakete AIR-2A Genie oder 2B Super Genie oder vier Luft-Luft-Raketen AIM-4F/G Falcon. Die Leistungen des Waffensystems waren anfangs nicht zufriedenstellend, aber die USAF erwarb trotzdem eine Gesamtanzahl von 277 Einsitzern F-106A und 63 Zweisitzern F-106B, die im Oktober 1959 in Dienst gestellt wurden. Im Laufe der Jahre erwies sich die Delta Dart als gültiges und zuverlässiges Flugzeug, und wurde als Abfangjäger bei der Nationalgarde bis Mitte der Achtzigerjahre im Dienst behalten. Anschließend erfüllte sie noch die Rolle eines Zieldarstellungsflugzeugs, nachdem viele Exemplare in QF-106-Versionen umgewandelt worden waren.

Während die USAF eine bemerkenswerte Vielfalt fortschrittlicher Jagdflugzeuge für die Ausführung verschiedenster Rollen erworben hatte, ist die US Navy bei diesem Modernisierungsprozess ziemlich im Rückstand geblieben. Einige der Marinekampfflugzeuge, wie zum Beispiel der Jagdbomber AD-1 Skyraider, waren sogar noch propellerangetrieben, während unter den Jagdflugzeugen eine Vermehrung diverser Modelle zu beobachten war, die jedoch nur bescheidene Leistungen erbrachten. Den Panther, Cougar und Fury wurden Anfang der Fünfzigerjahre Flugzeuge wie die Vought F7U Cutlass (erster Flug: 1948), die McDonnell F3H Demon (1951) und die Douglas F4D Skyray (1951) zur Seite gestellt. Diese Flugzeuge wiesen modernere, technische Eigenschaften auf, aber waren zugleich von Problemen mit den Triebwerke betroffen, deren Leistungsfähigkeit oft weit unter den Erwartungen lag. Keiner dieser Jäger erreichte Überschallgeschwindigkeit.

Mit dem Erscheinen der Grumman F11 Tiger, einer Weiterentwicklung der Panther- und Cougar-Linie, begannen sich die Dinge langsam zu ändern. Das Flugzeug war vollkommen neu, besaß ein dünnes Flügelprofil und war ausgestattet mit gepfeilten Leitwerken und einem stärkeren Triebwerk. Der erste Prototyp flog am 30. Juli 1954, aber im Januar 1955 erschien der zweite Prototyp, der über das J65-Triebwerk mit Nachbrenner verfügte, das die Tiger mit einer Höchstgeschwindigkeit von 1210 km/h zum ersten Marine-Überschalljäger machte. Die F11F wurde im März 1957 in Dienst gestellt, aber ihre operative Karriere war ziemlich kurz, da das Flugzeug von einem neuen, exzellenten Entwurf in den Schatten gestellt wurde: der Vought F-8 Crusader, die als erster wahrer Superjäger der amerikanischen Marine gilt. Die Crusader wurde in Hinblick einer 1952 von der Navy herausgegebenen Spezifikation entworfen, die darauf zielte, ein neues Marine-Überschallflugzeug zu erwerben. Vought gewann den Wettbewerb (benannt VAX) im darauf folgenden Jahr und erhielt den Auftrag zwei XF8U-1 Prototypen seines Projekts zu verwirklichen. Es han-

153 unten Vier F-106 der Nationalgarde von New Jersey in Formation. Der Jäger blieb bis 1988 im Dienst und wurde dann von der F-16 ersetzt.

delte sich bei dieser Maschine um ein schlankes, einsitziges Flugzeug in Hochdeckerauslegung, das sich durch Pfeilflügel mit variablem Einstellwinkel (Schwenkflügel) auszeichnete, die während des Abhebens und der Trägerlandung autonom vergrößert werden konnten, ohne dass der Pilot gezwungen war, das Flugzeug in eine zu steile Trimmlage zu bringen. Der erste Prototyp flog am 25. März 1955 und war ausgerüstet mit einem Triebwerk Pratt & Whitney J57-P-11 mit 6715 kp Schubkraft. Es entpuppte sich sofort als ein exzellentes, schnelles und wendiges Flugzeug. Die Serienproduktion der Maschine wurde umgehend eingeleitet und die ersten 318 bestellten Exemplare der F8U-1 konnten bereits im März 1957 in Dienst gestellt werden. Man unterzog das Flugzeug ständig Modifikationen, um die Leistungsstärke, Robustheit, Waffenausrüstung sowie die Allwetter- und Aufklärungskapazitäten zu erhöhen und zu verbessern. Die endgültige Version F8U-2NE erschien im Jahr 1961. (Im Jahr 1962, in der Folge der Neuordnung der Militär-Kennzeichnungen, wurde die Crusader in F-8, und die F8U-2NE in F-8E umbenannt.) Die F8U-2NE wurde von dem Strahltriebwerk J57-P-20A mit 8165 kp Schubkraft und Nachbrenner angetrieben und erreichte eine Fluggeschwindigkeit von mehr als 1800 km/h, was ca. Mach 1,7 entsprach. Die Länge betrug 16,6 Meter, die Spannweite lag bei 10,7 Meter und die maximale Startmasse erreichte 15 420 kg. Im Waffensystem wurden die ursprünglichen vier 20-mm-Kanonen beibehalten – mit dem Erscheinen der F-4 brachten sie dem Flugzeug den Beinamen „The Last of the Gunfighters“ ein. Dazu gab es die Möglichkeit, bis zu vier Luft-Luft-Raketen AIM-9 Sidewinder oder wahlweise bis zu 2270 kg Bomben oder Raketen an den beiden Unterflügel-Pylonen anzubringen. Insgesamt wurden 1259 Crusaders in den verschiedenen Versionen gebaut, die sich unter anderem durch ihre ausgezeichneten Kampffähigkeiten im Vietnam-Krieg auszeichneten. Als Aufklärungsmodell RF-8G wurde die Crusader noch bis Anfang der Achtzigerjahre geflogen. Einige Exemplare wurden an die philippinische Luftwaffe verkauft, während 42 Exemplare der F-8E (FN) ab Januar 1965 der französischen Marine geliefert wurden. Es handelte sich dabei um die letzten operativen Crusaders, deren Einsatzdauer im Dezember 1999 endete.

154 oben und Mitte Auf dieser berühmten Sequenz vom 3. Juni 1967 ist eine nordvietnamesische MiG-17 zu sehen, die von einer F-105 der USAF mit einer 20-mm-Vulcan-Kanone abgeschossen wird.

154 unten Die MiG-17 wurde 1950 direkt aus der MiG-15 entwickelt und war der erste, mit Raketen bewaffnete sowjetische Jäger. Auf der Fotografie ist ein vollständig restauriertes MiG-17-Exemplar zu sehen, das von einem amerikanischen Flughafen aus startet.

Die oben beschriebenen Flugzeuge gehörten zu den wichtigsten amerikanischen Entwürfen der Fünfzigerjahre. Doch auch auf der anderen Seite des Eisernen Vorhangs blieben die Luftfahrt-Ingenieure nicht tatenlos. Nach dem Erfolg des Jägers MiG-15 begann man in dem verantwortlichen MiG- Büro (geleitet von den Konstrukteuren Mikojan und Gurjewitsch) bald an der Verwirklichung eines neuen Flugzeugs zu arbeiten, bei dem die beim Vorgängermodell aufgetauchten Mängel – vor allem hinsichtlich der Aerodynamik – beseitigt werden sollten. Im Januar 1950 erschien also der Prototyp I-330, der die Grundlinien des vorhergehenden Entwurfs übernahm, jedoch einen verlängerten Rumpf, größere Leitwerke und um 45 Grad gepfeilte Flügel sowie – natürlich – ein stärkeres Triebwerk erhielt. Das Flugzeug wurde 1951 als MiG-17 in Produktion gebracht und ist im folgenden Jahr an die ersten operativen Abteilungen verteilt worden. Das Triebwerk Klimow WK-1A entwickelte 2700 kp Schubkraft und verlieh dem Flugzeug eine Höchstgeschwindigkeit von 1110 km/h. Die Ausmaße des Modells betrugen in der Länge 11,2 Meter und in der Spannweite 9,6 Meter, während die maximale Startmasse 6075 kg betrug.

Nach dem ersten Modell (in der NATO als „Fresco-A" bezeichnet) folgten der Allwetter-Abfangjäger MiG-17P und die MiG-17F. Letztere war mit einem WK-1F-Triebwerk und Nachbrenner ausgestattet, der eine Schubkraft von 3380 kp spendete und für eine Höchstgeschwindigkeit von 1150 km/h sorgte. Die Bewaffnung war derjenigen der MiG-15 deutlich überlegen: drei 23-mm-Kanonen, eine 37-mm-Kanone sowie bis zu 500 kg schwere Abwurfwaffen. Es folgte später die MiG-17FP, die mit Abfang-Radargerät Izumrud ausgestattet war, und schließlich die MiG-17PFU, die keine Kanonen besaß, dafür aber mit bis zu vier radargesteuerten Luft-Luft-Raketen AA-1 „Alkali" ausgerüstet war. Die verschiedenen Versionen der MiG-17 blieben bis 1958 in Produktion. Insgesamt wurden über 9000 Exemplare hergestellt, von denen man 3000 Stück in Lizenz in China (dort als J-5 bezeichnet) und Polen (als LIM-5) produzierte. Die einfache und stabile MiG-17 blieb außer bei den Luftstreitkräften der UdSSR im Dienst aller kommunistischen Ländern – in einigen Fällen sogar noch bis in unsere Zeit hinein.

Die natürliche Weiterentwicklung der Serie führte in der Folge zur MiG-19, die aus dem Projekt I-350 entstand und mit der Absicht entworfen wurde, als Überschallflugzeug der Sowjetunion das Standhalten beim Wettrüsten mit den neuen amerikanischen Jägern zu ermöglichen. Der Prototyp erschien 1953 und besaß stark – um 55 Grad – gespeilte Flügel, neue ebenfals gepfeilte Heckleitwerke und zwei AM-5-Triebwerke ohne Nachbrenner. Das Flugzeug,

155 oben Die MiG-19 war der erste sowjetische Überschall-Abfangjäger; sie besaß 55-Grad-Pfeilflügel und zwei Tumanski-Triebwerken mit Nachbrenner. Die Maschine wurde 1954 in Dienst gestellt.

155 unten Die Mikojan-Gurjewitsch MiG-21 war mit fast 12 000 Exemplaren das am zahlreichsten vertretene, sowjetische Düsenjagdflugzeug. Es wurde von über 50 Luftstreitkräften auf der ganzen Welt benutzt. Auf dem Foto ist ein Exemplar der finnischen Luftwaffe zu sehen, die die MiG-21 1998 vom Dienst zurückzog.

das seinen ersten Flug am 18. September 1953 durchführte, wurde 1954 in Dienst gestellt (in der NATO als „Farmer-A" kodifiziert), ausgestattet mit AM-5F-Triebwerken und Nachbrenner. Das Modell war jedoch noch nicht vollständig entwickelt und wies bei hoher Fluggeschwindigkeit ernsthafte Instabilitätsprobleme auf. Daraufhin wurde die Version MiG-19S entwickelt, die über neue, vollständig bewegliche Heckleitwerke verfügte. Es folgte die Version SF mit neuen Triebwerken Tumanski RD-9BF, die mit einer Schubkraft von 3300 kp das Flugzeug bis auf 1450 km/h Höchstgeschwindigkeit antrieben. Die MiG-19SF besaß eine Länge von 12,6 Metern, eine Spannweite von 9,2 Metern und eine maximale Startmasse von 9100 kg. Die Waffenausrüstung sah drei 30-mm-Kanonen und bis zu 500 kg Außenlasten vor. 1958 wurde der Allwetter-Abfangjäger MiG-19P eingeführt, der mit Radargerät und zwei 23-mm-Kanonen ausgestattet war. Diesem folgten die mit Radar und vier Luft-Luft-Raketen AA-1 ausgerüstete Vesion MiG-19PFM, ferner der Abfangjäger PF mit zwei 30-mm-Kanonen, das Aufklärungsflugzeug MiG-19R und schließlich das zweisitzige Schulungsmodell MiG-19UTI. Es scheint, dass in der UdSSR insgesamt über 2500 Exemplare der MiG-19 gebaut wurden, während eine doppelte Anzahl des Modells in China fertiggestellt wurde, wo man 1958 die Produktionslizenz für die MiG-19S erhalten hatte. China baute also die MiG-19 nicht nur selbst, sondern exportierte sie in zahlreiche Länder unter der Bezeichnung J-6/F-6 und – in der zweisitzigen Version – als FT-6. Diese zuletzt erwähnten Flugzeuge sowie deren Ableitungen befinden sich noch heutzutage im Dienst einiger asiatischer Länder.

Die Einführung der MiG-21 gab dem sowjetischen Flugwesen eine entschiedene technische und operative Wendung. Die MiG-21 war der erste Jäger des Warschauer Pakts, der Mach 2 erreichen konnte; ähnlich wie einige Zeit zuvor die MiG-15 stellte das neue Flugzeug eine unangenehme Überraschung für den Westen dar. Die Arbeiten an einem neuen, leichten Überschalljäger hatten bereits 1953 begonnen. Der erste Konstruktionsaufbau (E-2) – noch mit Pfeilflügeln – war die logische Fortsetzung der vorausgegangenen Entwicklungsphasen. Später aber wurde der Entwurf E-5 bevorzugt, der, mit Delta-Flügeln ausgestattet, zum ersten Mal am 9. Januar 1956 flog. Aus diesem experimentellen Flugzeug wurde schließlich die E-6 entwickelt, bei der es sich praktisch um den Prototyp der MiG-21 handelte. Der Erstflug fand am 20. Mai 1958 statt. Um die Delta-Flügel anbringen zu können, behielt der Jet die traditionellen, stark gepfeilten Leitwerke am Heck bei und besaß einen an der Nase angebrachten Lufteinlass mit Antischock-Kegel, so dass die Versorgung des Strahltriebwerks Tumanski R-11 mit Nachbrenner gesichert werden konnte. Benannt als MiG-21F („Fishbed-C" für die NATO) wurde die Produktion des Flugzeugs 1959 gestartet. Der Jäger erwies hervorragende Geschwindigkeitsleistungen und Aufstiegsfähigkeiten und verfügte über eine ausreichende Wendigkeit. Die Bewaffnung war dagegen spärlich und bestand aus lediglich zwei 20-mm-Kanonen. Die MiG-21F war 13,4 Meter lang, besaß eine Spannweite von 7,1 Metern und eine maximale Startmasse von 7575 kg. Ihr Triebwerk gab 5750 kp Schubkraft und

ermöglichte eine Höchstgeschwindigkeit von 2000 km/h in Flughöhe. Im darauf folgenden Jahr erschien die erste, in Massen produzierte Version: die MiG-21F-13, die mit Radargerät und zwei Luft-Luft-Raketen K-13 (AA-2 „Atoll") ausgestattet war; es handelte sich dabei um die sowjetische Kopie des AIM-9B Sidewinder. Das Flugzeug wurde über Jahre hinweg ständig verbessert und weiterentwickelt. Unter den zahlreichen Ausführungen ragen vier Haupt-Modelle heraus: die MiG-21PF (stärkerer Motor, erhöhte Kraftstoffaufnahme und neues Radargerät), die MiG-21PFM (seit 1964 – mit neuem Auftriebssystem, vergrößertem Seitenleitwerk, neuer Bewaffnung und Flugelektronik) sowie die MiG-21R (Aufklärungsversion mit Radar-Pod und modifiziertem Rumpfrücken) und die MiG-21S bzw. SM (stärkeres Triebwerk, neues Radargerät, vier Unterflügelpylonen und Kanonenbehälter; die Exportversion wurde MiG-21MF genannt). Im Jahr 1972 erschien schließlich die MiG-21bis („Fishbed-L"), die eine erweiterte Flugelektronik einführte und mit den neuen Luft-Luft-Raketen R-13M, R-55 und R-60 ausgestattet war. Das ebenfalls neue Triebwerk Sojus-Gawrilow R-25-300 mit Nachbrenner verfügte über 7500 kp Schubkraft, die ausreichte, um das Flugzeug auf die Höchstgeschwindigkeit von 2175 km/h (oder Mach 2,05) anzutreiben. Die maximale Startmasse stieg bis auf 10 400 kg, von denen 1200 kg aus Waffen-Außenlasten bestehen konnten. Der Entwurf der MiG-21 bildete auch die Grundlage für verschiedene zweisitzige Ausbildungsmodelle, angefangen von der ursprünglichen MiG-21U (abstammend von der MiG-21F-13; von der NATO „Mongol-A" genannt), zur MiG-21US und schließlich der MiG-21UM.

Über 11 950 Exemplare der MiG-21 wurden in der UdSSR, sowie – in Lizenz – auch in China (wie die J-7/F-7), der Tschechoslowakei und Indien produziert. In den Sechziger- und Siebzigerjahren waren alle kommunistischen und unter kommunistischem Einfluss Länder im Besitz dieses Flugzeugs, das sich somit im Einsatz von fast 50 Luftstreitkräften befand. Man schätzt, dass sich heutzutage noch mehr als 3000 Fishbeds im Dienst befinden, da in den Neunzigerjahren zwei Programme zur Modernisierung der in Dienst befindenden MiG-21 eingeführt wurden. Die Modifizierungen sahen intensive Verbesserungen vor allem in der Struktur der Zelle sowie hinsichtlich der Flugelektronik und der Bewaffnung vor. Das sowjetische MAPO-MiG-Programm entwickelte die MiG-21-93, die von Indien erworben wurde. Israel (IAI) dagegen bietet die MiG-21-2000 an – die von den rumänischen Luftstreitkräften gewählte, auch „Lancer" genannte Version. Es ist wahrscheinlich, dass noch andere Länder von den Weiterentwicklungen Gebrauch machen, um weiterhin ein Flugzeug einsetzen zu können, das auch vierzig Jahre nach seinem ersten Flug noch eine eindruckvolle Waffe geblieben ist.

Kapitel 12

Der Kalte Krieg

Die Allianz zwischen den Vereinigten Staaten und der Sowjetunion hatte nur bis zur Niederlage des gemeinsamen Nazi-Feindes gehalten. Trotz des unaufhörlichen Stroms von Militärhilfen, die Amerika an die UdSSR während des Krieges sandte (Flugzeuge, Lastwagen, Panzer und riesige Mengen von Rohstoffen), hatte sich Stalin nicht gerade freundschaftlich gegenüber den westlichen Alliierten verhalten – sowohl vom politischen als auch aus militärischen Standpunkt aus betrachtet. Einige amerikanische Bomber-Besatzungen, die 1944 und 1945 hinter den russischen Linien notlanden mussten, wurden wie gewöhnliche Sträflinge ins Gefängnis gesperrt und erst nach mehreren Monaten wieder freigelassen – während die Flugzeuge, vor allem der Bomber B-29 zurückgehalten wurden. Während des Warschauer Aufstandes im August-September 1944 begann den westlichen Alliierten die sowjetische Strategie klar zu werden. So geschah es tatsächlich, dass nach dem polnischen Aufstand in Warschau gegen die Deutschen die sowjetischen Truppen wenige Kilometer vor der polnischen Hauptstadt unbeweglich in ihren Posten ausharrten und zuließen, dass die rebellierende Bevölkerung ergriffen und massakriert wurde. All das, weil die Poltiker des freien Polen es in London abgelehnt hatten, sich den Autoritäten Moskaus zu unterwerfen. Die von den Alliierten unternommenen Versuche, Warschau von der Luft aus zu versorgen, nahmen kein gutes Ende und führten im Gegenteil noch zu hohen Verlusten.

Churchill, ein überzeugter Antikommunist, erriet, dass das geheime Ziel der UdSSR darin bestand, den Krieg auszunutzen, um die Kontrolle über einen möglichst großen Teil Europas zu erlangen.
In den Vereinigten Staaten war das Verhalten gegenüber der UdSSR noch von Vertrauen geprägt, aber das änderte sich nach dem Tod des Präsidenten Roosevelt im April 1945. Bei der Potsdamer Friedenskonferenz spitzten sich die Meinungsverschiedenheiten zu und die fortschreitende Verschlechterung der Verhältnisse zwischen dem Westen und der Sowjetunion kam immer deutlicher ans Licht. Auch weitere Faktoren begannen in diesem Abgrenzungsprozess der beiden Blöcke eine Rolle zu spielen: der Besitz der Atombombe seitens der Amerikaner (1945), und nachfolgend seitens der Sowjetunion (1949); die Entstehung von Regierungen in Osteuropa, die der UdSSR unterworfen waren; die Gründung des Militärbündnisses NATO 1949; der Korea-Krieg 1950 und schließlich die Gründung des Warschauer Pakts im Jahr 1955. All diese Ereignisse trugen zur Schaffung von zwei einander entgegengesetzten Kräfteblöcken bei – der sogenannten „freien Welt" im Westen und den kommunistischen Oststaaten –, die sich in einem lang andauernden Stadium von Konfrontation und Spannung befanden. Dieser Konflikt wurde nicht offen ausgetragen, und wurde daher später als der „Kalte Krieg" bekannt.
Neben der politischen und ideologischen Propaganda und der internationalen Spionage waren die Hauptwaffen des Kalten Kriegs die Flugzeuge; und unter ihnen besonders die strategischen: Nuklearbomber, Luftversorgungsflugzeuge und Aufklärer.
Von Anfang an hingen die im Kalten Krieg angewendeten Taktiken mit dem Atomwaffen tragenden Bomber zusammen. Das erste Flugzeug diesen Typs war die Boeing B-29, der Protagonist bei den Angriffen auf Hiroshima und Nagasaki. Nach dem Krieg, ab 1947, wurde das Flugzeug allmählich von einer fortschrittlichen Version ersetzte, der B-50, die mit strukturellen Modifizierungen versehen wurde, um die Waffenzuladung und die Reichweite erhöhen zu

können. Doch bereits 1949 wurde das Flugzeug von anderen Entwürfen überholt und für weniger anspruchsvolle Aufgaben verwendet, wie etwa die Aufklärung und den Lufttransport. Der erste wirkliche strategische Bomber wurde von Convair verwirklicht; damit folgte man einer 1941 aufgestellte Spezifikation der USAAF. Darin wurde ein interkontinentaler Bomber gefordert, der fähig wäre, eine Waffenlast von 4500 kg auf Entfernungen bis 8000 km zu befördern. Die Realisierung des Flugzeugs ging aufgrund der technischen Schwierigkeiten und der fortschreitenden Kriegsereignisse nur sehr langsam voran, so dass der erste Prototyp erst am 8. August 1946 flog, als der Krieg bereits beendet war. Aufgrund der internationalen Lage wurde jedoch die Serienproduktion des Flugzeugs genehmigt und im August 1947 gelangten die ersten Exemplare in die Staffeln der Air Force. Die B-36 Peacemaker war ein wahrhaft riesiges Flugzeug mit einer Länge von 49,4 Metern und einer Spannweite von gut 70,1 Metern. Angetrieben wurde die Peacemaker von sechs Sternmotoren vom Typ Pratt & Whitney R-4360 mit 3800 PS und die maximale Startmasse betrug über 150 Tonnen. Die erbrachten Flugleistungen waren jedoch enttäuschend, so dass 1949 die B-36D eingeführt wurde. Dieses Modell war zusätzlich mit vier Srahltriebwerken J47 ausgestattet, die je 2360 kp Schubkraft entwickelten. Ebenfalls 1949 erschien auch die erste Version zur strategischen Aufklärung, die RB-36D. Die endgültige Ausführung war die B-36J, die zum ersten Mal 1953 erschien; dieses Flugzeug erreichte eine Höchstgeschwindigkeit von 661 km/h, hatte eine maximale Startmasse von 185 973 kg sowie eine Reichweite von 10 944 km. Das Waffensystem war zusammengesetzt aus 39 000 kg Bombenlast, 16 20-mm-Kanonen; bedient wurde es von einer sowie einer 15 Mann starken Besatzung. Bis 1954 wurden 383 Exemplare der Peacemaker gebaut, wobei das Flugzeug bis Ende der Fünfzigerjahre im Dienst blieb.

In der Zwischenzeit, seit 1948, unterstand das Strategic Air Command (SAC), der verantwortlich für die Nuklear-Bomber sowie die Luftversorgungsflugzeuge war, dem Befehl des Generals Curtiss LeMay. Der General war ein harter Mann, der während des Kriegs auf sich aufmerksam gemacht hatte – und besonders bei den Bombardierungen auf Japan. LeMay schaffte es dank härtester und zermürbender Übungs-Zyklen sowie ferner dem Erwerb neuer Flugzeuge, die SAC aus ihrem niedrigen Leistungsstand zu einer effizienten, zuverlässigen und gefürchteten Einheit zu erheben. Die Kalte-Krieg-Strategie der Vereinigten Staaten erforderte, dass bewaffnete Bomber mit globaler Angriffsfähigkeit ständig am Himmel präsent waren, um in der Lage zu sein, sicher und schnell auf einen nuklearen Überfall der UdSSR zu antworten. Mit der Einführung von strahlgetriebenen Bombern und Luftversorgungsflugzeugen – „tanker" – wurden diese Forderungen ermöglicht.

156 Der strategische Bomber Avro Vulcan wurde ab 1947 entwickelt, um die britische RAF mit einem Nuklearwaffen-Träger zu versorgen und England von der USA militärisch unabhängig zu machen. Die Vulcan – ab 1956 im Dienst – besaß die typischen Deltaflügel und war das zweite Modell der britischen „Triade" englischer Nuklear-Bomber (die anderen beiden waren die Vickers Valiant und die Handley Page Victor).

157 oben Der strategische Superbomber Convair B-36 wurde infolge einer zukunftsorientierten Spezifikation von 1941 entwickelt, die ein Flugzeug mit über 16 000 km Reichweite und einer Geschwindigkeit von mindestens 390 km/h forderte. Hier ist das Modell B-36J zu sehen, das sechs Propeller-Triebwerke sowie vier Strahltriebwerke vereint und eine Geschwindigkeit von 661 km/h erreicht.

157 unten Die viermotorige Boeing B-50 wurde aus der B-29 entwickelt und am Ende des zweiten Weltkriegs mit nur 79 Exemplaren in Dienst gestellt. Sie war stärker und mit einer größeren Nutzlast ausgestattet als ihre Vorgängerin.

158 oben Der erste, wirklich moderne Bomber der USAF war die Boeing B-47 Stratojet, die 1950 in Dienst gestellt wurde. Die Maschine besaß Pfeilflügel, flog 975 km/h schnell und trug bis zu 10 000 kg Bomben. Auf dem Foto ist ein Schnellstart zu sehen, der von Raketenmotoren unterstützt wird.

158 unten Die B-52H – bereits öfter für überholt erklärt – befindet sich auch 50 Jahre nach ihrem ersten Flug noch im Dienst. Sie wurde kürzlich bei den Konflikten im Kosovo und in Afghanistan eingesetzt.

158 oben Luftbetankung einer Boeing B-52 Stratofortress durch eine Boeing KC-135 Stratotanker über den Bergen der Sierra Nevada in Kalifornien 1958. Mit diesem Flugzeugpaar verfügte die USAF über eine strategische Komponente von globaler Reichweite.

159 unten Eine B-47 beim Flug über den Wolken. Die Stratojet verfügte über eine 3-Mann-Besatzung (der Pilot und der Navigator befanden sich im Tandem-Cockpit) und blieb bis 1966 im Dienst. Es wurden ca.1800 Exemplare gebaut.

Die Aufgaben der B-36 sind allerdings mit dem Erscheinen des ersten strategischen Düsen-Bombenflugzeugs, der Boeing B-47 Stratojet, reduziert worden. Dieser Entwurf erblickte 1944 das Licht der Welt, nachdem sich Boeing zusammen mit drei anderen Unternehmen (Convair, Martin und North American) daran gemacht hatte, einen Bomber mit Luftstrahlantrieb zu realisieren. Nach verschiedenen Forschungen, die sich anfangs besonders auf die Modelle mit geraden Flügeln bezogen, akzeptierte die Air Force das Boeing-Modell 450. Das Flugzeug besaß sechs unter den Tragflächen installierte Motoren und zeichnete sich besonders durch die innovativen, um 35 Grad gepfeilten Flügel (ein Prinzip, das man aus den deutschen Forschungserkenntnissen übernommen hatte) sowie das Tamdem-Fahrgestell unter dem Rumpf aus. Das erste Prototyp XB-47 startete am 17. Dezember 1947 zu seinem Erstflug

und war ausgerüstet mit den Strahltriebwerken Allison J35, die ab dem zweiten Prototyp von den stärkeren General Electric J47 ersetzt wurden. Die erste fertiggestellte B-47A flog am 25. Juni 1950, am Tag des Kriegsausbruchs in Korea. Die bedeutendste Version der Stratojet wurde die B-47E, die 1951 erschien und von der 1614 Exemplare gebaut wurden; darunter waren 255 Aufklärungsversionen RB-47E. Das Modell war 33,4 Meter lang, besaß eine Spannweite von 35,3 Metern und verfügte über eine maximale Startmasse von ca. 90 000 kg. Die Bewaffnung war aus 10 000 kg Bomben und zwei 20-mm-Kanonen zusammengesetzt. Angetrieben von sechs J47-GE-25 Strahltriebwerke mit je 3266 kp Schubkraft erreichte das Flugzeug eine Höchstgeschwindigkeit von 975 km/h und hatte eine Reichweite von 6440 km, die dank Luftbetankung vergrößert werden konnte. Die Drei-Mann-Besatzung verfügte über Schleudersitze. Die B-47 war viel kleiner als die B-36, andererseits war es ein moderneres und schnelleres Flugzeug, das sich auch leichter den veränderlichen, operativen Erfordernissen anpassen konnte. Dieses Modell bildete auch die Grundlage für die spätere Aufklärer-Version RB-47E/H/K und blieb bis 1967 im Dienst der USAF.

Im Segment der ultraschweren Bomber arbeitete Boeing schon seit 1945 an der Realisierung eines Ersatzflugzeugs für die B-36, die sich von Beginn an niemals als völlig zufriedenstellend erwiesen hatte. Das neue Flugzeug war ausgestattet mit um 20 Grad gepfeilten Flügeln und Turboproptriebwerken. Aufgrund des Erfolgs der B-47 und der Verfügbarkeit der neuen J57-Strahltriebwerke, die stark, zuverlässig und im Kraftstoffverbrauch sparsam genug waren, entschloss sich Boeing, das Flugzeug neu zu entwerfen. So geschah es, dass aus dem neuen Bomber eine Art „größerer Bruder" der Stratojet wurde, von welcher die 35-Grad-Pfeilung der Tragflächen, die in Unterflügel-Gondeln angebrachten Triebwerke sowie die Luftbetankungsfähigkeit übernommen und weiterentwickelt wurden. Außerdem wurde im neuen Bomber das Rumpf-Fahrwerk und (wenigstens im Prototyp) das Cockpit mit Tandem-Plätzen verbessert. So wurde das Modell 464-67 bzw. XB-52 geboren. Es flog zum ersten Mal sechs Monate nach dem Jungfernflug der YB-52 am 15. April 1952.
Die B-52 Stratofortress war ein weiteres Flugzeug von riesigen Ausmaßen. Seine Länge betrug 49 Meter, die Flügelspannweite 56,3 Meter und maximale Startmasse erreichte über 200 Tonnen. Angetrieben wurde das Flugzeug von acht Düsentriebwerken; es konnte eine aus mehr als 20 Tonnen nuklearen oder konventionellen Bomben zusammengesetzte Waffenlast transportieren. 1954 wurde das erste Serienmodell, die B-52A eingeführt, der eine Vielzahl verschiedener, stetig verbesserter Modelle folgten, die schließlich 1961 in der B-52H gipfelten. Dieses Modell führte die neuen Düsentriebwerke Pratt & Whitney TF33-P-3 ein, die je 7710 kp Schub entwickelten. Die maximale Startmasse erreichte 221 000 kg, während die Höchstgeschwindigkeit 958 km/h betrug und die Reichweite sich auf 16 000 km ausdehnte. Die Waffenlast betrug 27 200 kg und die Flugzeugbesatzung bestand aus fünf Mann.
Weitere wichtige Versionen waren bereits früher erschienen, wie zum Beispiel die B-52G aus dem Jahr 1958, bei der neue Flügel sowie neue, niedrigere Leitwerke eingeführt wurden (so auch bei der B-52H vorhanden). Ferner erschien 1956 die B-52D, die eine höhere maximale Startmasse als die Vorgängermodelle B und C besaß. Außerdem wurde 1955 noch die Aufklärungsversion RB-52B verwirklicht. Insgesamt bestellte die Air Force 774 Exemplare der Stratofortress in verschiedenen Versionen. Auch wenn das Flugzeug im Verlauf der Jahre ab und zu kritisiert und für veraltet erklärt wurde, hat es immer bewiesen, der jeweiligen Lage gewachsen zu sein. Im Jahr 2001 flogen noch fünf Geschwader der Air Force mit den jeweils auf neuesten Stand gebrachten Versionen der B-52H. Zwei Kürzungsprogramme, welche die Außerdienststellung des Flugzeugs vorsahen, wurden überstanden, und noch fünfzig Jahre nach ihrem ersten Flug erfreut sich die B-52H „bester Gesundheit".
Mit der B-47 und der B-52 verfügte die USAF, oder besser, das Strategic Air Command, über eine wahrhaft mörderische nukleare Einsatzkraft, aber der Schwachpunkt dieser Organisation bestand in der Luftversorgung. Aufgrund der Besonderheit der ihr zugedachten Missionen waren die Bomber auf die konstante Verfügbarkeit und Verwendbarkeit der Tanker angewiesen.

Aufgrund dessen repräsentierten die Tanker ein ebenso wichtiges strategisches Element wie die Bomber. Mitte der Fünfzigerjahre setzte die USAF jedoch vor allem die bereits überholten Propellerflugzeuge für diese Aufgabe ein, wie die KB-50 und besonders die KC-97, deren Langsamkeit die Bomber dazu zwang, das Auftanken gefährlich nahe an der Durchsackgeschwindigkeit ausführen zu müssen. Wieder schlug Boeing dem SAC eine gültige Lösung für das Problem vor. In den frühen Fünfzigerjahren hatte die in Seattle ansässige Firma mit dem Bau des ersten großen Passagiertransport-Jets, dem Modell 707 (im Groben aus den Grundzügen des Bombers B-47 entwickelt), das zu einem sehr populären Verkehrsflugzeug werden sollte, ihre Kompetenz bewiesen. Um sich gegen das Risiko eines eventuellen wirtschaftlichen Misserfolgs zu sichern, wollte Boeing vor der Einführung der 707 erst deren Entwicklungskosten abdecken, indem sie die Militärversion des Flugzeugs, das Modell 367-80 als Luftversorgungstanker bzw. Transporter an die Regierung verkaufte. Die USAF billigte diesen Entwurf, der sich durch den kleineren Rumpfdurchmesser (die Mehrheit der Fenster fehlte), ein oberes Passagier- und Frachtdeck sowie eine untere Zone, in der der Kraftstoff und die Lufttankanlagen untergebracht waren, auszeichnete. Boeing entwickelte auch ein Versorgungssystem unter Anwendung einer Tanksonde, die von einem am Leitwerk positioniertem Bediener betätigt werden konnte, so dass Ankuppeln erleichtert wurde. Die erste KC-135A Stratotanker flog am 31. August 1956 und drei Monate später begannen bereits die Auslieferung der Serienflugzeuge. Das Modell war 41 Meter lang, besaß eine Spannweite von 39,9 Metern und erreichte eine maximale Startmasse von 143 340 kg. Als Triebwerke dienten vier Pratt & Whitney J57-P-59W mit 6240 kp Schubkraft, die eine Höchstgeschwindigkeit von 940 km/h ermöglichten; die mitgeführte Kraftstoffmenge betrug über 118 000 Liter. Mit der Stratotanker machte die SAC einen enormen Schritt vorwärts. Das Flugzeug war unter jedem Gesichtspunkt den Leistungen der KC-97 weit überlegen, eingeschlossen der Kraftstofftransfer-Geschwindigkeit. Natürlich erwies sich die KC-135 auch für die Jäger und Jagdbomber der Tactical Air Command (TAC) als sehr nützlich. Die USAF erwarb 820 Exemplare

160 Eine KC-135 der USAF während der Luftbetankung eines Jägers F-15A .

160-161 Luftbetankung durch eine KC-135, fotografiert vom Cockpit eines zweisitzigen USAF-Jägers F-15B Eagle über dem Pazifischen Ozean.

161 unten Eine Formation von F-106A Abfangjägern wird während des Flugs von einer KC-135 betankt. Diese Prozedur ist seit fast 50 Jahren Routine für die amerikanischen Piloten.

der Stratotanker, von denen viele (unter anderem die verbesserten Versionen E und R) noch heute das Gerüst der USAF-Tanker-Flotte bilden. Die KC-135R ist gegenwärtig die neueste, im Dienst befindliche Version und erschien zum ersten Mal im Jahr 1972. In Wirklichkeit handelt es sich bei dem Modell um eine Überarbeitung der Vorgänger-Modelle. So verfügt das Flugzeug über eine verstärkte Zelle, neue Hauptanlagensysteme sowie die neuen Mantelstromtriebwerke CFM International F108-CF-100 mit 10 000 kp Schubkraft. Die 135R kann über sechs Tonnen Kraftstoff aufnehmen und verfügt – dank der neuen Triebwerke – über einen weiteren Aktionsbereich, eine höhere Startmasse und die Möglichkeit, 150 % mehr Kraftstoff auf andere Flugzeuge zu übertragen, im Vergleich mit dem Original-Modell KC-135A.

23554
U.S. AIR FORCE
U.S. AIR FORCE

Es erübrigt sich zu sagen, dass auch die Sowjetunion mit der Entwicklung neuer Bomber beschäftigt war, auch wenn sich die Fortschritte dort langsamer einstellten als bei den Amerikanern. Außer dem viermotorigen Propellerflugzeug Tupolev Tu-4 (eine Kopie der Boeing B-29) handelte es sich bei den ersten, in der UdSSR erschienenen Düsenbombern weniger um Flugzeuge mit strategischen Fähigkeiten, sondern vielmehr um taktische Zweimotorer. Zu diesem Flugzeugtyp gehörten auch die Tupolew Tu-14 (NATO-Code-Name „Bosun") aus dem Jahr 1947 und die Iljuschin Il-28 „Beagle" von 1948. Letztere erfuhr jedenfalls einen großen Erfolg mit dem Bau von über 10 000 Exemplaren. Die Il-28 wurde 1950 in Dienst gestellt, wurde nicht nur in der UdSSR geflogen, sondern auch von vielen Ländern des kommunistischen Blocks erworben, wo sie bis in die Sechzigerjahre im Dienst blieb.
Die ersten strategischen Düsenflugzeuge waren die Mjassischtschew M-4 und die Tupolew Tu-16.
Die M-4 war ein großer Viermotorer mit pfeilförmigen Flügeln und Leitwerken, der 1949 auf eine Anordnung Stalins hin entworfen wurde. Stalin hatte die Realisierung eines Bombers verlangt, der in der Lage wäre, die Vereinigten Staaten anzugreifen. Das erste Exemplar erschien 1954 und wurde von der NATO mit dem Namen „Bison" belegt. Obwohl sie interessante Eigenschaften besaß, wurde die M-4 kein großer Erfolg, da sie bei Vollbelastung nicht die gewünschten Leistungen erbrachte. Das Flugzeug war 47,2 Meter lang, hatte eine Spannweite von 50,4 Metern und eine maximale Startmasse von über 160 000 kg. Es wurde angetrieben von vier Mikulin AM-3D Mantelstromtriebwerken mit 9500 kp Schubkraft und erreichte eine Höchstgeschwindigkeit von 1000 km/h in großen Höhen. Seine Waffenlast setzte sich aus 9000 kg Bomben sowie zehn 23-mm-Kanonen für die Eigenverteidigung zusammen.
Die Besatzung bestand aus elf Mann. In seinem weiteren Dienstverlauf wurde die M-4 für weniger anspruchsvolle Aufgaben eingesetzt, wie die Aufklärung und Luftversorgung; diese Rolle füllte sie bis in die Achtzigerjahre aus. Die Tu-16 dagegen ging aus dem Prototyp Nr. 88 des Tupolew-Büros hervor, bei dem es sich anfangs um eine Ableitung aus dem viermotorigen Propellerflugzeugs Tu-4 handelte. Der Entwurf wurde jedoch vollkommen geändert: man führte gepfeilte Flügel und Leitwerke, in den Flügelwurzeln verborgene Triebwerke sowie eine verbesserte Aerodynamik ein. In den Grundzügen ähnelte das Flugzeug jedoch der M-4. Der erste Flug wurde am 27. April 1952 ausgeführt und die Serienproduktion der endgültigen Tu-16 begann ein Jahr später. 1954 wurde das Flugzeug zum ersten Mal der Öffentlichkeit vorgestellt und erhielt von der NATO den Codenamen „Badger". Die Tu-16 blieb für ca. zehn Jahre in der Sowjetunion in der Produktion. Zusammen mit den in China gebauten Versionen – wie zum Beispiel der Xian H-6 – wurden insgesamt über 1500 Exemplare der Tu-16 realisiert. Den Antrieb des Flugzeugs erzeugten zwei Mikulin AM-3M-Strahltriebwerke mit je 9500 kp Schubkraft (praktisch dieselben Triebwerke, die auch die M-4 nutzte). Die Höchstgeschwindigkeit lag bei 980 km/h, die Reichweite bei 7300 km und die maximale Startmasse betrug 75 800 kg. Sieben 23-mm-Kanonen und über 9000 kg nukleare oder konventionelle Bomben bildeten die Bewaffnung. Die Länge der Tu-16 betrug 36,2 Meter und die

162 oben Die Besatzung eines sowjetischen Ilyushin Il-28 Bombers steigt an Bord. Dieses zweimotorige Flugzeug war der erste Düsen-Bomber der Sowjetunion.

162 Mitte Eine Tupolew Tu-16 der sowjetischen Luftwaffe wird bei einer Aufklärungsmission von zwei F-4-Jägern begleitet; hier fliegt sie über den Flugzeugträger USS Kitty Hawk. Es handelte sich um eine Übung im Pazifik im Jahr 1963.

162 unten Januar 1963. Ein Paar von Tu-16-Bombern wird bei einer Überwachungsmission von einer F-4 und einer F-8 abgefangen. Diese Abfangjäger waren von einem amerikanischen Flugzeugträger im Nordpazifik aus gestartet. Während des Kalten Krieges waren diese „Nah-Begegnungen" üblich.

163 oben und unten Die Tu-22M3 besaß schwenkbare Tragflächen, konnte eine Geschwindigkeit von 2000 km/h erreichen und bis zu 24 Tonnen Bomben und Raketen laden. Die Maschine wurde 1975 in Dienst gestellt; 500 Exemplare wurden produziert. Das abgebildete Modell gehört der ukrainischen Luftwaffe.

Spannweite 32,9 Meter. Verschiedene Versionen der Tu-16 wurden gebaut, sei es für die Bekämpfung von Seezielen (ausgerüstet mit den Raketen AS-2 „Kipper" bzw. den AS-6 „Kingfish"), sei es für die Aufklärung, die elektronischen Kampfführung oder die Luftversorgung. Einige Exemplare sind noch heute im Dienst der chinesischen Luftstreitkräfte.
Zeitgenosse der Mjassischtschew M-4 war die auf dieselbe Spezifikation hin verwirklichte Tupolew Tu-20, die am 12. November 1952 ihren Erstflug durchführte. Dieses Flugzeug näherte sich dem Problem der geforderten Reichweite jedoch von einer anderen Seite, da es keine Strahtriebwerke besaß, sondern stattdessen von billigeren Propellerturbinen angetrieben wurde. Die Tu-20 – im Westen unter dem Codenamen „Bear" bekannt – wurde 1956 in Dienst gestellt und besaß schon bald die Möglichkeit, die Nuklear-Rakete AS-3 „Kangaroo" einzusetzen. Das machte die Tu-20 zu einem gefürchteten Gegner der NATO. Das Flugzeug war 49,1 Meter lang mit einer Spannweite von 51 Metern. Die maximale Startmasse betrug anfangs 154 200 kg und wurde in nachfolgenden Versionen bis auf 185 000 kg erhöht. Die Waffenausstattung bestand aus 20 000 kg Bombenlast sowie sechs zur Selbstverteidigung bestimmten 23-mm-Kanonen. Die vier Kusnezow NK-12MW-Triebwerke mit je 14 795 PS waren mit doppeltem, gegenläufigem Propeller ausgestattet und trieben das Flugzeug zu einer Höchstgeschwindigkeit von 850 km/h an. Die Reichweite erstreckte sich auf über 12 000 km und die Besatzung bestand aus zehn Mann. Die Produktion der Tu-20 wurde bis 1965 fortgesetzt und 1983 mit der neu entworfenen Version Tu-95MS (besaß Cruise-Missile-Abschussfähigkeit) wieder aufgenommen. Von der „Bear" hatte man auch diverse Versionen abgeleitet, die für strategische Aufklärung, die elektronischen Kampfführung, Aufklärung zur See und Luftraumüberwachung bestimmt waren. Das Modell Tu-142 wurde gebaut, um bei der U-Boot-Abwehr sowie der elektronischen Kommunikation zu operieren. Insgesamt wurden über 300 Exemplare der Tu-20 gefertigt und viele davon sind noch bis heute im Einsatz.
Der erste sowjetische Überschall-Bomber wurde Mitte der Fünfzigerjahre entwickelt und vollbrachte 1959 seinen Jungfernflug. Das Projekt aus dem Entwicklungsbüro Tupolew – anfangs Tu-105 genannt – wurde später als Tu-22 bekannt und war ein schlankes Flugzeug mit ausgeprägten aerodynamischen Linien. Es besaß pfeilförmige Flügel und Leitwerke sowie zwei an der Leitwerkbasis am Heck positionierte Strahltriebwerke mit Nachbrenner, die je 12 250 kp Schubkraft lieferten. Die Höchstgeschwindigkeit des neuen Bombers betrug ca. 1500 km/h und seine Waffenzuladung bestand aus über 9000 kg Bombenlast und einer 23-mm-Kanone zur Verteidigung. Fünf Mann bildeten die Besatzung; die Reichweite lag bei 2250 km. Die Tu-22 (von der NATO mit dem Codenamen „Blinder" versehen) wurde in über 250 Exemplaren hergestellt, darunter befanden sich auch Aufklärungs-, Schulungs- und Raketenangriffsversionen. Sowohl die Luftstreitkräfte Libyens als auch Iraks hatten das Flugzeug im Einsatz.
Einige Jahre später entwickelte Tupolews Büro einen neuen Bombertyp, der im Westen unter dem Namen Tu-26 „Backfire" bekannt war. Die wirkliche Bezeichnung war Tu-22M. Das Flugzeug flog zum ersten Mal am 30. August 1969 und wies einige für damalige Verhältnisse beachtliche neue Merkmale auf, wie zum Beispiel die Unterbringung der Triebwerke nebeneinander im Innern des mit Lufteinläufen versehenen Rumpfes sowie neue, in der Geometrtie veränderliche (schwenkbare) Flügel. Die Tu-22M war zweifellos ein überlegenes Flugzeug. Die beiden Samara NK-25-Turbostrahltriebwerke stellten (mit Nachbrenner) je 25 000 kp Schubkraft zur Verfügung und ermöglichten eine Höchstgeschwindigkeit von über 2000 km/h sowie eine maximale Reichweite von 6000 km. Die Bewaffnung enthielt Bomben, Nuklear-Raketen und konventionelle Raketen, zusammen bis zu 24 000 kg Waffenlast. Das Flugzeug wurde 1975 in Dienst gestellt und in über 500 Exemplaren hergestellt, von denen viele noch bis heute fliegen.

Dieses Kapitel über den Kalten Krieg soll nicht schließen ohne die Erwähnung zweier Flugzeuge, die zum Symbol jener Zeit wurden: die amerikanischen strategischen Aufklärungsflugzeuge Lockheed U-2 und SR-71.

Die Lockheed entwarf Anfang der Fünfzigerjahre ein Flugzeug, das die amerikanische Regierung (oder besser die CIA) mit einer Maschine ausstatten sollte, die in der Lage war, strategische Aufklärungsmissionen bis in die tiefsten Gebiete der Sowjetunion hinein auszuführen. Geleitet von Kelly Johnson entwickelten die Ingenieure der „Skunk Works" – ein geheimes kalifornisches Firmen-Laboratorium – eine hybride Maschine: zur Hälfte Flugzeug und zur Hälfte Gleiter. Der Rumpf beherbergte den Piloten, die elektronischen Sensorensysteme und das Triebwerk Pratt & Whitney J57-P-13 mit 5080 kp Schubkraft. Die Flügel waren extrem verlängert worden (Spannweite 24,3 Meter), um eine Flughöhe von über 20 000 Meter zu gewährleisten, wo die U-2 sicher vor der feindlichen Luftabwehr sein sollte. Der erste Flug der U-2A fand am 1. August 1955 statt und den operativen Dienst begann das Flugzeug im darauf folgenden Jahr. Am 1. Mai 1960 wurde eine von Gary Powers geflogene U-2 von einer russischen SA-2-Rakete abgeschossen. Dieser Verlust bewies die Verletzlichkeit des Flugzeugs und bewirkte, dass man die operativen Erfordernisse der strategischen Aufklärung nochmals studierte. Nachfolgend wurden zahlreiche verbesserte Versionen der U-2 entwickelt, die sowohl von der NASA als auch der USAF geflogen wurden. Darunter befanden sich die U-2C für die elektronische Aufklärung sowie auch die U-2R, die eine Spannweite von 31 Metern besaß und mit neuen Behältern für die Aufklärungssensoren ausgestattet war. Ferner war die Startmasse gestiegen, wobei die neuen Triebwerke J75 eine Schubkraft von 7700 kp entwickelten. 1981 erschien die TR-1A – eigentlich eine Variante der U-2R –, die für die Radaraufklärung bestimmt war und besonders im europäischen Raum eingesetzt wurde. Und zuletzt, seit 1994, wurde die U-2S in Dienst gestellt – ein Flugzeug, ausgestattet mit fortschrittlichsten elektronischen Aufklärungssensoren, dem data-link Satelliten und einem neuen Triebwerk General Electric F118-GE-101 mit 8625 kg Schubkraft. Seit dem Abschuss von Powers 1960 fuhr man fort, die U-2 in den verschiedensten Kriegs- und Krisengebieten einzusetzen, um Daten und Informationen einzufangen. Trotzdem hatte die Powers-Episode die amerikanischen Autoritäten davon überzeugt, dass es notwendig war, ein Flugzeug mit weit höheren Leistungen und Charakteristiken zu besitzen – eine Maschine, die auf der ganzen Welt und sogar über Feindgebieten problemlos und sicher operieren konnte. Der Auftrag wurde wieder Lockheed zugewiesen, die praktisch aus dem Nichts ein Flugzeug mit den hervorragendsten Merkmalen schuf. Die Formen, Dimensionen und angewendeten Materialien (wie zum Beispiel Titan) waren bislang im Flugzeugbau fremd und ungewöhnlich, wurden jedoch notwendig gemacht durch die extremen

164-165 Der strategische Aufklärer Lockheed SR-71A Blackbird war eines der „geheimsten“ und faszinierendsten Flugzeuge der Geschichte. Er flog zum ersten Mal im Jahr 1962 und blieb bis 1997 im Dienst.

165 oben Eine SR-71A wird bei Tagesanbruch für eine Mission bereitgestellt. Die Größe der beiden Triebwerke Pratt & Whitney J58 ist beeindruckend; zusammen mit den Nachbrennern erzeugten sie fast 30 Tonnen Schubkraft.

165 Mitte Ein Lockheed U-2S Aufklärungsflugzeug bei einem Übungsflug über den kalifornischen Bergen. Die Maschine flog zum ersten Mal 1955 und befindet sich dank der Entwicklung ständig perfektionierterer Modelle noch heutzutage im Dienst.

165 unten Dank der hoch entwickelten Technik war Lockheed in der Lage, die SR-71A zu produzieren. Das Flugzeug besaß eine Reisegeschwindigkeit von 3000 km/h auf einer Höhe bis zu 25 900 Metern.

Einsatz-Bedingungen sowie die Hitze, die sich während des Überschallflugs mit Geschwindigkeiten von über 3000 km/h entwickelte. Um diese Flugleistungen erreichen zu können, wurden zwei riesige Triebwerke Pratt & Whitney J58 mit je 14 750 kp Schubkraft und Nachbrenner benutzt. Die Triebwerke wurden mit dem Ziel entwickelt, stundenlang bei Höchstdrehzahl operieren zu können und nicht nur für wenige Minuten – wie es normalerweise bei den Jägern der Fall war. Auch der Kraftstoff war von spezieller Art: genannt JP-7, besaß der eigens entworfene Kraftstoff einen extrem hohen Zündpunkt, der einen Zusatz von Boran-Tetraäthyl – eine chemische Verbindung, die bei Luftkontakt explodierte – benötigte, um die Motoren in Gang setzen zu können. Der erste Prototyp des Flugzeugs, anfangs genannt mit A-12, startete am 30. April 1962 von der streng geheimen Basis Area 51 in der Nevada-Wüste zum ersten Flug. Alle anfänglichen Flugtests der A-12 wurden von dieser Basis aus durchgeführt und dem 1129th SAS, einem CIA-kontrollierten Geschwader, anvertraut. Später wurde die SR-71A Blackbird (wie der Entwurf A-12 genannt wurde) von der USAF benutzt, die speziell dafür den 4200th Strategic Reconnaissance Wing mit Stützpunkt in Beale, Kalifornien, gründete; außerdem wurde das Flugzeug von den operativen Truppenabteilungen in Japan und Großbritannien geflogen. Die Blackbird war 32,7 Meter lang und besaß eine Spannweite von 16,9 Metern. Die maximale Startmasse betrug 77 110 kg und die Missionsausrüstung enthielt verschiedene, auswechselbare Pakete, die aus fotografischen, elektronischen und im Infrarot-Spektrum arbeitenden Sensoren zusammengesetzt waren. Die Besatzung bildeten ein Pilot und ein Systemoffizieer. Die Höchstgeschwindigkeit der Blackbird betrug in einer Höhe von 26 000 Metern über 3200 km/h (Mach 3). Die maximale Reichweite umfasste 4800 m und war dank der Luftbetankungsfähigkeit noch erweiterbar. Zu diesem Zweck wurden die KC-135A-Tanker in die KC-135Q modifiziert, um den besonderen Kraftstoff JP-7 befördern zu können. Insgesamt 50 Exemplare der Blackbird wurden gebaut (eingeschlossen die Prototypen und experimentellen Versionen, wie A-12B, YF-12 und M-21) und erfolgreich – auch bei der NASA – eingesetzt. Das Flugzeug war bis 1990 im Dienst, und später von 1995 bis zum Jahr 1997, in welchem es endgültig zurückgezogen wurde, ohne – soweit offiziell bekannt ist – von einem Flugzeug mit ähnlichen Fähigkeiten ersetzt worden zu sein.

Kapitel 13

Die Hubschrauber

Was heutzutage einigen als „seltsame" Weise zu fliegen erscheinen mag – senkrecht landend und startend und sogar unbeweglich in den Lüften schwebend –, war seit dem 14. Jahrhundert für viele europäische Kinder ein geschätztes und lustiges Spiel. Das Spielzeug, dessen Ursprünge höchstwahrscheinlich aus China stammten, bestand in einer Art mit Lederflügeln ausgestattetem Kreisel, der sich auf ein Ziehen am Schnürchen hin senkrecht erhob. Um 1480 ging Leonardo auf dieses einfache Prinzip – sich vertikal zu erheben – ein. In einem seiner Notizbücher zeichnete er eine Flugmaschine mit mechanisch betriebenem, spiralförmigem Propeller, die dank eines Eigenvortriebs in der Lage zu sein schien, sich in die Lüfte zu erheben.
Das Prinzip des senkrechten Flugs begann vielen – zumindest theoretisch – immer klarer zu werden, aber ab etwa 1700 bis zum Beginn des 20. Jahrhunderts konnten Pioniere und Forscher wie Cayley, Phillips, Pénaud, Forlanini und Edison nur Mustermodelle von senkrecht startenden Flugmaschinen konstruieren, da zu dieser Zeit noch kein Motortyp verfügbar war, der fähig gewesen wäre, die notwendige Kraft zu erzeugen, um einen lebensgroßen, bemannten Prototyp anzutreiben.

166 oben Leonardo da Vincis „vite aerea" kann ohne weiteres als erstes Senkrechtflug-Projekt in der Geschichte bezeichnet werden.

166-167 Mitte Der Franzose Etienne Oehmichen war einer der Pioniere auf dem Gebiet der Senkrechtflug-Maschinen. Auf dieser Fotografie von 1923 ist er an der Steuerung eines seiner ersten Entwürfe zu sehen.

166 unten Der Hubschrauber von Paul Cornu vor dem Start in Lisieux, Frankreich, am 13. November 1907. Es war der absolut erste Flugversuch, der mit solch einem Maschinentyp unternommen wurde. Trotz des Erfolgs ließ Cornu das Projekt fallen.

Der erste Senkrechtstarter mit einem Mann an Bord war der Gyroplane Nr. 1 von Breguet-Richet. Es handelte sich dabei um eine komplexe Maschine, deren 32 Blätter von einem Antoinette-Motor mit 40 PS angetrieben wurden. Am 29. September 1907 erhob sich dieser Flugapparat für eine Minute ca. 60 cm vom Boden. Man kann dabei nicht von einem wirklichen Hubschrauber sprechen, da der „Pilot" an Bord keine Kontrolle über die Maschine besaß – aber es war ohne Zweifel ein wichtiger Schritt nach vorne. Louis Breguet folgte später Paul Cornu, der am 13. November 1907 erfolgreich auf einem ähnlichen, aber verfeinerten Flugapparat flog. 1909 trat ein weiterer Vorreiter des Senkrechtflugs auf die Bühne, als der junge Russe Igor Sikorsky im Alter von zwanzig Jahren und frisch vom technischem Studium kommend seinen ersten Hubschrauber zu bauen begann. Er widmete sich mit Leidenschaft den Forschungen und der Entwicklung seines Projekts Nr. 1 und später Nr. 2, aber beide Projekte hatten mit Problemen in Form von Instabilität, Vibrationen, fehlender Leistung und Kontrolle zu kämpfen, die zu jener Zeit nicht gelöst werden konnten. Sikorsky konzentrierte sich daher – mit großem Erfolg – auf die Konstruktion von Flugzeugen, und eine Reihe von Jahren sollte vergehen, bevor der geniale russische Planer sich wieder den Hubschraubern zuwandte.

In den Zwanzigerjahren erschienen drei weitere interessante Entwürfe. In den Vereinigten Staaten konstruierte George de Bothezat eine mit 38 Blättern ausgestattete Maschine mit 220-PS-Motor; in Frankreich war es der Spanier Paul Pateras Pescara, der mit dem Bau eines Hubschraubers mit Zweiblattrotor auf sich aufmerksam machte; und schließlich verwirklichte der Franzose Etienne Oemichen einen steuerbaren Flugapparat mit sechs großen Rotoren. Alle drei Entwürfe konnten erfolgreich fliegen, doch aufgrund der technischen Hindernisse waren es zerbrechliche, gefährliche und für jeglichen Einsatz unbrauchbare Maschinen; während die relativ schnellen und zuverlässigen Flugzeuge bereits gigantische Fortschritte erzielt hatten.

167 oben Der Gyroplane I wurde von Louis Breguet und Richet entworfen und war die erste vertikal fliegende Maschine, die es schaffte, mit einem Passagier an Bord abzuheben. Der Flug fand in Douai am 29. September 1907 statt. Aufgrund der befestigten Sicherheitsanker kann das Unternehmen jedoch nicht als ein wirklicher Freiflug bezeichnet werden.

167 unten Der 16-blättrige Hubschrauber von Raoul Pescara beim Abheben in Issy-les-Moulineaux, Frankreich, am 23. Januar 1924 während eines Rekord-Dauer-Versuchs.

Doch es war gerade dem Flugzeug und dem Genie des Spaniers Juan de la Cierva zu verdanken, dass sich das Hubschrauber-Prinzip in eine neue Richtung weiterentwickeln konnte. De la Cierva, der seit seiner Jugend ein begeisterter Flugpionier war, erkannte, dass das Problem der Flugsicherheit (und besonders des Durchsackens) bei Flugzeugen durch die Anbringung eines senkrechten Propellers gelöst werden konnte, der bei jeder Geschwindigkeit den notwendigen Auftrieb liefern konnte. De la Cierva war weit davon

entfernt, einen Hubschrauber zu entwickeln, und war nur an der Realisierung eines Mittelwegs interessiert – einem Flugzeug, das auch mit einem rotierendem Flügel ausgestattet war. 1920 patentierte La Cierva seine Erfindung und benannte seine Flugmaschine „Autogiro". Tatsächlich rief die Lösung eines sich frei über dem Flugzeug drehenden Propellers das Phänomen der Autorotation (Eigendrehung) hervor, wodurch eine ständige Auftriebsquelle geschaffen wurde, ohne dass eine Motorenkraftanwendung und somit ein entgegenwirkendes Drehmoment nötig gewesen wären. Um Probleme zu vermeiden, die aufgrund der Auftriebsunterschiede der sich selbst drehenden Blätter entstehen konnten, baute La Cierva zwei übereinander aufgestellte, gegenläufige Rotoren. Sein neues Flugzeug, genannt C.1, war bereits im Oktober 1920 flugbereit, aber wie seine Vorgängermodelle litt auch diese Maschine unter großen Stabilitätsproblemen bei der Einteilung des Auftriebs. Nach wiederholten Studien und Experimenten schaffte es La Cierva, das Problem zu lösen, indem er freischwingende Blätter anbrachte, die sich so an die Kräfte der verschiedenen Rotationsphasen anpassen konnten. Am 9. Januar 1923 flog La Cierva zum ersten Mal sein Modell C.4 und befand, dass sich diese Version in ausgezeichneter Weise verhalten hatte. Der Autogiro wurde von einem den Vorderpropeller antreibenden Motor in Bewegung gesetzt. Der Apparat flog sodann wie andere Flugzeuge: Er startete, sobald die Rotorblätter für den notwendigem Auftrieb sorgten, konnte aber – auf einer minimalen Bodenstrecke – nahezu senkrecht landen. Das Flugzeug überraschte die Fachwelt in jeder Hinsicht und wurde auch im Ausland sehr geschätzt. In der Tat wurde der Autogiro nach sorgfältiger Bewertung von der britische Regierung erworben, so dass die Entwicklung und der Bau dieser Maschine nun in Großbritannien weitergeführt wurden. Tragschrauber-Vorführungen fanden dagegen in den verschiedensten europäischen Ländern statt. Die Erfindung brachte bald darauf auch den finanziellen Erfolg und Ende der Zwanzigerjahre wurden die Autogiros La Ciervas in Lizenz auch in Deutschland, Russland, Frankreich, Japan und den Vereinigten Staaten gebaut. Die technischen Entwicklungen wurden vorangetrieben und 1933 führte De Cierva den „jump start" ein; eine spezielle Vorrichtung erlaubte es, den Rotor beim Start mittels Motor anzutreiben. Das bewirkte, dass der Autogiro senkrecht abheben konnte, indem der Anstellwinkel der Blätter vom Piloten kontrolliert werden konnte. Anfangs waren die weitreichenden Implikationen dieser Neuerung nicht offensichtlich, doch schon bald sollte sie grundlegend für die Entwicklung des wirklichen Hubschraubers

werden. Im Dezember 1936 starb Juan de la Cierva bei einem Unfall auf einem von London startendem Linienflugzeug.
So erfindungsreich der Tragschrauber auch gewesen war, eignete er sich jedoch nicht zur Erfüllung der Transportaufgaben, die der Militär- und Zivilflug forderte, und auch seine Flugleistungen waren nicht herausragend.
Ein weiterer Pionier auf dem Gebiet des Senkrechtflugs war der Italiener Corradino D'Ascanio, ein Luftfahrt-Ingenieur, der 1926 das Gebiet der feststehenden Flügel hinter sich ließ und seinen ersten Hubschrauber baute. 1927 entwarf er eine neue Maschine mit 85-PS-Motor und nannte sie DAT-3, nicht zuletzt zu Ehren seines Förderers, des Barons Pietro Trojani. Der Hubschrauber – ausgestattet mit zwei Koaxial-Rotoren und einer steuerbaren Fläche am Rumpf – wurde dem Luftfahrt-Ministerium vorgeführt, welches 1928 einen Prototyp zum Experimentieren in Auftrag gab. Am 8. Oktober 1930 fand in Rom der Jungfernflug dieses Modells statt und wurde ein großer Erfolg. Der DAT-3 begann Weltrekorde in Höhe, Reichweite und Flugdauer für diesen Flugzeugtyp aufzustellen, und die Zukunft des ersten italienischen Hubschraubers erschien für einen kurzen Moment rosig. Dennoch waren Techniker, Militärs und Politiker des faschistischen Regimes skeptisch hinsichtlich des Hubschraubers und der Plan geriet willentlich in Vergessenheit. Dasselbe Schicksal erfuhr auch der PD.2, ein zweisitziges Flugzeug, das mit einem Hauptrotor sowie einem Gegenlaufrotor am Heck ausgestattet war und 1939 von D'Ascanio und der Firma Piaggio gebaut wurde. Italiens Chance, einen führenden Platz in der Helikopterentwicklung einzunehmen, verstrich auf diese Weise ungenutzt.
Gleiches geschah jedoch in Deutschland nicht. Henrich Focke, ein Pilot des Ersten Weltkriegs und späterer Gründer der Flugzeugbau-Firma Focke-Wulf, wurde 1933 von seinem Leitungsposten des Betriebs entfernt, da er ein Widersacher des Nationalsozialismus war. Er widmete sich daraufhin dem Bau – in Lizenz – des Autogiros und begann schon bald die Entwicklungsmöglichkeiten dieser Maschine zu erforschen, allem voran die Kraftanwendung am Rotor, um einen wirklichen Hubschrauber mit motorengetriebenem Rotor herstellen zu können. Am 26. Juni 1936 brachte Focke sein erstes Flugzeug, den Fa-61 zum Fliegen. Innerhalb von einem Jahr bewies die Maschine ihre Eignung und Wirksamkeit derart nachdrücklich, dass sie alle Rekorde jener Zeit brach und das Interesse der berühmten Testpilotin Hanna Reitsch, eines Lieblings des Regimes, erweckte. Hanna Reitsch unternahm zahlreiche Vorführungsflüge in ganz Deutschland und die Regierung erlaubte schließlich die Gründung einer neuen Firma, der Focke-Achgelis, die damit beauftragt wurde, einen neuen und stärkeren Hubschrauber zu bauen, der fähig sein sollte, eine Nutzlast von 680 kg zu heben. Das neue Flugzeug Fa-223 wurde 1940 fertiggestellt und war ausgerüstet mit einem 1000-PS-Motor, zwei nebeneinander arbeitenden, dreiblättrigen Rotoren sowie einer geschlossenen, viersitzigen Kabine. Es konnte eine Höchstgeschwindigkeit von 185 km/h erreichen, bis zu 7000 Meter hoch steigen und bis zu einer Tonne Last tragen, die unter dem Rumpf angebracht wurde. Focke-Achgelis fuhren damit fort, das Fluggerät ständig weiterzuentwickeln, doch die Produktion wurde durch die Luftangriffe der Alliierten behindert; gegen Ende des Krieges hatten die Engländer schließlich ein Exemplar des Fa-223 erbeutet.
Ein anderer deutscher Ingenieur, der sich dem Bau von Hubschraubern widmete, war Anton Flettner; er konstruierte 1930 sein erstes Exemplar. Nach verschiedenen experimentellen Entwürfen – darunter befand sich auch ein Autogiro – baute Flettner 1937 den Fl-265, einen richtigen Hubschrauber, der mit zwei gegenläufigen Rotoren ausgestattet war. Die deutsche Kriegsmarine wurde auf das Gerät aufmerksam und bestellte 1938 eine kleine Serie des Modells. 1940 produzierte die Firma eine verbesserte Version, den Fl-282 Kolibri, der bis zu 145 km/h schnell fliegen und eine Gesamtlast von ca. 360 kg tragen konnte. Der Entwurf gefiel der Marine, die diesmal 1000 Exemplare orderte. Über 20 Vorserienmodelle des Fl-282 wurden ab 1943 operativ im Mittelmeerraum eingesetzt, doch die planmäßig vorgesehene Massenproduktion des Hubschraubers musste aufgrund der unaufhörlichen Bombardierungen seitens der Alliierten auf Deutschland gestrichen werden.

168 oben Ein Autogiro während eines Flugs über New York 1930. Anfang der Dreißigerjahre kaufte H. Pitcairn die amerikanischen Baurechte für Ciervas Autogiro, doch die Maschine schaffte es nicht, sich auf dem Markt durchzusetzen.

168 Mitte Das Autogiro – erfunden von dem Spanier Juan de la Cierva – war ein Mittelding zwischen einem Flugzeug und einer Senkrechtflug-Maschine. Es war der Schritt zur Entwicklung des wirklichen Hubschraubers.

168 unten Der italienische Ingenieur C. d'Ascanio widmete sich 1926 der Konstruktion eines Hubschraubers. Das Modell besaß zwei koaxiale gegenläufige Rotoren – das faschistische Regime brachte der Maschine jedoch kein Vertrauen entgegen.

169 oben Das Autogiro C.30 la Ciervas besaß keine konventionellen Tragflächen mehr; für die Tragfähigkeit sorgten nur noch die rotierenden Flügel.

169 unten Der deutsche Hubschrauber Focke-Achgelis Fa.61 stammte vom Autogiro ab, obwohl die zwei Rotoren wie bei einem richtigen Helikopter von einem Motor angetrieben wurden.

Auf der anderen Seite der Erde war ein weiterer berühmter Ingenieur dabei, den Hubschrauber zu seiner Reifephase zu führen. Nachdem er das von der bolschewistischen Revolution heimgesuchte Russland 1919 verlassen hatte, ließ sich Igor Sikorsky schließlich in den Vereinigten Staaten nieder, wo er – einige Anfangsschwierigkeiten überbrückend – im Jahre 1923 die Sikorsky Aereo Engineering Corporation in Long Island gründete. Zu Beginn konzentrierte sich die Firma mit Erfolg auf die Herstellung von Flugzeugen und Flugbooten. Die damit erreichte finanzielle Sicherheit erlaubte es Sikorsky, sich in der Freizeit wieder seiner Leidenschaft, dem Senkrechtflug, zu widmen. Die Gelegenheit, seine Forschungen konkret anzuwenden, ergab sich 1938, als Igor Sikorsky mit der Konstruktion eines Flugzeugs begann, das die Grundlagen des 1935 patentierten Entwurfs nutzte: ein einziger Haupt-Rotor sowie ein kleiner Ausgleichsrotor in senkrechter Position am Heck.

170 oben Der VS-300 erschien 1939 und war Igor Sikorskys erster Hubschrauber. Auf der Fotografie ist die zweite Version mit zwei waagerechten Heckrotoren zu sehen.

170 Mitte Der Amerikaner Arhtur Young war einer der berühmtesten Hubschrauber-Pioniere. Hier sieht man ihn zusammen mit einigen Mitgliedern seines Teams während eines vollbelasteten Testflugs mit seinem Model 30, dem ersten Hubschrauber, der für Bell produziert wurde.

170 unten Bevor er sich daran machte, Flugzeuge in ihrer tatsächlichen Größe herzustellen, experimentierte Young mit verkleinerten Modellen – wie diesem ferngesteuerten Flugzeug von 1938 mit einem 20-PS-Motor.

Am 14. September 1939 startete sein Modell VS-300 zu ersten, noch vorsichtigen Startversuchen, die nur wenige Sekunden dauerten. Nach einer unendlichen Reihe von Einstellungen und Veränderungen führte der VS-300 am 13. Mai 1940 seinen ersten, richtigen Flug durch. Am Jahresende nahm er zusammen mit anderen Flugmaschinen an einem Wettkampf teil, um einen Vertrag mit der US Army für einen neuer Militär-Hubschrauber – unter der Benennung XR-4 – zu erlangen. Als die Probleme der Steuerbarkeit dank Anwendung eines zyklischen Systems gelöst wurden, fand sich der VS-300 im Dezember 1941 in seiner endgültigen Ausführung endlich flugbereit. Kurze Zeit darauf, am 14. Januar 1942, unternahm der ein wenig größere XR-4 seinen ersten Flug. Die Maschine war ausgestattet mit einem 185-PS-Motor und enthielt all die an seinem Vorgänger entwickelten Erfahrungen

und Fortschritte. Die amerikanische Armee billigte Sikorskys Entwurf und ordnete die Serienproduktion des Modells – unter der Bezeichnzung R-4 – an. Während des Zweiten Weltkriegs wurde die Konstruktion zweier größerer Flugzeuge gewünscht. Bis 1945 hatte Sikorsky mehr als 400 Hubschrauber gebaut, und stellte sich damit an die Spitze dieser neuen Technologie.

Mit dem Ende des Zweiten Weltkriegs wurde deutlich, dass der Hubschrauber eine glänzende Zukunft vor sich hätte. Es gab sogar Ingenieure wie Sikorsky, die voraussagten, dass die Hubschrauber zukünftig wenig mehr als Autos kosten würden und eine außerordentliche Popularität erfahren sollten. 1947 gab es allein in den Vereinigten Staaten 70 Betriebe, die sich mit der Entwicklung dieser neuen Flugmaschinen beschäftigten; wenige schafften es aber, sich mit erfolgreichen Produkten auf dem Markt durchzusetzen. Unter diesen wenigen waren die Firma Piasecki, die in den Modellen PV-3, HRP-1 und H-21 (die „fliegende Banane") das Tandem-Rotorsystem weiterentwickelte, und ferner die Firma Bell, das dem jungen Ingenieur Arthur Young die Forschungsgebiet der rotierenden Flügel anvertraute. Youngs erster Entwurf war das Model 30, eine einmotorige, einrotorige Maschine mit einer Gestaltung, die derjenigen des Sikorsky VS-300 ähnelte. Das Model 30 flog erstmals im Juni 1943. Daraufhin wurden zahlreiche Änderungen und Verbesserungen an dem Helikopter vorgenommen, sodass er im Dezember 1944 – in Model 47 umbenannt – unmittelbar darauf in Serienproduktion überführt werden konnte. Die Trumpfkarte des Bell 47 war die Zivil-Zulassung, die der Helikopter 1946 erhielt und die seine Verbreitung im Geschäftsleben beschleunigte. Die Maschine besaß eine charakteristische Kabine mit zwei nebeneinander angeordneten Sitzplätzen, die von einer durchsichtigen, blasenförmigen Plexiglashaube umschlossen waren. Der Hauptrotor mit nur zwei Blättern verursachte das charakteristische, rhythmische Geräusch, von dem der Beiname „chopper" hergeleitet wurde. Der Bell 47 war eine extrem wandlungsfähige Maschine und wurde im Zivil- und Militärsektor als Transporter sowie für Such-, Rettungs- und Luftambulanzaufgaben eingesetzt. Es war der erste moderne Hubschrauber. 1947 erwarb die USAF 28 Exemplare des Bell 47 und die US Army kaufte 1948 65 Exemplare; weitere Bestellungen wurden noch von anderen Streitkräften in Amerika und auf der ganzen Welt getätigt. Die Produktion wurde 1973 eingestellt, nachdem insgesamt mehr als 5000 Exemplare gebaut worden waren – viele davon in Lizenz in Italien von Agusta und in Japan von Kawasaki. Die Version Bell 47G besaß einen Lycoming-Motor mit 270 PS, eine Höchstgeschwindigkeit von 195 km/h und eine Gipfelhöhe von 3200 Meter. Mit einer maximalen Startmasse von ca. 1300 kg und einem Hauptrotor-Durchmesser von 11,32 Meter konnte der Hubschrauber zwei Personen transportieren.

171 oben *Eines der ersten Bells – das Model 47 – im Korea-Krieg: Soldaten laden verletzte Kameraden in die Maschine. Mit diesem Fluggerät begann die moderne Ära des Hubschraubers.*

171 unten *Frank Piasecki brachte in seinem Modell PV-3 die von ihm erfundene Tandem-Rotor-Ausführung an. Die Maschine wurde aufgrund ihrer besonderen Form „die fliegende Banane" genannt. Auf dem Foto sind drei Piasecki HRP-1 beim Bodentruppen-Transport während des Korea-Kriegs zu sehen.*

172 oben Piasecki entwickelte die Ausführung mit Tandem-Rotor in neuen, größeren und zuverlässigeren Modellen weiter. Hier sind zwei H-21-Exemplare der USAF bei einer Materialtransportübung.

Zwei weitere hervorragende, amerikanische Konstrukteure waren Stanley Hiller und Charles Kaman, die Ende der Vierzigerjahre durch die Gründungen eigener Firmen auf sich aufmerksam gemacht hatten.
Inzwischen erschien der erste, wirkliche Transport-Hubschrauber, den Sikorsky 1948 auf eine Spezifikation der amerikanischen Armee hin projektierte, um damit deren Bedarf an geeignetem Gerät zur Luftbeförderung zu befriedigen. So entstand der Entwurf S-55, dessen Prototyp die militärische Benennung YH-19 bekam. Diese Maschine wies ein vollständig neues Gesamtbild auf: Der Motor wurde in der Schnauze untergebracht, während die Pilotenkabine und die Transmissionssysteme ihren Platz über dem Frachtladeraum fanden, der dadurch geräumiger wurde und sich in praktischer Bodennähe befand. Der Hubschrauber flog zum ersten Mal am 10. November 1949 und konnte bald in Produktion gehen, nachdem er unter der Bezeichnung H-19 von den Luftstreitkräften und der Armee bestellt worden war. Dieser Typ war 12,9 Meter lang und wurde von einem Kolbenmotor Wright R-1300 mit 800 PS zu einer Höchstgeschwindigkeit von 180 km/h angetrieben. Der Durchmesser des dreiblättrigen Haupt-Rotors betrug 16,1 Meter. Mit einer maximalen Startmasse von 3580 kg konnte der H-19 eine Besatzung von zwei Mann sowie bis zu zehn Soldaten oder sechs Verletzte auf Tragbahren aufnehmen. Die Luftwaffe und die Armee und anschließend die US-Marine, die Marineinfanterie und andere Nutzer weltweit bestellten die H-19. Insgesamt wurden fast 1300 Exemplare gebaut, unter anderem auch von Mitsubishi und Westland in Lizenz.
Im Juni 1950 brach in Korea der Krieg aus, bei dem auch die westlichen Länder – vor allem die Vereinigten Staaten – involviert wurden. Bei diesem Konflikt konnte sich die enorme Nützlichkeit des Hubschraubers für die Streitkräfte beweisen. Anfangs beschränkte sich der Haupteinsatz auf die wichtige Rolle der Luftambulanz: Der Bell 47 wurden mit zwei externen Tragbahren ausgestattet und der berühmten MASH-Einheit (Mobile Army Surgical Hospital) der Armee zugewiesen. Ein weiterer Hubschrauber, der dieser Rolle angepasst wurde, war der Sikorsky S-51, eingesetzt von der USAF und den Marines. Mit der Ankunft des H-19 und des H-21 wurde die Nutzung des Hubschraubers immer weiter verbreitet. Die Marines und später die Armee begannen, die Luftbeweglichkeit des Hubschraubers praktisch auch operativ anzuwenden, indem sie die Maschinen für die schnelle Beförderung von Truppen und Versorgungsgütern nutzten – vor allem in Notlagen. Am 11. Oktober 1951 verzeichnete man mit der Operation Bumblebee den ersten, operativen

172 unten links Ein Sikorsky H-19 der USAF im März 1951 bei der Durchführung von Sanitätstransportoperationen während des Korea-Kriegs.

172 unten rechts Die ersten Hubschrauber erlitten unvermeidlich auch erste Unfälle. Dieser Sikorsky S-51 Dragonfly trifft die Decksaufbauten eines britischen Flugzeugträgers und stürzt ins Meer.

173 oben Rettungsdienste gehörten zu den ersten Aufgaben von Hubschraubern. Hier ein amerikanischer Sikorsky S-55 bei der Bergung der Besatzung eines sinkenden Schleppers der US Army bei Okinawa, 1956.

173 Mitte Auch die französische Armee stellte bald Hubschrauber in Dienst. Auf der Fotografie erscheint ein S-55 (H-19 für die Streitkräfte) bei der Evakuierung von Verletzten im Umland von Dien Bien Phu, Vietnam, März 1954.

173 unten 25. September 1950. Während der Kämpfe bei Seoul in Korea hebt ein S-51 der Marines mit einem verletzten Soldat an Bord ab. Die Sanitätsevakuierung gehörte zu den ersten Missionen der Hubschrauber.

Massen-Lufttransport, als ein Bataillon der Marines (fast 1000 Männer) auf einem Dutzend H-19-Hubschraubern entsandt wurde, um eine andere Abteilung abzulösen, die in vorderster Linie auf einem Berggipfel Posten bezogen hatte.

Das Jahrzehnt, das auf den Korea-Krieg folgte, stellt sich heute als die intensivste und nachhaltigste Entwicklungsperiode des Hubschraubers dar. Die Entwürfe wurden in Hinblick auf die militärischen und zivilen Bedürfnisse immer mehr verfeinert und differenziert; und außerdem hatte man den Turbomotor eingeführt, der unter technischen und operativen Gesichtspunkten eine deutliche Leistungssteigerung ermöglichte sowie den Komfort an Bord verbesserte.

Das erste Exemplar der neuen Hubschrauber-Generation war der Kaman K-225, der 1951 modifiziert wurde, um einen 177-PS-Gasturbomotor Boeing YT-50 aufnehmen zu können. Doch der erste Helikopter, der erfolgreich die neuen Turbomotoren anwenden konnte, war nicht amerikanischer, sondern französischer Herkunft.

Die Gesellschaft Sud-Est betrat das Feld der Hubschrauber nach dem Zweiten Weltkrieg, was nicht zuletzt der Tätigkeit Heinrich Fockes zu verdanken war, der versuchte, den Entwurf Fa-223 mit dem Modell SE 3000 zu verbessern. Die Firma Sud-Est wurde zuallererst bekannt mit dem Modell SE 3120 Alouette, einem zweisitzigen einmotorigen Hubschrauber mit einem Hauptrotor. Die Alouette flog erstmals am 31. Juli 1952. Dieses Modell bildete die Basis für die Installation des Turbomotors Turbomeca Artouste I mit 360 WPS (Wellen-PS) im Nachfolgemodell. Die Turbomotoren boten riesige Vorteile, da sie die Hubschrauber mit bedeutend mehr Leistung versorgten und nur halb so viel wogen wie normale Kolbenmotoren. Der SE 3130 Alouette II flog zum ersten Mal am 12. März 1955. Nachdem er die Zulassung zum Zivil-Luftfahrzeug erhalten hatte, traf der Hubschrauber auf sofortiges Interesse und wurde zu einem großen Verkaufserfolg. Nach der Fusion zwischen Sud-Est und Sud-Aviation im Jahr 1957 wurde das Modell umbenannt in SE 313B. Der Hubschrauber konnte eine Höchstgeschwindigkeit von 185 km/h erreichen, bis zu drei Personen aufnehmen und hatte eine maximale Startmasse von 1600 kg, im Vergleich dazu betrug das Leergewicht der Maschine 895 kg. Später erschien Version SA 318C, die mit dem neuen, preiswerteren Motor Astazou IIA ausgestattet wurde. Die erfolgreiche Serie der Alouette II blieb bis 1975 in Produktion; insgesamt wurden davon über 1300 Exemplare auf der ganzen Welt verkauft.

Die Sud-Aviation (später bekannt unter der Bezeichnung Aérospatiale) erweiterte ihre französische Hubschrauber-Familie mit der Einführung der Modelle SA 316 Alouette III (1959), SA 321 Super Frelon (1962), SA 330 Puma (1965) und SA 315 Lama (1969), die dazu beitrugen, dass Aérospatiale einer der führenden Marken der Welt bei der Hubschrauber-Produktion wurde.

Doch auch Bell in den Vereinigten Staaten ruhte sich nicht auf seinen Lorbeeren aus und entwickelte nach den im Korea-Krieg gewonnenen Erfahrungen sofort einen turbogetriebenen Mehrzweck-Hubschrauber, der auf einer von der US Army 1955 herausgegebenen Spezifikation beruhte. Das daraus hervorgegangene Modell, der Bell 204, sollte ein Meilenstein in der Geschichte Drehflügelflugzeuge werden, nachdem er im Juni desselben Jahres den Wettbewerb für sich entscheiden konnte – noch bevor er jemals geflogen war. Der Jungfernflug wurde erst am 22. Oktober 1956 durchgeführt, und der Typ 204 bewies schon früh sein unglaubliches Potenzial. Die Maschine besaß die klassische Bell-Anordnung von einem zweiblättrigen Hauptrotor sowie einem Ausgleichsrotor am Heckausleger.

Der Rumpf bot an der Nase Platz für zwei Piloten, die nebeneinander saßen; hinter ihnen befand sich der Laderaum, in der bis zu sechs Soldaten oder zwei Tragbahren, die mittels zweier verschiebbarer Klappen erreicht werden konnten, Platz fanden.

Die Maschine wurde 1959 als UH-1A Iroquis bei der Armee in Dienst gestellt. Der Hubschrauber wurde angetrieben von einem Avco Lycoming T53 Turbomotor mit 710 WPS, aber die Leistungsstärke stieg beim Modell UH-1B schon auf 1115 WPS, bis schließlich der Fuji-Bell 204B-2 sich einer Stärke von 1419 WPS rühmen konnte. Diesem Typ folgte fast unmittelbar das verbesserte Modell 205, das bereits 1960 der amerikanischen Armee empfohlen wurde. In Wirklichkeit handelte es sich dabei um eine verlängerte Version des 204, die Platz für 14 Soldaten oder sechs Tragbahren bot und eine maximale Nutzlast von 1814 kg aufnehmen konnte. Der Prototyp flog am 16. August 1961 und wurde bereits im August 1963 in Dienst gestellt. Das UH-1D genannte Modell verfügte über den Motor des UH-1B und besaß eine maximale Startmasse von 4309 kg. Gleich darauf wurde auch die Version UH-1H entwickelt, die den Motor des Modells 204B-2 (mit 1419 WPS) übernahm. Der 205 und der 204 wurden in Lizenz von Agusta und Fuji gebaut und insgesamt erreichte die Produktion der beiden Modelle einen Ausstoß von über 10 000 Exemplaren.

Die UH-1-Serie wurde vorwiegend für Militär-

aufgaben genutzt und erreichte während des Einsatz im Vietnam-Krieg den Höhepunkt des Ruhms. Es wurde fast zu einem Symbol des amerikanischen Einsatzes und war als Luft-Kavallerie und Truppenbeförderungsmittel die große Neuheit im südostasiatischen Konflikt. Auch ein weiteres Produkt von Bell fand im Vietnam-Krieg Gebrauch; es war das Modell 209, das von der amerikanischen Firma in eigener Verantwortung entwickelt wurde, um die Armee mit einem Kampfhubschrauber zu versorgen. Der 209 basierte auf den mechanischen Elementen des 204, besaß aber einen neuen, schmaleren Rumpf, zwei Tandem-Plätze sowie zwei Stummelflügel, an denen man die Bewaffnung anbrachte. Nach dem ersten Flug am 7. September 1965 bestellte die Armee eine Vorserie des AH-1G Kobra genannten Modells, das 1967 in Dienst gestellt und unmittelbar darauf in Vietnam eingesetzt wurde. Der leichte, einmotorige Bell 206, der am 10. Januar 1966 zum ersten Mal flog, wurde ebenfalls für die militärische Verwendung entworfen. Das Modell hatte auch auf dem Zivilmarkt großen Erfolg. Tatsächlich ist – nach zahlreichen Versionen und Verbesserungen – der 206 noch heute in Produktion und über 9000 Exemplare wurden bislang gebaut. Die Reihe der Bell Mehrzweck-Hubschrauber wurde mit anderen Maschinen fortgeführt, deren Entwürfe bis auf die ursprünglichen Entwürfe der 204/205 zurückgehen. Es handelte sich dabei um das zweimotorige Modell 212, das Modell 412 mit Vierblatt-Hauptrotor und Zweiblatt-Ausgleichsrotor am Heck, sowie die Modelle 214 und 222.

174 oben Der Aerospatiale SA.315B Lama wurde für die indischen Streitkräfte entwickelt, die einen Hubschrauber benötigten, der in Höhenlagen und bei niedrigen Temperaturen operieren konnte. Auf der Fotografie ist ein Exemplar der pakistanischen Armee zu sehen.

174 unten links Der Agusta-Bell 205 (auf dem Bild ein Modell der griechischen Armee) wurde aus dem Modell 204 entwickelt und ist eines der am zahlreichsten vertretenen Militärhubschrauber.

174 unten rechts Ein Sud-Est SE.313 Alouette II der belgischen Armee. Die Maschine absolvierte ihren Jungfernflug im Jahr 1952, die Turbinenversion folgte 1955.

174-175 unten Der schwere Hubschrauber SA.321 Super Frelon wurde in Hinblick auf die Erfordernisse der französischen Armee entwickelt und flog zum ersten Mal 1962. Auf der Fotografie werden einige Einsatzkräfte auf dem Flugdeck eines französischen Flugzeugträgers gelandet.

175 oben Eine Formation von drei Bell AH-1 Cobra Angriffs-Hubschraubern im Vordergrund. Diese Maschine wurde für den Einsatz im Vietnam-Krieg aus dem Transportmodell UH-1 entwickelt.

175 Mitte Ein Aerospatiale SA.330 Puma (gebaut von Westland) fliegt mit den Farben der britischen Armee. Der Hubschrauber flog zum ersten Mal 1965 und war das Ergebnis der operativen Erfahrungen, die man mit dem Super Frelon gesammelt hatte.

175 unten rechts Ein SA.316 Alouette III der portugiesischen Luftwaffe beim Tiefflug. Dieser Hubschrauber startete 1959 zu seinem ersten Flug; über 1800 Exemplare wurden produziert.

Sikorsky, ein bis heute aktiver amerikanischer Koloss, konzentrierte sich nun hauptsächlich darauf, die Bedürfnisse der US Navy zu befriedigen. Nach dem Modell S-58 aus dem Jahr 1954 (noch mit Kolbenmotor betrieben; Militärbezeichnung HSS-1 Seabat, und später, seit 1962, H-34) entwickelte die Firma Ende der Fünfzigerjahre das Modell S-61 – einen Hubschrauber mit hervorragenden Eigenschaften, der noch heute weltweit genutzt wird. Die Maschine entstand auf eine Spezifikation der US Navy hin, die einen U-Boot-Abwehr-Hubschrauber mit Aufklärungs- ebenso wie Angriffsfähigkeiten forderte. Sikorsky entwarf eine große, zweimotorige Maschine, ausgestattet mit fünfblättrigem Rotor, zusammenklappbarem Heckausleger sowie einem breiten Rumpf, der die Besatzung sowie die Missionssysteme aufnehmen konnte. Der Prototyp flog erstmals am 11. März 1959 und der Hubschrauber – genannt HSS-2 – erwies sich sofort als ein gelungenes Projekt. Die ersten Serienexemplare wurden im September1961 unter dem Namen Sea King in Dienst gestellt. Mitsubishi,

177 oben Der Sikorsky S-65 (von 1964 an H-53 genannt) war der größte Hubschrauber der amerikanischen Streitkräfte. Hier ist der CH-53A der Marines während einer Transportmission in Südvietnam zu sehen.

177 unten Der Sikorsky H-3 wurde in großem Umfang von der US Navy und den Marines eingesetzt. Diese VH-60N- Version wird von der HMX-1 benutzt – einer Marines-Abteilung, die mit der Beförderung des Präsidenten beschäftigt ist.

Westland und Agusta erwarben die Produktionslizenz und die starke und robuste Maschine wurde ständig überarbeitet, weiterentwickelt und verbessert. 1960 erschien auf dem Markt der Zivilluftfahrt der S-61L als Passagierversion des Modells, während 1963 eine Amphibienversion gebaut wurde, die vor allem für Such- und Rettungseinsätze bestimmt war. Diese Maschine wurde S-61R genannt und besaß einen stark vergrößerten Rumpf sowie eine hintere Ladeklappe. Ursprünglich wurde der Hubschrauber in militärischer Konfiguration als HH-3E Jolly Green Giant für die USAF produziert; das fortgeschrittene Modell HH-3F Pelican wurde dagegen später eingeführt.
Insgesamt wurden vom Sea King, der seit 1962 unter den amerikanischen Streitkräften als H-3 bekannt ist, über 1300 Exemplare in 40 verschiedenen Versionen angefertigt. Noch heute ist dieser Hubschrauber auf der ganzen Welt verbreitet.
Anfang der Sechzigerjahre entwickelte Sikorsky noch einen weiteren großen Hubschrauber für die Ausstattung der US Navy. Das Modell S-65 wurde als Schwertransporter für das Marines Corps entworfen und sollte in der Lage sein, Truppen und Waffen während der Landungsoperation vom Schiff an Land zu befördern. Die mechanischen Grundelemente übernahm Sikorsky vom Modell S-64, während der neu entworfene Rumpf den Linien des HH-3E ähnelte. Als CH-53 Stallion bezeichnet, begann der Hubschrauber 1966 den Dienst und wurde ebenfalls sofort nach Vietnam geschickt, wo man eine solche Hilfe dringend benötigte. Aus dem Grundmodell S-65 wurden noch viele weitere Versionen entwickelt, zum Beispiel für den Anti-Minen-Einsatz und für Such-, Rettungs- und Spezialoperationen der USAF sowie für andere Streitkräfte. Insgesamt wurden über 730 Exemplare des S-65 in über 20 Versionen hergestellt.
Der jüngst zurückliegende Erfolg von Sikorsky kam mit dem Modell S-70, das zum ersten Mal am 17. Oktober 1974 flog. In diesem Fall wurde der Entwurf als Antwort auf eine von der amerikanischen Armee herausgebrachten Spezifikation realisiert, die einen neuen Allzweck-Hubschrauber für den taktischen Transport forderte, mit dem die in die Jahre gekommene Serie UH-1 ersetzt werden sollte. Im Dezember 1976 wurde das Sikorsky-Modell zum Wettbewerbs-Sieger erklärt und alsbald unter der Bezeichnung UH-60A Black Hawk in Serie produziert. Die ersten Exemplare wurden seit 1979 in Dienst gestellt. Aus dem Grundmodell wurden später noch viele weitere Versionen abgeleitet, darunter waren die Entwürfe SH-60B, F und R für den Marineeinsatz (sowie die Version S-70B und C für den Export), der MH-60, EH-60 und HH-60 für Such- und Rettungseinsätze, elektronische Kampfführung und Spezialaufgaben. Diese Hubschrauber wurden von der US Army und USAF sowie von weiteren 30 Ländern auf der ganzen Welt benutzt.

176-177 oben Westland produzierte den Sikorsky S-61 in Lizenz als Marine-Hubschrauber Sea King – hergeleitet von dem Modell SH-3A – für die US Navy. Die Maschine wurde auch von der italienischen Gesellschaft Agusta in Lizenz hergestellt.

176 unten Ein Sea King HA3 der Royal Air Force bei einer Such- und Rettungsmission unter extremen Wetterbedingungen.

Die S-70-Serie ist noch bis heute in Produktion und hat bis jetzt über 2600 Bestellungen realisiert. Die neuesten Projekte der Firma umfassen auch das Allzweck-Modell S-76 sowie den Schwertransport-Hubschrauber S-92, der 2019 in der Version VH-92A auch für das Programm „Marine One" ausgewählt wurde, den neuen Hubschrauber, der den Präsidenten der Vereinigten Staaten befördern soll.

Auf dem Gebiet der großen Transport-Hubschrauber behauptete sich in Amerika auch die Firma Vertol (später Boeing-Vertol), die innerhalb weniger Jahre zwei bemerkenswerte Modelle verwirklichte, die noch bis heute weit verbreitet sind und genutzt werden. So erschien am 22. April 1958 erschien das für den Ziviltransport entworfene Modell 107, ein Doppelturbo-Hubschrauber mit zwei in Tandemanordnung angebrachten Rotoren. Der Erfolg dieser Maschine ist jedoch größtenteils auf den Einsatz in militärischer Konfiguration zurückzuführen. In den Sechzigerjahren erwarben die US Navy und die Marines 624 Exemplare dieses Modells, das nun als H-46 bezeichnet wurde. Der Hubschrauber war ausgestattet mit zwei Turbomotoren General Electric CT58 mit je 1400 WPS und besaß eine maximale Startmasse von 9700 kg. Fast gleichzeitig brachte die Vertol ein ebenfalls neues Modell heraus, das die Gestaltung seines Vorgängers H-46, von dem es zweifellos hergeleitet wurde, im Wesentlichen beibehielt und nur in den Dimensionen vergrößert wurde. Das neue Modell 114 führte seinen ersten Flug am 21. September 1961 durch. Aufgrund seiner herausragenden Eigenschaften erwies sich dieser Hubschrauber besonders dafür geeignet, die Bedürfnisse der US Army zu befriedigen. Mit der Benennung CH-47 Chinook wurde die Maschine anstelle des kleineren CH-46 von der Army erworben. Der Chinook besaß zwei Turbomotoren Avco Lycoming T55 mit je 3800 WPS sowie eine maximale Startmasse von 17 450 kg. Etwa ein Duzend verschiedene Versionen des CH-47 wurden entwickelt

179 Mitte Zwei CH-46 beim Wenden vor der Landung auf dem Amphibienlandeschiff USS Peleliu im Persischen Golf. Dies erfolgte während der Operation Enduring Freedom im November 2001.

179 unten Ein Paar von UH-60A Black Hawk Hubschraubern der US Army während einer „Bright Star"-Übung in Ägypten 1983. Der Black Hawk wurde 1979 in den Dienst der amerikanischen Armee gestellt und von mehr als 20 Länder benutzt.

178-179 Der Boeing-Vertol CH-46 Sea Knight war lange Zeit der Standard-Transporthubschrauber der Marines. Er wurde erst kürzlich von dem neuen Kipprotorflugzeug V-22 Osprey ersetzt.

178 unten Ein Boeing-Vertol CH-47 Chinook der Royal Air Force beim Heben eines gepanzerten Fahrzeugs. Der Chinook flog zum ersten Mal 1961 und wurde von ca. 30 Ländern auf der ganzen Welt benutzt.

179 oben Der SH-60 Sea Hawk ist die Marineversion des Black Hawk und wurde gleichzeitig für die US Navy entwickelt. Auf der Fotografie ist ein SH-60 des Geschwaders HS-4 beim Torpedoabwurf zu sehen.

180 Der AH-64D ist die vorletzte Version des Boeing Apache; die Maschine ist mit einem Longbow-Radargerät ausgestattet, dessen Radom auf dem Hauptrotor zu sehen ist. Dieses Exemplar gehört der britischen Armee.

181 oben Eine Formation der Hubschrauber UH-60A und AH-64A der US Army fliegt 1998 während der Operation Southern Watch über Kuwait.

181 Mitte Ein Kampfhubschrauber Boeing AH-64A Apache beim Abschuss von Luft-Boden-Raketen während einer Schießübung. Der Apache ist mit einer 30-mm-Kanone, Panzerabwehr- und Luft-Luft-Raketen bewaffnet.

und von weiteren 20 Ländern in aller Welt benutzt. Über 1200 Exemplare wurden hergestellt, auch in Lizenz von Agusta In Italien und Kawasaki in Japan. Die neuesten Modelle sind der CH-47F und der MH-47G, die für Spezialeinsätze verwendet werden. Kürzlich hatten Boeing und Sikorsky die Kräfte vereint, um einen neuen bewaffneten Aufklärungs- und Angriffshubschrauber für die amerikanische Armee zu verwirklichen. Es handelte sich um den RAH-66 Comanche, eine extrem fortschrittliche Maschine, die ihren Erstflug am 4. Januar 1996 ausführte; der Hubschrauber hätte ab 2006 in den operativen Dienst übernommen werden sollen, aber die Army stornierte den Auftrag.

Unter den größten amerikanischen Produktionsfirmen war auch die Hughes Aircraft Company, die später von McDonnell Douglas erworben und schließlich von Boeing übernommen wurde. Anfang der Sechzigerjahre entwickelte Hughes das Model 369 als Antwort auf eine Spezifikation der US Army für einen neuen Aufklärungs- und Scout-Hubschrauber. Die Maschine flog zum ersten Mal am 23. Februar 1963. 1965 wurde das Modell von der Armee ausgewählt und auf den Namen OH-6A Cayuse getauft. Die Zivilversion erhielt jedoch die Benennung Hughes 500. Beide Hubschrauber bildeten den Anfang eines äußerst erfolgreichen Programms, das durch zahlreiche Weiterentwicklungen und verbesserte Versionen bis zum heutigen Tage eine Produktion von über 5000 Exemplare erreichte, von denen einige auch in Lizenz in verschiedenen Ländern gebaut wurden. Eine der neuesten Versionen, der 520N NOTAR fällt aufgrund des fehlenden Ausgleichsrotors am Heck auf. Angetrieben von einem Turbomotor Allison 250 mit 450 WPS erreicht der NOTAR eine Höchstgeschwindigkeit von 281 km/h. Mit einem Leergewicht von 720 kg und einer maximalen Startmasse von 1745 kg kann der 520N bis zu fünf Personen – einschließlich Pilot – tragen. Noch berühmter als der Hughes ist der AH-64 Apache, ein Hubschrauber, der 1976 als Sieger einer Ausschreibung der US Army für einen neuen Angriffs- und Kampfhubschrauber hervorging. Die starke, robuste und große Maschine flog zum ersten Mal am 30. September 1975. Nachdem McDonnell Douglas die Firma übernommen hatte, wurde der AH-64 im Jahr 1986 als Version „A" ausgeliefert und in Dienst gestellt. Der heute von Boeing gebaute AH-64E Guardian (eine mit dem Joint Tactical Information Distribution System, kurz JTIDS, ausgestattete Version) erhielt ein Cockpit mit zwei in Tandem-Anordnung eingebauten Sitzen, das zusammen mit Navigations- und Angriffssensoren in der Schnauze eingerichtet war, sowie ferner die in erhöhter Position, separat angebrachten, geschützten

182 oben Zwei russische Mil Mi-24 bei der Landung in der Nähe der tschetschenischen Hauptstadt Grosny, 1999, während der Kämpfe zur Unterdrückung des dortigen Aufstands.

182 unten Vorführung eines Mil Mi-24 der tschechischen Republik während einer Luftfahrtveranstaltung. Der Mi-24 erreicht kann eine Höchstgeschwindigkeit von 335 km/h erreichen und bis zu acht bewaffnete Soldaten befördern.

Motoren. Die Maschine verfügte über einen Vierblatt-Hauptrotor, der von zwei Turbomotoren General Electric T700-GH-701C mit einer Leistung von je 1890 WPS angetrieben wurden und dem Hubschrauber eine Höchstgeschwindigkeit von 364 km/h geben konnte. Die maximale Startmasse betrug 10 100 kg und die Bewaffnung bestand in der Regel aus Panzerabwehr-Raketen, Luft-Luft-Raketen, konventionellen Abwurfwaffen sowie einer 30-mm-Maschinenkanone. Die amerikanische Armee allein nutzt rund 750 Exemplare des AH-64D von insgesamt mehr als 2500 produzierten Exemplaren. Der Hubschrauber wurde aber auch von Streitkräften aus Australien, Süd-Korea, Japan, Großbritannien, Indien, Indonesien, Marokko, Polen, Katar, Singapur, Taiwan, Griechenland, Israel, Kuwait, den Vereinigten Arabischen Emiraten, Ägypten und Saudi-Arabien erworben.

Neben den Vereinigten Staaten und Frankreich investierte natürlich auch die Sowjetunion sehr stark – aus klar erkennbaren Gründen – in die Konstruktion und Herstellung eigener Hubschrauber-Serien. Zwei Firmen behaupteten sich besonders in diesem Metier: die Konstruktionsbüros Mil und Kamow. Die erstere wurde von Michail Mil im Jahr 1947 gegründet, und stellte bereits im darauf folgenden Jahr den ersten Entwurf eines leichten Allzweck-Hubschraubers vor, der mit einem 575-PS-Kolbenmotor Iwtschenko, einem dreiblättrigen Hauptrotor sowie einem am Heckausleger angebrachten Ausgleichsrotor ausgestattet war. Dieser Hubschrauber, Mi-1 genannt, wurde später zum Modell Mi-2 weiterentwickelt, das von zwei Isotow-Turbomotoren mit je 450 WPS angetrieben wurde und 1961 erschien. Über 6500 Exemplare der beiden Modelle wurden hergestellt, und Produktionslizenzen wurden an andere Hersteller vergeben. Mil entwickelte in der Folgezeit eine Reihe von Entwürfen für immer stärkere und spezialisiertere

Hubschrauber. Darunter befanden sich unter anderem der Mi-6 aus dem Jahr 1957, der zu seiner Zeit der größte Hubschrauber der Welt war – mit einer Nutzlastkapazität von dreizehn Tonnen. Schließlich erschien im Jahr 1969 der Mi-24, ein Kampfhubschrauber von bemerkenswerter Kraft und Robustheit, der besonders bei dem Einsatz während der sowjetischen Militärinvasion Afghanistans auf sich aufmerksam machte. Konzipiert als fliegende Kampfmaschine verfügte der Mi-24 mit seiner Zwei-Mann-Besatzung über eine außerordentliche Feuerkraft, war jedoch auch ausgestattet mit einem Laderaum, in dem bis zu acht Soldaten bzw. Tragbahren für die Evakuierung von Verletzten untergebracht werden konnten. Über 20 verschiedene Versionen des Mi-24 wurden entworfen und in mehr als 30 Länder des (ehemals) kommunistischen Blocks geliefert (ebenso auch die Versionen Mi-25 und Mi-35); insgesamt handelte es sich um 2300 angefertigte Exemplare.
Der Hubschrauber bewies eine derart gute Qualität, dass sich noch bis heute einige Exemplare im Einsatz befinden. Einige der Programme wurden außerdem weiterentwickelt, um das Grundmodell durch moderne Flugelektronik und Waffenausrüstung auf den neuesten technischen Stand zu bringen.
Besondere Erwähnung verdient der Mi-8, der am 7. Juli 1961 seinen Jungfernflug absolvierte. Von diesem Mehrzweckhubschrauber wurden mehr als 17.000 Einheiten in über 35 Versionen gebaut, und er ist in mehr als 80 Ländern weltweit im Einsatz. Zu den repräsentativsten Versionen gehören der Mi-8T, der Mi-17 und der neuere Mi-38, der praktisch ein neuer Hubschrauber ist, obwohl er bereits 2003 flog und seit 2019 sowohl im zivilen als auch im militärischen Bereich im Einsatz ist.
Der jüngste Kampfhubschrauber der Firma Mil ist der Mi-28, der seinen ersten Flug schon am 10. November 1982 ausführte. Der definitive Prototyp, ein reiner Kampf-Hubschrauber mit Tandemsitzen, erschien jedoch erst 1988; die finanziellen und organisatorischen Schwierigkeiten, die sich aus dem Zusammenbruch der Sowjetunion ergaben, sowie die mangelnde Allwettertauglichkeit des Hubschraubers führten jedoch 1993 zur Einstellung des Programms. Daraufhin wurde die Version Mi-28N (mit Nachtflugtauglichkeit) entwickelt, die am 14. November 1996 ihren Jungfernflug absolvierte und ab 2006 in Dienst gestellt wurde.
Das Konstruktionsbüro Kamow machte mit der Realisierung einer langen Reihe von Hubschraubern auf sich aufmerksam, die vor allem für den Marineeinsatz – besonders bei der U-Boot-Bekämpfung – bestimmt waren. Gekennzeichnet durch die charakteristische Konfiguration mit doppeltem, gegenläufigem Koaxial-Rotor, führte der Ka-25 – das erste Modell der Kamow-Serie kleiner Decklandehubschrauber – seinen ersten Flug am 26. April 1961 durch. Es folgte eine beträchtliche Anzahl verschiedener Versionen für die Seeziel-Raketen-Steuerung, für Such- und Rettungsaufgaben, Anti-Minen-Einsätze und Datenübertragungen von ballistischen Interkontinentalraketen. Später erschienen noch die Modelle Ka-27, 28 und 29, die für Transport- und Sturmangriffsaufgaben eingesetzt wurden; ferner das Radarträgermodell Ka-31 und der Ka-32, ein Allzweck-Hubschrauber, der sowohl im Militär- als auch im Zivilsektor verwendet wurde. Der neueste und berühmteste Entwurf der Kamow ist der Angriffs-Kampfhubschrauber Ka-50 Black Shark, der die typische Struktur des Antriebs beibehielt; kombiniert wurde sie aber mit einem schlanken Rumpf und einem einsitzigen Cockpit mit Schleudersitz.
Der Hubschrauber absolvierte seinen Jungfernflug am 17. Juni 1982, doch aufgrund der sowjetischen Krise wurden zwischen 1991 und 2009 nur 12 Einheiten dieser Serie gebaut. Aus dieser Maschine ging jedoch 1994 der zweisitzige Ka-52 Alligator hervor, der seit 2008 produziert wird und von dem mehr als 170 Exemplare bestellt wurden, zusammen mit 32 Exemplaren der Marineversion Ka-52K. Der Ka-52 ist mit hochentwickelter Avionik ausgestattet und erreicht dank der Schubkraft der Klimov TV-3-Turbinen eine Höchstgeschwindigkeit von nicht weniger als 350 km/h. Das maximale Startgewicht beträgt 11.340 kg, und die

183 oben rechts Ein Mil Mi-17 der tschechischen Luftwaffe. Seit 1961 wurden über 17.000 Einheiten dieser Hubschrauberfamilie produziert.

183 unten Der russische Angriffshubschrauber Kamow Ka-50 Werwolf besitzt einen doppelten gegenläufigen Koaxial-Rotor sowie einen Schleudersitz für den Piloten. Die Maschine fliegt mit 350 km/h.

184 oben Ein Leonardo AW119Kx, der von Life Link aus den Vereinigten Staaten in einer medizinischen Transportkonfiguration betrieben wird, landet auf dem Dach eines Krankenhauses.

184 Mitte Der jüngste Erfolg von Airbus Helicopters im militärischen Bereich ist der H160M, der von allen drei französischen Streitkräften eingesetzt werden soll.

max. Bewaffnungslast an Raketen, Bomben, Raketen und Geschützen verschiedener Typen beläuft sich auf 2800 kg. Die verbesserte Ka-52M startete 2022 den Dienst.
Zwei weitere europäische Gesellschaften schufen sich im Verlauf der Jahre einen guten Ruf in der Helikopter-Welt: Westland in Großbritannien und Agusta in Italien. Westland baute unter anderem die bekannten Hubschrauber Wasp und Lynx, während die Agusta – nach einigen Versuchen – den ersten wirklichen Erfolg mit dem Modell A.109 hatte, dessen Prototyp am 4. August 1971 erstmals flog.

Der A109 wurde kontinuierlich weiterentwickelt und ist nun in den Versionen AW.109 Trekker und GrandNew sowie im militärischen Modell Trekker M erhältlich. Der A.109 mit zwei Turbinen, schlanken und eleganten Linien und für zivile Zwecke konzipiert, wurde bisher in allen Versionen mehr als 1600 Mal verkauft und wird für Verbindungsflüge, VIP-Transporte, Luftrettung, Such- und Rettungsdienste sowie von Polizeikräften eingesetzt. Auch im militärischen Bereich verzeichnet er gute Verkaufszahlen.
Der AW119 gilt als einmotorige Version des AW109 und flog erstmals im Februar 1995. Angesichts des wichtigsten Referenzmarktes wurde die Produktion von Italien nach Philadelphia in den Vereinigten Staaten verlegt. Die neueste Version ist der AW119Kx, der 2012 auf den Markt kam. Mehr als 370 Exemplare dieses Hubschraubers wurden von zahlreichen zivilen, staatlichen und militärischen Betreibern bestellt, darunter auch die US-Marine, die ihn als Trainingshubschrauber unter der Bezeichnung TH-73A einsetzte.
Der A.129 Mangusta absolvierte seinen Jungfernflug am 11. September 1983. Es handelt sich um den ersten in Europa gebauten Kampfhubschrauber, der speziell für die Anforderungen der italienischen Armee entwickelt wurde, die 60 Exemplare bestellt hat, von denen 32 heute auf die Spezifikation AW129D (AH-129D in der militärischen Bezeichnung) umgerüstet sind. Der Mangusta verfügt in seiner fortschrittlichsten Version, dem T.129 ATAK, der in Zusammenarbeit mit Aselsan und TAI für die Türkei entwickelt wurde, über zwei LHTEC CTS800-Turbinen mit einer Leistung von jeweils 1361 PS. Er fliegt mit einer Höchstgeschwindigkeit von 270 km/h und hat ein maximales Startgewicht von 4990 kg bei einer Nutzlast von 1202 kg.
Nach einer wichtigen Entscheidung in den 1980er-Jahren schlossen sich die Konzerne Agusta und Westland zusammen, um einen neuen dreimotorigen Schwerlast-Hubschrauber zu entwickeln, den EH-101, der am 9. Oktober 1987 seinen Jungfernflug absolvierte. Diese leistungsstarke Maschine, die sowohl für den zivilen als auch für den militärischen Einsatz optimiert ist und heute die Bezeichnung AW101 trägt, hat bis heute mehr als 220 Bestellungen erhalten, darunter von den Marinen Italiens, Japans und des Vereinigten Königreichs sowie von den Luftstreitkräften Italiens, Kanadas, Algeriens, Saudi-Arabiens, Dänemarks, des Vereinigten Königreichs, Indiens, Indonesiens, Nigerias, Norwegens, Polens und Portugals. Der AW101 verfügt über drei Turbinen mit einer Schubkraft von jeweils 2240 PS, sein maximales Startgewicht beträgt 14 515 kg und seine Höchstgeschwindigkeit 309 km/h. Agusta und Westland fusionierten im Februar 2001 offiziell und bildeten den Giganten AgustaWestland. Ein Konkurrent des AW101 ist der bereits erwähnte Hubschrauber Sikorsky S-92 der 12-Tonnen-Klasse, der sowohl für zivile als auch für militärische Zwecke eingesetzt wird. Nach seinem Erstflug am 23. Dezember 1998 wurde er 2004 in Dienst gestellt.
Ein anderer Koloss in der Luftfahrtindustrie ist die französisch-deutsche Gruppe Eurocopter, die im Jahr 1992 von Aerospatiale und Daimler- Benz gegründet wurde und sich später zu EADS und heute zu Airbus entwickelte. Dieser Konzern hat die Hubschrauber EC120, Ecureil 350, 355 und 130, EC135 und EC145,

Dauphin 365 und 155, EC175 sowie Super Puma 332 und 225 für den zivilen Bereich hergestellt. Über 1500 Exemplare des EC135 wurden gebaut, und er wird von der Polizei, für Such- und Rettungsaktionen, als Luftrettungshubschrauber und für den zivilen Transport eingesetzt. Der EC135 absolvierte seinen Jungfernflug am 15. Februar 1994. Das Modell P2+ ist mit zwei Turboméca 2B2-Turbinen mit einer Schubkraft von jeweils 634 PS ausgestattet, die eine Reisegeschwindigkeit von 280 km/h und ein maximales Startgewicht von 2900 kg ermöglichen. Das Flugzeug kann neben seinen beiden Piloten eine Nutzlast von 1450 kg befördern, was sieben Passagieren entspricht. Für den militärischen Sektor produziert Eurocopter die Modelle Fennec 550, EC635, EC645, Panther 565, Cougar 523 und 725 sowie den EC665 Tigre, den neuesten Kampfhubschrauber für die französische und deutsche Armee. Nach dem ersten Flug am 27. April 1991 wurden die Prototypen verschiedenen Experimenten und Tests unterzogen und der Hubschrauber wurde nach einigen Anlaufschwierigkeiten 2004 in Australien in Dienst gestellt. Seit 2005 wird er auch in Frankreich und Deutschland und seit 2007 in Spanien eingesetzt. Mit bereits über 200 bestellten Einheiten ist der Tigre mit hochmoderner Avionik und zwei MTU/Turbomeca/Rolls-Royce MTR390-Turbinentriebwerken ausgestattet, die jeweils 1170 PS leisten. Er erreicht eine Höchstgeschwindigkeit von 315 km/h und hat ein maximales Startgewicht von 6600 kg. Der Tigre litt jedoch seit jeher unter bestimmten Problemen, darunter hohe Wartungskosten, geringe Effizienz und Probleme mit den Triebwerken, sodass Australien beschlossen hat, das Modell aus dem Verkehr zu ziehen, und Deutschland 2023 mit einem Programm folgen wird, das eine schrittweise Ausmusterung bis 2038 vorsieht.

Der NH-90 ist das Ergebnis einer gemeinsamen europäischen Planung und zugleich einer der modernsten Hubschrauber, die in Europa im Einsatz sind. Er wurde von dem multinationalen NHI-Konsortium gebaut, das 1992 von Eurocopter France, Eurocopter Deutschland, Agusta und Fokker gegründet wurde. Der erste Prototyp flog am 18. Dezember 1995, und das Konsortium hat Aufträge für rund 600 Exemplare des Hubschraubers in seinen beiden Grundversionen erhalten: den TTH für den taktischen Transport und den NFH für den Einsatz bei der Marine (der von Agusta entwickelt wurde). Der NH-90 ist eine äußerst vielseitige Maschine mit modernster Ausstattung und Avionik. Er wurde für ein breites Spektrum von Aufgaben konzipiert, darunter taktischer Transport, Such- und Rettungsdienste, Luftrettung, Fallschirmabwürfe, elektronische Kriegsführung, Schiffsbekämpfung, U-Boot-Bekämpfung und Minenabwürfe. Der Hubschrauber ist mit zwei Rolls-Royce Turbomeca RTM322-Turbinentriebwerken mit einer Leistung von 2100 PS oder zwei General Electric FIAT Avio T700-Triebwerken mit einer Leistung von jeweils 2400 PS ausgestattet. Er erreicht eine Höchstgeschwindigkeit von etwa 300 km/h und hat ein maximales Startgewicht von etwas mehr als 8600 kg. Zusammen mit seiner zweiköpfigen Besatzung kann die Transportversion des Hubschraubers bis zu 20 Soldaten oder eine Nutzlast von 2500 kg befördern. Der NH-90 wurde von den Luftstreitkräften von 14 Ländern erworben. In Italien wird er von der Armee mit 60 Exemplaren und von der Marine mit 56 Exemplaren eingesetzt.

Das italienisch-britische Unternehmen AgustaWestland, das sich in den letzten Jahren als äußerst dynamisch erwiesen hat, entwickelte eine sehr erfolgreiche Familie mittelgroßer Hubschrauber, die bestimmte gemeinsame Komponenten nutzen. Die erste Maschine war der AW139, der am 3. Februar 2001 (als AB.139) ihren Jungfernflug absolvierte, während das Projekt noch in Zusammenarbeit mit dem amerikanischen Unternehmen Bell durchgeführt wurde. Der AW139 ist ein sehr erfolgreicher Hubschrauber und wird als Nachfolger der Agusta-Bell-Familie AB.205/212 und 412 angeboten. Mit mehr als 1400 verkauften Einheiten im zivilen und militärischen Bereich wird die Produktion

185 oben Ein Agusta Westland AW.101 der Royal Air Force fliegt während Manövern nach der Operation Iraqi Freedom über die irakische Wüste.

185 Mitte Ein Eurocopter Tigre-Kampfhubschrauber der französischen Armee fliegt in der Nähe der Basis Le Luc, dem gemeinsamen deutsch-französischen Ausbildungsstandort für diese Maschine.

185 unten Der AW169 ist äußerst erfolgreich und eignet sich gleichermaßen für zivile, militärische und polizeiliche Aufgaben. Auf diesem Bild ist ein UH-169 zu sehen, der von den Carabinieri betrieben wird.

fortgesetzt. Ausgestattet mit modernster digitaler Avionik wird der AW139 von zwei Pratt & Whitney PT6C-Turbinen mit jeweils 1531 PS angetrieben und erreicht eine Höchstgeschwindigkeit von 310 km/h. Das maximale Startgewicht beträgt 6800 kg, und die geräumige Kabine bietet Platz für bis zu 15 Passagiere sowie 1 oder 2 Piloten. In Italien wurde er ab 2008 von der Finanzpolizei, der Küstenwache, der Luftwaffe, der Staatspolizei, der Feuerwehr und den Carabinieri erworben, während die Marine ebenfalls ein ehemaliges Modell der Finanzpolizei einsetzt. Später kamen die Modelle AW169 und AW189 hinzu, zusätzlich zum Militärmodell AW149, die alle viele Gemeinsamkeiten aufweisen. Das erste Modell ist eine Maschine der Fünf-Tonnen-Klasse, die am 10. Mai 2012 ihren Erstflug absolvierte und derzeit mehr als 350 Bestellungen verzeichnet. Der Hubschrauber eignet sich für den zivilen Einsatz in den Bereichen Luftrettung, Transport, Versorgung und Suche und Rettung sowie für polizeiliche und militärische Zwecke (AW169M), da er mit Waffen und Missionsausrüstung ausgestattet werden kann. In Italien wurde er von der Armee, den Carabinieri und der Finanzpolizei bestellt.
Der Hubschrauber AW149 absolvierte seinen Jungfernflug am 13. November 2009 und wurde für den Militärmarkt in der Acht-Tonnen-Klasse als Truppentransportflugzeug (für bis zu 18 Soldaten) konzipiert, verfügt jedoch dank seiner Bordsensoren

186 oben Die Marineversion des NH-90 trägt die Bezeichnung NFH; auf diesem Bild ist ein SH-90A der italienischen Marine zu sehen, die 46 Exemplare dieses Modells sowie 10 Mehrzweckhubschrauber vom Typ MH-90A einsetzt.

186 Mitte Der AW189 wurde aus dem AW149 entwickelt und ist ein Transporthelikopter der 8-Tonnen-Klasse für den zivilen Bereich.

186 unten Der AW149 ist ein von Leonardo für den militärischen Einsatz konzipierter Transport- und Mehrzweckhelikopter der mittleren Klasse. (Foto: Leonardo)

und der Möglichkeit, mit Waffen ausgerüstet zu werden, über Mehrzweckfähigkeiten. Er wird von zwei General Electric/Avio CT7-2E1-Turbinen angetrieben und erreicht eine Höchstgeschwindigkeit von 310 km/h. Er wurde von den Streitkräften Thailands, Ägyptens und Polens erworben und ist der Favorit im New Medium Helicopter-Programm des britischen Verteidigungsministeriums; ein Vertrag über 23 Exemplare wurde für 2026 unterzeichnet.

Das Modell AW189 ist das größte der Familie und flog zum ersten Mal am 21. Dezember 2011. Etwas mehr als zwei Jahre später wurde es in Dienst gestellt. Es handelt sich um einen Hubschrauber der Acht-Tonnen-Klasse, der vom Modell AW149 abgeleitet ist und bis zu 19 Personen befördern kann. Er eignet sich für Offshore-Versorgungs-, Such- und Rettungs- sowie Transportaufgaben. 2017 wurde die Version AW189K eingeführt, die mit Turboméca Aneto 1K-Turbinen mit einer Leistung von jeweils 2500 PS ausgestattet ist, wodurch die Dienstgipfelhöhe auf 4570 m und das maximale Startgewicht auf 8600 kg erhöht werden konnten.

Der leichteste Hubschrauber von Leonardo ist der AW09, eine einmotorige Maschine der Drei-Tonnen-Klasse, die sich für verschiedene Aufgaben im zivilen und staatlichen Bereich eignet. Der ursprünglich von der Schweizer Firma Kopter entwickelte AW09 wird von einer Safran Arriel 2K-Turbine mit einer Leistung von 1006 PS angetrieben, kann bis zu acht Personen plus Pilot befördern und erreicht eine Reisegeschwindigkeit von 260 km/h.

Das neueste Modell der Leonardo Helicopter Division ist der AW249, ein zukünftiger Kampfhubschrauber für die italienische Armee, der wahrscheinlich auch im Ausland kommerziellen Erfolg haben wird. Er ist größer als sein Vorgängermodell AW129 und bietet deutliche Verbesserungen in Bezug auf Leistung, Fähigkeiten und Avionik, wodurch er an die Spitze der Branche rückt. Der AW249 wiegt voll beladen 8300 kg und wird von zwei General Electric/Avio CT7-8E6-Turbinen mit einer Leistung von jeweils 2500 PS angetrieben, die eine Höchstgeschwindigkeit von 309 km/h ermöglichen. Der AW249 flog am 12. August 2022 zum ersten Mal und soll 2027 in Dienst gestellt werden.

Airbus Helicopters ist der andere große europäische Hersteller und bietet eine breite Palette von Maschinen an, von der kleinsten, der H125, über die Modelle H130, H135, H140, H145, H160 und H175 bis hin zu den Modellen H215 und H225, die alle Teil einer erweiterten Familie mit zahlreichen gemeinsamen Merkmalen und sowohl in zivilen als auch in militärischen Versionen erhältlich sind. Die jüngste Erfolgsgeschichte ist der H160M Guépard, ein vom H160 abgeleitetes Militärmodell, das am 13. Juni 2015 seinen Jungfernflug absolvierte. Er ist der erste einer neuen Generation von Hubschraubern und wurde von der französischen Regierung ausgewählt, um alle drei Teilstreitkräfte auszurüsten. Als Mehrzweckhubschrauber der Sechs-Tonnen-Klasse kann er bis zu 12 voll ausgerüstete Soldaten (zusätzlich zu den beiden Piloten) befördern und mit verschiedenen Waffentypen ausgerüstet werden.

Das Modell erreicht eine Reisegeschwindigkeit von 263 km/h und wird von zwei Turbomeca Arrano-Turbinen mit einer Leistung von jeweils 1100 PS angetrieben. Der erste serienmäßige H160M soll 2026 in Einsatz gehen.

China hat sich nach Jahren der Herstellung von Maschinen unter französischer und italienischer Lizenz ebenfalls zu einem bedeutenden Hubschrauberhersteller entwickelt. Changhe Aircraft Industries wurde 1969 als staatliches Unternehmen gegründet und hat sich dank Joint Ventures mit AgustaWestland (Hersteller des CA109, der chinesischen Version des AW109) und Sikorsky weiterentwickelt. Der Changhe Z-8 ist ein dreimotoriger Hubschrauber, der vom SA 321 Super Frelon des französischen Unternehmens Aerospatiale abgeleitet ist und anschließend zur Version Z-18 weiterentwickelt wurde, die 2014 ihren Jungfernflug feierte und von der chinesischen Armee und Marine eingesetzt wird.

Das Unternehmen entwickelte daraufhin den CAIC WZ-10, einen Kampfhubschrauber, der am 29. April 2003 zum ersten Mal flog und fünf Jahre später in Dienst gestellt wurde. Es handelt sich um eine Maschine der Sechs-Tonnen-Klasse, die von zwei Pratt & Whitney Canada PT6C-67C-Turbinen mit einer Leistung von jeweils 1531 PS angetrieben wird und eine Höchstgeschwindigkeit von rund 300 km/h erreicht.

Harbin debütierte stattdessen 1981 mit dem Bau des Aerospatiale SA 365 Dauphin in Lizenz, der in China als Z-9 bezeichnet wurde. Dieser diente dann als Grundlage für den Z-9B, von dem über 100 Stück für die Armee produziert wurden, sowie für die Versionen Z-9C, Z-9W und Z-9G aus den 1990er-Jahren, insgesamt mehr als 350 Maschinen. Schließlich wurde aus der Version Z-9W eine Angriffsversion dieses Hubschraubers entwickelt, die als Harbin Z-19 bekannt ist und über einen neu gestalteten vorderen Rumpf verfügt, um Platz für ein Tandemcockpit für den Piloten und den Schützen zu schaffen. Der Z-19 ist seit 2012 im Einsatz und es sollen mehr als 200 Einheiten produziert worden sein. Die Exportversion Z-19E wurde 2017 auf den Markt gebracht. Diese Maschine mit einem maximalen Gewicht von 4250 kg wird von zwei 940-shp-WZ-8C-Turbinen angetrieben und erreicht eine Höchstgeschwindigkeit von 280 km/h. Zu ihrer Bewaffnung gehören Raketen, Pod-Kanonen sowie Panzerabwehr-, Schiffsabwehr- und Luft-Luft-Raketen. Eine weitere von Harbin produzierte Maschine ist die Z-20, die am 23. Dezember 2013 ihren Erstflug absolvierte und sechs Jahre später in Dienst gestellt wurde. Es handelt sich um einen Hubschrauber der 10-Tonnen-Klasse, dessen Form der Sikorsky S70 sehr ähnlich ist, einer Maschine, die seit 1984 von der chinesischen Armee eingesetzt wird.

187 oben Der leichteste Hubschrauber von Leonardo ist der AW09, der 2014 als Kopter SH09 seinen Jungfernflug absolvierte.

187 unten Der AW249 Fenice ist das neueste Modell von Leonardo und soll die Nachfolge des AW129 Mangusta als Kampfhubschrauber der Armee antreten.

Kapitel 14

Die Schulflugzeuge

Es kann behauptet werden, dass das Schulflugzeug der wichtigste Flugzeugtyp im Leben jedes Piloten ist: Mit ihm kann man die ersten Flüge vollziehen, Erfahrungen sammeln und den militärischen oder zivilen Flugschein erwerben. Kurz gesagt ist es das Flugzeug, das es erlaubt, den eigenen Traum vom Fliegen zu verwirklichen. Dennoch – so seltsam es auch erscheinen mag – gab es in den ersten Anfängen der Luftfahrt, als eigentlich der Bedarf sehr hoch war, keine speziell für die Pilotenausbildung entworfenen Flugzeuge. Die ersten Flüge unerschrockener Flieger begannen oft damit, dass sie hinter dem Lehrer saßen und mit Mühe und Not das Flugblatt des Piloten erblicken konnten, um einen kleinsten Begriff von den zur Kontrolle des Flugzeugs notwendigen Bewegungen zu ergattern. Manchmal geschah es jedoch auch, dass es sich bei den werdenden Piloten um Autodidakten handelte, die mit mageren – oder gar fehlenden – theoretischen Kenntnissen starteten und allzu leicht vorstellbare Ergebnisse erzielten.
Die Pionier-Luftfahrt war jedoch ein Gebiet, das nur wenigen leidenschaftlichen und sich zu allem bereit findenden Sportlern vorbehalten war. Der Ausbruch des Ersten Weltkriegs sollte die Luftfahrt vollständig verändern, die sich vom elitären Sport zu einer Massenaktivität entwickelte. Die militärischen Erfordernisse und die technologischen Fortschritte sorgten für einen enormen Aufschwung des Motorflugs und während des Krieges mussten die Krieg führenden Länder Zehntausende von Flugzeugen hervorbringen und – natürlich – Zehntausende von Piloten. Anfangs hatten die operativen Flugeinsätze den Vorrang und zur Ausbildung benutzte man veraltete Flugzeuge, die nicht länger an der Front einsatzfähig waren – meistens Aufklärungsflugzeuge und Bomber, wie die französische Farman, die deutsche DFW B.I und die ersten britischen Avro 504. Seit 1916 aber erschienen die ersten Flugzeuge, die speziell für die schwierigen Schulungsaufgaben gebaut worden waren. Sie waren in erster Linie durch die Anwesenheit einer Doppelsteuerung sowie durch deren relativ leichte Handhabung gekennzeichnet.
Unter den ersten, bedeutenden Schulflugzeugen jener Zeit stach besonders die britische Avro 504J hervor. Bei dem Originalmodell handelte es sich um einen zweisitzigen Doppeldecker mit Frontmotor und Rudern am Leitwerk, der seinen ersten Flug im Juli 1913 durchführte und bald darauf vom britischen Kriegsministerium für den Gebrauch als Aufklärungsflugzeug und leichter Bomber bestellt wurde. Das Flugzeug, das auch als Jäger eingesetzt wurde, erwies sich schon nach kurzer Zeit für den Kampf in vorderster Front als überholt und 1916 beschloss die Firma Avro, die Produktion neu zu beleben, indem sie die 504J zu einem Schulflugzeug weiterentwickelte. Der Erfolg dieser neuen Version war bemerkenswert, so dass – um den Standardisierungsproblemen des Motors abzuhelfen – Avro das Modell 504K entwickelte, welches über einen Motorblock verfügte, in dem drei unterschiedliche, damals gebräuchliche Motorentypen aufgenommen werden konnten. Die 504 besaß eine Spannweite von 10,9 m, ein Länge von 8,9 m und eine maximale Startmasse von 830 kg. Den Hauptantrieb lieferte ein Le Rhone-Rotationsmotor mit 110 PS, der eine Höchstgeschwindigkeit von 145 km/h ermöglichte. Die 504 wurde in Lizenz auch in Australien, Belgien, Kanada, Dänemark und Japan hergestellt; sie wurde noch nach dem Ende des Krieges in großem Umfang benutzt. 1925 erschien das Modell 504N; es war ausgestattet mit einem neuen Fahrwerk sowie einem 162-PS-Sternmotor. Die Avro 504 blieb als Schul- und Übungsflugzeug noch bis 1932 im Dienst der Royal Air Force; es fand aber darüber hinaus bis zum Ausbruch des Zweiten Weltkriegs auch im zivilen Flugwesen weite Verwendung. Über 10 000 Exemplare wurden insgesamt gebaut und in mehr als 25 Ländern der Welt eingesetzt. Die 504 ist Legende geworden und wird eines der bedeutendsten Flugzeuge in der Geschichte der Luftfahrt bleiben – gerade wegen

188 oben Die Curtiss JN-4 Jenny war eines der berühmtesten Flugzeuge Amerikas, die zwischen den beiden Weltkriegen eingesetzt wurden. Viele der über 6500 geferertigten Exemplare wurden auch im zivilen Flugwesen verwendet.

188 unten links Bereits vor den Vierzigerjahren kamen Flugsimulatoren in den Gebrauch. Hier ist ein Schüler der Royal Navy bei einer Flugvorbereitungsstunde in der RAF-Schule von Netheravon zu sehen (1938).

188 unten rechts Offiziersanwärter der Fliegertruppe des kaiserlichen deutschen Heeres während einer Unterrichtsstunde im Motormaschinenbau im Februar 1914.

189 oben Auf dieser Propaganda-Fotografie der Royal Air Force von 1940 erhalten einige RAF-Pilotenschüler anhand eines Tafelbildes die letzten Anweisungen zum Formationsflug vor einer Mission.

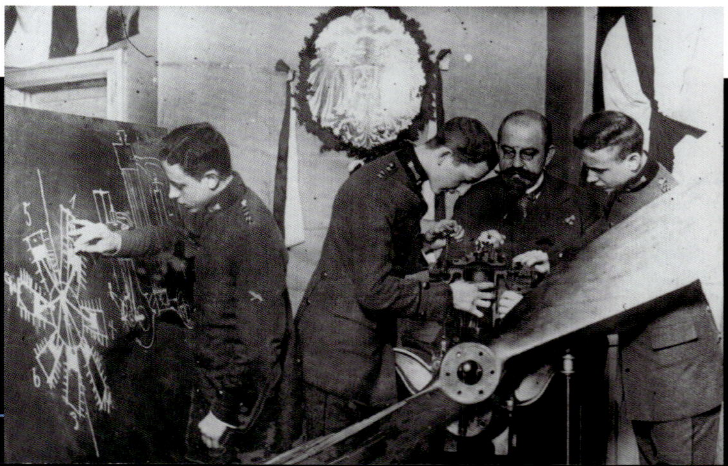

des Beitrags, den sie für die Verbreitung des Fliegens geleistet hat.
Ein weiterer „Pfeiler" in diesem Sektor des Flugwesens war die amerikanische Curtiss JN, von der über 6500 Exemplare gebaut wurden. Das berühmteste Flugzeug aus der Serie war die JN-4, die aus einer Weiterentwicklung der Modelle JN-2 und JN-3 hervorging und von ihren Piloten liebevoll „Jenny" genannt wurde. Die JN-4 flog zum ersten Mal im Juli 1916, und alsbald erwarb die britische RAF 105 Exemplare des Flugzeugs. Aufgrund der Notwendigkeit, immer mehr Piloten ausbilden zu müssen, gab auch die amerikanische Armee kurze Zeit später Bestellungen für die JN-4 auf. Die JN-4D, in der die diversen Verbesserungen der in Kanada und den USA gebauten JN-4 vereint waren, erschien schließlich im Juni 1917. Das Flugzeug hatte eine Spannweite von 13,3 m, war 8,3 m lang und hatte eine maximale Startmasse von ca. 870 kg. Die Jenny wurde von einem 90-PS-Motor Curtiss OX-5 zu einer Höchstgeschwindigkeit von 120 km/h angetrieben.

Die Kriegsprogramme trieben die Produktion zu immer höheren Lieferungen an, so dass das Flugzeug auch von weiteren sechs amerikanischen Betrieben hergestellt wurde. 1917 schuf Curtiss ein weiterentwickeltes Übungsmodell, die JN-4H, die von einem 132-PS-Motor angetrieben wurde und mit Bomben und Maschinengewehren bewaffnet werden konnte. Später erschien auch die leicht verbesserte Version JN-6. In der Nachkriegszeit blieben einige der Jennys im Dienst und wurden zahlreichen Erneuerungen unterworfen. Doch eine beträchtlicher Zahl der Militärflugzeuge wurde auf dem Zivilmarkt verkauft, wo sie zu „Gründungsmitgliedern" zahlreicher Flugzirkel wurden und einen bedeutenden Beitrag zur Verbreitung und Entwicklung des Fliegens leisteten. Die militärische Laufbahn der Jenny setzte sich bis 1927 fort, während das Flugzeug in der Zivilluftfahrt noch viele Jahre länger aktiv war; und sogar heutzutage sind noch einige Exemplare der Jenny anzutreffen, die in flugfähigem Zustand erhalten sind.

189 Mitte Ein Pilotenschüler wird für die Simulation eines Ausstiegs unter Anwendung eines Martin-Baker-Schleudersitzes vorbereitet (1949). Mit der Einführung neuer Ausrüstungen wurden auch die Schulungstätigkeiten intensiviert.

189 unten Die britische Avro 504T war eines der ersten wirklichen Schulflugzeuge in der Geschichte der Luftfahrt. Sie flog 1913 als Aufklärungsflugzeug, wurde aber nach Ausbruch des Ersten Weltkriegs als Trainer benutzt.

Auch Italien brachte während des Ersten Weltkriegs ein bemerkenswertes Schulflugzeug hervor. Es handelte sich um die SVA 9 – eines der Modelle aus der geglückten Serie SVA. Die Produktion dieses Flugzeugs (entworfen von den Ingenieuren Savoia und Verduzio von der Ansaldo-Gesellschaft: daher die Initialen SVA) begann 1917 mit dem Erscheinen der SVA 4, einem Doppeldecker, der als Jäger für die italienische Armee bestimmt war, jedoch aufgrund der schlechten Manövrierfähigkeit in die Rolle des Aufklärungsflugzeugs verbannt wurde. Aus dem Bomber-Modell SVA 5 wurde Ende des Jahres 1917 die SVA 9 entwickelt – ein mit Doppelsteuerung für die Schulung ausgestatteter Zweisitzer. Das Flugzeug besaß eine Spannweite von 9,1 m, eine Länge von 8,1 m sowie eine maximale Startmasse von 1050 kg. Das Flugzeug war mit einem Motor SPA 6A mit 265 PS ausgestattet und erreichte eine Höchstgeschwindigkeit von 200 km/h. Die SVA 9 wurde seit Anfang 1918 in Dienst gestellt und war zweifellos erfolgreicher

190 oben Im Zeitraum zwischen den beiden Weltkriegen war die Caproni Ca.100 – besser bekannt als „Caproncino" – ein bekanntes und weit verbreitetes italienisches Sport- und Übungsflugzeug. Sie flog zum ersten Mal im Jahr 1929 und konnte mit ihrem 130-PS-Motor bis zu 185 km/h erreichen.

190 Mitte und 191 oben Zwei Avro Tutors. Auf der rechten Fotografie ist eine restaurierter Avro Tutor zu sehen, die noch heutzutage fliegt. Der Sternmotor Armstrong Siddeley Lynx liefert 243 PS und ermöglicht eine Höchstgeschwindigkeit von 196 km/h.

190 unten Die Avro 621 Tutor flog zum ersten Mal 1929. Sie wurde entwickelt, um die Avro 504 in den Flugschulen der RAF zu ersetzen und blieb bis zum Kriegsausbruch für ca. zehn Jahre im Dienst.

als die vorhergehenden Modelle. Die SVA-Doppeldecker wurden von einem Dutzend Länder erworben und blieben bis 1928 in Produktion, wobei insgesamt über 2000 Exemplare gefertigt wurden. Die berühmteste Unternehmung, die mit einer SVA 9 vollbracht wurde, war sicherlich der von dem Oberleutnant Arturo Ferrarin 1920 durchgeführte Überflug von Rom nach Tokio, bei dem eine Gruppe von sechs Zweisitzern in weniger als drei Monaten eine Strecke von gut 15 200 km zurücklegte. 1928 erschien ein weiteres berühmtes, italienisches Schulflugzeug, die Caproni Ca.100 – genannt „Caproncino". Etwa 700 Exemplare des Doppeldeckers wurden zwischen 1930 und 1937 hergestellt und das Modell erwies sich als gut entworfene, flexible Maschine. In der Tat konnte das Flugzeug mit ungefähr fünfzig verschiedenen Motorentypen ausgestattet werden (vom 86-PS-Fiat A50 bis zum 132-PS-Colombo S63); und es konnte auch in ein Wasserflugzeug transformiert sowie mit Kufen ausgerüstet werden, so dass es von verschneiten Landeflächen aus fliegen konnte. Die Caproncino wurde als Zivil- und Militärflugzeug in viele Länder exportiert und in die Version Ca.100bis weiterentwickelt. Diese erneuerte Version enthielt einen 136-PS-Motor sowie eine geschlossene Kabine. Zeitgleich mit dem Rückzug der Avro 504N aus den Flugschulen der RAF erschien 1930 die Avro 621 Tutor, die bereits vom britischen Ministerium als neues Schulflugzeug bestellt wurde. Fast 800 Exemplare der Tutor wurden hergestellt und dazu gesellte sich bald ein anderer Zweisitzer, dem ein noch besseres Schicksal beschert sein sollte. Es handelte sich um die De Havilland DH.82 Tiger Moth. Dieses Flugzeug, das am 26. Oktober 1931 seinen ersten Flug durchführte, stammte von dem Zivil-Doppeldecker Gipsy Moth ab, wurde jedoch mit neuen Flügeln, einem leistungsstärkeren Motor sowie einer kräftigeren Struktur versehen. Die Tiger Moth wurde sofort von der RAF erworben und ab 1932 in Dienst gestellt. Aus diesem Modell wurde die Version DH.82A entwickelt, die mit einem 132-PS-Motor Gipsy Major ausgestattet war. Die Tiger Moth sollte zu einem der meist benutzten und erfolgreichsten Übungsflugzeuge der Luftfahrtgeschichte werden. Insgesamt wurden ca. 8000 Exemplare gebaut und in Lizenz auch in Australien, Kanada, Neuseeland, Schweden, Norwegen und Portugal produziert. Die Tiger Moth sollte für viele Jahre – der Zweite Weltkrieg war längst beendet – das militärische Standard-

191 unten links Die De Havilland DH.82 Tiger Moth war ohne Zweifel eines der erfolgreichsten und meistgebrauchten Schulflugzeuge. Sie wurde ab 1931 von den britischen Luftstreitkräften geflogen, aber später in Lizenz von vielen verschiedenen Ländern gebaut und benutzt.

191 unten rechts Der Doppeldecker Polikarpow U-2 flog zum ersten Mal 1928. Dank seiner Robustheit blieb er viele Jahre lang im Einsatz und wurde für verschiedene Aufgaben benutzt – darunter Nachtbombardierungen während des Zweiten Weltkriegs.

Schulflugzeug aller Commonwealth-Länder bleiben. Im Zivilsektor wird das Flugzeug noch bis heute flächendeckend als Tourismus-Flieger eingesetzt und gilt als Klassiker unter den historischen Vehikeln. Auch die Sowjetunion, die in den Zwanziger- und Dreißigerjahren führend auf dem Gebiet der Luftfahrt war, produzierte ein Schulflugzeug mit interessanten Merkmalen. Es handelte sich dabei um das wahrscheinlich noch bis heute meistproduzierte Flugzeug dieser Kategorie (wenn nicht überhaupt um die größte jemals gebaute Serie) mit schätzungsweise über 33 000 Exemplaren. Das Verdienst an diesem Erfolg trägt der Konstrukteur Polikarpow, der den Entwurf der U-2TPK (ein Flugzeug, das nie realisiert wurde) vollkommen veränderte, um einen robusten, konventionellen Doppeldecker zu bauen, der einfach zu produzieren und zu steuern war. Die U-2 flog zum ersten Mal am 7. Januar 1928 und erwies sich als ein hervorragendes Flugzeug. Die Massenproduktion wurde unmittelbar darauf eingeleitet. Während des Zweiten Weltkriegs setzte man die U-2 in verschiedenen Rollen ein, wie zum Beispiel Aufklärung, taktische Unterstützung, Nachtbombardierungen, Zieldarstellung, Transport und Luftambulanz. Die Produktion wurde bis 1952 weitergeführt. Nach dem Tod Polikarpows hat man das Flugzeug ihm zu Ehren in Po-2 umbenannt.

In den frühen Dreißigerjahren erschien ein weiteres bedeutendes Flugzeug in Deutschland, wo die Luftfahrt durch die Unterstützung der Naziherrschaft wieder rasch auflebte – nach den strengen Einschränkungen, die der Friedensvertrag von Versailles der deutschen Luftfahrt auferlegt hatte. Die frisch gegründete Firma Bücker machte 1934 mit dem Modell Bü-131 Jungmann auf sich aufmerksam. Es handelte sich um einen aus Holz und Aluminium konstruierten, zweisitzigen Doppeldecker, der mit Stroff bespannt war und mäßig gewinkelte Pfeilflügel besaß. Das erste Exemplar flog am 27. April 1934 und war ausgestattet mit einem 82-PS-Motor Hirth. Auch in diesem Fall erzielte das Flugzeug Verkaufserfolge auf dem Markt der Zivilluftfahrt sowie im Militärsektor, indem es von den Aero-Clubs ebenso wie von der neuen deutschen Luftwaffe, die sich gerade entwickelte, und von zahlreichen anderen Ländern erworben wurde. Das Modell Bü-131B wurde von einem Motor Hirth HM 504 mit 106 PS angetrieben, kam auf eine maximale Startmasse von 680 kg und eine Höchstgeschwindigkeit von 183 km/h. Die Spannweite betrug 7,4 m und die Länge 6,6 m Das Jungmann-Modell wurde auch in der Tschechoslowakei und in Japan hergestellt; allein Japan baute 1254 Exemplare. Die Gesamtproduktion ist nicht bekannt, aber es handelte sich sicher um einige Tausend Exemplare. Aus der Bü-131 wurde auch das einsitzige Modell Bü-133 Jungmeister abgeleitet. Es war im Grunde eine verkleinerte Version, die aber mit einem stärkeren Hirth- Motor von 137 PS Leistung ausgestattet war, der im darauf folgenden Modell C von einem Siemens Sh 14 mit 162 PS ersetzt wurde. Diese wirklich wendige und schnelle Maschine wurde als modernes Schulflugzeug für Jagdflieger benutzt. Bücker brachte schließlich 1939 das letzte ihrer berühmten Flugzeuge heraus, die Bü-181 Bestmann, ein Schulflugzeug für die Grundausbildung mit modernen Merkmalen. Als Schulterdecker mit geschlossener, zweisitziger Kabine war die Bü-181 mit dem gleichen Hirth-Motor wie die Bü-131 ausgestattet, kam jedoch auf jedoch eine Höchstgeschwindigkeit von über 215 km/h. Während des Krieges wurden einige Tausend Exemplare der Bestmann in Deutschland, Holland und Schweden hergestellt, und später auch in der Tschechoslowakei und Ägypten.

Ein weiteres Schulflugzeug, das sich einen herausragenden Platz in der Geschichte der Luftfahrt sicherte, war die amerikanische Stearman 75 Kaydet, die zum ersten Mal 1935 flog und während des Zweiten Weltkriegs Tausenden von amerikanischen Soldaten als Schulflugzeug diente. Das Modell 75 wurde aus dem Prototyp X-70 entwickelt und wurde anfangs von der US Army erworben, und wurde im Jahr 1936 als PT-13 in Dienst gestellt. 1939 wurde Stearman von Boeing gekauft, einer Firma, die die Möglichkeiten besaß, der riesigen Flugzeug-Nachfrage seitens der Armee und Marine bei Ausbruch des Krieges gerecht zu werden. 1940 erschien der PT-17 (von der US Navy N25 genannt): Es handelte sich dabei um die erfolgreichste Version. Dieses Modell war ausgerüstet mit dem 220-PS-

Motor Continental R-670, der das Flugzeug zu einer Höchstgeschwindigkeit von 200 km/h antrieb. Die Spannweite betrug 9,8 m die Länge 7,6 m und die maximale Startmasse erreichte 1230 kg. Bis 1945 produzierte Boeing 10 436 Exemplare der PT-17 und eine große Anzahl von Flugzeugs dieses Typs wurde noch viele Jahre nach dem Krieg in der Zivil- und Militärluftfahrt eingesetzt.
Ebenfalls amerikanischen Ursprungs war eine andere große Hauptfigur unter den Militär-Schulflugzeugen: die North American T-6 Texan. Dieses Flugzeug wurde von der Firma North American Aviation eingeführt und zwischen den Vierziger- und Sechzigerjahren in den Vereinigten Staaten und schließlich weltweit in der Rolle des Schulflugzeugs eingesetzt. Der Originalentwurf wurde NA-16 genannt und flog zum ersten Mal im April 1935. Die amerikanische Armee schätzte die Qualität des Ganzmetall-Eindeckers – mit zweisitzigem Tandem-Cockpit sowie 405-PS-Motor Wright – in hohem Maße und bestellte noch im selben Jahr eine erste Serie von 42 Exemplaren. Die Militärbezeichnung des Flugzeugs war BT-9. Dieser Entwurf bildete die Grundlage für die BC-1 (SNJ-1 bei der US Navy), die 1937 eingeführt wurde und sich durch das neue Einziehfahrwerk, eine verbesserte Zelle und den neuen kräftigen 500-PS-Motor auszeichnete. 1940 wurde die BC-1 in AT-6 umbenannt. Infolge der drohenden Kriegsgefahr und dem schließlichen Eintritt der USA in den Zweiten Weltkrieg wuchs der Bedarf an diesem Flugzeug und die Produktion wurde ständig gesteigert. Gleichzeitig wurde der Grundentwurf entsprechend den veränderten Anforderungen zu angepassten oder speziellen Versionen weiterentwickelt. Während das Modell von den Briten „Harvard" getauft wurde, nannten die Amerikaner die AT-6 „Texan", da speziell für dessen Produktion ein neues Werk in Dallas, Texas, gebaut worden war. Die AT-6A verfügte über einen Motor Pratt & Whitney R-1340-49 mit 607 PS, der das Flugzeug bis zu einer Höchstgeschwindigkeit von 338 km/h antrieb. Die Spannweite betrug 12,8 m und die Länge 8,8 m, während die maximale Startmasse 2340 kg erreichte. Nach dem Krieg wurde das Flugzeug unter der neuen Bezeichnung T-6 in Lizenz auch in Australien, Schweden, Spanien, Kanada und Japan gebaut. Inbegriffen alle Versionen (es gab davon über 260) ergeben Schätzungen, dass insgesamt über 21 000 Exemplare gebaut wurden. In der Nachkriegszeit wurde die T-6 von über 60 verschiedenen Luftstreitkräften in aller Welt erworben und weltweit als militärischer Standard-Trainer verwendet; in einigen Fällen waren Texans sogar bis in die Achtzigerjahre hinein im Dienst.

193 oben Die T-6 Texan wurde von der US Navy „SNJ" genannt. Hier sind zwei restaurierte Exemplare zu sehen, die in den offiziellen Farben vor dem Kriegseintritt der Vereinigten Staaten im Dezember 1941 bemalt sind.

193 Mitte links Die Boeing-Stearman 75 Kaydet – ein weiteres berühmtes Schulungsflugzeug – wurde ab 1936 von den Flugschulen des USAAC und der US Navy benutzt; in der Nachkriegszeit setzten auch viele weitere Streitkräfte diese Übungsmaschine ein. Über 10 000 Exemplare wurden gebaut.

193 Mitte rechts Auch Deutschland baute in den Dreißigerjahren ausgezeichnete Schulflugzeuge. Darunter war auch die Bücker Bü-133 Jungmeister: ein kleiner, einsitziger Kunstflug-Doppeldecker mit einem 160-PS-Motor und Höchstgeschwindigkeit von 220 km/h.

193 unten Das Sportflugzeug Bücker Bü-181 Bestmann flog zum ersten Mal 1939 und war damals eine sehr fortschrittliche Maschine. In der Nachkriegszeit wurde die Bü-181 von verschiedenen Ländern benutzt. Auf der Fotografie ein ägyptisches Exemplar.

192 oben Eine North American T-6A Texan der kanadischen Luftwaffe. Dieses Flugzeug – gebaut in Lizenz – wurde in den Commonwealth-Ländern Harvard H4M genannt.

192 unten Eine T-6A in den Farben der portugiesischen Luftwaffe. Die Texan war ein großer Erfolg und wurde in der Nachkriegszeit an viele mit den USA alliierte Nationen verkauft. Man baute über 21 000 Exemplare, die in mehr als 60 Ländern benutzt wurden.

Der bedeutungsvollste Ausdruck des technischen Fortschritts in der Luftfahrt, der aus dem Zweiten Weltkrieg hervorging war das Erscheinen des Düsentriebwerks und der davon angetriebenen Flugzeuge: der Messerschmitt Me-262, der Arado Ar.234, der Gloster Meteor und anderer experimenteller Entwürfe. In der Nachkriegszeit wurde es offensichtlich, dass mit der rasch voranschreitenden Entwicklung der Düsenflugzeuge die üblichen propellergetriebenen Schulflugzeuge nicht mehr für die Ausbildung der Piloten ausreichen würden. Somit wurde eine neue Generation von strahlgetriebenen Schul- und Trainingsflugzeugen geboren, von denen einige sogar bereits für die Anfangsschulung der Pilotenschüler benutzt wurden. Das erste und berühmteste Schulflugzeug wurde – wie viele Modelle zu dieser Zeit – aus einem Jagdflugzeug hergeleitet, der Lockheed F-80. Auf der Basis dieses ausgezeichneten Jets entwarf die kalifornische Firma ein zweisitziges Modell, das im Wesentlichen die Gestaltung des Original-Flugzeugs bewahrte. Das TP-80C genannte Flugzeug flog zum ersten Mal am 22. März 1948 und wurde sofort für die Serienproduktion freigegeben. Die TP-80C besaß eine Spannweite von 11,8 m, eine Länge von 11,5 m und eine maximale Startmasse von 6550 kg; ausgestattet mit einem Allison J33-Strahltriebwerk mit 2450 kp Schub wurde dem Flugzeug eine Höchstgeschwindigkeit von 965 km/h verliehen. Die TP-80C wurde bald darauf in T-33A Silver Star umbenannt und konnte hervorragende Verkaufserfolge erzielen: Insgesamt wurden 6557 Exemplare von Lockheed und von verschiedenen anderen Firmen in Lizenz produziert. Diese Maschinen wurden von Streitkräften aus über 40 Ländern der ganzen Welt erworben. Die Ausgewogenheit und Qualität des Designs waren so gut, dass das letzte dieser Flugzeuge, das bei der bolivianischen Luftwaffe im Einsatz war, erst 2017 ausgemustert wurde.

Dem Beispiel der Vereinigten Staaten folgend begann man auch in Europa, strahlgetriebene Grundausbildungsflugzeuge zu entwerfen.

Außer der britischen De-Havilland T Vampire – einer Ableitung vom Jägers Vampire – wurde das erste wirkliche Schul- und Trainingsflugzeug Europas aufgrund einer Spezifikation der französischen Luftstreitkräfte entworfen. Es handelte sich um die Fouga CM-170 Magister, die am 23. Juli 1952 ihren ersten Flug durchführte. Die Magister überzeugte durch eine stromlinienförmige, elegante Außenform und war mit geraden Flügeln, Tandem-Cockpit ohne Schleudersitze, dem typischen V-Leitwerk und zwei Turboméca Marboré Strahltriebwerken von je 400 kp Schubkraft, die in den Flügelwurzeln untergebracht waren, ausgestattet. Die Spannweite betrug 12,1 m, die Länge 10 m und die maximale Startmasse sah 3200 kg vor. Die Magister erreichte eine Höchstgeschwindigkeit von 715 km/h und konnte auch mit zwei 7,62-mm-Maschinengewehren sowie bis zu 100 kg Außenlasten (Bomben und Raketen) bewaffnet werden. Da es sich um eines der ersten serienmäßig hergestellten Schulflugzeuge handelte, konnte die Magister einen sehr guten Verkaufserfolg erreichen und wurde von nicht weniger als 22 Ländern genutzt. Sie wurde außerdem in Lizenz in Deutschland, Finnland und Israel hergestellt. Die Gesamtproduktion betrug 929 Exemplare, von denen einige Magisters noch bis heute fliegen. Fouga entwickelte auch die Version CM-175, die der französischen Marine als Schul- und Trainingsflugzeug für Decklandeoperationen dienen sollte.

Zwei Jahre nach der Magister erschienen zwei weitere wichtige Flugzeuge. Als Erstes flog am 16. Juni 1954 die britische Hunting P84 Jet Provost, die aus dem propellergetriebenem Schulflugzeug Provost entwickelt worden war – in der Hoffnung, den Forderungen der RAF nach einem Instruktions-Düsenflugzeug zu entsprechen. Die Flügel und Leitwerke des Provost beibehaltend, entwarf Hunting einen neuen Rumpf, der sich durch neue, nebeneinander angebrachte Schleudersitze sowie zwei Lufteinläufe an den Flügelwurzeln auszeichnete. Das Strahltriebwerk Bristol Siddley Viper erzeugte eine Schubkraft von 1134 kp und vermittelte dem Flugzeug eine Höchstgeschwindigkeit von 708 km/h. Die Jet Provost hatte eine Spannweite von 10,7 m, eine Länge von 10,3 m und eine maximale Startmasse von 4170 kg. Die RAF bestellte 201 Exemplare des Modells T.Mk.3, dem weitere Serienmodelle folgten; und viele davon wurden exportiert. Insgesamt wurden etwa 530 Exemplare der P84 gebaut und von sieben Luftstreitkräften erworben. Die P84 blieb bis Ende der Achtzigerjahre bei der RAF im Dienst. Am 12. Oktober 1954 flog die Cessna 318, die als Antwort der Firma auf eine USAF-Spezifikation für ein neues Düsen-Schulflugzeug konstruiert worden war. Die Cessna war ein kleines zweistrahliges Flugzeug mit Parallelsitzen und niedrigem Fahrwerk. Der Entwurf erhielt die militärische Bezeichnung T-37A. Die Spannweite betrug 10,9 m die Länge 8,6 m und die maximale Startmasse erreichte ca. 2900 kg. Die Antriebskraft lieferten zwei Continental J69-Motoren mit je 417 kp Schub. Nach einer Produktion von 534 Exemplaren, die 1957 in Dienst gestellt wurden, führte man das stärker motorisierte (465 kp Schub) Modell T-37B ein. Es folgten die Versionen T-37C und später die A-37A und die Dragonfly B, die mit noch stärkeren Triebwerken versehen wurden, ein maximale Startmasse bis zu 6350 kg erreichten und mit Bewaffnung und Zusatztanks ausgerüstet waren. Größtenteils wurden diese Flugzeuge als leichte Angreifer an die alliierten Luftstreitkräften verkauft. Nachdem sie vielen Erneuerungsprogrammen unterzogen wurde – mit dem Ziel die operative Tätigkeit verlängern zu können – führte die T-37 (über 1230 hergestellte Exemplare) ihre Karriere als Standard-Schulflugzeug der USAF bis 2009 fort, bevor sie endgültig durch die Beech T-6A Texan II ersetzt wurde.

194 oben links Die Lockheed T-33A Silver Star – hergeleitet von dem Jäger F-80 – war das erste Düsenschulflugzeug der amerikanischen Luftwaffe und flog zum ersten Mal 1948.

194 unten links Ein Paar Hunting P.84 Jet Provost der RAF. Dieses strahlgetriebene Modell wurde aus dem propellergetrieben Schulflugzeug Provost entwickelt.

194 rechts Zwei Cessna T-37A der pakistanischen Luftwaffe. Das Flugzeug flog zum ersten Mal 1954 und besaß nebeneinander angeordnete Sitze und gerade Tragflächen. Es wurden über 1800 Exemplare gebaut.

195 Die französische Fouga CM.170 Magister war eines der ersten Modelle, die entworfen wurden, um die Piloten für Flüge auf den neuen Düsenflugzeugen auszubilden. Sie flog zum ersten Mal 1952. Dieses Exemplar wird von der irischen Luftwaffe geflogen.

Am 10. Dezember 1957 führte in Italien die Aermacchi MB.326 ihren Jungfernflug durch – ein weiteres erfolgreiches Schulflugzeug, das weltweit verkauft werden sollte. Es war eine einfache, zuverlässige und robuste Maschine mit traditionellen Außenformen und Tandem-Sitzen. Die 326 führte eine Reihe von Innovationen ein und wurde schon bald von der italienischen Luftwaffe (die AMI) bestellt, um in deren eigenen Flugschulen eingesetzt zu werden. Das Flugzeug besaß eine Spannweite von 10,5 m, ein Länge von 10,6 m sowie eine maximale Startmasse von 3765 kg und wurde von einer Strahlturbine Rolls-Royce Viper mit 1134 kp Schubkraft zu einer Höchstgeschwindigkeit von 805 km/h angetrieben. Eine Reihe wichtiger Produktionsverträge, die mit Südafrika, Australien und Brasilien abgeschlossen werden konnten, bestätigten den Verkaufserfolg der MB.326. Insgesamt wurden 763 Exemplare hergestellt und in zwölf Ländern genutzt. Die 326 bildete auch die Grundlage zur Konstruktion der einsitzigen Angriffsversion MB.326K. 1972 begann man bei Aermacchi – in Hinblick auf einen Ersatz der 326-Serie für die AMI – Arbeiten an dem Entwurf MB.339, der eine radikale Weiterentwicklung seiner Vorgängerin war. Das Flugzeug besaß einen Viper-Motor mit 1814 kp Schub (derselbe wie bei der MB.326K), eine vollständig neuentworfene Nase sowie ein Tandem-Cockpit mit abgestuften Sitzen. Das Flugzeug flog zum ersten Mal am 12. August 1976 und wurde ebenfalls ein guter Verkaufserfolg; Luftstreitkräfte aus neun Ländern erwarben das Modell, von dem über 237 Exemplare in verschiedenen Versionen produziert wurden. Die fortschrittliche Version FD/CD der MB.339 besitzt Digital-Avionik und ist noch heutzutage in Produktion.
Die Länder des kommunistischen Blocks ver-

fügten über ihren eigenen Standard-Übungsjet: die tschechische Aero L-29 Delfin, ein einstrahliges Flugzeug mit Tandem-Cockpit, geraden Flügeln und T-Leitwerk, das zum ersten Mal am 5. April 1959 flog. Dieses Flugzeug wurde von einem Motorlet M701-Triebwerk mit 890 kp Schubkraft angetrieben und konnte eine Höchstgeschwindigkeit von 655 km/h erreichen. Die Spannweite betrug 10,3 m, die Länge 10,8 m und die maximale Startmasse 3280 kg. Über 3500 Exemplare der L-29 wurden hergestellt, wobei nicht weniger als 2000 Flugzeuge von der sowjetischen Luftwaffe für die eigenen Flugschulen erworben wurden. In den Sechzigerjahren beschloss Aero, einen Nachfolger für die Delfin zu entwickeln, aber die anfänglichen Entwürfe der L-39 Albatros stießen auf Schwierigkeiten, die aufgrund der Kombination der neuen Zelle mit dem sowjetischen Triebwerk Iwtschenko hervorgerufen zu sein schienen. Der

196 oben Das erste Überschall-Übungsflugzeug der Geschichte war die Northrop T-38A Talon. Die Maschine wurde 1961 in Dienst bei der USAF gestellt und wurde für die fortgeschrittene Ausbildungsphase benutzt. Auf der Fotografie ist ein Talon-Exemplar der türkischen Luftwaffe zu sehen.

196 Mitte Die anglo-amerikanische McDonnell-Douglas (Boeing)/BAe T-45A wurde für die US Navy aus der BAe Hawk entwickelt. Obwohl bei der Konstruktion die Grundlinien der Hawk beibehalten wurden, handelte es sich um ein vollständig neues Flugzeug.

196-197 Der Alpha-Jet aus dem Jahr 1973 war das Ergebnis einer französisch-deutschen Zusammenarbeit beim Bau eines Mehrzweck-Flugzeugs, das sowohl als leichter Jagdbomber als auch als Übungsflugzeug eingesetzt werden konnte.

197 oben Die Aermacchi MB.339A war direkte Nachfolgerin der MB.326 und flog zum ersten Mal im Jahr 1976. Hier ist das Modell MB.339C der neuseeländischen Luftwaffe bei einer Kunstflugübung zu sehen.

erste Flug der Albatros fand am 4. November 1968 statt, aber das Flugzeug wurde ab 1974 in den operativen Dienst eingeführt. Die Albatros hatte eine Spannweite von 9,5 m, eine Länge von 12 m und ein maximales Startgewicht von etwa 4700 kg. Angetrieben von einem Ivchenko Progress-Triebwerk, das etwa 1720 kp Schub erzeugte, erreichte das Flugzeug eine Höchstgeschwindigkeit von 756 km/h. Der Albatros war äußerst erfolgreich: Über 2800 Exemplare wurden gebaut und in über 18 verschiedene Länder exportiert, die meisten davon in die Sowjetunion. Auf die L-39-Grundausbildungsversion folgte eine Bodenangriffsversion und 1986 die verbesserte L-59 mit leistungsgesteigerter Avionik und Motor. Die L-139, eine Zusammenarbeit mit der amerikanischen Luftfahrtindustrie, die das Triebwerk und die Avionik lieferte, absolvierte 1993 ihren Jungfernflug, und die L-159, ein ein- oder zweisitziger Jäger auf Basis der L-59, wurde 1997 vorgestellt. Die amerikanische Firma Northrop kann für sich verbuchen, das erste Überschall-Übungsflugzeug auf den Markt der militärischen Jets gebracht zu haben: Am 10. April 1959 flog der Zweisitzer N-156 zum ersten Mal. Später erwarb die USAF das Flugzeug und nannte es T-38A Talon. Es handelte sich um ein schlankes zweistrahliges Flugzeug mit Tandem-Sitzen und mäßig gewinkelten, relativ kurzen Pfeilflügeln. Die USAF nutzte das Modell ab 1961 als Fortgeschrittenen-Trainingsflugzeug das von den Piloten nach einer Grundausbildung auf der T-37 benutzt werden durfte. Die T-38 besaß eine Flügelspannweite von 7,7 m und eine Länge von 14,1 m sowie eine maximale Startmasse von 5900 kg. Die beiden General Electric J85-Strahltriebwerke mit Nachbrenner produzierten eine Schubkraft von je 1750 kp und trieben das Flugzeug zu einer Höchstgeschwindigkeit von Mach 1,23 an. Insgesamt wurden 1187 Exemplare der Talon gebaut; viele davon wurden von der US Navy, der NASA sowie den Luftstreitkräften aus Portugal, aus der Türkei und aus Taiwan benutzt. Aus dem Originalmodell wurde auch das Modell für das Waffeneinsatztraining AT-38B abgeleitet. Die T-38 wurde modernisiert, wobei die C-Version bis zu ihrer Ablösung durch die neue T-7A im Dienst blieb.

197 unten links Die Aero L-29 Delfin (erster Flug 1959) war viele Jahre lang das Standard-Übungsflugzeug der Warschauer Pakt-Staaten und befreundeter Länder der UdSSR. Es wurden über 3500 Exemplare gebaut.

197 unten rechts Die Aermacchi MB.326 war das erfolgreichste, italienische Flugzeug nach dem zweiten Weltkrieg. Hier ist ein Exemplar des südafrikanischen Kunstfluggeschwaders zu sehen.

In Europa erschienen Mitte der Siebzigerjahre zwei weitere moderne Schulflugzeuge, die zusammen mit der MB.339 eine neue Generation dieses Flugzeugtyps bildeten. Es handelte sich um den Alpha Jet des französisch-deutschen Konsortiums Dassault-Breguet/ Dornier und um die britische Hawker-Siddeley (später British Aerospace) Hawk. Das erste Flugzeug stammte aus dem Jahr 1969 und war ein Produkt, das einerseits die französischen Bedürfnisse nach einem Schulflugzeug und andererseits den deutschen Bedarf an einem Jagdbomber decken sollte. Der daraus hervorgegangene Alpha Jet entsprach jedoch mehr den französischen Spezifikationen als denen der deutschen Luftwaffe: Es war ein Tandem-Zweisitzer in Hochdecker-Auslegung mit Pfeilflügeln und mit zwei niedrig eingebauten Triebwerken ohne Nachbrenner. Das Übungsflugzeug Alpha Jet E besaß eine Länge von 12,3 m sowie eine Flügelspannweite von 9,1 m und eine maximale Startmasse von ca. 7500 kg.
Die beiden Larzac 04-Strahlturbinen mit je 1350 kp Schubkraft ermöglichten dem Flugzeug eine Höchstgeschwindigkeit von 920 km/h. Seinen ersten Flug führte der Alpha Jet am 26. Oktober 1973 durch. Seitdem wurden über 500 Exemplare produziert und in elf verschiedene europäische, asiatische und afrikanische Länder verkauft. 1982 erschien der Alpha Jet 2, der mit modernerer Avionik und spezifischer Bodenangriffs-Bewaffnung ausgestattet war.
Beachtlichen Erfolg genoss auch die britische BAe Hawk, die zum ersten Mal am 21. August 1974 flog. Es handelte sich um einen Fortgeschrittenen-Trainer mit Tandem-Plätzen in Tiefdecker-Auslegung, der entworfen wurde, um die RAF mit Ersatzflugzeugen für Modelle Folland Gnat und Hawker Hunter auszurüsten. Die schnelle und wendige Hawk wurde 1976 in Dienst gestellt und erwies sich schon nach kurzer Zeit auch als gutes Kampfflugzeug. Der Export-Erfolg war zum größten Teil der Verwendungsvielfalt des Flugzeugs zu verdanken. Das Modell Hawk T Mk.I besaß eine Spannweite von 9,4 m bei einer Länge von 11,8 m und einer maximale Startmasse von 7750 kg. Angetrieben von einem Adour- Zweikreistriebwerk mit 2360 kp Schub konnte das Flugzeug bis zu 1040 km/h schnell fliegen. Ab 1980, mit der Einführung verschiedener Export-Versionen (die Serien Mk.50, 60 und 100), wurde die Hawk an ca. fünfzehn Länder in Europa, Asien, Afrika und Nordamerika verkauft. 1986 erschien auch das einsitzige Modell Mk.200, das speziell für Kampfaufgaben entworfen wurde. Seitens McDonnell-Douglas und der BAe wurde die Hawk Mk.60 zum Basismodell für die Realisierung des künftigen Fortgeschrittenen-Trainers der US Navy ausgewählt. Dieses neue Flugzeug wurde T-45A Goshawk genannt und führte seinen ersten Flug am 16. April 1988 durch. 1992 wurde das Modell den Dienst gestellt. Die US Navy hatte insgesamt 174 Exemplare des T-45A bestellt, die bis zum Jahr 2003 die Modelle T-2 Buckeye und TA-4 Skyhawk ersetzen sollten. Die T-45A unterscheidet sich wesentlich von der Hawk, da sie bedeutenden Modifizierungen hinsichtlich ihrer Avionik, der Struktur der Zelle und der Aerodynamik unterzogen worden war, um den besonderen Erfordernissen der US Navy – darunter Decklandeoperationen auf Flugzeugträgern –gerecht zu werden. Bis heute wurden schon weit über 700 Exemplare der verschiedenen Hawk-Versionen produziert.
Die letzte Serie der Hawks waren schließlich die als Lead-In Fighter Trainers (LIFT) produzierten Flugzeuge, Fortgeschrittenen-Trainingsflugzeuge für die neueste Generation von Kampfflugzeugen, die mit digitaler Avionik, neuen Flügel- und Rumpfstrukturen und Adour-951-Triebwerken mit 2950 kp Schubkraft ausgestattet waren. Diese Versionen wurden ab 1997 in Dienst gestellt, zunächst die Mk.127 für Australien, später folgten weitere Versionen für Großbritannien, Südafrika und Indien. Die Gesamtproduktion aller verschiedenen Typen des Hawk hatte bis zur Einstellung des Modells im Jahr 2022 die Zahl von 1000 Exemplaren überschritten.

198-199 Das italienische „Frecce Tricolori" ist eines drei angesehensten Kunstfluggeschwader der Welt; die Gruppe fliegt seit 1982 mit zehn Aermacchi MB.339.
Die Frecce, bekannt als die 313. Gruppe, wird auch als Jagdbomber-Einheit ausgebildet..

199 oben Die französische Patrouille de France – ein weiteres der weltbesten Kunstfluggeschwader – benutzt neun Dassault-Breguet/Dornier Alpha Jets Typ E. Die Franzosen setzen die Maschine nur als Übungsflugzeug ein, während sie in Deutschland als leichter Jagdbomber benutzt wird.

199 unten Das RAF-Kunstfluggeschwader „Red Arrows" fliegt mit neun BAe Hawk-Übungsflugzeugen. Die Hawk flog zum ersten Mal 1974 und kann – mit Bomben und Raketen bewaffnet – auch als leichtes Angriffsflugzeug benutzt werden. Es wurde in zwölf Länder als Übungsflugzeug und leichter Multifunktionsjäger exportiert. Man entwickelte auch eine einsitzige Version, die Hawk Mk.200.

In den Jahren der Nachkriegszeit wurde parallel zu den Düsenmodellen auch die Produktion von propellergetriebenen Schulflugzeugen vorangetrieben, da man diese Maschinen für die Anfangsphasen der Flugausbildung benötigte. In dieser Kategorie traten besonders die Modelle Jak-18, Beech T-34 Mentor, North American T-28 Trojan und SIAI-Marchetti SF.260 hervor.
In der Sowjetunion hatte Jakowlews Büro bereits vor dem Ausbruch des Zweiten Weltkriegs ein einmotoriges Propeller-Schulflugzeug entworfen, doch das Projekt blieb aufgrund der geänderten Prioritäten, die der Krieg setzte, bis 1945 „eingefroren". Die Jak-18, die sich durch einen Sternmotor, Tandem-Cockpit sowie ein Spornradfahrwerk auszeichnete, erschien daher zum ersten Mal 1947, wurde jedoch 1955 von der Jak-18U ersetzt, die mit einem Dreipunkt-Bugradfahrwerk ausgestattet war, und später von dem Modell A mit 260-PS-Motor und weiteren Verfeinerungen. Bis 1968 wurden mehr als 6750 Exemplare der Jak-18 produziert; das Flugzeug war das bedeutendste Grundausbildungs-Flugzeug der sowjetischen Luftwaffe und war auch im Dienst der verschiedenen Satelliten- und Alliierten-Länder der UdSSR. 1976 wurde aus der Jak-18 der Kunstflug-Einsitzer Jak-50 entwickelt und später der Zweisitzer Jak-52, der von einem 360-PS-Sternmotor Wedenejew M14 zu einer Höchstgeschwindigkeit von 300 km/h angetrieben wurde und eine maximale Startmasse von 1300 kg besaß. Äußerlich ähnelte die Jak-52 sehr stark ihren Vorgängern. Bis heute sind 1700 Exemplare produziert worden.
In den Vereinigten Staaten wurde 1948 die Beech 45 eingeführt. Das Flugzeug basierte auf dem Modell 35 Bonanza von Beech Aircraft und wurde als neues Grundausbildungs-Flugzeug für die USAF entworfen. Die Maschine bekam dort schließlich die militärische Benennung T-34A Mentor und war ausgestattet mit einem Dreipunkt-Bugradfahrwerk sowie einem Tandem-Cockpit. Den ersten Flug führte die Mentor am 2. Dezember 1948 aus; 450 Exemplare wurden von der USAF bestellt sowie 423 von der US Navy (als T-34B). Die T-34A hatte eine Spannweite von 10,1 m, eine Länge von 8,7 m und die maximale Startmasse betrug 1960 kg. Sie war ausgerüstet mit einem 225-PS-Motor Continental O-450 und erreichte eine Höchstgeschwindigkeit von 304 km/h. Später erwarb die USAF das Düsenflugzeug T-37, während die US Navy sich dafür entschied, die Modelle B und C mit einem Turbprop-Triebwerk vom Typ Pratt & Whitney Canada PT6A (mit ca. 400 WPS) auszurüsten, so dass eine Höchstgeschwindigkeit von 396 km/h gewährleistet sein würde. Über 1200 Exemplare der T-34 wurden produziert (auch in Lizenz in Japan und Argentinien) und waren bzw. sind noch in mehr als 15 Ländern im Dienst. Die North American XT-28, ein robuster Eindecker mit Tandem-Sitzen in Tiefdecker-Auslegung flog zum ersten Mal am 26. September 1949. Das Flugzeug sollte die T-6-Trainer ersetzen; 1950 wurde das Projekt genehmigt und man nannte die Maschine „T-28A Trojan" bei der USAF bzw. T-28B bei der US Navy. Letztere erwarb auch die T-28C, eine Version mit Fanghaken für Trägerlandungen.
Die Trojan war ausgestattet mit einem 1445-PS-Motor Wright R-1820 und erreichte eine Höchstgeschwindigkeit von 550 km/h. Außerdem bewies sie auch gute Qualitäten als leichtes Angriffsflugzeug und wurde in den Konflikten in Algerien und Indochina eingesetzt. Insgesamt wurden 1194 Exemplare der T-28 gebaut und von mehr als sechs Ländern benutzt.

200 links Die North American T-28 Trojan war für die US Navy ein Ersatzflugzeug der Texan SNJ. Die Serienproduktion begann 1950 und es wurden fast 1200 Exemplare hergestellt. Dies ist eine restaurierte Trojan, bemalt mit den Farben der USAF.

200-201 Die USAF beschloss, die T-6 Texan durch die Beech T-34 Mentor zu ersetzen. Die T-34 startete im Dezember 1948 zu ihrem ersten Flug und wurde später auch von den Luftwaffen weiterer 16 Länder benutzt.

201 unten Die sowjetische Jakowlew Jak-18 war ein berühmtes, propellergetriebenes Übungsflugzeug aus Osteuropa. Die Maschine erschien 1946 als Tandem-Zweisitzer. 1967 wurde die viersitzige Jak-18T entwickelt (hier auf dem Foto) und für Leichttransporte sowie Rettungseinsätze benutzt.

140
RESCUE
N54RF
NAVY

RA-44470
Як-18Т

Die als Sportflugzeug entworfene Marchetti SIAI SF.260 vollbrachte ihren ersten Flug am 15. Juli 1964. Das Flugzeug wurde aus zwei Entwürfen des Ingenieurs Stelio Frati entwickelt: der F.8 Falco und der F.250. Letztere wurde von der SIAI Marchetti erworben, die das Flugzeug für die Serienproduktion anpasste. Nach den ersten Erfolgen im Bereich der Zivilluftfahrt begannen auch die militärischen und zivilen Flugschulen die F.250 zur Kenntnis zu nehmen, da sie auch als Übungsflugzeug bemerkenswerte Kapazitäten bewies. In der Folge wurden Ende der Sechzigerjahre die SF.260M für den Militärgebrauch gebaut und später auch die SF.260W Warrior – mit der Möglichkeit, außerdem eine leichte Bewaffnung zu verwenden. Das Flugzeug besaß eine elegante, fast puristische Außenform mit Flügeln in Laminarprofil, Cockpit mit nebeneinander angebrachten Sitzen und Einziehfahrwerk. Der Motor vom Typ Lycoming AIO-540 leistete 260 PS und ermöglichte eine Höchstgeschwindigkeit von 347 km/h. Die Spannweite betrug 8,35 m die Länge 7,1 m und die maximale Startmasse des Flugzeugs erreichte bis zu 1200 kg. Es wurde außerdem auch die TP-Propellerturbinen-Version der SF.260 entwickelt, die einen bemerkenswerten kommerziellen Erfolg erfuhr: Insgesamt wurden über 900 Exemplare der SF.260 produziert, wobei die Militärversionen des Flugzeugs in 31 Ländern Gebrauch fanden.

In den Siebzigerjahren begann sich ein dritter Typ von Ausbildungsflugzeugen durchzusetzen: Es handelte sich um die mit Propellerturbine ausgestatteten Versionen. In diesen Modellen vereinten sich hohe Flugleistungen mit niedrigen Betriebskosten. Die Flugzeuge, die sich am besten auf diesem Feld behaupten konnten – neben den Modellen T-34C und SF.260TP – wurden in der Schweiz und in Brasilien hergestellt. In den Sechzigerjahren beschloss die schweizerische Firma Pilatus, die bereits das Kolbenmotorflugzeug P-3 produziert hatte, eine Weiterentwicklung mit der Einführung eines Propellerturbinen-Triebwerks neu zu beleben. Das neue Flugzeug, genannt P-3B, flog zum ersten Mal am 12. April 1966, doch die endgültige Version PC-7 erschien erst 1978. Die P-3B hatte eine Flügelspannweite von 10,1 m, ein Länge von 10,1 m und eine maximale Startmasse von 3200 kg. Die PC-7 wurde von einer klassischen Propellerturbine vom Typ Pratt & Whitney Canada PT6A mit 700 WPS angetrieben und erreichte eine Höchstgeschwindigkeit von 555 km/h. Die PC-7 wurde 1982 bei der schweizerischen Luftwaffe in Dienst gestellt und später von 15 weiteren Ländern erworben. Insgesamt wurden über 600 Exemplare hergestellt. Aus diesem Modell wurde auch die PC-9 entwickelt, die zum ersten Mal am 7. Mai 1984 flog. Diese Version war mit dem stärkeren Motor PT6A (950 WPS) ausgestattet, verfügte über Schleudersitze für die Besatzung und bewies alles in allem bessere Flugleistungen. Über 160 Exemplare der PC-9 wurden hergestellt; das Flugzeug bildete außerdem die Grundlage für die Konstruktion der Beech Mk.II, die 1995 den JPATS-Wettbewerb als neues Schulflugzeug der amerikanischen Streitkräfte für sich entscheiden konnte. Das T-6A Texan genannte Flugzeug verfügte über einen 1250-WPS-Motor, neue Avionik, eine druckdichte Kabine sowie weitere Modifizierungen. Insgesamt wurden über 1000 Exemplare der T-6A Texan für die USAF und US Navy sowie für die Luftstreitkräfte von Argentinien, Kanada, Kolumbien, Deutschland, Japan, Großbritannien, Griechenland, Irak, Israel, Mexiko, Marokko, Neuseeland, Thailand, Tunesien und Vietnam produziert. Das Modell AT-6B wurde ebenfalls entwickelt, für leichte Angriffe und Aufstandsbekämpfung.

Die neueste Entwicklung in der Familie der Pilatus-Trainingsflugzeuge ist die PC-21, die am 1. Juli 2002 zum ersten Mal flog. Obwohl sie ihrem

Vorgängermodell PC-9 ähnelt, ist die PC-21 ein völlig neues Flugzeug, das sich durch digitale Avionik und kleinere, gepfeilte Tragflächen auszeichnet, um den Flugeigenschaften von Jets besser zu entsprechen. Sie wird von einer Pratt & Whitney Canada PT6A-68B-Turbine angetrieben, die 1600 PS auf einen fortschrittlichen Fünfblattpropeller überträgt. Das maximale Startgewicht beträgt 4264 kg, die Höchstgeschwindigkeit 684 km/h, die Spannweite 9,1 m und die Gesamtlänge 11,3 m. Das Flugzeug wird derzeit produziert (bis heute wurden mehr als 300 Exemplare gebaut) und ist bei den Luftstreitkräften der Schweiz, Saudi-Arabiens, Australiens, Kanadas, der Vereinigten Arabischen Emirate, Frankreichs, Jordaniens, Katars, Singapurs und Spaniens bestellt.

202-203 unten Die SIAI Marchetti (heute Aermacchi) SF.260 war eines der erfolgreichsten, italienischen leichten Schulflugzeuge der Nachkriegszeit. Die 1964 eingeführte Maschine befindet sich noch heute in Produktion; über 900 Exemplare wurden in mehr als 30 Länder verkauft.

203 oben Die schweizerische Pilatus PC-7 ist ein weiteres, gelungenes Propellerturbinen-Schulflugzeug. Sie flog zum ersten Mal 1978. Die mehr als 600 gebauten Exemplare wurden in 16 Länder verkauft. Auf dem Foto sind drei malaysische Modelle zu sehen.

203 Mitte Während einer Übung im Flug aufgenommen: eine A-29A Super Tucano der brasilianischen Luftwaffe und eine KT-IP der peruanischen Luftwaffe, zwei der modernsten Turboprop-Trainings-/Angriffsflugzeuge im Einsatz.

203 unten Das neueste Turboprop-Trainingsflugzeug von Pilatus ist die PC-21, die 2002 ihren Erstflug absolvierte. Sie wurde bereits von mehreren Luftstreitkräften bestellt.

Aufgrund des Erfolgs dieser Konstruktion und der hohen Nachfrage wurden von der Luftfahrtindustrie verschiedener Länder weitere Turboprop-Trainingsflugzeuge hergestellt, die in Aussehen und Eigenschaften der Pilatus sehr ähnlich sind. Der südkoreanische Flugzeughersteller KAI hat die KAI KT-1 vorgestellt, die 1991 ihren Jungfernflug absolvierte und 2000 in Dienst gestellt wurde. In der Türkei bildete sie die Grundlage für die TAI Hurkus, eine Weiterentwicklung der KAI T-1, die am 12. Dezember 2013 zum ersten Mal flog.

Mitte der Siebzigerjahre widmete sich die brasilianische Firma Embraer der Realisierung eines Propellerturbinen-Übungsflugzeugs. Der erste gebaute Prototyp flog am 16. August 1980 und wurde „EMB-312 Tucano" genannt. Das Flugzeug besaß eine Flügelspannweite von 11,1 m, eine Länge von 9,8 m und eine maximale Startmasse von 3175 kg. Die Tucano wurde von einem Pratt & Whitney PT6A-Triebwerk mit 760 WPS (begrenzt auf 590 PS) angetrieben und erreichte eine Höchstgeschwindigkeit von 433 km/h. Das Flugzeug wurde 1982 in den Dienst der brasilianischen Luftwaffe übernommen und seitdem wurden 504 Exemplare für 17 Länder produziert. Die Tucano wurde erfolgreich exportiert, besonders nach Großbritannien und Frankreich – zwei Ländern, die dem Import von Flugzeugen anderer Nationen eher abgeneigt

204-205 Die Alenia Aermacchi M-346 ist das neueste fortschrittliche Schulflugzeug auf dem Markt und hat bereits in neun Ländern, darunter Italien, Singapur und Israel, große Anerkennung und Verkaufserfolge erzielt.

204 unten Das moderne Schulflugzeug Beechcraft T-6A Texan II mit Turboprop-Antrieb, das für die Bedürfnisse der US-Luftwaffe und der US-Marine entwickelt wurde, ist eine Weiterentwicklung der Pilatus PC-9.

205 unten Das neue Basis-Jet-Schulflugzeug von Leonardo ist die M-345 HET, hier in den Farben der italienischen Luftwaffe zu sehen, bei der sie seit 2025 im Einsatz ist.

gegenüberstanden – wo es den Flugschulen zugewiesen wurde. Gegenwärtig wird die Tucano als verbesserte Angriffs- und Trainingsversion EMB-312H (von der brasilianischen Luftwaffe als A-29 bezeichnet) produziert, wobei rund 300 Einheiten an 20 Länder weltweit geliefert wurden.

Das Portfolio an fortgeschrittenen Schulungsflugzeugen (Lead-In Fighter Trainer oder LIFT) wurde kürzlich um zwei neue Maschinen erweitert, die junge Piloten besser auf den Umgang mit Kampfflugzeugen der neuesten Generation vorbereiten sollen. 1999 entwickelte das südkoreanische Unternehmen KAI in Zusammenarbeit mit Lockheed Martin ein Projekt für ein neues fortgeschrittenes Schulflugzeug, das auch über Kampffähigkeiten verfügt. Das Flugzeug mit der Bezeichnung T-50 Golden Eagle absolvierte seinen Jungfernflug am 20. August 2002 und wurde als Ersatz für die älteren T-37 und T-38 entwickelt, die bei der südkoreanischen Luftwaffe im Einsatz waren. Die Golden Eagle, die 2005 in Dienst gestellt wurde, ist eindeutig von den aerodynamischen Linien der Lockheed Martin F-16 inspiriert, insbesondere was die Tragflächen betrifft. Das Flugzeug wurde auch in der Version T-50B entwickelt, die dem Kunstflugteam Black Eagles zugewiesen wurde, sowie in der Version TA-50 mit Angriffsfähigkeit und der Version FA-50, einem leichten Kampfflugzeug mit Allwettertauglichkeit, das die F-5E/Fs in Korea abgelöst hat. Der Trainingsjet wird von einem General Electric F404 mit Nachbrenner angetrieben, der eine Schubkraft von 8030 kp liefert, wodurch das Flugzeug mit einer Höchstgeschwindigkeit von Mach 1,4 (ca. 1500 km/h) Überschallgeschwindigkeit erreicht. Das maximale Startgewicht beträgt 13 500 kg, die Spannweite 9,1 m und die Gesamtlänge 13.1 m.

In den letzten Jahren war die T-50 einer der wenigen Kandidaten auf dem Markt für die Rolle des LIFT und konkurrierte vor allem mit der Alenia Aermacchi (heute Leonardo) M-346. Das Flugzeug wurde in mehr als 300 Exemplaren gebaut und ist bis heute in seinen verschiedenen Versionen bei den Luftstreitkräften Südkoreas, der Philippinen, Indonesiens, des Irak, Malaysias, Polens und Thailands ein Verkaufserfolg.

Das andere fortschrittliche Schulflugzeug, das heute und morgen die Szene dominiert, ist die M-346, ein Flugzeug, das aus dem Yak/Aermacchi-130-Projekt der 1990er-Jahre hervorgegangen ist. Die beiden Unternehmen trennten sich im Jahr 2000, und Aermacchi entwickelte die M-346 Master, die verbessert und fast vollständig neu konstruiert wurde, angefangen bei den Triebwerken, den Einbauten, der Struktur und den aerodynamischen Eigenschaften. Der erste Prototyp flog am 15. Juli 2004, während die erste Einheit der Serie am 31. März 2011 abhob. Die M-346 wird von zwei Honeywell F124-Turbofans angetrieben, die jeweils 2835 kp Schub liefern. Ihr maximales Startgewicht beträgt 9500 kg, ihre Spannweite 9,7 m und ihre Gesamtlänge 11,6 m; ihre Höchstgeschwindigkeit liegt bei etwa 1100 km/h. Die Master zeichnet sich durch fortschrittliche aerodynamische Linien und redundante Leistung aus und kann dank der Entwicklung der FA-Version auch als Kampfflugzeug eingesetzt werden. Derzeit ist die M-346 bei der italienischen Luftwaffe (120 Exemplare der T-346A) und bei den Luftstreitkräften Österreichs, Griechenlands, Israels, Nigerias, Polens, Katars, Singapurs und Turkmenistans bestellt und nimmt an verschiedenen Ausschreibungen teil, darunter auch die der US-Marine für einen neuen fortschrittlichen Trainer als Ersatz für die T-45. Im Jahr 2024 wurde die T-346 für die Ausrüstung der italienischen Kunstflugstaffel „Frecce Tricolori" ausgewählt.

Das italienische Unternehmen Leonardo hat ein weiteres Schulflugzeug entwickelt, das für die Grundausbildung von Militärpiloten vorgesehen ist und das von der Flugschule der italienischen Luftwaffe verwendete Modell MB.339A ersetzen soll. Der M-345 HET (High Efficiency Trainer) ist eine Weiterentwicklung des M-311-Projekts, das wiederum vom SIAI Marchetti S.211 abgeleitet wurde. Er wurde komplett überarbeitet und neu konstruiert, um modernen Anforderungen gerecht zu werden und Betriebskosten zu bieten, die denen moderner Turboprop-Flugzeuge entsprechen, während die Leistung von Düsenflugzeugen beibehalten wird. Die M-345 verfügt über ein neues Williams FJ44-4M-34-Turbofan-Triebwerk mit 1.540 kp Schubkraft (das bald aufgerüstet werden soll), neue Triebwerksluftansaugungen, eine neu gestaltete und optimierte Flugzeugzelle, neue Bordsysteme, neue Martin Baker Mk.16-Schleudersitze und vor allem eine komplette, hochmoderne Avionik-Suite, die von den bereits hochentwickelten Systemen der M-346 abgeleitet ist. Der erste Prototyp des neuen Flugzeugs absolvierte seinen Jungfernflug am 21. Dezember 2018. Die ersten beiden Serienflugzeuge wurden im Dezember 2020 an die italienische Luftwaffe ausgeliefert, doch aufgrund auftretender betrieblicher Probleme sah sich das Unternehmen gezwungen, eine Reihe von Modifikationen vorzunehmen, die dann eine neue Reihe von Zulassungstests durch die Streitkräfte erforderlich machten. Das Modell für die italienische Luftwaffe mit der Bezeichnung T-345A, von dem bisher 18 Einheiten bestellt wurden, wurde dann im Dezember 2024 in Dienst gestellt, wobei der erste Pilotenausbildungskurs im Juli 2025 begann.

Das russische Unternehmen Jakowlew, ein ehemaliger Partner von Aermacchi, hat seinerseits die Yak-130 gebaut, die am 30. April 2004 ihren Jungfernflug absolvierte und seit 2012 in Serie produziert wird. Die russische Luftwaffe setzt mehr als 100 Exemplare ein, und das Flugzeug wird derzeit für den Export nach Algerien, Bangladesch, Weißrussland, Myanmar, Iran, Laos und Vietnam produziert.

China seinerseits produziert die Hongdu L-15 Lie Ying, ein Flugzeug, das in Zusammenarbeit mit dem russischen Unternehmen Yakolev entwickelt wurde und tatsächlich eine frappierende Ähnlichkeit mit der Yak-130 aufweist. Dieses Flugzeug flog erstmals am 13. März 2006 und wurde in einer Trainingsversion (L-15A) und einer Angriffsversion (L-15B) entwickelt. Die L-15, die 2018 in Dienst gestellt wurde, wird von zwei in Russland gebauten Ivchenko-Progress AI-222K-25F-Turbofans mit einer Schubkraft von jeweils 4200 kp angetrieben und hat ein maximales Startgewicht von 9500 kg. Die L-15 wird von der chinesischen Luftwaffe und Marine eingesetzt und wurde auch von den Vereinigten Arabischen Emiraten, Sambia und Simbabwe bestellt.

Ein weiteres aufstrebendes Land im Bereich der Militärluftfahrt ist die Türkei, die mit dem TAI Hurjet ein ambitioniertes modernes Trainingsflugzeug entwickelt hat, das am 25. April 2023 seinen Erstflug absolvierte. Angetrieben von einem General Electric F404-GE-102-Turbofan-Triebwerk mit Nachbrenner, das eine Schubkraft von etwa 8000 kp liefert, verfügt der Hurjet über Überschallfähigkeiten, ist jedoch noch nicht in Betrieb genommen worden. 16 Exemplare wurden bereits von der türkischen Luftwaffe bestellt, und er wurde von der spanischen Luftwaffe ausgewählt, die voraussichtlich 30 Exemplare erwerben wird.

Schließlich haben sich die Vereinigten Staaten auch zur Entwicklung eines modernen Trainingsjets entschlossen, der die veraltete T-38-Flotte der US-Luftwaffe ersetzen soll. Das vom Pentagon 2018 ausgewählte Projekt war die Boeing T-7 Red Hawk, die in Zusammenarbeit mit dem schwedischen Unternehmen SAAB entwickelt wurde. Diese Maschine wird ebenfalls von einem General Electric F404-Triebwerk mit Nachbrenner angetrieben und

kann eine Geschwindigkeit von Mach 1 erreichen. Der erste Prototyp flog am 20. Dezember 2016. Es wurden 351 Flugzeuge bestellt, mit einer Option auf weitere 125, während die erste Einsatzfähigkeit für 2020 geplant war. Über die Flugtests dieses Flugzeugs, das offenbar auf Schwierigkeiten gestoßen ist, wurde wenig berichtet, aber das erste Serienflugzeug T-7A rollte am 28. April 2022 aus dem Werk in St. Louis, Missouri, und die Tests der USAF begannen am 8. November 2023. Anfangs wurden fünf Testflugzeuge der Edwards Air Force Base zugewiesen, vier weitere sollen 2026 hinzukommen. Ebenfalls 2026 soll der erste Vertrag über sieben Flugzeuge unterzeichnet werden, der ursprünglich für 2025 vorgesehen war. Die erste Einsatzfähigkeit wird sich weiter verzögern und wurde auf November 2027 verschoben.

206 Die Yak-130 der russischen Firma Jakowlew ist ein Flugzeug, das aus einem Joint Venture mit Aermacchi hervorging, wurde aber dann eigenständig weiterentwickelt und 2012 in Dienst gestellt. (Foto: Niccoli-Archiv)

207 oben Das fortschrittliche Schulungsflugzeug Hongdu L-15, das bei der Luftwaffe der Volksrepublik China im Einsatz ist und vom Yak-130-Design abgeleitet wurde.

207 Mitte Auch die türkische Luftfahrtindustrie hat ein fortschrittliches Jet-Trainingsflugzeug mit Kampffähigkeiten entwickelt. Die TAI Hurjet flog 2023 zum ersten Mal.

207 unten Als Ersatz für ihre veraltete T-38 hat die US-Luftwaffe die Boeing T-7A Red Hawk ausgewählt, die 2016 ihren Erstflug absolvierte, aber noch nicht in Dienst gestellt wurde.

Kapitel 15

Allgemeine Luftfahrt

Der Terminus „Allgemeine Luftfahrt“ ist relativ neu; er wurde geprägt wegen der immer deutlicheren Unterschiede und Spezialisierungen, die in der Welt des Motorflugs entstanden. Vor dem Zweiten Weltkrieg gab es in vielen Fällen keine klaren Unterscheidungsmerkmale zwischen Flugzeugen für den Zivilgebrauch und denjenigen Maschinen, die für militärische Zwecke entwickelt wurden. In Sektoren wie Schulung, Verbindung und Transport und sogar Bombardierung wurden zu jener Zeit Flugzeuge eingesetzt, die nicht auf ausschließlich eine Rolle hin entworfen wurden; oft geschah es, dass Zivilluftfahrzeuge mit nur wenigen Änderungen für militärische Zwecke umgewandelt wurden und umgekehrt. Mit dem Erscheinen von Strahltriebwerken sowie immer ausgefeilteren Technologien hinsichtlich Aerodynamik und Avionik konnte man beim Entwerfen der Flugzeuge besser auf die Bedürfnisse der jeweiligen Benutzer eingehen, so dass folglich die Unterschiede zwischen den Flugzeugen immer größer wurden.

In den Zwanzigerjahren wurde in Amerika die Curtiss JN sowohl von den Militärflugschulen als auch von Zivilpiloten für Sport- und Freizeitzwecke genutzt; man denke dagegen nur an die Unterschiede, die heutzutage zwischen den Militär-Düsenflugzeugen T-37 oder T-45 und der Cessna 172, die zu den Standardflugzeugen der verschiedenen amerikanischen Aero Clubs gehören, bestehen.

Die Allgemeine Luftfahrt – um den Begriff zu klären – umfasst also all jene Flugzeuge für den zivilen Gebrauch, die nicht in die Kategorien der militärischen Luftfahrt, der Verkehrsluftfahrt oder des Linienverkehrs fallen. Es handelt sich in den meisten Fällen um leichte Schul- und Sportflugzeuge, Reise- und Geschäftsflugzeuge, deren wichtigste Vertreter die so genannten Business Jets sind, die ihre Kunden – VIPs sowie Angestellte der größten Firmen oder Behörden um die ganze Welt transportieren.

Unter den Unternehmen, die zu den tragenden Säulen dieses Luftfahrtsegments gehören, haben vor allem die Firmen Piper und Cessna für Millionen Menschen die Welt der Luftfahrt eröffnet.

In diesem Zusammenhang kann die Piper J-3 Cub, die zum ersten Mal im September 1930 als Taylor Cub flog, als der Ur-Typ moderner Flugzeuge der Allgemeinen Luftfahrt betrachtet werden. Es handelte sich um ein leichtes Flugzeug mit Stoffbespannung, das als abgestrebter Hochdecker ausgelegt war, eine Tandem-Zweisitz-Kabine, ein Spornradfahrwerk und einen 41-PS-Motor Continental besaß. 1937 übernahm die neu gegründete Firma Piper die Entwicklung und Produktion des Projekts. Die Ausstattung mit neuen 66-PS-Motoren begünstigte die Verbreitung des Flugzeugs. 1949 entwarf Piper das verbesserte und robustere Modell PA-18 Super Cub, dessen Gewicht und Flugleistungen erhöht worden waren. Die Super Cub war anfangs mit einem 91-PS-Motor ausgestattet, doch schon bald wurden verschiedene Versionen entworfen; einige davon besaßen Kufen und Schwimmer und Motoren mit bis zu 152 PS. Die PA-18-150, ausgerüstet mit dem 150-PS-Motor Lycoming, erreichte eine Höchstgeschwindigkeit von 210 km/h und besaß eine maximale Startmasse von 795 kg. Das Flugzeug hatte eine Flügelspannweite

208 Die Piper Pa-28 Cheeroke ist eines der meistverbreiteten Sportflugzeuge und wird noch heutzutage benutzt. Seit Januar 1960 wurden über 30 verschiedene Versionen gebaut.

209 oben Eine Piper Pa-18 Super Cub beim Tiefflug über Maryland. Die Pa-18 war die Nachfolgerin des Modells J-3 und wurde in der Nachkriegszeit (ab 1949) entwickelt.

209 Mitte links Eine Piper J-3 Cub – der Archetyp einer langen Reihe moderner Sportflugzeuge. Die 1929 entworfene Maschine besaß ursprünglich nur einen 41-PS-Motor und wog weniger als 500 kg.

von 10,7 m und eine Länge von 6,9 m. Sowohl die Cub als auch die Super Cub wurden auch in Militärversionen hergestellt, die für Transport- und Aufklärungszwecke bestimmt waren (der L-4, L-18 und L-21) und von den Streitkräften vieler Länder benutzt wurden. Die Super Cub ist – mit einigen Unterbrechungen – bis Mitte der Neunzigerjahre in Produktion geblieben. Zusammen mit der Cub wurden insgesamt über 26 000 Exemplare hergestellt. Ein schwereres Sportflugzeug – angetrieben von einem 150-PS-Motor Lycoming – machte seinen Jungfernflug am 14. Januar 1960. Es handelte sich dabei um die PA-28 Cherokee, einen attraktiven einmotorigen Tiefdecker mit festem Fahrwerk, der über eine Vier-Personen-Kabine verfügte. Die PA-28 wurde ab 1961 hergestellt und ist noch heutzutage erhältlich. Der beachtliche Verkaufserfolg des Flugzeugs führte zu einer Produktion von mehr als 19 000 Exemplaren in verschiedenen Versionen. Unter den über 30 realisierten Modellen befinden sich die Serien Archer, Arrow, Dakota und Warrior, die mit Vergaser-, Einspritz- und Turbokompressor-Motoren und Einziehfahrwerk ausgestattet sind. Die Leistung kann kann je nach Modell bis zu 235 PS betragen. Im Oktober 1977 führte Piper ein neues zweisitziges, einmotoriges leichtes Schuflugzeug vor; es handelte sich um die PA-38 Tomahawk, die sich durch ihr T-Leitwerk und einen 114-PS-Motor mit reduziertem Kraftstoffverbrauch auszeichnete. Obwohl das Flugzeug sorgfältig entworfen wurde – auch dank der Ratschläge von über 10 000 interviewten Fluglehrern – wurde die Tomahawk kein Verkaufserfolg; bis 1982 wurden weniger als 2500 Exemplare produziert. Eine weitere große Serie der Piper-Flugzeuge waren die Zweimotorigen, unter denen die PA-23 Apache als Basis angesehen werden kann. Diese Maschine war ein Tiefdecker mit Einziehfahrwerk, viersitziger Kabine und in den Flügeln integrierten Motoren. Die Apache führte ihren ersten Flug am 2. März 1952 durch und wurde bis 1965 produziert. Danach wurde das Flugzeug von der Aztec ersetzt, die über eine größere Kabine, erhöhte Ladefähigkeit sowie zwei 250-PS-Motoren verfügte. Die Turbo-Atzec besaß dagegen zwei 253-PS-Turbomotoren Lycoming und erreichte eine Höchstgeschwindigkeit von 407 km/h. Die maximale Startmasse betrug 2540 kg und außer dem Piloten fanden fünf Reisende in dem Flugzeug Platz. Die Spannweite betrug 11,4 m und die Länge 9,5 m. Über 2800 Exemplare der PA-23 wurden insgesamt gebaut.

209 unten links Die Pa-38 Tomahawk wurde 1977 von Piper produziert, um die Flugschulen mit einem neuen, leichten Einmotorflugzeug auszurüsten. Die Maschine erfuhr jedoch nicht den erhofften Erfolg.

209 unten rechts Die viersitzige Pa-23 Apache war das erste zweimotorige Flugzeug, das von Piper entworfen und gebaut wurde. Die Maschine flog zum ersten Mal 1952 und blieb bis 1965 in Produktion.

Die zwei Pratt & Whitney Canada PT6A Propellerturbinen mit 730 WPS ermöglichten eine Höchstgeschwindigkeit von 550 km/h. Ein weiteres Erfolgsmodell von Piper erschien 1972; es handelte sich um die PA-34 Seneca, die aus der einmotorigen Cherokee Six entwickelt wurde. Das Flugzeug besaß die typischen Piper-Formen, mit Tiefdecker-Auslegung, Einziehfahrwerk, sechs- oder siebensitziger Kabine sowie zwei Lycoming 203-PS-Motoren. Darauf folgten die Seneca II, die mit Turbokompressor-Mororen und gegenläufigen Propellern ausgestattet war, und 1981 die Seneca III mit verbesserter Steigfähigkeit und Geschwindigkeit. Eine weitere Version dieser Serie ist die Seneca IV, die angetrieben wird von 220-PS-Motoren Teledyne Continental und eine Höchstgeschwindigkeit von 360 km/h erreicht. Die Spannweite beträgt 11,8 m, die Länge 8,7 m und die maximale Startmasse liegt bei 2150 kg. Die neueste Version ist das Modell V, das 1996 zertifiziert wurde. Es ist mit 220-PS-Continental-TSIO-Motoren ausgestattet und erreicht eine Höchstgeschwindigkeit von 365 km/h. Die Spannweite beträgt 11,89 m die Länge 7 m und das maximale Startgewicht 2155 kg. Mehr als 5000 Einheiten der Seneca wurden gebaut, bevor sie 2019 aus der

Am 30. September 1964 flog die PA-31 Inca, die drei Jahre später in Navajo umbenannt wurde , zum ersten Mal. Dieses Flugzeug war ein großes und schweres Modell, das mit seinem Fassungsvermögen von acht Plätzen und den 300-PS-Motoren bereits näher an den Business-Flugzeug- und Lufttaxi-Sektor herantrat. Piper realisierte nach und nach verschiedene Versionen mit Druckkabinen und Turbokompressor-Motoren, bis sie 1972 die Navajo Chieftain einführte. Dieses Modell besaß einen verlängerten Rumpf und stärkere Motoren. Ebenfalls 1972 wurde die PA-42 Cheyenne mit Propellerturbinen eingeführt. Von ihr wurden zahlreiche modernere Versionen produziert, die bis zu elf Sitzplätze enthielten und Motorenstärken bis zu 1014 WPS pro Triebwerk erreichten (wie die Cheyenne IV, die 640 km/h schnell fliegen konnte). Die Cheyenne III hatte eine Spannweite von 14,5 m, ein Länge von 13,2 m und eine maximale Startmasse von 5080 kg.

210 oben Die Pa-31-350 Navajo Chieftain von 1972 war eines der Flugzeuge aus der Pa-31 Serie. Sie besaß einen verlängerten Rumpf und 335-PS-Motoren.

210 Mitte Die Piper Pa-34 Seneca erschien 1972 als Weiterentwicklung der einmotorigen Cheeroke Six. Auf der Fotografie ist eine Seneca II von 1975 mit Turbokompressor-Motor zu sehen.

210 unten Die Piper Pa-31 Inca – 1967 in „Navajo" umbenannt – bildete das Basismodell für die Entwicklung von 20 Versionen. Die Maschine verfügte über Turbokompressor-Motoren und eine Druckkabine; Flügel und Rumpf waren verlängert.

Produktion genommen wurde. Piper produziert weiterhin die zweimotorigen Seminole-Modelle und die einmotorigen Modelle PA-28 Archer, PA-28 Arrow und PA-46 M-Class.
Der andere amerikanische Koloss auf diesem Gebiet, Cessna (gegründet 1927), brachte 1948 ihr erfolgreichstes Produkt heraus – das Model 170 – ein Viersitzer, als abgestrebter Hochdecker mit festem Dreiradfahrwerk ausgelegt, der aus dem Model 120 hervorging. Der wahre Erfolg kam jedoch erst einige Jahre später mit dem Erscheinen der 170B (mit 147-PS-Motor und Schlitzklappen) und später vor allem mit dem Model 172 aus dem Jahr 1955, das mit dem Dreipunkt-Bugradfahrwerk ausgestattet war: Allein im Jahr 1956 wurden davon 1170 Exemplare verkauft. Seitdem hat man die Serie immer wieder verbessert und weiterentwickelt, wobei zahlreiche 172-,175- und 182-Versionen mit Turbokompressor-Motoren und Einziehfahrwerk realisiert wurden. Die Cessna 172 hatte eine Spannweite von 10,9 m, ein Länge von 8,2 m und eine maximale Startmasse von 1135 kg. Der Teledyne Continental Motor produzierte 213 PS und sorgte für eine Höchstgeschwindigkeit von 245 km/h. Die Version als Militär-Übungsflugzeug – mit der militärischen Bezeichnung T-41 – wurde in 730 Exemplaren hergestellt. Nach mehr als 70 Jahren (mit einigen Unterbrechungen) ist das Flugzeug noch heute in Produktion und bisher wurden mehr als 58 000 Exemplare gebaut. Parallel zu den Modell-170-Serien produzierte Cessna auch das Modell 180, wobei es sich praktisch um eine schwerere und stärkere Version der 170B handelte, die mit denselben Flügeln versehen war. Die 180 Skywagon flog das erste Mal 1953.
Sieben Jahre später erschien das Modell 185, welches mit einem 300-PS-Motor und einer Sechserkabine ausgestattet war; die Höchstgeschwindigkeit betrug 286 km/h und die maximale Startmasse erreichte bis zu 1520 kg. Auch von dem Modell 185 wurde eine Militär-Version abgeleitet (als Verbindungsflugzeug und Leicht-Transporter), die mit U-17 bezeichnet wurde. Insgesamt wurden über 10 000 Cessna 180/185 hergestellt.
Die Cessna 206 Super Skywagon erschien 1964 und war eine Weiterentwicklung des Modells 185, jedoch ausgestattet mit einem stärkeren Motor und Dreipunkt-Bugradfahrwerk. 1969 folgte das Model 207 mit verlängertem Rumpf. Es handelte sich um ein Allzweck-Flugzeug, das besonders gern und gut für das Absetzen von Fallschirmspringern, als Mietflugzeug und für Luftambulanz eingesetzt wurde. Über 8000 Exemplare des Modells 207 – auch Versionen mit Turbokompressor-Motoren – wurden produziert.
Ein weiteres, außerordentlich erfolgreiches Flugzeug war das Modell 150, auf dem Generationen von Piloten fliegen lernten. Ausgelegt als typischer abgestrebter Hochdecker, festem Dreipunkt-Bugradfahrwerk und einer Kabine mit nur zwei Plätzen, erschien die 150 im September 1957 als kostengünstiges, leichtes Flugzeug – ideal für die Flugschulen und Aero Clubs. Die Maschine besaß eine Flügelspannweite von 10 m und eine Länge von 7,3 m, war mit einem 100-PS-Motor Continental ausgestattet und flog bis 200 km/h schnell; die maximale Startmasse lag bei 725 kg. Das Modell 150 wurde weltweit erfolgreich verkauft und in Lizenz auch in Reims in Frankreich gebaut. 1977 wurde die Version 152 vorgestellt, wobei der einzige Unterschied die neue Ausstattung mit dem 112-PS-Motor Avco Lycoming war. Über 27 000 Exemplare der Serien 150/152 wurden produziert und die Flugzeuge sind noch bis heute sehr verbreitet.
Cessna produziert derzeit die Serien der einmotorigen Modelle Skyhawk, Skylane, Turbo Skylane und Turbo Stationair, die alle über die für das Unternehmen typische klassische Hochdeckerkonfiguration verfügen. Für den leichten Personen- und Gütertransport werden die zweimotorige Skycourier sowie die einmotorigen Modelle Caravan und Gran Caravan hergestellt.

211 oben Die Cessna 172 – das vielleicht berühmteste Sportflugzeug aller Zeiten. Es flog zum ersten Mal 1955. Seitdem wurden ca. 60 000 Exemplare gebaut.

211 unten Eine Wasserflugzeug-Version der Cessna 206 Super Skywagon. Die Maschine flog zum ersten Mal 1964 und ist für vielfältige Aufgaben der Allgemeinen Luftfahrt geeignet.

212-213 Eine zweimotorige Cessna E310P über dem Meer. Cessna produzierte eine große Serie von zweimotorigen Sport- und Businessflugzeugen, die in dem Turbopropmodell 425 gipfelte.

Cessna brachte auch eine bemerkenswerte Serie erfolgreicher zweimotoriger Flugzeuge heraus. Das erste war das Model 310, das im Januar 1953 zum ersten Mal flog; es handelte sich um einen Tiefdecker mit Kraftstofftanks an den Flügelspitzen, einziehbarem Dreipunkt-Bugradfahrwerk, Sechserkabine und zwei 228-PS-Motoren Continental (sie wurden in den Serienexemplaren durch 264-PS-Motoren ersetzt). Im Februar 1961 führte Cessna dann ein Flugzeug ein, das in gewisser Weise revolutionär war: das Model 336 Skymaster, charakterisiert durch die „Push-Pull"-Ausführung mit einem Motor in der Nase und einem anderen im Heck. Der ganz in Cessna-Tradition abgestrebte Hochdecker besaß außerdem eine Viererkabine und zwei Leitwerksträger, die ein doppeltes Seitenleitwerk trugen. Obwohl es sich um ein originelles und gut steuerbares Flugzeug handelte, konnte sich das Model 336 aufgrund des berits überholten festen Fahrwerks auf dem Markt nicht durchsetzen. 1965 erschien die 337 Super Skymaster – ein Modell, das endlich mit einem einziehbaren Fahrwerk und ausgestattet war und die Möglichkeit bot, Gepäck unter dem Kabinenboden zu verstauen. Die Kabine verfügte nun über sechs bequeme Plätze, während die zwei 213-PS-Motoren Continental eine Höchstgeschwindigkeit von 332 km/h ermöglichten. Das Flugzeug besaß eine Spannweite von 11,6 m und eine Länge von 9 m sowie eine maximale Startmasse von 2100 kg. Die Cessna 337 wurde in Lizenz auch von der Reims, Frankreich, hergestellt. Neben der Zivilversion wurden auch zwei Militärversionen für Beobachtungs- und leichte Angriffseinsätze gefertigt (O-2A und FTB337). Die 1980 beendete Produktion der Super Skymaster 337 belief sich insgesamt auf 2678 Exemplare.

Im Juli 1962 wurde die erste aus einer langen Reihe klassischer zweimotoriger Tiefdecker mit Einziehfahrwerk und 6-bis 8-sitziger Kabine eingeführt. Diese Cessna 411-Flugzeuge ähnelten sehr den Vorgängermodellen vom Typ 310, waren jedoch leicht vergrößert und verstärkt worden. Es folgten die Modelle 401 und 402, die kostengünstiger als die 411 waren. Das 1965 vorgestellte Model 421 Golden Eagle wurde aus der 411 entwickelt und besaß eine klimatisierte Druckkabine, die bis zu zehn Passagiere aufnehmen konnte. Die beiden 370-PS-Turbokompressor-Motoren Continental verliehen dem Flugzeug eine Höchstgeschwindigkeit von 478 km/h. 1968 erschien die Cessna 414 Chancellor, die mit den Flügeln der 401 sowie dem Rumpf der 441 ausgestattet war. In den Siebzigerjahren wurden

die Modelle 441 Conquest und 404 Titan, die einander sehr ähnelten, eingeführt. Beide besaßen auch Leitwerkflächen in positivem V-Winkel. Die Conquest war mit Propellerturbinen-Triebwerken motorisiert und konnte in ihrer Kabine bis zu elf Passagiere aufnehmen, während die Titan mit Turbolader-Kolbenmotoren ausgestattet war. Diesen Modellen folgte die 425 Corsair, ein weiteres Propellerturbinen-Flugzeug. Es kombinierte die Zelle der 421 mit den Motoren Pratt & Whitney Canada PT6A .

Ende der Sechzigerjahre machte Cessna mit der Realisierung des Models 500 einen großen Schritt in den Bereich der zweistrahligen Business-Flugzeuge. Das Model 500, genannt Citation, flog zum ersten Mal am 15. September 1969. Es besaß eine klassische Grundform mit geraden Flügeln, T-Leitwerk und zwei am Heck installierten Triebwerken und eroberte sich sofort einen hervorragenden Platz unter den Konkurrenten auf dem Markt der Business-Jets. Im Laufe der Jahre wurde die Citation-Familie mit immer ausgefeilteren und stärkeren Modellen bereichert. Die Citation III aus dem Jahr 1982 war das erste Exemplar mit gepfeilten Tragflächen. Es folgten die Citation V (als Ersatz für das Modell II), später die VI und VII und schließlich die neueste Version Citation X aus dem Jahr 1993. Bei ihr handelt es sich um einen VIP-Jet für Interkontinentalflüge, der eine Platzkapazität für maximal acht Passagiere bietet. Sie verfügt über zwei Rolls-Royce AE3007C2-Turbofan-Triebwerke mit einer Schubkraft von 3070 kp, einer Höchstgeschwindigkeit von 972 km/h, einer Reichweite von 5680 km und einem maximalen Startgewicht von 16 560 kg. Die Spannweite beträgt 21,1 m und die Gesamtlänge 22,5 m Die Citation-Familie wird auch heute noch produziert, mit den verbesserten Modellen Longitude, Latitude, Ascend, CJ3, CJ4 und M2, von denen Tausende Exemplare gebaut wurden.

212 unten Diese Cessna 321 Golden Eagle mit englischer Kennzeichnung kann bis zu zehn Personen aufnehmen und 478 km/h schnell fliegen.

213 oben Eine deutsche Cessna 525 Citation bei der Landung. Dieses zweistrahlige Flugzeug flog zum ersten Mal 1969 und war eines der ersten, relativ günstigen Business-Jets.

213 unten Die Cessna 336/337 war zweifellos ein revolutionäres Flugzeug, charakterisiert durch die zwei Tandem- bzw. „push-pull"-Motoren. Hier ist ein F337F Modell mit Einziehfahrwerk zu sehen.

Die Firma Beechcraft ist ein weiterer wichtiger amerikanischer Betrieb, der Flugzeuge für die Allgemeine Luftfahrt produziert. Unter dessen berühmtesten Flugzeugen befinden sich die Bonanza, die Baron und die King Air. Die Bonanza unternahm als Beech Model 35 am 22. Dezember 1945 ihren ersten Flug; der besonders gelungene und fortschrittliche Entwurf trug zum Nachkriegs-Aufschwung der Zivilluftfahrt in Amerika mit bei. Als Tiefdecker zeichnete sich das Flugzeug durch ein einziehbares Dreibein-Bugradfahrgestell und die auffallenden V-Leitwerke aus. Bereits zwei Jahre nach dem Erscheinen waren über 1000 Exemplare verkauft worden und bezeugten den riesigen Erfolg der Bonanza. In der Folgezeit führte Beechcraft die Modelle 33 und 36 ein – beide besaßen traditionelle Leitwerke –, die sich im Verlauf von über 50 Jahren mit mehr als 17 000 produzierten Exemplaren noch auf dem Markt befinden. Das Model 55 war dagegen ein kleines Flugzeug mit zwei Kolbenmotoren, das zum ersten Mal im Februar 1960 flog. Die auf „Baron" getaufte Maschine stammte vom Modell 95 ab, besaß jedoch die stärkeren Continental-Motoren mit 264 PS. Ständige Verbesserungen wurden realisiert und fanden in den Versionen B55 (Kabine mit sechs Plätzen), C55 (289-PS-Motor), 56TC und 58 (aus dem Jahr1969) mit verlängertem Rumpf Ausdruck. Die 58 – noch heutzutage auf dem Markt verfügbar – hat eine Spannweite von 11,5 m eine Länge von 9,1 m und eine maximale Startmasse von 2812 kg. Die zwei Turbokompressor-Motoren Continental produzieren je 329 PS und gewährleisten eine Höchstgeschwindigkeit bis 483 km/h. Die aktuell in Produktion befindliche Version ist die Baron G58 aus dem Jahr 2005, die mit digitaler Avionik ausgestattet ist.

Im Januar 1964 startete ein anderer zweimotoriger Flugzeugtyp zu seinem Erstflug – das Modell 65-90T. Diesmal handelte es sich um eine schwerere Maschine, die von Propellerturbinen angetrieben wurde und für Transport- sowie Schulungszwecke bestimmt war. Die 65-90T stammte von dem Modell 65-80 Queen Air ab und wurde auf eine Anfrage der US-Army hin entworfen. Das Flugzeug – King Air

genannt – besaß eine traditionelle Außengestalt mit Propellerturbinenmotoren und einer zehn-Plätze-Druckkabine. Es wurden verschiedene Modelle aus der King Air abgeleitet, die immer besser ausgestattet waren sowie höhere Leistungen aufwiesen. Darunter waren die Modelle 99, 100 – mit einer 15-Plätze-Kabine – sowie das Modell 200 Super King Air von 1972, das mit T-Leitwerk, verlängerten Flügeln und neuen Motoren ausgestattet war. Die B200 besaß eine Flügelspannweite von 16,6 m eine Länge von 13,1 m sowie eine maximale Startmasse von 5670 kg. Die beiden Triebwerke Pratt & Whitney Canada leisteten je 850 WPS und brachten die Maschine auf eine Höchstgeschwindigkeit von 520 km/h. Das letzte Modell der Serie war die 1990 eingeführte Super King Air 350. Diese Version verfügt über Winglets an den Tragflächenenden und einen nochmals verlängerten Rumpf, indem nun bis zu 17 Personen Platz finden, sowie PT6A-Triebwerke mit je 1050 WPS. Beechcraft produziert derzeit die Modelle Bonanza G36, Baron G58, Denali und King Air 260. 360 und 360ER. Die Firma bietet außerdem einen

214 oben Dieses zweistrahlige Flugzeug war ursprünglich als „Mitsubishi Diamond" bekannt; der Entwurf wurde jedoch später von Beechcraft gekauft und als „Beechjet 400A" vermarktet.

214-215 Die Beechcraft C90 King Air ist eine der wandlungsfähigsten Maschinen unter der zweistrahligen Jets. Die Serie kennt viele Modell-Ausführungen – bis zum 17-Plätze-Modell Super King Air 350.

215 oben Eines der erfolgreichsten einmotorigen Flugzeuge der Allgemeinen Luftfahrt war ohne Zweifel die Beechcraft 35 Bonanza. Sie flog zum ersten Mal 1945 und führte die innovativen V-Leitwerke ein.

215 Mitte Die Beechcraft Modell 55 Baron. 1960 begab sich Beechcraft erneut in den Markt der zweimotorigen Sport- und Businessflugzeuge und führte dieses Modell ein, das über stärkere Motoren verfügte als sein Vorgänger, das Modell 95 Travel Air.

215 unten Die MS.880 Rallye wurde 1959 von der französischen Firma Morane-Saulnier produziert, und war eines der erfolgreichsten Sportflugzeuge in Europa.

nützlichen Business-Jet an – das Modell Beechjet 400. Dieses Flugzeug wurde ursprünglich als Mitsubishi Diamond II eingeführt, doch später erwarb die amerikanische Firma die Rechte an dem Entwurf und vermarktet ihn seit 1986 unter ihrem Namen. Die Beechjet 400 eroberte sich eine Marktposition in der Zehn-Plätze-Kategorie und erreicht mit einer maximalen Startmasse von 7300 kg die Höchstgeschwindigkeit von 865 km/h. Mehr als 700 Exemplare der Diamond-Hawker-Familie wurden für den zivilen Markt produziert. Das neueste Modell der Beechcraft-Jets ist die Hawker Beechcraft 4000, ein zweistrahliges Acht-Sitzer-Flugzeug mit einem maximalen Startgewicht von 17 920 kg. Seit ihrer Markteinführung im Jahr 2005 wurden bis 2013 weniger als 100 Exemplare gebaut.
In Europa war es vor allem Frankreich, das in der Nachkriegszeit besonders viele erfolgreiche Leichtflugzeuge produziert hatte. Die einmotorige MS.880 Rallye von Morane-Saulnier flog zum ersten Mal im Juni 1959. Es handelte sich dabei um einen Ganzmetall-Tiefdecker mit Vorflügeln und Landeklappen, die Kurzstart- und -landeeigenschaften gewährleisten konnten. Ausgerüstet mit einem festen Dreipunkt-Bugradfahrwerk konnte die Flugzeugkabine bis zu vier Personen unter einem breiten, durchsichtigen Kabinendach aufnehmen. 1965 wurde Morane-

Saulnier der Sud Aviation einverleibt, die ihrerseits im darauf folgendem Jahr die Firma SOCATA gründete. Daraufhin wurden verschiedene Modelle in die Rallye-Reihe eingeführt, darunter waren die 880B, die 885 Super Rallye, die 100T, die Rallye 180 und als Stärkste, die 235. Alle Modelle unterschieden sich hauptsächlich in der Motorisierung und den Zweier- oder Viererkabinen. 1979 veränderte SOCATA – nun Teil der Aérospatiale – die Namen der Rallye-Serien; den Hauptmodellen wurden die Benennungen Galopin, Garnament, Galèrien, Gaillard und Gabier zugewiesen. Das Spitzenmodell darunter war die Gabier (235GT). Das Flugzeug hatte eine Spannweite von 9,7 m, eine Länge von 7,2 m und eine maximale Startmasse von 1200 kg.

1975 startete SOCATA eine neue Serie modernerer Flugzeuge. Den Anfang machte das Modell TB.10 Tobago mit seinem Jungfernflug am 23. Februar 1977. Dieser Tiefdecker war mit festem Fahrgestell ausgerüstet und besaß eine weite Viererkabine sowie einen 160-PS-Motor Lycoming O-320. Auf dieses Modell folgte eine mit 180-PS-Motor ausgerüstete Version. Daraufhin beschloss Aerospatiale, nun den ersten Typ „TB.9 Tampico" zu bezeichnen und die Benennung „TB.10" auf das stärkere Modell anzuwenden, welches bis zu fünf Passagiere tragen konnte. 1980 erschien noch eine dritte Version, die sich durch einen noch stärkeren Motor (250 PS) und ein Einziehfahrwerk auszeichnete – die Maschine flog unter der Bezeichnung TB.20 Trinidad. Dieses letzte Modell erreichte eine Höchstgeschwindigkeit von 310 km/h, besaß eine maximale Startmasse von 1400 kg, eine Spannweite von 9,8 m sowie eine Länge von 7,7 m. Später wurden noch die Versionen XLTB.200 Tobago (mit 200-PS-Motor) und TB.21 Trinidad entwickelt.

Eine weitere erfolgreiche Flugzeugserie war die Jodel/Robin-Familie. Das erste hervorstechende Modell darunter war die Jodel DR.100, die 1958 in Produktion ging. Das Flugzeug – entworfen von Jean Delemontez und Pierre Robin – war als Tiefdecker ausgelegt, verfügte über drei Plätze, ein festes Zweiradfahrgestell, einen 96-PS-Motor Continental; die Außenflügel waren leicht nach oben geknickt, was zu einem Merkmal der Serie werden sollte. 1961 wurde das Flugzeug in DR.1050 Ambassadeur umbenannt und in verschiedenen Versionen – mit Motoren bis 106 PS – weiterentwickelt. Zwei weitere Firmen machten sich nun auch daran, diese Flugzeuge zu bauen: die Avions Pierre Robin und die Société Aéronautique Normande (SAN). Letztere konstruierte das Modell D.140 Mousquetaire mit 180-PS-Motor und bis zu fünf Kabinenplätzen. Nachdem die SAN 1969 in Konkurs gegangen war, wurde deren Produktion von Robin übernommen. 1972 brachte der Hersteller Robin sein berühmtestes Flugzeug heraus: die DR.400, die charakterisiert war durch das nach vorne verschiebbare Kabinendach. Das erste Modell dieser Reihe war die DR.400/125 Petit Prince – entworfen für zwei Erwachsene und zwei Kinder –, die von einem 125-PS-Motor angetrieben wurde. Nach der Petit Prince erschienen in rascher Folge weitere Modelle – mit bis zu 180 PS starken Motoren, vier Kabinenplätzen und der Eignung zum Schlepp von Segelflugzeugen. Auch die Robins waren unter den Flugschulen und Aero Clubs weit verbreitet; insgesamt wurden über 1400 Exemplare gebaut. Es wurden sieben Versionen der DR.400 mit Motoren zwischen 110 und 200 PS hergestellt; das Modell DR.401 wird noch immer produziert.

In Frankreich wurde 1958 mit der Firma Mudry ebenfalls ein bedeutender nationaler Flugzeughersteller gegründet. Das 1968 eingeführte Schulflugzeug CAP 10 kann als Stammvater einer erfolgreichen Reihe von Kunstflugmaschinen angesehen werden. Der Tiefdecker besaß ein Cockpit mit nebeneinander befindlichen Plätzen, einen 180-PS-Motor sowie ein festes Fahrwerk. Die Spannweite betrug 8 m, die Länge 7,1 m und die maximale Startmasse 830 kg. Die CAP 10 erreichte eine Höchstgeschwindigkeit von 270 km/h. 1969 wurde die CAP 20, ein Wettkampf-Einsitzer, eingeführt. Die Serie wurde mit der CAP 21 (ausgestattet mit neuen Flügeln) fortgesetzt und den weiterentwickelten Modellen CAP 230, 231 und 232.

Anfang der Sechzigerjahre war Dassault mit einer zunehmend erfolgreichen Produktion wegbereitend bei den Business-Flugzeugen. Heute gehört die Firma zu den führenden Herstellern dieses Sektors. Am 4. Mai 1963 führte die Mystère 20, ein eleganter zweistrahliger Jet mit pfeilförmigen Flügeln und Leitwerken, ihren ersten Flug durch. Das Flugzeug – später Falcon 20 genannt – erlangte sofort bemerkenswerten Erfolg und eine Reihe verschiedener Versionen wurde entwickelt. Der Falcon 20 folgte die kleinere Falcon 10 (beide Modelle wurden später von den Modellen 200 und 100 ersetzt) und 1976 erschien schließlich die Falcon 50, ein dreistrahliges Langstreckenflugzeug mit neuen Flügeln und Leitwerken sowie verlängertem Rumpf, in dem bis zu zwölf Reisende Platz fanden. 1984 wurde die Falcon 900 eingeführt, eine dreistrahlige Maschine mit interkontinentaler Reichweite und einer Kapazität von bis zu 19 Reisenden. Mitte der Neunzigerjahre belebte Dassault seine Produktlinie mit der Einführung der Falcon 2000 (zweistrahlig) sowie 50EX und 900EX. Das derzeit fortschrittlichste Modell ist die Falcon 7X, die 2005 auf den Markt kam. Diese dreimotorige VIP-Maschine mit acht Sitzen wird von Pratt & Whitney Canada PW307A-Turbofans mit einer Schubkraft von 2900 kp angetrieben und schafft eine Höchstgeschwindigkeit von Mach 0,80, eine Reichweite von 11 000 km und ein maximales Startgewicht von 31 300 kg. Heute produziert Dassault auf den Modellen Falcon 6X, Falcon 10X und Falcon 2000LXS sowie die dreimotorigen Falcon 8X, die 12 bis 16 Passagiere bis zu 11 945 km weit befördern kann, mit einer maximalen Flughöhe von 15 545 m und einer Höchstgeschwindigkeit von Mach 0,9. Es wird von drei Pratt & Whitney Canada PW307 D-Turbofans angetrieben, die jeweils eine Schubkraft von rund 2995 kp liefern. Die Falcon-Modelle hat man auch ans Militär verkauft; bis heute wurden mehr als 1200 Exemplare geliefert.

216 oben Das neueste von Dassault gebaute Geschäftsflugzeug ist die Falcon 7X, die 2005 auf den Markt kam. Das dreistrahlige Acht-Sitzer-Flugzeug ist interkontinental einsetzbar.

216 unten Das berühmteste Modell der französischen Avions Pierre Robin war die DR.400 mit festem Fahrwerk. Hier ein Exemplar mit italienischer Kennzeichnung.

216-217 Ein Paar zweisitziger CAP.10Bs während einer Vorführung. Diese Maschine von 1968 gehört noch heute zu den besten Kunstflugmaschinen.

217 Mitte Zwei Robin DR.500/200I President über der französischen Küste. Auch diese Flugzeuge wurden aus vorangegangenen Modellen entwickelt und behielten dabei die typischen, nach oben geknickten Jodel/Robin-Flügel bei.

217 unten SOCATA produzierte in den Siebzigerjahren eine Reihe von Sportflugzeugen, die auf der gleichen Zelle basierten: die TB 9 Tampico, die TB.10 Tobago und die TB.20 Trinidad.

In Italien war SIAI Marchetti der berühmteste Flugzeughersteller. Neben der SF.260 produzierte Marchetti auch die namhaften S.205/208-Serien. Als Erste flog am 4. Mai 1965 die S.205. Dieser Eindecker besaß eine geräumige Viererkabine und konnte mit verschiedenen Motoren (180, 200 oder 220 PS) sowie wahlweise mit einziehbarem oder festem Fahrwerk bestellt werden. 1967 flog die mit fünf Plätzen ausgestattete Version S.208. Angetrieben von einem 260-PS-Motor Lycoming O-540 (der gleiche Motor wie bei der SF.260), besaß sie Tankbehälter an den Tragflächenenden. Über 520 Exemplare wurden hergestellt, und viele davon werden noch heute in Italien und im Ausland geflogen. Rinaldo Piaggio, heute Piaggio Aeropace, hat auch zweimotorige Flugzeuge für die allgemeine Luftfahrt und Geschäftsflüge gebaut. Das erste war die P.166, ausgestattet mit Kolbenmotoren und mit umgekehrten Flügeln, deren Erstflug 1957 stattfand. Später wurde sie in der Turboprop-Version DL3 für das Militär weiterentwickelt. Zudem flog die P.180 Avanti am 23. September 1986 zum ersten Mal. Das innovative Turboprop-Flugzeug für den Markt der Geschäftsflugzeuge verfügte über eine ausgeklügelte Aerodynamik mit einer fest nach vorne gerichteten Canard-Flügelkonfiguration und T-Leitwerken, gekoppelt mit zwei Turboprop-Triebwerken, die mit fünfblättrigen Propellern in Schubposition ausgestattet waren. Die Avanti bietet Platz für bis zu neun Passagiere und überzeugt mit einer Leistung, die mit der von Geschäftsflugzeugen mithalten kann. Die Version Avanti II wurde 2004 mit verbesserten Triebwerken und digitaler Avionik auf den Markt gebracht und später als Modell P.1800 Evo+ aktualisiert. Auch die tschechische Firma Zlin ist ein bedeutender Sportflugzeug-Hersteller gewesen. Das erste Flugzeug einer erfolgreichen Serie war die Zlin 42, die zum ersten Mal im Oktober 1967 flog. Es handelte sich dabei um einen kleinen Zweisitzer (mit nebeneinander angeordneten Sitzen), der mit einem festen Fahrgestell und charakteristischen, leicht negativ gewinkelten Pfeilflügeln ausgestattet war. Das Flugzeug besaß einen 180-PS-Motor Avia 137 und wurde im Hinblick auf die Anforderungen der osteuropäischen Flugschulen und Aero Clubs entworfen. Das Modell bildete auch die Basis einer Viersitzer-Version (Zlin 43) sowie der zweisitzigen Zlin 142 mit 213-PS-Motor. Diese besaß eine Spannweite von 9,1 m, ein Länge von 7,3 m und eine maximale Startmasse von 1090 kg; die Höchstgeschwindigkeit betrug 230 km/h. Zlin-Modelle wurden in der Tschechischen Republik von Morovan bis 2009 hergestellt, als das Unternehmen den historischen Namen Zlin wiederbelebte. Das Spitzenmodell bildet die Zlin 143L, mit einem 235-PS-Motor, während die Zlin 242L (200-PS-Motor) das Fortgeschrittenen-Schulflugzeug ist. Moravan hatte auch eine sehr populäre Reihe von Kunstflugzeugen entworfen; beginnend mit der Zlin 526 (ein- und zweisitzige Versionen) wurde die Serie 1975 mit dem Modell Zlin 50L fortgesetzt, welches 1978 die Weltmeisterschaft im Kunstflug gewann. Die Zlin 50LS, die von einem 300-PS-Motor angetrieben wird und eine maximale Startmasse von 610 kg besitzt, wird nicht mehr produziert. Weitere im Osten gebaute, erfolgreiche Kunstflugzeuge waren die SU-Modelle Jak-50 und -55, sowie die Serien Suchoi Su-26/29 – alles Sieger bei verschiedenen Weltmeisterschaften. Auf dem Gebiet der Business-Jets jedoch sind einige der erfolgreichsten Betriebe noch immer in den USA anzutreffen. Die Firma Learjet produzierte als Erste ein modernes Düsenflugzeug, das sowohl Komfort als auch Schnelligkeit anbot. Das Model 23 flog zum ersten Mal am 7. Oktober 1963 und war sofort ein Erfolg. Es war ein kleines zweistrahliges Flugzeug mit schlanker Außenform, wobei Aussehen und Steuerverhalten des Jets einem Jagdflugzeug ähnelten. Der Tiefdecker mit geraden Flügeln wurde von einem Entwurf des schweizerischen Jagdbombers P16 (der nie in Serie ging) abgeleitet. Der Jet bot Platz für sechs Passagiere und verfügte über ein T-Leitwerk und Heck-Triebwerke. Es folgten die größeren Modelle 24 und 25 entwickelt; die 35 und 36 besaßen einen verlängerten Rumpf sowie eine vergrößerte Flügelspannweite. 1990 wurde Learjet von der Bombardier-Gruppe übernommen. Zu den neuesten Modellen gehören die Learjet 31A/ER, 45/XR, 55 und 60 (Produktion 2007 eingestellt). Der Learjet 85 absolvierte seinen Jungfernflug am 9. April 2014, aber obwohl nicht weniger als 60 Bestellungen eingegangen waren, wurde das Programm von Bombardier 2015 nach nur zwei gebauten Exemplaren gestrichen. Der letzte Learjet war das Modell 70/75, das 2012 zum ersten Mal flog und bis 2022 in 169 Exemplaren gebaut wurde. Ebenfalls aus der Bombardier-Gruppe stammen die Challenger-Geschäftsflugzeuge, die 1978 als Canadair CL600 entwickelt und später in den Versionen 300 (ein zweistrahliges Flugzeug, das 2001 seinen Erstflug absolvierte), 605 (2006 als digitale Avionik-Version der 604 gebaut) und 850, ein 14-sitziger Jet, der aus dem Passagierflugzeug CRJ200 hervorgegangen ist. Der Global Express ist ein großes zweistrahliges Flugzeug mit 8 bis 19 Sitzplätzen, das seit 1996 sowohl im zivilen als auch im militärischen Bereich eingesetzt wird und von dem über 400 Exemplare gebaut wurden. Heute bietet Bombardier sechs Modelle an: die Global 5500, 6500, 7500 und 8000 sowie die Challenger 650 und 3500. Die zweimotorige Global 8000 ist das Spitzenmodell der Baureihe und mit einer Höchstgeschwindigkeit von

218 oben links Die Pilatus PC-6 ist ein robustes und schlichtes Transportflugzeug, das weltweit für den Transport und Absprung von Fallschirmspringern eingesetzt wird.

218 unten Die dreimotorige Falcon 8X ist das renommierteste Modell unter den Geschäftsflugzeugen des französischen Herstellers Dassault Aviation.

Mach 0,94 das schnellste Passagierflugzeug der Welt. Sie kann bis zu 19 Passagiere über Entfernungen von bis zu 14 800 km befördern.
Der Flugzeugbauer Grumman begann 1965 die Arbeiten an einem zweistrahligen Business-Flugzeug. Zunächst entstand die Gulfstream II, die von dem Modell I mit Propellerturbine abgeleitet wurde.
Es handelte sich um ein großes Flugzeug mit Transatlantik-Reichweite und 19 Sitzplätzen, wobei die Tiefdecker-Auslegung mit Pfeilflügeln und T-Leitwerk an die Architektur des Learjets erinnerten. Insgesamt wurden 258 Exemplare gebaut. 1978 verkaufte Grumman die Rechte des Flugzeugs an die Gulfstream American, die ein Jahr darauf die Gulfstream III einführte. Diese Maschine besaß einen verlängerten Rumpf und ein neues, überkritisches Flügelprofil. 1985 erschien das Modell IV mit kostengünstigeren Triebwerken. Weitere Verbesserungen an der und bei der Avionik machten die Maschine zu einem flexiblen Flugzeug, das auch für Militär- und Regierungsaufgaben eingesetzt werden kann, wie zum Beispiel zur Luftambulanz, als Such- und Rettungsflugzeug sowie für die elektronische Kampfführung, Aufkläruings- und Patrouillendienste, Transport usw. Als neuestes Modell kam die Gulfstream V im Jahr 1995 heraus – ein noch größeres Flugzeug mit interkontinentaler Reichweite (über 12 000 km). Die variable Kabine kann bis zu 19 Passagiere aufnehmen; die Spannweite des Flugzeugs beträgt 28,5 m und die Länge 29,4 m. Die maximale Starmasse liegt bei ungefähr 45 Tonnen. Zwei leistungsstarke Rolls-Royce BR710-Zweikreistriebwerke mit je 6700 kp Schubkraft bringen das Flugzeug auf eine Höchstgeschwindigkeit von über 930 km/h. Heute produziert Gulfstream die G280, das kleinste Modell der Reihe, die G400, G500, G600, G700 und die G800, den Businessjet mit der größten Reichweite, der 15 185 km mit einer Reisegeschwindigkeit von Mach 0,82 zurücklegen kann.
Die ursprüngliche G650 wurde zum Modell G700 weiterentwickelt, das über eine fast 3 Meter längere Kabine verfügt, sowie zur G800, die die gleichen Tragflächen und Triebwerke wie die G700 verwendet, aber die Kabine der G650 hat. Die G800, die am 28. Juni 2022 ihren Erstflug absolvierte, erreicht eine Höchstgeschwindigkeit von Mach 0,93 und kann bis zu 19 Passagiere befördern. In der Nachtkonfiguration mit Schlafkojen bietet sie Platz für bis zu 10 Personen. Das Modell wird von zwei Rolls-Royce Pearl 700-Turbofan-Triebwerken angetrieben, die jeweils eine Schubkraft von etwa 7980 kp liefern, bei einem maximalen Startgewicht von über 47 500 kg. Bis heute wurden mehr als 660 Flugzeuge der G650/700/800-Familie gebaut. Aus den Modellen Gulfstream G.V und 650 wurden auch mehrere hochentwickelte Varianten für militärische Zwecke entwickelt, die für Überwachungs-, Kommando- und Kontroll- sowie elektronische Kampfeinsätze konzipiert sind.

219 oben Die Piaggio Aerospace P.180 ist ein innovatives Turboprop-Modell mit überraschender Leistung, das auf dem zivilen und militärischen/staatlichen Markt einen beachtlichen Verkaufserfolg verzeichnet.

219 unten Die Gulfstream G800 ist das neueste Modell des amerikanischen Unternehmens und flog erstmals im Jahr 2022. Sie kann bis zu neun Passagiere auf Interkontinentalstrecken befördern.

Kapitel 16

Militärtransport

Im Bereich der militärischen Luftfahrt hat die Bedeutung von Transportflugzeugen, sowohl taktischer als auch strategischer Art, im Laufe der Jahre stetig zugenommen. Heute stellen sie einen Zweig von großer und manchmal entscheidender Bedeutung für die Wirtschaftlichkeit von Luftoperationen dar.

Das Flugzeug, das als Prototyp des militärischen Lufttransports angesehen werden kann, war die Douglas C-47 Skytrain, eine Militärversion des Passagierflugzeugs DC-3, das in Kapitel 5 beschrieben wurde. Während des Zweiten Weltkriegs war die C-47 das „Transportmittel", das es den Alliierten ermöglichte, ihre gewagten Angriffskampagnen zu planen und durchzuführen, zunächst die „Operation Overlord", die Landung in der Normandie 1944, aber auch zahlreiche andere Operationen mit Luft- oder Amphibienlandungen sowie Luftbrücken in allen Kriegsschauplätzen.

Die C-47, die am 23. Dezember 1941 ihren Jungfernflug absolvierte, galt als eines der zehn wichtigsten Kriegsinstrumente, die es den Alliierten ermöglichten, den Krieg gegen die Achsenmächte zu gewinnen. Allein während des Zweiten Weltkriegs wurden 10 692 Exemplare der C-47 gebaut.

Diese wurden in erster Linie von amerikanischen, britischen und Commonwealth-Streitkräften eingesetzt (wobei die beiden Letzteren den Namen Dakota verwendeten), während in der Sowjetunion unter Lizenz etwa 2000 Maschinen unter dem Namen Lisunov Li-2 gebaut wurden. Nach dem Krieg wurde das Flugzeug auch in der Version C-53 für die USAF und in der Version C-117D für die US-Marine weiterentwickelt. Es blieb viele Jahre im Einsatz und wurde auch für andere Arten von Missionen angepasst, wie z. B. fotografische und elektronische Aufklärung (RC-47 und EC-47), Such- und Rettungsflug (SC-47) und VIP-Transport (VC-47). Die vielleicht berühmteste Version war die AC-47 „Spooky", die 1964 mit dem Ziel entwickelt wurde, ein „fliegendes Kanonenboot" zur Verfügung zu haben, das aufgrund seiner kreisförmigen Flugbahn Bodenziele mit hoher Feuerrate treffen konnte. Die AC-47, die während des Vietnamkriegs eingesetzt wurde, war mit drei 7,62-mm-GAU-2-Miniguns mit sechs rotierenden Läufen an den Seitenfenstern bewaffnet, die 2000 Schuss pro Minute abfeuern konnten. Die Skytrain-Transportmaschine konnte normalerweise 28 Soldaten oder eine Nutzlast von 2700 kg bei einer Reisegeschwindigkeit von 257 km/h befördern.

Die maximale Flughöhe betrug 8000 m bei einer Reichweite von 2575 km. Die C-47 hatte eine Spannweite von 29,5 m, eine Länge von 19,5 m und eine Höhe von 5,18 m. Ihr maximales Startgewicht betrug 11 800 kg, und sie wurde von zwei 14-Zylinder-Pratt & Whitney R-1830 Twin Wasp-Sternmotoren mit jeweils 1200 PS angetrieben, die mit dreiflügeligen Propellern ausgestattet waren.

Die C-47 wurde von den Luftstreitkräften von etwa 100 Ländern weltweit eingesetzt, und einige wenige Exemplare, die mit Propellerturbinen-Motoren umgerüstet wurden, sind noch heute im Einsatz.

220 Eine C-117D der US-Marine im Einsatz auf der Kenitra Air Base in Marokko 1975. Dieses Flugzeug war eine Weiterentwicklung der C-47 Skytrain, die während des Zweiten Weltkriegs für Transportzwecke eingesetzt wurde.

221 oben 1995 stellte die taiwanesische Luftwaffe als letzte weltweit den Einsatz der Fairchild C-119 ein, die unter dem Namen „Flying Boxcar" bekannt war.

Der Nachfolger der C-47 war ein Flugzeug, das als „Flying Boxcar" berühmt wurde. Es handelte sich um die Fairchild C-119, eine verbesserte Version der C-82, die während des Krieges entwickelt wurde. Die C-119 hatte eine charakteristische aerodynamische Form mit einem doppelten Heckausleger, wodurch der hintere Teil des Rumpfes für das Be- und Entladen von Material frei blieb. Zwischen 1949 und 1955 wurden 1112 Stück der Flying Boxcar in verschiedenen Versionen gebaut und weiterentwickelt; sie wurden in viele Länder exportiert und bis 1995 von der taiwanesischen Luftwaffe geflogen.
Für den strategischen Transport führte die amerikanische Luftwaffe jedoch die Douglas C-124 Globemaster ein. Der Jungfernflug fand am 27. November 1949 statt, später wurden insgesamt 450 Exemplare dieses Flugzeugs gebaut. Angetrieben von vier Pratt & Whitney R-4360-Motoren mit einer Leistung von jeweils 3853 PS konnte die C-24 bis zu 200 Soldaten oder 31 Tonnen Fracht transportieren. Ihre maximale Reichweite betrug 6480 km und ihre Höchstgeschwindigkeit 436 km/h. Ein Flugzeug mit revolutionärem Design, das die Richtlinien für alle nachfolgenden Militärtransporte vorgab, war die Fairchild C-123 Provider. Sie flog am 14. Oktober 1949 erstmalig und wurde 1955 bei der US-Luftwaffe in Dienst gestellt. Ihre innovativen Konturen waren das Ergebnis sorgfältiger Studien über die Anforderungen an Militärtransporte. Das Serienmodell C-123B, das vom Design des Chase XCG-20 abgeleitet war, einem Angriffsgleiter aus dem Zweiten Weltkrieg, übernahm das niedrige Fahrwerk mit erhöhtem Heck und der Flügelbefestigung am höchsten Punkt des Rumpfes, um die Installation einer breiten Heckrampe zu ermöglichen, die am Boden oder im Flug abgesenkt werden konnte, um das Be- und Entladen der transportierten oder aus der Luft abgeworfenen Materialien und Personen zu erleichtern. Die Provider wurde von zwei Pratt & Whitney R-2800 Double Wasp-Motoren mit einer Leistung von jeweils 2332 PS (später auf 2500 PS erhöht) angetrieben und konnte bis zu 60 voll ausgerüstete Soldaten oder einen Lastwagen mit einer 155-mm-Kanone oder kombinierte Lasten transportieren. Das maximale Startgewicht betrug 27 215 kg. Um die Leistung zu verbessern, wurde der Flugzeugprototyp bereits 1955 mit zwei kleinen J44-Triebwerken ausgestattet, die jeweils einen Schub von 454 kp lieferten. Angesichts der positiven Ergebnisse erhielt das Serienmodell mit der Bezeichnung C-123K zwei J85-Triebwerke mit einer Schubkraft von 1293 kp, wodurch sich die Nutzlast auf 11 000 kg und die Reichweite (bei voller Beladung) auf 1666 km erhöhte. Über 300 Exemplare der C-123 wurden produziert und in einem Dutzend Ländern eingesetzt.

221 unten Die Fairchild C-123 Provider war das erste Militärflugzeug, das die heute typische Konfiguration moderner Transportflugzeuge aufwies: hohes Heck, bodennaher Rumpf, Rampe für die Beladung von hinten.

In diesen Jahren führten die gewonnenen Erfahrungen und die technologischen Fortschritte zur Entwicklung eines Transportflugzeugs, das Geschichte schrieb und bis heute eine wichtige Rolle in der Geschichte der Luftfahrt spielt: die Lockheed C-130 Hercules. Die Ursprünge der C-130 reichen bis kurz nach denen der C-123 zurück und gehen auf eine am 2. Februar 1951 veröffentlichte allgemeine Betriebsanforderung der US-Luftwaffe zurück, in der die Industrie aufgefordert wurde, ein neues taktisches Transportflugzeug vorzuschlagen, das 92 Personen oder 72 voll ausgerüstete Soldaten befördern konnte; außerdem sollte es von den neuen Turboprop-Triebwerken angetrieben werden, die die Zukunft in der Transportluftfahrt darstellten. Die von Lockheed für das Flugzeug gewählte allgemeine Konfiguration ließ die neue Maschine wie eine vergrößerte C-123 erscheinen, aber die entscheidende Lösung war der Einsatz der Allison T56-Triebwerke, die speziell für das neue Projekt entwickelt wurden, das zunächst L-206 und später Model 82 hieß. Letztendlich setzte sich Lockheed gegen ein Dutzend anderer Entwürfe durch, und der Entwicklungsvertrag wurde am 2. Juli 1951 unterzeichnet. Der Prototyp der YC-130 absolvierte seinen Jungfernflug am 23. August 1954. Das Flugzeug ging als C-130A in Serienproduktion und zeichnete sich durch dreiflügelige Propeller aus, wobei die allgemeine Konfiguration des Flugzeugs bereits endgültig festgelegt war. Die Spannweite betrug 40,5 m, und die vier Triebwerke lieferten jeweils 3750 PS. Anschließend wurde eine neue Nase mit Navigationsradar eingeführt und weitere Verbesserungen an den Systemen und den Triebwerken vorgenommen. Die C-130E, die 1962 in Dienst gestellt wurde, war die erste Version, die in Serie produziert wurde. Sie wurde mit dem Modell H weiter verbessert, das von 1964 bis 1996 produziert wurde. Angetrieben von T56-A-15LFE-Triebwerken mit einer Leistung von 4508 PS hatte sie ein maximales Startgewicht von 79 380 kg, eine Höchstgeschwindigkeit von 650 km/h, eine Dienstgipfelhöhe von fast 10 000 m und eine maximale Reichweite (mit 20 Tonnen/18 Tonnen Nutzlast) von 3600 km. Die Hercules war eine hervorragende Plattform und flexibel, auch hervorragend aufgrund der Tatsache, dass Dutzende von Spezialversionen hergestellt wurden, wie z. B. die Kampfflugzeuge (AC-130), Flugzeuge für die elektronische Kriegsführung (EC-130), für die Luftbetankung oder für Such- und Rettungsaktionen (HC-130 und KC-130), für Einsätze in der Arktis und Antarktis (LC-130), für Spezialeinsätze (MC-130), für Aufklärungszwecke (RC-130) und für meteorologische Erkundungen (WC-130). In den 1990er-Jahren beschloss Lockheed Martin, das Projekt wieder aufzunehmen und die Flugzeugzelle mit den neuesten Technologien auszustatten. So entstand die C-130J Hercules II, die am 5. April 1996 ihren Jungfernflug absolvierte. Das Flugzeug verfügte über neue Triebwerke, die Rolls-Royce AE-2100-D3 mit einer Leistung von 4637 PS und sechsflügeligen Propellern aus Verbundwerkstoffen, digitale Avionik mit Heads-Up-Display (HUD) für die beiden Piloten sowie neue Systeme und Ausrüstung. Insgesamt versprach die C-130J eine um 40 % größere Reichweite, eine um 21 % höhere Geschwindigkeit und eine um 41 % kürzere Startstrecke. Erstkunde für das neue Flugzeug war die Royal Air Force, die 1999 die ersten ihrer 25 Maschinen erhielt. Und genau wie ihr Vorgänger wurde auch die Hercules II in zahlreichen Spezialversionen produziert. Mit dem neuen Modell überschritt die Zahl der gebauten C-130 die Schwelle von 2600 Einheiten. Sie werden von etwa 70 Ländern weltweit eingesetzt, und die Produktion wird fortgesetzt.

Aufgrund der Erfordernisse des Kalten Krieges und der in Europa und Asien stationierten

Truppen benötigten die Vereinigten Staaten in den 1960er-Jahren ein Transportmittel, das große Lasten befördern konnte, aber auch über eine hohe Geschwindigkeit und große Reichweite verfügte, um Truppen und Material in kurzer Zeit auch über große Entfernungen hinweg verlegen zu können. So wurde der Bedarf an einem strategischen Transportflugzeug mit Düsentriebwerken erkannt, und die von der USAF organisierte Ausschreibung wurde 1961 erneut von einem Projekt von Lockheed gewonnen, der L-300, aus der die C-141 Starlifter hervorging. Ein Flugzeug von imposanten Abmessungen (48,8 m Spannweite, 44,2 m Länge, 11,9 m Höhe), das die Konstruktionsmerkmale von Militärtransportflugzeugen beibehielt, aber den „geschwungenen" Flügel, das T-Leitwerk für das Heck und vor allem vier Pratt & Whitney TF33-Triebwerke mit jeweils 9525 kp Schub, die eine Reisegeschwindigkeit von 908 km/h, ein maximales Startgewicht von 143 600 kg und eine Reichweite von 9720 km (bei einer Ladung von 14 Tonnen) ermöglichten. Die maximale Ladekapazität betrug 32 136 kg, und der Laderaum bot Platz für bis zu 154 ausgerüstete Soldaten oder 123 Fallschirmjäger. Die C-141A wurde in kurzer Zeit entwickelt, absolvierte ihren Jungfernflug am 17. Dezember 1963, wurde bereits 1964 in Dienst gestellt und begann fast sofort mit dem Einsatz auf den Strecken nach Vietnam, wo das Engagement der USA immer massiver wurde. 1976 wurde die Einführung des Modells C-141B genehmigt, dessen Rumpf um 7 m länger war. Das neue Modell, das durch den Umbau aller 271 damals im Einsatz befindlichen C-141A entstand, wurde 1979 in Dienst gestellt und bot ein auf 156 585 kg erhöhtes maximales Startgewicht. Nach einer langen und erfolgreichen Karriere wurde die letzte C-141 im Mai 2006 aus dem Dienst genommen. Obwohl beeindruckend, reichten die Fähigkeiten der Starlifter der Luftwaffe immer noch nicht aus. Tatsächlich wollten sie ein Flugzeug, das noch größere Lasten transportieren konnte, insbesondere solche mit größeren Abmessungen, wie den M60-Panzer oder die Armored Vehicle-Launched Bridge (AVLB) mit einem Gewicht von insgesamt 67 Tonnen.

Nach einigen Überlegungen wurden 1964 die ersten Anforderungen für das CX-Heavy Logistics System (CX-HLS) veröffentlicht, das die Konstruktion eines vierstrahligen Flugzeugs mit einer Nutzlast von über 89 Tonnen und einer Geschwindigkeit von Mach 0,75 vorsah. Der Frachtraum musste mindestens 30,5 m lang, 5,2 m breit und 4 m hoch sein und sowohl vorne als auch hinten über Zugangsrampen verfügen. Fünf Unternehmen der Branche nahmen an der Ausschreibung für die Konstruktion des Flugzeugs teil (und drei für die Triebwerke). Im September 1965 wurde der Entwurf L-500 von Lockheed zum Sieger gekürt und setzte sich vor allem aus Kostengründen gegen den Entwurf von Boeing durch.

222 oben Die Lockheed Martin C-130J Hercules II absolvierte ihren Jungfernflug im Jahr 1996. Als Weiterentwicklung der C-130H zeichnet sich ihr Äußeres durch Sechsblattpropeller aus Verbundwerkstoff aus.

222 unten Eine C-130H Hercules, während Fallschirmjäger der US-Luftwaffe aus den Seitentüren springen. Mehrere Spezialversionen dieses Flugzeugs wurden für spezielle Einsatzzwecke entwickelt.

223 oben Eine Lockheed C-141A Starlifter im Flug über der Bucht von San Francisco. Insgesamt wurden 271 Exemplare dieses Flugzeugtyps gebaut.

223 unten links Eine C-141B und eine C-130H im Flug über Alaska in den 1980er-Jahren. Über 30 Jahre lang bildeten diese beiden Flugzeuge das Rückgrat des Transportwesens der US-Luftwaffe.

223 unten rechts Eine C-141 im Flug bei Sonnenuntergang, mit Kondensstreifen, die sich aus den Triebwerken bilden. Dieses Flugzeug wurde 2006 aus dem Dienst genommen.

Auf jeden Fall entwickelte Boeing auf der Grundlage dieses Entwurfs den Jumbojet B747, der sich als großer kommerzieller Erfolg erwies. Die aerodynamische Formel der Lockheed C-5A Galaxy ähnelt stark der der C-141, außer dass ihr Rumpf einen größeren Querschnitt hat und ihre Nase nach oben öffnet. Gleichzeitig wurde das Triebwerk TF39 von General Electric, eine revolutionäre Einheit mit hohem Bypass-Verhältnis (für mehr Leistung bei geringerem Treibstoffverbrauch), zum Sieger in Sachen Antrieb erklärt. Der Prototyp absolvierte seinen Jungfernflug am 30. Juni 1968, und das Flugzeug wurde im Juni 1970 bei der US-Luftwaffe in Dienst gestellt. Anfangs gab es Probleme bei der Erfüllung der Konstruktionsspezifikationen, insbesondere hinsichtlich der Festigkeit der Tragflächen, und bei der Eindämmung der Kosten; dennoch wurden 81 Einheiten der C-5A produziert. Das Flugzeug hatte eine Spannweite von 68 m, eine Länge von 75,6 m und eine Höhe von 19,8 m. Das maximale Startgewicht betrug bis zu 348 810 kg, bei einer Nutzlast von 100 228 kg. Die vier TF39-GE-1-Turbofan-Triebwerke hatten eine Leistung von jeweils 18 642 kp und ermöglichten eine maximale Reisegeschwindigkeit von 890 km/h und eine maximale Reichweite (mit einer Ladung von 51 Tonnen) von 10 500 km. Was die Ladekapazität angeht, konnte die Galaxy bis zu 75 Soldaten im Oberdeck und bis zu 270 im Unterdeck befördern. In der Frachtversion konnte sie Lasten wie zwei M60-Panzer, drei CH-47 Chinook-Hubschrauber oder sechs AH-64 Apache-Kampfhubschrauber transportieren. Eine Ladung, die nur aus Paletten bestand, konnte bis zu 36 Einheiten der standardisierten 463Ls umfassen. 1983 wurde ein neuer, robusterer Flügel eingeführt, und ab 1985 wurden 50 weitere Exemplare des Modells C-5B produziert, die

über leistungsstärkere Triebwerke verfügten und deren maximale Nutzlast auf 118 000 kg erhöht wurde. Ab 1998 wurde ein Avionik-Modernisierungsprogramm (AMP) gestartet, gefolgt vom Programm zur Verbesserung der Zuverlässigkeit und zum Austausch der Triebwerke (RERP), aus dem das Modell C-5M Super Galaxy hervorging. Insgesamt wurden 52 Maschinen auf den neuen Standard umgerüstet, der die Triebwerke General Electric F138-GE-100 mit einer Schubkraft von 22 700 kp umfasste. Die M-Version ging 2009 in Produktion.

Das letzte große Militärtransportflugzeug, das von den Vereinigten Staaten hergestellt wurde, wurde jedoch nicht von Lockheed, sondern von McDonnell Douglas produziert. Die C-17 Globemaster III (heute von Boeing hergestellt) wurde 1979 als YC-15 entwickelt, um den Anforderungen des C-X-Programms der US-Luftwaffe nach einem neuen strategischen Transportflugzeug gerecht zu werden, das die C-141 und einen Teil der C-130 vorübergehend ersetzen sollte. Das Projekt wurde zum Sieger erklärt und der Vertrag im August 1981 unterzeichnet. Der Liefervertrag wurde im Dezember 1985 abgeschlossen und sah die Anschaffung von 210 Flugzeugen vor, die jedoch 1990 aufgrund wirtschaftlicher Probleme und sich ändernder strategischer Anforderungen auf 120 reduziert wurden. Die C-17A absolvierte ihren Jungfernflug am 15. September 1991 und wurde 1993 bei der 437th Airlift Wing in Charleston in Dienst gestellt. Die Globemaster III war das weltweit erste Militärtransportflugzeug, das mit einer vollständig elektrischen Flugsteuerung (Fly-by-Wire), einem Cockpit mit multifunktionalen Digitalanzeigen und einem Heads-up-Display ausgestattet war; die Mindestbesatzung besteht aus nur drei Personen. Ihre Nutzlast ist doppelt so groß wie die der C-141. Sie kann von kurzen und halbwegs präparierten Landebahnen sowie in der Nähe von Kampfgebieten operieren und hat eine Nutzlast von über 72 500 kg, die alternativ bis zu 154 ausgerüstete Soldaten, 102 Fallschirmjäger, drei Apache-Hubschrauber, drei Bradley-Panzerfahrzeuge oder 18 Standardpaletten des Modells 463L umfassen kann.

Die äußere Konfiguration entspricht der des mittlerweile klassischen amerikanischen Militärtransporters, der sich durch einen hocheffizienten Pfeilflügel mit Winglets an den Enden auszeichnet, um den Treibstoffverbrauch zu senken. Das Flugzeug wird von vier Pratt & Whitney F117-PW-100-Triebwerken mit jeweils 18 900 kp Schubkraft angetrieben, die dem Flugzeug eine Höchstgeschwindigkeit von 961 km/h, eine praktische Dienstgipfelhöhe von 13 750 m und eine maximale Reichweite von 4445 km bei einer Nutzlast von über 71 Tonnen verleihen. Bis heute hat die USAF 223 Einheiten der C-17A bestellt, aber im Gegensatz zu ihren jetbetriebenen Vorgängern wurde sie auch in kleinen Stückzahlen an andere Länder verkauft: Großbritannien, Australien, Kanada, die NATO, Katar, die Vereinigten Arabischen Emirate und Indien haben zusammen 27 Einheiten bestellt.

224 oben Eine Lockheed C-5M beim Start. Diese Version der Galaxy, die mit neuen Triebwerken ausgestattet ist, wurde 2009 in den Dienst der US-Luftwaffe gestellt.

224 unten links Das Transportflugzeug Boeing C-17 Globemaster III wird von Düsentriebwerken angetrieben, kann aber auch auf halbfertigen Landebahnen starten und landen, wie hier zu sehen ist.

224 unten rechts Der Frachtraum der C-5 Galaxy ist wirklich beeindruckend und bietet sogar Platz für sperrige Transporte, wie das Entladen dieses riesigen amerikanischen Lastwagens mit Frontöffnung zeigt.

225 Oben Zwei C-17, die dem 62. Lufttransportgeschwader auf der Joint Base Lewis-McChord zugewiesen sind. Die US-Luftwaffe verfügt derzeit über 223 Einheiten dieses Typs.

225 unten Eine C-17 während einer Luftbetankung. Mit nur einer Tankfüllung kann dieses Flugzeug eine Fracht von 71 Tonnen über eine Reichweite von 4445 km transportieren.

Offensichtlich hat die Sowjetunion die Entwicklung des militärischen Lufttransports nicht vernachlässigt, auch wenn nach dem Ende des Zweiten Weltkriegs mehrere Jahre lang keine bedeutenden neuen Flugzeugkonstruktionen entwickelt wurden. Das erste große Projekt, das realisiert wurde, war die Antonow An-12, ein viermotoriges Hochdeckerflugzeug mit erhöhtem Heck, um eine hintere Laderampe zu ermöglichen. Der Prototyp absolvierte seinen Erstflug am 16. Dezember 1957, und die allgemeine Konfiguration des Flugzeugs schien stark von der amerikanischen C-130 Hercules beeinflusst zu sein. Die An-12 (von der NATO als „Cub" bezeichnet) hatte eine Spannweite von 38 m, eine Länge von 33,2 m und eine Höhe von 10,3 m. Ausgestattet mit vier Progress AI-20L-Turboprop-Triebwerken mit einer Schubkraft von jeweils 4.000 PS hatte es ein maximales Startgewicht von 61 000 kg und eine Nutzlast von 20 000 kg. Die maximale Reisegeschwindigkeit betrug 669 km/h, und die Reichweite bei maximaler Beladung lag bei etwa 3600 km. Mehr als 1320 Einheiten der An-12 wurden gebaut, auch in der zivilen Version, und diese wurden zur Ausrüstung der Luftstreitkräfte der UdSSR, aller ihrer Satellitenstaaten und zahlreicher anderer Nationen verwendet. Im Laufe der Jahre wurde das Flugzeug in Dutzenden verschiedener Versionen und Varianten produziert. Vor kurzem wurden die An-12 sowohl im zivilen als auch im militärischen Bereich fast vollständig aus dem Dienst genommen. Dank der mit der An-12 gesammelten Erfahrungen gelang es dem technischen Büro von Antonov Anfang der 1960er-Jahre, einen wahren Giganten der Lüfte zu realisieren, der zu dieser Zeit das schwerste jemals gebaute Flugzeug war. Die Arbeiten begannen 1962 mit dem Ziel, ein Flugzeug zu entwickeln, das große Lasten über lange Strecken transportieren und auch von halbfertigen Start- und Landebahnen aus operieren konnte. Der Erstflug des Prototyps wurde am 27. Februar 1965 aufgezeichnet, und wenige Monate später wurde das Flugzeug auf der Paris Air Show der Weltöffentlichkeit vorgestellt. Diese Maschine mit der Bezeichnung An-22 Antei (und dem NATO-Codenamen „Cock") hatte eine klassische Konfiguration, mit Ausnahme eines Heckauslegers, der mit einem Leitwerk mit zwei Seitenflossen versehen war. Ausgestattet mit vier Samara/Kutnetsov NK-12MA-Turboprop-Triebwerken mit einer Leistung von jeweils 14 800 PS, die vier Paare von vierflügeligen gegenläufigen Propellern antrieben, hatte die An-22 eine Spannweite von 64,3 m, eine Länge von 57,3 m, ein maximales Startgewicht von 250 000 kg, eine Nutzlast von 80 000 kg, eine Höchstgeschwindigkeit von 740 km/h und eine Reichweite von 5000 km bei maximaler Beladung. Bis 1975 wurden 68 Einheiten produziert, die von der sowjetischen Luftwaffe und der Fluggesellschaft Aeroflot eingesetzt wurden, gefolgt von Russland, Bulgarien und der Ukraine.

Deutlich kleiner war der taktische Transporter Antonov An-26 (von der NATO „Curl" genannt), der am 21. Mai 1969 das erste Mal flog. Das Flugzeug basierte auf dem Modell An-24, einem zweimotorigen Ziviltransporter, von dem mehr als 1000 Einheiten gebaut wurden, verfügte jedoch über neue, leistungsstärkere Triebwerke (das Turboprop-Triebwerk Ivchenko Progress AI-24VT mit einer Leistung von 2820 PS) und einen modifizierten Rumpf, um eine Heckrampe zu ermöglichen. Zwischen 1969 und 1986 wurden mehr als 1500 Exemplare der An-26 produziert, die von den Luftstreitkräften von mehr als 50

Ländern sowie von zahlreichen zivilen Betreibern eingesetzt wurden. Mit einer Spannweite von 29,3 m und einer Länge von 23,8 m hat die An-26, die auch in China als Y-7 produziert wird, ein maximales Startgewicht von etwa 24 000 kg, eine Höchstgeschwindigkeit von 541 km/h und eine Reichweite von 2700 km.
Aus diesem Projekt gingen auch die Antonov An-30 und An-32 hervor. Das erste erfolgreiche Düsenflugzeug der Sowjetunion war jedoch das Ergebnis der Arbeit des technischen Büros von Iljuschin, das 1967 auf eine Anforderung der sowjetischen Luftwaffe nach einem neuen Transportflugzeug reagierte, das die An-12 ersetzen sollte und mindestens 40 Tonnen Fracht über eine Entfernung von 5000 km in weniger als sechs Stunden transportieren sowie von halbwegs präparierten Flächen aus starten und landen konnte. Der Prototyp flog am 25. März 1971 zum ersten Mal. Das Flugzeug wurde 1974 als Il-76 (sein NATO-Code lautete „Candid") bei der sowjetischen Luftwaffe und zwei Jahre später bei der nationalen Fluggesellschaft Aeroflot in Dienst gestellt sowie in zahlreichen Versionen entwickelt. Zu den im Laufe der Jahre produzierten Versionen gehörten die Il-78 mit Luftbetankung, die Il-82 als fliegende Kommandozentrale, das Luftüberwachungs- und Kontrollsystem A-50, die Il-76PP für elektronische Gegenmaßnahmen, die Il-76MD PS für Such- und Rettungsaktionen sowie etwa drei Dutzend Unterversionen für militärische und zivile Zwecke. 1995 begann die verlängerte Prototypversion Il-76MF zu fliegen, von der jedoch nur wenige Einheiten produziert wurden. Die fortschrittlichste Version im Einsatz ist die Il-76TD-90, die mit Aviadvigatel PS-90-76-Turbofan-Triebwerken mit einer Schubkraft von 17420 kp ausgestattet ist und ein maximales Startgewicht von 195 000 kg, eine Nutzlast von 50 Tonnen, eine Höchstgeschwindigkeit von 900 km/h und eine maximale Reichweite von 4300 km bei voller Beladung ermöglicht. Die Militärversion trägt die Bezeichnung Il-76MD-90. Die Il-76, von der weltweit über 950 Exemplare produziert wurden und im Einsatz sind, hat eine Spannweite von 50,6 m, eine Länge von 46,6 m und eine Höhe von 14,9 m.

226 oben Die Antonow An-12, hier in den Farben der ukrainischen Luftwaffe, war das erste große sowjetische Transportflugzeug, das nach dem Ende des Zweiten Weltkriegs entwickelt wurde.

226 unten Eine Antonow An-26 der slowakischen Luftwaffe beim Rollen. Dieses zweimotorige Transportflugzeug flog 1969 zum ersten Mal und wurde bis 1986 produziert.

227 oben Den Rekord für das größte Flugzeug der Welt hält die Antonov An-224, die in den 1980ern für den Transport der Raumfähre Buran gebaut wurde. Es wurde nur ein einziges Exemplar hergestellt.

227 unten Die Antonow An-124 ist das größte in Serie gebaute Flugzeug der Welt mit rund 55 Einheiten. Hier sehen wir eine Maschine der ukrainischen internationalen Frachtfluggesellschaft beim Entladen eines gepanzerten Fahrzeugs.

1982 gelang es der sowjetischen Industrie erneut, die Welt zu verblüffen, indem sie das damals größte jemals gebaute Flugzeug, die Antonow An-124, realisierte. Diese Maschine entstand aus der in den 1970er-Jahren erkannten Notwendigkeit, die sowjetischen Streitkräfte mit einem großen Transportflugzeug in der Größenordnung der amerikanischen C-5 auszustatten, da die sowjetischen Kapazitäten für strategische Schwerlasttransporte auf etwa 50 veraltete An-22-Turboprop-Flugzeuge beschränkt waren. Der Bau der ersten Flugzeugzelle begann 1979, und der Jungfernflug des ersten Prototyps wurde am 26. Dezember 1982 aufgezeichnet. Die An-124 Ruslan (NATO-Codename „Condor") ähnelte stark der Galaxy und hatte ebenfalls eine nach oben öffnende Nase, um gleichzeitig Lade- und Entladevorgänge zu ermöglichen. Im Gegensatz zum amerikanischen Flugzeug war dieses jedoch mit einem Heck in traditioneller Konfiguration mit horizontal angeordneten Höhenleitwerken ausgestattet. Das Flugzeug hatte eine Spannweite von 73 m, eine Länge von 69 m und eine Höhe von 21 m. Ihr maximales Startgewicht liegt bei 405 000 kg und ihre Nutzlast beträgt 150 000 kg. Dies erklärt auch, warum die Ruslan von mehreren zivilen Unternehmen für den Transport unterschiedlichster Fahrzeuge eingesetzt wird, darunter Lokomotiven, Yachten und U-Boote. Das Flugzeug wird von vier Ivchenko Progress D-18T Turbofan-Triebwerken angetrieben, mit einer Schubkraft von 23426 kp und einer Höchstgeschwindigkeit von 864 km/h sowie eine Reichweite von 7100 km bei einer Nutzlast von 90 Tonnen ermöglichen. Etwa 55 Einheiten der An-124 wurden produziert, aber die Produktion wurde nicht eingestellt. Aus der Ruslan ging die An-225 Mriya hervor, die bis heute das größte Flugzeug der Welt ist. Sie wurde entwickelt, um das sowjetische Raumschiff Buran und Komponenten seines Startsystems zur Weltraumstation Baikonur zu transportieren. Die An-225 absolvierte ihren Jungfernflug am 21. Dezember 1988, jedoch wurde nur ein Exemplar davon hergestellt. Ausgestattet mit sechs D-18T-Turbofan-Triebwerken und einem Doppelleitwerk hatte die Mriya eine Nutzlast von 250 Tonnen, eine Reichweite von 4500 km bei voller Beladung, eine Spannweite von 88 m, eine Länge von 84 m und eine Höhe von 18 m.

Die Produktion von Militärtransportflugzeugen war jedoch nicht das ausschließliche Recht der beiden Supermächte. In Europa war es nach dem Krieg vor allem Großbritannien, das auf diesem Gebiet tätig war und 1947 die Handley Page Hastings, 1953 die Blackburn Beverly und 1964 die Short Belfast realisierte, während in Frankreich 1950 die Nord 2501 Noratlas auf den Markt kam, ein Flugzeug, das der C-119 sehr ähnlich war und von dem mehr als 400 Exemplare produziert wurden. Mit dem konkreten Ziel, die Noratlas zu ersetzen, gründeten die Regierungen und Industrieunternehmen Frankreichs und Deutschlands (Aérospatiale, MBB und VFW) 1959 das Konsortium Transporter Allianz, das den Entwurf für die Transall C-160 entwickelte. Der erste der drei Prototypen absolvierte seinen Jungfernflug am 25. Februar 1963, und 1967 begann die Serienproduktion mit insgesamt 169 Einheiten für Frankreich (C-160F), Deutschland (C-160D), die Türkei (C-160T) und Südafrika (C-160Z). Die Transall hat ein maximales Startgewicht von 51 000 kg, eine Höchstgeschwindigkeit von 513 km/h und eine maximale Reichweite von 1852 km bei einer maximalen Nutzlast von 16 000 kg. 1977 wurde die Produktion wieder aufgenommen, um 29 Einheiten der C-160NG für Frankreich zu bauen, die sich durch neue Avionik und eine Sonde für die Betankung während des Fluges auszeichneten. In den 1990er-Jahren wurden die Flotten Maßnahmen unterzogen, die ihre Lebensdauer verlängern sollten.

Auch die italienische Industrie versuchte sich an der Entwicklung eines taktischen Transportflugzeugs, das die amerikanischen C-119 in der italienischen Luftwaffe ersetzen sollte. 1963 wurde eine Vereinbarung zwischen der Luftfahrtabteilung von Fiat und den italienischen Streitkräften getroffen, und der erste Prototyp flog am 18. Juli 1970. Das Flugzeug mit der Bezeichnung G.222 war mit zwei General Electric T64-GE-P4D-Turboprop-Triebwerken mit einer Leistung von jeweils 3.447 PS ausgestattet. Das Flugzeug hatte ein maximales Startgewicht von 28 000 kg und eine maximale Nutzlast von 9000 kg (z. B. bis zu 53 ausgerüstete Soldaten oder 42 Fallschirmjäger). Mit einer Spannweite von 28,7 m und einer Länge von 22,5 m erreichte die G.222 eine Höchstgeschwindigkeit von 541 km/h und hatte eine Reichweite von 1258 km bei voller Beladung. Sie erwies sich als ein geeignetes Flugzeug, insbesondere für Einsätze auf kleinen, halbwegs präparierten Flugplätzen oder für den Transport kleiner Lasten. Insgesamt erwarb Italien 52 Flugzeuge dieses Typs und setzte sie auch für die elektronische Kriegsführung, die Luftüberwachung und -kontrolle sowie die Feuerleitung ein. Fiats Nachfolger Aeritalia exportierte weitere 58 Flugzeuge an die Luftstreitkräfte von Dubai, Libyen, Nigeria, Thailand, Somalia, Venezuela, Argentinien und den Vereinigten Staaten, wo sie als C-27A Spartan für Spezialeinsätze eingesetzt wurden. 1996 bereitete Aeritalias Nachfolger Alenia Aeronautica, zunächst in Zusammenarbeit mit Lockheed Martin, die Entwicklung einer weiterentwickelten Version der G.222 vor, die sich durch den Einsatz hochentwickelter Avionik (einschließlich Heads-Up-Display), neuen Rolls-Royce AE-2100-D3-Triebwerken (die gleichen wie in der C-130J) mit sechsblättrigen Propellern, einem integrierten Selbstverteidigungssystem und einem System zur Luftbetankung. Das daraus resultierende Flugzeug wurde als C-27J Spartan bezeichnet und absolvierte seinen Jungfernflug im September 1999. Über 110 Einheiten dieses Modells wurden von den Luftstreitkräften Italiens, der Vereinigten Staaten, Australiens, Griechenlands und fünfzehn weiterer Länder bestellt; derzeit befindet sich eine Version für Spezialeinsätze mit der Bezeichnung MC-27J Pretorian in der Entwicklung. Die C-27J hat ein maximales Startgewicht von 31 800 kg, eine Nutzlast

von 11 500 kg (entspricht 60 Soldaten oder 46 Fallschirmjägern), eine Höchstgeschwindigkeit von 602 km/h und eine größere Einsatzflughöhe als die G.222. Obwohl teurer als die Konkurrenz, ist die C-27J das einzige moderne taktische Transportflugzeug, das speziell für militärische Aufgaben entwickelt wurde. Der Hauptkonkurrent dieses Flugzeugs wurde von EADS gebaut, dem europäischen Giganten, der das Projekt von der spanischen CASA übernommen hat, und heißt CN-235. Dieses Flugzeug entstand 1983 aus einer Vereinbarung mit dem indonesischen Unternehmen Nurtanio über die Entwicklung eines zweimotorigen Transportflugzeugs für zivile und militärische Zwecke. 1995 brachte das Unternehmen das verlängerte Modell C-295 auf den Markt, und es wurden auch Versionen für die Seeüberwachung und die Luftradarwarnung produziert. Die C-295 wird von zwei Pratt & Whitney Canada PW127G-Turboprop-Triebwerken mit sechsblättrigen Propellern mit einer Leistung von jeweils 2645 WPS angetrieben. Sie erreicht eine Höchstgeschwindigkeit von 575 km/h, hat eine Reichweite von 1334 km bei voller Beladung, ein maximales Startgewicht von 23 200 kg und eine Nutzlast von 9250 kg (z. B. 71 voll ausgerüstete Soldaten). Die beiden Modelle werden weiterhin produziert und es liegen bereits über 600 Bestellungen von zivilen und militärischen Betreibern aus mehr als 40 Ländern vor.

228-229 Eine der Transall C-160D der deutschen Luftwaffe im Flug. Dieses Flugzeug ist seit den 1960er-Jahren im Einsatz.

229 oben Die Iljuschin Il-76 ist seit 1974 im Einsatz und mit fast 1000 gebauten Exemplaren das erfolgreichste und am häufigsten eingesetzte russische Militärtransportflugzeug mit Strahlantrieb.

229 Mitte Eine Alenia Aermacchi C-27J der italienischen Luftwaffe fliegt über die toskanische Küste. Die C-27J, eine Weiterentwicklung des Transportflugzeugs G.222, flog 1999 zum ersten Mal und wurde von Luftstreitkräften von zehn Ländern bestellt.

229 unten Die CASA CN.235 ist ein zweimotoriges mittelgroßes Transportflugzeug, das 1983 entwickelt wurde, um den Anforderungen sowohl ziviler als auch militärischer Betreiber gerecht zu werden. Später entstand daraus eine verlängerte Version des Flugzeugs mit der Bezeichnung C-295.

Kapitel 17

Die europäischen Jäger

In den Fünfziger- und Sechzigerjahren wurde die Welt überschattet von der dramatischen Ost-West-Konfrontation des Kalten Kriegs, vor allem der beiden Supermächte der Vereinigten Staaten und der Sowjetunion. Auch in der Luftfahrt waren die Feindseligkeiten der Supermächte spürbar, da die Industrien beider Länder einige der besten Flugzeuge der Welt entwarfen und massenhaft produzierten, wobei viele davon später auch an die zahlreichen Alliierten-Länder der beiden Blöcke verkauft wurden. Trotzdem schaffte es Europa, sogar während dieser schwierigen Jahre einen gewissen Grad von Unabhängigkeit zu bewahren und produzierte einige vom technischen wie leistungsspezifischen Gesichtspunkt aus bemerkenswerte Flugzeuge.

Die französische Luftfahrtindustrie, die aus dem zweiten Weltkrieg in schlechter Verfassung hervorgegangen war, fand in Marcel Dassault ihre Führungsfigur. 1982 unter dem Namen Marcel Bloch geboren, war der Franzose schon früh von der Welt der Luftfahrt fasziniert und baute bereits 1917 sein erstes Flugzeug, das SEA4 genannt wurde. In den Dreißigerjahren produzierte seine Fabrik zahlreiche Zivil- und Militärflugzeuge, aber mit der deutschen Besetzung wurde Bloch, nachdem er die Zusammenarbeit mit dem Feind abgelehnt hatte, verhaftet, interniert und schließlich nach Buchenwald deportiert. Nach seiner Befreiung 1945 wechselte die Familie den Namen in Dassault und begann von neuem, immer erfolgreichere Flugzeuge hervorzubringen. Der erste Nachkriegs-Jäger war die MD 450 Ouragan, die am 28. Februar 1949 ihren Jungfernflug durchführte. Sie war außerdem auch das erste französische Düsenflugzeug überhaupt und ihre Charakteristiken hatten ziemlich viel mit anderen Flugzeugen gemein, wie zum Beispiel den Rolls-Royce Nene-Motor mit 2270 kp Schubkraft. Die MD 450 war als Tiefdecker mit geraden Flügeln ausgelegt und hatte Treibstoffbehältern an den Tragflächenenden, einen Lufteinlauf an der Nase und ein kreuzförmiges Leitwerk. Die Ouragan flog bis zu 940 km/h schnell und war bewaffnet mit vier 20-mm-Kanonen und 870 kg

Bomben und Raketen. Insgesamt baute man bei Dassault 493 Exemplare der MD 450, die von den Luftstreitkräften Frankreichs, Israels und Indiens benutzt wurden. Das Flugzeug machte nur eine kurze Karriere, da Dassault sofort eine Nachfolgerin entwickelte, die MD 452 Mystère, bei welcher praktisch der Rumpf der Ouragan mit neuen, um 30 Grad gepfeilten Tragflächen versehen wurde. Dieses Jagdflugzeug startete am 23. Februar 1951 zu seinem ersten Flug. Nachdem daraufhin einige Versionen (mit verschiedenen Triebwerken) entwickelt worden waren, führte man das Serienmodell Mystère IIC ein. 1952, nach 1250 gebauten Exemplaren der Mystère IIC, brachte die Firma schließlich die endgültige Version IVA heraus. Diese Maschine war mit einem Motor vom Typ Hispano-Suiza 250A (2850 kp Schubkraft) bzw. dem Hispano-Suiza 350 Verdon (mit 3500 kp Schubkraft) ausgestattet. Das Flugzeug erreichte eine Höchstgeschwindigkeit von 1120 km/h, hatte eine Spannweite von 11,1 m und eine Länge von 12,9 m. Die maximale Startmasse betrug 9500 kg, die Waffenausrüstung bestand aus zwei 30-mm-Kanonen und 1000 kg Bomben oder Raketen. Die Ähnlichkeiten mit der alten Ouragan waren nun minimal: Der Querschnitt des Rumpfs war ovalförmig, die dünneren und stärkeren Flügel waren um 41 Grad gepfeilt und auch ein anderer Motor war eingebaut worden. Insgesamt wurden über 411 Exemplare der Mystère IVA gebaut; sie wurden außer an die französische Luftwaffe auch an Israel und Indien verkauft. Auf die IVA folgte eine neue Version – genannt Mystère IVB –, die im Dezember 1953 erstmals flog. Mit diesem Flugzeug hatte man einen riesigen Schritt vorwärts gemacht: Es handelte sich um das erste französische Überschall-Düsenflugzeug – der Sprung über die Schallmauer gelang dank der Installation des Nachbrenner-Düsentriebwerks Atar 101G.

Die Serienproduktion konzentrierte sich jedoch auf die Super Mystère B2, die im März 1955 eingeführt wurde. Diese Maschine war eine weitere, aus dem Grundentwurf entwickelte Version mit verbessertem Rumpf, an dessen Nase ein Lufteinlauf angebracht war. Ferner waren die dünnen, um 45 Grad gepfeilten Flügel mit Sägezähnen an der Vorderkante versehen worden. Auch dieses Modell wurde von dem Triebwerk Atar 101G mit 4500 kp Schubkraft angetrieben, wobei die Höchstgeschwindigkeit bei Mach 1,12 lag. Die maximale Startmasse stieg dagegen bis auf 10 000 kg. Die Bewaffnung bestand aus zwei 30-mm-Kanonen, einem Behälter für 55 65-mm-Raketen sowie Bomben und Raketen an Unterflügel-Stationen mit einer Gesamtlast von 1000 kg. Die Spannweite betrug 10,5 m und die Länge 14 m. Die Super Mystère war das erste operative, europäische Jagdflugzeug mit Überschallgeschwindigkeit; insgesamt wurden 180 Exemplare produziert, von denen 32 an Israel verkauft wurden, wo man sie als Jagdbomber zur Erdkampfunterstützung einsettzte. Kaum hatte die Super Mystère IVB ihre ersten Flugversuche unternommen, arbeitete man bei Dassault bereits an einem vollständig neuen, interessanten Projekt: Ein Hochleistungs-Jäger mit Delta-Flügeln sollte entstehen. Die MD.550 Mirage flog erstmals im Juni 1955 und war ein Flugzeug mit 60 Grad gepfeilten Flügeln, angetrieben von zwei Armstrong Siddeley Viper Motoren mit je 1000 kp Schubkraft, die zusammen mit einer Hilfsrakete eine Höchstgeschwindigkeit von Mach 1,3 ermöglichte.

230 oben Eine Dassault Mystère IV der französischen Luftwaffe. Dieser Jäger erschien 1952 und besaß für jene Zeit interessante Charakteristiken – darunter die Bewaffnung aus zwei 30-mm-Kanonen und 1000 kg Bomben- und Raketenlast.

231 oben Eine Formation von drei Dassault MD.450 Ouragans der französischen Luftwaffe, fotografiert 1956. Die Ouragan war das erste französische Düsen-jagdflugzeug.

230-231 Die Dassault Mirage III war ein für ihre Zeit außergewöhnliches Jagdflugzeug und bildete die Grundlage für eine Flugzeug-Familie von über 1400 Exemplaren, die in mehr als 20 Ländern weltweit verkauft wurden. Auf dem Foto ist ein zweisitziges Exemplar Mirage IIIB zu sehen.

Nach dem Mirage II-Projekt, das nie in Produktion gebracht wurde folgte am 18. November 1956 schließlich der Erstflug der Mirage III. Diese Version war ausgerüstet mit dem Atar 101G Motor mit Nachbrenner und besaß dazu ein abwerfbares Raketentriebwerk. Nach einigen Verbesserungen und Verfeinerungen brachte Dassault endlich das Serienmodell Mirage IIIC heraus, das später von dem zweisitzigen Schulflugzeug Mirage IIIB ergänzt werden sollte. Die Mirage III war 13,8 m lang, hatte eine Spannweite von 8,2 m und eine maximale Startmasse von 11800 kg. Ihr mit Nachbrenner ausgestattetes Triebwerk Atar 9B SNECMA produzierte 6000 kp Schubkraft – ausreichend für eine Höchstgeschwindigkeit von fünf Außenlaststationen für die Bewaffnung. Dank seiner vielseitigen Einsatzmöglichkeiten war diese Version besonders gut für den Export geeignet. Die Mirage III bildete auch die Konstruktionsgrundlage für das Aufklärungsmodell IIIR, die IIIS (in die Schweiz exportiert) und den Zweisitzer IIID. Außer der Version Mirage 5 – die für Israel gebaut, jedoch aus politischen Gründen nie geliefert werden durfte – war das letzte Modell der Flugzeugreihe die Mirage 50. Das Flugzeug wurde 1979 eingeführt, fand jedoch keinen großen Verkaufserfolg. Insgesamt wurden über 1420 Exemplare der Mirage III und 5 gebaut und in über 20 Länder auf der ganzen Welt exportiert; außerdem stellten die Jäger ihre Fähigkeiten in verschiedenen Kriegen und militäri- bei einem Unfall zerstört, hatte aber dennoch sein Potenzial hinreichend bewiesen, so dass die Regierung den Bau von drei Vorserien-Modellen anordnete. Mit der Lieferung des Abfangjägers F.1C – dem eigentlichen Serienmodell – wurde 1973 begonnen. Es handelte sich dabei um ein 15,3 m langes Flugzeug mit einer Spannweite von 8,4 m und einer maximalen Startmasse von 16 200 kg. Die Höchstgeschwindigkeit betrug Mach 2,2 und die Bewaffnung bestand aus zwei 30-mm-Kanonen sowie bis zu 4000 kg Waffenlast, die auf sieben Außenlaststationen angebracht werden konnte. Auf der Basis des Grundmodells wurden außerdem die Versionen F.1A für den Bodenangriff, der Zweisitzer F.1B und das Mehrzweck-Exportflugzeug F.1E

Mach 2,1. Die Bewaffnung wurde von zwei 30 mm-Kanonen und 1350 kg schweren Außenlasten gebildet, darunter Luft-Luft-Raketen; optional waren außerdem Zusatztanks vorgesehen. Dank der wunderbaren aerodynamischen Form war die Mirage III eine kleine Sensation; sie versorgte die französische Luftwaffe mit einem hervorragenden Mach-2-Abfangjäger, von dem zahlreiche wichtige Bestellungen aus Afrika und Israel eingingen.
Dassault war sich der Qualität des Entwurfs sehr wohl bewusst und verwertete die Grundanlagen des Flugzeugs bis zum Letzten; kurze Zeit später wurde das Modell IIIE eingeführt, das man für die Bodenangriffsrolle optimiert hatte. Ausgestattet mit einem etwas stärkeren Atar 9C-Triebwerk führte die IIIE im April 1961 ihren ersten Flug durch. Das Flugzeug zeichnete sich aus durch ein neues Feuer-Kontrollsystem, erhöhte Kraftstoffzuladung sowie schen Konflikten im Nahen Osten, in Asien und Südamerika unter Beweis. Einige – inzwischen modernisierte – Exemplare sind noch bis heute im aktiven Dienst.
Anfang der Sechzigerjahre arbeitete Dassault bereits an einem Nachfolger für die Mirage III. 1964 erhielt die Firma das Einverständnis der französischen Regierung und am 23. Dezember 1966 flog bereits die neue Mirage, der Typ F.1 – nachdem das Parallelprojekt F.2, eine mehr als 18 Tonnen schwere Maschine, zu den Akten gelegt worden war. Die Mirage F.1 brach mit der Tradition der Deltaflügel und besaß einen ähnlichen Rumpf wie die Modelle der Serie III, der verbunden war mit Pfeilflügeln und einem Atar 9K-Triebwerk miot 7200 kp Schubkraft. Dazu war das Flugzeug mit dem neuen Cyrano IV-Radar sowie neuen Matra Luft-Luft-Raketen ausgestattet worden. Der erste Prototyp wurde entworfen. Später erschienen auch das Modell F.1C-200 mit Luftbetankungsmöglichkeit, der Aufklärer F.1CR und schließlich die F.1CT – ein Mehrzweckmodell für die französische Luftwaffe. Die Mirage F.1-Serie konnte ebenfalls einen guten kommerziellen Erfolg erzielen; insgesamt wurden 731 Exemplare gebaut und von Luftstreitkräften elf verschiedener Länder erworben.

232 Ein Abfangjäger Mirage IIIS der schweizerischen Luftwaffe. Das Modell wurde einem vollständigem Erneuerungsprogramm unterzogen, wobei die Entenflügel an den Lufteinlässen eine bessere Steuerbarkeit ermöglichen sollten. Das neue aerodynamische Profil ist hier gut zu erkennen.

233 Eine Mirage F.1CJ der jordanischen Luftwaffe beim Steilflug. Mit diesem Flugzeug kehrte Dassault wieder zu einem aerodynamisch konventionellerem Entwurf zurück, der in Hinblick auf die damalige Technologie auch wirksamer war.

In der Zwischenzeit konnte auch Großbritannien, ein weiterer Luftfahrt-Gigant der Vorkriegszeit, seine Rolle im Segment der Militärflugzeuge gut behaupten. Die britischen Firmen produzierten eine Vielzahl von Jagd- und Kampfflugzeugen für die Royal Air Force (RAF) und die Royal Navy. Nach den ersten Jets, die während des Kriegs als Gloster Meteor und De Havilland Vampire entwickelt wurden, war es nun die Firma Hawker, die mit dem Projekt P.1067 den ersten, bemerkenswerten Nachkriegserfolg erzielte. Das Flugzeug besaß Ähnlichkeiten mit dem Marinejäger Sea Hawk und wurde auf eine 1948 herausgegebene Spezifikation der RAF hin entwickelt. Darin forderte man ein Flugzeug mit Pfeilflügeln, das die Meteor ersetzen konnte und leistungsmäßig auf der Höhe des amerikanischen Modells F-86 Sabre sein sollte. Bei der Herstellung des neuen Flugzeugs – genannt Hunter – stieß man auf einige Probleme. Doch aufgrund der globalen Krise, die durch den Korea-Krieg hervorgerufen wurde, hatte man die Serienproduktion der Hunter bereits vor ihrem ersten Flug (am 20. Juli 1951) bewilligt. Das Flugzeug besaß einen langen, schlanken Rumpf, Pfeilflügel mit weiter Profilsehne sowie Lufteinlässen auf der Unterseite. Das Jäger-Modell F Mk.6 war mit einem Rolls-Royce Avon Mk.207-Triebwerk ausgestattet, das 4600 kp Schubkraft produzierte und eine Höchstgeschwindigkeit von 1125 km/h ermöglichte. Die Länge der Hunter betrug 14 m, die Spannweite 10,2 m und die maximale Startmasse erreichte 10 800 kg. Da anfangs Jagd- und später Jagdbomberversionen entwickelt wurden, war die Waffenausrüstung der Hunter aus vier 30-mm-Kanonen sowie externen Bomben- und Raketenlasten von insgesamt 1360 kg zusammengesetzt. Die Hunter wurde 1954 in Dienst gestellt, konnte jedoch unter keinen Umständen mit den von den Amerikanern geflogenen Jägern konkurrieren, die in der Zwischenzeit bereits über das Überschallflugzeug F-100 Super Sabre verfügten. Trotzdem absolvierte die Hunter bei der RAF eine erfolgreiche Karriere, die bis in die Siebzigerjahre hinein andauerte. Zusammen mit den Aufklärer-, zweisitzigen Übungs- und Exportversionen war die zuverlässige und gut bewaffnete Hunter ein internationaler Erfolg. Insgesamt wurden 1972 Hunters gebaut und in 18 Länder verkauft.

Einen Ersatz für die Hunter in der Rolle eines Abfangjägers lieferte die English Electric (später BAC) mit einem Entwurf, an dem bereits seit 1947 gearbeitet wurde. Der Prototyp P.1A flog am 4. August 1954 zum ersten Mal und besaß eine innovative Außenform mit abgestumpften Pfeilflügeln und zwei übereinandermontierten Sapphire-Triebwerken. 1957 erschien die P.1B, die bemerkenswerte Erneuerungen darbot; die RAF bestellte sofort 20 Vorserien-Exemplare. Das erste Serienmodell war die F Mk.1 und die Lieferungen des Flugzeugs begannen 1959. Die Lightning (so wurde der Jäger genannt) war ein für jene Zeiten wirklich außergewöhnliches Flugzeug. Es war in der Lage, doppelte Überschallgeschwindigkeit zu fliegen, besaß eine hervorragende Steigfluggeschwindigkeit, eine gute Steuerbarkeit sowie ein aus radargesteuerten Firestreak Luft-Luft-Raketen bestehendes Waffensystem. Die Hauptversion der Lighting war die F Mk.6, die im Jahr 1965 erschien. Das Flugzeug war 16,8 m lang, hatte eine Flügelspannweite von 10,6 m und war bewaffnet mit zwei Luft-Luft-Raketen und optional einem Paar 30-mm-Kanonen an der Flügelunterseite. Die maximale Startmasse betrug 22 680 kg. Die F Mk.6 wurde von zwei Rolls-Royce Avon 301-Motoren (mit Nachbrenner) mit 7400 kp Schubkraft zu einer Höchstgeschwindigkeit von Mach 2,27 (2415 km/h) angetrieben. Zehn Luftverteidigungsgeschwader der RAF wurden mit der Lightning ausgerüstet und die Version Mk.53 des Flugzeugs wurde auch nach Saudi-Arabien und Kuwait exportiert. Zusammen mit den zweisitzigen Modellen der T-Serie (für Schulung und Training) wurden 334 Exemplare des Jagdflugzeugs produziert – eine eigentlich geringe Zahl, die jedoch kein Urteil über die Qualität des Flugzeugs bedeutet. Doch wie dem auch sei – die Lightning musste auf den Weltmärkten mit westlichen Flugzeugen wie der Mirage III und der F-104 konkurrieren, gegen die sie wenig Chancen besaß.

Zwischenzeitlich hatte sich die britische Luftfahrt-Industrie in ein vollkommen neues Feld von enormer technischer Komplexität gewagt: Sie arbeitete an Lösungen für den Senkrechtflug. 1957 wurde eine Zusammenarbeit von Hawker-Siddeley und Bristol eingeleitet, die sich der Konstruktion eines Jagdflugzeugs mit Senkrechtstart- und -landeeigenschaften verpflichtete. Die Triebwerkhersteller verfügten bereits über das neue Zweikreistriebwerk BS.53 Pegasus, das sich gut für die besonderen Anforderungen des

234 oben Eine britische English Electric Lightning der RAF. Das Jagdflugzeug flog zum ersten Mal 1954; es besaß eine ungewöhnliche Form, war jedoch sehr wirksam. Dieses Exemplar besitzt Zusatz-Tankbehälter über den Flügeln und ist mit Firestreak-Raketen bewaffnet.

234 unten Eine Hawker Hunter F Mk.6 der RAF. Dieses Flugzeug war ein großer kommerzieller Erfolg für die britische Industrie. Es wurden ca. 2000 Exemplare gebaut und in 18 Ländern verkauft.

235 oben rechts Auf dieser Nahaufnahme ist ein mit zwei AMRAAM-Raketen bewaffneter Sea Harrier F/A Mk.2 zu sehen. Dieses Jägermodell wurde 1988 eingeführt und besitzt ein Radargerät „Blue Vixen" auf der Nase.

235 unten links Eine Harrier Mk.I der RAF feuert Luft-Boden-Raketen ab. Der britische Jagdbomber wurde 1969 in Dienst gestellt und revolutionierte aufgrund seiner Kurzstart- und Senkrechtlandefähigkeiten die Verfahren der taktischen Luftunterstützung.

Projekts eignete. Der erste Prototyp wurde P.1127 genannt und flog zum ersten Mal am 21. Oktober 1960. Es handelte sich um ein einsitziges Flugzeug, das als Hochdecker ausgelegt war; unter den pfeilförmigen Flügeln waren vier verstellbare Düsen angebracht. die der Maschine den Senkrecht- und Schwebeflug ermöglichten. Nach sechs Prototypen baute man neun Vorserien-Exemplare – sie wurden Kestrel genannt –, die einer Bewertung durch eine gemischt britisch-deutsch-amerikanische Kommission unterzogen wurden. Die erste britische Harrier flog am 31. August 1966 und die ersten Serienexemplare – nun mit der Bezeichnung Harrier GR Mk.1 – wurden im April 1969 als Jagdbomber in den Dienst der RAF gestellt. Die Harrier bot neue Möglichkeiten im Hinblick auf die taktische Unterstützung, da sie von vorgeschobenen Positionen aus benutzt werden konnte, ohne auf ausgebaute Flugplatz-Infrastrukturen zurückgreifen zu müssen. Die Version Mk.3 (ausgestattet mit Laserentfernungsmesser in der Nase) verfügte über ein stärkeres Triebwerk, das Pegasus Mk.103 mit 9750 kp Schubkraft, das eine Höchstgeschwindigkeit von 1180 km/h ermöglichte. Das Flugzeug war 14,1 m lang und besaß eine Spannweite von 7,7 m. Die maximale Startmasse betrug 11 800 kg – darin waren bis zu 3630 kg Außenlasten in Form von Bomben, Raketen, Kraftstoffbehältern und Pods für zwei 30-mm-Kanonen enthalten.

Trotz seiner hervorragenden Leistungen erfuhr die Harrier nur einen mageren Verkaufserfolg: tatsächlich wurden nur 305 Exemplare gebaut und von Großbritannien, den US Marines (dort

AV-8A genannt) und Spanien (AV-8S) erworben; Spanien verkaufte seine Flugzeuge 1997 sogar wieder an Thailand weiter. 1975 begann British Aerospace (entstanden aus einer Zusammenlegung verschiedener Unternehmen, darunter auch Hawker-Siddeley) eine Marineversion der Mk.3 zu entwickeln, die den Erfordernissen der Royal Navy nach einem Allzweck-Decklandejäger mit VSTOL- Eigenschaften (Vertical/Short Take-Off and Landing) entsprach.

Die Sea Harrier führte ihren ersten Flug am 20. August 1978 durch und war gekennzeichnet durch die Installation eines Multifunktions-Radarsystems, Sidewinder Luft-Luft-Raketen sowie Seezielraketen. Das Flugzeug wurde 1979 als FRS Mk.1 in Dienst gestellt. Auch Zweisitzer- und Exportversionen (die Mk.51 für Indien) der Maschine wurden gebaut. 1982 zeichnete sich die FRS Mk.1 während des Falkland-Kriegs aus, als sie, ohne selbst Verluste zu erleiden, mehrere argentinische Jagdflugzeuge abschoss. Ein 1988 begonnenes Modernisierungsprogramm führte schließlich zu dem Standardflugzeug F/A Mk.2, das mit neuem Blue-Vixon-Radar ausgestattet worden war sowie die Möglichkeit besaß, AMRAAM- und ALARM-Raketen zu benutzen. Insgesamt wurden 106 Exemplare der Sea Harrier hergestellt. Anfang der Siebzigerjahre hatten British Aerospace und McDonnell Douglas die Entwicklungsarbeiten an der neuen AV-8B Harrier II begonnen.

Trotz nationaler Uneinigkeiten schafften es Frankreich und Großbritannien Mitte der Sechzigerjahre, gemeinsam an der Entwicklung eines neuen Militärjets als Fortgeschrittenentrainer und Angriffsflugzeug zu arbeiten. Im Mai 1965 wählte man den vielversprechendsten Entwurf aus – die Breguet 121. Um das Flugzeugprojekt weiterzuentwickeln, gründeten BAC und Breguet daraufhin zusammen eine Gesellschaft – die Société Européenne de Production de l`Avion d`Ecole de Combat et d`Appui Tactique, besser bekannt als SEPECAT. Das Ergebnis war ein zweistrahliger Schulterdecker mit schlankem Rumpf und einem hohem Fahrwerk, das sich auch für provisorische Landepisten eignete. Am 23. März 1969 wurde der erste Flug der Maschine durchgeführt. Großbritannien drängte jedoch dazu, das Flugzeug mit erhöhten operativen Eigenschaften auszustatten und letztendlich wurde die Jaguar (so wurde das Flugzeug genannt) zu einem echten Überschall-Jagdbomber. Die für die RAF produzierte Grundversion, die Jaguar GR Mk.1 (der Zweisitzer war die T Mk.2) war 15,5 m lang und besaß eine Spannweite von 8,7 m. Das Flugzeug wurde von zwei Zweikreistriebwerken Rolls-Royce/Turboméca Adour 104 mit Nachbrenner angetrieben, die je 3650 kp Schubkraft produzierten, und erreichte eine Geschwindigkeit bis Mach 1,6 oder ca. 1700 km/h. Die maximale Startmasse betrug 15 700 kg, wovon bis zu 4535 kg auf Außenlasten entfielen. Zwei 30-mm-Kanonen bildeten die Waffenausrüstung.

Die französischen Modelle Jaguar A und der Zweisitzer E waren in Bezug auf die englischen Versionen mit einer einfacheren Avionik ausgerüstet, verfügten jedoch dafür über einen Laserentfernungsmesser, ein Inertialnavigationssystem sowie einen Missions-Computer und HUD-Ausstattung. Auch eine internationale Version der Jaguar wurde gebaut und an vier Länder verkauft, eingeschlossen Indien, wo in Lizenz 91 Shamshers gebaut wurden. Die Briten haben das Flugzeug ständig zu neueren Standardversionen weiterentwickelt: die GR Mk.1A, Mk.1B, Mk.3 und schließlich Mk.3A, ein modernes und durchaus leistungsfähiges Flugzeug, das im Januar 2000 in Dienst gestellt wurde. Insgesamt hatte man bei

SEPECAT 588 Jaguar-Exemplare gebaut. Im Jahr 2005 haben die Franzosen ihre letzten Einheiten aus dem Dienst genommen, 2007 folgten die Briten.

Schweden war das dritte europäische Land, das sich in der Nachkriegszeit mit dem Bau hervorragender Jagd- und Jagdbombenflugzeuge behaupten konnte. Das wichtigste Flugzeugbau-Unternehmen war dort die Firma SAAB. Nach den Düsenflugzeugmodellen SAAB 21, 29 Tunnan und 32 Lansen entwickelte die Gesellschaft einen hochmodernen Jäger – das Modell 35 Draken, dem es sogar als erstem europäischen Jagdflugzeug gelang, die doppelte Überschallgeschwindigkeit zu überschreiten. Die Ursprünge des Projekts gingen bis in die ersten Jahre der Nachkriegszeit zurück, als die schwedische Luftwaffe es als notwendig erachtete, sich mit einem hochleistungsfähigen Abfangjäger auszurüsten, um eventuelle Angriffe feindlicher Bomber-Jets zurückschlagen zu können. Die Forschungen führten zu einem ungewöhnlichen Entwurf, der sich auf Doppeldeltaflügeln ohne Schwanzflächen gründete. Daraufhin wurden Tests unter der Benutzung eines Flugzeugs im Maßstab 7:10 – dem Modell 210 Lilldraken („Kleiner Drachen"; erster Flug 1952) – durchgeführt. Der erste Prototyp der SAAB 35 führte seinen Jungfernflug am 25. Oktober 1955 durch; aufgrund seiner futuristischen Linien und der hervorstechenden Leistungen wurde das Flugzeug unmittelbar zur Sensation. Die 35 Draken wurde 1960 in den schwedischen Luftwaffendienst gestellt. Einschließlich der Jäger-Versionen J35A, B, D und F, dem Aufklärermodell E und dem Zweisitzer Sk35C wurden insgesamt 525 Exemplare der Draken produziert. Anfang der Achtzigerjahre führte SAAB die J35J Draken ein, bei welcher es sich um eine verbesserte Version des Modells F handelte. Die Länge des Flugzeugs betrug 15,3 m die Spannweite 9,4 m und die maximale Startmasse 12 500 kg. Ausgestattet mit einem Nachbrenner-Triebswerk Volvo RM6C mit 7800 kp Schubkraft erreichte die Maschine eine Höchstgeschwindigkeit von Mach 2 bzw. über 2125 km/h. Die Waffenausrüstung bestand aus einer 30-mm-Kanone und bis zu sechs Luft-Luft-Raketen. Obwohl die Draken hervorragende Merkmale und Leistungen bot, wurde sie aus politischen Gründen nur in alliierte oder neutrale Länder wie Finnland und Dänemark exportiert; 1988 wurde das Flugzeug noch von Österreich erworben – dem letzten Land, das das Flugzeug 2005 aus dem Dienst nahm. Wäre die Draken in Frankreich oder England produziert worden, hätte sie auf den Weltmärkten der Sechzigerjahre ein hervorragender Konkurrent der Mirage und F-104

236 oben links *Die schwedische SAAB Viggen flog zum ersten Mal am 9. Februar 1967 und war bis zur Einführung der Gripen das wichtigste Kampfflugzeug der schwedischen Luftwaffe. Hier ist ein Exemplar des verbesserten Modells AJS37 zu sehen.*

236 oben rechts *Ein Jäger SAAB 35F Draken der finnischen Luftwaffe in der Landephase. Es war das erste europäische Flugzeug, das eine Geschwindigkeit von Mach 2 erreichte. Über 600 Exemplare wurden gebaut.*

236 Mitte Eine FIAT G.91R/1 der 5. Luftbrigade der italienischen Luftwaffe, 1959 in der Basis von Treviso. Die G.91 war der erste, wirkliche Standarisierungsversuch der NATO, traf jedoch nicht auf den erwarteten Erfolg.

236 unten Eine SAAB 350E der österreichischen Luftwaffe bei Kunstflugübungen. Die für die Draken typische Doppeldeltaform ohne Schwanzflächen ist deutlich zu erkennen.

236-237 Eine SEPECAT Jaguar E des 7.Geschwaders der französischen Luftwaffe. Frankreich führte das Flugzeug 1972 in den Dienst ein (zwei Jahre vor Großbritannien) und kaufte 200 Exemplare.

sein können. Doch wie dem auch sei, es wurden – inbegriffen der Exportversionen – nur 606 Exemplare der Draken gebaut; immerhin eine nicht zu unterschätzende Anzahl.

In den Sechzigerjahren arbeitete SAAB an einer Nachfolgerin für die Draken. Es sollte ein Flugzeug mit ausgezeichneten Flugleistungen sein, das jedoch an die schwedische Verteidigungsstrategie angepasst sein musste, welche im Falle eines Kriegs die Ausbreitung der Streitkräfte in den Wäldern vorsah (und noch heute vorsieht). Man benötigte daher ein robustes Flugzeug, das über Kurzstart- und Landefähigkeiten verfügte, und mit kleinster technisch-logistischer Unterstützung (auch von einberufenen Reservisten zu leisten) operieren konnte. So entstand mit der SAAB 37 Viggen, ein massiver, einsitziger, einstrahliger Jet, der über Doppeldeltaflügel mit Canard-Steuerflächen verfügte. Außerdem war das Triebwerk mit Schubumkehr ausgestattet worden, um die Landestrecke des Flugzeugs zu reduzieren. Die Viggen flog zum ersten Mal am 8. Februar 1967 und wurde als Serienmodell im Juni 1971 in Dienst gestellt. Die erste entwickelte Version war der Jagdbomber AJ37 zur Bodenkampfunterstützung mit sekundärer Luftverteidigungskapazität. Es folgten später die Versionen SF37 für die Aufklärung, die SH37 für die Aufklärung auf See und der Zweisitzer Sk37. 1979 führte SAAB schließlich den Abfangjäger JA37 ein. Das Flugzeug war 16,4 m lang und besaß eine Flügelspannweite von 10,6 m. Den Antrieb leistete das Zweikreistriebwerk Volvo RM8B mit Nachbrenner und einer Schubkraft von 12 750 kp. Die Maschine konnte damit eine Höchstgeschwindigkeit von 2200 km/h erreichen und brachte eine maximale Startmasse von ca. 20 Tonnen auf die Waage. Eine 30-mm-Kanone, bis zu sechs Luft-Luft-Raketen sowie Luft-Boden-Raketen bzw. Bomben bildeten die Waffenausrüstung. In noch größerem Ausmaß als die Draken war die Viggen einem Ausfuhrverbot unterworfen, so dass Schweden das einzige Land blieb, das dieses Flugzeug im Einsatz hatte. Seit 1993 benutzte die schwedische Luftwaffe das Modell AJS37, das – ausgestattet mit fortschrittlicher Avionik – ein extrem vielseitiges Flugzeug war und je nach Bedarf für Abfang-, Angriffs- und Aufklärungsmissionen eingesetzt werden konnte. SAAB hatte insgesamt 329 Viggens gebaut , von denen die letzte 2005 außer Dienst gestellt wurde.

Diese Übersicht der wichtigsten europäischen Jäger der Fünfziger- und Sechzigejahre wäre unvollständig, würde sie ohne eine Erwähnung der FIAT G.91 enden. Dieses Flugzeug ging aus einem der ersten NATO-Versuche hervor, die Mitgliedstaaten mit einer standardisierten Bewaffnung auszustatten. Auf den 1953 ausgeschriebenen Wettbewerb NBMR-1 – es wurde ein leichter Jagdbomber gefordert – antwortete das Team von FIAT, geleitet von dem Ingenieur Gabrielli, mit dem Entwurf der G.91. Es handelte sich dabei um ein Flugzeug mit Tiefdecker-Auslegung, gepfeilten Flügeln und Lufteinlass unter der Nase; die Außenform erinnerte an die Gesamtarchitektur der F-86K (die FIAT in Lizenz baute). Der erste von drei Prototypen flog am 9. August 1956 erstmals. Auch wenn der erste Prototyp letztendlich abstürzte (bei einem Hochgeschwindigkeitsflug), wurde innerhalb weniger Monate deutlich, dass der Entwurf vollkommen den Anforderungen der NATO entsprach. Im Januar 1958 erklärten ihn die Verantowrtlichen zum Sieger und billigten die Produktion. Obwohl das Modell G.91 viel Zustimmung erhielt, wurde es aufgrund der üblichen politisch-finanziellen Rücksichten vieler Regierungen nie an die NATO-Luftwaffen geliefert – mit Ausnahme von Italien und Deutschland.

Italien erwarb das Basismodell G.91R/1, das über ein Bristol-Siddeley Orpheus-Triebwerk mit 1840 kp Schubkraft verfügte und eine Höchstgeschwindigkeit von 1030 km/h erlaubte. Das Flugzeug war 10,3 m lang, besaß eine Spannweite von 8,6 m sowie eine maximale Startmasse von 5500 kg. Die Bewaffnung bestand aus vier 12,7-mm-Maschinengewehren und bis zu 908 kg Bomben und Raketen. Später wurden aus diesem Modell der Traininmgs-Zweisitzer G.91T und die für Deutschland bestimmte Version G.91R/3 entwickelt. Letztere besaß eine verbesserte Avionik und war mit zwei 30-mm-Kanonen und vier Unterflügelpylonen ausgestattet. Auch die portugiesische Luftwaffe flog die G.91, da sie 66 Exemplare von Deutschland erworben hatte. Trotz der ablehnenden Einstellung einiger Länder (vor allem Frankreichs, dessen Flugzeug abgelehnt worden war) wurden über 760 Exemplare des G.91R- und T-Modells gebaut und bis in die Neunzigerjahre hinein geflogen.

Kapitel 18

Der Vietnam-Krieg

Obwohl Vietnam seit den Dreißigerjahren in Guerilla-Kämpfe und Kriege verwickelt war – erst gegen die Franzosen und später gegen die Japaner – bezieht man sich mit der Bezeichnung Vietnamkrieg allein auf den Konflikt, der von 1960 bis 1975 ausgetragen wurde. Bei diesem Krieg waren auf der einen Seite die Vietcong und die nordvietnamesische Armee involviert, während auf der anderen die Armee Südvietnams stand, die von den Vereinigten Staaten unterstützt wurde. Vom Gesichtspunkt der militärischen Luftfahrt aus betrachtet war der Vietnamkrieg einer der bedeutendsten Bewährungsproben für Fluggerät und Piloten – dort wurden neue Flugzeuge, neue Waffen und neue Kampftaktiken angewendet, die in der Geschichte der Luftfahrt ihre Spuren hinterließen. Der Krieg begann als Kampf der Regierung Südvietnams gegen die versuchten Aufstände der kommunistischen Regierung des Nordens (mit breiter Material-Unterstützung seitens der Sowjetunion). Die Krise wurde mit der direkten Einbeziehung der amerikanischen Streitkräfte immer großflächiger und erreichte schließlich im Jahr 1968 ihren Höhepunkt, als die Truppen der Vereinigten Staaten eine Stärke von 550 000 Mann auf dem Schauplatz erreichten. Die US-Regierung hatte schwerwiegende politische Fehler gemacht: Auf der einen Seite nahm die Meinung der Weltöffentlichkeit (sowie ein guter Teil der amerikanischen Gesellschaft) Partei für Nord-Vietnam, auf der anderen erreichten die Militäroperationen trotz Aufbietung enormer Kräfte keine wirkungsvollen Ergebnisse.

Anfangs beschränkte sich der Eingriff der Amerikaner darauf, der Regierung Süd-Vietnams militärische

238-239 Der Vietnam-Krieg ist vielen auch als „der Hubschrauber-Krieg" in Erinnerung geblieben. Auf der Fotografie ist eine Gruppe Bell UH-1 zu sehen, die die südvietnamesischen Truppen während eines Angriffs auf die Vietcong im März 1965 unterstützt.

239 unten Ein Jagdbomber Douglas A-4E Skyhawk der US Navy wirft im Januar 1966 eine Mk.84-Sprengbombe über einer Vietcong-Stellung ab.

238 oben links Januar 1969. Ein CH-54 Hubschrauber transportiert während der Operationen um Khe Sanh eine 155-mm-Haubitze der Marines auf einen Hügelgipfel.

238 unten Amerikanische Jagdflugzeuge fliegen während des Vietnamkriegs über ein brennendes Schiff. Der Schatten auf dem Wasser gehört zu einer F-8 Crusader der US Navy.

Berater und Waffenausrüstungen zu senden. Das Ziel war die Gründung der ersten Truppe der südvietnamesischen Luftwaffe, die mit den Flugzeugen A-1 Skyraider, T-28 Trojan, B-26 Invader, C-47 Skytrain und C-123 Provider ausgestattet wurde. Nach dem Zwischenfall im Golf von Tongking (einem angeblichen Angriff nordvietnamesischer Schnellboote auf den Zerstörer USS Maddox) begann die US Navy im August 1964 eine Hauptrolle in dem Konflikt zu spielen, indem sie mit den eigenen Marineflugzeugen Bombenangriffe durchführte. Zu Beginn des Konflikts waren die Flugzeugträger der Navy hauptsächlich mit den Jägern F-8 und F-4 sowie den Jagdbombern A-4 und A-6 ausgestattet. Das modernste Jagdflugzeug der US Navy war zu jener Zeit die McDonnell F-4 Phantom II, die

im Dezember 1960 in Dienst gestellt worden war. Das Flugzeug wurde auf einer Spezifikation der Marine entworfen und war ein großer Abfangjäger (genannt AH-1), der aus dem Modell F3H abgeleitet wurde; das Flugzeug sollte über eine dreistündige Operationsdauer verfügen und in der Lage sein, die neuen Sparrow-Raketen einzusetzen. Die Navy bestellte zwei Prototypen der F4H-1 Phantom II, von denen der erste am 27. Mai 1958 flog. Es handelte sich dabei um ein zweistrahliges Flugzeug mit Trapezflügeln und Leitwerken in negativer V-Stellung; die Maschine besaß Radar und hatte ein zweites Besatzungsmitglied, das für die Bedienung der Waffensysteme zuständig war. Die Phantom erwies sich sofort als ein hervorragender Multifunktions-Jäger, so dass die Navy im Dezember desselben Jahres eine anfängliche Serie von 375 Exemplaren bestellte. 1962 wurde das Flugzeug in F-4 umbenannt: Das erste Modell der Großserie war die F-4B. Ausgestattet mit zwei Turbostrahltriebwerken General Electric J79-GE-8 mit je 7710 kg Schubkraft (mit Nachbrenner) erreichte die Maschine eine Höchstgeschwindigkeit von Mach 2,2. Außerdem besaß das Flugzeug einen Multifunktions-Radar APQ-72 mit großer Reichweite, der es unter anderem ermöglichte, ohne die Hilfe von Bodenradaranlagen Sperrflüge durchzuführen, und ein neu entworfenes Cockpit. Die Phantom II konnte ferner auch als Jagdbomber – mit Bomben und Raketen bewaffnet – operieren. Während die US Navy und die Marines bereits die F-4A und B im Dienst hatten, begann sich auch die USAF für den Entwurf zu interessieren, da er gut für ihre eigenen Erfordernisse geeignet schien. McDonnell baute daraufhin eine spezielle Version für die Erdkampfunterstützung – die F-4C (anfangs bezeichnet als F-110A). Dieses Modell hatte ein anderes Fahrwerk, neue Bereifung sowie ein autonomes Startsystem. Es war ausgestattet mit J79-GE-15-Motoren, dem Radar APQ-100, doppeltem Steuerwerk sowie einer Luftbetankungssonde.

240-241 Ein Aufklärer RF-101C der USAF überfliegt im Tiefflug die kurz zuvor bombardierte Straßenbrücke „My Dug" in Nord-Vietnam. Sein Schatten spiegelt sich auf dem Flusswasser wider.

240 unten Eine Reihe von A-4E- Flugzeugen wartet auf dem Flugzeugträger USS Oriskany auf den Abflug, während eine A-3D Skywarrior gerade gestartet ist (1968).

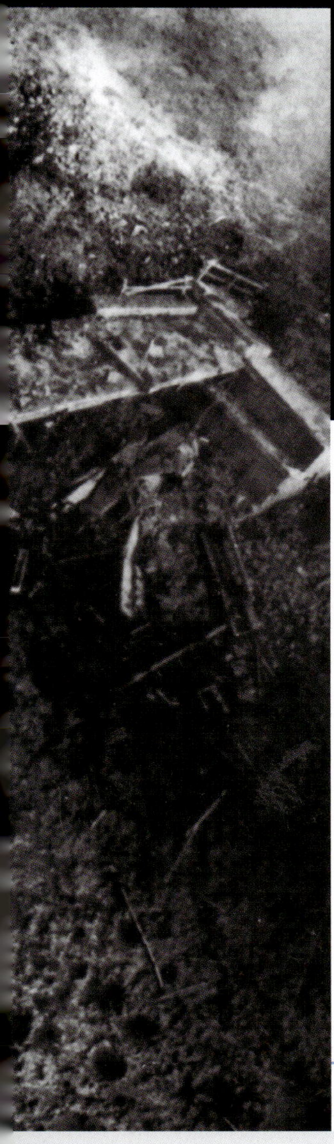

241 oben Zwei A-4M der Marines schießen eine Raketensalve auf ein Bodenziel ab. Der Skyhawk blieb bis 1979 in Produktion; es wurden 2960 Exemplare gebaut.

241 Mitte Eine F-4E Phantom der USAF zeigt den jüngsten Camouflage-Typ der Achtzigerjahre. Es wurden insgesamt 5000 Exemplare der Phantom gebaut.

241 unten links Eine McDonnell Douglas F-4B Phantom II der US Navy vor dem Start von einem Flugzeugträgerdeck. Das Bugradfahrwerk wurde verlängert, um eine bessere Abflug-Trimmlage zu ermöglichen.

Die USAF erwarb 583 Exemplare der F-4 zwischen 1963 und 1966. Auf diese Versionen folgten bald darauf die Aufklärungsmodelle (RF-4B und RF-4C), die F-4D für die USAF und die F-4J für die Navy. Letztere wurde von dem Triebwerk J79-GE-10 mit 8120 kp Schubkraft angetrieben und besaß ein Feuerleitsystem AWG-10. Die letzte Version für die USAF war die 1966 eingeführte F-4E. Die Kriegserfahrungen hatten den Entwurf des Flugzeugs beeinflusst: Es wurden zwei stärkere Triebwerke und neue Flügelklappen eingeführt; ferner war die neu entworfene Nase mit einem APQ-120-Radar und einer 20-mm-Kanone M61 Vulcan ausgestattet worden. Darauf folgte die Aufklärungsversion RF-4E. Sie besaß eine Spannweite von 11,7 m, eine Länge von 19,2 m sowie eine maximale Startmasse von 27 965 kg. Die zwei Triebwerke J79-GE-17 produzierten je 8120 kp Schubkraft mit Nachbrenner und trieben das Flugzeug zu einer Höchstgeschwindigkeit von 2390 km/h an. Die Bewaffnung bestand aus bis zu 7250 kg Außenlasten.

Die Phantom war ein starkes, robustes und zuverlässiges Flugzeug, das sich auch in dem schwierigen Indochina-Gebiet gut zurechtfand, nachdem von der Luftwaffe und der Marine angemessene Einsatztaktiken bestimmt wurden. Die F-4 erwies sich als gute Basis für die Realisierung spezialisierter Versionen und für neue Anwendungsbereiche. Es entstanden dabei die Anti-Radar-Kampfversion F-4G, die F-4K für die britische Marine sowie die F-4N und S – beides modifizierte Versionen der F-4B und J. Die Phantom-Flugzeuge wurden auch an zahlreiche Alliierte verkauft, darunter waren NATO-Staaten aber auch Luftstreitkräfte aus Israel, Iran, Japan, Ägypten und Südkorea. Insgesamt wurden 5195 Exemplare der F-4 aller Versionen gebaut; viele davon wurden modernisiert und befinden sich noch bis heute im Gebrauch.

Der kleinste Marine-Jagdbomber zu jener Zeit war die Douglas A-4 Skyhawk, ein Flugzeug, das von der kalifornischen Firma in eigener Verantwortung entworfen worden war, um der US-Navy einen Jet-Ersatz ihrer eigenen A-1 Skyraider zu liefern. Die A-4 war ein kleines, einstrahliges Flugzeug mit Deltaflügeln und kreuzförmigem Leitwerk, das überraschende technische Leistungen aufwies. Da das Flugzeug aus einem Einzelkörper bestand, war es besonders robust und leicht; die kleinen Flügel mussten somit für den Transport in den Hangars der Flugzeugträger nicht zusammengefaltet werden. Die Skyhawk flog zum ersten Mal am 22. Juni 1954 unter der Kennzeichnung XA4D-1 und begann – ausgestattet mit einem J65-4B-Triebwerk mit 3490 kp Schubkraft – zwei Jahre später seinen Dienst.

1962 wurden von dem Flugzeug – erneut in A-4 umbenannt – zahlreiche, ständig verbesserte Versionen eingeführt. Die A-4E war das erste Modell einer neuen Serie und war ausgestattet mit dem stärkeren Triebwerk J52, das eine Schubkraft von 3860 kp produzierte (während der Kraftstoffverbrauch geringer war). Ferner besaß das Flugzeug fünf Außenlaststationen (statt wie bisher drei) unter den Flügeln, so dass die äußere Waffenlast bis auf 4150 kg erhöht werden konnte. Mit dem Modell F wurde der charakteristische „Buckel"-Rücken eingeführt, in dem neue Avionik enthalten war; die TA-4F war das erste zweisitzige Trainingsmodell.

Schnell, wendig, robust und zur Aufnahme einer beträchtlichen Waffenlast fähig, verhielt sich die A-4 besonders gut in Vietnam – sowohl bei den Einsätzen von den Flugzeugträgern als auch von den Bodenstützpunkten der Marines aus. Die Skyhawk blieb bis 1979 in Produktion; es wurden insgesamt 2960 Exemplare gebaut und in zehn Länder auf der ganzen Welt verkauft. Unter den letzten amerikanischen Operationseinheiten, die die Skyhawk flogen, waren die Angriffs- Abteilungen der Marine; diese benutzten die Skyhawk im Kampftraining als Imitation der wendigen und mörderischen MiG-17 und MiG-19.

242 oben Eine Vought A-7D der USAF während des Vietnam-Kriegs. Nach der Navy zeigte auch die Air Force Interesse an dem Jagdbomber, mit dem ab 1970 die F-100 und die F-105 ersetzt wurden.

242 unten Die Vought A-7E war ausgestattet mit einem Navigations- und Angriffssystem (dem NWDS), das sie zum modernsten Jagdbomber seiner Zeit machte. Dieses Flugzeug wurde auf der USS Coral Sea eingesetzt.

Die US Navy setzte auf ihren Flugzeugträgern außerdem die Grumman A-6 Intruder ein, die als äußerstes Gegenteil der A-4 bezeichnet werden kann. Die Intruder war ein großer Allwetter-Bomber, der im Hinblick auf die hochentwickelte Avionik zu jener Zeit als ein Spitzenprodukt angesehen wurde. Das Basismodell bildete die 1957 eingeführte Grumman G-128, die auf eine Forderung nach einem neuen Marinekriegsflugzeug hin entworfen wurde und bei der die Lektionen, die man während des Korea-Kriegs gelernt hatte, vorteilhaft genutzt werden sollten. Die G-128 war ein zweistrahliges Flugzeug mit auffallend großer Nase, in der das Radargerät sowie ein zweisitziges Cockpit mit parallelen Schleudersitzen untergebracht waren. Der Prototyp absolvierte seinen ersten Flug am 19. April 1960 und die ersten Serienexemplare A-6A begann man 1963 in Dienst zu stellen. Die Navy und die Marines nutzten das Flugzeug in Vietnam ab 1965. Die Stärken der Intruder (die allein um die 25 Tonnen wog) lagen in der bedeutenden Waffenlast sowie den hoch entwickelten Angriffs- und Navigationssystemen (Radar APQ-146/148 und Inertialnavigationssystem ASN-92), mit denen die Ziele auch bei Verhältnissen ohne Sicht gefunden und getroffen werden konnten. Unter den nachfolgenden Versionen waren die A-6B für Anti-Radar-Angriffe, die A-6C für Nachtangriffe, das Luftbetankungsmodell KA-6D und die EA-6A für die elektronische Kampfführung. Die endgültige Version der Intruder war die A-6E, die über eine noch fortschrittlichere Avionik verfügte. Das Modell E besaß eine Spannweite von 16,1 m, eine Länge von 19,7 m und eine maximale Startmasse von 27 420 kg. Die Triebwerke waren zwei Pratt & Whitney J52-P-8B mit je 4220 kp Schubkraft ohne Nachbrenner. Das Flugzeug erreichte eine Höchstgeschwindigkeit um 1040 km/h und konnte eine Waffenlast bis zu 8165 kg tragen. Eine aktualisierte Version der A-6E war ausgestattet mit dem TRAM (Target Recognition Attack Multi-Sensor)-System, das aus FLIR (Farward Looking Infra-Red)-Sensoren und Lasern für Navigations- und Angriffsoperationen bestand. Insgesamt wurden 710 Exemplare der A-6 gebaut, die alle ausschließlich von der US Navy und den Marines benutzt wurden. Das Flugzeug wurde Mitte der Neunzigerjahre außer Dienst gestellt.

Im Vietnam-Krieg setzte man zwei weitere Marine-Bombenflugzeuge ein. Das erste davon war die Douglas Skywarrior, die am 28. Oktober 1952 ihren ersten Flug durchführte. Als sie 1956 mit der Benennung A3D in Dienst gestellt wurde, war sie das bis dahin größte, für Decklandeoperationen gebaute Flugzeug.

Die Skywarrior war als Schulterdecker ausgelegt, die beiden Pratt & Whitney J57-Triebwerke waren an den Tragflächen angebracht. Ursprünglich war das Flugzeug als Nuklear-Bomber entworfen worden, wurde aber später für die Einsätze in verschiedenen Spezialrollen modifiziert, darunter Aufklärung, elektronische Kampfführung, Luftbetankung und Ausbildung. 1962 wurde das Flugzeug in A-3 umbenannt; das Modell B hatte eine Spannweite von 22,1 m, eine Länge von 23,3 m und eine maximale Startmasse von 37 190 kg. Die Triebwerke produzierten 4760 kp Schubkraft und ermöglichten eine Höchstgeschwindigkeit von 980 km/h. Die interne Waffenlast erreichte ein Gewicht von fast 5440 kg. Das Flugzeug wurde auch von der USAF benutzt, die es B-66 nannte und ab Mitte der Fünfzigerjahre 290 Exemplare erwarb. Diese Maschinen wurden erst als Bomber benutzt; im Vietnam-Krieg der Sechzigerjahre setzte die USAF das Modell dann als Aufklärer sowie für die eketronische Kampfführung ein.

Der zweite Navy-Bomber A3J-1 Vigilante (ab 1962 in A-5 umbenannt) wurde in der RA-5-Version ebenfalls für Aufklärungsoperationen in Vietnam eingesetzt. Das Flugzeug wurde Mitte der Fünfzigerjahre als Überrschall-Nachfolger der Skywarrior entworfen und besaß sehr futuristische Außenformen mit vollständig beweglichen Schwanzflächen und geometrisch veränderbaren Lufteinlässen. Die Vigilante hatte eine Spannweite von 16,1 m, eine Länge von 23,3 m und eine maximale Startmasse von 29 940 kg. Sie wurde von zwei General Electric J79-GE-10-Triebwerken angetrieben und konnte eine Höchstgeschwindigkeit von Mach 2,2 erreichen.

Die Kriegsnotwendigkeiten führten zur Entwicklung eines neuen Jagdbombers, der als Nachfolger des Modells A-4 für die US Navy operieren sollte. Um die Entstehungszeit des Flugzeugs zu verkürzen, forderte man in der Spezifikation, dass die vorgeschlagenen Projekte von den bereits operierenden Modellen abgeleitet werden sollten. Ling-Temco-Vought (LTV) entwickelte ein Projekt, dass auf der Vought F-8 Crusader basierte, aber im Endeffekt ein völlig neues Flugzeug wurde. Es handelte sich um ein Unterschall-Luftfahrzeug mit Starrflügeln und vergrößertem Rumpf, das eine beeindruckende Waffenlast an sechs Unterflügel-Pylonen tragen konnte. Dieses Flugzeug wurde von der Navy zum Wettbewerbssieger erklärt. Man nannte den neuen Jagdbomber A-7 Corsair II, und am 27. September 1965 (vorzeitig in Bezug auf die Vertragsbestimmungen) wurde der erste Flug durchgeführt. Das Serienmodell A wurde 1966 in Dienst gestellt und die ersten ausgelieferten Maschinen bereits im darauf folgenden Jahr bei den Kämpfen in Vietnam eingesetzt. Die A-7A war mit einem TF30-P-6-Triebwerk ausgestattet, das 5150 kp Schubkraft lieferte; die Versionen B und C erhielten sogar noch etwas stärkere Triebwerke. Bald entwickelte auch die USAF Interesse an dem neuen Flugzeug. 1968 führte das für die Air Force entwickelte Modell A-7D seinen Jungfernflug durch; das Flugzeug besaß ein TF41-Triebwerk mit 6580 kp Schubkraft und eine 20-mm-Kanone M61 Vulcan mit sechs rotierenden Läufen (statt vier Kanonen von demselben Kaliber). Ferner war die A-7D mit einem moderneren Navigations- und Angriffssystem ausgestattet und verfügte über eine Luftbetankungssonde. Die Maschine wurde 1970 in Dienst gestellt und vom Oktober 1972 bis zum Rückzug der amerikanischen Streitkräfte für einige Monate im Vietnam-Krieg verwendet. 1967 benutzte die Firma LTV die A-7D als Grundlage des Modells A-7E für die US Navy. Die A-7E besaß fast dieselbe Avionik ihrer Vorgängerin, war jedoch mit einem stärkeren TF41-Triebwerk ausgerüstet (mit 6800 kp Schubkraft). Insgesamt wurden 506 A-7E-Exemplare gebaut. Zu seinem ersten Kampfeinsatz startete das Flugzeug 1970 von dem Flugzeugträger USS America aus. Die A-7E war 14 m lang, besaß eine Spannweite von 11,8 m und erreichte eine maximale Startmasse von 19 Tonnen. Die Höchstgeschwindigkeit betrug 1120 km/h, während die Waffenzuladung eine Masse von 6800 kg ausmachen konnte. Die Corsair II war damit zweifellos ein überaus leistungsstarkes Flugzeug, das eine bedeutende Vielfalt und Quantität von Waffen tragen konnte und sie mit Präzision und in bemerkenswerter Frequenz abschießen konnte. Trotzdem war der Pilot sicher ab und zu mit dieser Arbeit überfordert und löste manchen Unfall aus. Die Gesamtproduktion der A-7 (eingeschlossen die nach Portugal und Griechenland exportierten Modelle sowie die Übungs-Zweisitzer TA-7C und TA-7K) belief sich auf 1526 Exemplare.

Auch die US Air Force war am Vietnam-Krieg beteiligt – und zwar mit allen erdenklichen Flugzeugtypen. Während des Krieges setzte sie einige neue Modelle

243 ganz oben *Eine Vought A-7A Corsair II der Serie VA-147 über dem USS Ranger. Es war die erste Einheit, die in Vietnam mit der Corsair eingesetzt wurde (1967).*

243 zweites Bild von oben *Die North American A-5 Vigilante wurde in den Fünfzigerjahren als Hochleistungs-Bomber für die US Navy entwickelt. Sie blieb bis in die Achtzigerjahre hinein im Dienst. Hier ist ein Modell mit gefalteten Flügeln zu sehen.*

243 drittes Bild von oben *Der US-Navy-Bomber Grumman A-6A Intruder wurde 1965 im Vietnamkrieg eingesetzt und erbrachte besonders bei Angriffen gegen die feindliche Luftabwehr hervorragende Leistungen.*

243 ganz unten *Eine startbereite A-6A auf einem amerikanischen Flugzeugträger. Die 30 225-kg-Bomben sind an den Flügel- und Rumpfpylonen verteilt. Die A-6 konnte eine Nutzlast bis zu acht Tonnen laden.*

ein – sei es aus strategischen Gründen, sei es um die operativen Fähigkeiten zu überprüfen und nützliche Erfahrungen zu sammeln. Neben der F-4 Phantom II und der A-7 Corsair II benutzte die USAF auch andere Kampfflugzeuge mit verschiedenen Merkmalen: die Serien Northrop F-5 und General Dynamics F-111. Der erste Typ war ein leichtes Flugzeug, das General Dynamics in eigener Verantwortung entwickelt hatte; man hoffte, dass die amerikanische Regierung interessiert sein würde, das Flugzeug als taktischen Jäger an alliierte Länder zu verkaufen. Es wurden zwei Modelle parallel entwickelt: die N-156F und der Zweisitzer N-156T (wurde später zur T-38). Die N-156F flog zum ersten Mal am 30. Juli 1959. Es war ein relativ kleines und schlankes Überschall-flugzeug, das von zwei J85-GE-5-Triebwerken mit je 1745 kp Schubkraft angetrieben wurde. 1962 wählte das US-Verteidigungsministerium das Flugzeug als Beitrag für die MAP Programme (Military Assistance Program) aus und nannte es F-5A Freedom Fighter (den Zweisitzer: F-5B). Das Flugzeug, dessen Erstflug am 31. Juli 1963 stattfand, war ausgestattet mit den Triebwerken J85-GE-13 mit je 1850 kp Schubkraft und Nachbrenner. Es besaß sieben Außenlaststationen für bis zu 2720 kg externe Waffenlast, zwei 20-mm-Kanonen, eine verstärkte Struktur, eine maximale Startmasse von 9000 kg und erreichte eine Höchstgeschwindigkeit von Mach 1,4. Obwohl die F-5A vorrangig für den Export bestimmt war, übernahm man die Maschine auch in den Dienst der USAF, die gemäß dem Programm „Skoshi Tiger" ein Kontingent von zwölf Exemplaren nach Vietnam überführte. Diese Flugzeuge wurden mit einer Luftbetankungssonde, neuer Schutzkapsel sowie einem Tarn-Anstrich ausgestattet, die besser für den vietnamesischen Kriegsschauplatz geeignet war. Zwischen 1965 und 1966 wurden die Skoshi Tiger in taktischen Unterstützungsmissionen eingesetzt und bewiesen dabei gute Leistungen, sodass 1967 die südvietnamesische Luftwaffe mit den Maschinen ausgerüstet wurde. Insgesamt wurden mehr als 1100 Exemplare der F-5A/B hergestellt und von den Luftstreitkräften in 20 Ländern geflogen. Mit den erlangten Erfahrungen auf diesem Gebiet baute Northrop 1969 die verbesserte Version F-5E, die als Serienexemplar zum ersten Mal am 11. August 1972 flog. Dieses Modell besaß größere Waffenlastkapazität und verbesserte Steuerbarkeit. Angetrieben von den Triebwerken J85-GE-21 (mit 2270 kp Schubkraft) erreichte die F-5E eine Höchstgeschwindigkeit von Mach 1,64. Von den über 1500 gebauten Exemplaren wurden mehr als 120 (einsitzige und zweisitzige Modelle des F-5F) von der USAF und der US Navy erworben und als Übungs- bzw. „Aggressor"-Flugzeuge für die Kampfausbildung benutzt.

244 links Der taktische Jäger Northrop F-5 wurde für die mit den USA alliierten Luftstreitkräfte entworfen. Auf der Fotografie von 1966 ist eine südvietnamesischer F-5A beim Abwurf von Mk.117-Bomben zu sehen.

244 unten links Ein C-130A Transportflugzeug hebt im Dezember 1973 vom Kien-Duc-Flugfeld ab. Die Hercules konnte auch von provisorischen Plätzen aus operieren – ein großer Fortschritt gegenüber dem Vorgängermodell C-123.

244-245 Eine F-4C Phantom der US-Luftwaffe während Starttests in den Vereinigten Staaten mit der Luft-Boden-Rakete AGM-12 Bullpup. Diese Version wurde 1963 in Dienst gestellt.

Die F-111 war das Ergebnis eines ehrgeizigen, aber am Ende nicht vollständig realisierten Programms. 1960 wurde vom amerikanischen Verteidigungsministerium das Startzeichen für das TFX-Programm gegeben; das Ziel war, die USAF und US Navy mit einem Allzweck-Kampfflugzeug auszurüsten, mit welchem die Modelle F-105, F-8 und später auch die F-4 ersetzt werden konnten. 1962 wurde verkündet, dass General Dynamics (zusammen mit Grumman) ausgewählt wurde, um ihr innovatives Projekt realisieren zu können: ein großes, leistungsstarkes Flugzeug mit geometrisch veränderbaren Flügeln und einer Abwurfkapsel für die zwei Besatzungsmitglieder. Es wurde also ein Vertrag abgeschlossen, der den Bau von 18 Exemplaren der F-111A für die USAF und fünf Decklandeversionen F-111B für die Navy beinhaltete. Der erste Prototyp der A-Serie flog am 21. Dezember 1964, aber die damalige Technologie erlaubte noch nicht die Entwicklung eines Flugzeugs, das wirklich den verschiedenen Erfordernissen gewachsen gewesen wäre. 1968 unterbrach der Kongress so die Arbeiten an der F-111B. Im selben Jahr wurde jedoch die F-111A bereits in Dienst gestellt und später auch in den letzten Phasen des Vietnam-Krieges eingesetzt. Nach anfänglichen Schwierigkeiten erwies sich die F-111A als ein ausgezeichneter Jagdbomber – besonders unter extremen Bedingungen, bei Schlechtwetter- und Nachteinsätzen. Mit der Verwirklichung der Versionen F-111D und F bestätigte das Flugzeug seine hervorragenden Eigenschaften in der Luftverteidigung, bei Allwetter- und Tiefflugeinsätzen.

Das Modell F hatte eine Spannweite zwischen 19,2 (kleinste Pfeilung) und 9,7 m (maximale Pfeilung) sowie eine Länge von 22,4 m. Die Triebwerke waren zwei Pratt & Whitney TF30-P-100 mit je 11 385 kp Schubkraft mit Nachbrenner und die Höchstgeschwindigkeit erreichte Mach 2,5 auf großen Höhen. Die Maschine konnte eine Gesamtwaffenlast von 14 300 kg mitführen.

Das Modell F bildete außerdem die Grundlage für die Entwicklung der Versionen EF-111A (elektronische Kampfführung), FB-111A (Nuklearangriff) und F-111C. Die letzte Version wurde für den Export nach Australien entworfen, dem einzigen Land, das die Maschine in der modernisierten Form F-111G benutzte. Australien hat seine letzten F-111 im Jahr 2010 aus dem Dienst genommen. Insgesamt produzierte General Dynamics 562 Exemplare dieses Typs.
Ein weiterer Protagonist im Vietnam-Krieg war das taktische Transportflugzeug Lockheed C -130 Hercules, von dem verschiedene Versionen – auch für Kampfeinsätze – entwickelt wurden. In einer Region wie Indochina, wo aufgrund der tropischen Vegetation, des Mangels an Straßenverbindungen und wegen andauernder Guerillakämpfe gewöhnliche Kommunikation schwierig und zum Teil unmöglich gemacht wurde, nahmen die Transportflugzeuge eine unersetzlich wichtige Rolle ein; mit ihrer Hilfe konnten Kampfeinheiten auch in großen Entfernungen bzw. unter feindlicher Einkreisung versorgt und unterstützt werden. Als die Vereinigten Staaten immer intensiver in den Vietnam-Krieg verstrickt wurden, war die Hercules bereits seit Jahren in den Versionen A, B und E im Dienst. Die Herausforderungen des vietnamesischen Konflikts machten die Notwendigkeit der Entwicklung und Durchführung spezieller Einsätze offensichtlich, wie zum Beispiel Angriffe auf feindliche Flugabwehrformationen (Wild Weasel und Iron Hand Missionen). Während des Krieges musste die Anzahl dieser

245 Mitte Eine B-52 der US-Luftwaffe während eines Flächenbombardements auf ein nordvietnamesisches Ziel mit 340-kg-Bomben vom Typ M117.

245 unten links Eine F-111E während der Landung. Das Flugzeug besaß schwenkbare Tragflächen und zwei große Pratt & Whitney TF30 Triebwerke mit je 11390 kp Schubkraft. Die Höchstgeschwindigkeit betrug 2600 km/h.

245 unten rechts Eine begrenzte Anzahl der F-5 wurde auch von den amerikanischen Luftstreitkräften benutzt – vor allem um als Agressor-Flugzeug feindliche Jäger zu imitieren. Diese F-5E der Marines-Einheit VMFT-401 fliegt über Arizona.

Missionen ständig erhöht werden – mit speziellen Flugzeugen, wie der F-100F, der EF-105F und der A-6B sowie später mit Spezialflugzeugen wie der F-105G. Ein weiterer wichtiger Missionstyp war die Combat SAR (Search and Rescue), das heißt die Suche und Rettung von Piloten und Besatzungen, die über feindlichem Gebiet abgestürzt waren. Hierfür benutzte man die Hubschrauber HH-3E sowie Unterstützungs- und Sicherungsflugzeuge verschiedener Typen – vorrangig wurden jedoch die älteren, propel-lergetriebenen A-1 Skyraider der USAF eingesetzt.
Natürlich stellte der Vietnam-Krieg auch einen Wendepunkt für die Hubschrauberoperationen der Armee dar, und die Helikopter wurden praktisch zu einem der Symbole des Konflikts. Diese Flugmaschine war unersetzlich sowohl für den Transport als auch für den Kampfeinsatz und die medizinische Evakuierung. Es wurden Tausende von Hubschraubern verschiedenster Typen benutzt.
Das Ziel der Anwendung tödlicher Entlaubungsmittel lag darin, die Vietcong-Region ihrer schützenden Dschungel-Vegetation zu berauben, doch die versprühten Gifte richteten schwere Schäden an der Umwelt und der vietnamesischen Bevölkerung an. Außer dieser Chemiewaffe wurden andere, neue Waffen im Vietnam-Krieg eingesetzt: darunter waren Anti-Radar-Raketen (AGM-78 Standard und AGM-45 Shrike) und die ersten lasergeführten Bomben, die Paveway I, die bei korrekter Anwendung einen bis dahin unvorstellbaren Präzisionsgrad erreichen konnte.
Neben den zahlreichen Luft-Boden-Einsätzen der US Luftwaffe wurden im Vietnam-Krieg auch Luftduelle ausgeführt: die großen, modernen amerikanischen Jäger gegen die einfachen, alten aber wendigen sowjetischen MiG-Flugzeuge, die von der nordvietnamesischen Luftwaffe geflogen wurden. Von diesem Standpunkt aus rief der Konflikt einen Schock unter den Amerikanern hervor, da sie für eine solche Art von Kampfeinsätzen nicht im geringsten vorbereitet waren. Es waren daher vertiefte Analysen und die Einführung neuer Übungstechniken erforderlich (daraus entstanden die Top-Gun-Kurse der Navy und die Red Flag der USAF) bevor die F-4-Piloten gegen Ende des Kriegs systematisch begannen, die Oberhand über die feindlichen MiG-17 und MiG-19 zu gewinnen.
Der militärische Einsatz der Vereinigten Staaten in Vietnam endete praktisch mit der Feuereinstellung vom 27. Januar 1973. Von 1961 bis 1972 verlor Amerika in Vietnam 3792 Flugzeuge und 4922 Hubschrauber – ganz zu schweigen von den mehr als 45 000 gefallenen Soldaten. Es wurden über sieben Millionen Tonnen Bomben und anderen Waffen abgeworfen – in der Praxis wurden alle verfügbaren Waffentypen mit Ausnahme derjenigen mit Nuklearsprengköpfen benutzt. Dennoch – mit der Eroberung Saigons am 25. April 1975 wurde es auch den hartnäckigsten Köpfen klar, dass Nord-Vietnam den Krieg gewonnen hatte. Aufgrund der Hartnäckigkeit, des Fanatismus und der Kraft derer, die auf der eigenen Erde für sich und die eigenen Alliierten kämpften, konnte schließlich die größte Militärmacht der Welt besiegt werden. Die Amerikaner waren nicht fähig oder nicht in der Lage, geeignete Strategien und Taktiken anzuwenden, die ihnen zum Sieg verhelfen hätten können. Amerika hatte sowohl auf militärischem als auch politischem Gebiet einen Krieg verloren, der nicht ihr eigener war – der erste Krieg in der Geschichte übrigens, der weitgehend von den Medien und der öffentlichen Meinung beeinflusst wurde.

246 links Ein Geschwader von UH-1 Multifunktions-Hubschraubern bringt 1967 südvietnamesische Truppen der 199. leichten Brigade zur Landezone.

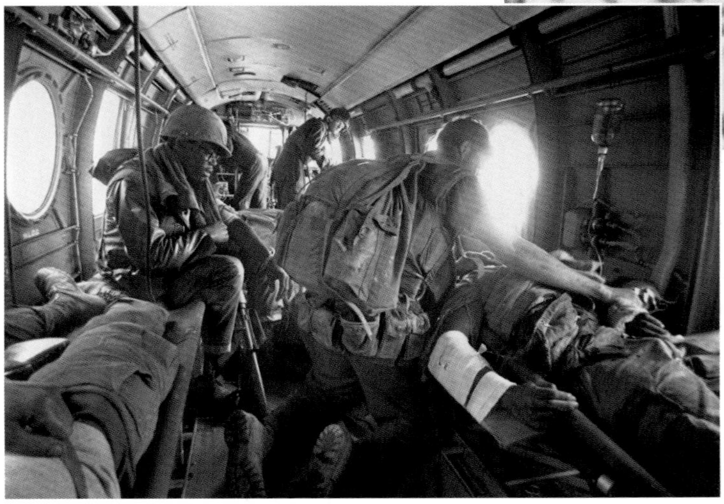

246 unten rechts Ein Transporthubschrauber wird als Luftambulanz verwendet und bringt amerikanische Verwundete in ein Feldlazarett.

246-247 Die Fairchild C-123 Provider (1949) war das erste taktische Transportflugzeug, bei dem die noch heutzutage übliche Anordnung verwendet wurde: Hochdeckerauslegung, hohes Leit- und niedriges Fahrwerk sowie Heck- Laderampe. Hier ist eine C-123 zu sehen, die 1966 Entlaubungsmittel über dem Dschungel versprüht.

247 unten Eine F-8J Crusader, bewaffnet mit Mk.84-Bomben fliegt über eine Angriffszone. Die Marines benutzten die eigenen Flugzeuge vor allem für die Unterstützung der Bodentruppen.

Kapitel 19

Die arabisch-israelischen Kriege

Nach dem Ende des Zweiten Weltkriegs war die Lage in Palästina aufgrund des Zusammenwirkens verschiedener Faktoren kritisch geworden. Diese Lage war gekennzeichnet von der Ankunft Tausender jüdische Flüchtlinge aus Europa, durch das Ende des UNO-Mandats für Großbritannien die Kontrolle über diese Gebiete betreffend (15. Mai 1948) und schließlich die Ablehnung des internationalen, diplomatischen Plans, der von der UNO gebilligt worden war, seitens der Araber und der Juden. Dieser Plan zielte auf eine Teilung des Gebiets in einen palästinensischen und einen jüdischen Staat. Im Frühling 1948 wurde der Höhepunkt der Zusammenstöße zwischen den beiden Völkern erreicht; das führte schließlich zur Vertreibung der Palästinenser aus vielen Gebieten und der Proklamation des Staates Israel in Tel Aviv. Von diesem Zeitpunkt an nahm der Konflikt internationale Ausmaße an, da die arabischen Länder Ägypten, Syrien und Irak mit militärischen Boden- und Luftoperationen begannen, gegen die israelischen Verteidigungskräfte vorzugehen. Die Israelis taten alles, was in ihren Kräften stand, um die eigenen militärischen Kräfte zu entwickeln, vor allem im Bereich der Luftfahrt. Am 31. Mai 1948 wurde offiziell die israelische Luftwaffe Chel Ha'Avir gebildet. In der zweiten Jahreshälfte war sie bereits beträchtlich gewachsen und hatte aus den verschiedensten Quellen Flugzeuge erworben; darunter waren etwa 70 Jagdflugzeuge der Typen Spitfire, Mustang und Avia S.199, einige Bomber B-17, Mosquito und Beaufighter, und die Transporter C-47, C-46 und Constellation. Das repräsentativste unter diesen Flugzeugen war die Avia S.199; es handelte sich dabei um einen tschechoslowakischen Jäger, bei dem die Zelle der Messerschmitt Bf-109G-14 (die bereits von den Deutschen in der Tschechoslowakei gebaut wurde) mit dem 1370-PS-Motor Jumo 211F kombiniert wurde. Das Flugzeug wurde von den Tschechen aufgrund seiner Unberechenbarkeit und der schwierigen Steuerung nicht sehr geliebt, doch dem verzweifelten israelischen Staat war die Maschine mit ihren zwei 30-mm-Kanonen, den zwei 13-mm-Maschinengewehren und der Höchstgeschwindigkeit von 590 km/h mehr als willkommen. Israel erwarb im Zeitraum von Mai bis August 1948 25 Exemplare, mit denen die erste Jägergruppe – die 101. Squadron – ausgerüstet wurde. Mit der Fortsetzung der Kämpfe aber begannen die arabischen Regierungen – mit Ausnahme Ägyptens (dessen Frontlinienjäger die Spitfire war) – die Absicht zu zeigen, sich von dem Konflikt zurückziehen. Allein in der anti-israelischen Front, hörte schließlich auch Ägypten Ende 1948 auf zu kämpfen. Der Unabhängigkeitskrieg Israels war beendet, aber sein Überlebenskampf hatte gerade erst begonnen. Der zweite Krieg zwischen den Arabern und Israelis brach anlässlich der Suezkrise im Jahr 1956 aus. Der ägyptische Präsident Gamal Abdel Nasser, der 1952 mit einem Staatsstreich an die Macht gelangt war, hatte beschlossen, die Engländer aus dem Land zu verjagen und den Suez-Kanal zu verstaatlichen. Die Franzosen und Engländer einigten sich darauf, militärisch einzugreifen, um die Kontrolle über den wichtigen Handelsknoten des Kanals wiederzuerlangen. Die Operation „Musketeer" wurde erweitert, um auch die israelische Flugtransportoperation einzubeziehen, und der Angriff der drei Länder wurde für den 29. Oktober 1956 vereinbart. Die Luftstreitkräfte, die von den drei Ländern aufgestellt wurden, genossen eine überwältigende Überlegenheit. Die Engländer hatten 28 Geschwader nach Zypern und Malta entsandt, die mit den Jägern Hunter und Meteor, dem Jagdbomber Venom, den Bombern Canberra und Valiant sowie Transportflugzeugen ausgerüstet waren. Zur See gab es noch drei Flugzeugträger mit weiteren elf Geschwadern, welche die Sea Venom und die Sea Hawk flogen. Die Franzosen sandten ihrerseits vier Geschwader nach Israel, die mit den Jägern Mystère und F-84 sowie den Transportern Noratlas ausgestattet waren; ferner befanden sich auf zwei Flugzeugträgern die Jäger vom Typ Corsair. Schließlich verfügten die Israelis selbst über mehr als 110 Jagdflugzeuge vom Typ Mystère, Meteor, Ouragan, P-51 und Mosquito. Ägypten stand dagegen wenig zur Verfügung, um sich gegen diese Streitkräfte verteidigen zu können: zwei Geschwader mit den Flugzeugen MiG-15, eins mit Vampires, eins mit Meteors und eins mit den strahlgetriebenen Bombern Il-28.

248 oben Ein Auster AOP.5 Aufklärungsflugzeug mit Zivilkennzeichnung, das während des israelischen Unabhängigkeitskriegs im Mai 1948 eingesetzt wurde. Es war für Israel das zahlenmäßig wichtigste Flugzeug (ca.20 Exemplare), das auch für Transportaufgaben sowie Handgranaten-Bombardierungen benutzt werden konnte.

248 Mitte Ein Vautour Bomber fliegt über eine Centurion-Panzerkolonne der israelischen Armee. Das Foto wurde im Juni 1967 während des Sechs-Tage-Kriegs gemacht.

Die Operationen begannen mit einem luftunterstützten Angriff der Israelis in der Zone des Mitla-Pass in Sinai, doch die Ägypter (die an einen Bluff der englisch-französischen Führung glaubten) ließen sich nicht verängstigen und antworteten mit der gesamten Kraft der eigenen Luftwaffe. Erst am 5. November drangen die englisch-französischen Streitkräfte direkt in das ägyptische Gebiet ein, indem sie Fallschirmspringer in der Kanalzone absetzten. Zwei Tage später wurde ein Waffenstillstand geschlossen – zum Teil dank des internationalen Drucks seitens der Vereinigten Staaten und der Sowjetunion. Trotz des zahlenmäßigen Siegs vom militärischen Gesichtspunkt aus entpuppte sich der Krieg als eine Niederlage für den Westen. Tatsächlich weit davon entfernt, kommerzielle, politische und diplomatische Vorteile für den Westen erbracht zu haben, trieb die Krise Ägypten und die anderen arabischen Länder in die Arme der Sowjetunion, wodurch das Startzeichen für ein neues Wettrüsten im Nahen Osten gegeben war. Die Luftfahrt-Komponente hatte wieder einmal ihre grundlegende Wichtigkeit bewiesen; es sollten gerade die Israelis sein, die 1967 die Möglichkeiten der Flugzeuge voll ausnutzten – im nächsten Konflikt, der die Gebiete verwüsten sollte.

Im Mai 1967 zogen die Vereinten Nationen ihre Friedensstreitkräfte von der Grenze zwischen Ägypten und Israel zurück. Im selben Monat unterzeichneten Ägypten, Syrien und Jordanien eine Militärallianz, die unter anderem zur Gründung einer Luftwaffe der Vereinten Arabischen Republik führte. Sie war bereits eine gefürchtete Militärkraft, die mit fortschrittlichen, sowjetischen Flugzeugen ausgerüstet war, wie den Jägern MiG-17, MiG-19 und MiG-21, den Jagdbombern Su-7 sowie den Bombern Il-28 und Tu-16. Auch Israel hatte jedoch dank seines Hauptlieferanten Frankreich seine Militärkraft verstärkt. Die israelische Luftwaffe verfügte somit über die Jagd- und Bomberflugzeuge Mirage IIICJ (72 Exemplare), Super Mystère (24) und Vautour (18), die die bereits bestehenden Frontlinien-Einheiten mit den Mystère IVA und Ouragan vergrößerten. Die Lage war äußerst gespannt und jeder der zwei Rivalen fürchtete einen Überraschungsangriff des Feindes. Der ägyptische Präsident Nasser glaubte jedoch nicht an einen Angriff Israels und ordnete an, die Deckungen, die sich bereits in Voralarmbereitschaft befanden fallen zu lassen. Am Morgen des 5. Juni führte Israel einen Überraschungsangriff auf Ägypten durch, bei dem drei Wellen von jeweils 40 Jets in sehr geringer Höhe flogen. Mit außergewöhnlicher Präzision beschossen die tief fliegenden Flugzeuge die ägyptischen Militärflughäfen. Die Angreifer kehrten daraufhin zur Basis zurück, tankten auf und rüsteten sich schnellstens, um die Objekte wieder angreifen zu können. Innerhalb nur dreier Stunden verloren die Ägypter über 300 Flugzeuge – größtenteils durch Tiefflugangriffe am Boden –, während die Israelis einen Verlust von 19 Jägern verzeichneten. Später wandten sich die Flugzeuge mit dem Davidstern gen Osten und griffen auch Basen in Jordanien, im Irak und in Syrien an. Die Hunter-Jagdflugzeuge Jordaniens wurden am Boden zerstört – ebenso wie zwei Drittel der syrischen Luftwaffe. Die Luftangriffe der Israelis waren sorgfältigst geplant und vorbereitet worden und ebenso wurden die Einsätze selbst meisterhaft durchgeführt. Es war ein klassisches Beispiel der optimalen Anwendung von Luftstreitkräften in den Anfangsstadien eines Konflikts.

In den folgenden Tagen operierte die israelische Luftwaffe weitgehend als Stütze für die Armee, die sich nach Westen hin bewegte, um die Halbinsel Sinai zu erobern. Mit den übrig gebliebenen Flugzeugen konnten die ägyptischen Luftstreitkräfte nur beschränkt Gegenangriffe ausführen. Am 9. Juni wurde ein Abkommen betreffs der Feuereinstellungen durch die Vereinten Nationen erreicht, das jedoch nur auf die Westfront beschränkt wurden. Zur selben Zeit hatten auch die Syrer einen Waffenstillstand akzeptiert, aber die Israelis waren dazu entschlossen, die eigenen Positionen im Osten zu festigen, um wenigstens die Golanhöhen zu erobern. Man kämpfte also einen Tag lang weiter bis die Waffen dann am 10. Juni um 6:30 Uhr schließlich schwiegen. Damit war der so genannte Sechs-Tage-Krieg mit einem bedeutenden israelischen Sieg beendet worden. Vom politischen und diplomatischen Standpunkt aus gesehen war die Lage jedoch alles andere als einfach. Der Frieden zwischen Israelis und Arabern war ferner denn je und die beiden Parteien begannen sofort wieder ein neues Wettrüsten, um sich auf den unvermeidbaren, erneuten Militärkonflikt vorzubereiten. Dazu kam, dass Israel durch seine aggressive und skrupellose Kriegsführung die Gunst einiger befreundeter Länder – besonders Frankreichs – verloren hatte. Das Ergebnis dieser veränderten politischen Lage wurde in der Affäre „Mirage 5" deutlich. Bereits vor dem Krieg hatte Israel 50 Exemplare der Mirage 5J bestellt; es war ein vereinfachtes Multifunktions-Flugzeug, das auf der Basis des Mirage III für den Export entwickelt worden war. Nach dem Sechs-Tage-Krieg verhängte die französische Regierung jedoch ein Embargo über diese Flugzeuge, auch wenn sie zum großen Teil bereits im Voraus bezahlt worden waren. Sie wurden daraufhin der französischen Luftwaffe als Mirage 5F zugeteilt. Die israelische Regierung musste sich also soweit wie möglich auf die eigene Waffenproduktion verlassen, wandte sich aber gleichzeitig an einen mächtigeren und zuverlässigeren Lieferanten: die Vereinigten Staaten.

Aufgrund der von den Geheimdiensten erworbenen Konstruktionspläne der Mirage 5 und des zugehörigen Triebwerks SNECMA Atar 9C war die entstehende israelische Luftfahrtindustrie (IAI) in der Lage, die anfänglichen Erfordernisse teilweise zu befriedigen. Das daraus hervorgegangene Flugzeug war die Nesher.

248 unten Die Dassault Mirage IIICJ war der erste Jäger mit Mach 2-Geschwindigkeit der israelischen Luftwaffe. Die ersten 76 Exemplare wurden im April 1962 in den Dienst des „First Fighter Squadron" gestellt.

249 oben Einer der 24 französischen Überschalljäger Dassault Super Mystère B.2, die Israel 1958 von Frankreich erwarb, um die MiG-19 der arabischen Luftstreitkräfte zu bekämpfen.

249 unten Eine Dassault MD.450 Ouragan der „Hornet Squadron" während einer Betankung auf dem Stützpunkt von Hazor. Die Ursprünge der aggressiven Nasenbemalung gehen bis ca. 1956 zurück.

Sie war praktisch eine Kopie des französischen Flugzeugs und gleichzeitig das erste Modell einer langen Serie von Flugzeugen, die von dem Deltajagdflugzeug Dassault abstammten.
Das erste amerikanische Kampfflugzeug, das von Israel bestellt wurde, war die Douglas A-4 Skyhawk – ein von der US Navy benutzter, robuster Jagdbomber. Die israelische Regierung hatte bereits 1966 48 Exemplare der A-4H sowie zwei Zweisitzer TA-4H in Auftrag gegeben, die ab 1968 von den Amerikanern geliefert wurden. Währenddessen suchte die Chel Ha'Avir nach einem neuen, hochleistungsfähigen Jäger, der für verschiedene Rollen eingesetzt werden konnte. Das Flugzeug, das am meisten den israelischen Erfordernissen entsprach, war die McDonnell-Douglas F-4E Phantom II. Dieses Modell bot sowohl eine respekterheischende Luft-Luft-Bewaffnung (mit acht radargeführten Sparrow- und infrarotgeleiteten Sidewinder-Raketen sowie der Maschinenkanone Vulcan) als auch eine große, äußere Luft-Boden-Waffenlast, die aus fast sechs Tonnen Bomben, Raketen, Tankbehältern und Pods für die elektronische Kampfführung bestand. Die ersten 50 F-4E-Maschinen (eingeschlossen sechs RF-4E Aufklärer-Exemplaren) kamen 1969 in Israel an und ermöglichten die Ausrüstung von zwei Luftgeschwadern, die an dem so genannten Abnutzungskrieg zwischen Ägypten und Israel teilnahmen. Es handelte sich dabei um einen Konflikt von niedriger Stärke, der zwischen März 1969 und August 1970 ausgetragen wurde und von Seiten Ägyptens darauf zielte, die israelischen Luftstreitkräfte aufzureiben.
Noch verbittert von der Niederlage 1967 waren die Araber – und besonders Ägypter – dazu entschlossen, diesmal als Erste anzugreifen. Keine Ausgaben wurden gescheut, um sowjetische Kampftechnik zu erwerben, darunter die neuen Modelle der MiG-21 (zusammen mit vielen „Freiwilligen"-Piloten, die aus der UdSSR und einigen Ländern des Warschauer Pakts kamen), Su-7, Tu-16 und die Hubschrauber Mi-8. Außerdem erwarben sie ein komplexes und starkes Flugzeugabwehr-Raketen-Sytem, das aus den Raketen SAM (Surface-to-Air Missiles) SA-3, SA-6, SA-7 und SA-9 besatand, sowie einer Vielzahl von gepanzerten Fahrzeugen. Am Vorabend des Konflikts konnten die arabischen Streitkräfte etwa 730 Kampfflugzeuge aufbieten, wogegen die Israelis über 375 Exemplare verfügten.
Der arabische Angriff war dank der Ausführung von Massenübungen gut maskiert worden. Doch am 6. Oktober 1973 um 14:00 Uhr brach die Attacke überraschend aus; es war inmitten der jüdischen Religionsfeier Jom Kippur, und die israelischen Verteidigungen befanden sich im niedrigsten Alarmbereitschaftsgrad. Die einzige Armeestreitkraft, die in sich in genügender Angriffsbereitschaft befand war die Chel Ha'Avir, deren Militärspitzen eine mögliche feindliche Attacke gefürchtet hatten. Der arabische Angriff wurde zu einem Umfassungsmanöver, bei dem die Syrer im Norden auf den Golanhöhen kämpften, während die Ägypter über den Suez-Kanal hinweg massenhaft auf der Halbinsel Sinai vordrangen.
Die Israelis konzentrierten sich erst auf die naheliegendste Bedrohung – das heißt die syrische. Innerhalb von zwei Stunden seit Beginn des Angriffs überführten sie die größtmögliche Anzahl von F-4, Mirage und Nesher Jagdflugzeugen um vor allem die feindlichen Panzerkolonnen zu schlagen. Die Verluste der Israelis waren extrem hoch – sowohl an Menschenleben als auch hinsichtlich der Fahrzeuge und Flugzeuge; letztere gingen zumeist aufgrund der gegenerischen Fliegerabwehr verloren. Nach drei Tagen erbitterter Kämpfe mussten sich die Syrer zurückziehen; sie waren bereits zu schwach, um eventuelle Lücken in den feindlichen Verteidigungen ausnutzen zu können. Auch auf der Westfront führten die ersten Kampftage zu schweren Verlusten – vor allem für die Chel Ha'Avir, die in den ersten vier Tagen 81 Flugzeuge verlor. Nach den einfachen Siegen im Sechs-Tage-Krieg fand sich die israelische Luftwaffe in der Tat von dem neuen Raketensystem SAM der Araber überrascht. In der Zwischenzeit wurde die arabische Koalition durch das Eingreifen von Luftstreitkräften aus dem Irak, aus Libyen und Algerien gestärkt.
Am 9. November begann man mit den Luftbrücken-Versorgungen der Gegner: vonseiten der UdSSR für die Araber und vonseiten der Vereinigten Staaten für die Israelis. Die Sowjets überstellten 100 neue Jäger nach Ägypten und Syrien, wobei allein die syrischen Streitkräfte mit über 15 000 Tonnen Treibstoff versorgt

250 oben Die sowjetischen Boden-Luft-Raketen SA-2 bildeten während des Jom-Kippur-Kriegs ein wirkungsvolles Luftabwehrsystem für die arabischen Alliierten und waren für die Israelis eine unangenehme Überraschung.

250 unten Der Sikorsky CH-53 ist der schwerste Hubschrauber, der von der israelischen Luftwaffe benutzt wurde. Sie fliegt Transport-, Luftrettungs-, Such- und Rettungsmissionen sowie Spezialeinsätze..

250-251 Viele israelische Einsätze während des Jom-Kippur-Kriegs wurden von A-4 Skyhawks durchgeführt, von denen 53 verloren gingen. Hier sind einige der A4N und TA-4J zu sehen, die bis 2015 von der Fortgeschrittenenflugschule Hazerim eingesetzt wurden.

wurden. Die USA dagegen schickten Israel zusätzlich die Jäger A-4N und F-4E sowie 22 000 Tonnen Ausrüstung und Bewaffnung. Diese Lieferung umfasste die Hubschrauber CH-53, Hawk-Luftabwehrraketen sowie neue und wirksamere Waffen, wie die intelligenten Bomben Walleye und Hobo und die Splitterbomben Rockeye. Besonders wichtig für das Niederkämpfen der arabischen Luftverteidigungen waren jedoch die Raketen AGM-45 und elektronische Kampfmittel für die Täuschung der neuen sowjetischen SAM-Systeme.
Am 14. Oktober begingen die Ägypter einen Fehler, den sie teuer bezahlen mussten: Ihre Bodenstreitkräfte rückten ohne die Deckung durch die Luftabwehr vor und wurden damit zu einer leichten Beute der israelischen Jagdbomber. Daraufhin ging die israelische Armee zum Angriff in der Suez-Kanal-Zone über und

schaffte es, einen Großteil der ägyptischen Fliegerabwehr zu schlagen. Nachdem der Kanal überquert war, drangen die israelischen Panzer weit in ägyptisches Gebiet ein. Die Lage wendete sich für die Araber immer mehr zum Schlechten hin. Am 20. Oktober spielte Saudi-Arabien eine politische Karte und verkündete die Einstellung ihrer Erdöllieferungen an den Westen. Es war bereits Zeit für eine Feuereinstellung, die auch seitens der Supermächte befürwortet wurde. Der Waffenstillstand trat am Abend des 22. Oktober in Kraft, aber die Israelis ignorierten ihn und setzten ihre Militäroperationen fort, um die 3. ägyptische Armee im Sinai einzuschließen. Erst das letztliche Eingreifen der Amerikaner brachte die Israelis am 24. Oktober dazu, den Waffenstillstand zu akzeptieren.

251 Mitte Eine israelische McDonnell Douglas F-4E der „Bat Squadron" bei der Landung. Die Phantom II war eines der wichtigsten Flugzeuge für die Chel Ha'Avir, die ab 1969 über 230 Exemplare erworben hatte. Im Jahr 2004 hat Israel die letzten F-4 aus dem Dienst genommen.

251 unten Eine MiG-23 mit libyscher Kennzeichnung. Während des Kriegs im Libanon 1982 mussten die Israelis auch gegen die neuen MiG-23 der syrischen Luftwaffe ankämpfen.

Vom Gesichtspunkt der Luftfahrt aus betrachtet verloren die Araber in 19 Kampftagen nicht weniger als 440 die Israelis dagegen 120 Flugzeuge. Trotz des Vorteils ihres Überraschungsangriffs waren die ägyptischen und syrischen Streitkräfte nicht in der Lage gewesen, den Feind zu überwältigen, und waren – nachdem sie die Initiative einmal verloren hatten – zum Rückzug gezwungen gewesen.

Der Jom-Kippur-Krieg bestätigte noch einmal die neuen Aspekte des Luftkriegs, die zum Teil auch schon während des Vietnam-Kriegs deutlich geworden waren. Zuallererst war es klar geworden, dass die neuen sowjetischen Fliegerabwehrsysteme weitaus wirksamer und gefährlicher waren, als von den westlichen Analytikern vorausgesehen wurde. Zweitens wurde die Wichtigkeit der Bekämpfung der gegnerischen Fliegerabwehr deutlich – besonders dank der Verwendung von Systemen der elektronischen Kampfführung, den speziell dafür bestimmten Waffen sowie neuen Taktiken; drittens konnten sich im Bereich der Luft-Boden-Angriffe die neuen präzisen Bomben gut behaupten. Außerdem erschienen auf dem Schlachtfeld zum ersten Mal pilotenlose Flugzeuge (RPV), die für Aufklärung, Beobachtung und Täuschungsmanöver eingesetzt wurden und sich in zukünftigen Kriegen als immer wichtiger erweisen sollten. Auf politischer Stufe hatte auch dieser Krieg keine der Probleme lösen können, die an die Koexistenz zwischen Arabern und Juden gebunden waren. Die israelischen Streitkräfte hatten sich vom militärischem Standpunkt aus als überlegen erwiesen, das heißt in der Ausbildung, im Kampfeinsatz und den operativen Fähigkeiten.

Auch nach dem Jom-Kippur-Krieg begannen beide Gegner wieder mit der Aufrüstung; die Araber griffen auf das sowjetische Arsenal – besonders die Jäger MiG-23 und MiG-25 – zurück, während die Israelis weiterhin von den Amerikanern mit Kriegsmaterial versorgt wurden. Doch die israelische Luftfahrtindustrie fuhr gleichzeitig damit fort, ein nationales Jagdflugzeug zu entwickeln,

das auf der Original Nesher basierte. Mit dem Erwerb der Phantom hatte Israel auch Zugang zu dem Triebwerk General Electric J79, das weitaus moderner und stärker war als das Atar 9C. Man beschloss also, einen neuen Jäger mit verbesserten Flugleistungen zu konstruieren, bei dem die Zelle der Nesher mit dem neuen Triebwerk kombiniert werden sollte. Die Arbeiten am Entwurf des neuen Jägers begannen wahrscheinlich schon 1969, und der erste Flug dieser Maschine, die später Kfir genannt wurde, fand im Sommer 1973 statt; vorangegangen waren Entwicklungsarbeiten, bei denen unter anderem auch eine zweisitzige Mirage IIIB mit J79-Triebwerk benutzt wurde. Die ersten Kfir C1 wurden am 14. April 1975 eingeführt, und im selben Jahr begannen auch die Lieferungen der ersten 40 Serienexemplare. Natürlich verfügte die Kfir auch über eine spezialisierte Avionik aus israelischer Produktion, in der ein telemetrischer Radar, ein Missions-Computer und elektronische Gegenmaßnahmen enthalten waren. Im darauf folgendem Jahr erschien das Modell C2 (zusammen mit dem Zweisitzer TC2), das durch die Anbringung von zwei Canard-Flügeln entlang der Lufteinläufe charakterisiert war; dadurch wurde die Steuerbarkeit des Flugzeugs beträchtlich gesteigert. Die Kfir C2 hatte eine Länge von 15,5 m, eine Spannweite von 8,2 m und eine maximale Startmasse von 14 570 kg. Das Triebwerk J79-GE-17 produzierte mit Nachbrenner 8120 kp Schubkraft und ermöglichte (ohne Außenlasten) eine Höchstgeschwindigkeit von Mach 2,3 (ca. 2440 km/h). Die Bewaffnung bestand aus zwei 30-mm-Kanonen und bis zu 4000 kg Waffenlast. 1983 wurden auch die Modelle Kfir C7 und TC7 entwickelt. Diese Flugzeuge verfügten über eine neue Avionik, weitere zwei Außenlaststationen für die externe Waffenlast und ein stärkeres Triebwerk; die gesamte Waffenzuladung erreichte nun bis zu 6000 kg. Insgesamt hat Israel über 240 Kfirs in verschiedenen Versionen gebaut (einige Modelle wurden unter der Benutzung alter Flugzeuge umgebaut). Darin enthalten sind auch über 40 Modelle, die nach Ecuador, Kolumbien und Sri Lanka exportiert wurden. Die IAI brachte auch die Kfir 2000 (auch C10 genannt) auf den Markt, die mit modernster Avionik und einer Luftbetankungsfunktion ausgestattet war und von Ecuador (als KFir CE) und Kolumbien (Kfir COA) übernommen wurde. Die Kfir wurde hauptsächlich als Jagdbomber benutzt und bald wurden ihr bereits zwei neue Flugzeuge an die Seite gestellt: 1976 die F-15A/B (und später die Versionen C/D), und 1980 die F-16A/B (auch hier später die C/D).

Dank dieser Erwerbungen wurde die Chel Ha'Avir in den Achtzigerjahren zur stärksten Luftwaffe im ganzen Nahen Osten – eine Position der Vorherrschaft, die von drei Militäroperationen bestätigt wurde. Bei der ersten handelte es sich um die Bombardierung des irakischen Kernreaktors von Osirak – eine vorbeugende Aktion, die im Juni 1981 ausgeführt wurde und darauf zielte, die Herstellung von Atombomben im Irak zu verhindern. Es war eine schwierige und komplexe Operation, da man gezwungen war 1100 km außerhalb von Israel zu fliegen, dabei die Gebiete Jordaniens und möglicherweise Saudi-Arabiens überquerte, das Ziel beschoss und wieder zur Basis zurückkehrte. Dank der Neuanschaffung der F-16A wurde diese Aktion möglich gemacht. Vier Jahre später bestätigte Israel erneut seine Kapazität, weit entfernte Ziele zu treffen, indem deren Luftwaffe das Hauptquartier der Terrororganisation PLO in Tunesien beschoss – über 1950 km von Tel Aviv entfernt. In diesem Fall wurden acht F-15C- und D-Jets benutzt, die über Luftbetankungssysteme verfügten und

252 oben Eine F-15C Baz der Israeli am Start. Das Flugzeug ist seit 1976 im Dienst und wurde mehrfach überarbeitet..

252 unten Eine Kfir C2 beim Flug über den Sinai. Durch die Realisierung des Jagdflugzeugs Nesher konnte die israelische Industrie den hervorragenden Multifunktionsjäger Kfir produzieren. Die Maschine flog zum ersten Mal 1973.

wahrscheinlich auch Präzisionswaffen benutzten.
Die dritte Mission, welche die Fähigkeiten der Chel Ha'Avir bestätigte, war die Operation „Frieden für Galilea". Es handelte sich dabei um die Invasion des südlichen Libanons, die gestartet wurde, um die Aktionen Syriens in dem Land zu behindern und die PLO-Terrorbasen zu neutralisieren. Nach dem Ausgleich mit Ägypten im Westen und der Unterzeichnung des Abkommens von Camp David 1978, dem die Rückgabe der Halbinsel Sinai an Ägypten folgte, wurde Syrien zum Hauptgegner Israels. Nach der Ermordung des israelischen Botschafters am 4. Juni 1982 in London wurde die Luftoffensive gestartet und zwei Tage später folgten auch die Bodenangriffe. Die größten Luftkämpfe entwickelten sich über dem Beka'a-Tal, wo die israelischen Jagdbomber F-4, A-4 und Kfir die syrischen Luftabwehr-Stellungen und Truppenpositionen angriffen, während die F-15 und F-16 in Sicherungsmissionen bei Luftduellen beschäftigt waren. Am 10. Juni wurde eine Übereinkunft zur Feuereinstellung erreicht, die tatsächlich die Beendigung der Luftkämpfe zur Folge hatte; doch die Bodenkämpfe entlang der libanesischen Küste und in Beirut wurden noch für mehrere Monate weitergeführt. Das Ergebnis der Luftkämpfe war erstaunlich: In zwei Tagen hatte Syreien 85 Jagdflugzeuge MiG-21 und MiG-23 verloren, während die israelischen Luftstreitkräfte vollkommen intakt geblieben waren. Die syrischen Verluste beliefen sich insgesamt auf 92 Flugzeuge; dagegen standen ein Dutzend Flugzeuge und Hubschrauber der Chel Ha'Avir, die aufgrund eines Fliegerabwehrangriffs verloren wurden. Die Gründe dieser überwältigenden Überlegenheit sind wieder einmal mit der höheren Qualitätsstufe der israelischen Mannschaften und Maschinen zu begründen. Die Israelis waren in der Lage, hervorragende Aufklärungs- und Angriffstaktiken gegen die feindliche Fliegerabwehr anzuwenden – teilweise auch dank des Gebrauchs von ferngesteuerten Flugzeugen (RPV), elektronischen Kampfmitteln sowie spezieller Raketenbewaffnung. Außerdem spielten die kürzlich erworbenen Radar-Flugzeuge Grumman E-2C Hawkeye (zwei davon waren ständig in der Luft) sowie die Boeing 707 als Mittel der Aufklärung und elektronischen Kampfführung eine entscheidende Rolle. Sie versorgten die Jägerpiloten mit einer globalen, präzisen und zeitnahen Situationssicht, indem sie die syrischen Jäger, sobald sie von ihren Heimatbasen gestartet waren, identifizierten. Ferner waren die amerikanischen Flugzeuge in der Lage, die Kommunikations- und Identifikationssysteme des Feindes zu neutralisieren.
Seit 1982 war die Chel Ha'Avir nicht mehr dazu gezwungen, einen wirklichen Krieg auf breiter Ebene auszutragen. Dennoch bewirken die fortwirkenden Motive des arabisch-israelischen Konflikts – die heutzutage vor allem aufgrund der Rechtshoheit über Jerusalem und die besetzten Gebiete wachgehalten werden –, dass der Frieden noch in weiter Ferne bleibt. Die israelischen Flugzeuge werden außerdem weiterhin in isolierten Präventivschlägen oder Vergeltungsangriffen gegen die terroristischen Kräfte eingesetzt. Angesichts weiterer Krisenlagen wie dem Golfkrieg 1991, der permanenten Feindseligkeit seitens einiger Länder wie Syrien und Iran und des Aufkommens neuer islamischer Regierungen in der Region hatte die israelische Luftwaffe ständig daran gearbeitet, ihr Spitzenniveau in Bezug auf das Ausbildungsprogramm und die Technologie beizubehalten. So wurde eine Reihe Flugzeuge auf den neuesten technischen Stand gebracht (wie die F-16 und die F-15); außerdem wurden neue Flugzeuge und Waffensysteme von absolut höchster Qualität erworben. Mit ihren Multifunktions-Jägern F-15I und F-16I, den Bomben und Präzisionsraketen stellt die Chel Ha'Avir eine der stärksten und am besten vorbereiteten Luftstreitkräften der Welt dar. Dabei handelt es sich um die Mehrzweckkampfflugzeuge F-15I (eine Weiterentwicklung der F-15E der US-Luftwaffe), die 1998 in Dienst gestellt wurden, und um die Lockheed Martin F-16I, das neueste Modell des erfolgreichen US-Kampfflugzeugs, das seit 2003 im Einsatz ist und von dem 102 Einheiten angeschafft wurden. Darüber hinaus sind seit 1990 Boeing AH-64 Apache-Kampfhubschrauber im Einsatz, darunter das fortschrittliche Modell D, das 2005 nach Israel geliefert wurde, sowie eine ganze Reihe neuer Präzisionswaffen, die hauptsächlich in Israel hergestellt wurden, wie die Raketen Python, Derby, Delilah und Popeye sowie die Spice-Bomben. Hinzu kommen hochentwickelte unbemannte Flugzeuge wie die Heron und die Hermes sowie Flugzeuge für Krieg und elektronische Aufklärung wie die Gulfstream G550 CAEW und die G.5. Das neueste Juwel in der Krone der israelischen Luftwaffe ist die Lockheed F-35I Adir, die 2016 in Dienst gestellt wurde und bereits erfolgreich in realen Einsätzen eingesetzt wurde.
Dank ihrer fortschrittlichen Ausbildung und dieser neuen Waffensysteme ist die israelische Chel Ha'Avir weiterhin eine der stärksten und am besten vorbereiteten Luftstreitkräfte der Welt.

253 oben Eime israelische AH-64A Apache bei einer Flugdemonstration. Dieser Hubschrauber wurde verschiedenen Updates unterzogen und wind jetzt auch im Antiterrorkampf eingesetzt.

253 unten Die F-16I ist das madernste Modell der F-16, das Israel verwendet. Seit 2003 wurden 102 Exemplare gekauft und auf vier Staffeln verteilt.

Kapitel 20

Die großen Passagierflugzeuge

In den Fünfzigerjahren hatten die Vereinigten Staaten mit Flugzeugen wie der Boeing 707 und der Douglas DC-8 die Vorherrschaft im Bereich der Linienflugzeuge erlangt. Im darauf folgenden Jahrzehnt wurde diese technologische und finanzielle Übermacht verstärkt, unter anderem durch die Einführung ausgezeichneter Kurz- und Mittelstreckenflugzeuge sowie die Entwicklung des größten Verkehrsflugzeugs – des Jumbo-Jets. Darauf antwortete Europa mit der Concorde, die zwar als technologisches Wunder angesehen werden kann, jedoch kein kommerzieller Erfolg werden sollte.

Bis Ende der Fünfzigerjahre befand sich die Luftbeförderung in ständiger Expansion und um die Marktbedürfnisse zu befriedigen – vor allem in den Vereinigten Staaten – benötigten die Fluggesellschaften Düsenflugzeuge, die für Mittel- oder Kurzstreckenflüge geeignet waren. Während das erste Flugzeug von diesem Typ, die Caravelle, in Europa entworfen und gebaut wurde, kamen die wichtigsten und einflussreichsten Projekte auf diesem Gebiet wieder einmal von den amerikanischen Kolossen Boeing und Douglas.

Boeing benötigte relativ lange für die Entscheidung, einen kleineren Jet als die 720 – die eine kürzere und leichtere Version der 707 war – zu produzieren. 1957 wurden schließlich die Arbeiten an dem Projekt begonnen. Es war keine leichte Aufgabe, da die bestimmenden Fluggesellschaften der Vereinigten Staaten unterschiedliche Anforderungen stellten und sich nicht auf ein bevorzugtes Format einigen konnten. Jedenfalls sollte das Flugzeug von kurzen Landebahnen aus operieren können, da diese in den USA und auf der ganzen Welt am weitesten verbreitet waren. Boeing beschloss daraufhin, ein dreistrahliges Flugzeug mit identischer Konfiguration zur De Havilland DH.121 zu produzieren: drei Heck-Triebwerke und und T-Leitwerke. Der von Boeing festgesetzte Verkaufspreis (maximal drei Millionen Dollar – wie die Caravelle) führte zu weiteren Schwierigkeiten bei der Entwicklung. Boeings Forschungen führten schließlich zur Realisierung des Modells 727 – einem Flugzeug, das in der Geschichte der Luftfahrt seine Spuren hinterlassen sollte. Die 727 besaß drei Hauptmerkmale; die Flügel hatten ein innovatives System von vielfach aufgeteilten Klappen, die die Sinkgeschwindigkeit beträchtlich reduzierten und es somit möglich machten, dass das Flugzeug auf bis zu 1500 Meter kurzen Landebahnen operieren konnte. Die Maschine wurde außerdem von den neuesten Zweikreistriebwerken Pratt & Whitney JT8 angetrieben, die kostengünstiger und ruhiger als alle anderen Triebwerke waren und mehr Leistung erbrachten, da sie pro Triebwerk eine Schubkraft von über 6000 kp gewährleisteten. Der Rumpf besaß außerdem dieselbe Breite wie derjenige der 707 – dadurch konnten 120 Reisende bequem aufgenommen werden. Durch diese Lösung wurden ferner auch die Herstellungskosten reduziert – und damit auch der endgültige Verkaufspreis. Trotz allem stellte sich bald heraus, dass der Preis der 727 die festgelegte Grenze um gut 30 Prozent überschreiten würde. Der Boeing-Präsident Bill Allen, der von der Qualität des Entwurfs vollkommen überzeugt war, ging wieder ein Risiko ein und genehmigte die Produktion der 727, obwohl bislang nur Bestellungen und Optionen für 80 Flugzeugen vorlagen. Die erste 727 aus der Serienproduktion flog zum ersten Mal am 9. Februar 1963 bei der United Airlines. Es war ein ausgezeichnetes Flugzeug, das sogar die Erwartungen der Firma übertraf – besonders was

Treibstoffverbrauch und Nutzlast betraf. Die 727 besaß eine Spannweite von 32,9 m eine Länge von 46,6 m und eine maximale Startmasse von 95 000 kg (beim Modell 727-200 Advanced). Dieses Grundmodell wurde mehrfach modifiziert und verbessert und blieb bis Anfang der Achtzigerjahre in Produktion. Insgesamt wurden über 1800 Exemplare gebaut und in Amerika sowie weltweit verkauft.

Auch Douglas wollte mit den Arbeiten an einem Kurzstreckenflugzeug beginnen. Ende der Fünfzigerjahre hatte die kalifornische Firma ihr Projekt für ein viermotoriges Flugzeug (die DC-9) gestrichen, doch gleichzeitig bereits die Arbeiten an dem zweistrahligen Flugzeug (Model 2011) eingeleitet. Erst einige Jahre später beschloss die Gesellschaft das Projekt, das für vielversprechender gehalten wurde, konkret in Angriff zu nehmen und bezeichnete es nun wieder mit dem seinerzeit ungenutzt gebliebenen Namen DC-9. Bereits einen Monat nach der Douglas-Ankündigung hatte Delta Airlines einen Vertrag über den Kauf von 15 Exemplaren unterschrieben. Die DC-9 war mit einer Länge von 31,82 m kleiner als die B.727 und konnte höchstens 90 Passagiere aufnehmen; sie wurde von zwei Pratt & Whitney JT8D-Triebwerken (mit je 5557 kp Schubkraft) angetrieben und besaß ebenfalls ein T-Leitwerk. Die Stärken der DC-9 lagen in der auf zwei Piloten reduzierten Flugzeugbesatzung sowie niedrigeren Wartungs- und Kraftstoffkosten. Am 8. Dezember 1965 kam die DC-9 Serie 10 (die erste der Flugzeugreihe) bei der Delta in den operativen Flugdienst.

Die DC-9 sollte schon bald zum populärsten Kurzstrecken-Flugzeug werden. Sie erwies sich als einer der wandlungsfähigsten Maschinen-Entwürfe: Nachdem die Entwicklung bis zur Serie 50 weitergeführt worden war (mit immer stärkeren Triebwerken und verlängertem Rumpf), hat man das Flugzeug 1977 überarbeitet und „Super-80" genannt. Ab 1983 wurde es dann zur MD-80, wobei verschiedene Versionen entwickelt (MD-81, 82, 83, 87, 88, 90, 95, Boeing 717) und bis 2006 produziert wurden. Einschließlich aller Modelle wurden insgesamt über 2500 Exemplare hergestellt.

In der Zwischenzeit beschäftigte sich auch Boeing mit der Realisierung eines Kurzstreckenflugzeugs, das zwei Triebwerke erhalten und ökonomischer als die B-727 sein sollte. Ein großer Beitrag während der Entwicklungsphase des neuen Flugzeugs wurde von der Lufthansa geleistet, die das Flugzeug angefordert und darauf bestanden hatte, dass die Maschine mindestens 100 Passagiere befördern müsse. Im Februar 1965 wurde das Model 737 offiziell angekündigt. Die Entwicklung war vom Vorgängermodell 707 beeinflusst, von dem der Entwurf der Leitwerke übernommen wurde, und 727, mit dem es gut 60 Prozent der Komponenten gemeinsam hatte, wie die Außenform (der Rumpf war fast derselbe), die Bordsysteme und die Flügelmerkmale. Die 737 wurde von zwei Triebwerken vom Typ Pratt & Whitney JT8D-7 mit je 6350 kp Schubkraft angetrieben, die unterhalb der Flügel angebracht waren. Es handelte sich um die gleichen Triebwerke, mit denen auch die DC-9-30 ausgestattet war. Der Prototyp der 737-100 führte am 9. April 1967 seinen ersten Flug durch und die Lufthansa konnte bereits im Februar 1968 damit beginnen, die Maschine für Linienflüge einzusetzen.

Aufgrund der schnellen Entwicklung im Bereich der Luftbeförderung zu jener Zeit verkündete Boeing, dass sie eine neue, verlängerte Version produzieren würde: Das Modell 737-200 war 1,83 m länger und konnte bis zu 130 Passagiere befördern. Das Flugzeug wurde im April 1968 bei der United in Dienst gestellt. Die Boeing 737 war kein sofortiger Verkaufserfolg, aber die Qualität des Entwurfs bewirkte, dass sich das Flugzeug nach verschiedenen Erneuerungen – vor allem hinsichtlich der Triebwerke und der Avionik – noch bis heute in Produktion befindet, und zwar in den Modellen der 737 Next Generation (Serien 600, 700, 800 und 900ER), von denen über 7300 an Fluggesellschaften in aller Welt ausgeliefert wurden.

Mit der Verbreitung von Kurz- und Mittelstreckenflugzeugen hatte sich der Luftverkehr Ende der 1960er-Jahre radikal verändert: Immer mehr Menschen benutzten nun das Flugzeug anstelle der Züge und die Linienflugzeuge starteten und landeten ununterbrochen auf den großen Flughäfen wie London, Paris, Chicago, Los Angeles und New York. Die Zivilluftfahrt hatte eine Form angenommen, von der sie noch bis heute gekennzeichnet ist.

254 oben *Eine Douglas DC-9-30 der spanischen Fluggesellschaft Iberia. Die DC-9 flog zum ersten Mal 1965, und der Basisentwurf wird mit den entsprechenden Änderungen noch heute als Boeing 717 angeboten.*

254 unten *Eine schöne Frontansicht der zweistrahligen Boeing 737 der jüngsten Generation. Um die Kosten senken zu können, versuchte man beim 737-Entwurf gut 60 % der Komponenten der 727 beizubehalten.*

255 oben *Eine Boeing 727 der Cruzeiro Fluggesellschaft über den Rocky Moutains. Über 1800 Exemplare dieses Düsenflugzeugs wurden gebaut, aber nur sehr wenige davon sind heute noch im Einsatz.*

255 unten *Eine McDonnell Douglas MD.80 der Aerolineas Argentinas beim Start. Dieses Modell wurde 1977 als DC-9 Super 80 eingeführt und verfügt über neue Flügel, Leitwerke und Triebwerke; es konnten bis zu 170 Passagiere aufgenommen werden.*

In den frühen Sechzigern erschienen außerdem zwei großartige Luftfahrt-Projekte, die zur Produktion von kontrastierenden Flugzeugen führten. Beide Maschinen waren jedoch außergewöhnliche Produkte für jene Zeit und sollten in die Geschichte der Luftfahrt eingehen. Wieder einmal handelte es sich um einen technologischen und ökonomischen Wettkampf zwischen Europa und Amerika. Frankreich und Großbritannien zielten auf die Geschwindigkeit und beschlossen, ein Überschall-Passagierflugzeug herzustellen; die Vereinigten Staaten legten die Hoffnungen dagegen in die Tragfähigkeit.
Es war das Jahr 1962, als die zwei europäischen Länder an demselben Projekt für ein hochtechnologisches Überschall-Passagierflugzeug arbeiteten, das die amerikanische Hegemonie im Bereich der Luftbeförderung brechen sollte. Es wurde bald klar, dass nur durch ein gemeinsames Herangehen die Kosten eines so anspruchsvollen Vorhabens in Grenzen gehalten werden könnten und das Projekt somit reale Möglichkeiten auf Erfolg haben würde. Die Übereinkunft (Anglo-French Supersonic Aircraft Agreement) wurde von den beiden Regierungen unterzeichnet, die sich auch dazu verpflichteten, das gesamte Projekt zu finanzieren. Die teilnehmenden Firmen – Sud Aviation in Frankreich und die BAC in England – hatten somit kein Kapital zu verlieren. Nachdem das Programm verkündet worden war, begannen sich die amerikanischen Unternehmen zu beunruhigen. Dank durchgeführter Schätzungs-Studien wussten sie bereits, dass der Entwurf und der Bau eines Überschall-Linienflugzeugs aufgrund der Kosten von einer einzigen Gesellschaft nicht unternommen werden konnte. Die großen amerikanischen Flugzeughersteller hatten das Projekt somit schon aus ihren zukünftigen Programmen gestrichen.
Das neue Flugzeug wurde „Concorde" genannt – ein Name, der in Anbetracht der einstigen Rivalität zwischen Frankreich und England gut geeignet schien. Die Arbeiten an den beiden Prototypen – einer für jede Firma – begannen schon 1963.
Vom technischen Gesichtspunkt aus war die Concorde eine wahre Herausforderung. Die gewählte Außenform wies einen 62 Meter langen, schlanken Rumpf und Deltaflügel auf, welche die Flugleistungen sowohl in Überschall- als auch in den niedrigeren Start- und Lande-Geschwindigkeiten optimieren sollten. Immerhin würde die Concorde mit einer Geschwindigkeit von 285 km/h auf der Landebahn einfliegen – ungefähr so schnell wie ein F-104-Jäger! Um einen optimalen Anstellwinkel zu ermöglichen, wurde an dem Flugzeug eine bewegliche Nase angebracht: Sie konnte bei der Landung abgesenkt werden, um damit dem Piloten eine bessere Vordersicht zu ermöglichen. Unter den weiteren bemerkenswerten Charakteristiken der Concorde war die Höchstgeschwindigkeit, die bei einer Reiseflughöhe von 15 600 m bis zu Mach 2,2 (das heißt 2320 km/h) betragen sollte. Aufgrund dieser Beanspruchung konnte die Zelle aus Aluminium gebaut werden und musste nicht aus dem viel teurerem, rostfreien Stahl oder Titan erzeugt werden – Materialien, die bei höheren Geschwindigkeiten aufgrund der durch die Luftreibung entstehenden Wärme notwendig gewesen wären. Den Antrieb der Concorde sollten vier mit Nachbrenner ausgestattete Strahltriebwerke leisten, die paarweise unter den Flügeln montiert werden sollten. Die Triebwerke Rolls-Royce/SNECMA

256-257 Die Concorde. Mit ihrer schlanken Nase, der extremen Außenform sowie der unglaublichen Geschwindigkeit war das Flugzeug eine Revolution für die Verkehrsluftfahrt.

256 unten links Eine Concorde der British Airways beim Start von Heathrow im Juni 2001. Die Concorde flog zum ersten Mal 1969. Bis heute wurden nur 20 Exemplare produziert.

257 unten Die sowjetische Antwort auf die Concorde war die Tupolew Tu-144, die ihrem Rivalen äußerst ähnlich war. Auf der Fotografie vom Mai 1969 ist eine Veranstaltung in Moskau zu sehen, bei der das neue Flugprojekt vorgestellt wird.

Die zweite Tu-144-Prototyp flog auf einer Pariser Flugveranstaltung am 4. Juni 1973, stürzte jedoch ab und riss die sechs Passagiere in den Tod. Die Tu-144 war schneller als die Concorde, wurde jedoch nie zu einem Spitzenflugzeug.

Olympus 593 Mk.610 wurden speziell für dieses Flugzeug gebaut und versorgten die Maschine mit einer außergewöhnlich hohen Schubkraft von jeweils 19 300 kp (mit Nachbrenner). Die Concorde besaß eine maximale Startmasse von 185 Tonnen, während die Reichweite – dank den mit ca. 155 000 Litern Kraftstoff gefüllten Tanks – 6230 km betrug.

Während die Entwicklungsarbeiten fortgeführt wurden, begannen einige Schatten auf das Programm zu fallen. Nach Aussage der Gesellschaften war das Flugzeug zu klein – aber das war noch das harmloseste Problem: Die Planer verlängerten den Rumpf um 2,5 m, sodass die Gesamtzahl der Passagierplätze auf 136 gesteigert wurde. Doch es gab zwei größere Probleme. Das erste betraf den Lärm beim Starten sowie den Überschallknall, die das Flugzeug bei jedem Flug begleiten würden; es ergab sich daraus das Risiko, dass viele Städte der Maschine die Landeerlaubnis aus Rücksicht auf die Öffentlichkeit verweigern würden. Das zweite Problem bezog sich auf den Verkauf. Die ersten Schätzungen hatten einen Markt identifizieren können, bei dem ca. 160 bis 400 Exemplare im Verlauf von etwa 20 Jahren zu verkaufen sein würden. Im März 1967 waren jedoch gerade einmal 74 Optionen – also noch nicht einmal Festbestellungen – von 16 Gesellschaften eingegangen, unter denen natürlich die Air France und die BOAC waren. Die Zukunft schien ungewiss, doch die Concorde war auch ein Symbol von nationalem Stolz der beiden Länder und so wurde das Projekt trotz einiger Zweifel (vor allem seitens der Engländer) weitergeführt. Der französische Prototyp führte unterdessen am 2. März 1969 erfolgreich seinen ersten Unterschallflug durch.

In der Zwischenzeit waren auch in den Vereinigten Staaten interessante Dinge geschehen. Als sich die Nachricht verbreitete, dass auch die Sowjetunion an einem Überschall-Zivilflugzeug (der Tupolew Tu-144) arbeitete, erweckte das erneut das Interesse – und den Stolz – der Amerikaner. Der Kongress billigte den Entschluss, der die Finanzierung von 75 % der Kosten eines amerikanischen SST-Projekts (Supersonic Transport) vorsah – dies genügte, um die USA wieder ins Spiel zu bringen. Außerdem hatte Boeing in Bezug auf eine Spezifikation der USAF für ein großes, neues Transportflugzeug (der C-5) eine Niederlage gegen Lockheed hinnehmen müssen und beschloss nun (auch auf Druck der Pan Am), wenigstens einen Vorteil aus dem abgelehnten Entwurf zu ziehen: sie modifizierte die Maschine somit in ein großes Verkehrsfluguzeug, das zweieinhalbmal so viele Passagiere wie die B-707 befördern konnte.

In Amerika bewarben sich Boeing, Lockheed und North American um das SST-Programm, und im Dezember 1966 fiel die Wahl der Regierung auf das Projekt von Boeing. Doch schon bald traten technische Probleme auf, die vor allem das übermäßig hohe Gesamtgewicht betrafen. Als dazu außerdem noch die übertrieben hohen Kosten bekannt wurden, erweckte das Projekt den Widerspruch der öffentlichen Meinung. Diese Probleme führten zu der unvermeidlichen Streichung des SST-Projekts seitens der Regierung am 20. Mai 1971.

Währenddessen verliefen die Dinge für Boeings Modell 747 schon viel besser. Das riesige Verkehrsflugzeug war 70 m lang, fast 20 m hoch (vergleichbar einem sechsstöckigem Gebäude), hatte eine Masse von über 283 Tonnen und ein Gesamtflächenausmaß von knapp einem halbem Hektar. Den Antrieb leisteten vier Triebwerke vom Typ Pratt & Whitney JT9D, von denen jedes einzelne 18 500 kp Schubkraft lieferte. Oberflächlich betrachtet schien die 747 ein vergrößertes Modell der 707 zu sein; doch das Hauptmerkmal der Maschine war gerade der Rumpf; die Kabine war gut 6,13 m breit und vom Heck bis zur Nase über 56 m lang, die Pilotenkabine und das Abteil der ersten Klasse waren in den „Buckel", in das obere Deck verlegt worden. Aufgrund der Breite seines Rumpfs hatte man das Flugzeug mit der Bezeichnung „wide body" versehen, die von da an für alle Großraum-Verkehrsflugzeuge, die das Merkmal einer erhöhten Passagierkapazität und eines besonderen Raumkomforts aufwiesen, verwendet werden sollte.

Nachdem Boeing genügend Aufträge seitens der Pan Am, der Lufthansa und von Japan Air Lines erhalten hatte, verkündete das Unternehmen am 25. Juli 1966 den Baubeginn des neuen Flugzeugs. Doch auch hier musste eine Reihe von Problemen bewältigt werden. Je weiter man mit der Herstellung vorankam, desto schwerer wurde das Flugzeug; da Boeing außerdem keine genügend große Fabrikhalle besaß, in der die Maschine zusammengesetzt werden konnte, musste eine neue in Everett, im Staat Washington, gebaut werden. Nachdem diese Schwierigkeiten gelöst worden waren, konnte die neue Boeing 747 für ihren ersten Flug vorbereitet werden, der schließlich am 9. Februar 1969 stattfand – einen Monat vor dem Jungfernflug der Concorde. Die Pan Am eröffnete den Linienverkehr mit der 747 am 22. Januar 1970 auf der Strecke New York-London. Dank einer Reihe von Hinweisen der Pan Am wurde der Entwurf noch leicht verändert, bevor er endgültig Form annahm. Die definitive Version der 747 besaß eine größere Flügelspannweite, ein modifiziertes Fahrwerk sowie eine maximale Startmasse, die auf 308 Tonnen erhöht worden war. Aufgrund ihrer Dimensionen wurde die 747 allgemein als „Jumbo Jet" bekannt.

Doch nach kurzer Zeit stieß man wieder auf Schwierigkeiten. Zuallererst waren die Triebwerke nicht stark genug, so dass die Piloten dazu gezwungen waren, öfter viel zu hohe Motordrehzahlen einzustellen; dadurch wurden Überhitzungen verursacht, die zu Reparaturen und höheren Instandhaltungskosten führten. Die Reisenden waren anfangs nicht sehr begeistert von dem Flugzeug, da die Probleme in den Triebwerken Verspätungen verursachten und die Borddienste (Verpflegung und Toilettenraum) noch nicht an die Zahl der Passagiere angepasst worden waren (in der normalen Konfiguration konnten fast 400 Personen befördert werden). Letztlich waren auch die Flughäfen nicht ausreichend darauf eingestellt, ein derartig großes Flugzeug aufnehmen zu können – besonders bei der Gepäckabfertigung wurde dieser Mangel spürbar. Nach und nach wurden die Probleme jedoch gelöst, doch was die Triebwerke betraf, musste man sich etwa zwei Jahre gedulden, bis schließlich das neue Aggregat JT9D-3A erschien. In demselben Jahr wurde Boeing auf ein anderes Problem aufmerksam: 1970 hatte die Firma 190 Bestellungen von 28 Fluggesellschaften erhalten, doch das war nicht genug, um die Entwicklungskosten des Flugzeugs zu decken; ferner standen nun aufgrund der zugespitzten Wirtschafts- und Erdölkrise alle Fluggesellschaften vor

258-259 Das unverwechselbare Vorderprofil des „Jumbo-Jets“ zeichnet sich durch die Pilotenkanzel auf dem oberen Deck aus. Das Modell 747-400 kann 568 Passagiere befördern.

259 oben Mit über 1500 gebauten Einheiten wurde die B-747 auch zu modernen Versionen wie der 747-8I und der 747-8F weiterentwickelt.

259 unten Eine Boeing 747-400 der britischen Virgin Atlantic. Die 747 wurde aufgrund ihrer riesigen Ausmaße „Jumbo“ genannt und flog zum ersten Mal 1969.

größeren Problemen. Erst am Ende der Ölkrise und des daraus folgenden Wirtschaftsaufschwungs konnte Boeing mit den Bestellungen für die 747 wieder an Boden gewinnen und endlich erleichtert aufatmen. Bis 1983 hatte Boeing bereits 588 Exemplare der 747 geliefert.
Der Grundentwurf war in der Zwischenzeit ständig Verbesserungen unterzogen worden, die zur Entwicklung von verschiedenen Versionen führten: das Modell 747-200B war versehen mit den je 22 680 kp schubstarken Triebwerken JT9D-7FW und besaß eine maximale Startmasse von 365 Tonnen; die verkürzte Version 747SP war besonders gut für extrem lange Flüge geeignet. Es folgten noch die 747-300 und schließlich die 747-400. Dieses letzte Modell verfügt über die Triebwerke PW4056 mit 25 651 kp Schubkraft (bzw. ähnlichen Triebwerken von General Electric oder Rolls Royce), besitzt eine maximale Startmasse von 397 Tonnen, verfügt über 13 464 km Reichweite und eine Kapazität von 568 Passagieren. Die neuesten auf den Markt gebrachten Versionen sind die 747-8I für Passagiere und die 747-8F für Fracht, die 2011 zertifiziert wurden. Insgesamt wurden 1574 Jumbo Jets gebaut, die Produktion wurde 2023 eingestellt.

In Europa hatte währenddessen die Streichung des SST-Programms sowie das Scheitern der Tupolew 144 zu einer neuen Sicherheit bei den Concorde-Verantwortlichen geführt: Trotz der Schwierigkeit des Projekts konnte man sich sicher sein, dass keine Konkurrenz mehr zu fürchten war. Nun musste man sich einzig und allein um den Verkauf des Flugzeugs bemühen, was jedoch leichter gesagt als getan war. 1971 trafen fünf Bestellungen der BOAC und vier der Air France ein. Das war natürlich besser als nichts – doch dazu muss auch bemerkt werden, dass die staatlichen Gesellschaften von Großbritannien und Frankreich zum Kauf des Überschalljets beinahe verpflichtet waren. Es war daher notwendig, dass eine der weltweit größten Gesellschaften das Flugzeug orderte, damit alle anderen maßgeblichen Firmen von dem Potenzial des Projekts überzeugt würden. Die Concorde-Verantwortlichen beschlossen, sich auf die namhafte Pan Am zu konzentrieren, doch diese Gesellschaft zog sich zurück. Trotz der Perspektiven, die das Projekt bot, beschloss Pan Am, keine Risiken einzugehen: Die Concorde war zu teuer (mit 65 Millionen Dollar kostete der Jet dreimal so viel wie die 747) und auch die Flugtickets wären für den größten Teil der Passagiere zu teuer gewesen.
Um für die Kapazitäten der Concorde zu werben, organisierte man weltweit Vorführ-Touren und war dazu entschlossen, so bald wie möglich mit der Linienflugtätigkeit zu beginnen.
Der reguläre Dienst der Concorde begann in der Tat am 21. Januar 1976 mit einem Flug der Air France von Paris nach Buenos Aires sowie einem British Airways-Flug (der Nachfolgerin der BOAC) von London nach Bahrain. Die Schwierigkeiten betreffend der Landeerlaubnis in den Vereinigten Staaten wurden schließlich bewältigt und die Flüge nach New York und Washington begannen daraufhin wenige Monate später. Leider hatten beide Gesellschaften von Beginn an starke Schwierigkeiten, die Sitzplätze zu füllen, und sogar die Nordatlantikstrecken lagen im roten Bereich. Letztendlich hatte keine der Gesellschaften, die Optionen für die Anschaffung der Concorde abgegeben hatten, die Maschine auch tatsächlich

260-261 Eine McDonnell-Douglas DC-10 der Iberia bei einer Landung. Die USAF wählte dieses Flugzeug 1977 als ihren zukünftigen Transport/Tanker aus. Es wurden 60 Exemplare erworben – die Maschine nannte man KC-10A Extender.

260 unten Eine Lockheed L-1011 TriStar der Air Canada in der Landephase. Dieses Flugzeug wurde Ende der Sechzigerjahre auf eine spezielle Anfrage der America Airlines hin entworfen: ein Großraum-Jet (wide-body) mit großem Aufnahmevermögen für Mittel- und Kurzstreckenflüge.

261 unten Eine McDonnell Douglas MD-11 der Japan Air Lines bei einer Landung. Das Modell erschien 1990 als verbesserte Version der McDonnell Douglas DC-10 und verfügt über neue Triebwerke, neue Avionik und einen verlängerten Rumpf.

erworben; ausschließlich Frankreich und England würden die Concorde einsetzen – die beiden Länder, in denen das Flugzeug gebaut wurde. Es wurden nur 16 Exemplare gebaut, von denen jedes einzelne gut 500 Millionen Dollar kostete. Auch wenn die Lage sich in den Achtziger- und Neunzigerjahren ein wenig besserte, so blieb die Concorde doch nur ein außergewöhnliches Prestige-Symbol für die Fluggesellschaften sowie für die wenigen privilegierten Passagiere, die das Flugzeug benutzt haben. Ein tragischer Unfall mit einer Concorde der Air France im Juli 2000 markierte den Anfang vom Ende für dieses großartige Flugzeug, das am 26. November 2003 endgültig aus dem Dienst genommen wurde.

Inzwischen wurde mit dem Jumbo-Jet der Weg für eine neue Generation von Großraum-Jets frei gemacht. Aufgrund der Erhöhung des Luftverkehrsaufkommens benötigten die Gesellschaften geräumigere Flugzeuge für die Kurz- und Mittellangstreckenflüge. Auf Anfrage der American Airlines hin entstanden zwei neue Maschinen. McDonnell-Douglas (aus der Übernahme von Douglas durch McDonnell aus St. Louis hervorgegangen) bot die DC-10 an, die am 29. August 1970 zum ersten Mal flog. 1967 präsentierte Lockheed die L-1011 Tristar; das Flugzeug startete zum ersten Mal am 16. November 1970. Beide Typen waren dreistrahlige Linienflugzeuge, die über Kurz-Landefähigkeiten verfügten und die Möglichkeit besaßen, ca. 300 Reisende in dem Wide-body-Rumpf zu befördern. Trotz anfänglicher Verkaufserfolge gerieten beiden Modelle in eine wirtschaftliche Stagnation, unter anderem aufgrund der allgemeinen Krise in der Luftfahrt Mitte der Siebzigerjahre. Insgesamt wurden 250 Exemplare der Tristar gebaut – doch das genügte nicht, um die Entwicklungskosten des Flugzeugs decken zu können. Der DC-10 widerfuhr ein besseres Schicksal: Die Maschine wurde 1990 durch die MD-11 ersetzt, einer verbesserten Version mit neuer Avionik, verlängertem Rumpf und neuen Triebwerken. Das Flugzeug blieb bis zum Jahr 2000 in Produktion, insgesamt wurden 646 Einheiten hergestellt, darunter auch ein Modell für das Militär, die KC-10.

In Europa sollte nun ein neues Kapitel der Zivilluftfahrt beginnen. Die neu entstandene Airbus Industrie (1970 von Frankreich, Großbritannien und Deutschland gegründet, um auf die europäischen Luffahrtbedürfnisse einzugehen) widmete sich der Realisierung der A300 – eines Großraum-Jets für Mittel- und Kurzstrecken. Dieses Flugzeug war aber nur das erste einer außergewöhnlichen Reihe von Linienflugzeugen.

Kapitel 21

Die Jagdflugzeuge der Siebzigerjahre

In den Siebzigerjahren erschien eine neue Generation von Kampfflugzeugen. Sie entstanden infolge der Übungen und Erfahrungen, die während der letzten Kriege gewonnen wurden (besonders dem Vietnam- und dem Jom-Kippur-Krieg); doch auch die Verfügbarkeit neuer Technologien und Fortschritte, die auf dem Gebiet der Informatik gemacht wurden, förderten die Entwicklung der neuen Maschinen. In den 1970er-Jahren zwangen die Strategien des Kalten Kriegs und die enorme zahlenmäßige Überlegenheit, welche die Streitkräfte des Warschauer Pakts aufboten, die Vereinigten Staaten dazu, sich auf die Qualität ihrer Verteidigungskräfte zu konzentrieren. Amerika musste den technologischen Unterschied zwischen dem Westen und der UdSSR ausnutzen: Der US-Militärapparat sollte in der Lage sein, allen erdenklichen Angriffen aus dem Osten erfolgreich entgegenzutreten.

Die Vereinigten Staaten – das führende Land in der Luftfahrt – führten während der Siebzigerjahre eine Anzahl von Jäger-Typen ein, die in verbesserten Ausführungen noch bis heute das Rückgrat der amerikanischen Luftstreitkräfte sowie bei einer Vielzahl der alliierten Länder darstellen. Der erste Typ war der neue Luftüberlegenheits-Jäger, der aufgrund einer Ausschreibung von 1968 (Programm VFX) für die US Navy entworfen wurde. Nach der Streichung der Grumman F-111B sollte er als Ersatz für die F-4 Phantom II operieren. 1969 wurde Grumman zum Sieger des Wettbewerbs erklärt. Der vorgeschlagene Entwurf enthielt einige wesentliche Merkmale der F-111B, wie zum Beispiel die schwenkbaren Tragflächen, die Triebwerke und das Waffensystem, welches auf dem Langstreckenradar AWG-9 und auf den Raketen AIM-54 Phoenix basierte.

262 Eine F-14A Tomcat beim Tiefflug über dem eigenen Flugzeugträger. Grumman baute insgesamt 712 Exemplare von diesem Flugzeug. Die einzigen Exportexemplare wurden an den Iran im Zeitraum zwischen 1976–1978 geliefert (80 Maschinen).

263 oben Ein Paar von Grumman F-14B Tomcats der Staffel VF-103 beim Flug über dem Ozean. Dieser Jäger wurde 1972 in den Dienst eingeführt und gilt noch heute – trotz seines baldigen Rückzugs – als außergewöhnliches Flugzeug.

Das erste Exemplar des Flugzeugs – genannt F-14A Tomcat – flog am 21. Dezember 1970. Es war ein Zweisitzer mit Tandem-Cockpit, der sich durch einen extrem breiten Rumpf mit zwei gut voneinander getrennten Triebwerken, zwei Seitenleitwerken und vollständig beweglichen Höhenleitwerken auszeichnete. Die Zweikreis-triebwerke Pratt & Whitney mit je 9480 kp Schubkraft und Nachbrenner ermöglichten eine Höchstgeschwindigkeit von Mach 2,34 (ca. 2485 km/h). Das Flugzeug besaß eine Spannweite zwischen 19,5 m (kleinste Pfeilung) und 10,1 m (maximale Pfeilung), war 19,1 m lang und erreichte eine maximale Startmasse von über 31 940 kg. Die Bewaffnung enthielt neben der 20-mm-Kanone Vulcan bis zu acht Raketen, unter denen die Typen AIM-9 Sidewinder, AIM-7 Sparrow und AIM-54 Phoenix waren. Die Haupt-Waffenkombination umfasste weiterhin das Radargerät AWG-9, das über eine Reichweite von mehr als 300 km verfügte und mit der Phoenix-Rakete verbunden war (ausgestattet mit einem eigenen Radar), die selber eine Reichweite bis zu 130 km besaß. Mit dieser Waffenausstattung konnte die Tomcat den Schiffen der Flotte in einer Weise Schutz liefern, wie es das kein anderes Flugzeug jener Jahre vermochte, und brachte die Luftfahrt der US Navy auf einen ausgezeichneten Stand.

Während der Entwicklungsphase wurden drei Flugzeugexemplare verloren – darunter war auch der erste Prototyp, der neun Tage nach seinem Jungfernflug abstürzte. Doch die Tomcat war eine gelungene Maschine und die Lieferungen an die Frontlinieneinheiten begannen im Oktober 1972. Zwei Jahre später unternahm das Flugzeug seine erste operative Kreuzfahrt, zusammen mit den VF-1 und VF-2, die auf der USS Enterprise eingeschifft waren. Der Iran war das einzige Land, in welches zwischen 1976 und 1978 (noch unter der Regierung des Schah von Persien) 79 Exemplare der Tomcat exportiert wurden.In den Achtzigerjahren wurden neue Versionen des Flugzeugs entwickelt, mit dem Ziel, die Mängel

bei der Kraftstoffzufuhr zu beheben und die Avionik-Systeme neu zu bearbeiten. 1987 flog die erste F-14B (ursprünglich bekannt unter F-14A Plus); das Modell besaß die neuen Triebwerke General Electric F110-GE-400 mit 12 200 kp Schubkraft und neue Avionik. 1990 wurde die F-14D eingeführt, die mit denselben Triebwerken, digitalen Avioniksystemen sowie einem neuen Radar APG-71 ausgestattet war. Diese beiden Modelle wurden sowohl als völlig neue Maschinen als auch unter der Benutzung älterer F-14A-Zellen gebaut. Seit 1997 kann ein Teil der Tomcat-Flotte auch für Bombenangriffsmissionen eingesetzt werden; dies dank der Entwicklung von LANTIRN-Pods (Low-Altitude Navigation and Targeting Infra-Red for Night) für Navigation, Angriffe und lasergeführte Bewaffnung; diese Flugzeuge wurden „Bombcat" genannt. Insgesamt wurden 712 Tomcats produziert, und die letzten verbliebenen Einheiten wurden im September 2006 aus dem Dienst der US-Marine genommen, nachdem sie sich unter anderem in den beiden Kriegen in Afghanistan und im Irak durchweg bewährt hatten.

Mitte der Sechzigerjahre hatte sich auch die USAF bereits Gedanken um einen Nachfolger für die F-4 gemacht und führte dafür das Programm F-X ein. 1969 wurde der Entwurf von McDonnell-Douglas zum Sieger des Wettbewerbs erklärt: Die Firma hatte einen Maschine vorgestellt, die sich vollkommen

263 unten Ein Waffenmeister bei der Installation von 250-kg-Bomben GBU-12 an der Unterseite einer F-14D der Staffel VF-213 während der Operation Enduring Freedom im November 2001.

von der F-4 unterschied und besonders innovativ war. Die Flügelform ähnelte derjenigen der Phantom, doch die neue F-15A Eagle besaß einen niedrigen und breiten Rumpf mit zwei geraden Seitenleitwerken und rechteckigen Lufteinlässen mit variabler Geometrie. In der großen Nase war das breite, einsitzige Cockpit untergebracht, das dem Piloten eine ausgezeichnete Sicht ermöglichte und mit einem HUD-System (Head-Up Display) und HOTAS-Steuerung (Hands On Throttle and Stick) ausgestattet war. Das erste von 20 Vorserien-Exemplaren flog am 27. Juli 1972; die Maschine erwies sich sofort als ein außergewöhnliches Flugzeug, das sich leicht steuern ließ und weitaus wendiger als die Phantom war.

Im November 1974 begannen die ersten F-15A und die zweisitzigen TF-15A (später umbenannt in F-15B) in der Luke Airforce Base ihren Dienst. Die ersten Exemplare, die einer operativen Abteilung – dem 1st TFW zugewiesen sein sollten, trafen dagegen erst 1977 ein. Die F-15A hatte eine Spannweite von 13 m, ein Länge von 19,5 m und die maximale Startmasse lag bei 25 400 kg. Die beiden Zweikreistriebwerke Pratt & Whitney lieferten je 10 850 kg Schubkraft mit Nachbrenner und ermöglichten damit eine Höchstgeschwindigkeit von Mach 2,5 (ca. 2 650 km/h). Die Haupt-Bewaffnung bestand aus vier Luft-Luft-Raketen AIM-9 und vier AIM-7 sowie einer 20-mm-Kanone Vulcan. Ferner konnten bis zu 7250 kg weiterer Außenlasten (Kraftstoffbehälter oder Bomben und Raketen) mitgeführt werden. Als Luftüberlegenheitsjäger war die F-15 das erste Jagdflugzeug, das ein ausgeglichenes bzw. positives Schub/Gewicht-Verhältnis besaß, was es ihm erlaubte, mit außergewöhnlicher Geschwindigkeit (und wenn nötig auch im Senkrechtflug) zu steigen.

Trotz dieser Leistungen flog bereits 1979 das Nachfolger-Modell F-15C (F-15D in der Zweisitzer-Version). Die Maschine verfügte über größere Kraftstoffbehälter, neue Avionik und kam auf eine maximales Startmasse von 30 840 kg. Ferner besaß die F-15C die Möglichkeit, die CFT-Zusatztanks zu benutzen, die an den Seiten angebracht waren. Im Verlauf der weiteren Entwicklung des Flugzeugs erschienen auch die neuen Triebwerken F100-PW-220. Das Nachrüst-Programm MSIP (Multi-Stage Improvement Program) wurde 1983 eingeführt und erst an der F-15C sowie darauf folgend am Modell A angewandt. Die Modifikationen umfassten einen neuen Hauptcomputer, ein neues Feuerleitsystem (das unter anderem die Verwendung der neuen Luft-Luft-Raketen AIM-120 AMRAAM ermöglichte), Verbesserungen am Radar APG-63 sowie neue elektronische Verteidigungs- und Kampfsysteme.

Die F-15 wurde auch nach Israel, Saudi-Arabien und Japan (gebaut unter Lizenz von Mitsubishi) exportiert.

Mit der F-15 Eagle besaß die USAF ein Flugzeug, das weltweit keine Konkurrenten zu fürchten hatte. Der Basis-Entwurf, der ursprünglich vor allem für den Luftkampf bestimmt war, hatte außerdem bewiesen, dass er auch für die Entwicklung einer Multifunktions-Version geeignet war; sie wurde von Grumman im Auftrag der Air Force für einen Dual-Role-Jäger hin entworfen. Die erste F-15E Strike Eagle flog am 11. Dezember 1986; im Wesentlichen handelte es sich um ein zweisitziges Modell F-15, das mit CFT-Tankbehältern, neuer Missionsavionik (darunter dem Radar APG-70) und den Triebwerken F100-PW-229 (mit je 13 200 kp Schubkraft) ausgerüstet war.

Die maximale Startmasse war bis auf 36 740 kg gesteigert worden – davon konnten gut 11 110 kg in Form von Außenlasten mitgeführt werden. Die Besatzung bestand aus einem Piloten und einem Waffen-Systemoffizier, doch die Strike Eagle behielt auch die Fähigkeiten eines Luftüberlegenheitsjägers wie ihr Vorgängermodell.

Das Flugzeug wurde 1988 bei der USAF in Dienst gestellt. Seitdem wurden mehr als 237 Exemplare geliefert; dazu kamen die abgeleiteten Versionen F-15I für Israel (25 Flugzeuge) und F-15S und SA für Saudi-Arabien (72 + 84 Exemplare), die F-15SG für Singapur (24 Flugzeuge), die F-15K für Südkorea (61 Maschinen) und die F-15QA für Katar (37 Exemplare). Das SA-Modell bildete die Grundlage für die Entwicklung der Mehrzweckversion F-15EX, die mit modernerer Avionik und den neuesten Waffen ausgestattet ist und von der US-Luftwaffe als Ersatz für die alten F-15C der Air National Guard angeschafft wurde. Das erste Exemplar wurde 2021 ausgeliefert, insgesamt sollen mehr als 100 Exemplare angeschafft werden. Bis heute wurden insgesamt bereits mehr als 1700 F-15 produziert. Viele davon werden aufgrund der Verlängerung ihrer Lebensdauer und der Einführung neuer Technologien wie dem Active Electronically Scanned Array (AESA)-Radar noch viele Jahre lang als Frontflugzeuge eingesetzt werden.

264 oben Eine F-15A der Nationalgarde von Hawaii beim Sturzflug. Die Eagle kann bis zu acht Luft-Luft-Raketen AIM-120, AIM-7 und AIM-9 laden.

264 unten rechts Zwei Jagdbomber F-15E Strike Eagle des 3rd Wing (USAF) beim Abfeuern von Luft-Luft-Raketen AIM-7M Sparrow. Dieses Eagle-Modell ist ein wahres Mehrzweck-Flugzeug und kann sowohl bei Angriffs- als auch bei Luftkampfoperationen eingesetzt werden.

265 oben Auf dieser Flugfotografie einer F-15A Eagle ist deutlich der aerodynamische Aufbau des Flugzeugs zu erkennen: große Flügel, doppeltes Seitenleitwerk und vollständig bewegliche Schwanzflächen hinter den Triebwerken.

264-265 Ein Multifunktions-Jäger Boeing F-15E des 48th FW (USAF) – vom Cockpit des Weapon System Officers eines Zwillingsflugzeugs aus gesehen. Die F-15 bietet ihren Piloten eine hervorragende Sicht.

1971 gab die Air Force das Startzeichen für einen weiteren Wettbewerb – diesmal für ein Projekt, das LWF (Light Weight Fighter) benannt wurde. Die USAF verlangte einen kleinen, einstrahligen, einsitzigen Multifunktions-Jäger, den sie neben der F-15 aufbieten konnte; ferner sollte das Modell ökonomischer sein und einen Teil der F-4- und A-7-Geschwader ersetzen können. Die Projekte YF-16 von General Dynamics und YF-17 von Northrop wurden in die engere Wahl aufgenommen, aber zum Sieger wurde im Januar 1975 schließlich der General Dynamics-Entwurf erklärt. Die YF-16 flog zum ersten Mal bereits am 20. Januar 1974. Obwohl es eine kleine Maschine war, erwies sie sich sofort als ein ein äußerst fortschrittliches Jagdflugzeug mit enormem Potenzial. Die aerodynamischen Außenformen waren besonders futuristisch. Zum ersten Mal wurde computergesteuerte Fly-by-Wire-Steuerung benutzt, wobei der Pilot mit einem Side-Stick steuerte. Die Schleudersitze waren um 30 Grad nach hinten geneigt, um den G-Kräften besser entgegenwirken zu können, während das kleine, vollständig aus Glas konstruierte Kabinendach eine extrem gute Sicht bot. Auch in diesem Fall war das Schub/Gewicht-Verhältnis besser als 1:1. Die F-16 war äußerst wendig und schnell – jedoch in einem solchen Ausmaß, dass sogar die ersten Fälle von Piloten bekannt wurden, die bei abrupten oder unerwarteten Manövern das Bewusstsein verloren.
Die F-16A flog zum ersten Mal 1976, während das erste Einsatzkommando das Flugzeug im Jahr 1978 auf der Luke Air Force Base erhielt. In der Zwischenzeit war die F-16 bereits in die Geschichte eingegangen, dank der Unterzeichnung des sogenannten „Jahrhundert-Vertrags" 1975, der die Flugzeugwahl von vier NATO-Ländern betraf: Belgien, Holland, Dänemark und Norwegen hatten 500 Exemplare der F-16A/B angefordert, um damit die eigenen F-104G zu ersetzen. Die F-16A hatte eine Spannweite von 9,4 m, eine Länge von 14,5 m und kam auf eine maximale Startmasse von 16 050 kg, wobei sie Außenlasten von bis zu 6900 kg mitführen konnte. Das Triebwerk war ein Pratt & Whitney F100-PW-100 mit 10 850 kp Schubkraft (identisch mit demjenigen der F-15A) und trieb den Jäger zu einer Höchstgeschwindigkeit von Mach 2 an. Das Modell F-16C (bzw. D in der Zweisitzer-Version) erschien 1983 und verfügte über ein neues Radarsystem APG-68, neue Avionik und eine verstärkte Struktur, die es möglich machte, die maximale Startmasse auf über 17 000 kg zu erhöhen. Die F-16C Block 30 war die erste Version, bei der unter anderem die Möglichkeit gegeben war, zwischen dem Triebwerk General Electric F110-GE-100 (mit 12 700 kp Schubkraft) und dem Pratt & Whitney F100-PW-220 (10 850 kp Schubkraft) zu wählen. Ferner erfuhr das Flugzeug Verbesserungen in der Avionik und Bewaffnung (Luft-Luft-Raketen AIM-120 AMRAAM). 1986 erhielt General Dynamics einen Vertrag für die Überarbeitung von 270 F-16A-Exemplaren der Nationalgarde. Diese ADF-Spezifikation sah verschiedene Modifikationen vor: die Installation eines neuen Funksystems, neue APG-66 Radarkapazitäten sowie die Möglichkeit, die Raketen AIM-7 und AIM-120 abzufeuern.
Das neueste Modell, das sich gegenwärtig in Produktion für die USAF befindet, ist der Block 50/52; dieses Modell verfügt über fortschrittliche Avionik, ein Triebwerk F100-GE-129 mit 13 200 kp Schub, eine auf 19 185 kp erhöhte maximale Startmasse sowie die Möglichkeit die modernsten Waffen, Navigations- und Angriffssysteme zu nutzen. Die F-16 (später Fighting Falcon genannt), die seit 1993

266 oben Zwei F-16CJ des 35th FW präsentieren die eigene Hauptbewaffnung, die aus einer AGM-88 HARM Antiradar-Rakete besteht. Der F-16C Block 50 mit HTS-Pods ist spezialisiert für die Ausschaltung der feindlichen Luftabwehr.

266 unten Die Lockheed-Martin F-16 Fighting Falcon ist der meistverwendete und modernste Jäger der Welt. Hier ist das hintere Cockpit einer F-16D der Nationalgarde von South Carolina zu sehen.

266-267 Die F-16 ist ein Multifunktions-Jäger, der sowohl im Luftkampf als auch in Angriffsmissionen zu fürchten ist. Diese F-16C der USAF fliegt über die „no-fly zone" Iraks und ist bewaffnet mit lasergelenkten GBU-12 Bomben sowie den Luft-Luft-Raketen AIM-120 und AIM-9M.

267 unten Die Falcon ist ein Flugzeug von sagenhafter Steuerbarkeit. Diese F-16C des 52nd Wing der USAF verfügt über zwei Rauch-Behälter, die das aufsehenerregende Manövrieren während einer Airshow noch unterstreichen.

ein Lockheed-Martin-Projekt ist, wird ständigen Verbesserungen unterzogen und wurde weltweit in ca. 26 Länder exportiert. Die neuesten Modelle der Serie sind die F-16E/F Block 60 und die F-16I Block 70/72, während das Unternehmen 2012 die Version F-16V mit AESA-Radar und Avionik der neuesten Generation vorstellte. Mittlerweile wurden über 4700 F-16 produziert, und man kann mit Sicherheit sagen, dass die Falcon einer der erfolgreichsten und am weitesten verbreiteten Kampfjets aller Zeiten ist.

Ein weiteres amerikanisches Flugzeug, das in demselben Zeitraum entwickelt wurde, war die Fairchild-Republic A-10 Thunderbolt II, die ihren ersten Flug am 10. Mai 1972 vollbrachte. Die Maschine wurde aufgrund der Spezifikation A-X der USAF entworfen. Darin wurde ein neues Flugzeug für die taktische Unterstützung (Close Air Support) gefordert, das vor allem dazu bestimmt sein splte, eventuelle Bedrohungen sowjetischer Panzertruppen in Europa einzudämmen. Anfang 1973 wurde die YA-10 gegenüber dem Entwurf YA-9 von Northrop zum Sieger erklärt. Die ersten Serienmodelle der A-10A konnten 1976 in Dienst gestellt werden. Im Hinblick auf die Aerodynamik handelte es sich um ein besonders innovatives Flugzeug, bei dem Feuerkraft und Überlebensmöglichkeiten über alle traditionellen Charakteristiken von Jagdflugzeugen gestellt wurden. Die Maschine besaß weite, gerade Flügelflächen sowie zwei über dem Rumpf angebrachte Triebwerke, die von den Flügeln und den Schwanzflächen mit doppeltem Seitenleitwerk geschützt wurden. Das Titanum-Cockpit war ausreichend gepanzert, um 23-mm-Geschossen standhalten zu können; die fest angebrachte Bewaffnung bestand aus einer riesigen Gatling GAU-8A Avanger-Kanone mit sieben rotierenden 30-mm-Läufen, mit der problemlos Panzerwagen durchlöchert werden konnten. Mit den beiden Zweikreistriebwerken General Electric TF34-GE-100 (je 4110 kp Schubkraft) konnte die A-10A eine Höchstgeschwindigkeit von 700 km/h erreichen. Die Flügelspannweite betrug 17,5 m und die Länge 16,3 m, während die maximale Startmasse bei 23 590 kg lag. An Waffenlast konnten bis zu 7257 kg an elf Außenlaststationen mitgeführt werden. Nachdem die Bedrohung in Form des Warschauer Pakts und der Sowjetunion verschwunden war, wurde die A-10A für unbrauchbar erklärt (alle 716 Exemplare waren für die USAF gebaut worden). Nach den Einsätzen im Golfkrieg 1991 sowie den NATO-Luftoperationen im ehemaligen Jugoslawien zwischen 1993 und 1999 sowie nach seinem Einsatz bei der Operation Enduring Freedom in Afghanistan wurde es neu bewertet. Obwohl viele Flugzeuge ausgemustert wurden, wurde die A-10A (für Forward Air Control-Missionen als OA-10A bezeichnet) dank des Modernisierungsprogramms „Precision Engagement Upgrade Program" (PEU) verbessert, das 2005 begann und 356 Einheiten des Modells A-10C umrüstete, indem sie mit neuen Tragflächen, neue digitale Avionik, Zielbehälter und neue hochpräzise Waffen ausgestattet wurden.

268-269 Zwei A-10A beim Abwerfen von Wärme-Täuschkörpern gegen Infrarot-Sprengkopfraketen. Die A-10 kann bis zu 7257 kg verschieden zusammengesetzter Waffenlast tragen.

269 oben Die Konstruktion der A-10A basierte auf taktischen Erwägungen: hoch angelegte Motoren, die von doppelten Leitwerken abgeschirmt sind, gerade Flügel für eine maximale Steuerbarkeit beim Tiefflug sowie ein aufgerichtetes Cockpit mit gepanzerter Nase.

269 unten Die Fairchild-Republic (heute Northrop-Grumman) A-10A Thunderbolt II wurde Ende der Sechzigerjahre als taktisches Unterstützungsflugzeug für die USAF eingeführt. Ihr Hauptmerkmal war die 30-mm-Panzerabwehrkanone GAU-8A Gatling mit sieben rotierenden Läufen.

Natürlich arbeitete auch die Sowjetunion in den Siebzigerjahren an der Neugestaltung der eigenen Luftflotte und führte Flugzeuge ein, deren Entwürfe aus den Kriegserfahrungen und den Anforderungen der sowjetischen Luftwaffe hergeleitet wurden. Die neuen Maschinen sollten den operativen Fähigkeiten der Vereinigten Staaten und der NATO gewachsen sein. Obwohl die MiG-21 ein Flugzeug mit hervorragenden Merkmalen war, fehlte ihr ein Waffensystem, das mit denjenigen der westlichen Maschinen konkurrieren hätte können; außerdem erkannte man die Notwendigkeit, das Steuerverhalten der Maschine zu verbessern. Darum wurde das Programm 23 eingeführt, das eine Reihe von neuen Komponenten enthielt: Saphir-23 Radar, ein analoger Computer AVM-23, Luft-Luft-Raketen R-23, usw. Es wurden zwei Prototypen gebaut: die 23-01 mit Deltaflügeln und die 23-11 mit schwenkbaren Tragflächen, die beide am 10. Juni 1967 zum ersten Mal flogen. Für die Serienproduktion wurde die zweite Version ausgewählt. Am 28. Mai 1969 startete somit die MiG-23S (bei der NATO als „Flogger-A" bekannt) zu ihrem Jungfernflug, war jedoch noch mit den Avioniksystemen der MiG-21 ausgerüstet. Das Flugzeug besaß ein Triebwerk R27F2M-300 mit 9990 kp Schubkraft und erreichte eine Geschwindigkeit von Mach 2,27. Die Zelle war besonders interessant, da sie mit den MiG-Traditionen brach. Die Lufteinlässe mit variabler Geometrie befanden sich an den Seiten des Rumpfs (ähnlich wie bei der Phantom), während unter dem Heck eine Stabilisierungsflosse angebracht war, die sich zusammenfaltete, sobald das Fahrwerk ausgefahren wurde. Die schwenkbaren Tragflächen (angeregt vom Entwurf der F-111) verbesserten die Start- und Landefähigkeiten, ohne jedoch die Fluggeschwindigkeit zu beeinflussen. Die Bodenangriffsversion MiG-23B flog zum ersten Mal am 20. August 1970. Dieses Modell besaß eine neue Nase ohne Radargeräte, feste Lufteinlässe, ein Triebwerk Ljulka AL-21F3 , eine verstärkte Zelle mit mit größeren Rädern, vereinfachter Avionik sowie weiteren kleineren Änderungen.

Die erste wahre MiG-23 war die M-Version, die im Juni 1972 zum ersten Mal flog und sofort in die Großserienfertigung gebracht wurde. Das Flugzeug besaß ein Triebwerk Sojus/Chatschaturow R29-300 (mit 12 500 kp Schubkraft), eine Höchstgeschwindigkeit von Mach 2,35 und eine maximale Startmasse von 20 670 kg. Die Spannweite lag zwischen 13,9 m (kleinste Pfeilung) und 7,8 m (maximale Pfeilung). Die MiG-23 war 16,7 m lang und verfügte über eine bis zu 2000 kg schwere Bewaffnung, die vorwiegend aus sechs R-23- und R-60-Raketen zusammengesetzt war. 1973 wurde das Angriffsmodell MiG-23BN in MiG-27 umbenannt und nach einer Produktion von 910 Exemplaren wurde die Serienproduktion 1983 nach Indien verlegt. Von dem Jäger-Modell wurden verschiedene Versionen entwickelt, darunter auch für den Export in befreundete Länder. Die Serie gipfelte in dem Modell MiG-23MLD (oder, wie es nach der NATO-Codebezeichnung genannt wurde, „Flogger-K"), das mit einem Triebwerk R-35-300 mit 13 000 kp Schubkraft versehen war und ferner ein Radargerät besaß, das auch für Nahkampfeinsätze geeignet war. Außerdem war ein Raketenziel-Sichtgerät Shchel 3-U auf dem Helmvisier des Pilotenhelms sowie den R-73-Raketen installiert. Bis 1985 wurden insgesamt 5047 Exemplare der MiG-23 gebaut; sie blieben bis 1994 im Dienst der UdSSR bzw. Russlands. Von der MiG-27 produzierte man dagegen insgesamt 1075 Exemplare. Die beiden Flugzeuge wurden nicht nur in Russland geflogen, sondern auch von anderen Luftstreitkräften aus über 20 Ländern benutzt und erfolgreich bei Kämpfen im Nahen Osten, Afghanistan, Angola und Indien eingesetzt.

Die MiG-25 war wiederum ein völlig anderes Flugzeug. Das Projekt wurde bereits Anfang der Sechzigerjahre eingeleitet, um auf die Bedrohung durch den amerikanischen interkontinentalen Überschallbomber XB-70 zu antworten, der sich damals noch in Entwicklung befand. Es wurden außergewöhnliche Flugleistungen von dem neuen Super-Abfangjäger gefordert: eine Höchstgeschwindigkeit von 3000 km/h, eine Gipfelhöhe von 20 000 m sowie eine Reichweite von 4000 km. Um diese Kriterien erfüllen zu

270 oben Der russische Jäger MiG-23 flog zum ersten Mal im Juni 1967. Bis 1985 wurden 5000 Exemplare der Abfangjägerversion gebaut.

270 unten Die MiG-25RBF erschien 1981 und ist die elektronische Aufklärungsversion des Jägers MiG-25P. Hier ist ein Exemplar der russischen Luftwaffe auf dem Stützpunkt von Finow zu sehen.

können, konzipierte das technische Büro MiG ein großes, einsitziges Flugzeug, das mit riesigen Zweikreistriebwerken und doppeltem Leitwerk am Heck ausgestattet sowie als Hochdecker mit Pfeilflügeln ausgelegt war. Der erste Prototyp E-155R-1 (das Aufklärer-Modell) flog zum ersten Mal am 6. März 1964, während der Abfangjäger E-155P-1 sechs Monate später erstmals startete. Obwohl sie nicht allen Forderungen gerecht werden konnte, erfüllte die Maschine doch die Hauptkriterien und wurde als Abfangjäger MiG-25P („Foxbat-A" für die NATO) am 13. Juni 1972 in Dienst gestellt. Diese Version war charakterisiert durch zwei Nachbrenner-Triebwerke vom Typ Sojus/Tumanski R-15B-300 mit je 11 200 kp Schubkraft mit Nachbrenner, die eine Höchstgeschwindigkeit von Mach 2,83 (ca. 3000 km/h) ermöglichten. Die Spannweite betrug 13,4 m, die Länge 21,5 m und die maximale Startmasse erreichte 41 000 kg. Das Waffensystem basierte auf einem Smerch-A Radar und vier R-40-Raketen.

Im Dezember 1972 wurde die Version MiG-25PD eingeführt. Diese Maschine war ausgerüstet mit Saphir-24 Radar, R-40D-Raketen und anderen Verbesserungen in der Avionik. Im selben Jahr wurde auch die MiG-25BM eingeführt, die für Einsätze zur Bekämpfung der feindlichen Luftabwehr bestimmt war. Die Haupt-Bewaffnung bestand aus vier Luft-Boden-Raketen KH-58.

Die Produktion der MiG-25 endete 1985 mit der Fertigstellung des 1186. Exemplars. Abfang- und Aufklärungsversionen wurden außerdem auch an einige befreundete Länder geliefert: Algerien, Irak, Libyen, Indien und Syrien. Heute sind weltweit lediglich noch wenige Einheiten im Einsatz, wobei es sich in erster Linie um Aufklärungsflugzeuge handelt. Die MiG-25 bildete auch die Basis für die Konstruktion eines neuen zweisitzigen Abfangjägers, der eine größere Reichweite sowie autonome Fähigkeiten haben sollte, um mehrere Ziele gleichzeitig anpeilen zu können.

270-271 Das Angriffsmodell MiG-23B wurde aus dem Abfangjäger MiG-23S entwickelt und flog zum ersten Mal 1970. Es handelte sich um ein einfaches Flugzeug ohne Radargerät an der Nase. 1973 wurde die Maschine in MiG-27 umbenannt und 1983 verlegte man die Produktion nach Indien. Hier sind zwei MiG-27 der indischen Luftwaffe zu sehen.

271 unten rechts Die MiG-25 erschien 1964 und war zu ihrer Zeit der schnellste Abfangjäger. 1994 wurde die Maschine von der Sowjetunion außer Dienst gestellt. Dies ist ein zweisitziges Übungsmodell MiG-25RU.

Das erste gebaute Exemplar wurde MiG-25MP genannt und flog zum ersten Mal am 16. September 1975. Im Dezember 1976 erschien das erste Vorserienexemplar MiG-31 (NATO-Bezeichnung „Foxhound"). Es war ein schwererer und stärkerer Jäger als die Foxbat. Das Flugzeug enthielt ein zweisitziges Tandem-Cockpit, ein verstärktes Fahrgestell sowie ein Zaslon-Radargerät, das zehn Ziele anvisieren und vier davon gleichzeitig angreifen konnte. Das Waffensystem bestand aus zwei R-40TD-Raketen sowie vier R-33-Raketen mit 120 km Reichweite. Die zwei Triebwerke Awiadwigatel/Solowjov D-30F-6 (15 500 kg Schubkraft mit Nachbrenner) ermöglichten eine Höchstgeschwindigkeit von 3000 km/h. Das Flugzeug besaß eine maximale Startmasse von 46 200 kg, eine Spannweite von 13,4 m und eine Länge von 22,7 m. Die MiG-31 wurde im Dezember 1981 in Dienst gestellt. Seitdem wurden über 500 Exemplare der Maschine gebaut. Die neue Version MiG-31M wurde 1986 eingeführt und war mit R-37-Raketen und Zaslon-M-Radar ausgerüstet. Die maximale Startmasse war auf ca. 52 000 kg gestiegen. Das Flugzeug mehr Kraftstoff mitführen und besaß stärkere Triebwerke. Aufgrund der Krise, die in den Neunzigerjahren die russische Luftfahrtindustrie getroffen hatte, wurden nur wenige Exemplare der MiG-31M gebaut. Mit der Verbesserung der wirtschaftlichen Lage Russlands ist zuletzt der Wunsch entstanden, diesen leistungsstarken Abfangjäger wiederzubeleben. Im Jahr 2011 unterzeichnete das Verteidigungsministerium einen Vertrag über die Aufrüstung von 60 Einheiten auf den MiG-31BM-Standard (konzipiert 1999 und aktualisiert 2005), der neue Avionik, das neue Zaslon-AM-Radar und neue K-37- und K-77-Raketen umfasst. Vor kurzem wurden diese Flugzeuge mit Kh-47M2 Kinzhal-Hyperschallraketen aufgerüstet.

Ein Nachfolger der MiG-23 als wichtigster Luftverteidigungsjäger wurde bereits 1969 in Erwägung gezogen; die sowjetische Regierung hatte

272 oben Ein zweisitziger Jäger MiG-31 beim Aufstieg in den Himmel über der Sowjetunion. Er ist mit seinen 3000 km/h der schnellste Abfangjäger der Welt.

272 unten Der Mehrzweckkampfflieger Sukhoi Su-30MK ist eine direkte Weiterentwicklung des zweisitzigen Su-27UB und sieht äußerlich sehr ähnlich aus.

die MiG-33 und MiG-35 für den Export, die Marineversion MiG-29K und die neueren Mehrzweckversionen MiG-29SM und SMT. Bis heute wurden über 1700 Einheiten produziert, die in 34 Ländern weltweit im Einsatz sind. Ein direkter Nachfolger der MiG-29 ist die MiG-35, die im Dezember 2016 ihren Jungfernflug absolvierte und 2023 in Dienst gestellt wurde.
Sukhoi hat auch eine Reihe herausragender Flugzeuge hergestellt, darunter den 1974 in Dienst gestellten Jagdbomber vom Typ Su-24 und die seit 1980 eingesetzte Su-25. Das interessanteste Flugzeug dieser Jahre war jedoch die Su-27, das Ergebnis des 1969 ins Leben gerufenen PFI-Programms zur Entwicklung eines neuen Hochleistungsjägers zur Sicherung der Luftüberlegenheit. Das Sukhoi-Projekt wurde als T-10 bezeichnet und absolvierte seinen Jungfernflug am 20. Mai 1977. Es handelte sich um ein großes Flugzeug mit aerodynamischen Lösungen, die vage denen der amerikanischen F-14 und F-15 ähnelten. Mit einer Spannweite von 14,6 m und einer Gesamtlänge von 22 m hatte das Serienflugzeug mit der Bezeichnung Su-27 ein maximales Startgewicht von 33 000 kg. Es wurde von zwei Saturn AL-31F-Turbofans mit einer Schubkraft von 12 500 kp angetrieben und erreichte eine Höchstgeschwindigkeit von etwa 2500 km/h. Die Nutzlast konnte bis zu 8000 kg Außenlast und bis zu 10 Luft-Luft-Raketen umfassen. Die Su-27 (von der NATO mit dem Codenamen „Flanker" bezeichnet) wurde 1984 in Dienst gestellt, gefolgt vom verbesserten Modell Su-27S, dem zweisitzigen Trainingsflugzeug Su-27UB und der Su-27K, der für Flugzeugträger bestimmten Version mit Klappflügeln und Fanghaken. Die Su-27 wurde als Basismodell Su-27SK/UBK in etwa ein Dutzend Länder exportiert, wobei insgesamt mehr als 600 Einheiten gebaut wurden. Die Su-27 wurde auch von China erworben und wird unter Lizenz als J-11 produziert.

eine Spezifikation für ein neues Jagdflugzeug herausgegeben, welches sich auf derselben technischen Höhe wie der amerikanische F-15 befinden sollte. Später wurde die Spezifikation in zwei Bereiche geteilt und die MiG-Ingenieure konzentrierten sich auf die Realisierung eines leichtgewichtigen Jägers; das Projekt wurde 1974 angenommen. Das Flugzeug war stark beeinflusst von dem amerikanischen F-15-Entwurf und besaß ein doppeltes Seitenleitwerk am Heck sowie rechteckige Lufteinlässe. Der erste Prototyp 9-01 flog erstmals am 6. Oktober 1977. Offiziell wurde das Flugzeug MiG-29 genannt, doch die NATO nannte es Ram-L. 1981 flog die zweisitzige Version MiG-29UB, und im darauf folgenden Jahr begann man bereits mit der Serienproduktion. Die ersten Lieferungen in die Jagdfliegerstaffeln fanden im August 1983 statt. Die MiG-29 – von der NATO letztlich als „Fulcrum-A" bezeichnet – war mit einem Paar Klimow/Sarkisow RD-33-Triebwerken ausgestattet, die mit Nachbrenner je 8300 kg Schubkraft produzierten und eine Höchstgeschwindigkeit von Mach 2,3 (ca. 2400 km/h) ermöglichten. Die maximale Startmasse betrug um die 22 000 kg; 2000 kg davon bildeten die externe Bewaffnung, die hauptsächlich aus bis zu sechs Luft-Luft-Raketen R-27, R-73 und R-60 sowie einer 30-mm-Kanone zusammengesetzt war. Auf Anforderung konnte die MiG-29 jedoch auch Bomben und Raketen für Bodenangriffe tragen. Das Radarsystem RLPK-29 besaß eine Reichweite von 70 km und war in der Lage, zehn Zielpunkte anzuvisieren und eines davon anzugreifen.
Die Fulcrum erwies sich schon bald als ein hervorragender Jäger, der sehr wendig war und auch extreme Angriffswinkel erreichen konnte. Besonders gefährlich war das Flugzeug in Bewegungskämpfen, vor allem aufgrund der Fähigkeit, die Raketen mittels eines im Helmvisier des Pilotenhelms eingebauten Sichtgeräts auf das Ziel zu lenken. 1992 wechselte man zur Produktion der MiG-29S; die Maschine besaß ein verbessertes Radarsystem, R-77-Raketen sowie eine auf 4000 kg erhöhte Waffenlast. Die MiG-29 wurde in weiteren 20 Varianten gebaut, darunter die MiG-29M,

273 oben *Ein MiG-29A-Kampfflugzeug der slowakischen Luftwaffe. Mehr als 1500 Exemplare wurden gebaut und von mehr als 25 Ländern weltweit eingesetzt.*

273 unten rechts *Eine MiG-31B beim Ausrollen nach der Landung mit noch angehängtem Bremsfallschirm. Von diesem Jäger wurden über 500 Exemplare gebaut; die Maschine kann bis zu zehn Raketen laden.*

274-275 Ein Abfangjäger ADV Tornado F Mk.3 der Royal Air Force. Dieses Flugzeug wurde aus dem Angriffsmodell IDS entwickelt, um die Erfordernisse der RAF zu erfüllen. Es flog zum ersten Mal 1979.

274 unten Eine italienische IDS Tornado in Desert-Storm-Ausführung startet vom Luftstützpunkt Gioia del Colle. Nach den Erfahrungen im Golfkrieg führte die italienische Luftwaffe das Modell ECR sowie Präzisionswaffen in den nationalen Dienst ein.

Ein weiteres wichtiges Kampfflugzeug wurde in jener Zeit noch entwickelt – diesmal jedoch nicht von einer der beiden Supermächte. Es handelte sich um ein Produkt aus Europa: Das multinationale Konsortium Panavia, das am 26. März 1969 von den wichtigsten Luftfahrtunternehmen aus Großbritannien, Deutschland und Italien gegründet worden war, hatte die neue Maschine gemeinsam entwickelt und gebaut. Das MRCA-Projekt (Multi-Role Combat Aircraft) umfasste sowohl die Realisierung eines neuen Kampfflugzeugs (sollte von BAC, MBB und Aeritalia konstruiert werden) als auch eines neuen Zweikreistriebwerks (beauftragt wurde das Drei-Länder-Konsortium Turbo Union). Im Wesentlichen handelte es sich um einen tief fliegenden Allwetter-Jagdbomber in Schulterdecker-Auslegung mit zweisitzigem Tandem-Cockpit, variabler Flügelgeometrie, zwei Triebwerken, großen Schwanzflächen mit einem einzigen Seitenleitwerk, sowie hochentwickelten Radar- und Avioniksystemen. Das Flugzeug nannte man PA-200 Tornado und der Prototyp P.01 führte am 14. August 1974 in Deutschland seinen ersten Flug durch. Die Exemplare aus der Vorserie waren 1977 flugfähig, während das erste Flugzeug der Serie IDS (Interdiction and Strike) im Juni 1979 an die Royal Air Force geliefert wurde. Die Flügelspannweite der Tornado lag zwischen 13,9 m (kleinste Pfeilung) und 8,6 m (größte Pfeilung). Das Flugzeug war 16,7 m lang und besaß eine maximale Startmasse von 28 000 kg – davon waren allein bis zu 9000 kg für externe Waffenlasten vorgesehen. Die Tornado wurde von zwei Zweikreistriebwerken RB.199 Mk.101 mit Nachbrenner angetrieben, die je 7250 kp Schubkraft produzierten, und konnte im Tiefflug eine Höchstgeschwindigkeit von 1480 km/h erreichen.

275 oben Die italienische Aeronautica Militare stellte nach 1982 hundert Tornado IDS in Dienst. Hier sieht man eine Reihe von Flugzeugen, die in den Operationen Desert Shield und Desert Storm eingesetzt wurden, vor ihrem Abflug aus Italien.

275 Mitte und unten Eine Tornado ADV der RAF beim Hochgeschwindigkeitsflug. Die Flügel sind soweit wie möglich nach hinten gepfeilt; durch die Luftfeuchtigkeit bildet sich an der Stelle, wo der aerodynamische Druck am höchsten ist, eine Wolke.

Die Basisversion IDS wurde später durch die Ausstattung mit spezieller Bewaffnung für Aufklärungs- und Anti-Schiffs-Einsätze optimiert. Insgesamt erhielt die RAF 229 IDS-Flugzeuge, Deutschland 332 und Italien 100. Um die britischen Anforderungen nach einem Abfangjäger zu erfüllen, entwickelte die Panavia die ADV (Air Defence Variant), die am 27. Oktober 1979 den ersten Flug durchführte. Es gab einige Hauptunterschiede: eine schlankere Aerodynamik aufgrund der Verlängerung des Rumpfs auf 18,6 m, ein weitreichendes Foxhunter-Radargerät, neue Avionik, Ausbau von einer der beiden 27-mm-Kanonen, sowie der Einbau eines neuen Triebwerks RB.199 Mk.104 (mit 7450 kp Schubkraft). Das Waffensystem der neuen Version war zusammen-gesetzt aus vier Sky-Flash-Mittelstreckenraketen und vier AIM-9 Kurzstreckenraketen. Die RAF erwarb schließlich 173 Exemplare der Tornado ADV, mit denen sie ihre Jäger F-4 Phantom ersetzte. Auch Italien benutzt die Tornado ADV, da 1995 24 Exemplare im Leasing erworben wurden. Die letzte Version der Tornado war die ECR-Variante (Electronic Combat Reconnaissance), die in erster Linie zur Bekämpfung von Flugabwehrsystemen eingesetzt wurde. Insgesamt wurden 35 Tornado ECR für die deutsche Luftwaffe gebaut (die 1990 in Dienst gestellt wurden) und 15 für die italienische Luftwaffe, die sie seit 1998 einsetzt. Die ECR verfügt über hochentwickelte elektronische Apparaturen für die Identifikation feindlicher Signale (ELS und RHWR) und besitzt eine spezielle Anti-Radar-Bewaffnung – darunter die Luft-Boden-Raketen AGM-88 HARM; außerdem enthält das Flugzeug das neueste Modell des RB.199-Triebwerks (Mk.105), das Schubkraft in Höhe von 7620 kp produziert. Insgesamt wurden 993 Tornados in verschiedenen Versionen gebaut; darin enthalten waren 96 IDS-Exemplare und 24 ADV, die nach Saudi-Arabien exportiert wurden. Die noch in Betrieb befindlichen Flugzeuge wurden Modernisierungsprogrammen unterzogen, um sie bis 2027 einsatzfähig zu halten, obwohl Großbritannien das Modell 2019 vollständig ausgemustert hat.

Die Dassault Mirage 2000 war das letzte unter den wichtigsten Jagdflugzeugen der Siebzigerjahre. Das Flugzeug (im Dezember 1975 von der französischen Regierung genehmigt) wurde entwickelt, um die Armée de l'Air mit einem Nachfolger für das Modell Mirage F.1 auszustatten. Der erste Prototyp des neuen Jägers flog am 10. März 1978; mit diesem Modell kehrte man wieder zu der Deltaflügel-Form zurück, die dank der Einführung des Fly-by-Wire-Steuersystems, neuen Feinheiten in der Gestaltung der Aerodynamik sowie einem fast ausgeglichenen Schub/Gewicht-Verhältnis erneut ihre Vorteile zeigte. Nach intensiven Entwicklungsarbeiten mit fünf Prototypen erwarb die französische Luftwaffe im November 1982 die ersten Exemplare des Serienmodells Mirage 2000C, das für Abfangmissionen optimiert worden war. Das Flugzeug war 14,6 m lang, besaß eine Spannweite von 9,1 m und eine maximale Startmasse von 10 860 kg. Die Triebwerke vom Typ SNECMA M53-5, produzierten 8550 kp Schubkraft und ermöglichten eine Höchstgeschwindigkeit von Mach 2,2 (ca. 2300 km/h). Das Waffensystem basierte auf einem Missions-Computer, Radarsystem Thomson-RDM CSF, bis zu vier Raketen Matra Super 530D und 550 Magic 2 sowie zwei 30-mm-Kanonen. Nach dem 38. Exemplar wurden alle darauffolgend gebauten Flugzeuge mit dem RDI-Radarsystem sowie einem Triebwerk vom Typ M53-P2 (9700 kp Schubkraft) ausgestattet; diese beiden Modifikationen trugen erheblich zur Verbesserung der Flugleistung bei.

1983 startete das Modell 2000N zu seinem ersten Flug. Diese Version wurde für Nuklear-Angriffsmissionen entwickelt und besaß ein Tandem-Cockpit (ein zweiter Sitz war für den Waffen-System-Offizier vorgesehen) sowie Radar und Avionik, die für Tiefflugoperationen optimiert wurden. Die 2000N bildete die Grundlage für das Modell 2000D, welches mit konventioneller Bewaffnung bestückt war. Die Avioniksysteme waren neu und es war außerdem möglich, hochentwickelte Präzisionswaffen anzuwenden. 1984 wurde die Mirage 2000E eingeführt; es handelte sich dabei um eine Exportversion der 2000C, jedoch mit Multifunktionsfähigkeiten. Schließlich folgte im Oktober 1990 der erste Flug des Modells 2000-5. Diese Maschine besaß ein neu entworfenes Cockpit mit Multifunktions-Bildschirmen und digitaler Instrumentierung, neues RDY Multi-Mode-Radarsystem und führte bis zu sechs Mica-Raketen mit. Die ersten Exemplare der 2000-5 wurden 1996 ausgeliefert und sind derzeit bei den Luftstreitkräften Frankreichs (37 Einheiten mit der Bezeichnung 2000-5F), Katars, der Vereinigten Arabischen Emirate, Taiwans und Griechenlands im Einsatz. Die Mirage 2000 wurde bis 2007 gebaut, insgesamt 601 Einheiten sind in 10 Ländern im Einsatz, darunter die Ukraine, die seit Februar 2025 eine nicht näher bezeichnete Anzahl gebrauchter Einheiten aus Frankreich erhalten hat.

276 oben Vier Mirage 2000-9DAD der Luftwaffe der Vereinigten Arabischen Emirate fliegen in Formation. Dieses Modell ist mit fortschrittlichen Mehrzweckfähigkeiten ausgestattet.

276 unten Die Mirage 2000N ist die Nuklearangriffsversion der Mirage-2000-Familie; die Maschine wurde modifiziert, um auch konventionelle Missionen ausführen zu können. Auf der Fotografie ist ein mit Raketen bewaffnetes Exemplar der französischen 4eme Escadre zu sehen.

277 oben Ein Mirage 2000C Abfangjäger der französischen Luftwaffe während einer Luftbetankung. Das Problem der geringen Reichweite dieses Modells wurde zum Teil in der Version 2000-5 gelöst.

277 unten Eine Mirage 2000-5F der französischen Luftwaffe (Escadron de Chasse 1/2 Cigcognes) bei der Landung auf dem Stützpunkt Orange im Jahr 2010.

Kapitel 22

Die dritte Ebene

Das Wachstum des Zivilluftverkehrs nach dem Zweiten Weltkrieg und besonders in den Fünzigerjahren führte zu einer strikten Aufspaltung: auf der einen Seite waren die großen staatlichen oder international tätigen Fluggesellschaften, die die Großstädte und internationalen Hauptstädte miteinander verbanden, und auf der anderen Seite befanden sich die kleinen oder mittelgroßen Gesellschaften, die sich den kürzeren Flugstrecken widmeten und sich oft auf den Verkehr innerhalb einzelner Länder und geografischer Regionen beschränkten. Der zweite Typ wird definiert als Luftverkehr der dritten Ebene oder als Regionalluftverkehr. Die dabei eingesetzten Flugzeuge wurden unter dem Begriff „Zubringer" (engl.: „Commuter"; wörtlich „Pendler") zusammengefasst. Die erste Generation dieses Flugzeug-Typs begann man in der zweiten Hälfte der Sechzigerjahre zu entwickeln.

Von Anfang an bestanden die Hauptmerkmale der Zubringerflugzeuge in den reduzierten Ausmaßen, einer beschränkten Anzahl von Sitzplätzen (gewöhnlich zwischen 10–20 und 30–40), dem Propeller- bzw. Propellerturbinenantrieb, der Fähigkeit, auf relativ kurzen Start- und Landebahnen zu operieren (STOL, das heißt Short Take-Off and Landing) sowie niedrigen Betriebskosten. Der regionale Luftverkehrstransport wurde und wird immer noch vorrangig genutzt, um Verbindungen zwischen den kleineren Flughäfen und den großen – so genannten Hubs – herzustellen. Die Passagiere können somit die wichtigsten Städte erreichen und von dort aus auf die Verbindungen zu internationalen oder interkontinentalen Flügen zurückgreifen – jeweils von den Hubs aus startend oder landend. Die Vereinigten Staaten waren das erste Land, in dem sich dieses neue Verkehrsnetz entwickelte. Die weiten Flächen forderten natürlich die Entstehung eines dichten Luftverkehrsnetzes, um die Großstädte innerhalb eines Bundesstaats zu vereinen und auch Verbindungen zwischen den einzelnen Bundesstaaten und schließlich den größten Metropolen herzustellen. Entgegen der allgemeinen Vorstellung blieb die amerikanische Luftfahrtindustrie jedoch auf die Herstellung von großen Düsen-Linienflugzeugen mit über 100 Plätzen fixiert und interessierte sich nicht sonderlich für die Anforderungen der dritten Ebene. Es waren vor allem die nordamerikanischen Firmen Fairchild, Beechcraft und De Havilland Canada, die einige bedeutende Regionalflugzeuge herstellten, während sich ein großer Teil des Markts auf die Auslandsprodukte verließ.

Die Swearingen Merlin IIA, ein 1964 entworfenes Propellerturbinenflugzeug mit acht Plätzen, war das erste Modell einer erfolgreichen Zubringer-Serie aus den USA. Fünf Jahre später entwickelte man aus der Merlin die 226TC Metro; diese Maschine besaß neue Motoren sowie einen verlängerten Rumpf und konnte schon bis zu 20 Passagiere aufnehmen. Die Metro flog zum ersten Mal am 26. August 1969 und wurde sofort an die Air Wisconsin und die Mississippi Valley Airlines verkauft. Später erwarb Fairchild

278 oben Die De Havilland Canada DHC-8 – bekannt als „Dash 8" – führte 1983 ihren ersten Flug durch. Sie war das Ergebnis eines Projekts für ein ökonomisches, leises Regionalflugzeug.

das Swearingen-Projekt und führte die strukturell veränderte Metro II ein, die mit 950-WPS-Motoren ausgestattet war. Daraufhin erschien die Metro III mit größerer Flügelspannweite, 1100-WPS-Motoren und höherer maximaler Startmasse. Die letzte Version des Modells ist die Metro 23 (zugelassen im Juni 1990); die Maschine hat eine Spannweite von 17,4 m, eine Länge von 18,1 m und eine maximale Startmasse von 7485 kg. Ausgerüstet mit den zwei 1100-WPS-Motoren vom Typ AlliedSignal TPE331-12UHR erreicht das Flugzeug eine Höchstgeschwindigkeit von 560 km/h. Außer der Besatzung, die aus zwei Piloten und einem Flugbegleiter besteht, kann die Metro 23 bis zu 19 Passagiere aufnehmen. Die Cargo-Version wurde „Expediter" benannt und kann mit bis zu 2500 kg Fracht beladen werden. Die Metro blieb bis 2001 in Produktion, wobei über 600 Einheiten gebaut wurden. Beechcraft entwickelte dagegen für den Regionalflugzeugmarkt das Modell 99. Die Flügel (angelehnt am Modell 65/80 Queen Air) waren mit zwei 557-WPS-Propellerturbinen bestückt, und die Kabine konnte 15 Reisende aufnehmen. Der Prototyp flog zum ersten Mal im Dezember 1965, während die Lieferungen an die Kunden drei Jahre später begannen. Die C99 Commuter – das letzte Modell der Serie – bekam zwei 724-WPS-Propellerturbinen und blieb bis 1987 in Produktion. In der Zwischenzeit war bereits die Beechcraft 1900 erschienen und hatte am 3. September 1983 ihren Jungfernflug durchgeführt. Es handelte sich um ein größeres Flugzeug mit zwei 1110-WPS-Propellerturbinen vom Typ Pratt & Whitney Canada PT6A, einer Reisegeschwindigkeit von 475 km/h sowie einer maximalen Startmasse von 7530 kg. Die Kabine konnte bis zu 19 Passagiere aufnehmen bzw. mit 2040 kg Fracht beladen werden; das T-Leitwerk war an das Modell Super King Air angelehnt. Im März 1990 erschien das verbesserte Modell 1900D, das 1280-WPS-Motoren sowie vierblättrige Propeller erhielt. Die Reisegeschwindigkeit betrug bis zu 530 km/h, während die maximale Startmasse 7690 kg erreichte. Insgesamt wurden 695 Exemplare der 1900D gebaut, bis die Produktion 2002 eingestellt wurde.

Auch De Havilland Canada (DHC) beschäftigte sich Mitte der Sechzigerjahre mit der Konstruktion eines Flugzeugs, das für Regionalflüge bestimmt sein sollte. Am 20. Mai 1965 flog schließlich die DHC-6 Twin Otter. Es handelte sich um einen robusten Hochdecker mit STOL-Fähigkeiten, festem Fahrwerk und zwei Propellerturbinen. Die Twin Otter besaß zwei 660-WPS-Motoren PT6A und erreichte eine Geschwindigkeit von ca. 350 km/h. 18 Passagiere fanden in ihr Platz und die maximale Startmasse lag bei 5600 kg. Dank ihrer Merkmale und der Möglichkeit, Kufen oder Schwimmer anbringen zu lassen, um auch auf Schneeflächen oder als Wasserflugzeug benutzt zu werden, war die Twin Otter besonders begehrt bei Gesellschaften, die in unerschlossenen Zonen wie dem hohen amerikanischen Norden operierten. Die Produktion wurde erst Ende der Achtzigerjahre eingestellt. Aufgrund des Erfolgs mit der Twin Otter beschloss DHC nun ein größeres und leistungsfähigeres Flugzeug zu entwerfen, das sich jedoch in Bezug auf die Robustheit und Ökonomie an die Eigenschaften des Vorgängers anlehnen sollte: Am 27. März 1975 flog die DHC-7, kurz „Dash 7" genannt, zum ersten Mal. Es war ein vollständig neues Flugzeug mit vier PT6A Propellerturbinenmotoren von je 1130 WPS. In der Kabine konnten bis zu 54 Passagiere oder 5300 kg Fracht transportiert werden. Die maximale Startmasse war auf gut 19 960 kg angestiegen und die Höchstgeschwindigkeit betrug nun 450 km/h. Auch die STOL-Fähigkeiten der Dash 7 wurden erheblich verbessert: Aufgrund der Anwendung von breiten Doppelspaltklappen konnte das Flugzeug sogar von knapp 600 Meter kurzen Pisten aus operieren. Trotzdem hielt sich der Erfolg dieses Modells in Grenzen und am 20. Juni 1983 flog bereits der Nachfolger „Dash 8". Es handelte sich um ein moderneres Flugzeug mit erhöhter Geschwindigkeit und zwei Motoren, das jedoch kleiner war und demnach eine geringere Kapazität besaß; 39 Passagiere oder 3550 kg Fracht konnten in der Maschine transportiert werden. Die Dash-8 war ausgerüstet mit zwei 2000-WPS-Propellerturbinen Pratt & Whitney, die eine Reisegeschwindigkeit von 500 km/h ermöglichten. Das Modell befriedigte bereits besser die Marktanforderungen – besonders mit den nachfolgenden, größeren Versionen Dash 8 200, 300 und 400. Die neueste Variante ist die verbesserte Q-Serie, zum Beispiel Q400 mit 70 Sitzplätzen, die am 31. Januar 1998 zum ersten Mal flog. Über 1100 Exemplare der Dash 8 wurden bis heute in allen Ausführungen verkauft – damit sicherte sich Canadair (heute zu Bombardier gehörend) einen führenden Platz im Sektor der Regionalflugzeugherstellung.

278 unten Die Beech 99 mit zwei Turboproptriebwerken besitzt eine konventionelle Gestaltung. Er blieb von 1968 bis 1983 in Produktion.

279 oben Eine Wasserflugzeugversion der de Havilland Canada DHC-6 Twin Otter. Die Maschine wurde 1964 entworfen, um ein regionales Flugzeug zu realisieren, das auf dem schwierigen kanadischen Terrain im Norden zurechtkommen konnte.

279 Mitte links Die Fairchild Metro II ist eines der zahlreichen, leichten Commuter-Flugzeuge, die aus der Swearingen Merlin II (erster Flug 1965) abgeleitet wurden.

279 Mitte rechts Eine viermotorige De Havilland Canada DHC-7 (Dash 7), die von der britischen Gesellschaft Brymon geflogen wird. Dieses Flugzeug wurde für die Beförderung von Passagieren und Fracht entworfen und kann sich der Kurzstart-/Kurzlandefähigkeiten (STOL) rühmen.

279 unten Die Beechcraft 1900D wurde 1990 eingeführt und ist eine verbesserte Version des Modells 1900. Die Maschine verfügt über stärkere Motoren, vierblättrige Propeller sowie eine erhöhte Ladefähigkeit.

Die südamerikanische Firma Brasiliana Embraer konstruierte ebenfalls erfolgreiche Zubringerflugzeuge. Die Gesellschaft wurde Ende der Sechzigerjahre auf Initiative der brasilianischen Regierung gegründet und widmete sich der Produktion eines leichten, zweimotorigen Transportflugzeugs, das für die brasilianische Luftwaffe bestimmt war. Der robuste, traditionelle Tiefdecker wurde von dem Franzosen Max Holste entworfen und besaß nur wenige technische Neuerungen; die zwei Propellerturbinen PT6A leisteten den Antrieb. Der Prototyp YC-95 startete am 26. Oktober 1968 zu seinem Jungfernflug und nachfolgend wurde das Flugzeug als C-95 beim Militär für Transport-, Such- und Rettungsmissionen sowie bei der Aufklärung über See eingesetzt. Die Zivilausführung mit verlängertem Rumpf wurde EMB-110P Bandeirante genannt und konnte bis zu 18 Passagiere aufnehmen. Die EMB-110P besaß eine maximale Startmasse von 5670 kg und wurde von zwei 750-WPS-Motoren zu einer Geschwindigkeit von 460 km/h angetrieben. Bis 1994 baute man 469 Bandeirante-Flugzeuge. Daraufhin folgte das neue Modell EMB-120 Brasilia, das am 27. Juli 1983 den ersten Flug ausführte. Die ersten Exemplare wurden 1985 an die amerikanische Fluggesellschaft Atlantic Southeast geliefert. Die Brasilia war in Hinblick auf ihre Vorgängerin ganzheitlich verbessert worden und war mit T-Leitwerk und zwei Motoren vom Typ Pratt & Whitney Canada PW118 (1800 WPS) ausgestattet. Die Reisegeschwindigkeit betrug 550 km/h und an Bord konnten bis zu 30 Passagiere aufgenommen oder 3500 kg Fracht geladen werden. Man hat sieben verschiedene Versionen der Brasilia entwickelt (unter anderem auch für das Militär) und insgesamt über 350 Flugzeuge dieses Typs verkauft. Die Produktion wurde 2007 eingestellt.

Am weitesten verbreitet war die Produktion von Regionaltransportflugzeugen jedoch in Europa, wo die Luftfahrtunternehmen aus Großbritannien, Holland, Deutschland, Frankreich, Spanien, Italien und Schweden eine Reihe verschiedener Projekte realisiert hatten. Das erste Modell dieser Kategorie war die Fokker F27 Friendship, ein Entwurf, der bereits 1950 konzipiert worden war und dank der Unterstützung durch die holländischen Regierung bereits zwei Jahre später entwickelt werden konnte. Der Prototyp flog zum ersten Mal am 24. November 1955 und verfügte über Eigenschaften, die zu allgemeinen Charakteristiken der Zubringerflugzeuge werden sollten: Hochdecker-Auslegung, Propellerturbinen-Motoren, traditionelle Leitwerke, ein einziehbares Fahrwerk sowie eine Druckkabine im Rumpf mit maximaler Aufnahmefähigkeit von 48 Sitzen. Die ersten Serienmodelle Mk.100 waren ausgestattet mit Rolls-Royce Dart 514- Triebwerken, die jedoch in den Mk.200-Mustern von den stärkeren Dart 532-7R- Motoren (mit je 2285 WPS) ersetzt wurden. Die Mk.200 erreichte eine Reisegeschwindigkeit von 480 km/h und hatte eine maximale Startmasse von 20 400 kg. Die Produktion wurde 1958 sowohl in Holland als auch in den Vereinigten Staaten (Fairchild hatte die Produktionslizenz erworben) eingeleitet. Die Fokker 27 blieb bis 1987 in Produktion, wobei mehr als 785 Exemplare gebaut wurden.

In der Zwischenzeit hatte die holländische Firma Fokker 1983 das Modell Fokker F50 auf den Markt gebracht. Es handelte sich um eine vollständige Überarbeitung des vorhergehenden Flugzeugs, wobei über 80 % der Komponenten ersetzt wurden. Die erste Fokker 50 flog am 28. Dezember 1985 und 1987 wurden die ersten Exemplare an die Lufthansa CityLine geliefert.

280 oben links Die Britten Norman BN2 Islander ist ein erfolgreiches Zubringerflugzeug und wird auch für Such- und Rettungsoperationen eingesetzt. Es wurden über 1200 Exemplare produziert.

280 Mitte Auch die brasilianische Embraer entwickelte Ende der Sechzigerjahre einige „Pendler". Die auf dieser Fotografie abgebildete EMB-110 Bandeirante ging 1972 in Produktion.

280 unten Die Fokker F-27 Friendship war eines der ersten regionalen Turbopropflugzeuge. Das Entwicklungsprojekt wurde 1950 eingeleitet und von der holländischen Regierung unterstützt.

Das Flugzeug besaß zwei 2500-WPS-Propellerturbinen Pratt & Whitney Canada PW125B (sechs Propellerblätter), die eine Reisegeschwindigkeit von 530 km/h gewährleisteten. Die maximale Startmasse erreichte 20 800 kg, und in der Kabine konnten maximal 58 Passagiere aufgenommen werden. Bis 1996 wurden insgesamt 319 Exemplare der F50 gebaut. Die F27 und F50 wurden weltweit verkauft. Besonders die F27 erwies sich in diesem Marktsegment als ein wahrhaft führendes Produkt. Später produzierte Fokker die Modelle Fokker 70 und 100 auf Basis der Fokker 28. Die 100 wurde von 1986 bis 1997 hergestellt, wobei insgesamt 283 Einheiten gebaut wurden. Fokker meldete 1996 Insolvenz an, und seine Aktivitäten im Flugzeugbau wurden von Stork übernommen, das inzwischen in Fokker Technologies umbenannt wurde. Auch die britische Britten-Norman BN 2 Islander war eines der ersten europäischen Commuter-Flugzeuge und wurde speziell für Kurzstreckentransportflüge entworfen. Das Flugzeug führte am 13. Juni 1965 den ersten Flug durch und wurde zwei Jahre später bei der Aurigny und Loganair in den Flugdienst gestellt. Die Islander war ein kleiner, zweimotoriger Hochdecker mit zwei Kolbenmotoren, festem Fahrgestell, rechteckigem Rumpf, STOL-Fähigkeiten sowie einer Kabine für neun Passagiere. 1969 trat die verbesserte Version BN 2A in Produktion, während 1970 eine dreimotorige Variante BN 2A Mk.III mit der Bezeichnung Trislander eingeführt wurde. Diese Maschine besaß einen längeren Rumpf für die Aufnahme von mehr Passagieren und einen dritten Motor, der im Seitenleitwerk installiert war. Trotzdem erfuhr die Trislander keinen bedeutenden Verkaufserfolg, so dass die Produktion 1984 eingestellt wurde. Die Originalversion Islander ist dagegen noch

280-281 Die Embraer EMB-120RT Brasilia von 1983 folgte der Bandeirante. Hier die schlanke zweimotorige Maschine in den Farben der Flight West Airlines.

281 Mitte Die BAe Jetstream 31 von 1980 wurde von dem gleichnamigen Flugzeug abgeleitet, das Ende der Sechzigerjahre von Handley Page entworfen worden war. Seit 1988 wird das Modell Jetstream Super – mit neuen Motoren und neuer Avionik – geflogen.

281 unten Die Shorts 360 flog zum ersten Mal 1974 als SD3-30. Sie wird für den Passagier- und Frachttransport und auch vom Militär benutzt.

heute in Produktion und sowohl mit Kolbenmotoren als auch mit Propellerturbinen erhältlich. Es wurden insgesamt über 1300 Exemplare gebaut. Seit 1977 ist das Unternehmen im Besitz der schweizerischen Firma Pilatus. Die BN 2T verfügt über zwei Propellerturbinen-Triebwerke Allison 250-B17C (320 WPS) und fliegt mit 315 km/h Reisegeschwindigkeit. Die maximale Startmasse beträgt 3175 kg und die Maschine kann von 255 Meter kurzen Pisten aus abheben.

Auch die nordirische Firma Shorts leistete gute Beiträge in diesem Marktsegment – sie startete 1963 mit dem Modell Skyvan, einer kantig wirkenden, zweimotorigen Turboprop-Maschine mit rechteckigem Rumpf, die sowohl für die Zivil- als auch Militärnutzung geeignet war. Es folgte das Modell 330, das am 22. August 1974 zum ersten Mal flog. Das Flugzeug besaß ebenfalls STOL-Fähigkeiten und wurde aus dem vorausgehenden Modell entwickelt; es verfügte jedoch über eine größere Flügelspannweite und einen neuen, verlängerten Rumpf mit einziehbarem Fahrgestell. Bis zu 30 Reisende konnten in dem Flugzeug befördert werden. Die Version 330-200 wurde von der allgemein üblichen 1215-WPS PT6A-Propellerturbine angetrieben, besaß eine maximale Startmasse von 10 400 kg und erreichte eine Reisegeschwindigkeit von ca. 350 km/h. Die 330 bildete die Grundlage für die Sherpa (Frachtversion) und besonders für das Modell 360, das am 1. Juni 1981 zum ersten Mal flog. Es handelte sich dabei um ein größeres Flugzeug mit nun 36 Plätzen, neuen Leitwerken und 1440-WPS-Motoren PT6A. Die maximale Startmasse war auf 12 000 kg angestiegen, und die Reisegeschwindigkeit erreichte 395 km/h. Später wurden einige verbesserte Versionen der Shorts 360 entwickelt, die sich unter anderem durch die neuen, sechsblättrigen Propeller auszeichneten.

Am 28. März 1981 startete die British Aerospace Jetstream 31 zu ihrem Jungfernflug. Es war ein schlanker Tiefdecker mit zwei Propellerturbinen und Einziehfahrwerk, der in Anlehnung an die Handley Page H.P.137 Jetstream entwickelt worden war, die Ende der Sechzigerjahre zum ersten Mal flog. Während die erste Jetstream kein besonderer Erfolg wurde, konnte sich die Jetstream 31 eines besseren Schicksals erfreuen. Die Maschine war mit den neuen 950-WPS-Motoren Garrett TPE331 mit vierblättrigen Propellern ausgestattet. Dadurch wurde die Leistung erheblich verbessert: die Höchstgeschwindigkeit stieg auf 480 km/h und die maximale Startmasse auf ca. 6950 kg; bis zu 19 Passagiere bzw. 1800 kg Nutzlast konnten dabei aufgenommen werden.

In den Achtzigerjahren war die Jetstream 31 praktisch der Marktführer in diesem Segment geworden und eroberte gut 60 % der Anteile auf dem schwierigen amerikanischen Markt. 1988 flog die Super 31 zum ersten Mal; das Modell besaß 1100-WPS-Motoren vom Typ AlliedSignal TPE331-12UAR, die eine Geschwindigkeit von 490 km/h und eine maximale Startmasse von 7350 kg gewährleisteten. 1991 wurde schließlich der Typ Jetstream 41 eingeführt, der mit stärkeren Motoren ausgerüstet war und bis zu 29 Passagiere befördern konnte. Die Produktion wurde jedoch bereits 1997 wieder eingestellt.

282 oben Die CASA-Nurtanio CN-235 ist das Ergebnis einer Zusammenarbeit zwischen spanischen und indonesischen Luftfahrtunternehmen für den Bau eines Zivil- und Militärtransportflugzeugs.

282 unten links Die ATR (Avions de Transport Regional) ist ein Unternehmen, das von Alenia und Aerospatiale gegründet wurde um ein Turbopropflugzeug für die dritte Ebene herzustellen. Die ATR-42 flog zum ersten Mal 1984 und ist seitdem das meistverkaufte Flugzeug dieser Klasse.

282 unten rechts Die SAAB 2000 mit zwei Propellerturbinen wurde Ende der Achtzigerjahre aus dem Modell 340 entwickelt; man wollte ein schnelleres und komfortableres Flugzeug einführen.

282-283 Anfang der Achtzigerjahre vereinten Fairchild und die SAAB ihre Kräfte, um ein neues Regionaltransportflugzeug zu produzieren. Das daraus entstandene Modell 340 flog zum ersten Mal 1983 und wurde ein kommerzieller Erfolg.

In Schweden war es die Firma SAAB, die – anfangs in Zusammenarbeit mit der amerikanischen Firma Fairchild – eine Reihe erfolgreicher Regionaltransportflugzeuge konstruierte. Am 25. Januar 1983 führte die SAAB-Fairchild SF.340A – Nachfolgerin der Metro II – ihren Jungfernflug durch. Sie war ein großer Tiefdecker mit Einziehfahrwerk und schnittigen Außenformen. Die zwei General Electric CT7-5A2-Motoren produzierten 1750 WPS und ermöglichten eine Reisegeschwindigkeit von 515 km/h und eine maximale Startmasse von 12 370 kg. Die 340A konnte bis zu 35 Passagiere befördern oder bis zu 3440 kg Fracht laden. Fairchild zog sich 1985 aus 64 verkauften Exemplaren aus der Produktion genommen. Im selben Jahr wurde nach Auslieferung des 461. Exemplars auch die Herstellung der 340 eingestellt. Von diesem Modell wurde außerdem auch die Militärversion S100B Argus entwickelt, die bei der schwedischen Luftwaffe als Radarflugzeug genutzt wurde.
Auch Spanien betätigte sich im Segment der Zubringer – anfangs mit einem Flugzeug, das aus einem Militärentwurf abgeleitet worden war. Die CASA C-212 Aviocar wurde Anfang der Siebzigerjahre als Transporter für die spanische Luftwaffe entworfen. Es handelte sich um einen kantigen STOL-Hochdecker mit rechteckigem

der Zusammenarbeit mit SAAB zurück. SAAB führte 1989 das neue Modell 340B ein, das eine höhere maximale Startmasse besaß (13 250 kg). Die schweizerische Fluggesellschaft Crossair war der erste Kunde der SAAB 340 und erwarb später ebenfalls das Nachfolgemodell SAAB 2000. Die SAAB 2000 führte am 26. März 1992 ihren ersten Flug durch und wurde mit dem Beinamen „Concordette“ belegt, da sie zu jener Zeit das weltweit schnellste Turbopropflugzeug war. Die Maschine war praktisch ein Neuentwurf der 340, mit der sie viele Gemeinsamkeiten teilte. Die SAAB 2000 verfügte jedoch über eine größere Flügelspannweite, einen längeren Rumpf (mit einer Kabine für 58 Passagiere) und 4150-WPS-Motoren Allison GMA2100. Die maximale Startmasse betrug 22 000 kg und die Höchstgeschwindigkeit 680 km/h. Trotz dieser Vorraussetzungen erfuhr die SAAB 2000 jedoch nicht den erwarteten Verkaufserfolg (vielleicht aufgrund der Kosten) und wurde 1999 nach nur Rumpf und traditionellen Leitwerken, unter denen sich eine Heck-Ladeklappe befand. Die C-212 startete am 26. März 1971 zu ihrem ersten Flug und war sowohl als Zivil- als auch Militärversion erfolgreich. Das neueste Modell der Serie ist die 212-300 mit einer Aufnahmefähigkeit von 26 Passagieren bzw. 2800 kg Nutzlast bei einer maximalen Startmasse von 7700 kg. Die Maschine wurde von zwei 900-WPS starken AlliedSignal TPE331-Propellerturbinen angetrieben und erreichte eine Reisegeschwindigkeit von 354 km/h. Die Militärversion 212M durfte ein leicht höheres Gesamtgewicht aufweisen und konnte für verschiedene Aufgaben eingesetzt werden, wie zum Beispiel Absetzen von Fallschirmspringern, Luftambulanz, fotografische Aufklärung und Überwachung und anderes mehr.
1979 schloss sich CASA mit der indonesischen Firma Nurtanio zusammen, um ein neues Zivil-transportflugzeug für Luftverkehr der dritten Ebene zu entwerfen, das möglichst auch im Militärsektor verwendet werden konnte. Das Flugzeug wurde CN-235 genannt und von dem Konsortium Airtech gebaut. Es besaß einen ähnlichen Gesamtbau wie sein Vorgänger, war jedoch größer und schlanker. Der Prototyp flog zum ersten Mal am 11. November 1983. Auf die Anfangsversion Serie 10 folgte die Serie 100/110; die Maschine war ausgestattet mit zwei General Electric Propellerturbinen CT7-9C (1750 WPS) und erreichte eine Höchstgeschwindigkeit von 480 km/h und eine maximale Startmasse von 15 100 kg (bei der Serie 200 waren es 15 800 kg). Die Modelle der Serie 100/110 konnten 44 Passagiere oder 4000 kg Fracht (4300 kg bei der Serie 200) befördern. Über 220 Exemplare der CN-235 wurden gebaut; die meisten davon wurden an das Militär geliefert. Das Flugzeug bildete außerdem die Basis für die CN-295 – eine vergrößerte Version des militärischen Transporters für knapp 10 Tonnen Nutzlast, die

1998 ihren Erstflug unternahm und seit 2001 an die Luftwaffen verschiedener Länder ausgeliefert wird. Anfang der Achtzigerjahre erschienen neue Projekte im Segment des expandierenden Regionaltransports. Die Entwicklung neuer Flugzeuge diesen Typs führte 1982 zur Entstehung des internationalen Konsortiums ATR (Avions de Transport Regional), das von der französischen Aerospatiale und der italienischen Alenia gegründet wurde. Das Ergebnis war die ATR-42, die am 16. August 1984 den ersten Flug durchführte. Im darauf folgenden Jahr wurde das erste Serienexemplar an die französische Gesellschaft Air Littoral geliefert. Es war ein traditionell aufgebauter Hochdecker mit T-Leitwerk und zwei 2000-WPS-Propellerturbinen vom Typ Pratt & Whitney Canada PW120 (vierblättrige Propeller). Mit diesen Motoren wurden die Exemplare der ersten Serie ATR-42-300 ausgestattet; später baute man die stärkeren PW121 ein, und die Serie 500 wurde schließlich mit den Triebwerken PW127E bestückt. Das ATR-42-500-Modell besaß eine Stärke von 2750 WPS pro Triebwerk, erreichte eine Reisegeschwindigkeit von 560 km/h und eine maximale Startmasse von 18 600 kg. Bis zu 50 Passagiere (oder eine Nutzlast von 5450 kg) konnten in dem Flugzeug befördert werden. 1985 verkündete ATR die Einführung der verlängerten Version ATR-72; mit 72 Sitzplätzen befriedigte die Maschine den Wunsch der Gesellschaften nach einem erhöhten Fassungsvermögen. Der erste Prototyp flog am 27. Oktober 1988 und ein Jahr später wurde bereits die erste Lieferung an die finnische Fluggesellschaft KarAir durchgeführt. Das stärkste Modell, das sich zur Zeit in Produktion befindet, ist die ATR 72-600, die 2007 auf den Markt kam und mit PW127M-Triebwerken mit einer Leistung von 2750 PS ausgestattet ist, die eine Reisegeschwindigkeit von über 595 km/h und ein maximales Startgewicht von 22 800 kg ermöglichen. Die ATR-Serie wurde bis heute über 1800 Mal verkauft, einschließlich der Militärversionen, und die Flugzeuge haben sich mit Lieferungen an kommerzielle Betreiber auf der ganzen Welt eine führende Position im Sektor der dritten Ebene erobert.

283 Mitte rechts Die CASA 212 wurde angesichts der Erfordernisse der spanischen Luftwaffe entworfen, die Anfang der Siebzigerjahre einige ihrer Transportflugzeuge ersetzen musste. Auf das Militärmodell folgten später auch verschiedene Versionen für den Passagier- und Frachttransport.

283 unten Die ATR-72 erschien 1988 und wurde aus dem Basismodell ATR-42 entwickelt. Sie verfügt über stärkere Motoren und einen verlängerten Rumpf für die Aufnahme einer höheren Passagierzahl.

Nach der Deregulierung in den Neunzigerjahren erfuhr der regionale Luftverkehr in Europa einen großen Aufschwung. Die neuen Möglichkeiten der Zubringerflugzeuge werden derzeit von den Modellen mit Strahltriebwerken aufgezeigt, die besser die Hauptanforderungen der Fluggesellschaften erfüllen: höhere Passagieranzahl und kürzere Flugzeiten.

Die Hawker-Siddeley HS.146 war das erste Flugzeug dieser neuen Generation. Es wurde bereits 1973 entwickelt und vollbrachte den ersten Flug am 3. September 1981 unter dem Namen British Aerospace 146. Es handelte sich um einen Hochdecker mit herkömmlichen T-Leitwerk. Die Besonderheit lag in den vier Zweikreistriebwerken, die es aufgrund ihres geräuscharmen Betriebs zuließen, dass das Flugzeug auch von innerstädtischen Flughäfen aus operieren konnte. Die BAe 146 Serie 100 war ausgestattet mit vier Triebwerken Avco Lycoming ALF502R-5 mit je 3160 kp Schubkraft; die Maschine erreichte eine Reisegeschwindigkeit von 710 km/h, eine maximale Startmasse von 42 200 kg und konnte bis zu 93 Passagiere aufnehmen. Der erste Kunde war die skandinavische Fluggesellschaft DanAir, welche die 146 seit 1983 einsetzte. Die Weiterentwicklungen führten zu den Serien 200 und 300 mit verlängerten Rumpf (109 Sitzplätze). 1993 wurde die Serie an die Avro International (Tochtergesellschaft der BAe) übergeben. Nach dem Bau des 222sten 146-Exemplars widmete sich die Firma 1994 der Produktion der verbesserten Modelle Avro RJ70, 85, 100 und 115 (die Namen bezeichnen die Anzahl der Passagierplätze). Mit über 80 verkauften Exemplaren ist die RJ85 das erfolgreichste Modell der Serie; die Maschine besitzt elektronisch gesteuerte AlliedSignal-Triebwerke und digitale Avionik, sie flog zum ersten Mal am 23. März 1992. Die vier Zweikreistriebwerke LF507-1F (mit je 3170 kp Schubkraft) ermöglichten eine Höchstgeschwindigkeit von 800 km/h und eine maximale Startmasse bis zu 44 000 kg. Die Firma Canadair (später zu Bombardier gehörig) entwickelte 1989 aus dem Businessjet Challenger in Canada ihre Regional-Jet, der zum ersten Mal am 10. Mai 1991 flog. Der Regional-Jet war ein zweistrahliger Tiefdecker (mit Triebwerken in Heckposition) mit T-Leitwerk, das über 50 Passagierplätzen verfügte. Die ersten Exemplare wurden im Oktober 1992 an die Lufthansa CityLine geliefert. 1995 erschien die Version RJ200, die mit den General Electric CF34-3B1-Triebwerken (je 4185 kp Schubkraft) ausgestattet war und eine maximale Reisegeschwindigkeit von 860 km/h erreichte. Mit einer maximalen Startmasse von 21 520 kg konnte die Maschine 52 Reisende bzw. 5410 kg Nutzlast transportieren. 1997 verkündete Bombardier die Einführung des Modells RJ700, das gekennzeichnet war durch den um 4,7 m verlängerten Rumpf für die Möglichkeit, in der Kabine bis zu 70 Passagiere zu befürdern. Ferner war das Flugzeug mit den Triebwerken CF34-8C1 (5750 kp Schubkraft) ausgestattet und erreichte eine maximale Startmasse von 32 885 kg. Die Bombardier RJ-Serie war mit ihren Modellen 900 und 1000 besonders erfolgreich und man erhielt Aufträge über mehr als 1900 Flugzeuge.

Nach ihren Erfolgen mit Turbopropflugzeugen führte auch die brasilianische Embraer Ende der Achtzigerjahre eine Regional-Jet-Serie ein. Das Projekt erfuhr einige Verzögerungen, doch schließlich startete der erste Prototyp EMB-145 am 11. August 1995 zu seinem Jungfernflug. Die Maschine besaß klare, konventionelle Formen. Bereits 1996 wurden die ersten Exemplare an die Continental Express geliefert. Um seine genaue Marktposition zu betonen, wurde das Flugzeug im Oktober 1997 in ERJ-145 (Embraer Regional Jet 145) umbenannt. Die erste Version war die ERJ-145ER mit 50 Plätzen und zwei Allison AE3007A-Zweikreistriebwerken mit je 3200 kp Schubkraft. Die Reisegeschwindigkeit betrug 830 km/h und die maximale Startmasse 20 600 kg. Später erschien die Version ERJ-170 mit 70 Plätzen, sowie 1997 die ERJ-135 mit verkürztem Rumpf und die ERJ-195 (für bis zu 122 Passagieren). Weit über 1000 ERJ-Serienmodelle wurden bis jetzt verkauft; die Produktion wird noch weitergeführt, da es scheint, dass das Marktsegment des regionalen Luftverkehrs auch in Zukunft expandieren wird.

Eines der neuesten Regionalflugzeuge ist der russische Sukhoi Superjet 100, kurz SSJ100, ein Flugzeug mit 70 bis 110 Sitzplätzen, das von Sukhoi gebaut und in westlichen Ländern vom Konsortium Superjet International verkauft wird, das von AleniaAermacchi (51 % Eigentümer) und Sukhoi gegründet wurde. Das Flugzeug absolvierte seinen Jungfernflug am 19. Mai 2008 und hat bereits mehr als 360 Bestellungen aus aller Welt erhalten. Im Juni 2011 wurde es bei Aeroflot als Erstkunde in Dienst gestellt.

Die SSJ100/95B wird von zwei Power Jet SaM145-Turbofan-Triebwerken angetrieben, die eine Schubkraft von 7312 kp liefern und eine maximale Reisegeschwindigkeit von Mach 0,78 sowie eine maximale Reichweite von 3000 km bzw. 4570 km für die LR-Version ermöglichen. Die Spannweite beträgt 27,7 m und die Gesamtlänge 29,94 m. Weitere Flugzeuge dieser Klasse sind die ukrainische Antonov An-148, die 2004 ihren Jungfernflug absolvierte (sie wird auch in der verlängerten Version An-158 hergestellt), die russische Yak-42, deren Produktion 2003 eingestellt wurde, und die russische Tupolev Tu-334, deren Projekt 2009 eingestellt wurde.

284 oben Der Sukhoi Superjet 100 ist ein interessantes Flugzeug in der Welt der Maschinen der dritten Ebene. Er wurde 2011 in Dienst gestellt und wird von Superjet International vermarktet, dessen Mehrheitsaktionär Alenia Aermacchi ist.

285 oben Die Bombardier RJ700 ist ein zweistrahliges Flugzeug, das bis zu 70 Passagiere befördern kann. Hier ist sie in den Farben der US-amerikanischen Fluggesellschaft American Eagle zu sehen.

285 Mitte Das Projekt BAe 146 wurde 1993 der subventionierten Avro International zugeteilt, die die RJ-Serie produzierte. Auf der Fotografie ist eine RJ85 der Lufthansa bei der Landung zu sehen.

285 unten Anfang der Neunzigerjahre entwickelte man im Segment des Regionalverkehrs auch lebhafteres Interesse an Düsenflugzeugen. Die Embraer RJ-145 mit 50 Plätzen erschien 1995.

Kapitel 23

Golf, Kosovo, Afghanistan und Libyen: Die letzten Kriege

In den letzten Jahren des 20. Jahrhunderts – gerade als es schien, dass sich in der Welt durch den andauernden, unterstützenden Ost-West-Dialog eine dauerhafte Friedensperiode durchsetzen würde, erfolgte erneut eine Explosion von Spannungen und Konflikten. Paradoxerweise wurden die Feindseligkeiten gerade durch das Ende des Kalten Krieges und die Konfrontation zwischen den beiden Supermächten entzündet.

Auf der einen Seite wurden durch den Zusammenbruch und die politische Aufteilung der Sowjetunion und des Militärbündnisses des Warschauer Vertrags die Spannungen in Europa und Nordamerika gelöst, doch andererseits scheint es, dass dadurch der nationalistische Ehrgeiz nach Unabhängigkeit in vielen Ländern und bei ethnischen Gruppen auf der ganzen Welt entfesselt wurde.

Anfang der Neunzigerjahre erkannten viele politische Führer, dass die Überwachung und die Kontrolle, die in der Vergangenheit von den Vereinigten Staaten und der Sowjetunion über zahlreichen Gebieten ausgeübt wurden, nach und nach immer schwächer wurden. Dadurch bot sich ihnen die Gelegenheit, neue Interessengebiete und Machtbereiche zu erobern.Unter den vielen Konflikten, die daraufhin in unterschiedlichen Gebieten der Welt ausgebrochen sind oder von Neuem entzündet wurden, waren vor allem fünf besonders wichtig und zogen damit das Interesse der Weltöffentlichkeit an: der Golfkrieg von 1991, der Kosovo-Krieg von 1999, der Krieg in Afghanistan seit 2001, im Irak seit 2003 und in Libyen seit 2011. In allen Fällen war die Mitwirkung der Luftwaffen – die technologisch fortschrittlichsten Streitkräfte des Militärs – am wirksamsten und letztlich von entscheidender Wichtigkeit.

Am 2. August 1990 um 2:00 Uhr morgens überschritten die bewaffneten Streitkräfte Iraks unter der Führung des Präsidenten-Diktators Saddam Hussein die Grenzen des kleinen Nachbarn Kuwait und eroberten das Land in nur wenigen Stunden. Schon seit einiger Zeit machte Saddam Hussein Ansprüche auf das kuwaitische Gebiet als 16. Provinz des Irak geltend. Es waren vor allem die reichen Erdölvorkommen, die den Irak anzogen.

Die Strategie des Diktators war einfach: Die anderen arabischen Länder hätten es nicht gewagt, ihn anzugreifen (der Irak verfügte zu jener Zeit über die viertgrößte Armee der Welt; mit 1 200 000 Männern, 5500 Panzern und 9500 gepanzerten Fahrzeugen) und vor allem würden sie es dem Westen nicht erlauben, militärisch in den arabischen Gebieten einzugreifen. Seine Rechnung ging jedoch nicht ganz auf. Dank einer Resolution der Vereinten Nationen schafften es die Vereinigten Staaten und Saudi-Arabien, eine starke Koalition zu bilden um die arabische Halbinsel vor weiteren Angriffen des Irak zu schützen; später sollten schließlich Kuwait mit Gewalt befreit und die irakischen Streitkräfte neutralisiert werden.

Die arabischen Nationen, die auf den Aufruf antworteten, waren Bahrein, Qatar, die Vereinten Arabischen Emirate, Ägypten, Marokko, Oman, Syrien und natürlich Kuwait und Saudi-Arabien.

287 Mitte Eine Lockheed-Martin F-117A Nighthawk war das erste Alliierten-Flugzeug, das in der Operation Desert Storm mit dem Angriff auf Kommandozentren in Bagdad in Aktion trat.

286 AH-64 Angriffs- und OH-58 Aufklärungshubschrauber auf einer US Army Aviation Basis in Kuwait während der Operation Desert Storm 1991.

287 oben Operationen auf dem Flugzeugträger USS Theodore Roosevelt während des Kosovo-Kriegs 1999. Eine F/A-18C und eine F-14A werden für Angriffsmissionen startfertig gemacht, während eine weitere F/A-18C in Parkposition gezogen wird.

Weitere Koalitionsstreitkräfte wurden gebildet von Großbritannien, Frankreich, Kanada, Australien, Neuseeland, Italien, Holland, Belgien, Portugal, Spanien, Griechenland, Polen, der Tschechischen Republik, Senegal, Pakistan, Bangladesch und Süd-Korea und natürlich den USA.

Innerhalb kurzer Zeit wurde die Operation „Desert Shield" begonnen, bei der die alliierten Länder eigene Kontingente in den persischen Golf entsandten, um – wenn es nötig sein sollte – für den Krieg gerüstet zu sein. Den größten Beitrag an Kriegsmaterial leisteten die Vereinigten Staaten. Um den erwarteten Bedarf zu decken, mobilisierte das Pentagon etwa 2 000 Flugzeuge (1 200 von der USAF und 800 von der US Navy und den Marines), sechs Flugzeugträger und fünf Hubschrauberträger sowie die Elite der Streitkräfte, insbesondere in den Bereichen Kampfflugzeuge, Überwachung und elektronische Kriegsführung.

287 unten Eine Formation aus den Jägern F-15C, F-15E und F-16C fliegt über brennende Erdölbohrlöcher. Das Bild symbolisierte die amerikanische Luftmacht während des „Desert Storm".

288 oben Eine Formation von F-117-Kampfflugzeugen im Flug. Das Flugzeug im Vordergrund zeigt deutlich die eckigen Pfeilformen, die als Ergebnis früher Forschungen zur Radarunsichtbarkeit entwickelt wurden.

288 unten Eine geparkte F-117 mit geöffnetem Bombenschacht, in dem die mit Hilfe spezieller Kompasse ausgeworfenen Bomben (lasergesteuerte GBU-24) zu sehen sind.

Das Spitzenprodukt im amerikanischen Aufgebot war der Jagdbomber Lockheed F-117A Nighthawk – das berühmte und streng geheime „unsichtbare" (stealth) Jagdbombenflugzeug, um das sich verschiedenste Gerüchte und Legenden rankten. Die Ursprünge dieses außerordentlichen Flugzeugs gingen bis 1974 zurück, als die Regierung der Vereinigten Staaten eine Spezifikation für ein revolutionäres Kampfflugzeug mit niedrigstem Radarerkennungswert herausgab. 1976 wählte die Regierung einen Entwurf aus, der von Lockheeds Abteilung „Skunk Works" angeboten wurde. Man leitete das Forschungsprogramm Have Blue ein, das die Konstruktion zweier Prototypen vorsah. Der erste davon flog im Dezember 1977 und die Produktion des definitiven Modells F-117 wurde im darauf folgendem Jahr mit 20 Exemplaren eingeleitet. Das Flugzeug war tatsächlich bahnbrechend, da seine Form fast ausschließlich das Ergebnis von Forschungen zu elektromagnetischer Wellenbrechung war. Das Aussehen war facettiert wie das eines geschliffenen Diamanten; der Rumpf und die V-Flügel bildeten fast eine pfeilförmige Einheit; die beiden Schmetterlings-Leitwerke waren vollständig beweglich. Die Flugqualitäten der F-117 ließen dagegen zunächst zu wünschen übrig und die Maschine war weitgehend nur durch die Anwendung von computerisierten Steuerungen kontrollierbar. Das einsitzige Flugzeug wurde von zwei General Electric F404-GE-F1D2 Zweikreistriebwerken angetrieben, die ohne Nachbrenner eine Schubkraft von 4900 kp produzierten. Die maximale Startmasse betrug 23 800 kg und die Höchstgeschwindigkeit ging nicht über 1040 km/h hinaus. Die Waffenlast (maximal 2270 kg) wurde in zwei inneren Waffenschächten befördert und basierte auf zwei lasergeführten 908-kg-Paveway-Bomben. Die F-117A war praktisch ein Nachtbomber und dank ihrer hochentwickelten Navigations- und Angriffsavionik in der Lage, überraschende Attacken durchzuführen, ohne von den feindlichen Radargeräten erfasst zu werden. Die ersten Exemplare wurden 1982 in Dienst gestellt, doch erst im Jahr 1988 wurde die Existenz der F-117 offiziell bestätigt und 1990 schließlich der Öffentlichkeit enthüllt. Insgesamt wurden 64 Exemplare dieses teuren und hochentwickelten Flugzeugs gebaut; 42 Stück davon setzte man im Golfkrieg ein. Die F-117 wurde 2008 aus dem Dienst genommen, aber seit 2016 scheint es, als seien einige Exemplare stillschweigend für Trainingszwecke wieder in Betrieb genommen worden.

Die F-117 Nighthawks waren die ersten Alliierten-Flugzeuge, die mit dem Angriff auf die Kontrollentren in Bagdad am 17. Januar 1991 in Kriegsaktion traten. Dies war der Beginn der Operation „Desert Storm" und damit auch der Anfang der Luftoffensiven gegen die irakischen Streitkräfte – Folge der vergeblichen Forderungen der Vereinten Nationen an den Irak, seine Truppen aus Kuwait zurückzuziehen. Die Durchführung der Luftangriffe erfolgte vor allem mit den Jagdbombern F-117, F-16, F-15E, F-4G, F-111, A-10, IDS Tornado, Buccaneer, Mirage F.1 und Jaguar, sowie den Luftüberlegenheitsjägern F-15, ADV Tornado und Mirage 2000, die begleitet wurden von den imposanten Unterstützungskräften für die Luftbetankung, Überwachung und die elektronische Kampfführung. Die Marinestreitkräfte benutzten dagegen die Jäger F-14, A-6 und A-7. Besonders vertreten waren jedoch die F/A-18 und die AV-8B – zwei neue Flugzeuge, die das Gerüst der Angriffsstreitkräfte von US Navy und Marines bildeten. Die Ursprünge der McDonnell-Douglas F/A-18 Hornet gehen zurück auf den Entwurf der Northrop YF-17 – dem Flugzeug, das 1971 zusammen mit der YF-16 am LWF (Light-Weight Fighter)-Wettbewerb der USAF teilgenommen hatte. Mit dem Ziel, die Ressourcen zu optimieren, beschloss die amerikanische Regierung 1974, dass der neue Jäger aus dem VFAX-Programm der US Navy (ein Ersatzmodell für die A-7 und F-4 der Navy und der Marines in Angriffs- und Luftkampfrollen) ebenfalls unter den beiden Konkurrenten des LWF-Wettbewerbs ausgewählt werden sollte. McDonnell-Douglas schlug eine Allianz mit Northrop vor, um deren Erfahrungen im Bereich der Decklandeflugzeuge auszunutzen. 1976 wählte die Navy das Projekt aus, das die beiden Firmen gemeinsam vorstellten. Darin war die Konstruktion zweier beinahe identischer Flugzeuge vorgesehen, dem F-18 Kampfjäger und der Angriffsversion A-18. Später wurde dank der technologischen Fortschritte und der logistischen Erfordernisse der Marine ein einziges Allzweck-Flugzeug definiert – die F/A-18, die am 18. November 1978 ihren ersten Flug durchführte.

Es handelte sich dabei um einen zweistrahligen, einsitzigen Schulterdecker mit doppeltem Leitwerk, das aus den neuen aerodynamischen Forschungen hinsichtlich des Flugs im hohen Anstellwinkel Vorteile zog. Die Maschine war sehr manövrierfähig – besonders bei niedriger Geschwindigkeit. Dank

der Kapazitäten des Missionscomputers und des Radargeräts konnte die F/A-18 Luft-Luft- und Luft-Boden-Waffen transportieren und je nach den Missionserfordernissen und -phasen in der jeweiligen Rolle operieren. Die Lieferungen der Serienexemplare F/A-18A (und des Zweisitzers B) an die operativen Einheiten begannen im Mai 1980. Ab Juni 1982 fing man auch damit an, die Flugzeuge zu exportieren – anfangs nach Kanada und später nach Australien und Spanien. 1987 erschien das Modell F/A-18C/D, dessen neue Avionik die Anwendung neuer Waffen (wie die Raketen AIM-120) möglich machte sowie Nachtjägereinsätze erlaubte; später wurde die Maschine mit verbesserten Triebwerken und Radarsystemen ausgestattet. Die F/A-18C verfügte über zwei General Electric F404-GE-402 Zweikreistriebwerke, die mit Nachbrenner je 8030 kp Schubkraft produzierten und eine Höchstgeschwindigkeit von über 1900 km/h (Mach 1,8) gewährleisteten. Die maximale Startmasse erreichte 25 400 kg. Die Maschine war 17,1 m lang und besaß eine Flügelspannweite von 11,4 m. Das Waffensystem bestand aus einer 20-mm-Kanone Vulcan und bis zu 8165 kg Außenlast. Es wurden über 1400 F/A-18-Flugzeuge hergestellt und viele Exemplare exportierte man auch nach Kuwait, Finnland, in die Schweiz und nach Malaysia. Die US-Marine hat das Modell 2019 endgültig ausgemustert, Australien folgte 2021.
Anfang der Neunzigerjahre wurde die F/A-18D Night Attack eingeführt. Es war eine zweisitzige Multiunktions-Version, die für die Marines entworfen worden war, um den Allwetter-Bomber A-6E zu ersetzen. 1992 wurde das Projekt F/A-18E/F Super Hornet eingeleitet, das darauf zielte, die Hornet soweit zu entwickeln, dass die Maschine in der Lage war, die F-14 (als Verteidigungsjäger der Navy) sowie die ersten Modelle der F/A-18 zu ersetzen. Die Super Hornet ist ein entschieden größeres und vielseitigeres Flugzeug. Ihre Flügelspannweite wurde auf 13,6 m und die Länge auf 18,3 m ausgedehnt; die maximale Startmasse stieg auf 29 940 kg an und um die Reichweite zu erweitern, wurde die interne Kraftstoffaufnahmekapazität auf 1630 kg erhöht. Es wurden zwei zusätzliche Pylonen unter den Flügeln angebracht, an denen man weitere Waffen anbringen konnte. Die Maschine wird von zwei Triebwerken F414-GE-400 (mit je 9990 kp Schubkraft) angetrieben. Die Höchstgeschwindigkeit liegt bei etwa Mach 1,8. Die erste F/A-18E flog am 29. November 1995 und im Jahr 2000 wurde das Flugzeug in die erste Übungs-Abteilung übernommen. Die US-Marine bestellte weitere 520 Einheiten der Super Hornet, darunter das Modell EA-18G Growler für die elektronische Kriegsführung (das 2008 in Dienst gestellt wurde), und die Produktion wird fortgesetzt. Derzeit ist Australien mit 24 erworbenen Einheiten der einzige ausländische Kunde. Im Golfkrieg führte die Hornet einen großen Teil der Missionen durch – darunter Boden- und Luftabwehr-Angriffe –, die der Navy anvertraut worden waren.

289 oben Zwei F/A-18C über der USS Kitty Hawk im Pazifischen Ozean. Das Modell C Hornet, das gegenüber dem Modell A verbessert wurde, flog erstmals 1987.

289 unten Eine Boeing F/A-18F Super Hornet der VFA-102-Staffel, bewaffnet mit konventionellen Bomben, beim Start von einem Flugzeugträger während der Operation Enduring Freedom.

Auch die Marines setzten die Hornet im Krieg ein und stellten der Maschine außerdem vier Jagdbomber-Geschwader V/STOL-fähigen McDonnell-Douglas AV-8B Harrier an die Seite. Dieses Modell entstand 1976 aus einer Zusammenarbeit zwischen der British Aerospace und McDonnell-Douglas für ein Programm, das die Konstruktion einer verbesserten Version des Jägers Harrier vorsah. Bei den Marines wurde das Modell bereits als AV-8A eingesetzt. Der Prototyp des neuen Flugzeugs YAV-8B startete am 9. November 1978 zu seinem Jungfernflug;. Tatsächlich handelte es sich um eine vollständig neue Maschine – auch wenn die Außenform des Vorgängers in großen Zügen beibehalten wurde. Das Flugzeug besaß ein neues Triebwerk sowie neue, größere Flügel, die eine erhöhte Tragfähigkeit und zusätzliche Waffen-Außenlaststationen boten; Waffenlast und Reichweite wurden erhöht. Ferner hatte man neue Avioniksysteme eingebaut, während die Zelle – größtenteils aus Verbundmaterialien gebildet – mit einem neuen Cockpit ausgestattet war. Die AV-8B (und der Zweisitzer TAV-8B) wurden im Januar 1984 bei den Marines in Dienst gestellt; im Juli 1987 wurde das Flugzeug an die RAF geliefert (dort als Harrier GR.Mk.5 bezeichnet). Seine Flügelspannweite betrug 9,2 m und die Länge 14,1 m; das Triebwerk Rolls-Royce Pegasus F402-RR-408A lieferte eine Schubkraft von 10 800 kp und ermöglichte damit eine Höchstgeschwindigkeit von 1050 km/h. Die AV-8B erreichte eine maximale Startmasse von 14 060 kg und konnte eine Waffenausrüstung mit einer Gesamtmasse von 6000 kg mitführen. Die späteren Versionen AV-8B Night Attack und Harrier GR.Mk.7 konnten außerdem als Nachtjäger operieren. 1987 wurde das Programm Harrier II Plus eingeleitet, um den Jäger in ein Multifunktions-Flugzeug zu transformieren, das unter anderem für den Luftkampf geeignet war. Die Plus-Version verfügt über ein APG-65-Radarsystem (dem gleichen, das auch in den frühen F/A-18-Modellen verbaut wurde) und Luft-Luft-Bewaffnung (AIM-9 und AIM-120-Raketen). Ab 1993 wurde die Plus-Version bei den US Marines sowie den italienischen und spanischen Marinen eingesetzt. Es wurden rund 480 Harrier II gebaut, und die RAF setzte ihre Harriers, die auf die GR.9-Spezifikation aufgerüstet wurden, bis 2010 weiter ein.

290 oben Ein Jagdbomber AV-8B Harrier II landet auf dem Deck des USS Essex während der Operation Enduring Freedom, Afghanistan, Oktober 2001.

290-291 Eine Harrier II, bewaffnet mit lasergeführten 500-Pfund-Bomben GBU-12 startet von dem Hubschrauberträger USS Bataan im Januar 2002 während der Operation Enduring Freedom.

291 oben F-14D- und F/A-18C-Jäger, ein Radarflugzeug E-2C, eine EA-6B für elektronische Kampfführung, ein S-3B U-Boot-Abwehrflugzeug sowie ein A-6E Bomber fliegen über den Flugzeugträger USS Carl Vinson. Das Foto wurde 1996 während der Operation Southern Watch im Persischen Golf gemacht.

Wie bereits erwähnt, spielten Flugzeuge für die elektronische Kriegsführung eine Schlüsselrolle im Golfkrieg. Obwohl es nicht genau in diese Kategorie passte, so war das Radarflugzeug Boeing E-3 AWACS eine der entscheidenden Alliierten-Maschinen, die für diese komplexen Luftoperationen eingesetzt wurden. Die Entwicklung der E-3A begann 1970. Der Entwurf ging auf das Zivilmodell 707-320B zurück und wurde später in Anlehnung auf die im Vietnam gewonnenen Erfahrungen mit den ersten USAF-Radarflugzeugen EC-121 weiterentwickelt. Das neue Flugzeug (später EC-137D genannt) startete am 9. Februar 1972 zu seinem ersten Flug, während die Lieferungen der Serienmodelle ab 24. März 1977 begannen. Im Wesentlichen benutzte man die E-3A Sentry für den Transport des Radarsystems Westinghouse AN/APY-1, dessen riesige Antenne in einer rotierenden Scheibe auf dem Rumpf angebracht war. Innerhalb des Rumpfs befanden sich die Arbeitsstationen für die Systemoffiziere und Operatoren des Radarsystems. Das System konnte nicht nur als fliegende Radarstation (um andere Flugzeuge auf Entfernungen bis zu 400 km zu identifizieren), sondern auch als ein wirkungsvolles fliegendes Kommandozentrum benutzt werden. Die Modelle E-3 wurden später in den Standard-Versionen B und C auf den neuesten Stand gebracht – dank der Installation des Radars APY-2, eines neuen Computer-Datenverarbeitungssystems zur Erfassung der taktischen Situation, neue elektronische Unterstützungssysteme (ESM) sowie ebenfalls neue Apparate für sicheren Kommunikations- und Datenaustausch. Insgesamt wurden 68 Exemplare der E-3 hergestellt, die zur Zeit im Dienst der Vereinigten Staaten, Großbritanniens, Frankreichs, Saudi-Arabiens und einer NATO-Einheit stehen. Weitere Flugzeuge für die elektronische Kampfführung waren die EF-111A und die EA-6B für die elektronische Neutralisierung der gegenerischen Fliegerabwehr; Maschinen vom Typ EC-130E/H für taktische Kommandooperationen, elektronische

292 unten Die Boeing E-6A Mercury basierte auf dem Modell E-3. Die US Navy benutzt das Flugzeug für die Sicherung des Funkkontakts mit der nuklearen U-Boot-Flotte. Die Mercury ist seit 1989 im Dienst.

293 oben Eine Grumman EA-6B Prowler auf dem Landedeck des USS Theodore Roosevelt während der Operation Enduring Freedom, Dezember 2001.

Spionage und psychologische Kampfführung und schließlich die RC-135U/V/W für das Abfangen von Mitteilungen und elektronischen Signalen. Ferner leisteten auch die Aufklärungsflugzeuge vom Typ RF-4C, Mirage F.1CR und U-2R während des Golfkriegs eine bedeutende Unterstützungsarbeit.
Der Krieg gegen den Irak bewegte sich besonders im Luftraum in eine Einbahnstraße. Außer einigen wenigen Luftkämpfen (bei denen die Alliierten-Jäger, ohne eigene Verluste zu erfahren, 41 feindliche Flugzeuge abschossen) kam die größte Bedrohung gegen die Alliierten-Flugzeuge von den Flieger-abwehr-Raketen und Artilleriesystemen. Diese Systeme schafften es jedoch nur, in insgesamt

292-293 Die Grumman EF-111A Raven – entwickelt aus dem Jagdbomber F-111 – war das USAF-Gegenstück zur Prowler der Navy. Die Maschine blieb von 1981 bis 1998 im Dienst.

110 000 Kampfmissionen 43 Flugzeuge der Alliierten abzuschießen. Ein Großteil des Erfolgs der Alliierten war den SEAD (Suppression of Enemy Air Defences – Unterdrückung der feindlichen Luftabwehr) Flugzeugen zu verdanken, welche die feindliche Fliegerabwehr angriffen. Die Flugzeuge F-4G, F-16, EA-6B, A-7, F/A-18 und Tornado, die mit HARM-Raketen (High-speed Anti-Radiation Missile) bewaffnet waren und immer ausgetüfteltere Taktiken anwenden konnten, waren in der Lage, die irakischen Positionen ausfindig zu machen; oft gelang es den Maschinen mit Waffen oder schon durch deren einfache Präsenz, den Feind zum Schweigen zu bringen, indem er dazu gezwungen wurde, die Radarsysteme auszuschalten.
Nach fast 40 Tage andauernden Luftangriffen griffen am 24. Februar schließlich die Bodenstreitkräfte der Koalition ein (540 000 Mann und ca. 3700 Panzer) und besiegten in nur 100 Stunden die relativ ungeübten und demoralisierten irakischen Truppen. Der Golfkrieg endete am 28. Februar 1991.

293 Mitte Die Boeing E-3 Sentry ist die Radarflugzeugversion (AWACS) des bekannten Linienflugzeugs Boeing 707-320. Das Hauptsystem (dessen Antenne innerhalb der großen, rotierenden Scheibe installiert ist) ist der Westinghouse AN/APY-2-Radar.

293 unten Die Prowler ist ein trägergestütztes Flugzeug für die elektronische Kampf-führung, das für die elektronische Störung feindlicher Luftabwehr eingesetzt wird. Die Maschine mit Vier-Mann-Besatzung flog zum ersten Mal 1968.

Ungefähr in demselben Zeitraum begann sich auf dem Balkan ein weiteres Krisengebiet zu entwickeln, das später zum Kriegsgebiet wurde, als Slowenien und Kroatien beschlossen, die jugoslawische Föderation zu verlassen und ihren Status als souveräne Staaten bekannt machten. Der bis auf den Balkan ausgeweitete Krieg zwischen Jugoslawien (Serbien) und Kroatien verursachte eine Reaktion seitens der Vereinten Nationen und der NATO. Die Organisationen beschlossen demnach, militärische Luft- und Boden-Formationen aufzustellen, die den Frieden wiederherstellen oder erhalten sollten. Die Luftoperationen begannen im Sommer 1992 mit der Luftbrücke – auf diesem Weg wurden Hilfen für Sarajevo transportiert. Im Frühling 1993 folgte die Operation „Deny Flight", mit der man die Kontrolle über den Krisen-Luftraum übernahm und weitere Kampfhandlungen verhindern wollte. Mit der Zeit intensivierten sich diese Aktivitäten, bis schließlich im Winter 1998/1999 die serbischen Truppen mit einer Reihe krimineller „ethnischer Säuberungsaktionen" begannen, die gegen die albanische Bevölkerung in der Kosovo-Provinz gerichtet waren. Diese Handlungen führten zu einer erneuten Initiative seitens der UN und der NATO, die angesichts der erfolglos verlaufenen Verhandlungen in der Nacht vom 24. März 1999 militärisch in das Geschehen eingriffen. Mit der Operation „Allied Force" wurden Luftangriffe auf das serbische Militär und strategische Ziele des Landes eröffnet. Die Luftoffensiven gegen Jugoslawien (der erste Krieg der NATO in ihrem 50-jährigen Bestehen) wurden anfangs mit einer beschränkten Anzahl von Flugzeugen durchgeführt (ca. 500 Kampf- und Unterstützungsmaschinen). Angesichts der Stärke und Zähigkeit des Widerstands intensivierten die Alliierten jedoch ihren Einsatz (über 1000 Flugzeuge – eingeschlossen die Trägerflugzeuge von fünf Flugzeugträgern) und die Häufigkeit der Missionen, die nun Tag und Nacht durchgeführt wurden. Ungefähr 75% der Flugzeuge wurden von den Vereinigten Staaten gestellt (von Stützpunkten in Italien, Frankreich, Deutschland, Spanien und Großbritannien aus operierend), während der übrige Anteil zusammengesetzt war aus Flugzeugen der elf NATO-Länder, darunter Italien, das etwa 50 Flugzeuge zur Verfügung stellte und die Nutzung von etwa 20 Flugplätzen anbot. Die jugoslawische Luftwaffe hielt nur in der absoluten Anfangsphase des Konflikts die Stellung und verlor dabei fünf MiG-29-Jäger. Später jedoch stellte die ständig mobile und koordinierte Flugabwehr Serbiens die Hauptbedrohung für die NATO dar – eine größere, als man im Golfkrieg erfahren hatte.

Während des Balkan-Konflikts wurden zum ersten Mal drei grundverschiedene Kampfflugzeugtypen eingesetzt. Einer davon war der Jagdbomber AMX, der Anfang der Achtzigerjahre von einem Konsortium aus Aeritalia, Aermacchi und der brasilianischen Embraer entworfen worden war. Die Maschine sollte die G.91 und F-104G der italienischen Luftwaffe ersetzen. Der erste Prototyp flog am 15. Mai 1984, und 1989 wurden die ersten Serienexemplare in Dienst gestellt. Bei der neuen Maschine handelte es sich um einen einsitzigen, einstrahligen Schulterdecker mit mäßiger Pfeilung und traditioneller Außenform. Die Maschine wurde von einem Rolls-Royce (FIAT Avio) Spey RB-168-807-Triebwerk angetrieben, das eine Schubkraft von 5000 kp lieferte (ohne Nachbrenner); es war ein altes Triebwerk, das – was die Zuverlässigkeit betrifft – beachtliche Probleme verursachte. Die AMX hat eine Spannweite von 8,8 m, eine Länge von 13,2 m und eine maximale Startmasse von 13 000 kg. Die Höchstgeschwindigkeit lag bei Mach 0,86 und die Bewaffnung bestand (außer einer 20-mm-Kanone Vulcan) aus bis zu 3800 kg Bomben und Raketen an Außenlaststationen. 1990 erschien die zweisitzige AMX-T als Trainigsversion; im weiteren Verlauf der Jahre wurde das Flugzeug schließlich zu einem guten Jagdbomber und taktischem Tag-Aufklärungsflugzeug entwickelt; es besaß ferner eine fortschrittliche Avionik und Präzisionsbewaffnung, wie zum Beispiel laser- und infrarotgeführte Bomben und Raketen. Von 2007 bis 2010 wurden 52 Einheiten auf den neuen ACOL-Standard aufgerüstet, der Verbesserungen in der Avionik und Bewaffnung mit der Integration von JDAM-Bomben, RecceLite-Aufklärungsbehältern und Litening-Zielbehältern mit sich brachte. Im Kosovo wurden die italienischen AMX mit einer gewissen Kontinuität in Unterstützungsmissionen eingesetzt und stellten ihre Fähigkeiten hervorragend unter Beweis, ebenso wie später bei Einsätzen in Afghanistan, Libyen und Kuwait. Die AMX wurde 2024 aus dem Dienst der italienischen Luftwaffe genommen.

294 Der wichtigste Jäger der jugoslawischen Luftabwehr ist die russische MiG-29. Das Flugzeug ist hier 1998 bei einem Flug vor Ausbruch des Kosovo-Kriegs zu sehen.

294-295 Die AMX entstand aus einem italienisch-brasilianischem Bauprojekt von 1980 für einen leichten, taktischen Jagdbomber; es wurden 192 Exemplare produziert. Die italienische Luftwaffe setzte die AMX 1999 erfolgreich im Kosovo-Krieg ein.

295 unten links Operationen der NATO-Friedenstruppen im Kosovo, September 1999. Französische Fallschirmjäger werden von Puma-Hubschraubern nach Kosovka Mitrovica gebracht.

295 unten rechts Ein Puma Hubschrauber transportiert ein französisches Fallschirmjäger-Kommando während der Kriegsoperationen im Kosovo über Mazedonien (April 1999).

betrug 44,3 m. Mit den vier General Electric F101-GE-102-Triebwerken von je 13 970 kp Schubkraft (mit Nachbrenner) erreichte die B-IB eine Höchstgeschwindigkeit von 1200 km/h. Die maximale Startmasse betrug 216,3 Tonnen, von denen gut 56 Tonnen aus Waffenlast gebildet werden. Das Flugzeug wurde von einer vierköpfigen Besatzung geführt und konnte sowohl nukleare als auch konventionelle Sprengkörper abwerfen. Die Auslieferung der B-1B begann 1985.

Die Northrop-Grumman B-2A Spirit war das dritte Flugzeug, welches im Kosovo seine Feuerrtaufe erhielt. Es handelte sich um den ersten „unsichtbaren" strategischen Bomber der Luftfahrt-Geschichte. Die Ursprünge des Projekts gehen bis in die zweite Hälfte der Siebzigerjahre zurück und folgten auf die Projekte Have Blue und F-117. Das Entwicklungsprogramm für die B-2 wurde 1981 unterzeichnet. Das Flugzeug nahm Jack Northrops originale Ideen der Vierzigerjahre wieder auf: ein Bomber, der aus einer einzigen Flügelform zu bestehen scheint. In den Achtzigerjahren konnte die Form dank der technologischen Entwicklungen verbessert werden. Es handelt sich um eine Maschine mit höchst futuristscher Form; die B-2A besitzt keine aerodynamischen Leitwerke, und die einzigen, abgerundeten Vorsprünge werden durch das Cockpit und die vier Triebwerke auf der Oberseite der Zelle gebildet. Die erste B-2 startete am 17. Juli 1989 zu ihrem Jungfernflug und das erste Serienexemplar wurde 1993 an die USAF geliefert. Die Flügelspannweite beträgt 52,4 m, die Länge 21 m und die maximale Startmasse erreicht ca. 152 Tonnen.

Das Flugzeug wird von vier General Electric F118-GE-100-Triebwerken mit je 8620 kp Schubkraft zu einer Höchstgeschwindigkeit von 850 km/h angetrieben. Es kann eine interne Waffenlast von 18 150 kg mitführen; die Besatzung wird aus zwei Mann gebildet.

Durch die Vereinigung der hochentwickelten Materialien und der besonderen Stromlinienform ist die B-2A für die feindlichen Radargeräte schwer auszumachen, also praktisch unsichtbar und kann sowohl mit konventioneller als auch nuklearer Bewaffnung strategisch wichtige Ziele auf der ganzen Welt angreifen. Der Einsatz im Kosovo-Krieg bestätigte das Potenzial des Flugzeugs: Mithilfe der Luftbetankung führten die B-2A eine Reihe von Missionen über serbischen Objekten durch; es waren Flugzeuge, die von der Heimatbasis in Whiteman (Missouri) aus starteten und und dort auch wieder landeten.

Die Operation Allied Force wurde offiziell mit der Feuereinstellung vom 20. Juni 1999 beendet. Die von den politischen Führern der NATO-Staaten gesetzten Ziele waren erreicht worden, insbesondere der Abzug der serbischen Truppen aus dem Kosovo.

Von besonderer Bedeutung in diesem Konflikt war die Tatsache, dass die Alliierten trotz der immensen militärischen und wirtschaftlichen Ausgaben ein erfolgreiches Ergebnis erzielten, wobei sie nur zwei Kampfflugzeuge verloren und nicht auf Landstreitkräfte zurückgreifen mussten.

Angesichts der besonderen politischen und ethnischen Gegebenheiten im Balkangebiet hätte der Einsatz von Bodentruppen nur zu einer Ausweitung des Konflikts beigetragen und neue, internationale Spannungen ausgelöst; ferner würde dadurch der Krieg auf unbestimmte Zeit verlängert worden sein. Das Ergebnis wären neue Leiden bei der Zivilbevölkerungen und hohe Verluste auf beiden Seiten der Kampfparteien gewesen.

Das zweite Flugzeug, das auf dem Balkan seinen ersten operativen Einsatz durchführte, war der amerikanische strategische Bomber Rockwell B-1B Lancer. Die Maschine wurde aus verschiedenen Gründen nicht im Golfkrieg verwendet. Es war ein großes vierstrahliges Flugzeug mit Schwenkflügeln und interkontinentaler Reichweite. Die Ursprünge gingen aus einem Projekt von 1970 zurück, mit dem ein Ersatz für die Boeing B-52 gesucht wurde. Der erste Prototyp des Überschallflugzeugs B-1A flog am 23. Dezember 1974, doch das Programm wurde 1977 von Präsident Carter gestrichen.

Vier Jahre später genehmigte Präsident Reagan die Wiederaufnahme des Projekts als B-1B: einer leicht vereinfachten Unterschallversion des Originalentwurfs, die jedoch über verbesserte avionische und strukturelle Technologien verfügte. Statt der 244 B-1A sollten nun 100 Exemplare des Modells B-IB gebaut werden. Die Maschine besaß eine Flügelspannweite zwischen 23,8 m (maximale Pfeilung) und 41,6 m (kleinste Pfeilung); die Länge

296 oben Eine B-1B Lancer während eines Hochgeschwindigkeitsflugs, bei dem sich eine aerodynamische Verdichtung bildet – sichtbar durch die feuchte Luft. Die B-1B erreicht eine Höchstgeschwindigkeit von 1200 km/h.

296-297 unten Die unkonventionelle, Science-Fiction-artige Form der B-2A Spirit kommt auf diesem Foto, das vom Boden aus aufgenommen wurde, besonders gut zur Geltung.

297 oben Eine B-1B Lancer beim Auftanken. Dieses Flugzeug flog erstmals 1974 als B-1A, doch das Projekt wurde auf Eis gelegt. Präsident Reagan belebte es 1981 wieder.

297 unten rechts Die radarabsorbierende Lackierung des Spirit-Bombers trägt dazu bei, dass er für Radargeräte unsichtbar ist.

24

Mit dem Beginn des 21. Jahrhunderts scheint sich die internationale Lage nicht verändert zu haben, und leider haben die Krisen nicht aufgehört, sondern sind sogar noch häufiger geworden. Der 11. September 2001 ist ein Datum, das die Welt verändert hat. An diesem Tag entführten 19 Terroristen der Al-Qaida unter der Führung des saudischen Scheichs Osama Bin Laden vier Passagierflugzeuge. Zwei davon stürzten sie in die Zwillingstürme des World Trade Centers in New York City, ein weiteres stürzte in das Pentagon in Washington, D. C. Die Zahl der Todesopfer belief sich auf fast 3000. Neben den technischen und regulatorischen Auswirkungen, die in der Folge für die Sicherheit des zivilen Flugverkehrs festgelegt wurden, löste dieser Angriff auf die Vereinigten Staaten innerhalb weniger Wochen eine Reaktion aus: eine militärische Intervention in Afghanistan, wo Al-Qaida bisher mit Unterstützung des lokalen Taliban-Regimes ungestört operieren konnte. Als Teil des von der US-Regierung beschlossenen globalen Krieges gegen den Terror wurde am 7. Oktober 2001 die Operation Enduring Freedom gestartet. Der erste Angriff auf die Trainingslager und Infrastruktur von Al-Qaida wurde mit Tomahawk-Raketen, B-1-, B-2- und B-52-Bombern sowie F-14- und F/A-18-Kampfflugzeuger von Flugzeugträgern aus durchgeführt. Aufgrund der Schwierigkeiten, die sich aus der Beschaffenheit des Geländes und den Besonderheiten der asymmetrischen Kriegsführung gegen schwer fassbare Guerillaeinheiten ergaben, weitete sich der Konflikt rasch aus, was zu einem massiven Einsatz von Bodentruppen führte, nicht nur seitens der USA, sondern auch der NATO im Rahmen der ISAF-Mission (International Security Assistance Force), die am 20. Dezember 2001 durch einen Beschluss des Sicherheitsrats der Vereinten Nationen ins Leben gerufen wurde. Ihre Zahl wuchs auf über 58 000 Soldaten aus 40 Ländern an. Was die Flugzeuge betrifft, so wurden bei den Operationen in Afghanistan in großem Umfang Transport- und Unterstützungskomponenten eingesetzt, wie z. B. Aufklärungs- und Überwachungsflugzeuge, die zur Identifizierung von Konzentrationen aufständischer Truppen innerhalb des Territoriums entwickelt wurden. Unter den verfügbaren Kampfmitteln handelte es sich bei den meisten eingesetzten Flugzeugen um Kampfflugzeuge, Kampfhubschrauber und unbemannte Flugzeuge, die für die wichtigen Aufgaben der Luftnahunterstützung für Bodentruppen konzipiert waren. Trotz unbestreitbarer taktischer Erfolge führten die Kriegshandlungen in Afghanistan nicht zur Lösung der seit langem bestehenden Probleme des Landes, und der Ausbruch einer schweren globalen Wirtschaftskrise im Jahr 2008 veranlasste die Vereinigten Staaten und die an der ISAF-Mission beteiligten Länder, einen schrittweisen militärischen Rückzug aus dem Kriegsgebiet einzuleiten, der mit dem Versuch einherging, afghanische Polizei- und Streitkräfte aufzubauen, die in der Lage sein sollten, die Kontrolle über das Gebiet zu übernehmen und aufrechtzuerhalten. Der vollständige Abzug der ISAF-Truppen sollte bis 2014 erfolgen. Während die Kämpfe in Afghanistan noch andauerten, eröffneten die Vereinigten Staaten am 19. März 2003 eine zweite Kriegsfront, indem sie den Irak angriffen, mit dem erklärten Ziel, „dem Land Massenvernichtungswaffen zu entziehen, die Unterstützung des Regimes von Saddam Hussein für den Terrorismus zu beenden und das irakische Volk zu befreien". Die Operation „Iraqi Freedom" wurde vom US-Militär mit Unterstützung Großbritanniens, Australiens und Polens durchgeführt. Die Kampagne endete am 9. April mit der Einnahme der Hauptstadt Bagdad und dem Sturz des Regimes von Saddam Hussein. Dennoch zog sich der Konflikt in Form von Guerillakämpfen weiter hin und wurde unter Beteiligung von Kontingenten aus 45 weiteren Ländern fortgesetzt. Die letzten US-Truppen schlossen ihren Abzug aus dem Irak im Dezember 2011 ab. In diesem zweiten Krieg gegen den Irak kamen die Luftstreitkräfte mit ähnlichen Mitteln und Flugzeugen zum Einsatz wie in früheren Konflikten, jedoch, ähnlich wie zur gleichen Zeit in Afghanistan, mit einem viel massiveren Einsatz von unbemannten Flugzeugen und Luftnahunterstützung als in der Vergangenheit.

298 Ein CH-53E Super Stallion-Hubschrauber des Marine Corps startet während der Operation Enduring Freedom von der USS Bataan. Der Flugzeugträger ist auf dem Weg nach Afghanistan.

299 oben Ein AgustaWestland AW.129C-Kampfhubschrauber der italienischen Armee, aufgenommen in Afghanistan während gemeinsamer Operationen mit Fallschirmjägern der Brigade „Folgore" („Blitzschlag").

299 Mitte Eine Boeing F-15E Strike Eagle der US-Luftwaffe, bewaffnet mit lasergesteuerten Bomben, nach einer Luftbetankung im Rahmen der Operation Iraqi Freedom im Jahr 2003.

299 unten Eine Dassault Rafale B der französischen Luftwaffe fliegt im März 2007 über die Berge Afghanistans. Das Flugzeug ist mit zwei zusätzlichen Treibstofftanks und GBU-12-Laser-Lenkbomben ausgerüstet.

Der nächste Konflikt, der chronologisch gesehen die Welt erschüttert hat, war der in Libyen, der am 19. März 2011 ausbrach und bis zum 31. Oktober andauerte. In diesem Fall sind die Ursachen für die Krise in dem Volksaufstand zu suchen, der im Februar gegen die Diktatur von Muammar Gaddafi ausbrach und sich zu einer breiteren offenen Rebellion gegen viele sehr restriktive arabische Regierungen im Nahen Osten entwickelte, die als Arabischer Frühling bekannt wurde. Um die Zivilbevölkerung vor den loyalen Streitkräften zu schützen und (inoffiziell) die enormen Öl- und Rohstoffvorkommen in Libyen zu sichern, verabschiedeten die Vereinten Nationen eine Resolution, die den Mitgliedstaaten ermächtigte, „alle notwendigen Maßnahmen zum Schutz der Zivilbevölkerung und der zivilen Gebiete vor Angriffen durch libysche Streitkräfte" zu ergreifen und eine Flugverbotszone über dem Land einzurichten. Französische, britische und US-amerikanische Truppen griffen ab der Nacht des 19. März wichtige libysche Militärziele an und lösten damit die Operation Odyssey Dawn aus. Innerhalb weniger Tage wurde ein massives Marinefliegersystem eingerichtet, um die noch immer Gaddafi treuen Streitkräfte unschädlich zu machen. Die Luftstreitkräfte von 18 Ländern (darunter drei arabische Staaten) folgten dem Aufruf und verlegten ihre Ressourcen (über 390 Flugzeuge) vor allem nach Italien und Griechenland. Um die Koalition aus politischer Sicht besser zu organisieren und zu unterstützen, wurde die Operation am 31. März unter das Kommando der NATO gestellt und erhielt den Namen „Unified Protector", während „Odyssey Dawn" nun ausschließlich die Aktivitäten der Vereinigten Staaten bezeichnete.
Ein Hauptmerkmal dieses Krieges, der fast ausschließlich mit Flugzeugen (von Landbasen oder Flugzeugträgern aus) geführt wurde, war der Einsatz modernster Präzisionswaffen, um Kollateralschäden und damit die Beteiligung von Zivilisten, deren Eigentum und der Infrastruktur des Landes um jeden Preis zu vermeiden. Obwohl Teile der Luftstreitkräfte mit Luft-Luft-Missionen zur Überwachung der Flugverbotszone beschäftigt waren, wurden die eigentlichen Operationen von Flugzeugen für

300 oben Zwei CF-188-Kampfflugzeuge, die kanadische Version der Boeing F/A-18A Hornet, im Flug über Libyen während der Operation Unified Protector.

300 Mitte Die Besatzung eines Mirage 2000D-Jagdbombers der französischen Luftwaffe während der Operation Unified Protector.

300 unten Ein Eurofighter EF-2000 Typhoon-Kampfflugzeug der III. Staffel der Royal Air Force. Das Flugzeug wurde mit lasergesteuerten Paveway II-Bomben für Präzisionsangriffe am Boden während des Libyen-Kriegs 2011 ausgerüstet.

ISTAR-Missionen (Intelligence, Surveillance, Targeting, and Reconnaissance – Aufklärung, Überwachung, Zielerfassung und Erkundung) und von Jagdbombern durchgeführt, die mit modernsten Systemen zur Erkennung und Identifizierung von Zielen ausgestattet waren und von Radarflugzeugen und Luftbetankungsflugzeugen unterstützt wurden. In diesem Konflikt wurden verschiedene Waffensysteme zum ersten Mal im Einsatz getestet, darunter die Kampfflugzeuge Eurofighter Typhoon, Dassault Rafale, JAS Gripen, Lockheed Martin F-16E/F und Boeing EA-18G Growler sowie bestimmte Waffensysteme wie die Marschflugkörper MBDA Storm Shadow und die französischen AASM-Bomben. Die im Konflikt gewonnenen Erfahrungen erwiesen sich als sehr nützlich für die ISTAR-Komponente, die bereits seit einiger Zeit in Afghanistan im Einsatz ist. Dennoch war es aufgrund des Mangels an wirksamen gegnerischen Streitkräften nicht möglich, Daten zur Bewertung der tatsächlichen Fähigkeiten der Kampfflugzeuge der neuesten Generation zu erhalten, unter denen insbesondere die Lockheed Martin F-22A fehlte, das modernste westliche Kampfflugzeug, dessen Einsatz die Vereinigten Staaten in diesem Konflikt für nicht angemessen hielten.

301 oben Ein elektronisches Kampfflugzeug vom Typ Boeing EA-18G Growler der VAQ-141-Staffel der US-Marine bei der Landung auf dem Flugzeugträger USS George H. W. Bush im Jahr 2010.

300-301 Eine F-16AM der norwegischen Luftwaffe über dem Stützpunkt in Souda Bay auf Kreta während der Operation Unified Protector in Libyen. Der Jäger ist mit AIM-120B- und IRIS-T-Luft-Luft-Raketen sowie einer GPS-gelenkten GBU-54-Bombe ausgerüstet. Er verfügt über einen Sniper-Zielbehälter und in ventraler Position einen AN/ALQ-131-Pod für elektronische Kriegsführung sowie zwei zusätzliche Treibstofftanks.

Kapitel 24

Airbus und Boeing

In den Sechzigerjahren lag der Weltmarkt der großen Linienflugzeuge praktisch in den Händen der amerikanischen Firmen Boeing, Douglas und Lockheed, die sich den Großteil der Bestellungen teilten. Doch gerade zu jener Zeit begann ein neuer Wind durch Europa zu wehen. Dank des Eingreifens der einzelnen Regierungen wurden die Grundlagen für die Wiedergeburt der europäischen Luftfahrtindustrie geschaffen. So entstand eine Reihe internationaler Projekte, wie zum Beisdpiel die britisch-französische Concorde und Jaguar sowie der Drei-Nationen-Jet Tornado. Doch die Initiative, die am meisten die globale Industrieszene beeinflusst hat, war das Airbus-Projekt: Ergebnis einer 1965 eingeleiteten Zusammenarbeit der Regierungen und Unternehmen Frankreichs, Deutschlands und Großbritanniens. Man hatte die Notwendigkeit eines zweimotorigen Großraumflugzeugs für 300 Passagiere für Mittelstreckenflüge erkannt. Am 26. September 1967 wurde eine Übereinkunft unterschrieben, die das Startzeichen für die Entwicklung des Flugzeugs – genannt A300 Airbus – gab. Laut Vertrag sollten Frankreich und Großbritannien jeweils 37,5 % der Kosten für die Entwicklung und Konstruktion der Zelle beisteuern, während Deutschland den restlichen Anteil von 25 % leisten würde. Hinsichtlich der Triebwerke sollte Großbritannien 75 % der Entwicklungskosten des Zweikreistriebwerks Rolls-Royce RB207 übernehmen, so dass Frankreich und Deutschland sich die übrigen 25 % teilen würden. Der erste Vertragspartner für die Zelle war die Sud Aviation (später Aerospatiale). Am 18. Dezember 1970 wurde offiziell das Unternehmen Airbus-Industrie gegründet, um die Leitung der Entwicklung, Produktion und Vermarktung des A300 zu übernehmen. Bald darauf trat auch die spanische CASA in das Konsortium mit ein. Rolls-Royce teilte währenddessen mit, dass es nicht möglich sein würde, den Motor RB207 rechtzeitig zu entwickeln. Man ersetzte das Triebwerk daraufhin durch ein General Electric CF6-50 mit 22 200 kp Schubkraft. Eine weitere bedeutende Veränderung war die Reduzierung der Sitzplätze von 300 auf 250 – wie sie von den potenziellen Hauptkunden gewünscht wurde.

Die Konstruktion des ersten Prototyps A300B1 begann im September 1969, und die Maschine führte am 28. Oktober 1972 in Toulouse ihren Jungfernflug durch. Die ersten Bestellungen trafen 1971 von der Air France ein (sechs Flugzeuge und die Option für weitere zehn Exemplare). Zwei Jahre später bestellte die Lufthansa drei Flugzeuge und gab Optionen für vier weitere Modelle ab. Vom vierten Exemplar an begann man die stärkeren Triebwerke CF6-50C (mit 23 100 kp Schub) einzubauen und den Rumpf um 2,6 m zu verlängern. Dieses modifizierte Modell wurde A300B2 genannt; es konnte mehr Nutzlast laden und besaß eine größere Reichweite. Im März 1974 zertifizierten die europäischen und amerikanischen Behörden das Flugzeug, und in demselben Jahr flog zum ersten Mal das fünfte Exemplar. Die Air France bekam am 11. Mai das erste gelieferte A300-Modell. Am 23. Mai wurde mit ihm der Dienst auf der Strecke Paris-London eröffnet.

Doch der A300 hatte sich bis dahin noch nicht auf dem Markt durchgesetzt und die Verkäufe verliefen nicht in der gewünschten Weise: 1976 wurde kein einziges A300-Modell verkauft.

Einen großen Aufschwung bedeutete es daher für das Konsortium, als die amerikanische

302 oben Der A340 mit vier Strahltriebwerken flog zum ersten Mal 1991 und ist das größte Flugzeug der Airbus-Familie. Hier ist ein Exemplar der Fluggesellschaft Virgin Atlantic zu sehen.

302 unten Die Nase eines Airbus A300-600 der American Airlines. Dieses Modell kann 360 Passagiere aufnehmen und wurde für Mittel- und Langstreckenflüge entworfen.

Fluggesellschaft Eastern Air Lines sich im Mai 1977 dazu bereit erklärte, vier Exemplare des A300B4 im Leasing zu erwerben: Es war der erste Vertrag mit den Vereinigten Staaten. Mit diesem Bruch der Monopolstellung der amerikanischen Firmen in deren Heimat hatte Airbus einen ersten grundlegenden Schritt vollbracht. Bis 1978 war die Produktion jedoch nur an 50 Exemplare herangekommen und die Gewinnschwelle lag noch in weiter Ferne. Die Fluggesellschaften und Piloten hielten die A300 jedoch für ein hervorragendes Flugzeug. Zum Teil war es auch der Werbung durch die Eastern Airlines zu verdanken, dass Airbus ab 1979 einen Aufschwung erfuhr. In der Zwischenzeit ging man bereits daran, den Originalentwurf weiterzuentwickeln, was letztendlich zur Entstehung neuer Projekte führte. 1983 flog zum ersten Mal die A300-600: dieses Modell sollte zur Haupt-Produktionsversion werden. Die Maschine hatte eine Flügelspannweite von 44,8 m, ein Länge von 54,1 m und eine maximale Startrmasse von 165 Tonnen. Bei der Triebwerksausstattung konnte gewählt werden zwischen zwei Pratt & Whitney PW4156 (25 400 kp Schub), zwei PW4158 (26 300 kp), oder alternativ dazu den General Electric CF6-80C2A1/A3/A5 mit ähnlichen Leistungsabgaben. Das Flugzeug erreichte eine Höchstgeschwindigkeit von Mach 0,82 und konnte in der Standardausführung 266 Passagiere aufnehmen; bei engerer Sitzkonfiguration standen bis zu 361 Plätze zur Verfügung.

1978 begann man bereits das Modell A310 zu entwerfen; die Maschine besaß einen kürzeren Rumpf und die Kabine fasste 210–234 Passagiere (255 in enger Konfiguration), neue Flügel und kleinere Leitwerke. Der Prototyp flog zum ersten Mal am 3. April 1982 und die erste Lieferung einer Serienmaschine (an die Lufthansa) wurde im März 1984 durchgeführt. Anfang der Achtzigerjahre wurde das Modell A320 konzipiert; es handelte sich um ein Mittel- und Kurzstreckenflugzeug, das bis zu 179 Passagiere aufnehmen konnte. Zu den innovativen Merkmalen gehörte die Fly-by-Wire-Steuerung; ferner bot die Maschine viel niedrigere Betriebskosten. Der erste Vertrag wurde bereits 1981 von der Air France unterzeichnet, die 25 Exemplare der A320 bestellte. Am 22. Februar 1987 startete der erste Prototyp zu seinem Jungfernflug. Auf dieses Grundmodell folgten zwei weitere Versionen: die verlängerte A321 und die kürzere A319. Die A321 flog zum ersten Mal am 11. März 1993 und wurde im darauf folgenden Jahr an die Lufthansa geliefert. Die A319 startete dagegen am 29. August 1995 zu ihrem ersten Flug; die erste Lieferung ging 1996 an die Swissair.

Ende der Achtziger-Jahre arbeitete Airbus an der Vervollständigung ihrer Flugzeugreihe und plante die Konstruktion eines großen Flugzeugs für Mittel- und Langstreckenflüge. 1987 wurde das A330/340-Projekt entworfen. Es handelte sich um einen Großraum-Jet, der sowohl in der Ausstattung mit vier Triebwerken (A340) oder zwei Triebwerken (A330) verfügbar sein sollte. Der erste Prototyp – A340-300 – flog am 25. Oktober 1991, gefolgt von der Version A340-200 mit kürzerem Rumpf. Das Basismodell besaß eine Spannweite von 60,3 m, eine Länge von 63,6 m und erreichte eine maximale Startmasse von 257 Tonnen. Die vier Triebwerke vom Typ International CFM-56-5C (je 14 100 kp Schubkraft) gewährleisteten eine maximale Reisegeschwindigkeit von Mach 0,83 sowie eine operative Reichweite von 11 000 km. Der Standardausbau bot 250 bis 350 Sitzplätze; bei dichtester Sitzanordnung konnten bis zu 440 Plätze eingebaut werden. Der Airbus A330, der am 2. November 1991 zum ersten Mal flog, besaß dieselben Dimensionen, wurde jedoch von zwei General Electric-, Pratt & Whitney- oder Rolls-Royce-Triebwerken (nach Wahl des Kunden) angetrieben – mit Schubleistungen zwischen 29 000 und 30 500 kp. Er besaß eine maximale Startmasse von 212 Tonnen und ein ähnlich großes Passagier-Fassungsvermögen wie die vierstrahlige Version Der erste A340 wurde im Januar 1993 an die Lufthansa geliefert.

303 oben Das Modell A320, entwickelt vom Airbus-Konsortium, flog zum ersten Mal 1987 und wird für Kurz- und Mittelstreckenflüge benutzt; bis zu 180 Passagiere können befördert werden. Dieses Exemplar gehört der amerikanischen Air Jamaica.

302-303 unten Landung eines A300 der italienischen Fluggesellschaft Alitalia. Der A300 war das erste Produkt von Airbus; er flog zum ersten Mal 1972.

304 links Die Boeing 757 sollte ebenso erfolgreich wie die 727 werden. Es ist ein Kurz- und Mittelstreckenflugzeug, das bis zu 239 Passagiere aufnehmen kann.

304-305 Eines der beiden Triebwerke einer Boeing 767. Je nach Wahl des Kunden kann dieses Flugzeug mit Rolls-Royce-, Pratt & Whitney- oder General Electric-Triebwerken ausgestattet werden, die 23–28 Mp Schubkraft produzieren.

305 oben rechts Eine Boeing 777 der British Airways. Boeing entwickelte dieses Modell, um der Konkurrenz des Airbus 330 und 340 entgegentreten zu können. Die 777 startete 1994 zu seinem Jungfernflug und kann 440 Passagiere transportieren.

305 unten Produktionslinie für die neue B-787 Dreamliner in den Boeing-Werken in Everett. Dieses 2011 in Dienst gestellte Flugzeug ist ein Beispiel für hochmoderne Spitzentechnologie. Etwa 80 % der Flugzeugzelle bestehen aus Verbundwerkstoffen.

Angesichts der wachsenden technologischen und wirtschaftlichen Bedeutung von Airbus konnte die amerikanische Flugzeugindustrie natürlich nicht tatenlos bleiben. Der einzige aktiv gebliebene Großbetrieb im Segment der zivilen Verkehrsflugzeuge war Boeing. Diese Firma begann Ende der Siebzigerjahre zwei neue Maschinen zu entwickeln, die in den Achtzigern Gestalt annahmen. Die Flugzeuge markierten den Beginn einer neuen Ära für Boeing und waren dazu bestimmt, den Vorsprung der Firma gegenüber der europäischen Konkurrenz beizubehalten.

Das erste der beiden neuen Boeing-Flugzeuge war die 767, die zum ersten Mal am 26. September 1981 flog. Die Maschine schien ähnliche Formen wie der Airbus A300 zu besitzen: breiter Rumpf, zwei unter den Flügeln angebrachte Triebwerke und traditionelle Leitwerke. Die Spannweite betrug 47,6 m, die Länge 48,5 m und die maximale Startmasse 156 500 kg. Den Antrieb leisteten zwei Zweikreistriebwerke, die von dem Kunden aus einer Liste von zwanzig Motoren ausgewählt werden konnten: Darunter waren Produkte von General Electric, Pratt & Whitney und Rolls-Royce; die Schubleistungen lagen zwischen 23 600 und 28 100 kp. Die 767-200 konnte eine Reisegeschwindigkeit von Mach 0,8 beibehalten und verfügte im Standardausbau über 180 bis 224 Passagierplätze (285 bei dichtester Anordnung). Das erste Serienmodell 767-200 wurde 1982 an die United Airlines geliefert.

Vier Jahre später erschien das Modell 767-300 mit einem bis auf 55 m verlängerte Rumpf und 218 Sitzen. Die Langstreckenversion des Flugzeugs ist die 767-300ER; sie besitzt eine maximale Startmasse von 185 Tonnen und eine Reichweite von über 11 300 km. Das letzte Modell der Reihe ist die 767-400ER – ein Flugzeug mit einer Kapazität von 290 Passagieren. Das erste 400ER-Exemplar wurde am 29. August 2000 an Delta Airlines geliefert.

Kurze Zeit später folgte auf die 767 bereits die Boeing 757, die als Nachfolgerin der B.727 operieren sollte. Das Flugzeug war für Mittelstreckenflüge entworfen worden und stand damit in direkter Konkurrenz zum Airbus A300. Trotz desselben Rumpfabschnitts der 727 war die B.757 ein vollständig neues Flugzeug, das einer verkleinerten Ausführung der 767 ähnelte. Die erste 757 wurde im Januar 1983 bei Eastern Air Lines in Dienst gestellt. Die Maschine war 47,3 m lang und besaß eine Flügelspannweite von 38 m. Die zwei Triebwerke Rolls-Royce RB211 (18 200 kp Schubkraft) oder Pratt & Whitney PW2037 (17 300 kp) ermöglichten eine Reisegeschwindigkeit von Mach 0,86 sowie eine maximale Startmasse von 115 600 kg. 150 bis 178 Reisende konnten in der Standardausführung aufgenommen werden (in dichtester Konfiguration 239).

Natürlich wurde auch das bereits vorhandene 747 „Jumbo Jet"-Projekt vollständig überarbeitet: 1988 führte man die 747-400 ein, die hinsichtlich Aerodynamik, Triebwerken und Avionik modernisiert worden war. Die typiche Konfiguration sah Platz für 420 Passagiere vor, während bei dichtestem Innenausbau für die Kurzstrecken-Inlandsflüge auch 568 Plätze zur Verfügung standen.

Um die Anforderungen der Kunden zu erfüllen, führte Boeing die Version 777 ein, die am 12. Juni 1994 den ersten Flug durchführte. Die Maschine ähnelte der 767, war jedoch ein vollständig neues, geräumigeres Modell, das über die fortschrittlichsten Technologien verfügte. Im Mai 1995 erwarb die United Airlines das erste 777-Exemplar. Bei der

Boeing 777 handelt sich um ein wirklich imposantes Flugzeug, das wegen der zweistrahligen Ausstattung kleiner erscheint, als es in Wirklichkeit ist: Die Spannweite beträgt 60,9 m, die Länge 63,7 m und die maximale Startmasse erreicht 242 600 kg. Die Triebwerke (die von den Kunden unter den üblichen drei führenden Firmen General Electric, Pratt & Whitney und Rolls-Royce gewählt werden) haben Schubstärken zwischen 33 500 kp und 39 200 kp. Die Anzahl der verfügbaren Passagierplätze reicht von 320 (Standardkonfiguration) bis maximal 440. Auf das Grundmodell folgte schon 1995 die verlängerte Version 777-300.
Diese Flugzeugvariante ist 73,8 m lang (tatsächlich handelt es sich um das längste Flugzeug der Welt) und kann mit der erhöhten Gesamtstartmasse

350 bis 550 Passagiere befördern – je nach der Konfiguration der Kabine und der Reichweite, die von den Gesellschaften gewählt wird.
Die 777 hält den Rekord für den längsten Nonstop-Flug eines Verkehrsflugzeugs (November 2005, mit einer Flugzeit von 22 Stunden und 42 Minuten). Im Jahr 2009 kam die Version 777F für den Frachttransport auf den Markt. Insgesamt wurden mehr als 1800 Bestellungen für die Modellreihe 777 aufgegeben.

In den Neunzigerjahren beschloss McDonnell-Douglas, den positiven Trend, der den Markt des Luftverkehrs dominierte, auszunutzen, indem man die MD-80-Serie modernisierte. Am 22. Februar 1993 flog das erste Exemplar der Serie MD-90. Das Flugzeug verfügte über elektronisch gesteuerte Triebwerke, verbesserte Avionik und Struktur und einen verlängerten Rumpf, dessen Kabine zusätzlichen zehn Passagieren Platz bot. 1996 erschien die MD-95, ein Flugzeug der 100-Sitze-Klasse, das nach der Übernahme von McDonnell-Douglas durch Boeing 1997 in Boeing 717 umbenannt wurde.
Auch Airbus hatte damit begonnen, seine Flugzeug-Bandbreite im Marktsegment der kleineren Flugzeuge auszuweiten, und führte am 26. April 1999 den A318 ein. Es handelt sich um eine leicht verkleinerte Version des A319, der mit zwei Pratt & Whitney PW6000-Triebwerken ausgestattet ist und etwa 100 Passagiere aufnehmen kann. Bereits vor dem ersten Flug der neuen Maschine Ende 2001 hatte man Bestellungen für mehr als 120 Exemplare erhalten.
Um mit den verschiedenartigen Airbus-Flugzeugen, die für Mittel- und Kurzstrecken angeboten wurden (den drei bereits vorhandenen Modellen wurde noch der A318 hinzugefügt), konkurrieren zu können, entschloss sich Boeing, ihren Bestseller in diesem Marktsegment – die bereits etwas angejahrte B-737 neu zu beleben. Nachdem die Firma gut an den Projekten 767, 757 und 777 gearbeitet hatte, begann sie sich in den Neunzigerjahren der Entwicklung der 737 Next-Generation zu widmen. Das neue Projekt sollte zum besten 737-Entwurf werden und mit modernsten Technologien ausgestattet werden (Triebwerke, Aerodynamik, Avionik): Das Flugzeug sollte in dem wichtigen 100-bis-200-Sitze-Marktbereich gegenüber den Airbus-Modellen A319/320/321 noch wettbewerbsfähig bleiben.
Die erste Neuversion war die B-737-700, die am 9. Februar 1997 erstmals flog. Das Flugzeug lag in der 128-bis-149-Sitze-Klasse und besaß eine maximale Startmasse von etwa 70 Tonnen. Die zwei Triebwerke leisteten 9000–10 000 kp Schubkraft.
Auf dieses Flugzeug folgte die B-737-800, die am 31. Juli 1997 zu ihrem ersten Flug abhob. Es bot 160 bis 189 Passagieren Platz und erreiche eine maximale Startmasse von über 80 Tonnen.
Die B-737-600 (erster Flug am 22. Januar 1998) verfügte über 108 bis 132 Passagierplätze und eine maximale Startmasse von 65 Tonnen. Schließlich wurden die Modelle 737-900 und 900ER entwickelt, von denen die erste Maschine im April 2007 an Lion Air ausgeliefert wurde. Die 737-900ER ist mit einer Kapazität von 215 Passagieren das größte Modell der 737-Familie. Ihr maximales Startgewicht beträgt 85 140 kg, ihre maximale Reichweite 6035 km. Das nächste Modell der 737-Familie heißt MAX und ist mit verbesserten Triebwerken und einer optimierten Aerodynamik ausgestattet, um den Treibstoffverbrauch zu senken und schädliche Emissionen weiter zu reduzieren. Die 737 MAX flog erstmals am 29. Januar 2016 (Modell MAX 8), gefolgt von drei weiteren Versionen, der MAX 7, 9 und 10. Bis heute wurden mehr als 1450 Exemplare produziert. Die Produktion wurde durch zwei Unfälle in den Jahren 2018 und 2019 beeinträchtigt, die zur Einstellung des Betriebs dieser Flugzeugfamilie führten. Im Mai 2020 wurde die Produktion wieder aufgenommen. Im Jahr 2024 traten weitere Probleme bei der Qualitätskontrolle auf, sodass die Produktion erst im Dezember desselben Jahres wieder aufgenommen wurde. Diese Flugzeuge teilen sich einen bedeutenden Teil des kommerziellen Marktes mit Airbus. Seit seiner Gründung bis Oktober 2021 lieferte Airbus mehr als 13 600 Maschinen aus, verglichen mit 14 800 Exemplaren der vier derzeit von Boeing produzierten Modelle (737, 767, 777, 787). Der Airbus A320 ist derzeit das erfolgreichste Verkehrsflugzeug der Geschichte mit mehr als 12 200 ausgelieferten Exemplaren und Bestellungen bis August 2025, wodurch diese Zahl auf mehr als 19 200 steigen wird.
Mit dem expandierendem Weltmarkt stürzten sich die beiden Industriekolosse vor kurzem in den letzten Marktbereich neuer Flugzeuge: den Langstrecken-„Giganten". Die Herangehensweisen an dieses Projekt sind dabei völlig verschieden gewesen. Nach sorgfältigen Schätzungen und Forschungen zielte Airbus auf die Konstruktion des größten, jemals gebauten Flugzeugs, während Boeing sich anfänglich für die Herstellung der (abgesehen von der Concorde) schnellsten Maschine entschied .
Das Projekt von Airbus – die A380, ursprünglich als A3XX bezeichnet – wurde am 19. Dezember 2000 offiziell eingeführt. Nach einer Bestellung seitens der Virgin Airlines wurde die zum Programmbeginn erforderliche, von Airbus aufgestellte Mindestgrenze von 50 Bestellungen erreicht. Der Erstflug fand am 27. April 2005 statt, und die erste Fluggesellschaft, die das Flugzeug in Dienst stellte, war Singapore Airlines im Oktober 2007. Das Basismodell A380-800 hat eine Flügelspannweite von 79,8 m und eine Länge von 72,7 m. Die maximale Startmasse liegt bei 560 Tonnen. Die Standardausführung umfasst sowohl ein Ober- als auch ein Unterdeck mit Platz für 525 Passagiere in drei Klassen, ermöglicht jedoch auch eine maximale Auslastung von 853 Passagieren. Die vier Triebwerke sind Rolls-Royce Trent 970/B oder 972/B oder General Electric GP7270, alle mit einer Schubkraft von 31 800 kp. Die Reichweite des Flugzeugs bei maximaler Standardbeladung beträgt 15 400 km. Ebenfalls geplant waren die Version A380-900 mit einer Sitzplatzkapazität von 650 Passagieren in der Standardausführung (bei einer maximalen Dichte von 900) und die Version A380F für den Frachttransport mit einem maximalen Startgewicht von 590 Tonnen. Allerdings wurde keines der beiden Modelle tatsächlich produziert, ein Schicksal, das auch die Versionen Neo und Plus ereilt hat. Der A380 wurde 2021 nach nur 251 fertiggestellten Exemplaren aus der Produktion genommen. Das Flugzeug erwies sich als zu groß und zu teuer, was auf ungenaue Marktanalysen zurückzuführen war, die den Markt für Großraumflugzeuge bis 2027 auf 1283 Maschinen geschätzt hatten. Der A380 wird nach wie vor von mehreren Fluggesellschaften eingesetzt, wobei Emirates Airlines mit 116 Exemplaren die größte Flotte betreibt.
Boeing verfolgte dagegen einen anderen Weg und widmete sich der Konstruktion eines kleineren aber schnelleren Langstreckenflugzeugs: der Sonic Cruiser. Das Projekt wurde im März 2001 angekündigt und visiert einen zweistrahligen Jet mit Doppeldeltflügeln an. Mit einer Reisegeschwindigkeit von Mach 0,98 auf einer Flughöhe zwischen 12 000 und 15 000 m sollen die Flugzeiten um 15 bis 20 Prozent verkürzt werden (das bedeutet zwei Stunden weniger auf Atlantikstrecken). Die Maschine sollte über ca. 300 Passagierplätze verfügen. Dennoch zeigte der Markt keine Wertschätzung für Flugzeuge, die zwar schnell sind, aber hohe Betriebskosten verursachen, und Boeing stellte das Programm 2002 ein. Die Forschung wandte sich daher einem effizienteren Flugzeug mit geringeren Kosten zu, das als 7E7 bezeichnet wurde und dennoch von den für den Sonic Cruiser durchgeführten Forschungen profitierte, wie beispielsweise der weit verbreiteten Verwendung von Kohlefasern für Rumpf und Tragflächen sowie Hightech-Systemen für die Avionik. Im Jahr 2005 wurde das Projekt in 787

Dreamliner umbenannt, und das Flugzeug absolvierte seinen Jungfernflug am 15. Dezember 2009. Zu den Hauptmerkmalen des Flugzeugs gehören, wie bereits erwähnt, die zu 80 % aus Verbundwerkstoffen bestehende Konstruktion, einschließlich der Flugzeugzelle (entspricht einem Gewicht von 32 000 kg kohlenstofffaserverstärktem Kunststoff), hocheffiziente Triebwerke und Tragflächen, ein Cockpit mit großen Farb-LCD-Bildschirmen, ein Head-Up-Display (HUD) für beide Piloten und der umfassende Einsatz einer elektrischen Systemarchitektur, wodurch das Gewicht und die Komplexität hydraulisch betätigter Systeme entfallen. Bei den beiden Triebwerken handelt es sich um Turbofans der neuen Generation mit reduziertem Geräuschpegel. Der Kunde kann zwischen dem Rolls-Royce Trent 1000 und dem General Electric GEnx wählen, die beide eine Schubkraft von etwa 29 000 kp liefern. Der Dreamliner hat eine Spannweite von 60 m, eine Länge von 56,7 m und ein maximales Startgewicht von 228 Tonnen. In der typischen Dreiklassenkonfiguration bietet er Platz für 242 Passagiere, während seine Höchstgeschwindigkeit in gut 10 000 m Höhe Mach 0,85 beträgt und seine Reichweite 15 000 km beträgt. Das Serienmodell 787-8 wurde bereits mehr als 1 100 Mal ausgeliefert, wobei die erste Maschine im September 2011 bei All Nippon Airways in Dienst gestellt wurde. Die gestreckte Version, das Modell 787-9, mit 250 bis 290 Sitzen und einer Reichweite von bis zu 15 750 km, erschien im September 2013, während die 787-10, die bis zu 350 Passagiere befördern kann, die B.777-200ER ersetzt und mit dem Airbus 350 konkurriert, 2017 ihren Erstflug absolvierte. Dieses letzte Flugzeug stellt nun das fortschrittlichste Programm des europäischen Giganten dar; es wurde im Dezember 2004 offiziell vorgestellt, um auf die Boeing 787 zu reagieren. Ursprünglich war der Airbus A350 eine einfache Weiterentwicklung des Modells 330, doch die Fluggesellschaften zeigten daran kein Interesse und forderten stattdessen ein komplett neu entwickeltes Flugzeug, das die erforderlichen neuen Technologien integrieren konnte. So wurde 2006 ein neues Projekt ins Leben gerufen, das auf der Farnborough Air Show als A350XWB (eXtra Wide Body) vorgestellt wurde. Auch der 350XWB besteht größtenteils aus Verbundwerkstoffen und verfügt über zwei Rolls-Royce Trent XWB-Triebwerke, ein Triebwerksmodell, das von den Triebwerken der A380 und der B.787 abgeleitet ist und eine Schubkraft von 35 800 kp liefert. Das Basismodell 350XWB-800 wurde gestrichen, während das Serienmodell A350-900 eine Spannweite von 64,6 m, eine Länge von 60,6 m und ein maximales Startgewicht von 259 Tonnen hat. Es kann 270 Passagiere in der Dreiklassenkonfiguration oder 440 Passagiere bei hoher Auslastung befördern. Die maximale Reisegeschwindigkeit beträgt Mach 0,85 (910 km/h) in 12 000 m Höhe, bei einer maximalen Reichweite von 15 000 km. Das Modell 350-900 wurde am 15. Januar 2015 bei Qatar Airways als Erstkunde in Dienst gestellt. Es liegen bereits mehr als 600 Bestellungen für das neue Flugzeug vor, darunter auch für die verlängerte Version 350-1000 mit einer Reichweite von 16 000 km, die 2018 in Dienst gestellt wurde.

Das neueste Produkt der Firma ist der Airbus A220, ein Flugzeug mit 100 Sitzplätzen, das 2004 als Bombardier CSeries konzipiert wurde und seit Juli 2018 von Airbus vermarktet wird. Dieses Flugzeug flog erstmals am 16. September 2013 und wurde im Juli 2016 bei Swiss Global Air Lines in Dienst gestellt. Bis heute wurden rund 320 Exemplare in den Versionen A220-100 und A220-300 produziert, wobei letztere bis zu 145 Passagiere befördern kann. Der Kampf zwischen Boeing und Airbus dauert an und spiegelt die Trends auf dem Luftverkehrsmarkt und die Fähigkeit des weltweiten Luftraums wider, den gestiegenen Flugverkehr aufzunehmen.

306 oben Der seit 2007 im Einsatz befindliche Airbus A380 bietet Platz für bis zu 853 Passagiere bei hoher Sitzplatzdichte.

307 oben Die Boeing 787 Dreamliner ist der direkte Konkurrent des Airbus 350; die neueste Version flog erstmals 2017.

307 Mitte Der Airbus A350, hier in der Version -1000, ist das Produkt des französischen Unternehmens für Interkontinentalflüge und verfügt über eine Reichweite von 16 000 km.

307 unten Der Airbus A330neo, hier in der Version -900, ist die größte Version dieses Modells und hat eine Reichweite von über 13 300 km.

Kapitel 25

Unbemannte Luftfahrzeuge

In der Geschichte der Luftfahrt sind unbemannte Flugzeuge nichts Neues: Tatsächlich wurden sie bereits vor dem Zweiten Weltkrieg eingesetzt. Nach dem Krieg beschränkte sich die rudimentäre Technologie zur Steuerung der damals als Drohnen bezeichneten Flugzeuge in erster Linie auf Zieldrohnen, kleine Flugzeuge, die im militärischen Bereich zur Entwicklung von luft- und landgestützten Waffensystemen eingesetzt wurden. Die Möglichkeit, unbemannte Flugzeuge (Remotely Piloted Vehicles, RPVs) auch für andere Missionen, vor allem zur Aufklärung, einzusetzen, reicht jedoch bis in die Mitte der 1950er-Jahre zurück, als die Drohne MQM-33 der US-Armee zu einem fotografischen Aufklärungsinstrument umgebaut wurde und zur RB-71 und später zur MQM-57 Falconer wurde. Der erste operative Einsatz der Aufklärungs-RPV erfolgte zwischen 1964 und 1975 während des Vietnamkriegs, als die 100th Strategic Reconnaissance Wing der USAF Jet-Drohnen vom Typ Ryan Model 147 Lightning Bug mit der Bezeichnung AQM-34 einsetzte. Insgesamt wurden 3435 Starts durchgeführt, wobei 554 Flugzeuge aus verschiedenen Gründen verloren gingen. In den frühen 1970er-Jahren bewertete die US-Luftwaffe auch den Einsatz von acht BGM-34B als Angriffsdrohnen, die mit MK-82-Bomben und Maverick-Raketen bewaffnet waren, während andere auch Laserdesignatoren an der Nase einsetzten, um andere RPVs zu führen, die mit lasergesteuerten Paveway-Bomben bewaffnet waren. An dieser Stelle sei darauf hingewiesen, dass ferngesteuerte Flugzeuge alle eine spezielle Bodenkontrollstation (GCS) erfordern, in der sich in der Regel der Pilot und der Systembetreiber befinden und von der aus die gesamte Mission über Satellitenverbindungen gesteuert wird. Angesichts der Dauer vieler Missionen arbeiten die Besatzungen in Schichten. Ein weiterer Schritt auf dem Weg zu den heutigen UAS (Unmanned Aerial Systems, unbemannte Flugsysteme) erfolgte 1982 während der „Operation Peace for Galilee", der Invasion des Libanon durch die israelischen Streitkräfte. Bei dieser Gelegenheit wurden kleine propellergetriebene Flugzeuge mit Videokameras erfolgreich eingesetzt, die Tadiran Mastiff und die IAI Scout, die maßgeblich zur

Entdeckung und Zerstörung syrischer Flugabwehrraketensysteme im Bekaa-Tal beitrugen. Dieser Erfolg zog die Aufmerksamkeit der US-Streitkräfte auf sich, und insbesondere 1984 forderte die US-Marine von der israelischen Industrie ein taktisches UAV (Unmanned Aerial Vehicle, unbemanntes Luftfahrzeug) für das Schlachtfeld, das in Form des RQ-2 Pioneer, einer Weiterentwicklung des Mastiff, realisiert wurde. In den 1990er-Jahren war Israel mit der IAI Heron, die 1994 ihren ersten Flug absolvierte, führend im UAV-Sektor. Es handelte sich um ein Flugzeug mit geraden Tragflächen, einer Spannweite von 16,5 m, einer Länge von 8,5 m und einer aerodynamischen Konstruktion mit Schubpropeller und doppeltem Heckausleger. Der Motor ist ein Vierzylinder-Rotax-914-Kolbenmotor mit 115 PS, der eine Höchstgeschwindigkeit von 230 km/h und ein maximales Startgewicht von 1150 kg ermöglicht, von denen 250 kg die sogenannte „Nutzlast" ausmachen, nämlich das Missionssystem für Beobachtung und Aufklärung. Ein grundlegendes Merkmal des Flugzeugs ist seine Fähigkeit, eine Höhe von 10 700 m mit einer Reichweite von insgesamt 52 Stunden zu erreichen. Die Nutzlast kann verschiedene Arten von Sensoren umfassen, darunter Infrarot- oder Tageslicht-Fernsehkameras, elektronische Aufklärungssysteme für ELINT (Electronic Intelligence) und COMINT (Communication Intelligence) sowie Radarsysteme. Die Sensoren übertragen die empfangenen Daten in Echtzeit über eine Bodenstation und nutzen dabei nicht nur direkte Datenverbindungen (LOS, Line of Sight), sondern auch Satelliten oder andere Flugzeuge als Brücke. Das Flugzeug kann in einem vollständig automatischen Modus, im manuellen Modus oder sogar in einem gemischten Modus betrieben werden, wenn es entsprechend programmiert ist. Die Besatzung besteht aus mindestens zwei Personen, darunter dem Piloten und dem Systemoperator, die sich in der Bodenkontrollstation befinden, die in der Regel am Startort, aber auch an anderen Orten angesiedelt sein kann. Diese Funktionsprinzipien wurden von allen anderen UAS übernommen, die auf den Markt gekommen sind. Die Heron, die in die Kategorie MALE (Medium-Altitude Long-Endurance – Mittlere Flughöhe, lange Flugdauer) fällt, wurde sogar (als Harfang) nach Frankreich, in die Türkei, nach Indien, Deutschland, Australien und sieben weitere Länder exportiert. Ausgehend von der Heron entwickelte die IAI sogar eine Version mit Turboprop-Triebwerk, die Eitan oder Heron TP genannt wurde. Sie absolvierte ihren Jungfernflug im Juli 2006 und ist mit einem 1200-PS-Motor von Pratt & Whitney PT6A ausgestattet, der ihr eine Reichweite von über 8000 km oder 70 Flugstunden in Höhen von mehr als 14 000 m ermöglicht, während die Nutzlast auf 2000 kg und das maximale Startgewicht auf 4650 kg erhöht wurde. Die Spannweite beträgt 26 m und die Länge 13,1 m. Die Eitan ist seit 2009

308 oben Eine AQM-34-Zieldrohne der US-Marine. In Vietnam setzte die US-Luftwaffe zwischen 1964 und 1975 solche Maschinen zur Aufklärung ein.

309 oben Eine MQ-1B Predator von General Atomics der US-Luftwaffe bei der Landung. Unter den Flügelhälften sind zwei Hellfire-Raketen für Bodenangriffe zu sehen.

309 unten Die israelische IAI Heron ist eine Aufklärungs-UAV vom Typ MALE (Medium-Altitude Long-Endurance), die von Frankreich unter dem Namen Harfang übernommen wurde.

bei der israelischen Luftwaffe im Einsatz, aber auch andere Länder haben Interesse an dem System gezeigt, wobei Griechenland und Deutschland bereits Bestellungen aufgegeben haben.

Die Vereinigten Staaten widmen sich offensichtlich auch der Entwicklung von UAS-Technologien, die im Vergleich zu bemannten Plattformen erhebliche Vorteile bieten: Sie ermöglichen den Bau kleinerer Flugzeuge, die leicht, wirtschaftlich und leise sind und sich daher ideal für Aufklärungs-, Überwachungs-, Zielerfassungs- und Erkundungsmissionen eignen, da sie sehr lange in der Luft bleiben können und für den Feind am Boden praktisch unsichtbar sind.

In den 1980er-Jahren hatten sowohl die CIA als auch das US-Verteidigungsministerium mit der Erprobung von Aufklärungsdrohnen der nächsten Generation begonnen. Auf Einladung der CIA entwickelte Abraham Karems Unternehmen Leading Systems die Gnat, ein kleines Flugzeug mit einem sehr leisen Motor, das den Namen Predator erhielt. Im Januar 1994 wurde General Atomics aus San Diego mit der Entwicklung des Predator beauftragt, und die Phase der „Advanced Concept Technology Demonstration" dauerte bis Juni 1996, als das Programm schließlich von einem gemischten Team aus Armee und Marine an die US-Luftwaffe übergeben wurde. Zu dieser Zeit wurden Predators auch in Übungen und in realen Einsätzen auf dem Balkan eingesetzt, wo sie von Gjader in Albanien aus flogen. Die Predator-Serie wurde offiziell unter der Bezeichnung RQ-1B Predator A in Dienst gestellt, wobei diese Abkürzung das gesamte Betriebssystem bezeichnete, einschließlich vier Flugzeugen, einer Bodenkontrollstation und einer Gruppe von Antennen zum Senden und Empfangen von Daten. Das einzelne Flugzeug wurde als RQ-1L bezeichnet. Das Herzstück der Maschine war das AN/AAS-52-System, das eine ganze Reihe elektrooptischer Sensoren zur Zielidentifizierung und -erfassung sowie ein synthetisches Aperture-Radarsystem (SAR) AN/ZPQ-1 umfasste, das jedoch aufgrund seiner geringen Nutzung später wieder ausgebaut wurde. Das RQ-1B-System war unbewaffnet, aber es zeigte sich schnell, dass die Möglichkeit, das Flugzeug zu bewaffnen, seine Einsatzfähigkeit erheblich verbessern würde. So entstand 2002 die MQ-1A, die mit zwei AGM-114 Hellfire-Luft-Boden-Raketen oder vier AIM-92 Stinger-Luft-Luft-Raketen ausgerüstet werden konnte. Es folgte die MQ-1B und dann die B Block 10/15 (auch bekannt als Predator A Plus), die mehrere Verbesserungen mit sich brachte, darunter eine größere Spannweite, modifizierte Leitwerke und ein verbessertes AN/AAS-52-System. Dieses Flugzeug hat eine Spannweite von 16,8 m, eine Länge von 8,2 m, eine Höhe von 2,1 m, ein maximales Startgewicht von 1000 kg, eine Betriebsgeschwindigkeit zwischen 130 und 166 km/h, eine Reichweite von 1100 km oder mehr als 24 Stunden, eine maximale Flughöhe von 7600 m und wird von einem 115 PS starken Rotax 914F-Kolbenmotor angetrieben, der mit einem Zweiblattpropeller verbunden ist. Bis 2018 wurden mehr als 360 Einheiten des Predator A/A Plus produziert, die von Italien, der Türkei und den Luftstreitkräften von fünf weiteren Ländern eingesetzt wurden.

310 oben Die Northrop Grumman RQ-4 Global Hawk absolvierte 1998 ihren Jungfernflug. Die US-Luftwaffe beabsichtigt, damit das bemannte Aufklärungsflugzeug U-2 zu ersetzen.

310 unten 2019 stellte Leonardo die Falco Xplorer vor, die für Überwachungsmissionen geeignet ist, aber auch bewaffnet werden kann.

Im Jahr 2004 kam auch die MQ-1C Gray Eagle auf den Markt, die 2009 bei der US-Armee in Dienst gestellt wurde. Dieses Modell verfügt über einen 165 PS starken Thielert Centurion 1.7-Dieselmotor mit einer Reichweite von 30 Stunden und kann vier AGM-114-Raketen oder vier GBU-44-Bomben transportieren. Die US-Armee plant die Anschaffung von insgesamt 200 Gray Eagles.
Die Erfahrungen von General Atomics veranlassten das in Kalifornien ansässige Unternehmen, eine eigene, leistungsfähigere Version der Predator zu entwickeln und damit den Anforderungen der US-Luftwaffe zuvorzukommen. So entstand 2001 die Predator B, die in drei verschiedenen Versionen erhältlich war: eine mit einem Düsentriebwerk und zwei mit Turboprop-Triebwerken. Im Oktober 2001 unterzeichnete die US-Luftwaffe einen Vertrag über die Entwicklung des Prototyps B-003, der schließlich am 1. Mai 2007 unter der offiziellen Bezeichnung MQ-9A Reaper in den operativen Dienst gestellt wurde. Diese Maschine ist deutlich größer und leistungsfähiger als die Predator A, mit einer Spannweite von 20 m, einer Länge von 11 m und einer Höhe von 3,7 m. Sie wird von einem 900-PS-Honeywell-TPE331-10-Triebwerk angetrieben, das mit einem dreiflügeligen Propeller gekoppelt ist. Das maximale Startgewicht beträgt 4760 kg, während die Nutzlast sich aus 360 kg Missionssensoren (ein AN/APY-8-Radar und ein AN/DAS-1 MTS-B-Zielerfassungs- und -bezeichnungssystem) sowie 1400 kg Bewaffnung zusammensetzt, die an sechs Unterflügelstreben angebracht werden kann.
Die Reisegeschwindigkeit beträgt 580 km/h, die maximale Flughöhe 15 000 m und die Reichweite fast 1850 km oder 14 Stunden bei voller Beladung, kann jedoch auf 24 Stunden verlängert werden. Die Bewaffnung besteht aus AGM-114-Raketen, lasergesteuerten GBU-12-Bomben und JDAM GBU-38-Bomben. Mehr als 60 Exemplare der MQ-9A wurden produziert, und die Produktion wird fortgesetzt. Sie wird von der US-Luftwaffe (auch im Kriegseinsatz, im afghanischen Kriegsgebiet), aber auch von der NASA (unter dem Namen Altair), der US-Zoll- und Grenzschutzbehörde, der Royal Air Force und der italienischen Luftwaffe eingesetzt. 2014 begann die Entwicklung des verbesserten Modells MQ-9B Sky Guardian und Sea Guardian, das eine Reichweite von über 40 Stunden aufweist und von der Royal Air Force als Protector RG.1 erworben und 2025 in Dienst gestellt wurde. Schließlich flog General Atomics 2021 eine Kurzstart- und Landeversion (STOL) der Predator mit der Bezeichnung Mojave, die das Interesse mehrerer Betreiber weckte.
Die Northrop Grumman RQ-4 Global Hawk fällt hingegen in die Kategorie HALE (High-Altitude Long Endurance, große Flughöhe und lange Flugdauer). Dieses Flugzeug flog erstmals im Februar 1998 und wurde als UAS entwickelt, das die strategischen U-2-Aufklärungsflugzeuge ersetzen sollte. Das Flugzeug wurde bereits während seiner Test- und Entwicklungsphase im Krieg in Afghanistan und anschließend im Irak eingesetzt. Die Global Hawk hat eine Spannweite von 35,4 m, eine Länge von 13,4 m, eine Höhe von 4,6 m und ein maximales Startgewicht von 10 390 kg mit einer Nutzlast von 900 kg. Es wird von einem Allison Rolls-Royce AE3007H Turbofan-Triebwerk angetrieben, das eine Reisegeschwindigkeit von 644 km/h, eine Dienstgipfelhöhe von 19 800 m und eine Reichweite von 24 985 km oder 36 Flugstunden ermöglicht. Die RQ-4 ist mit einer von Raytheon hergestellten integrierten Sensorsuite (ISS) ausgestattet, die ein Synthetic Aperture Radar, ein Infrarot-Sichtsystem und ein elektrooptisches System umfasst. Darüber hinaus verfügt das Flugzeug über eine AN/ALR-89-Selbstverteidigung-Suite, bestehend aus einem AN/AVR-3-Laserwarnempfänger, einem AN/APR-49-Radarwarnempfänger, einem elektronischen Störsystem und einem AN/ALE-50-Schleppköder. Die Global Hawk RQ-4B Block 30 kann auch mit einer elektronischen Aufklärungsnutzlast (SIGINT) ausgestattet werden, die als Advanced Signals Intelligence Payload (ASIP) bezeichnet wird. Das B-Modell verfügt über einen leistungsstärkeren Motor, größere Abmessungen und ein maximales Startgewicht von 24 628 kg, aber seine Reichweite ist auf 14 000 km oder 28 Flugstunden reduziert. Das fortschrittlichste Modell ist die Block 40, während die älteren Versionen insbesondere hinsichtlich der Kapazitäten der Missionssysteme keine guten

Testergebnisse erzielten. Neben der USAF und der US-Marine (die 2018 die Seeaufklärungsversion MQ-4C Triton in Dienst stellte) hat auch Deutschland das Flugzeug (als RQ-4E oder Euro Hawk) erworben, konnte es jedoch nicht einsetzen, da seine Systeme eine Zertifizierung für den Flugbetrieb im europäischen Luftraum verhinderten. Die Global Hawk wurde 2007 von der NASA erworben und wird seit 2019 auch von der NATO eingesetzt, und zwar von der Alliance Ground Surveillance Force mit Sitz in Sigonella, Sizilien. Die Global Hawk wurde in einer Stückzahl von rund 100 Exemplaren produziert.

Heutzutage sind weltweit Hunderte von UAS-Modellen im Einsatz, von Mikro-UAVs mit einer Größe von wenigen Zentimetern bis hin zu großformatigen HALE-Modellen, da die für sie charakteristische Low-Tech-Konstruktion für viele Länder erschwinglich ist und der Transfer von technologischen Informationen, unter anderem durch Vereinbarungen zwischen Unternehmen, kontinuierlich stattfindet. Zu den erfolgreichsten und beliebtesten Projekten gehört die israelische Elbit Hermes-Familie, vom kleinen Modell 90 über das 180 und das 450 bis hin zum 900. Am beliebtesten ist das 1998 erschienene Modell 450, das derzeit von den Luftstreitkräften von 12 verschiedenen Ländern eingesetzt wird. In Italien gehörte das Unternehmen Meteor mit der Mirach-Serie von Drohnenzielen zu den ersten weltweit, die sich mit Drohnen befassten. Das Unternehmen wurde

311 Mit deutlich höherer Leistung und Kapazität ist die MQ-9A Reaper der Nachfolger der General Atomics Predator. Sie kann sowohl für Überwachungs- und Aufklärungsaufgaben als auch für Angriffe eingesetzt werden.

311 unten Im Jahr 2005 stellte das italienische Unternehmen Alenia Aermacchi mit der Sky-X einen Demonstrator für eine jetgetriebene Hightech-Kampfdrohne (UCAV) vor.

von Selex Galileo übernommen und gehört heute zu Leonardo. Es hat unter anderem die Falco entwickelt, ein Flugzeug für mittlere Flughöhen und mittlere Flugdauer, das 2003 seinen Jungfernflug absolvierte. Über 50 Maschinen wurden an sieben internationale Betreiber verkauft, darunter Pakistan und Saudi-Arabien. 2011 erschien eine verbesserte Version mit größerer Reichweite namens Falco Evo. Darüber hinaus hat Alenia Aermacchi zwei Demonstratoren für die UCAV- und MALE-Technologien gebaut, den Sky-X mit einem Düsentriebwerk im Jahr 2005 und den Sky-Y mit einem Turboprop-Triebwerk im Jahr 2007. Im Jahr 2019 stellte Leonardo das Modell Falco Xplorer vor, ein MALE mit Fähigkeiten zur intelligenten Überwachung und Zielerfassung, das auch bewaffnet werden kann. Das Flugzeug ist ein Demonstrator für das European Detect and Avoid System (EUDAAS) und wird 2026 die volle Einsatzfähigkeit erreichen. Es wird erwartet, dass unbemannte Luftfahrzeugsysteme in Zukunft zunehmend Verbreitung finden werden, insbesondere für die Durchführung von Aufgaben, die riskanter sind oder lange Flugzeiten erfordern. Die neue Kategorie der UCAV (Unmanned Combat Aerial Vehicles – unbemannte Kampfflugzeuge) befindet sich bereits in einem fortgeschrittenen Entwicklungsstadium, und die ersten unbemannten Flugzeuge mit einer weitaus größeren Schlagkraft als die Predator werden in wenigen Jahren in Dienst gestellt werden. Auch in diesem Bereich haben sich die Vereinigten Staaten mit experimentellen Projekten, die interessante Ergebnisse erzielen, als Vorreiter erwiesen. Diese sind das Ergebnis der Arbeit der DARPA (Defense Advanced Research Projects Agency) aus dem Jahr 2000. Anfangs verliefen die Programme der US-Luftwaffe und der US-Marine parallel, das erste mit der X-45 und das zweite mit der X-47. Die Boeing X-40 5A war ein kleines Demonstrationsmodell, das am 22. Mai 2002 seinen Jungfernflug absolvierte und zwei Jahre später seinen ersten erfolgreichen Testbombenabwurf auf ein Ziel durchführte. Die Form des Flugzeugs wurde unter Verwendung fortschrittlicher Stealth-Technologie (d. h. unter Verwendung von Formen, die für Radar tendenziell unsichtbar sind) gestaltet, und es wurde die All-Wing-Formel ohne Leitwerke, Flossen oder Heckflügel jeglicher Art übernommen. 2005 schloss die X-45 ihre Testreihe ab, und die beiden produzierten Modelle wurden an Museen übergeben. Anschließend wurden die Modelle X-45B und X-45C produziert, die größer waren und eine größere Reichweite hatten, aber die USAF beschloss 2006, das Programm zu beenden. Das spätere Derivat dieser Projekte war die Phantom Ray, eine UCAV, die die Möglichkeit der Durchführung von ISTAR-Missionen, der Unterdrückung feindlicher Luftabwehr, elektronischer Angriffe und automatischer Luftbetankung demonstrieren sollte. Dieses Flugzeug absolvierte seinen Jungfernflug am 27. April 2011 und ist in der Praxis ein technologischer Demonstrator. Es wird von einem General Electric F404-GE-102D Turbofan angetrieben und erreicht eine Höchstgeschwindigkeit von Mach 0,85. Mit einer Spannweite von 15,2 m und einer Länge von 11 m beträgt sein maximales Startgewicht etwa 16 500 kg. Für ihr UCAS-D-Programm (Unmanned Combat Air System Demonstration) hat sich die US-Marine jedoch für das Projekt Northrop Grumman X-47 Pegasus entschieden, das zunächst als kleines Modell A realisiert wurde und 2007 zu Modell B weiterentwickelt wurde, das die gleiche Größe wie ein mögliches UCAS-Serienmodell hat. Der erste Prototyp flog am 4. Februar 2011: ein klassisches Stealth-Flugzeug, komplett aus Flügeln bestehend, mit dem Triebwerk im Heck, um den Lufteinlass und die Form des Auspuffkegels vor feindlichen Identifizierungssystemen zu schützen. Eine Besonderheit der X-47B ist, dass es sich um ein Bordflugzeug handelt und sie daher über einen verstärkten Trolley mit Hakensystemen für den Katapultstart und einen Fanghaken für die Landung sowie über Klappflügel verfügt. Das Flugzeug wird von einem Pratt & Whitney F100-PW-220U Turbofan mit 6500 kp Schub angetrieben und soll eine Höchstgeschwindigkeit von über 900 km/h erreichen, bei einer maximalen Flughöhe von über 12 000 m. Die Spannweite beträgt 18,9 m und die Länge 11,6 m, während das maximale Startgewicht 20 215 kg beträgt. Die Pegasus wurde bereits zahlreichen Bodentests unterzogen, und 2013 wurden Flugtests an Bord eines Flugzeugträgers durchgeführt, bei denen ihre automatisierten Landefähigkeiten demonstriert wurden. Weitere Tests im Jahr 2015 betrafen ihre Fähigkeit zur automatischen Luftbetankung von Kampfflug-zeugen auf Flugzeugträgern. Seit 2010 verfolgt die US-Marine das Programm „Unmanned Carrier-Launched Airborne Surveillance and Strike" (UCLASS), das 2018 dazu führte, dass Boeing den Auftrag für das „Carrier-Based Aerial-Refuelling System" (CBARS) erhielt, ein ferngesteuertes Flug-zeug zur Betankung von Flugzeugträger-Flugzeugen während des Fluges. Das Boeing-Flugzeug ist die MQ-25A Stingray, die

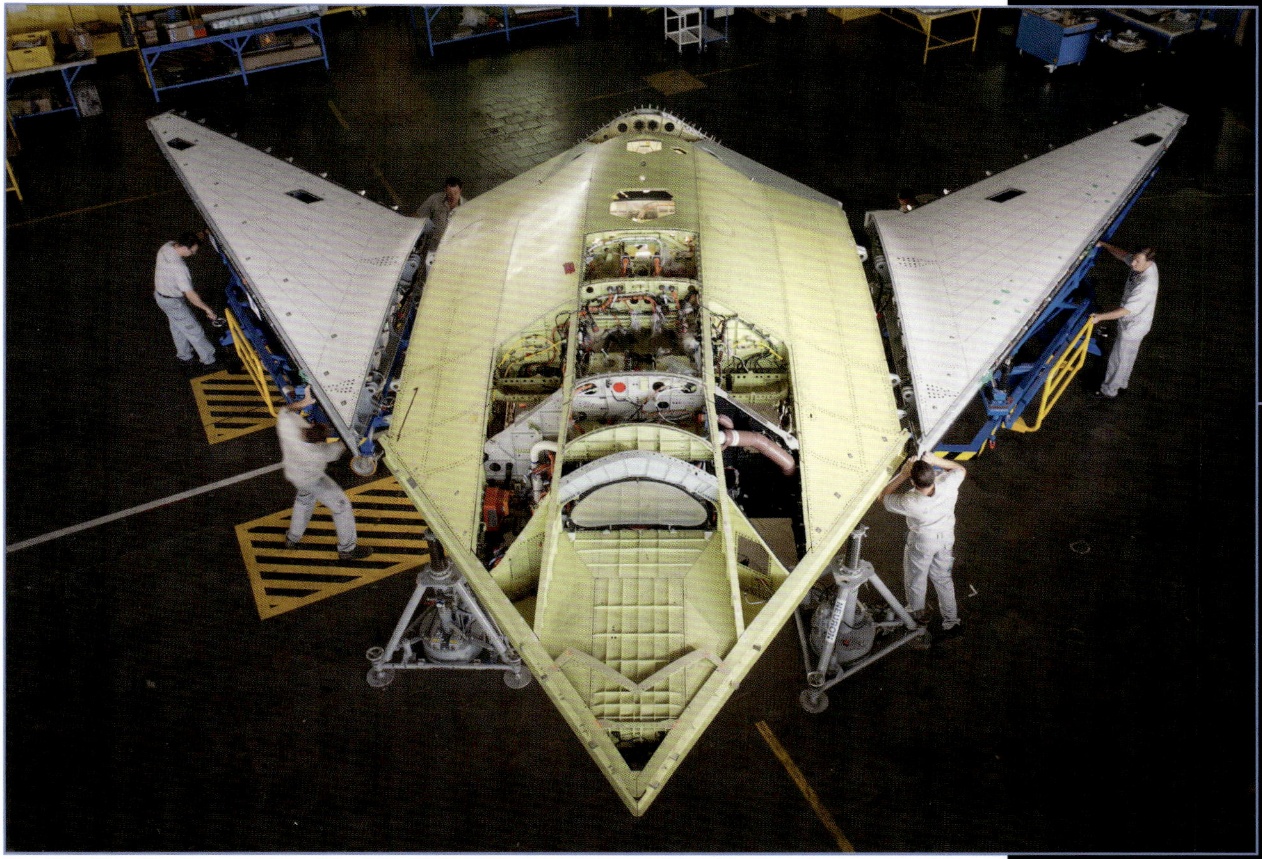

am 19. September 2019 ihren Erstflug absolvierte. Sie ist 15,5 m lang, hat eine Spannweite von 22,9 m (9,4 m mit eingeklappten Flügeln) und wird von einem Rolls-Royce AE3007N-Turbofan-Triebwerk mit einer Schubkraft von ca. 4.500 kp angetrieben. Sie kann fast 7250 kg Treibstoff transportieren, verfügt aber auch über zwei Befestigungspunkte unter den Tragflächen für zwei AGM-158C-Anti-Schiffs-Raketen. Die US-Marine plant die Anschaffung von 76 Stingrays, die auf zwei Fluggruppen, VUQ-11 und VUQ-12, verteilt

312 oben Die MQ-25 Stingray ist ein unbemanntes Flugzeug, das von Flugzeugträgern aus für Luftbetankungsmissionen eingesetzt, aber auch bewaffnet werden kann.

312-313 Die Boeing Phantom Ray, die 2011 ihren Erstflug absolvierte, ist ein Stealth-Technologie-Demonstrator für ein UCAV-System, das für den Bodeneinsatz durch die USAF entwickelt wurde.

313 oben Die hier im Bau befindliche nEUROn ist das Ergebnis eines von Frankreich geleiteten europäischen Programms zum Bau eines UCAV-Stealth-Demonstrators. Der Prototyp absolvierte seinen ersten Flug am 1. Dezember 2012.

werden sollen, während die Ausbildungsgruppe VUQ-10 im Oktober 2022 gebildet wurde.
In Europa haben verschiedene Flugzeughersteller seit Beginn des 21. Jahrhunderts begonnen, Versuche mit UCAS- und UAS-Flugzeugen der nächsten Generation durchzuführen, wobei insbesondere vier Projekte die größte Aufmerksamkeit auf sich gezogen haben: nEUROn, Talarion, Barracuda und Taranis. Das erste Projekt ist in erster Linie ein Technologiedemonstrator für ein zukünftiges unbemanntes Kampfflugzeug. Das Programm wurde 2003 von der französischen Regierung und Dassault ins Leben gerufen, das 50 % der Gesamtkosten übernahm, während sich andere Regierungen und Unternehmen dem Projekt angeschlossen haben: die französische Firma Thales und EADS-France, Alenia Aermacchi aus Italien, SAAB aus Schweden, EADS-CASA aus Spanien, EAB aus Griechenland und RUAG aus der Schweiz. Das erste flugtaugliche Flugzeug wurde am 19. Januar 2012 auf dem Stützpunkt Istres vorgestellt. Seitdem wurden umfangreiche Flugtests durchgeführt, um Daten und Erfahrungen zu sammeln, die für die Konstruktion künftiger europäischer Kampfflugzeuge (sowohl bemannter als auch unbemannter) erforderlich sind. In Konkurrenz zum nEUROn haben Deutschland und Spanien 2006 das Barracuda-Programm ins Leben gerufen, ein UCAV mit Düsentriebwerk, das Mach 0,85 erreichen kann und ein maximales Startgewicht von über 3000 kg hat. Das Programm, das aufgrund eines Unfalls bis 2008 unterbrochen war, lieferte eine erhebliche Menge an Daten, die für die Entwicklung eines zukünftigen einsatzfähigen UCAV nützlich sein werden.
Die Talarion ist ein MALE, das vom EADS-Konsortium mit Zustimmung der Regierungen Deutschlands, Frankreichs und Spaniens entwickelt wurde und zu dem später auch die Türkei hinzukam. Der Erstflug des Flugzeugs war für 2015 vorgesehen, die Inbetriebnahme für 2018. Frankreich und Deutschland planten jeweils den Erwerb von sechs Talarion-Systemen, Spanien drei; jedes System besteht aus drei Flugzeugen und einer Bodenkontrollstation. Das Talarion sollte mit elektrooptischen und Infrarot-Missionssensoren sowie einem Laserdesignator ausgestattet werden; darüber hinaus sollte es mit einem SAR-Radar, elektronischen Unterstützungssystemen (ESM) und elektronischen Aufklärungssystemen (SIGINT) ausgestattet werden. Das Flugzeug ist mit zwei Düsentriebwerken ausgestattet und erreicht eine Höchstgeschwindigkeit von 555 km/h. Die maximale Flughöhe wird auf 15 000 m geschätzt, mit einer Reichweite von etwa 20 Flugstunden; das maximale Startgewicht sollte bei etwa 7000 kg liegen, bei einer Nutzlast von 800 kg. Das Programm stieß jedoch bei seiner Umsetzung auf mehrere Schwierigkeiten, und im März 2012 stellte das Unternehmen das Programm weitgehend ein, bis eine Vertragsbestätigung durch

die betroffenen Regierungen vorlag. In der Folge wurde das Programm eingestellt, da Europa sich lieber auf eine Konfiguration mit Turboprop-Triebwerken konzentrieren wollte, woraus das EuroMALE-Programm hervorging.
2006 startete BAE Systems außerdem das britische Taranis-Programm für einen UCAV-Technologiedemonstrator, ein ferngesteuertes Flugzeug mit Kampffähigkeiten, einem Gewicht von 8000 kg und einer interkontinentalen Reichweite. Es ist auch das erste von Großbritannien entworfene Stealth-Flugzeug, dessen Jungfernflug am 10. August 2013 stattfand. Allerdings scheint auch dieses ehrgeizige Programm auf Eis gelegt worden zu sein. Dennoch arbeiten Großbritannien und Frankreich seit Februar 2012 weiterhin in diesem Bereich zusammen. Auf jeden Fall scheint es sehr wahrscheinlich, dass zumindest in Europa in den nächsten 10 bis 15 Jahren keine einsatzfähigen unbemannten UCAS für die Luftwaffe in Dienst gestellt werden.
Wie bereits erwähnt, konzentrieren sich die europäischen Bemühungen zur Entwicklung eines ferngesteuerten Flugzeugs der MALE-Klasse auf das Programm EuroMALE Remotely Piloted Aircraft System (RPAS), das 2015 als Zusammenarbeit zwischen dem deutsch-französischen Hersteller Airbus (als Hauptauftragnehmer), dem französischen Unternehmen Dassault und dem italienischen Unternehmen Leonardo ins Leben gerufen wurde. 2016 kam die spanische Niederlassung von Airbus hinzu. Das Flugzeug wurde 2018 auf der ILA-Luftfahrtmesse in Berlin vorgestellt. Im Februar 2022 unterzeichneten die vier Nationen einen Vertrag über den Kauf von 60 Flugzeugen im Wert von 7 Milliarden Euro, einschließlich Wartung für 15 Jahre. Die EuroMALE wird von zwei General Electric Catalyst-Turbinen angetrieben, die von der italienischen Firma Avio Aero hergestellt werden und jeweils 1300 PS leisten. Sie soll ein maximales Startgewicht von 11 000 kg, eine Reisegeschwindigkeit von 500 km/h, eine Reichweite von über 24 Stunden und eine maximale Flughöhe von 13 700 m haben. 2023 wurde bekannt gegeben, dass das AMS-Missionssystem von Leonardo geliefert wird, das auch für die Integration des Waffensystems

314 oben Die Talarion ist ein vom EADS-Konsortium entwickeltes MALE-Flugzeug, das den Anforderungen der Luftstreitkräfte Frankreichs, Deutschlands und Spaniens gerecht werden soll.

314 unten Das EuroMALE-Projekt wurde 2015 ins Leben gerufen, um eine europäische unbemannte Plattform zu schaffen, die 2030 in Dienst gestellt werden soll.

315 oben Die Wing Loong 2 ist ein unbemanntes Flugzeug des chinesischen Herstellers Chengdu, das 2017 seinen ersten Flug absolvierte.

315 unten Die Akinci ist eine zweimotorige Drohne des türkischen Herstellers Baykar, die sowohl für Überwachungs- als auch für Angriffsmissionen eingesetzt werden kann und eine maximale Nutzlast von 1500 kg hat.

verantwortlich sein wird, da die EuroMALE neben Aufklärungs- und Überwachungsaufgaben auch über Angriffsfähigkeiten mit Brimstone-Raketen und JDAM-Bomben verfügen wird. Die Indienststellung ist für 2030 vorgesehen, der erste Prototypenflug für 2027 geplant.
In den letzten Jahren haben ferngesteuerte Systeme für eine Vielzahl von Einsatzzwecken mit Flugzeugen unterschiedlichster Größe und Leistungsfähigkeit zunehmend an Beliebtheit gewonnen. Der jüngste Krieg in der Ukraine hat die Bedeutung dieser Systeme sowohl für Aufklärungs- und Überwachungsaufgaben als auch für Kampfeinsätze deutlich gezeigt. Praktisch alle großen Industrieländer der Welt haben mit der Entwicklung oder Produktion unbemannter Flugsysteme begonnen, sodass es mittlerweile unmöglich ist, eine Liste zu erstellen. Hier sind nur einige der wichtigsten Systeme, die derzeit im Einsatz sind, als Beispiel aufgeführt.
Russland nutzt die Orion-Systemfamilie, die seit 2011 von der Kronstadt Group entwickelt wurde, 2016 ihren ersten Flug absolvierte und 2020 in Dienst gestellt wurde. Die Orion ist in einer Aufklärungs- und einer Angriffsversion mit vier Lenkbomben oder vier Raketen für eine maximale Nutzlast von 200 kg erhältlich. Sie wurde erstmals 2019 in Syrien operativ eingesetzt. Dann gibt es noch die Helios-RLD (auch bekannt als Orion-2), ein fünf Tonnen schweres HALE-Flugzeug (High-Altitude Long-Endurance) mit einer Spannweite von 30 m und einer Reichweite von über 30 Stunden. Ein weiteres Mitglied derselben Familie ist die Sirius, die ähnliche Eigenschaften wie die Helios aufweist und eine Sprengkopfkapazität von 450 kg hat. Sie absolvierte ihren Jungfernflug im Jahr 2023.
China produziert seinerseits ebenfalls eine Reihe von UAS-Systemen, darunter das Chengdu GJ-1, auch bekannt als Wing Loong 1, eine Predator A-Klasse MALE, die 2009 ihren Erstflug absolvierte und 2011 in Dienst gestellt wurde. Mit einer Spannweite von 14 m und einem maximalen Gewicht von 1100 kg wird die GJ-1 von einem 100 PS starken Rotax 914-Turbomotor angetrieben, der ihr eine Reichweite von etwa 20 Stunden verleiht. Dieses Flugzeug kann verschiedene Arten von Sensoren mit einem Gewicht von etwa 100 kg oder 200 kg Luft-Boden-Waffen transportieren. Es wurde in 11 Länder exportiert, darunter Ägypten, Marokko, Pakistan und Saudi-Arabien. Auf die GJ-1 folgte die GJ-2, auch bekannt als Wing Loong 2, ein UAS der Predator-B-Klasse, das erstmals auf der Zhuhai Airshow im November 2016 vorgestellt wurde und im Februar 2017 seinen Jungfernflug absolvierte. Es handelt sich um ein größeres Flugzeug mit einem Gewicht von 4200 kg und einer Waffentragfähigkeit von 480 kg. Es hat eine maximale Reichweite von 32 Stunden, und es wurden mehrere Versionen entwickelt, darunter auch für den Export. Neben China wird die GJ-2 auch von Algerien, Saudi-Arabien, Ägypten, den Vereinigten Arabischen Emiraten, Libyen, Marokko, Nigeria und Pakistan eingesetzt. Diese Flugzeuge wurden erstmals während des zweiten Bürgerkriegs in Libyen im Jahr 2020 operativ eingesetzt. Das neueste und größte Modell der Familie ist die Wing Loong 3, die im November 2022 vorgestellt wurde und eine Reichweite von 9980 km (oder 40 Stunden) bei einem maximalen Startgewicht von 6200 kg und einer Nutzlast von bis zu 2000 kg aufweist. Es handelt sich um eine multifunktionale Plattform, die Luft-Luft-, U-Boot-Abwehr-, Land- und Seeangriffe, Such- und Rettungsaktionen sowie Aufklärungs- und Überwachungsmissionen durchführen kann.
Die Türkei hat sich auch mit der Produktion hochwertiger UAS international einen Namen gemacht. Das führende Unternehmen in diesem Sektor ist Baykar, das verschiedene Systeme herstellt: Bayraktar TB2, TB3, Akinci und Kizilelma. Die TB2 ist ein kleines einmotoriges UAS mit einer Spannweite von 11,9 m, einem Startgewicht von 700 kg, einer Reichweite von über 20 Stunden und einer Nutzlast von 150 kg, egal ob Aufklärungssysteme oder Waffen. Die Akinci hingegen ist ein zweimotoriges Flugzeug, das mit zwei Turboprop-Triebwerken mit einer

Leistung von jeweils bis zu 850 WPS, einem maximalen Gewicht von 6000 kg und einer Nutzlastkapazität von 1500 kg ausgestattet ist, wiederum einschließlich verschiedener Überwachungssensoren oder Präzisionsraketen und Bomben für Angriffsmissionen. Die Kizilelma ist sehr interessant. Sie wird von Baykar als hochmanövrierfähige Kampfflugdrohne mit Stealth-Fähigkeiten definiert. Es handelt sich um ein Flugzeug mit einem seit 2013 entwickelten AI-25TLT-Triebwerk, das 2022 zum ersten Mal flog. Es hat ein maximales Gewicht von 8500 kg und eine Höchstgeschwindigkeit von Mach 0,9 und kann zusätzlich zu sechs Unterflügelpylonen eine Waffenlast von bis zu 1500 kg in zwei internen Schächten transportieren. Dank ihrer Kurzstart- und Landeeigenschaften kann sie auch von Flugzeugträgern aus eingesetzt werden. Diese Spezifikationen ermöglichen es der Kizilelma auch, als Schutz- und Unterstützungsflugzeug zu fungieren, was bei den modernen Luftstreitkräften immer beliebter wird. 2025 gründeten Baykar und Leonardo ein 50:50-Joint-Venture namens LBA Systems mit Sitz in Italien, das sich der Entwicklung und Vermarktung von UAS-Systemen widmet.
Wie bereits erwähnt, haben die Anforderungen auf dem Schlachtfeld die großen Luftstreitkräfte davon überzeugt, dass es in Zukunft notwendig sein wird, dass Kampfflugzeuge von Flotten von Begleitflugzeugen begleitet werden, die entweder von ersteren gesteuert werden oder unabhängig operieren, um verschiedene Aufgaben zu erfüllen, wie z. B. den Angriff auf die gefährlichsten Ziele oder die Überlastung der feindlichen Verteidigung. Alle großen Hersteller beschäftigen sich mit der Entwicklung von UAS-Systemen mit Düsentriebwerken, die in Kampfflugzeuge der vierten, fünften und sechsten Generation integriert werden können. Neben der bereits erwähnten Kizilelma entstehen weitere Systeme, die Flugzeuge wie den Eurofighter Typhoon, die Dassault Rafale, die Lockheed Martin F-35 und F-22 sowie die zukünftigen F-47, GCAP und FCAS aus den USA und Europa begleiten sollen. Boeing hat bereits die MQ-28 Ghost Bat produziert, ein Flugzeug, das in Zusammenarbeit mit der Royal Australian Air Force entwickelt wurde und am 27. Februar 2021 seinen Erstflug absolvierte. Die RAAF plant offenbar die Anschaffung einer ersten Serie von 10 Flugzeugen.
Als Ergänzung und Unterstützung für den zukünftigen Kampfflieger der sechsten Generation der US-Luftwaffe konkurrieren zwei Flugzeuge im Rahmen des Collaborative Combat Aircraft (CCA)-Programms miteinander: die General Atomics YFQ-42A und die Anduril YFQ-44A Fury. Diese Flugzeuge sind weit mehr als bloße Drohnen, denn es handelt sich um echte unbemannte Kampfflugzeuge, die dank künstlicher Intelligenz in der Lage sind, selbstständig zu kämpfen. Sie werden eine Reichweite von über 1290 km haben und auch als fortschrittliche Sensoren- und Waffenplattformen für die F-47 sowie andere Flugzeuge wie die F-35 dienen können. Der Stabschef der US-Luftwaffe, General David Allvin, hat erklärt, dass er davon ausgeht, dass bis 2029 fast 1000 dieser Flugzeuge einsatzbereit sein werden. Die Entscheidung über den Produktionsstart soll 2026 fallen, aber in Stufe 2 des Programms könnten auch andere Flugzeuge einbezogen werden.
Ebenfalls in den Vereinigten Staaten hergestellt wird die XQ-58 Valkyrie, die seit 2016 von Kratos entwickelt wird und 2019 ihren ersten Flug absolvierte. Russland hingegen entwickelt die Sukhoi S-70 Okhotnik-B, die 2019 ihren Jungfernflug absolvierte und voraussichtlich zur Unterstützung des Kampfflugzeugs Su-57 eingesetzt werden soll, während Frankreich mit Dassault einen Wingman auf Basis des nEUROn-Jet-Drohnen-Designs entwickelt. China arbeitet stattdessen an der Feihong FH-97, die erstmals 2021 vorgestellt wurde, über die jedoch nur wenig bekannt ist, während Indien seine Bemühungen auf die HAL CATS Warrior konzentriert, die ebenfalls auf der Aero India 2021 vorgestellt wurde und deren Erstflug 2025 stattfinden sollte, jedoch verschoben wurde. Schließlich ist noch der Airbus Wingman zu erwähnen, ein weiteres Mach-1-Düsenflugzeug, das auf der Berlin Air Show 2024 vorgestellt wurde und voraussichtlich 2030 seinen ersten Flug absolvieren wird.
In Zukunft werden UAS wahrscheinlich nicht nur für militärische Missionen eingesetzt werden, sondern auch im Transportwesen. Zu diesem Zweck arbeitet Boeing seit einiger Zeit am Projekt X-48, einem Flugzeug, das im Juni 2007 seinen Jungfernflug in der Form des X-48B absolvierte. Dabei handelt es sich um einen kleinen Technologiedemonstrator für ein zukünftiges ziviles und militärisches Transportflugzeug mit einer All-Wing-Konfiguration. Es folgte das Modell C mit verbesserten Triebwerken und einer optimierten Aerodynamik, das im August 2012 seinen

Erstflug absolvierte. NASA und Boeing haben angekündigt, dass ein größerer Demonstrator entwickelt werden soll, der transsonische Flüge ermöglicht, aber seit 2013 gibt es keine weiteren Nachrichten zu diesem vielversprechenden Programm.

Neben dem Bereich der Starrflügler sind unbemannte Flugzeuge auch im Bereich der Drehflügler aufgetaucht, die nicht nur im zivilen, sondern auch im militärischen Bereich sehr viele Anwendungsmöglichkeiten bieten. Der erste unbemannte Hubschrauber, ein Kaman HTK-1, flog bereits 1957, aber es vergingen viele Jahre, bis die Technologie so weit perfektioniert war, dass unbemannte Hubschrauber realisierbar wurden. Unter den vielen entwickelten Flugzeugen und den vielfältigen Dimensionen sind insbesondere der unbemannte K-MAX von Kaman (die unbemannte Version des K-1200), der von den Marines in Afghanistan eingesetzt wurde, der Boeing A-160T Hummingbird, der Northrop Grumman RQ/MQ-8 Fire Scout, der Boeing Little Bird und der PZL-Swidnik SW-4 zu nennen.

Zweifellos stellen UAS eines der Flugsysteme mit den besten Aussichten und Potenzialen für die Zukunft dar, und ihre Technologie ist für viele Luft- und Raumfahrtindustrien weltweit erschwinglich. Abgesehen von ihren militärischen Einsatzmöglichkeiten haben diese Flugzeuge eine zunehmend wichtige Rolle bei der Überwachung, Sicherheit und Polizeiarbeit, beim Zivilschutz, bei der Territorialkontrolle, der Bekämpfung der Umweltverschmutzung sowie bei der Luftvermessung und -fotografie.

316 Eine Darstellung der beiden Collaborative Combat Aircraft (CCA), die sich um die Ausschreibung der US-Luftwaffe bewerben und aus denen das zukünftige Fluggerät hervorgehen wird, das Kampfflugzeuge auf ihren Einsätzen begleiten kann: die YFQ-42A (im Vordergrund) und die YFQ-44A.

317 oben Das Projekt Boeing A-160T Hummingbird für einen unbemannten Hubschrauber soll eine Autonomie von 24 Stunden oder 4000 km erreichen.

317 unten Auch im Bereich der Drehflügler gibt es eine Vielzahl von Entwürfen für unbemannte Maschinen. Hier zu sehen ist ein Prototyp des Northrop Grumman RQ-8A Fire Scout, der für die Bedürfnisse der US-Marine entwickelt wurde.

Kapitel 26

Heute und morgen

Die Zukunft der Luftfahrt hat bereits begonnen. Schon heutzutage sind die einzelnen Tendenzen und Probleme sichtbar, mit denen dieses führende Element der modernen Technologie und globalen Industriewirtschaft konfrontiert sein wird. In der zivilen Luftfahrt verursachten die von den Industriekolossen Boeing und Airbus geleiteten Forschungen und Entwicklungen eine enorme Marktexpansion.
Der vom Airports Council International (ACI) im Februar 2025 veröffentlichte Bericht über die Entwicklungen im Luftverkehr in den nächsten 30 Jahren weist erneut auf ein starkes Wachstum in der Zukunft hin, wenn auch mit einer gewissen kurzfristigen Unsicherheit. Im Betrachtungszeitraum (2024–2053) wird die Zahl der weltweit beförderten Passagiere bis 2043 voraussichtlich auf 17,7 Milliarden steigen und bis 2053 weiter auf 22,3 Milliarden anwachsen, was einer Steigerung um fast das 2,4-fache gegenüber dem Volumen von 2024 entspricht. Die größten Entwicklungen werden in den Schwellenländern erwartet, wo die Nachfrage nach Flügen seitens der Mittelschicht steigen wird. Ebenso wird ein Anstieg der Zahl der Flüge erwartet, die 2043 149 Millionen pro Jahr und 2053 176 Millionen erreichen soll. In Übereinstimmung mit diesen Prognosen rechnet Boeing für die nächsten 20 Jahre bis 2044 mit einem Markt für 43 600 neue Verkehrsflugzeuge, wobei die größte Nachfrage von chinesischen und südostasiatischen Fluggesellschaften kommen wird. In diesem Zeitraum wird sich die weltweite Flotte von Verkehrsflugzeugen voraussichtlich auf 49 600 Flugzeuge verdoppeln. Die Prognosen von Airbus sind weitgehend ähnlich: Das jährliche Wachstum wird auf 3,6 % und die Nachfrage nach neuen Flugzeugen in den nächsten 20 Jahren auf 43 400 Einheiten geschätzt.
Der Militärsektor hat sich nicht so gut entwickelt wie die zivile Luftfahrtindustrie, was in erster Linie auf die anhaltenden Kürzungen der Verteidigungshaushalte in den westlichen Ländern infolge des Endes des Kalten Krieges sowie auf steigende Anschaffungs- und Betriebskosten und die Wirtschaftskrise zurückzuführen ist. Dennoch haben die Krisen, die sich in verschiedenen Teilen der Welt entwickelt haben, darunter natürlich der Krieg in der Ukraine seit 2022 und die anhaltenden Spannungen zwischen dem Irak, seinen Verbündeten und Israel im Nahen Osten, die im Juni 2025 zu Militäroperationen führten, zu einer Umkehrung dieses Trends geführt, vor allem in Bezug auf die NATO-Länder. In den nächsten Jahren werden die Vereinigten Staaten weiterhin einen großen Teil des Marktes ausmachen, gefolgt von den asiatischen und europäischen Märkten. Die Notwendigkeit, viele Luftstreitkräfte zu modernisieren, wird dafür sorgen, dass insbesondere der Kampfflugzeugsektor in den kommenden Jahren aktiv und interessant bleiben wird.
Die Entwicklung bei den Jagdflugzeugen wird vor allem von einer neuen Kampfflugzeug-Generation dominiert, die bereits dabei ist, in den operativen Dienst einbgeführt zu werden. Darunter befindet sich unter anderem das Modell JAS 39 Gripen, das sich tatsächlich bereits im Dienst der schwedischen Luftwaffe befindet. Bei der Gripen handelt es sich um ein Produkt der Industriegruppen JAS (geleitet von

SAAB), die das Flugzeug Anfang der Achtzigerjahre als vielseitig einsetzbaren Nachfolger der Modelle Viggen und Draken für Schweden konzipiert hatten. Zu den besonderen Charakteristiken zählen die hochentwickelte Fly-by-Wire-Steuerung, die vereinfachte Instandhaltung des Flugzeugs, die fortschrittliche Avionik sowie die vielseitigen Einsatzmöglichkeiten. Die JAS 39 flog zum ersten Mal am 9. Dezember 1988. Aufgrund von Verzögerungen in der Entwicklung der Steuerungs-Software (wodurch auch zwei Unfälle verursacht wurden) begann man jedoch erst 1993, die ersten Exemplare an die Luftstreitkräfte zu liefern, sodass das Flugzeug erst zwei Jahre darauf von Militärpiloten geflogen werden konnte. Die Gripen ist ein kleines Flugzeug mit einer Flügelspannweite von 8,4 m, einer Länge von 14,1 m sowie einer maximalen Startmasse von 12 500 kg. Bei dem Triebwerk handelt es sich um das Zweikreistriebwerk Volvo RM12 von 8220 kp Schubkraft mit Nachbrenner, der das Flugzeug zu einer Höchstgeschwindigkeit von ca. 2000 km/h antreiben kann. Außerdem wurde eine zweisitzige Version für die Kampfausbildung entwickelt. Schweden hat 130 Einheiten bestellt, gefolgt von 50 einsitzigen JAS 39C und 14 zweisitzigen D-Modellen, der neuen und weiterentwickelten Version mit einem neuen Hauptcomputer, neuen Waffen, Ausrüstung für die Luftbetankung und Kompatibilität mit NATO-Systemen. Das erste Modell C flog 2002, und die letzten 20 Maschinen der ersten Serie wurden ebenfalls nach diesem Standard fertiggestellt. Das Flugzeug war auch im Export sehr erfolgreich: 28 Einheiten wurden nach Südafrika verkauft, 14 an Ungarn, 14 an die Tschechische Republik und 12 an Thailand vermietet. Der Prototyp des Gripen NG absolvierte 2008 seinen Jungfernflug. Dieses Modell wies mehrere Verbesserungen auf, darunter ein elektronisch gesteuertes AESA-Radar, ein leistungsstärkeres F414-Triebwerk, eine verstärkte Flugzeugzelle, neue Befestigungspunkte für Waffen und ein erhöhtes maximales Startgewicht. Schweden und Brasilien waren die ersten Kunden für diese neue Version mit der Bezeichnung JAS 39E und bestellten 70 bzw. 36 Einheiten, deren Auslieferung 2022 begann. Im Juli 2025 gab auch Peru bekannt, dass es 24 Exemplare der Gripen E erworben hatte.

Zwei Jahre vor der Einführung der Gripen wurde die Dassault Rafale geflogen, ein vielseitig einsetzbares, hochmodernes Kampfflugzeug, dessen Diensteinsatz jedoch aus Kostengründen mehrfach aufgeschoben wurde. Entwickelt wurde die Rafale als Nachfolger der Serien Mirage 2000 und Jaguar der französischen Luftwaffe sowie der F-8 und Super Etendard der Marine. Der erste Prototyp flog am 4. Juli 1986, während der Diensteintritt des Flugzeugs für Mitte der Neunzigerjahre vorgesehen war. Es handelt sich um eine zweistrahlige Maschine mit Deltaflügeln und Canard-Vorderflügeln, die eine maximale Steuerbarkeit ermöglichen; die Flügelspannweite misst 10,8 m die Länge 15,3 m und die maximale Startmasse beträgt 19 500 kg. Die beiden Zweikreistriebwerke SNECMA M88-2 entwickeln zusammen mit den Nachbrennern eine Schubkraft von je 7650 kp und verleihen dem Flugzeug eine Höchstgeschwindigkeit von über Mach 1,8 (2000 km/h); die Bewaffnung besteht aus bis zu 8000 kg Außenlasten (einschließlich modernster Systeme wie MICA IR- und EM-Raketen, SCALP-EG-Raketen und AASM Hammer-Präzisionsbomben) sowie einer 30-mm-Kanone. Von der Rafale wurden drei Versionen entwickelt: C und B (Zweisitzer) für die Luftwaffe sowie das Decklandemodell M (zusammen mit dem Zweisitzer MB) für die Marine. Gerade das Modell M (Version F.1) begann als erstes im Dezember 2000 auf dem Stützpunkt von Landivisiau den Dienst, während die ersten Flugzeuge für die Luftwaffe 2004 dem Stützpunkt Mont-de-Marsan zugewiesen wurden. Die erste operative Abteilung war die Gruppe 01.007 mit dem Codenamen „Provence" auf dem Stützpunkt St. Dizier. Die vielseitige Mehrzweckversion F.3 wird seit 2008 produziert, und Frankreich hat insgesamt 180 Einheiten dieses Kampfflugzeugs bestellt. Trotz aller Bemühungen war die Rafale viele Jahre lang kein Exporterfolg, doch im Januar 2012 gelang es ihr schließlich, den MMRCA-Wettbewerb für den neuen Kampfflieger für Indien zu gewinnen, wobei die Auslieferung von 18 Flugzeugen für 2015 geplant war und die Lizenzfertigung von weiteren 108 Flugzeugen in Indien vereinbart wurde. Anschließend wurde die Vereinbarung annulliert und Indien unterzeichnete einen Vertrag über die Lieferung von 36 Exemplaren direkt aus Frankreich, wobei die erste Lieferung 2019 erfolgte. Im Jahr 2025 unterzeichnete auch die indische Marine einen Vertrag über den Erwerb von 26 Rafale Ms, die bis 2023 geliefert werden sollen. Seitdem wurde das Flugzeug auch von den Luftstreitkräften Kroatiens, Ägyptens, der Vereinigten Arabischen Emirate, Griechenlands, Katars und in Kürze auch Indonesiens und Serbiens erworben. Die Rafale ist sicherlich ein teures und hochentwickeltes Flugzeug, aber sie stellt eine sinnvolle Alternative für diejenigen Länder dar, die sich nicht übermäßig auf Produkte aus den Vereinigten Staaten, Russland oder China festlegen wollen. Im Oktober 2012 lieferte Dassault der französischen Luftwaffe die erste mit einem RBE2-AESA-Radar ausgestattete Einheit, die insgesamt 137.

Heute werden die Flugzeuge nach der Spezifikation F.4 produziert, während das Unternehmen an der Entwicklung der F.5 arbeitet, die mit dem T-Rex-Triebwerk ausgestattet sein wird, das 30 % mehr Leistung bietet, sowie mit einem neuen Radarsystem und der Fähigkeit, mit begleitenden Drohnen zu operieren. Die Gesamtproduktion hat 300 Exemplare überschritten.

Am 29. September 1990 flog der erste Prototyp des künftigen Luftüberlegenheitsjägers der amerikanischen Air Force. Es handelt sich dabei um die YF-22, die von Lockheed-Martin und Boeing entwickelt wurde. Sie trat gegen die YF-23 von Northrop-McDonnell-Douglas beim ATF-Wettbewerb der USAF an; der ATF wurde zur Auswahl eines Nachfolgers der F-15 Eagle ausgerichtet. Im April 1991 wurde die YF-22 offiziell zur Siegerin erklärt und von da an vergingen noch sechs Jahre bis zum Jungfernflug des ersten Vorserienexemplars F-22A am 7. September 1997. In der Zwischenzeit wurden einige Modifikationen an dem Entwurf vorgenommen und das Projekt

318 oben Die Dassault Rafale, ein Mehrzweckflugzeug, das im Jahr 2000 bei der französischen Marine in Dienst gestellt wurde.

318 unten Zwei Lockheed Martin F-22A Raptors der 1st Fighter Wing der US-Luftwaffe. Dieses Kampfflugzeug mit hochmodernen Funktionen wurde 2003 in Dienst gestellt. Bis 2011 wurden insgesamt 187 Einheiten gebaut.

319 Zwei JAS39D Gripen der südafrikanischen Luftwaffe, einem der ausländischen Kunden für diesen schwedischen Mehrzweckjäger.

aufgrund von Etatproblemen wiederholt geprüft. Dies führte zum Aufschub des Produktionsbeginns sowie zur Reduzierung der Exemplare, die gebaut werden sollten, von 750 auf 442 und dann sogar noch weiter. Im Jahr 2006 wurde beschlossen, nur 187 Einheiten zu erwerben. Die ersten F-22A wurden ab 2003 an ausgewählte Luftwaffeneinheiten ausgeliefert, während die erste operative Abteilung, die 1st Fighter Wing auf der Basis in Langley, Virginia, im Dezember 2005 für einsatzbereit erklärt wurde. Wie dem auch sei – die Raptor ist ein ausgezeichnetes Flugzeug, das den anderen neuen Superjägern eine Generation voraus ist: Sie verfügt über eine Überschall-Reisegeschwindigkeit (Mach 1,5), hochmoderne Avionik und Sensoren, die dank des Panoramas aller von den Sensoren gelieferten Informationen eine außergewöhnliche Sicht auf das Schlachtfeld bieten. Die F-22A ist äußerst leistungsstark und verfügt über eine fantastische Manövrierfähigkeit in Kombination mit Stealth-Technologie und Bewaffnung in drei internen Schächten. Die Bewaffnung besteht aus maximal acht Luft-Luft-Raketen bzw. 1000 kg Bomben in internen Waffenschächten. Außerdem wird eine weitere Waffenlast von 9000 kg auf vier Unterflügelstationen verteilt, was allerdings die aerodynamischen Leistungen vermindert. Die Spannweite beträgt 13,5 m die Länge 18,9 m und die maximale Startmasse über 27 000 kg. Die Triebwerksaustattung besteht aus zwei Pratt & Whitney F119-PW-100-Zweikreistriebwerken mit Nachbrennern, die eine Schubkraft von je 15 800 kp aufweisen, sowie eine Schubvektorsteuerung der Düsen, die ein Schub-Gewicht-Verhältnis von 1 zu 4 gewährleisten und für die Höchstgeschwindigkeit von über 2000 km/h verantwortlich sind. Das letzte produzierte Exemplar lief im Dezember 2011 vom Band.

Ein weiteres europäisches Produkt unter den modernen Jagdflugzeugen des 21. Jahrhunderts ist der multinationale Eurofighter EF.2000, der von einem aus Großbritannien, Deutschland, Italien und Spanien gebildeten Konsortium entwickelt und gebaut wurde. Die Ursprünge dieses Projekts gehen bis 1983 zurück. 1986 ließ British Aerospace bereits ein technologisches Vorführflugzeug fliegen (den EAP) um Daten für den neuen Jäger EFA (European Fighter Aircraft) zu sammeln, der bereits Mitte der Neunzigerjahre in den Fliegerstaffeln eintreffen sollte. Auch die Triebwerke EJ200, die wiederum von dem Vier-Länder-Bund gebaut wurden, waren vollständig neu. Das Flugzeug besaß eine aerodynamische Außenform mit Deltaflügeln und vorderen Canard-Tragflächen, einen rechteckigen geteilten Lufteinlauf, zwei Triebwerke sowie ein einzelnes Seitenleitwerk. Dennoch stieß man bei der Projektentwicklung auf diverse Schwierigkeiten politischen, wirtschaftlichen und technischen Ursprungs, sodass das Modell Anfang der Neunzigerjahre nochmals überprüft und schließlich als EF.2000 bezeichnet wurde. Der erste von sieben Prototypen flog am 27. März 1994 und die ersten Vorserien-Exemplare wurden ab 2002 geliefert, während 2003 die ersten Auslieferungen der Serienversion stattfanden. Die EF.2000 ersetzte in den Luftwaffen der vier Länder verschiedene Flugzeuge, darunter die F-104, F-4, Jaguar, ADV Tornado und Mirage F.1. Das Flugzeug ist mit multifunktionalen Fähigkeiten, fortschrittlichster Radartechnik, Sensoren, Avionik und Bewaffnung ausgestattet und verfügt über eine hervorragende Manövrierfähigkeit. Die Flügelspannweite der EF.2000 beträgt 10,9 m die Länge 15,9 m und die maximale Startmasse liegt über 22 500 kg. Die Triebwerke sind zwei Eurojet EJ200 Zweikreistriebwerke mit Nachbrenner und einer Schubkraft von je 9000 kp. Die Höchstgeschwindigkeit beträgt ca. 2100 km/h (Mach 2), während sie in der Luft-Luft-Konfiguration wie die F-22 Überschall-Reisegeschwindigkeiten erreichen kann. Der EF.2000 mit dem Namen Typhoon wurde zunächst in drei Chargen (1, 2 und 3A) von vier Ländern des Konsortiums in einer Gesamtstückzahl von 472 Exemplaren bestellt, zu denen zwischen 2020 und 2024 weitere 107 Exemplare hinzukamen, die von Deutschland, Italien und Spanien bestellt wurden. Auch im Exportbereich verzeichnet die Typhoon gute Verkaufserfolge. Bis heute wurden 72 Exemplare des Flugzeugs von Saudi-Arabien, 15 von Österreich, 12 von Oman, 28 von Kuwait und 24 von Katar bestellt. Zahlreiche weitere Kontakte sind in Vorbereitung, insbesondere mit Ägypten, Polen und dem Nahen Osten. Wie die Rafale wurde auch die Typhoon bereits erfolgreich im Kampf eingesetzt, und ihre Luft-Luft-Fähigkeiten scheinen sogar denen der F-22A Konkurrenz zu machen. Für die Zukunft sind weitere Aktualisierungen geplant, darunter die Einführung von AESA-Radar, neuen Bordsystemen und Waffen sowie natürlich die kontinuierliche Verbesserung der Softwaresysteme.

Bei den zuletzt gebauten, neuen Superjägern handelt es sich um die Lockheed-Martin F-35, die aus dem JSF-Wettbewerb (Joint Strike Fighter) resultiert. Die F-35 wurde als eine 1996 aufgestellte Spezifikation des amerikanischen Verteidigungsministeriums für

320 oben Ein Eurofighter EF.2000 Typhoon der 36. Stormo der italienischen Luftwaffe, wo er 2004 in Dienst gestellt wurde.

320 unten Der Jagdbomber Lockheed Martin F-35 JSF, getauft auf den Namen Lightning II, soll das beliebteste westliche Flugzeug des 21. Jahrhunderts werden. Sein Programm ist heute jedoch Gegenstand mehrerer Kontroversen.

321 oben Eine Typhoon der dritten Straffel der Royal Air Force in Konfiguration für Luftüberlegenheit. Dieses Flugzeug, das ebenfalls für den Mehrzweckeinsatz entwickelt wurde, ist derzeit das beliebteste in Europa hergestellte Kampfflugzeug.

321 unten Das futuristische Cockpit der F-35 zeichnet sich durch zwei große Touchscreens aus (die tatsächlich wie eine Einheit wirken), über die alle Funktionen und Fähigkeiten des Flugzeugs gesteuert werden können.

einen neuen, gemeinsamen Jagdbomber der USAF, Navy und US Marines konzipiert, der zahlreiche Flugzeuge ersetzen sollte, wie zum Beispiel die F-16, A-10, F/A-18 und AV-8B. Im Jahr 2001 setzte sich das damalige X-35-Projekt gegen das Boeing X-32-Projekt durch, und der erste F-35-Prototyp absolvierte am 15. Dezember 2006 seinen Jungfernflug. Das Flugzeug sollte in drei Versionen mit möglichst großer Teilegleichheit erhältlich sein: die konventionelle F-35A, die F-35B mit STOVL-Fähigkeiten (Short Takeoff and Vertical Landing – Kurzstart und Senkrechtlandung) und die F-35C für den Einsatz auf Flugzeugträgern. Es handelte sich um ein Programm der fünften Generation mit sehr hohen Ambitionen, das modernste Avionik, AESA-Radar, verschiedene Arten von Sensoren mit Datenfusion, Stealth-Fähigkeiten und den Einsatz von Präzisionswaffen der neuesten Generation vorsah. Das Baukonsortium wurde von Lockheed Martin geleitet, unter Beteiligung von Northrop Grumman und der britischen BAE Systems. Das Programm wurde sofort als außerordentlich wichtig angesehen, da allein die Vereinigten Staaten 2866 Einheiten für ihren Bedarf erwerben wollten, zu denen noch Hunderte weiterer Einheiten für verbündete Länder hinzukamen. Die erste F-35B flog im Juni 2008, die erste F-35C im Juni 2010. Das Programm ist technisch so komplex, dass es von Anfang an mit erheblichen technischen Schwierigkeiten zu kämpfen hatte, die zu verschiedenen Verzögerungen und einem astronomischen Anstieg der Kosten führten. Der Zeitraum 2010-2011 war für das Programm besonders schwierig, sodass US-Verteidigungsminister Gates es unter besondere Beobachtung stellte und damit drohte, die B-Version zu streichen, wenn es nicht möglich sein sollte, sie mit den beiden anderen Versionen gleichzustellen. In der Folge schien die kritische Phase des Projekts überwunden zu sein, und die 19 für Testzwecke eingesetzten Flugzeuge sammelten eine beträchtliche Anzahl von Flugstunden und übertrafen sogar die für diesen Zeitraum festgelegten Ziele. Die Systemdemonstrations- und Entwicklungsversuche wurden 2018 abgeschlossen, etwa sechs Jahre später als geplant. Allerdings erhielt die Eglin AFB in Florida bereits am 17. Juli 2011 ihr erstes Flugzeug, das dem 33rd Fighter Wing zugewiesen wurde. Die Marines ihrerseits aktivierten im November 2012 ihr erstes operatives Geschwader mit der F-35B: die VMFA-121 auf der Basis in Yuma, Arizona. Bis August 2025 wurden mehr als 1215 Flugzeuge ausgeliefert, die insgesamt mehr als eine Million Flugstunden absolviert hatten, während mehr als 3000 Piloten und 18 000 Techniker für dieses Modell ausgebildet worden waren. Rund 14 Jahre nach ihrer Indienststellung erweist sich die F-35 als ein beispielloses Waffensystem mit Fähigkeiten, die zum Teil noch geheim sind, aber die Luftoperationen im 21. Jahrhundert revolutionieren. Darüber hinaus wurde oder wird die F-35, auch Lightning II genannt, von Großbritannien, Australien, Italien, Kanada, den Niederlanden, Dänemark, Norwegen, der Türkei, Israel, Singapur und Japan bestellt. Bis heute wurden insgesamt 3474 Einheiten geordert. Natürlich ist auch Russland an der Herstellung von Kampfflugzeugen der neuesten Generation beteiligt.

Nach der ursprünglichen Suchoi Su-27 im Jahr 1977 entwickelte das Unternehmen auf der Grundlage dieser hervorragenden Maschine eine Familie von Flugzeugen, die sich nach wie vor auf dem Höhepunkt ihrer Entwicklung befinden. Nach dem zweisitzigen Modell Su-27UB wurde beschlossen, einen Mehrzweckkampfflieger zu entwickeln, der Angriffsmissionen durchführen und auch in der Luft betankt werden kann. Die Su-30 absolvierte ihren Jungfernflug am 31. Dezember 1989 und wurde 1996 in Dienst gestellt. Sie war mit zwei Saturn AL-31F-Turbofans ausgestattet, die eine Schubkraft von 12 480 kp lieferten und eine Höchstgeschwindigkeit von fast Mach 2 ermöglichten. Die Reichweite ohne Luftbetankung betrug 3000 km, das maximale Startgewicht 34,5 Tonnen. Die Su-30K-Modelle für den Export wurden ebenfalls von dieser Version abgeleitet, darunter die Su-30MKI für Indien, die Su-30MKK für China und die Su-30MK2, die von Venezuela, Vietnam, Uganda und Indonesien eingesetzt wird. Insgesamt wurden offenbar mehr als 650 Exemplare dieses Kampfflugzeugs gebaut, und die Produktion wird fortgesetzt. Eine weitere Spezialversion ist die Su-34, die am 13. April 1990 ihren Erstflug absolvierte. Unter der ursprünglichen Bezeichnung Su-27IB sollte dieses Flugzeug den Jagdbomber Su-24 ersetzen. Es zeichnete sich durch ein geräumiges Cockpit mit nebeneinander angeordneten Sitzen aus und war wie die Su-34 mit dem Su-35-Flügel, einem Hauptfahrwerk mit Doppelrädern in Tandemanordnung und einer massiven Heckverkleidung ausgestattet, in der ein Radaralarm untergebracht war. Das maximale Startgewicht konnte 45 Tonnen erreichen, bei einer maximalen Nutzlast von 8000 kg, die die modernsten russischen Waffensysteme umfasste. Nachdem nur sieben Einheiten produziert worden waren, beschloss die russische Regierung schließlich 2005, einen Vertrag über den Kauf von 18 Einheiten zu unterzeichnen, aber 2008 wurde diese Verpflichtung überdacht, was zu einer Bestellung von 32 Flugzeugen führte. Die Su-34 wurde im März 2014 in Dienst gestellt, und bis heute scheinen etwa 165 Exemplare gebaut worden zu sein, alle für die russische Luftwaffe. Das jüngste Mitglied dieser Flugzeugfamilie ist die Su-35, die am 28. Juni 1988 unter der Bezeichnung Su-27M ihren Jungfernflug absolvierte. Nach vielen Jahren der Unsicherheit, in denen nur acht Exemplare gebaut wurden, hob am 19. Februar 2008 das Modell Su-35BM, das mit moderneren Avionik- und Waffensystemen ausgestattet ist, zu seinem Jungfernflug ab. Mit zwei Saturn-117S-Turbofan-Triebwerken, die eine Schubkraft von 14 500 kp liefern, erreicht es eine Höchstgeschwindigkeit Mach 2,25 und hat ein maximales Startgewicht von 34,5 Tonnen. Das Flugzeug verfügt über 14 Außenbefestigungspunkte für Luft-Luft- oder Luft-Boden-Waffen. Im Jahr 2009 bestellte die russische Luftwaffe eine erste Charge von 48 Einheiten unter der Bezeichnung Su-35S, deren Auslieferung im Februar 2014 begann. Bis heute scheinen etwa 150 Exemplare in Dienst gestellt worden zu sein. Das derzeit modernste russische Kampfflugzeug ist die Suchoi Su-57 (NATO-Codename Felon), das Ergebnis des ehrgeizigen PAK-FA-Programms, dessen Ziel die Entwicklung eines Kampfflugzeugs der fünften Generation ist, das 2021 schrittweise in Dienst gestellt wurde. Gemäß den Ambitionen der russischen Regierung muss das Flugzeug in der Lage sein, mit der US-amerikanischen F-22 zu konkurrieren, was bedeutet, dass es über Supercruise-Fähigkeiten, ein hohes Maß an Integration und Fusion von Avioniksystemen, hohe Leistung und Manövrierfähigkeit sowie Stealth-Eigenschaften verfügen muss. Der erste Prototyp T-50-1 flog am 29. Januar 2010 und sieht aus wie ein sehr großes Kampfflugzeug, das interessante aerodynamische und konstruktive Lösungen aufweist. Die Flügel sind um volle 48° gepfeilt und

die Waffen in internen Laderäumen untergebracht. Als Triebwerke fungieren zwei Saturn AL-41F1A mit jeweils 15 000 kp Schubkraft. Nach offiziellen Angaben hat die Su-57 ein maximales Startgewicht von 35 000 kg, eine Höchstgeschwindigkeit von Mach 2 (2100 km/h), eine Kampfreichweite von über 1200 km und eine Bewaffnungslast von 7500 kg.
Die ersten beiden Prototypen hatten strukturelle Probleme, aber es folgten vier weitere Einheiten für Testzwecke. Zwischen 2017 und 2021 erhielt die russische Regierung die ersten 60 Einheiten der Serienproduktion, während Indien, das an der Lizenzproduktion des PMF-Exportmodells interessiert ist, plant, in Zukunft 144 Einheiten zu erwerben.
Bis heute scheint es, dass die Moskauer Regierung 76 Su-57 bestellt hat, wobei das Modell am 25. Dezember 2020 in den operativen Dienst gestellt wurde; jedoch wurden bereits 2018 einige Exemplare nach Syrien verlegt, um an Kampfhandlungen teilzunehmen und operative Erfahrungen zu sammeln. Das Flugzeug wird seit Mai 2022 auch bei Luftoperationen im Krieg in der Ukraine eingesetzt. Die erste mit diesem Flugzeug ausgerüstete Einsatzstaffel soll bis 2025 ihre volle Stärke von 24 Flugzeugen erreichen. Ein erster Exportvertrag über 14 Flugzeuge wurde 2019 von Algerien

323 oben rechts Die KF-21 des koreanischen Herstellers KAI ist ein Kampfflugzeug der 4,5. Generation, das 2022 seinen Erstflug absolvierte.

323 Mitte rechts Die Luftwaffe der Volksrepublik China setzt seit 2004 das Mehrzweckkampfflugzeug Chengdu J-10 ein, von dem derzeit wahrscheinlich 600 Exemplare im Einsatz sind.

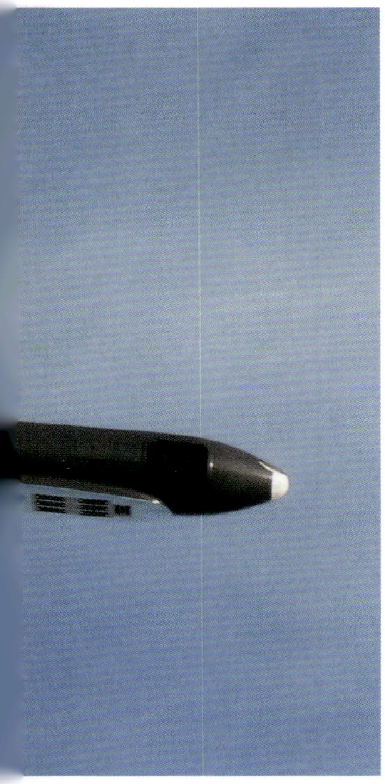

322 oben Die Suchoi Su-50 repräsentiert die Zukunft der russischen Luftwaffe. Der erste Prototyp flog 2010 und wurde 2020 in Dienst gestellt.

322-323 Ein Suchoi Su-34-Bomber der russischen Luftwaffe im Flug. Dieses leistungsstarke Kampfflugzeug aus der Su-27-Familie wurde 2011 in Dienst gestellt.

323 oben links Der chinesische J-29-Jäger ist ein Flugzeug der fünften Generation, vergleichbar mit der amerikanischen F-22, das 2017 in Dienst gestellt wurde.

unterzeichnet, aber der Krieg in der Ukraine und die westlichen Sanktionen gegen Russland scheinen Schwierigkeiten bei der Herstellung dieses Kampfflugzeugs verursacht zu haben, obwohl die Kriegswirtschaft Moskaus zu einem deutlichen Anstieg der Munitionsproduktion geführt hat.
Und natürlich kann das Panorama der wichtigsten Kampfflugzeuge nicht vollständig sein, ohne einen Blick auf China zu werfen, das seit den 1990er-Jahren in diesem Sektor aktiv ist und nationale Bauprojekte entwickelt. Die Vereinbarung zwischen China und Pakistan über den Bau eines leichten Kampfflugzeugs als Ersatz für die alten, noch im Einsatz befindlichen Flugzeuge – die Nanchang A-5 und Chengdu J-7/F-7, Kopien der MiG-19 bzw. MiG-21 – stammt aus dem Jahr 1995. Der erste Prototyp der sogenannten JF-17 absolvierte seinen Jungfernflug am 2. September 2003. Es handelte sich um ein einfaches Flugzeug, das mit vielen Komponenten ausgestattet war, die von anderen Flugzeugen abgeleitet waren, wie beispielsweise dem WS-13-Triebwerk, das von der russischen RD-93 abstammt. Bislang wurde das Flugzeug nur von Pakistan übernommen, wo es vor Ort montiert wird. 2010 wurde die erste operative Staffel von JF-17 gebildet, wobei insgesamt 250 Exemplare des Kampfflugzeugs erworben wurden. Zu den Kunden für dieses Flugzeug gehören Aserbaidschan, Myanmar und Nigeria. Weitere Einheiten könnten an viele Länder der Dritten Welt verkauft werden, die kostengünstige Flugzeuge suchen, die nach modernen Konstruktionsprinzipien gebaut sind. Etwa zur gleichen Zeit baute China sein erstes hochmodernes Kampfflugzeug, das mit der F-16 und der MiG-29 konkurrieren sollte. Die Chengdu J-10 wurde unter strengster Geheimhaltung und wahrscheinlich mit Hilfe der russischen und israelischen Luftfahrtindustrie entwickelt, absolvierte ihren Jungfernflug am 22. März 1998 und wurde 2004 in Dienst gestellt. Die J-10 erinnert stark an das israelische Lavi-Projekt: ein einmotoriges Flugzeug mit Deltaflügeln in Canard-Konfiguration und Lufteinlässen in ventraler Position. Das Flugzeug ist mit einem computergesteuerten Fly-by-Wire-Flugsteuerungssystem ausgestattet und aerodynamisch instabil, ähnlich wie die F-16, um die Manövrierfähigkeit maximal zu verbessern. Das Radar ist das in China gebaute KLJ-10, während der Motor ein WS-10A mit einer Schubkraft von etwa 11 200 kp ist, eine lizenzierte Konstruktion des russischen Saturn AL-31FN. Die J-10A hat ein maximales Startgewicht von 19 230 kg, eine Höchstgeschwindigkeit von 2300 km/h (Mach 2,2) und eine Sprengkopf-Nutzlast von bis zu 6000 kg an 11 Befestigungspunkten. Im Jahr 2009 erschien das Modell J-10B, das mit fortschrittlicher neuer Avionik und einigen Stealth-Eigenschaften ausgestattet ist.
Die chinesische Luftwaffe plant die Anschaffung von insgesamt 600 Exemplaren. Das Exportmodell wurde bislang nur von Pakistan als FC-20 erworben und wurde 2022 in Dienst gestellt.
Am 11. Januar 2011 absolvierte das J-20-Kampfflugzeug seinen Jungfernflug. Es handelt sich um einen großen zweistrahligen Flieger mit trapezförmiger Canard-Flügelkonfiguration und zwei Heckflossen, der über verbesserte Stealth-Eigenschaften verfügt und wahrscheinlich Überschallgeschwindigkeit erreichen kann. Der Kampfflieger gehört zur gleichen Klasse wie die F-22A und die Su-57, und angesichts seiner verkürzten Entwicklungszeit gibt es einige, die davon ausgehen, dass er durch Cyberspionage und Reverse Engineering entwickelt wurde, indem andere Konstruktionen kopiert wurden. Die J-20 wird von Saturn AL-31FM2-Triebwerken mit einer Schubkraft von etwa 15 000 kp angetrieben; in Zukunft werden diese über Schubvektorsteuerung verfügen. Das Flugzeug ist 22 m lang, hat eine Spannweite von 12,8 m, ein maximales Startgewicht von 35 000 kg

und eine Höchstgeschwindigkeit von etwa Mach 2. Die Avionik ist natürlich hochmodern, und die Bewaffnung, wahrscheinlich 8 Raketen, befindet sich in den internen Laderäumen. Die J20, die den Namen „Mighty Dragon" (Fagin für die NATO) trägt, wurde im März 2017 in Dienst gestellt und soll bis heute in mehr als 250 Exemplaren gebaut worden sein. Im September 2021 wurde die J-20 vorgestellt, die mit chinesischen WS-10C-Triebwerken ausgestattet ist, die jeweils eine Schubkraft von etwa 18 000 kp liefern. Dieser Kampfflieger der fünften Generation hat neue Szenarien in der indopazifischen Region mit sich gebracht und die militärische Vorherrschaft der Volksrepublik China in diesem Gebiet weiter gefestigt. Am 31. Oktober 2012 absolvierte ein weiteres neues chinesisches Kampfflugzeug seinen Erstflug, offenbar mit der Bezeichnung J-31. Dieser Kampfflieger scheint mittelgroß zu sein, in seiner Form den US-amerikanischen Modellen F-22 und F-35 recht ähnlich und daher vermutlich mit Stealth-Fähigkeiten ausgestattet. Mit zwei von Shenyang gebauten Prototypen konkurrierte die J-31 mit der J-20 im J-XX-Programm, das letztendlich von der J-20 gewonnen wurde. Sie sollte daher ein für den Export bestimmtes Flugzeug sein, das mit der amerikanischen F-35 konkurrieren kann, aber 2018 erhielt das Programm staatliche Fördermittel, und es scheint, dass eine trägergestützte Version des Flugzeugs für maritime Operationen entwickelt wird. Das Flugzeug stieß auf der World Defense Show 2024 in Saudi-Arabien auf großes Interesse, und Pakistan wird voraussichtlich der erste ausländische Kunde sein, wobei die Auslieferung in Kürze erfolgen soll. In ähnlicher Weise hat das russische Unternehmen Suchoi die Su-75 Checkmate entwickelt, ein einmotoriges Leichtkampfflugzeug, das für die russische Luftwaffe, aber auch für den Export bestimmt ist. Es soll sich um ein kostengünstiges Stealth-Flugzeug mit einer Geschwindigkeit von Mach 1,8 handeln, dessen Jungfernflug für Anfang 2026 geplant ist.

Das neueste chinesische Kampfflugzeug ist die Chengdu JH-36, ein großes dreimotoriges Delta-

324 oben Eines der besten Tankflugzeuge der neuen Generation ist der Airbus A330MRTT, der hier in den Farben der britischen Royal Air Force zu sehen ist.

324 oben Mitte Eine CASA/ EADS C.295MP für die Seeüberwachung in den Farben der chilenischen Marine.

324 unten Mitte Ein Prototyp einer neuen Version der Luftradarsteuerung mit der Bezeichnung C.295AEW, die aus dem Modell C.295 abgeleitet wurde.

324 unten Die Boeing P-8A Poseidon, eine Weiterentwicklung des Verkehrsflugzeugs B-737 NG, ist ein neues Seeaufklärungsflugzeug, das für die US-Marine entwickelt wurde.

flügel-Modell, das im Dezember 2024 offiziell vorgestellt wurde, über das jedoch nur sehr wenig bekannt ist. Obwohl es von vielen als Kampfflugzeug beschrieben wird, könnte es sich um einen Langstreckenabfangjäger oder einen Bomber handeln. Seine Größe lässt auf eine große Reichweite schließen, während seine drei internen Laderäume Platz für Waffen aller Art bieten, darun-ter auch große YJ-12-Anti-Schiffs-Raketen.

Südkorea hat auch ein Projekt für ein Kampfflugzeug der neuen Generation in Angriff genommen, die KAI KF-21 Boramae, ein Kampfflugzeug der Generation 4,5, das 2021 vorgestellt wurde und am 19. Juli 2022 seinen Jungfernflug absolvierte. Es handelt sich um ein ehrgeiziges Mehrzweckflugzeug, das in Zusammenarbeit mit Indonesien entwickelt wurde, das einen Anteil von 20 % erworben hat. Es verfügt über Stealth-Fähigkeiten, ein maximales Startgewicht von 25 400 kg und eine erwartete Geschwindigkeit von Mach 1,8, dank der Schubkraft von zwei General Electric F414-GE-400K-Turbofan-Triebwerken mit einer Schubkraft von jeweils etwa 10 000 kp. Die Nutzlast beträgt insgesamt 7.000 kg Luft-Luft- und Luft-Boden-Waffen. Südkorea hat vorerst 40 Flugzeuge der Block-I-Serie bestellt, deren Auslieferung 2026 beginnen soll. Weitere 80 Einheiten der Block-II-Serie sollen bis 2032 bestellt und ausgeliefert werden.

Mit Blick auf die Zukunft sind die Projekte zum nächsten Luftüberlegenheitsflugzeug in Europa und den Vereinigten Staaten zu erwähnen.

In Europa starteten Frankreich und Großbritannien 2014 das Programm Future Combat Air System/ Système de Combat Aérien du Futur (FCAS/SCAF) für einen Kampfflieger der sechsten Generation, das jedoch bald wieder aufgegeben wurde. 2018 stellte die britische Regierung auf der Farnborough Airshow im Vereinigten Königreich das Projekt Tempest vor, einem Super-Kampfflugzeug, das ab 2035 den Eurofighter Typhoon ersetzen soll. Im Jahr 2019 schloss sich Italien dem Programm an, das 2022 mit dem Beitritt Japans als drittem prestigeträchtigen Partner den Namen Global Combat Air Programme (GCAP) erhielt. Das Programm wird von drei großen Unternehmen geleitet: BAE Systems, Leonardo und Mitsubishi. Ein erster Technologiedemonstrator soll 2027 fliegen, während die ersten Serienmodelle derzeit für 2035 geplant sind. Das Flugzeug wird ein großer zweimotoriger Kampfflieger mit einer Höchstgeschwindigkeit von mehr als Mach 2, Stealth-Fähigkeiten, internen Waffenschächten und hochentwickelter Avionik sein, der in der Lage ist, mit Ressourcen in allen Bereichen zu interagieren und Unterstützungsdrohnen zu steuern, was als System von Systemen beschrieben wurde. Parallel zu diesem Programm haben Frankreich und Deutschland 2017 SCAF/FCAS ins Leben gerufen, im Wesentlichen das französische Projekt mit Deutschland als neuem Partner, dem sich 2019 auch Spanien anschloss. Dieses Programm, dessen Merkmale und Fähigkeiten denen von GCAP ähneln, wird von Dassault und Airbus geleitet, stößt jedoch auf erhebliche Schwierigkeiten, sodass seine Umsetzung derzeit fraglich erscheint.

In den Vereinigten Staaten hingegen wurden das Programm „Next Generation Air Dominance“ (NGAD) für die Luftwaffe und „F/A-XX“ (oder NGAD) für die US-Marine ins Leben gerufen. Der Demonstrator des ersten Kampfflugzeugs der sechsten Generation der US-Luftwaffe, das die F-22 ersetzen soll, hätte bereits 2020 Flugtests durchlaufen sollen, obwohl darüber so gut wie nichts bekannt wurde und Präsident Trump erst im März 2025 bekannt gab, dass das Kampfflugzeug die Bezeichnung F-47 erhalten habe und von Boeing gebaut werden würde. Der Erstflug des endgültigen Entwurfs soll bis 2029 stattfinden. Das Programm der Marine hingegen begann 2008 mit dem Ziel, die Super Hornet-Flugzeugfamilie ab 2030 zu ersetzen. Die Entwürfe, von denen bisher nur Modelle am Computer vorgestellt wurden, scheinen sehr ähnlich zu sein.

Auch andere Länder arbeiten an Kampfflugzeugen der nächsten Generation: Russland mit der Mikojan PAK DP, China mit der J-50 und die Türkei mit der Kaan. Es bleibt jedoch abzuwarten, welche Fähigkeiten diese Flugzeuge tatsächlich bieten werden, wenn sie einmal im Einsatz sind.

325 oben Das brasilianische Unternehmen Embraer hat auf Basis des Flugzeugs EMB-145 ein Radarwarn- und Luftüberwachungsflugzeug entwickelt.

325 Mitte Der Airbus A400M ist ein strategisches Transportflugzeug, das sich durch den Einsatz von vier Turboprop-Triebwerken anstelle von Düsentriebwerken auszeichnet.

325 unten Die Royal Air Force entschied sich für die Sentinel R-1, eine Version des Geschäftsflugzeugs Bombardier Global Express, für luftgestützte ISTAR-Aktivitäten (Aufklärung, Überwachung, Zielerfassung und Fernerkundung) aus.

Die Luftfahrt von heute und morgen wird nicht nur von Kampfflugzeugen geprägt. Neben der neuen Kategorie der unbemannten Flugzeuge, die in Kapitel 25 vorgestellt wird, gibt es einen weiteren Sektor, der zahlreiche Fortschritte verzeichnet und in letzter Zeit ein beträchtliches Wachstum erlebt hat. Dabei handelt es sich um Unterstützungsflugzeuge, darunter insbesondere solche für die Luftbetankung, Radarwarnung, Führung und Kontrolle, elektronische Kriegsführung, Seeüberwachung, Aufklärungsmissionen und ISTAR-Missionen (Nachrichtendienst, Überwachung, Zielerfassung und Aufklärung) im Allgemeinen. Diese erweisen sich in modernen Militäroperationen als zunehmend unverzichtbar, um die Führung und die eingesetzten Einheiten im Einsatzgebiet mit immer präziseren und aktuelleren Informationen in Echtzeit zu versorgen. Im Bereich der Luftbetankung sind die beiden fortschrittlichsten Flugzeuge, die derzeit im Einsatz sind, die Boeing KC-46A und die Airbus A330 MRTT (oder KC-30), die bereits einen gewissen Verkaufserfolg verzeichnen können. Das US-amerikanische Flugzeug ist eine Weiterentwicklung der B.767, die im Linienverkehr eingesetzt wird, während die europäische Maschine eine Weiterentwicklung des kommerziellen Airbus A330 ist. Ein weiteres interessantes Projekt ist die brasilianische Embraer KC-390, ein Transport- und Luftbetankungsflugzeug, das am 3. Februar 2015 seinen Erstflug absolvierte und 2019 bei der brasilianischen Luftwaffe in Dienst gestellt wurde. Weitere Verträge wurden mit Österreich, Südkorea, Holland, Portugal, der Tschechischen Republik, der Slowakei, Schweden und Ungarn unterzeichnet.

Radarwarnflugzeuge sind immer teuer und selten; im Einsatz sind die bekannten Boeing E-3 AWACS und die Iljuschin A-50. In letzter Zeit haben sich jedoch auch andere Hersteller in diesen Bereich vorgewagt und einige interessante und effektive Flugzeuge produziert, manchmal zu geringeren Kosten. Wir beziehen uns dabei auf die Boeing E-767 AWACS, die im Jahr 2000 von Japan eingeführt wurde, die Boeing 737 AEW&C, die 2009 in Dienst gestellt und von Australien, Südkorea und der Türkei erworben wurde, die Embraer EMB145 AEW&C (auch R-99 genannt), die seit 1999 in Brasilien, Griechenland, Indien und Mexiko im Einsatz ist, und die Gulfstream G-550 CAEW, die von Israel, Singapur und Italien erworben wurde.

Für die Seeüberwachung und -beobachtung gibt es verschiedene Arten von Plattformen, von den älteren Modellen Lockheed P-3 Orion, Tupelev Tu-142 und Breguet Atlantic bis hin zur hochmodernen Boeing P-8 Poseidon, einer weiteren Militärversion der unverwüstlichen zivilen B-737, den kleineren ATR-42/72MP und ASW sowie CASA C235MP und 295MP, Patrouillenflugzeuge mit Überwachungsfunktionen. Unter den in jüngerer Zeit entwickelten ISTAR-

326 oben Das einzige für den zivilen Markt konzipierte und entwickelte Konvertiplane ist derzeit das AgustaWestland AW609, dessen Einführung bei seinem Erstkunden, der Bristow Group, derzeit erfolgt.

326 Mitte Eurocopter testet mit dem Modell X3, das mit einem konventionellen Rotor sowie zwei von Turbinentriebwerken angetriebenen Propellern ausgestattet ist, die Möglichkeiten für hohe Geschwindigkeiten im Hubschrauberbereich.

Flugzeugen gibt es schließlich Maschinen, die für andere Zwecke entwickelt und dann umgerüstet wurden, wie die Patrouillen- und Aufklärungsflugzeuge, während andere speziell für diesen Zweck entwickelt wurden, wie bestimmte Ableitungen der zweimotorigen Beechcraft King Air, beispielsweise die Shadow R.1 für die RAF, die Desert Owl für die US-Armee, die verschiedenen Modelle der RC-12 und RU-21 und vor allem das jüngste Mitglied der Familie, die MC-12W Liberty, die im Auftrag der USAF nach dem Vorbild der King Air 350 für ISR-Missionen im Irak und in Afghanistan gebaut wurde.

In unserer Zusammenfassung der Flugzeuge von heute und insbesondere von morgen dürfen wir nicht vergessen, vier neue Flugzeuge zu erwähnen, von denen drei noch nicht in Dienst gestellt wurden. Das erste ist der Airbus Military A400M Atlas, ein europäisches strategisches Transportflugzeug. Dieses Projekt geht auf das Programm „Future International Military Airlifter" (FIMA) aus dem Jahr 1982 zurück, aus dem später das Programm „Future Large Aircraft" (FLA) hervorging. Ursprünglich hatten sich Unternehmen aus Großbritannien, Deutschland, Italien, Spanien, Frankreich, Belgien, der Türkei und Luxemburg dem Konsortium angeschlossen, aber nach dem Rückzug Italiens wurde die Anzahl der Flugzeuge auf 180 festgelegt, deren Auslieferung 2009 beginnen sollte. Das als A400M bezeichnete Flugzeug

326 unten Die Bell-Boeing V-22 Osprey ist das weltweit einzige für militärische Zwecke eingesetzte Konvertiflugzeug. Es wurde 2005 in Dienst gestellt und wird von den US-Marines und der US-Luftwaffe für Spezialeinsätze genutzt.

327 Die Tempest, hergestellt von der britischen Firma BAE Systems und vorgestellt im Jahr 2018, ist die Grundlage für das trinationale GCAP-Programm, dessen erster Prototyp 2027 fliegen soll.

war einschließlich der Triebwerke völlig neu und verfügte über modernste technische Lösungen und eine aerodynamische Konfiguration, die der anderer Militärtransportflugzeuge der neuesten Generation, wie der US-amerikanischen C-17, ähnelte, jedoch mit dem Unterschied, dass es mit vier Turboprop-Triebwerken ausgestattet war. Der Erstflug war für 2008 geplant, wurde jedoch aufgrund technischer Schwierigkeiten und hoher Kosten auf den 11. Dezember 2009 verschoben. Mit fünf gebauten Prototypen sollte der Airbus A400M in vielen Ländern die C-160 Transall und die C-130 Hercules ersetzen. Insgesamt gingen 174 Bestellungen ein, die sich auf Deutschland (53), Frankreich (50), Spanien (27), Großbritannien (22), die Türkei (10), Belgien (7), Malaysia (4), Luxemburg (1), Indonesien (2) und Kasachstan (2) verteilten. Der A400M hat eine Spannweite von 42,4 m, eine Länge von 45 m, ein maximales Startgewicht von 141 Tonnen und eine Nutzlast von 37 Tonnen, was 116 voll ausgerüsteten Soldaten entspricht. Die Triebwerke

sind vier Europrop TP400-D6-Turboprop-Motoren mit einer Leistung von jeweils 11 060 WPS, die hochentwickelte 8-Blatt-Verbundpropeller antreiben. Die Reisegeschwindigkeit beträgt 780 km/h in einer Höhe von 7925 m; bei einer Nutzlast von 18 Tonnen beträgt die Reichweite 6400 km. Trotz verschiedener Entwicklungsprobleme, insbesondere im Hinblick auf die Triebwerke, erfolgte die Auslieferung der ersten Serienmaschine an die französische Luftwaffe im August 2013. Die beiden hier erwähnten neuen Projekte sind die einzigen Vertreter der neuen Kategorie der Wandelflugzeuge (Convertiplane).
Diese Flugzeuge verfügen über neigbare Triebwerke, die sehr große (Tiltrotor-)Propeller antreiben, die eher Rotoren ähneln. Im Normalflug befinden sich die an den Flügelenden positionierten Triebwerksgondeln in horizontaler Position und das Flugzeug fliegt wie ein normales Turboprop-Flugzeug. Für Start und Landung werden die Triebwerksgondeln jedoch in die vertikale Position gedreht, sodass das Flugzeug die Flugeigenschaften eines Hubschraubers annimmt.
Dieser Flugzeugtyp wurde bereits in den 1950er-Jahren erforscht, als die Bell XV-3 gebaut wurde, und später die Bell XV-15, ein Technologiedemonstrator, der 1977 seinen Jungfernflug absolvierte. Die dabei gewonnenen Erfahrungen ermöglichten es später, dank neuer Technologien im Bereich Computer und Flugsteuerung, Wandelflugzeuge in Serienproduktion zu bauen. So entstand die Bell Boeing V-22 Osprey, ein Militärflugzeug, das aus dem JVX-Programm vom Dezember 1981 hervorging, dessen Ziel die Produktion eines mittelgroßen Transportflugzeugs mit Kipprotoren war, das 24 ausgerüstete Soldaten über eine Entfernung von 370 km befördern konnte. Der erste Prototyp flog am 19. März 1989, aber aufgrund der extrem hohen Kosten wurde das Programm noch vor Jahresende von Verteidigungsminister Cheney ausgesetzt. Das Programm wurde später wieder aufgenommen, und trotz verschiedener Kontroversen im Zusammenhang mit zahlreichen technischen Problemen, Kosten und einigen tragischen Zwischenfällen wurde die V-22 im Jahr 2005 beim Marine Corps in Dienst gestellt. Die Marines bestellten 360 Exemplare der Osprey MV-22B, um die älteren Hubschrauber CH-46 und CH-53 zu ersetzen, während die USAF 50 Einheiten der CV-22B zur Unterstützung von Spezialeinsätzen bestellte. Sie wurde bereits in realen Einsätzen eingesetzt, und die US-Marine bestellte 48 Exemplare der CMV-22B. Die MV-22B hat eine Spannweite von 14 m, eine Länge von 17,4 m und zwei Rotoren mit einem Durchmesser von jeweils 11,6 m. Das maximale Startgewicht beträgt 37 000 kg und das Antriebssystem besteht aus zwei Rolls-Royce Allison T406/AE 1107C Liberty-Turbinen mit einer Leistung von jeweils 6150 WPS. Die Höchstgeschwindigkeit beträgt 508 km/h, die maximale Reichweite liegt bei fast 3600 km. Die CV-22-Version verfügt außerdem über hochentwickelte Avioniksysteme für den Allwetterbetrieb, selbst in feindlichen Umgebungen, sowie über Verteidigungswaffen und eine Luftbetankungssonde. Die V-22 wurde ausschließlich nach Japan exportiert, wo 17 Exemplare ausgeliefert wurden. Das zivile Pendant zur Osprey ist die AgustaWestland (heute Leonardo) AW609, ein Kipprotor, der 1996 als Projekt von Bell-Boeing entstand, das 1998 zu Bell-Agusta wurde. Als kleinere Maschine eignet sie sich für den Einsatz als Passagierflugzeug für den Unternehmens- und Geschäftsverkehr. Das Flugzeug absolvierte seinen Jungfernflug am 6. März 2003. Das Programm litt unter Verzögerungen, bis im November 2011 die Umstrukturierung der Eigentumsverhältnisse abgeschlossen war und das Projekt vollständig in die Hände von AgustaWestland überging. Von diesem Zeitpunkt an beschleunigte sich das Projekt mit dem Ziel, in naher Zukunft die zivile Zertifizierung zu erreichen, um bereits 2017 die Auslieferung der ersten Flugzeuge an die ersten Kunden planen zu können. Im Oktober 2015 wurde der zweite der beiden Prototypen bei einem Geschwindigkeitstest zerstört, wobei die beiden Besatzungsmitglieder ums Leben kamen. Im Jahr 2025 befindet sich die AW609 in der Endphase der Zertifizierung durch die amerikanische Federal Aviation Administration (FAA), während die europäische EASA-Zertifizierung ebenfalls noch läuft. Die AW609 hat eine Spannweite von 11,6 m und eine Länge von 13,1 m. Angetrieben von zwei Pratt & Whitney Canada PT6C-67A-Turbinen mit einer Leistung von 1940 WPS hat das Flugzeug ein maximales Startgewicht von 7600 kg und kann bis zu 9 Passagiere befördern.
Ebenfalls erforscht werden Modelle für militärische und staatliche Zwecke, beispielsweise für die Seeüberwachung und Such- und Rettungsaktionen.
Die Zukunft der Luftfahrt ist nicht leicht zu definieren, angesichts der enormen Möglichkeiten, die die Bereiche Forschung und neue Technologien bieten, aber auch angesichts der Schwierigkeiten, die sich aus den enormen Entwicklungskosten für die Realisierung innovativer und revolutionärer Konstruktionen ergeben. Im militärischen

Bereich ist noch offen, ob die Kampfflugzeuge der Zukunft unbemannt oder bemannt sein werden. In jedem Fall werden die Maschinen hinsichtlich ihrer elektronischen Fähigkeiten und ihrer Bordsoftware immer leistungsfähiger werden, während im Bereich der Bewaffnung die Forschung zunehmend auf immer präzisere Waffen abzielt, die möglichst wenig Kollateralschäden verursachen. Im Jahr 2011 starteten die Vereinigten Staaten das Programm „Long Range Strike Bomber" (LRS-B) mit dem Ziel, einen hochentwickelten Superbomber mit nuklearen, globalen und Stealth-Fähigkeiten zu entwickeln, der die Flotten der B-1, B-2 und später der B-52 ersetzen soll. Der Entwicklungsauftrag wurde 2015 vergeben, und das erste Exemplar von drei Flugzeugen mit der Bezeichnung B-21 Raider wurde am 2. Dezember 2022 der Öffentlichkeit vorgestellt, während der Erstflug am 10. November 2023 stattfand. Drei Exemplare werden für das Test- und Entwicklungsprogramm verwendet und später auf die Standard-Produktionsspezifikationen umgerüstet. Die USAF beabsichtigt, mindestens 100 Exemplare dieses Modells zu erwerben, das eine maximale Startmasse von rund 118 000 kg, eine Bewaffnungslast von 9000 kg und eine Höchstgeschwindigkeit von Mach 0,8 haben soll, dank zweier Pratt & Whitney-Turbofans ohne Nachbrenner, die jeweils rund 12 000 kp Schub liefern.

Gleichzeitig scheint es, dass die Russen an einem strategischen Bomber desselben Typs arbeiten, der als PAK-DA bezeichnet wird und offenbar Tupolev anvertraut wurde. Im Bereich des Senkrechtstarts könnte die Zukunft neben den Wandelflugzeugen durch das Konzept des Hochgeschwindigkeitshubschraubers repräsentiert werden, das mit dem Versuchshubschrauber Eurocopter X3 erforscht wird, der am 6. September 2010 seinen Jungfernflug absolvierte. Der vom Modell EC155 abgeleitete X3 (auch X-cubed genannt) ist mit einem konventionellen Rotor ausgestattet, verfügt aber auch über zwei RTM322-Turboprop-Triebwerke mit einer Leistung von 2270 WPS, die den Hauptrotor sowie zwei 5-blättrige Schubpropeller antreiben, die zusammen mit den Triebwerken an den Enden eines kurzen Flügels installiert sind. Dieses Hubschraubermodell hat 2011 bewiesen, dass es mit einer Geschwindigkeit von 430 km/h fliegen kann, und seine Technologie könnte in Zukunft für einen Serienhubschrauber verwendet werden.

Es gibt zahlreiche Projekte für Verkehrsflugzeuge der Zukunft, wobei sich die Innovationen offenbar eher auf eine höhere aerodynamische Effizienz und eine geringere Umweltbelastung als auf Geschwindigkeit konzentrieren. Seit einiger Zeit untersuchen verschiedene Branchen Modelle, die mit einem „Box Wing" (oder „Joined Wing") ausgestattet sind, d. h. einem einzigen Flügel, der zu einer Rautenform verbunden ist. Andere erwägen eine Rückkehr zu den riesigen Luftschiffen für den Passagiertransport. Im Jahr 2008 beauftragte die NASA die großen amerikanischen Luftfahrtunternehmen, Projekte für Flugzeuge der Zukunft zu untersuchen, die leiser, sauberer und kostengünstiger sein sollen. Im Jahr 2010 vergab die amerikanische Weltraumbehörde Aufträge an drei Teams (Boeing, Lockheed Martin und Northrop Grumman), um die zukünftigen Verkehrsflugzeuge fürs Jahr 2025 zu konzipieren. Die Entwürfe sollten 50 % weniger Treibstoff verbrauchen und 75 % weniger Schadstoffe ausstoßen als die 1998 in Betrieb befindlichen Flugzeuge und darüber hinaus sicherer und leiser sein. Im Jahr 2003 finanzierte die Europäische Kommission ein Projekt (unter der Leitung von Airbus Deutschland) zur Entwicklung eines neuen Flugzeugs mit Wasserstoffantrieb (Cryoplane), dessen Emissionen aus einfachem und harmlosem Wasser und Stickstoffoxid bestehen würden.

328 Das zukünftige Kampfflugzeug der sechsten Generation für die US-Luftwaffe, der Nachfolger der F-22, trägt die Bezeichnung F-47. Die Serienversion soll 2029 fliegen.

329 Der zukünftige strategische Stealth-Bomber für die US-Luftwaffe, der die B-2 ersetzen wird, ist die B-21 Raider, die im November 2023 ihren Erstflug absolvierte.

Die Studie (H2Aircraft) kam zu positiven Schlussfolgerungen, wartet jedoch noch auf weitere Forschungsergebnisse, die in Zukunft zu konkreten Ergebnissen führen könnten. Natürlich ist es heute sehr schwierig, die technologischen Entwicklungen in 20 bis 30 Jahren vorherzusagen, wenn man bedenkt, wie unglaublich schnell sich die Bereiche Informatik, Kybernetik und drahtlose Kommunikation allein bis zum Ende des 20. Jahrhunderts entwickelt haben. Konzepte wie Weltraumhäfen, Passagierflugzeuge, die im Weltraum fliegen können, Wasserstoffmotoren und vieles mehr werden seit langem diskutiert und hypothetisch betrachtet. Es steht jedoch fest, dass die Luft- und Raumfahrtindustrie – seit jeher die Speerspitze auf höchstem Niveau der industrialisierten Welt – auch in Zukunft einer der wertvollsten Forschungs- und Entwicklungsbereiche bleiben wird. Und vielleicht die unglaublichsten Überraschungen für uns bereithält.

Kapitel 27

Das Space Shuttle und danach

Die Apollo-11-Mission, die 1969 von der NASA (National Aeronautical and Space Agency) gestartet wurde und mit den ersten Schritten des Menschen auf dem Mond ihren Höhepunkt fand, krönte auch den berühmten „Weltraumwettlauf". Dabei handelt es sich um den technologischen Wettstreit, den die Vereinigten Staaten und die Sowjetunion in den 1950er- und 1960er-Jahren um das unrealistisch als „Eroberung des Weltraums" bezeichnete Ziel führten. Tatsächlich zeigten Missionen vom Typ Apollo allzu offensichtliche Grenzen auf: enorme Kosten für Raumfahrtsysteme, die praktisch Einwegsysteme mit begrenzter Nutzlast waren. In den 1960er-Jahren war klar, dass die NASA ein alternatives Raumfahrtprogramm auflegen musste, das eine dauerhafte und produktive Präsenz im Weltraum und damit eine höhere Rendite für die notwendigen Investitionen ermöglichen würde. Die NASA entschied sich daraufhin für das Space Transport System (STS), ein wiederverwendbares Shuttle, das große Lasten in den Orbit befördern und sowohl zivile als auch militärische Aufgaben erfüllen konnte. Historisch gesehen reicht die Idee des Space Shuttles bis in die 1940er-Jahre zurück, wie die von Saenger und von Braun in Deutschland durchgeführten Studien bestätigen. In den 1950er-Jahren griffen deutsche Wissenschaftler, die in den USA arbeiteten, dieses Konzept wieder auf, als sich die NACA (später umstrukturiert zur NASA) auf verschiedene Forschungsprojekte konzentrierte, die schließlich zur Konstruktion eines bemannten Raumgleiters für die USAF führten. Dieses Fahrzeug musste zwar mit einer Rakete gestartet werden, konnte aber wie ein Flugzeug zur Erde zurückkehren und landen. Das Programm wurde 1959 auf den Namen X-20 Dyna Soar getauft und sollte eine Titan-III-Rakete als Träger verwenden. Aufgrund der hohen Kosten und der begrenzten Nutzlast sowie der Umleitung von Ressourcen zum Apollo-Programm wurde das X-20-Projekt 1963 aufgegeben. Die NASA unterstützte dennoch weiterhin die Forschung an „Lifting Bodies", also Gleitflugzeugen mit tragenden Rümpfen. Ende 1969 forderte das Integrierte Weltraumprogramm der NASA eine permanente Raumstation mit 50 Insassen, Raumfähren, die sie mit der Erde verbinden, und möglicherweise eine Mondkolonie und eine weitere auf dem Mars, die bis 1985 betriebsbereit sein sollten. Im Mittelpunkt dieses Programms stand das Konzept des wiederverwendbaren Raumfahrzeugs. Am 3. Januar 1972 gab Präsident Nixon grünes Licht für das Space-Shuttle-Programm, und bis zum Jahresende hatten die NASA und North American Rockwell ihre ersten Untersuchungen zu den erforderlichen technischen Spezifikationen des neuen Fahrzeugs abgeschlossen. Der erste Start des Shuttles war für März 1979 geplant.

Das zugrunde liegende Konzept des Programms sah die Schaffung von zwei sich ergänzenden bemannten Einheiten vor: eine als Träger, die andere für operative Missionen. Die mit diesem Ansatz verbundenen Kosten erwiesen sich jedoch als inakzeptabel, und die NASA entschied sich für ein einziges bemanntes Missionsraumfahrzeug (den Orbiter) mit zwei Boostern, die zum Transport in den Orbit dienten und abnehmbar, aber dennoch wiederverwendbar waren. Was die Booster betraf, war die Wahl zwischen flüssigem und festem Treibstoff weiterhin problematisch. Nach sorgfältigen Untersuchungen entschied man sich schließlich für einen festen Treibstoff, da dieser die Bergung und Wiederverwendung der Booster-Einheiten erleichterte.

Die endgültige Konfiguration des Shuttles umfasste einen vorderen Teil mit dem Besatzungsmodul, dem Cockpit und der gesamten Flug- und Steuerungsavionik, einen mittleren Teil für die Nutzlast und einen hinteren Teil mit den Triebwerken und deren Abschirmung. Hinzu kamen die Flügel, das Fahrwerk und das Seitenleitwerk. Die Flugzeugzelle bestand aus Aluminium oder Aluminiumlegierungen. Das Nervensystem des Shuttles bestand aus fünf IBM AP101-Computern. Vier davon waren für Flug-, Navigations- und Wechselsteuerungsfunktionen vorgesehen, der fünfte steuerte die Bordsysteme während des Orbitalbetriebs und stand als Notfall-

330 oben John W. Young und Robert L. Crippen, die Besatzung der ersten Space-Shuttle-Mission (STS-1). Sie starteten am 12. April 1981.

330 unten Der Kontrollraum der NASA für Shuttle-Missionen.

331 oben links Zum Transport des Space Shuttle verwendete die NASA eine Boeing 747, die speziell dafür umgebaut wurde, das Shuttle auf ihrem Rücken zu transportieren.

331 unten links Der nächtliche Start der Mission STS-93 vom Kennedy Space Center am 23. Juli 1999.

331 rechts Das Space Shuttle Discovery wird von seiner Startrampe aus gestartet.

und einer Breite von etwas mehr als 7,9 m, der 603 Tonnen flüssigen Sauerstoff und 100 Tonnen flüssigen Wasserstoff fasst. Der Außentank ist der einzige nicht wiederverwendbare Teil des Space Shuttles. Zwei große Feststoffraketen-Booster (SRB) mit einer Länge von 45 m sorgen für zusätzliche 3000 Tonnen Startschub aus einem Festtreibstoff. Mit diesem Antriebssystem ist das Shuttle in der Lage, in 8,5 Min. aus dem Stillstand am Boden auf Mach 25 (etwa 25 000 km/h) in einer Höhe von etwa 125 km zu beschleunigen.

Backup während der Anflug- und Landephasen zur Verfügung. Die Hauptmerkmale des Space-Shuttle-Programms betrafen das Antriebssystem und den Hitzeschild. Beide waren Ursachen für erhebliche Probleme und trugen maßgeblich zu den Verzögerungen des Projekts bei.
Die Shuttle-Triebwerke haben unterschiedliche Funktionen und Verwendungszwecke. Das SSME-System (Space Shuttle Main Engines) besteht aus drei Haupttriebwerken, deren Hauptmerkmal darin besteht, dass sie für den wiederholten Einsatz ausgelegt sind, was etwa 7,5 Stunden oder 55 Shuttle-Missionen entspricht. Jede Einheit liefert etwa 181 Tonnen Schub. Die Haupttriebwerke können während einer Mission mehrmals gezündet oder abgeschaltet werden, die Schubkraft kann (innerhalb eines Bereichs von 65-105 % der vollen Leistung) angepasst werden und sie verfügen über Vektordüsen. Das Shuttle ist außerdem mit zwei kleineren Triebwerken ausgestattet, die jeweils etwa 2800 kp Schubkraft liefern. Diese werden verwendet, um nach dem Abschalten der Haupttriebwerke die Umlaufbahn zu erreichen und um Schubkraft für Manöver und den Wiedereintritt zu liefern. Schließlich sorgen 42 kleine Raketen mit einem Schub zwischen 10 und 400 kp für eine präzise Manövriersteuerung im Weltraum. Die Haupttreibstoffversorgung befindet sich in einem abnehmbaren Außentank mit einer Länge von 47 m

Das zweite wichtige Merkmal des Shuttles ist sein Wärmeschutzsystem (TPS). Dabei handelt es sich um eine Hülle, die das Shuttle vor den enormen Temperaturen schützt, die beim Wiedereintritt in die Erdatmosphäre entstehen. Die kritischsten Oberflächenbereiche (mit einer Gesamtfläche von etwa 37 m^2) erreichen Temperaturen von etwa 1650 °C, während die gesamte Unterseite etwa 1260 °C erreicht. Um diese Oberflächen zu schützen, entwickelten die NASA und Rockwell 20 x 20 cm große hitzebeständige Kacheln, die für eine Lebensdauer von bis zu 100 Missionen ausgelegt sind, bevor sie ausgetauscht werden müssen. Etwa 32 000 dieser Kacheln bedecken die wichtigsten Bereiche des Shuttles. Kacheln aus mit Silikon imprägnierter und beschichteter Kohlefaser schützen die kritischsten Bereiche des Shuttles. Kacheln aus mit Borsilikat imprägnierter und mit schwarzem Siliziumkohlenstoff beschichteter Glasfaser bedecken alle anderen Bereiche des Shuttles, die von der Hitzeentwicklung betroffen sind. Leider hat das Testflugprogramm des Shuttles gezeigt, dass mechanische Belastungen dazu führen, dass sich eine Reihe von Kacheln lösen und dass sie nicht so haltbar sind wie erwartet. Das Problem wurde gelöst, indem die Unterseite der Kacheln mit einem silikonbasierten Haftkonzentrat imprägniert wurde. Die Kacheln wurden außerdem mit Borfasern verstärkt.

Das erste fertiggestellte Shuttle war die OV-101 Enterprise, die für Flugtests zur Überprüfung der Aerodynamik und der Elektronik, insbesondere in der Landephase, eingesetzt wurde. Diese Tests wurden im Dryden Center der NASA auf der Edwards Air Base in Kalifornien durchgeführt.

Die Montagearbeiten an der Enterprise begannen am 4. Juni 1974 in Palmdale, Kalifornien, und das fertige Fahrzeug wurde am 17. September 1976 vorgestellt. Die ersten Tests wurden zwischen dem 18. Februar und dem 2. März 1977 durchgeführt, wobei fünf Flüge mit dem Shuttle unternommen wurden, das auf einer Boeing 747 der NASA montiert war, ohne dass Astronauten an Bord waren. In der zweiten Phase, die zwischen Juni und Juli durchgeführt wurde, blieb die Enterprise an der 747 befestigt, beförderte jedoch ihre eigenen Piloten, die überprüfen konnten, ob alle Systeme ordnungsgemäß funktionierten. Schließlich wurden zwischen August und Oktober 1977 fünf Gleitflüge aus einer Höhe von 7315 m durchgeführt, wobei das Shuttle auf den Salzsee-Anlagen der Edwards Air Base landete. Anschließend wurde die Enterprise weiteren Tests unterzogen, während das zweite Fahrzeug, die OV-102 Columbia, für die erste echte Mission, STS-1, vorbereitet wurde. Der Jungfernflug des Space Shuttles fand schließlich am 12. April 1981 um 12:00:04 Uhr GMT mit dem Start vom Kennedy Space Center in Florida statt. An Bord befanden sich die Astronauten John Young (Kommandant) und Robert Crippen (Pilot). Die Mission dauerte 54 Stunden, 20 Minuten und 32 Sekunden, und die Columbia landete am 14. April auf der Landebahn 23 der Edwards Air Base. Sieben Monate später, am 12. November 1981, unternahm die Columbia auch die Mission STS-2 und demonstrierte damit die perfekte Wiederverwendbarkeit des Space-Shuttle-Systems. Insgesamt wurden zwei Testfahrzeuge, MPTA-098 und STA-099, sowie zwei Orbiter, OV-101 Enterprise und OV-102 Columbia, gebaut. Während die Enterprise nie für Raumflüge eingesetzt wurde, wurde eines der Versuchsfahrzeuge, STA-099, später auf Orbiter-Spezifikationen umgerüstet und in OV-099 umbenannt. Die NASA verfügte somit über vier flugfähige Shuttles: OV-102 Columbia, OV-099 Challenger (Erstflug am 4. April 1983), OV-103 Discovery (30. August 1984) und OV-104 Atlantis (3. Oktober 1985).

Am 28. Januar 1986 erschütterte ein schrecklicher Unfall das Programm. Ein Leck im Treibstoffsystem der Challenger verursachte einen Brand und eine Explosion, die das Shuttle beim Start der Mission STS-51-L vollständig zerstörten. Alle sieben Besatzungsmitglieder kamen ums Leben. Das Shuttle OV-105 Endeavor, das 1987 bestellt und am 25. April 1991 ausgeliefert wurde, absolvierte seinen ersten Orbitalflug am 7. Mai 1992. Die Endeavor wies zahlreiche Verbesserungen auf, die aus fast einem Jahrzehnt Betriebserfahrung resultierten. Das neue Space Shuttle verfügte über verbesserte Avionik, Triebwerke, Kacheln (leichter und stabiler), ein Treibstoffsystem, eine APU und Bordsysteme, die es ihm ermöglichten, bis zu 28 Tage im Weltraum zu bleiben. Darüber hinaus wurde das neue Shuttle mit einem Bremsfallschirm ausgestattet, der die Landestrecke um etwa 500 m verkürzen konnte. Diese Modifikationen wurden anschließend bei routinemäßigen Wartungsarbeiten auch bei den anderen drei Shuttles vorgenommen. Das Space-Shuttle-Programm wurde in großem Umfang genutzt, um zahlreiche Nutzlasten in die Umlaufbahn zu transportieren und dort auszusetzen, darunter Telekommunikations- und Beobachtungssatelliten, die Reparatur des Hubble-Weltraumteleskops, die Durchführung wissenschaftlicher Experimente in einer Schwerelosigkeitsumgebung und die Installation von Instrumenten für weitere Experimente.

Ein zweiter schwerwiegender Vorfall prägte die Geschichte des Space Shuttles am 1. Februar 2003 während des Wiedereintritts der Mission

STS-107: Aufgrund einer Beschädigung der Schutzbeschichtung, die während des Starts entstanden war, geriet das Raumschiff Columbia in Brand und zerbrach, wodurch alle sieben Astronauten an Bord ums Leben kamen. Seit Ende der 1990er-Jahre waren die Space Shuttles entscheidend für den Bau der Internationalen Raumstation (ISS). Diese wurde von 16 Ländern gebaut, umkreist seit 1998 die Erde und ist seit 2000 permanent bewohnt. Prognosen zufolge sollten die Space Shuttles etwa 15 Jahre lang im Einsatz bleiben, doch ihre Laufzeit wurde praktisch verdoppelt, um den Bauanforderungen der ISS gerecht zu werden. Auf jeden Fall haben die Veralterung des Systems und die sehr hohen Betriebs- und Wartungskosten die NASA zu der Entscheidung veranlasst, die verbleibenden Shuttles endgültig aus dem Verkehr zu ziehen. Die letzte Space-Shuttle-Mission trug die Bezeichnung STS-135, wurde vom Shuttle Atlantis geflogen, startete am 8. Juli 2011 vom Kennedy Space Center und kehrte am 21. Juli zur gleichen Basis zurück. Aufgrund der extrem hohen Kosten hat die NASA keinen wirklichen Ersatz für das Shuttle gefunden, aber die Verbindungen zur ISS werden durch die (kostenpflichtige) Nutzung russischer Sojus-TMA-Trägerraketen aufrechterhalten, die bereits ihre vierte Generation erreicht haben. Dieser Dienst wird in Zukunft von den Transportraketen Dragon und Cygnus übernommen werden.

Im Jahr 2011 kündigte die NASA das Multi-Purpose Crew Vehicle (MPCV) Orion an, das von Lockheed Martin gebaut wird. Dabei handelt es sich um ein System für den Transport von zwei bis vier Astronauten in eine hohe Umlaufbahn mit einer kommerziellen Nutzlast, das in erster Linie zur Unterstützung der ISS und in Zukunft zur Erreichung des Mondes und des Mars dienen soll. Das MPCV wird mit einer Delta IV Heavy-Rakete gestartet. Die erste unbemannte Testmission (EFT-1) fand am 5. Dezember 2014 statt, während die erste bemannte Mission, Artemis II, für April 2026 geplant ist. Am 2. Mai 2025 scheint sich die Trump-Regierung jedoch dafür entschieden zu haben, das Programm nach der für 2027 geplanten Mission Artemis III, die amerikanische Astronauten wieder zum Mond bringen soll, einzustellen.

Angesichts zunehmender Schwierigkeiten, vor allem wirtschaftlicher Art, wurden mehrere private Unternehmen im Weltraumsektor gegründet. Dazu gehören Space X (gegründet von Elon Musk) und Virgin Galactic (gegründet von Richard Branson), die interessante Programme für zukünftige Weltraumflüge durchführen, welche auch kommerzielle und Passagiertransportziele verfolgen können. Die Volksrepublik China betreibt ihrerseits seit 1956 ein Raumfahrtprogramm und verfügt heute über die Trägerrakete Long March 5B, mit der 2020 die dritte Phase des bemannten Raumfahrtprogramms gestartet werden konnte. Unbemannte Missionen zum Mond fanden 2020 statt, eine Mondlandung 2024. In der Zwischenzeit hat China mit dem Bau einer eigenen Raumstation in der Erdumlaufbahn begonnen, aber das ultimative Ziel ist es, mit bemannten Raumfahrzeugen den Mond oder den Mars zu erreichen.

Die Zukunft der Raumfahrt wird voraus-sichtlich durch den Bau einer permanenten Basis auf dem Mond geprägt sein, ein Ziel, das offenbar sowohl von China als auch von den Vereinigten Staaten verfolgt wird.

332 oben Das Artemis-Programm der NASA soll amerikanische Astronauten im Jahr 2027 mit der Mission Artemis III zum Mond bringen.

332 unten Die Raumfähre Challenger im Orbit mit geöffneter Ladebucht und einsatzbereitem Roboterarm.

333 Virgin Galactic ist das Ergebnis eines privaten Vorhabens, ein Raumfahrzeug zu bauen, das während des Fluges gestartet werden kann.

Bibliografie

LITERATURVERZEICHNIS

Angelucci, Enzo & Matricardi, Paolo: „Atlante enciclopedico degli aerei militari del mondo", Mailand, 1990

Chant, Christopher: „Aviation Record Breakers", London, 1988

Cohen, Elizier: „Israel's Best Defence", Shrewsbury, 1994

D'Avanzo, Giuseppe: „Evoluzione del caccia NATO", Florenz, 1987

Dorr, Robert F. & Bishop, Chris: „Vietnam Air War Debrief", London, 1996

Francillon, René J.: „The United States Air National Guard", London, 1993

Jarrett, Philip: „Ultimate Aircraft", London, 2000

Kaminski, Tom & Williams, Mel: „The United States Military Aviation Directory", Norwalk, 2000

Licheri, Sebastiano: „Storia del volo e delle operazioni aeree e spaziali da Icaro ai nostri giorni", Rom, 1997

Luttwak, Edward & Koehl, Stuart L.: „La Guerra Moderna", Mailand, 1992

Niccoli, Riccardo: „American Eagles", Novara, 1997

Niccoli, Riccardo: „Aerei", Istituto Geografico DeAgostini, Novara, 1998

Niccoli, Riccardo: „Ali Tricolori", Novara, 1998

Salvadori, Massimo L.: „Storia dell'età contemporanea" Vol. 3, Loescher Edition, 1986

Steijger, Cees: „A History of the United States Air Force Europe", Shrewsbury, 1991

Taylor, Michael (Hg.): „Brassey's World Aircraft & Systems Directory", London, 1996

Taylor, Michael J. H.: „Jane's American Fighting Aircraft of the 20th Century", New York, 1991

Versch. Autoren: „Ali italiane" Vol. 1–4, Mailand, 1978

Versch. Autoren: „Guerre in tempo di pace, dal 1945", Novara, 1983

Verschiedene Autoren: „Ali sul mondo", Florenz, 1990

Verschiedene Autoren: „Russia's Top Guns", New York, 1990

Verschiedene Autoren: „Gulf Air War Debrief", London, 1994

Versch. Autoren: „Warplanes of the Luftwaffe", London, 1994

Verschiedene Autoren: „Brassey's World Aircraft & Systems Directory", London, 1996

Versch. Autoren: „Aerei di tutto il mondo, militari e civili", Novara, 1997

Verschiedene Autoren: „The Aerospace Encyclopedia of Air Warfare, Vol. 1-2", London, 1997

Verschiedene Autoren: „Aerospace Encyclopedia of World Air Forces", London, 1999

Willmott, Ned & Pimlott, John: „Strategy & Tactics of War", London, 1983

Yenne, Bill: „The History of the US Air Force", London, 1990

Zentner, Christian: „Kriege der Nachkriegszeit", München, 1969

ENZYKLOPÄDIEN

The Epic of Flight, 23 Bände, 1981.

L'Aviazione, grande enciclopedia illustrata, 12 Bände, Novara, 1982.

ZEITSCHRIFTEN DIVERSER JAHRGÄNGE

Rivista Aeronautica, Stato Maggiore Aeronautica, Italia.

Volare, Editoriale Domus, Italia.

JP-4, mensile di aeronautica, ED.A.I., Italia.

Rivista Italiana Difesa, Giornalistica Riviera Coop., Italia.

Air International, Key Publishing, Großbritannien.

Air Forces Monthly, Key Publishing, Großbritannien.

Wings of Fame, Aerospace Publishing, Großbritannien.

International Air Power Review, AIRtime Publishing, USA-Großbritannien.

Combat Aircraft, AIRtime Publishing, USA.

Fotonachweis

VORWORT
Seite 1 Il Dagherrotipo
Seiten 2-3 John M. Dibbs/The Plane Picture Company
Seiten 4-5 Corbis/Grazia Neri
Seite 5 unten rechts Mary Evans Picture Library
Seiten 6-7 Contrasto

KAPITEL 1
Seite 9 rechts Index
Seiten 10-11 Il Dagherrotipo
Seite 10 unten links Il Dagherrotipo
Seite 11 oben Il Dagherrotipo
Seite 11 unten Il Dagherrotipo
Seite 12 oben links Photos12
Seiten 12-13 Mary Evans Picture Library
Seite 13 links Mary Evans Picture Library
Seite 13 oben Mary Evans Picture Library
Seite 13 rechts Mary Evans Picture Library
Seite 13 unten links Photos12
Seite 13 unten rechts Photos12
Seite 14 oben Double's
Seite 14 unten Photos12
Seiten 14-15 Photos12
Seite 15 unten Photos12
Seite 16 oben links Science Photo Library/ Grazia Neri
Seite 16 Mitte Otto Lilienthal Museum
Seite 16 oben rechts Otto Lilienthal Museum
Seite 16 Mitte rechts oben Otto Lilienthal Museum
Seite 16 Mitte rechts unten Otto Lilienthal Museum
Seite 16 unten rechts Hulton Achive/ Laura Ronchi
Seite 17 oben Otto Lilienthal Museum
Seite 17 links Mitte links Otto Lilienthal Museum
Seite 17 Mitte rechts Otto Lilienthal Museum
Seite 17 unten rechts Mary Evans Picture Library
Seite 17 unten Mitte Archivio Privato
Seite 18 oben rechts Hulton Archive/ Laura Ronchi
Seite 18 unten Roger Viollet/ Contrasto
Seite 19 oben Hulton Archive/Laura Ronchi
Seiten 18-19 Photos12
Seiten 20-21 Photos12
Seite 20 links Mary Evans Picture Library
Seite 20 rechts Mary Evans Picture Library
Seite 21 oben Photos12
Seite 21 unten Il Dagherrotipo

KAPITEL 2
Seite 22 Photos12
Seiten 22-23 oben Roger Viollett/Contrasto
Seiten 22-23 unten Il Dagherrotipo
Seite 24 links Archiv Luftschiffbau Zeppelin
Seiten 24-25 unten Hulton Archive/ Laura Ronchi
Seite 25 oben Archiv Luftschiffbau Zeppelin
Seite 25 Mitte rechts Archiv Luftschiffbau Zeppelin
Seite 25 unten Archiv Luftschiffbau Zeppelin
Seiten 26-27 Archiv Luftschiffbau Zeppelin
Seite 26 unten rechts Archiv Luftschiffbau Zeppelin
Seite 26 unten links Archiv Luftschiffbau Zeppelin
Seite 27 oben Archiv Luftschiffbau Zeppelin
Seite 27 unten links Archiv Luftschiffbau Zeppelin
Seite 27 unten rechts Archiv Luftschiffbau Zeppelin
Seiten 28-29 Hulton Archive/Laura Ronchi
Seite 28 unten links Archiv Luftschiffbau Zeppelin
Seite 28 unten rechts Archiv Luftschiffbau Zeppelin
Seite 29 oben Hulton Archive/Laura Ronchi
Seite 29 Mitte rechts Hulton Archive/ Laura Ronchi
Seite 29 unten Hulton Archive/Laura Ronchi
Seite 30 oben Publifoto Olimpia
Seite 30 Mitte Archivio G. Apostolo
Seite 30 unten links Il Dagherrotipo
Seite 30 unten rechts Il Dagherrotipo
Seite 31 oben Il Dagherrotipo
Seiten 30-31 Hulton Archive/Laura Ronchi
Seite 32 oben Archivio Privato
Seite 32 unten Il Dagherrotipo
Seite 32-33 Archivio G. Apostolo
Seite 33 Mitte rechts Archivio Privato
Seite 33 unten Il Dagherrotipo
Seite 34 oben Moffet Field Historical Society
Seite 34 unten Moffet Field Historical Society
Seite 35 oben links Corbis/Grazia Neri
Seite 35 oben rechts Moffet Field Historical Society
Seite 35 unten Moffet Field Historical Society

KAPITEL 3
Seiten 36-37 Hulton Archive/Laura Ronchi
Seite 36 unten links Roger Viollet/ Contrasto
Seite 37 oben links Hulton Archive/ Laura Ronchi
Seite 37 oben rechts Hulton Archive/ Laura Ronchi
Seite 37 unten links Popper Foto/Vision
Seite 37 unten rechts Popper Foto/ Vision
Seite 38 oben Roger Viollet/Contrasto
Seiten 38-39 Il Dagherrotipo
Seite 38 unten Corbis/Grazia Neri
Seite 39 unten Hulton Archive/Laura Ronchi
Seite 40 oben links Roger Viollet/ Contrasto
Seite 40 oben rechts Musee De L'Air
Seite 40 Mitte rechts Roger Viollet/ Contrasto
Seite 40 unten links Roger Viollet/ Contrasto
Seite 41 oben links Archivio A. Colombo
Seite 41 oben rechts Photos12
Seite 41 unten rechts Hulton Archive/ Laura Ronchi
Seite 42 oben Musee De L'Air
Seite 42 unten Roger Viollet/Contrasto
Seite 43 oben links Photos12
Seite 43 oben rechts Hulton Archive/ Laura Ronchi
Seite 43 unten Publifoto Olimpia
Seite 44 Hulton Archive/Laura Ronchi
Seite 45 oben Musee De L'Air
Seite 45 Mitte Popper Foto/Vision
Seite 45 unten Archivio G. Apostolo
Seite 46 Popper Foto/Vision
Seiten 46/47 Archivio G. Apostolo
Seite 47 oben Publifoto Olimpia

KAPITEL 4
Seite 48 links Il Dagherrotipo
Seite 48 rechts Il Dagherrotipo
Seite 48 unten Il Dagherrotipo
Seite 49 oben links Denver Public Library
Seite 49 Mitte Il Dagherrotipo
Seite 49 unten links Il Dagherrotipo
Seite 49 unten rechts Il Dagherrotipo
Seite 50 oben Publifoto Olimpia
Seite 50 unten Il Dagherrotipo
Seiten 50-51 Il Dagherrotipo
Seite 51 unten links Il Dagherrotipo
Seite 51 unten rechts Il Dagherrotipo
Seite 52 oben Hulton Archive/Laura Ronchi
Seite 52 unten Photos12
Seite 53 oben links Photos12
Seite 53 oben rechts The Bridgeman Art Library
Seite 53 unten Roger Viollet/Contrasto
Seite 54 oben Roger Viollet/Contrasto
Seite 54 oben links TRH Pictures
Seite 54 Mitte links TRH Pictures
Seite 54 unten Archivio R. Niccoli
Seite 54 unten rechts Archivio Riccardo Niccoli
Seite 55 oben Aviation Picture Library
Seite 55 unten links TRH Pictures
Seite 55 unten rechts Musee De L'Air
Seiten 56-57 John M. Dibbs/The Plane Picture Company
Seite 57 oben rechts Peter March/R. Cooper
Seite 57 Mitte rechts Philip Makanna/ Ghosts
Seite 57 unten rechts Peter March/R. Cooper
Seite 57 unten TRH Pictures
Seite 58 A. J. Jackson Collection
Seite 59 oben Archivio G. Apostolo
Seite 59 Mitte Archivio R. Niccoli
Seite 59 unten Archivio G. Apostolo
Seite 60 La Presse
Seite 61 oben links Hulton Archive/ Laura Ronchi
Seite 61 oben rechts Il Dagherrotipo
Seite 61 Mitte Il Dagherrotipo
Seite 61 unten rechts Il Dagherrotipo
Seiten 60-61 Il Dagherrotipo

KAPITEL 5
Seite 62 oben links TRH Pictures
Seite 62 unten links Popper Foto/Vision
Seite 62 oben rechts Double's
Seite 62 unten rechts Double's
Seite 63 Aviation Picture Library
Seite 63 unten links Roger Viollet/ Contrasto
Seite 63 unten rechts TRH Pictures
Seite 64 oben TRH Pictures
Seite 64 unten links Aviation Picture Library
Seite 64 unten rechts TRH Pictures
Seite 65 oben links TRH Pictures
Seite 65 Mitte links TRH Pictures
Seite 65 Mitte rechts TRH Pictures
Seite 65 unten links TRH Pictures
Seite 66 oben Aviation Pictures Library
Seite 66 unten Aviation Pictures Library
Seite 67 oben links Photos12
Seite 67 Mitte links Photos12
Seite 67 unten links Photos12
Seite 67 unten rechts Aviation Pictures Library
Seiten 68-69 Aviation Picture Library
Seite 68 unten Aviation Picture Library
Seite 69 oben Hulton Archive/Laura Ronchi
Seite 69 Mitte A. J. Jackson Collection
Seite 69 unten Aviation Picture Library
Seite 70 oben Popper Foto/Vision
Seite 70 Mitte links Corbis/ Grazia Neri
Seite 70 Mitte rechts TRH Pictures
Seite 70 unten Hulton Archive/ Laura Ronchi
Seite 71 oben links TRH Pictures
Seite 71 oben rechts Library Of Congress
Seite 71 unten TRH Pictures
Seite 72 oben A.J. Jackson Collection
Seite 72 links Corbis/Grazia Neri
Seite 72 unten TRH Pictures
Seite 73 oben Denver Public Library
Seite 73 unten Aviation Picture Library
Seiten 74/75 TRH Pictures
Seite 74 Mitte Archivio R. Niccoli
Seite 75 oben Hulton Archive/Laura Ronchi
Seite 75 Mitte Aviation Picture Library
Seite 75 unten links Aviation Picture Library
Seite 76 oben TRH Pictures
Seite 76 unten links A.J. Jackson Collection
Seite 76 unten rechts A.J. Jackson Collection
Seite 77 oben links TRH Pictures
Seite 77 oben rechts Corbis/Grazia Neri
Seite 77 unten Hulton Archive/Laura Ronchi

KAPITEL 6
Seite 78 unten Il Dagherrotipo
Seiten 78-79 Photos12
Seite 79 oben rechts Roger Viollet/ Contrasto
Seite 79 unten links Aviation Picture Library
Seite 79 unten rechts Photos12
Seiten 80-81 oben Roger Viollet/Contrasto
Seiten 80-81 unten Archivio R. Niccoli
Seite 81 oben Aviation Picture Library
Seite 81 Mitte TRH Pictures
Seite 81 unten F. Selinger Collection/ Aviation Picture Library
Seite 81 oben links Hulton Archive/Laura Ronchi
Seite 82 oben rechts Gentile concessione del Museo Gianni Caproni
Seiten 82-83 Boeing Co. Archives
Seite 83 rechts TRH Pictures
Seite 83 unten links Musee De L'Air
Seite 84 Mitte Il Dagherrotipo
Seite 84 unten links Archivio R. Niccoli
Seite 84 unten rechts Il Dagherrotipo
Seiten 84-85 Musee Municipal Historique de l'Hydraviation
Seite 85 oben rechts Il Dagherrotipo
Seite 85 Mitte links Aviation Picture Library

Seite 86 oben TRH Pictures
Seite 86 Mitte Photos12
Seite 86 unten Musee Municipal Historique de l'Hydraviation
Seite 87 oben Photos 12
Seite 87 oben rechts Musee Municipal Histori7ue de l'Hydraviation
Seite 87 unten TRH Pictures
Seite 88 oben A. J. Jackson Collection
Seite 88 Mitte TRH Pictures
Seite 88 unten Aviation Picture Library
Seiten 88-89 Musee Municipal Historique de l'Hydraviation
Seite 90 oben Aviation Picture Library
Seite 90 Mitte Musee Municipal Historique de l'Hydraviation
Seite 91 oben A. J. Jackson Collection
Seite 91 unten Archivio G. Apostolo
Seite 92 oben Archivio G. Apostolo
Seite 92 unten TRH Pictures
Seite 93 oben TRH Pictures
Seite 93 unten Aviation Picture Library
Seite 94 oben Photos12
Seite 94 unten rechts Thopam/ICP/ Double's
Seite 95 oben links Aviation Picture Library
Seite 95 oben rechts Photos12
Seite 95 unten links Mary Evans Picture Library
Seite 95 unten rechts Publifoto Olimpia
Seite 96 oben TRH Pictures
Seite 96 unten TRH Pictures
Seite 97 oben links Mary Evans Picture Library
Seite 97 oben rechts TRH Pictures

KAPITEL 7

Seiten 98-99 Musee De l'Air
Seite 98 Popper Foto/Vision
Seite 99 oben Publifoto Olimpia
Seite 99 Mitte oben Musee De L'Air
Seite 99 Mitte unten Archivio G. Apostolo
Seite 99 unten Aviation Picture Library
Seite 100 links Roger Viollet/Contrasto
Seite 100 rechts Archivio R. Niccoli
Seite 100 unten Corbis/Grazia Neri
Seite 101 oben Hulton Archive/Laura Ronchi
Seite 101 unten AP Photo
Seite 102 Archivio G. Apostolo
Seiten 102-103 The Flight Collection/ Quadrant Pictures Library
Seite 103 oben links Peter March/R. Cooper
Seite 103 unten rechts Archivio R. Niccoli
Seite 103 unten Archivio G. Apostolo
Seite 104 oben Richard Cooper
Seite 104 Mitte Peter March/R. Cooper
Seiten 104-105 AP Photo
Seite 105 Hulton Archive/Laura Ronchi
Seite 106 oben links Roger Viollet/ Contrasto
Seite 106 oben rechts Archivio G. Apostolo
Seite 106 unten links Archivio G. Apostolo
Seite 107 oben links The Flight Collection/ Quadrant Pictures Library
Seite 107 oben rechts Archivio G. Apostolo
Seite 107 unten The Flight Collection/ Quadrant Pictures Library
Seite 108 Philip Makanna/Ghosts
Seite 108 oben rechts Philip Makanna/ Ghosts
Seite 109 oben Hulton Archive/Laura Ronchi
Seite 109 links Peter March/R. Cooper
Seite 110 oben Apostolo0
Seite 110 unten links Philip Makanna/ Ghosts
Seite 110 unten rechts Mark Wagner
Seite 111 links Mark Wagner
Seite 111 rechts Philip Makanna/Ghosts
Seite 112 oben rechts Archivio G. Apostolo
Seite 112 Mitte links Aviation Picture Library
Seite 112 unten Aviation Picture Library
Seiten 112-113 Roger Viollet/Contrasto
Seite 113 unten Roger Viollet/Contrasto
Seite 114 Hulton Archive/Laura Ronchi
Seite 114 Mitte Roger Viollet/Contrasto
Seite 115 oben Imperial War Museum, Londra
Seite 115 Mitte links Roger Viollet/ Contrasto
Seite 115 Mitte rechts Roger Viollet/ Contrasto
Seite 115 unten Hulton Archive/Laura Ronchi
Seite 116 oben Photos12
Seite 116 Mitte Roger Viollet/Contrasto
Seite 116 unten Archivio R. Niccoli
Seite 117 oben Aviation Picture Library
Seite 117 Mitte Aviation Picture Library
Seite 117 unten Hulton Archive/Laura Ronchi
Seite 118 oben Aviation Picture Library
Seite 118 Mitte La Presse
Seite 118 unten links TRH Pictures
Seite 118 unten rechts Archivio R. Niccoli
Seite 119 oben Archivio G. Apostolo
Seite 119 Mitte Archivio G. Apostolo
Seite 119 unten Musee De l'Air

KAPITEL 8

Seiten 120-121 Hulton Archive/Laura Ronchi
Seite 121 oben links Hulton Archive/ Laura Ronchi
Seite 121 unten rechts Aisa
Seite 122 oben links Roger Viollet/ Contrasto
Seite 122 oben rechts Roger Viollet/ Contrasto
Seite 122 unten Roger Viollet/Contrasto
Seite 123 oben links Archivio G. Apostolo
Seite 123 oben rechts Musee De l'Air
Seite 123 unten links Roger Viollet/ Contrasto
Seite 123 unten rechts AP Photo
Seite 124 oben Corbis/Grazia Neri
Seite 124 Mitte links Roger Viollet/ Contrasto
Seite 125 oben links Roger Viollet/ Contrasto
Seite 125 oben rechts Il Dagherrotipo
Seite 125 Mitte Il Dagherrotipo
Seite 125 unten Il Dagherrotipo
Seite 126 oben Aviation Picture Library
Seite 126 Mitte Archivio R. Niccoli
Seiten 126-127 unten Aviation Picture Library
Seite 127 Mitte Archivio G. Apostolo
Seite 127 unten TRH Pictures
Seite 128 oben Il Dagherrotipo
Seite 128 unten links La Presse
Seite 128 unten rechts Musee De l'Air
Seite 129 oben La Presse
Seite 129 Mitte links Musee De l'Air
Seite 129 Mitte rechts Il Dagherrotipo
Seite 129 unten Musee De l'Air
Seite 130 links La Presse
Seite 130 unten Publifoto Olimpia
Seite 131 oben Musee De l'Air
Seite 131 unten Musee De l'Air
Seite 132 oben Roger Viollet/Contrasto
Seite 132 Mitte Archivio G. Apostolo
Seite 132 unten Aviation Picture Library
Seite 133 oben AP Photo
Seite 133 Mitte Aviation Picture Library
Seite 133 unten AP Photo

KAPITEL 9

Seite 134 oben TRH Pictures
Seiten 134-135 A. Toresani/ Photoskynet
Seite 135 oben Il Dagherrotipo
Seite 135 unten Hulton Archive/Laura Ronchi
Seite 136 oben John M. Dibbs/The Plane Picture Company
Seite 136 Mitte John M. Dibbs/The Plane Picture Company
Seite 137 oben links Aviation Picture Library
Seite 137 oben rechts TRH Pictures
Seite 137 Mitte TRH Pictures
Seiten 136-137 TRH Pictures
Seite 137 unten rechts TRH Pictures
Seite 138 oben AP Photo
Seite 138 Mitte rechts Aviation Picture Library
Seite 138 unten Corbis/Grazia Neri
Seite 139 oben TRH Pictures
Seite 139 unten TRH Pictures
Seite 140 oben Peter March/R. Cooper
Seite 140 unten Archivio G. Apostolo
Seite 141 oben Archivio R. Niccoli
Seite 141 unten John M. Dibbs/The Plane Picture Company

KAPITEL 10

Seite 142 oben Aviation Picture Library
Seite 142 unten Aviation Picture Library
Seite 143 oben TRH Pictures
Seite 143 Mitte Roger Viollet/Contrasto
Seite 143 unten A. J. Jackson Collection
Seite 144 oben Archivio G. Apostolo
Seite 144 Mitte Archivio R. Niccoli
Seite 145 oben links A. J. Jackson Collection
Seite 145 oben rechts Boeing Co. Archives
Seite 145 unten Corbis/Grazia Neri
Seite 146 oben Peter March/R. Cooper
Seite 146 unten Archivio R. Niccoli
Seite 147 oben Boeing Co. Archives
Seite 147 Mitte rechts Archivio R. Niccoli
Seite 148 oben The Flight Collection/ Quadrant Pictures Library
Seite 149 oben Archivio G. Apostolo
Seite 149 Mitte Archivio G. Apostolo
Seite 149 unten John M. Dibbs/The Plane Picture Company

KAPITEL 11

Seite 150 oben The Flight Collection/ Quadrant Pictures Library
Seite 150 unten TRH Pictures
Seiten 150-151 Archivio R. Niccoli
Seite 151 unten Corbis/Grazia Neri
Seite 152 oben Corbis/Grazia Neri
Seite 152 Mitte Corbis/Grazia Neri
Seite 153 oben TRH Pictures
Seite 153 unten K. Tokunaga/Dact Inc.
Seite 154 oben Corbis/Grazia Neri
Seite 154 Mitte Corbis/Grazia Neri
Seite 154 unten Peter March/R. Cooper
Seite 155 oben Peter March/R. Cooper
Seite 155 unten Luigino Caliaro/ Aerophoto

KAPITEL 12

Seite 156 Mitte Archivio G. Apostolo
Seite 157 oben TRH Pictures
Seite 157 unten Corbis/Grazia Neri
Seite 158 oben Aviation Picture Library
Seite 158 unten Rick Llinares/Dash2 Aviation Photography
Seite 159 oben Archivio G. Apostolo
Seite 159 unten Archivio G. Apostolo
Seite 160 John M. Dibbs/The Plane Picture Company
Seiten 160-161 TRH Pictures
Seite 161 unten Archivio R. Niccoli
Seite 162 oben Archivio G. Apostolo
Seite 162 Mitte Corbis/Grazia Neri
Seite 162 unten Corbis/Grazia Neri
Seite 163 oben Richard Cooper
Seite 163 unten Richard Cooper
Seiten 164-165 John M. Dibbs/The Plane Picture Company
Seite 165 oben Corbis/Grazia Neri
Seite 165 Mitte rechts Gamma/Contrasto
Seite 165 unten Photos12

KAPITEL 13

Seite 166 oben Il Dagherrotipo
Seiten 166-167 Hulton Archive/Laura Ronchi
Seite 166 unten Photos12
Seite 167 oben Hulton Archive/Laura Ronchi
Seite 167 unten Hulton Archive/Laura Ronchi
Seite 168 oben links Il Dagherrotipo
Seite 168 Mitte Royal Aeronautical Society
Seite 168 unten rechts Il Dagherrotipo
Seite 169 oben rechts Archivio A. Colombo
Seite 169 unten TRH Pictures
Seite 170 oben TRH Pictures
Seite 170 Mitte Anodos Foundation
Seite 170 unten Anodos Foundation
Seite 171 Mitte Aviation Picture Library
Seite 171 unten Hulton Archive/Laura Ronchi
Seite 172 oben Archivio G. Apostolo
Seite 172 Mitte links TRH Pictures
Seite 172 unten TRH Pictures
Seite 173 oben Igor Sikorsky Historical Archives
Seite 173 Mitte TRH Pictures
Seite 173 unten AP Photo
Seite 173 oben P. Steinemann/ Skyline APA
Seite 173 unten Peter March/R. Cooper
Seite 175 oben Photos12
Seite 175 Mitte John M. Dibbs/The Plane Picture Company
Seite 175 unten links Contrasto
Seite 175 unten rechts P. Steinemann/ Skyline APA
Seiten 176-177 TRH Pictures
Seite 176 unten John M. Dibbs/The Plane Picture Company
Seite 177 oben Igor Sikorsky Historical Archives
Seite 177 unten Stephen Jaffe/AFP Photo/ De Bellis
Seiten 178-179 AP Photo
Seite 178 unten Photos12
Seite 179 oben Archivio R. Niccoli
Seite 179 Mitte AP Photo
Seite 179 unten TRH Pictures
Seite 181 Richard Cooper
Seite 181 oben AP Photo
Seite 181 Mitte Corbis Stock Market/ Contrasto
Seite 182 oben AP Photo
Seiten 182-183 A. Toresani/ Photoskynet
Seite 183 Mitte Archivio R. Niccoli
Seite 183 unten rechts K. Tokunaga/ Dact Inc.
Seite 184 oben Leonardo
Seite 184 Mitte links Anthony Pecchi
Seite 185 oben Archivio R. Niccoli
Seite 185 Mitte Archivio R. Niccoli
Seite 185 unten Leonardo
Seite 186 oben Archivio R. Niccoli
Seite 186 Mitte und unten Leonardo
Seite 186 unten Leonardo
Seite 187 oben und unten Leonardo

KAPITEL 14

Seite 188 oben Denver Public Library
Seite 188 unten links Hulton Archive/ Laura Ronchi
Seite 188 unten rechts Hulton Archive/ Laura Ronchi
Seite 189 oben Hulton Archive/Laura Ronchi
Seite 189 Mitte Hulton Archive/Laura Ronchi
Seite 189 unten The Flight Collection/ Quadrant Pictures Library
Seite 190 oben Archivio R. Niccoli
Seite 190 Mitte Archivio G. Apostolo
Seite 190 unten The Flight Collection/ Quadrant Pictures Library
Seiten 190/191 John M. Dibbs/The Plane Picture Company
Seite 191 Mitte rechts Archivio R. Niccoli
Seite 191 unten Philip Makanna/ Ghosts
Seite 192 oben K. Tokunaga/Dact Inc.
Seite 192 unten John M. Dibbs/The Plane Picture Company
Seite 193 oben Peter March/R. Cooper
Seite 193 Mitte links Peter March/ R. Cooper
Seite 193 Mitte rechts R. Lorenzon
Seite 193 unten P. Steinemann/Skyline APA
Seite 194 oben links Peter March/ R. Cooper
Seite 194 oben rechts P. Steinemann/ Skyline APA
Seite 194 Mitte Peter March/R. Cooper
Seite 195 P. Steinemann/Skyline APA
Seite 196 oben links Luigino Caliaro/ Aerophoto
Seite 196 Mitte links Boeing Co. Archives
Seiten 196-197 P. Steinemann/Skyline APA
Seite 197 oben John M. Dibbs/The Plane Picture Company
Seite 197 Mitte rechts Archivio R. Niccoli
Seite 197 unten rechts Aviation Picture Library
Seiten 198-199 K. Tokunaga/Dact Inc.
Seite 199 oben A. Pozza
Seite 199 Mitte Richard Cooper
Seite 199 unten Richard Cooper
Seiten 200-201 John M. Dibbs/The Plane Picture Company
Seite 200 unten Philip Makanna/Ghosts
Seite 201 unten Aviation Picture Library
Seiten 202-203 P. Steinemann/ Skyline APA
Seite 203 oben P. Steinemann/ Skyline APA
Seite 203 Mitte John M. Dibbs/The Plane Picture Company
Seite 203 unten Archivio R. Niccoli
Seiten 204-205 Archivio R. Niccoli
Seite 204 unten Archivio R. Niccoli
Seite 205 unten Archivio R. Niccoli
Seite 206 Archivio R. Niccoli
Seite 207 oben Xu Zheng CC BY-SA 4.0
Seite 207 Mitte Archivio R. Niccoli
Seite 207 unten USAF

KAPITEL 15

Seite 208 Corbis/Grazia Neri
Seite 209 oben Corbis/Grazia Neri
Seite 209 oben links Mark Wagner
Seite 209 unten links Aviation Picture Library
Seite 209 unten rechts Aviation Picture Library
Seite 210 oben Aviation Picture Library
Seite 210 Mitte Aviation Picture Library
Seite 210 unten Corbis/Grazia Neri
Seite 211 Mitte Aviation Picture Library
Seite 211 unten Aviation Picture Library
Seiten 212-213 Aviation Picture Library
Seite 212 Mitte Aviation Picture Library
Seite 213 oben Aviation Picture Library
Seite 213 unten Aviation Picture Library
Seite 214 oben Archivio R. Niccoli
Seiten 214-215 Archivio R. Niccoli
Seite 215 oben Aviation Picture Library
Seite 215 Mitte Aviation Picture Library
Seite 215 unten Aviation Picture Library
Seite 216 oben Archivio R. Niccoli
Seite 216 Mitte A. Pozza
Seite 217 oben Aviation Picture Library
Seite 217 Mitte Aviation Picture Library
Seite 217 unten Aviation Picture Library
Seite 218 oben links und rechts Archivio R. Niccoli
Seite 218 unten Dassault Aviation
Seite 219 oben Piaggio Aerospace
Seite 219 unten Gulfstream

KAPITEL 16

Seite 220 oben Archivio R. Niccoli
Seite 221 oben Archivio R. Niccoli
Seite 221 unten Archivio R. Niccoli
Seite 222 oben Archivio R. Niccoli
Seite 222 unten Archivio R. Niccoli
Seite 223 oben Archivio R. Niccoli
Seite 223 oben links und rechts Archivio R. Niccoli
Seite 224 oben Archivio R. Niccoli
Seite 224 unten links und rechts Archivio R. Niccoli
Seite 225 oben Archivio R. Niccoli
Seite 225 unten Archivio R. Niccoli
Seite 226 oben Archivio R. Niccoli
Seite 226 unten Archivio R. Niccoli
Seite 227 oben Archivio R. Niccoli
Seite 227 Mitte Archivio R. Niccoli
Seite 228-229 Archivio R. Niccoli
Seite 229 oben Archivio R. Niccoli
Seite 229 Mitte Archivio R. Niccoli
Seite 229 unten Archivio R. Niccoli

KAPITEL 17

Page 230 oben Archivio G. Apostolo
Pages 230-231 Luigino Caliaro/Aerophoto
Page 231 oben Archivio G. Apostolo
Page 232 K. Tokunaga/Dact Inc.
Page 233 John M. Dibbs/The Plane Picture Company
Page 234 oben Archivio R. Niccoli
Page 234 unten John M. Dibbs/The Plane Picture Company
Page 235 oben John M. Dibbs/The Plane Picture Company
Page 235 Mitte links The Artarchive

Seite 236 oben links Richard Cooper
Seite 236 oben rechts Lassi Tolvanen/ Fly High
Seite 236 Mitte Archivio R. Niccoli
Seite 236 unten K. Tokunaga/Dact Inc.
Seiten 236-237 Archivio R. Niccoli

Kapitel 18
Seiten 238-239 Horst Faas/AP Photo
Seite 238 Mitte links Henri Huet/ AP Photo
Seite 238 unten Corbis/Grazia Neri
Seite 239 unten Corbis/Grazia Neri
Seiten 240-241 Hulton Archive/Laura Ronchi
Seite 240 unten Corbis/Grazia Neri
Seite 241 oben Boeing Co. Archives
Seite 241 Mitte Archivio R. Niccoli
Seite 241 unten links Archivio R. Niccoli
Seite 242 oben Archivio R. Niccoli
Seiten 242-243 Corbis/Grazia Neri
Seite 243 oben Aviation Picture Library
Seite 243 Mitte oben Aviation Picture Library
Seite 243 Mitte unten The Flight Collection/Quadrant Picture Library
Seite 243 unten Archivio R. Niccoli
Seite 244 oben Corbis/Grazia Neri
Seite 244 unten AP Photo
Seiten 244-245 Archivio R. Niccoli
Seite 244 Mitte oben Archivio R. Niccoli
Seite 245 Mitte unten Rick Llinares/ Dash2 Aviation Photography
Seite 245 unten links Aviation Picture Library
Seiten 246-247 AP Photo
Seite 246 Mitte rechts AP Photo
Seite 246 unten Corbis/Grazia Neri
Seite 247 unten Photos12

Kapitel 19
Seite 248 oben Israeli Air Force
Seite 248 Mitte Israeli Air Force
Seite 248 unten Archivio R. Niccoli
Seite 249 Mitte rechts Israeli Air Force
Seite 249 unten Israeli Air Force
Seite 250 oben Archivio R. Niccoli
Seite 250 unten Archivio R. Niccoli
Seiten 250-251 Archivio R. Niccoli
Seite 251 Mitte links Archivio R. Niccoli
Seite 251 Mitte rechts AP Photo
Seite 252 oben Archivio R. Niccoli
Seite 252 unten Archivio R. Niccoli
Seite 253 oben Archivio R. Niccoli
Seite 253 unten Archivio R. Niccoli

Kapitel 20
Seite 254 oben Stefano Pagiola
Seite 254 unten John M. Dibbs/ The Plane Picture Company
Seite 255 Mitte Corbis/Grazia Neri
Seite 255 unten Mark Wagner
Seiten 256-257 Grover Paul/FSP/ Gamma/ Contrasto
Seite 256 Mitte Daher/Gamma/Contrasto
Seite 257 unten Keystone/Grazia Neri
Seiten 258-259 De Malglaive Etienne/ Gamma/Contrasto
Seite 259 oben John M. Dibbs/The Plane Picture Company
Seite 259 Mitte John M. Dibbs/The Plane Picture Company
Seiten 260-261 Stefano Pagiola
Seite 261 Mitte Peter March/R. Cooper
Seite 261 unten Aviation Picture Library

Kapitel 21
Seite 262 Rick Llinares/Dash2 Aviation Photography
Seite 263 oben K. Tokunaga/Dact Inc.
Seite 263 unten Gamma/Contrasto
Seite 264 oben links John M. Dibbs/The Plane Picture Company
Seite 265 Mark Wagner
Seite 265 Jamie Hunter/R. Cooper
Seite 266 Mitte K. Tokunaga/Dact Inc.
Seite 266 unten G. Agostinelli
Seiten 266-267 Gamma/Contrasto
Seite 267 unten Mark Wagner
Seiten 268-269 John M. Dibbs/The Plane Picture Company
Seite 269 Mitte Rick Llinares/Dash2 Aviation Photography
Seite 269 unten Richard Cooper
Seite 270 Mitte Archivio R. Niccoli
Seite 270 unten Archivio R. Niccoli
Seiten 270-271 P. Steinemann/Skyline APA
Seite 271 Mitte K. Tokunaga/Dact Inc.
Seite 272 oben K. Tokunaga/Dact Inc.
Seite 272 unten Archivio R. Niccoli
Seite 273 oben Mark Wagner
Seite 273 unten rechts K. Tokunaga/ Dact Inc.
Seiten 274-275 John M. Dibbs/The Plane Picture Company
Seite 274 unten Archivio R. Niccoli
Seite 275 oben Aeronautica Militare Italiana
Seite 275 Mitte Richard Cooper
Seite 275 unten Richard Cooper
Seite 276 oben Archivio R. Niccoli
Seite 276 unten Archivio R. Niccoli
Seite 277 Luigino Caliaro/Aerophoto
Seite 277 unten Archivio R. Niccoli

Kapitel 22
Seite 278 oben Aviation Picture Library
Seite 278 unten P. Steinemann/Skyline APA
Seite 279 oben Aviation Picture Library
Seite 279 Mitte links Aviation Picture Library
Seite 279 Mitte rechts Peter March/ R. Cooper
Seite 279 unten Aviation Picture Library
Seite 280 oben Peter March/R. Cooper
Seite 280 Mitte Aviation Picture Library
Seite 280 unten Aviation Picture Library
Seite 280-281 Aviation Picture Library
Seite 281 Mitte Jamie Hunter/R. Cooper
Seite 281 unten Aviation Picture Library
Seite 282 oben Aviation Picture Library
Seite 282 Mitte links Peter March/ R. Cooper
Seite 282 Mitte rechts Peter March/ R. Cooper
Seite 283 oben Jamie Hunter/R. Cooper
Seite 283 Mitte Aviation Picture Library
Seite 283 unten Aviation Picture Library
Seite 284 Archivio R. Niccoli
Seite 285 oben Archivio R. Niccoli
Seite 285 Mitte Aviation Picture Library
Seite 285 Mitte Aviation Picture Library

Kapitel 23
Seite 286 Magnum/Contrasto
Seiten 286-287 Hulton Archive/Laura Ronchi
Seite 287 oben Archivio R. Niccoli
Seite 287 Mitte Gamma/Contrasto
Seite 288 oben Archivio R. Niccoli
Seite 288 unten Archivio R. Niccoli
Seite 289 oben K. Tokunaga/Dact Inc.
Seite 289 unten Archivio R. Niccoli
Seite 290 oben Gamma/Contrasto
Seiten 290-291 Gamma/Contrasto
Seite 291 oben AP Photo
Seiten 292-293 Corbis/Grazia Neri
Seite 292 unten Archivio R. Niccoli
Seite 293 oben Gamma/Contrasto
Seite 293 Mitte John M. Dibbs/The Plane Picture Company
Seite 293 unten K. Tokunaga/Dact Inc.
Seiten 294-295 Luigino Caliaro/ Aerophoto
Seite 294 unten AP Photo
Seite 295 unten links Georges Merillon/ Gamma/Contrasto
Seite 295 unten rechts Jean Luc Moreau/ Gamma/Contrasto
Seiten 296 oben Richard Cooper
Seiten 296-297 Angelo Toresani/ Photoskynet
Seite 297 oben John M. Dibbs/The Plane Picture Company
Seite 297 unten Mark Wagner
Seite 298 Johnny Bivera/US Navy/Getty Images/La Presse
Seite 299 oben Archivio R. Niccoli
Seite 299 Mitte Archivio R. Niccoli
Seite 299 unten Archivio R. Niccoli
Seite 300 oben Archivio R. Niccoli
Seite 300 Mitte Archivio R. Niccoli
Seite 300 unten Archivio R. Niccoli
Seite 301 oben Archivio R. Niccoli
Seite 300-301 Archivio R. Niccoli

Kapitel 24
Seite 302 oben Peter March/R. Cooper
Seite 302 unten De Malglaive Etienne/ Gamma/Contrasto
Seiten 302-303 Peter March/R. Cooper
Seite 303 Mitte Peter March/ R. Cooper
Seite 304 oben Corbis/Grazia Neri
Seiten 304-305 Boeing Co. Archives
Seite 305 Mitte rechts John M. Dibbs/ The Plane Picture Company
Seite 305 unten Archivio R. Niccoli
Seite 306 oben Archivio R. Niccoli
Seite 307 oben Archivio R. Niccoli
Seite 307 unten Archivio R. Niccoli

Kapitel 25
Seite 308 Archivio R. Niccoli
Seite 309 oben Archivio R. Niccoli
Seite 309 unten Archivio R. Niccoli
Seite 310 oben Archivio R. Niccoli
Seite 310 unten Archivio R. Niccoli
Seite 311 oben Archivio R. Niccoli
Seite 311 unten Archivio R. Niccoli
Seite 312 oben Archivio R. Niccoli
Seiten 312-313 Archivio R. Niccoli
Seite 313 oben Archivio R. Niccoli
Seite 314 oben Archivio R. Niccoli
Seite 314 unten Airbus
Seite 315 oben Archivio R. Niccoli
Seite 315 unten Archivio R. Niccoli
Seite 316 USAF
Seite 317 oben Archivio R. Niccoli
Seite 317 unten Archivio R. Niccoli

Kapitel 26
Seite 318 oben Archivio R. Niccoli
Seite 318 unten Archivio R. Niccoli
Seite 319 Archivio R. Niccoli
Seite 320 oben Archivio R. Niccoli
Seite 320 unten Archivio R. Niccoli
Seite 321 oben Archivio R. Niccoli
Seite 321 unten Archivio R. Niccoli
Seite 322 oben Archivio R. Niccoli
Seiten 322-323 Archivio R. Niccoli
Seiten 323 oben links N509FZ CC BY-SA 4.0
Seiten 323 oben rechts KAI
Seite 323 unten Archivio R. Niccoli
Seite 324 oben Archivio R. Niccoli
Seite 324 Mitte oben Archivio R. Niccoli
Seite 324 Mitte unten Archivio R. Niccoli
Seite 324 unten Archivio R. Niccoli
Seite 325 oben Archivio R. Niccoli
Seite 325 Mitte Archivio R. Niccoli
Seite 325 unten Archivio R. Niccoli
Seite 326 oben Archivio R. Niccoli
Seite 326 Mitte Archivio R. Niccoli
Seite 326 unten Archivio R. Niccoli
Seite 328 Boeing
Seite 329 Northrop-Grumman

Kapitel 27
Seite 330 oben NASA Archives
Seite 330 unten NASA Archives
Seite 331 oben Archivio R. Niccoli
Seite 331 Mitte Corbis/Grazia Neri
Seite 331 unten Gamma/Contrasto
Seite 332 oben NASA Archives
Seite 332 unten NASA Archives
Seite 333 Space X - Virgin Galactic

Umschlag und Rückseite:
Joey Guidone

Der Verlag dankt:

Aeronautica Italiana
Agusta spa
Arthur Block, Joan Schleicher (Anodos Foundation)
Barbara Waibel (Zeppelin Museum)
Bernd Lukasch (Otto Lilienthal Museum)
Carol Henderson, Jim Lyons, Dave Black (Moffet Field Historical Society)
Contessa Maria Fede Caproni
Igor Sikorsky Historical Archives
Israeli Air Force Magazine
NASA Johnson Space Center – Media Resource Center
Paolo Franzini

RICCARDO NICCOLI ist Journalist, Schriftsteller, Fotograf und einer der bekanntesten Luftfahrthistoriker Italiens, schreibt seit 1982 in Fachzeitschriften zu diesem Thema. Der studierte Politikwissenschaftler schreibt für zahlreiche Verlage in Europa und den Vereinigten Staaten und ist Autor verschiedener Bücher zum Thema Luftfahrt.